RIETSCHEL
室内空调工程

室内采暖工程
Raumheiztechnik
(原著第 16 版)

[德] 克劳斯·菲茨讷 主编
[德] 海因茨·巴 赫 著
倪进昌 译

中国建筑工业出版社

著作权合同登记图字：01-2007-3394号

图书在版编目（CIP）数据

室内采暖工程（原著第16版）/（德）巴赫著；倪进昌译．—北京：
中国建筑工业出版社，2010
ISBN 978-7-112-12012-3

Ⅰ.室… Ⅱ.①巴…②倪… Ⅲ.居住建筑-采暖-建筑设计
Ⅳ.TU111.19

中国版本图书馆CIP数据核字（2010）第065866号

Translation from the German language edition:
Raumklimatechnik, Band 3: Raumheiztechnik / edited by H. Rietschel, Klaus
Frizner

Copyright © 2005 Springer-Verlag Berlin Heidelberg

Springer is a part of Springer Science+Business Media
All rights reserved.

Chinese Translation Copyright © 2010 China Architecture & Building Press

本书经 Springer-Verlag 图书出版公司正式授权我社翻译、出版、发行

责任编辑：姚荣华　董苏华　张文胜
责任设计：肖　剑
责任校对：赵　颖　刘　钰

RIETSCHEL室内空调工程
室内采暖工程（原著第16版）
[德]克劳斯·菲茨讷　主编
[德]海因茨·巴　赫　著
　倪进昌　　　　译

＊

中国建筑工业出版社出版、发行（北京西郊百万庄）
各地新华书店、建筑书店经销
北京嘉泰利德公司制版
北京中科印刷有限公司印刷

＊

开本：787×1092毫米　1/16　印张：31　字数：787千字
2010年7月第一版　2010年7月第一次印刷
定价：88.00元
ISBN 978-7-112-12012-3
(19279)

版权所有　翻印必究
如有印装质量问题，可寄本社退换
（邮政编码100037）

中文版序一

In meinem Vorwort zu der deutschen Ausgabe dieses Buches hatte ich noch geschrieben, dass die Neuauflage dieses Standardwerkes aus 4 Bänden bestehen werde. Inzwischen sind die drei ersten Bände erschienen:

  Band 1:Grundlagen   1994
  Band 2:Raumluft-und Raumkühltechnik   2008
  Band 3:Raumheiztechnik   2005

Der vorgesehene 4. Band wird leider nicht erscheinen.

Da ist es eine große Freude, dass sich Herr Dr. Jinchang Ni die Mühe und große Arbeit gemacht hat, den größten Teil, fast 90%, von Band 3 ins Chinesische zu übersetzen, Jetzt gibt es also doch 4 Bändes "Rietschel"!Ich möchte Herrn Ni dafür ganz herzlich danken.

Besonders erfreulich finde ich die Übersetzung, weil damit der Leserkreis sofort viel größer wird, und ich hoffen kann, dass das in dem Buch gesammelte Wissen noch viel mehr Früchte tragen kann.

在我给本书的德文版写的前言中提到，这本标准工具书的新版由4卷组成。迄今只出版了前三卷：

  卷一：基础篇于1994年出版
  卷二：室内空调及制冷工程于2008年出版
  卷三：室内采暖工程于2005年出版

遗憾的是原先预期的卷四不再出版。

然而，非常高兴的是倪进昌博士花费了很大的心血和努力，把本书第三卷百分之九十的内容译成了中文，现在可以说，我们还是有了"Reitschel"一书的第四卷！对此，谨向倪先生表示衷心的感谢。

我认为还值得特别高兴的是，有了中文版立刻扩大了本书的读者群；同时也允许我期盼，本书中介绍的采暖方面的知识和经验能在中国开花结果。

Klaus Fitzner
2010年4月15日于柏林

中文版序二

Das Ergebnis von 50 Jahren Entwicklung der Heiztechnik in Deutschland kann zu einem Gedankenaustausch mit chinesischen Kollegen anregen. Wir erlebten in den 50 Jahren zwer Wechsel in den Prioritäten:von der Heiznotwendigkeit zum Heizkomfort und von diesem zu Energieeinsparung mit Umweltschutz. Den größten Entwicklungsschub brachte die letzte wohl künftig immer geltende Priorität mit der Erkenntnis, dass der Energieaufwand zum Heizen zm stärksten zu senken ist durch klug gewählte planerische Maßnahmen für eine optimierte Anpassung der Übergabe der wärme an den Nutzerbedarf, also durch optimale Nutzenübergabe. Die von der Werbung herausgestellten Entwicklungsfortschritte bei den Produkten sind weit weniger wichtig als die Entwicklung im Denken und in der Denkrichtung beim Planen. Die BedarfsentwicKlung von der Nutzenübergabe über die Verteilung zur Wärmeerzeugung bestimmt in dieser Reihen- und auch Rangfolge den Energieaufwand! In dieser Richtung ist zu planen,und so ist auch das vorliegende Buch gegliedert.

Schon die deutsche Ausgabe entstand unter Mitwirkung meines langjährigen Mitarbeiters Dr.-Ing. Jinchang Ni. Nun hat er das Buch ins Chinesische übersetzt - eine großartige Leistung. für die ich ihm herzlich danken möchte.

Mit dem einleitend erwäheten "Gedankenaustausch" verbinde ich den Wunsch an den chinesischen Leser, sich mit dem Buch und besonders dem neuen Denkansatz kritisch auseinanderzusetzen. Ich stehe gern für eine Diskussion zur Verfügung.

以在德国50年的采暖技术研发的成果和经验，我有幸能和中国的同行们进行这方面的学术思想的交流。在这50年里，我们经历了两个重点的转变：从采暖的必要性到舒适性采暖以及从舒适性采暖到节能环保。后面一个转变差不多在将来也总是研发优先考虑的动力，其认知就是通过选择睿智的设计措施，亦即通过最佳的热量交付使部分，使得热量的交付与用户的热需求能得到最佳的匹配。由广告强调的产品开发的重要性要远远低于设计时的思路开阔及明智的决策。从热量交付使用经热量分配到热量生产的需求展开法，以这样的顺序等级来确定能量消耗！设计正应以这个运作方向来进行，而且本书也是以此来划分章节。

在本卷德文版的出版过程中，我多年的员工及助手倪进昌博士参与了此项工作，现在，他又把它译成中文——一个了不起的成就，对此，我谨对他表示衷心的感谢。

提及"学术思想的交流"，我真诚地期望中国的读者能以评判的眼光来阅读此书，特别是书中提出的一些新的学术观点，我也非常高兴能参与其中的讨论。

Heinz Bach

2010年4月15日于斯图加特

译者的话

德国柏林工业大学赫尔曼·里彻尔（Hermann Rietschel）教授创办了德国历史上第一个采暖与空调工程研究所，并于1893年第一次撰写了《空调工程》一书。此后，该书就一直作为采暖、空调工程学科的权威教科书和基础手册。作为传统，该书也一直由柏林工业大学空调工程研究所所长一任接一任组织、一版又一版地不断更新。直至1968～1970年出版到第15版（共两册）即《室内空调工程》和《室内采暖工程》。

时隔20余年后，20世纪90年代时任柏林工业大学"赫尔曼·里彻尔"空调工程研究所所长的埃斯多恩（H. Esdorn）教授、组织编写了第16版的里彻尔《室内空调工程》。从第15版到第16版，期间由于科技发展的突飞猛进，新版《室内空调工程》以全新的内容和面貌共分4卷，由施普林格（Springer）出版社陆续出版发行。第1卷：基础篇（已于1994年出版），第2卷：室内空调与制冷工程（已于2008年出版）；第3卷：室内采暖工程（已于2005年出版）；第4卷：建筑物理（不再出版）。自第2卷起，由埃斯多恩教授的继任人菲茨讷（K. Fitzner）教授接下了接力棒。由于时间的原因，我们仅翻译了第3卷，如果读者需了解其他卷册可参考原著。

本书由斯图加特大学建筑能量科学研究所（采暖与空调教研组）原所长海因茨·巴赫（Heinz Bach）教授（已退休）撰写（除调节控制、水处理、设备消音及减振三章外）。

在本书中提出了一些对工程技术人员来说完全崭新的概念。对于一个工程项目，本书首先对参与者，即建筑商、用户、建筑师和设备工程技术人员定义了一个评估标准，这个标准是在一个价值分析的框架内推衍出来的，这样就会避免参与者之间产生一些不必要的纠纷和麻烦。这部分内容被吸纳在第1章：任务，要求及设备功能。

本书以"能量需求展开"的新方法，按照用户需求从建筑物模拟计算出的全年负荷（热量或冷量）出发，继而推算出"热量移交使用"、"热量分配"及最后确定出"产热设备"部分的负载。同时引入了"能量耗费系数"来评估系统的优劣，以此方法来进行系统设备及相应的调节控制方案的设计、计算和优化。

全书内容翔实，它描述了目前国际上采暖领域的崭新理念，介绍了先进的设计思想、调节控制和测量技术，实为教学、科研和设计的一本很好的参考书。正是基于这个原因，译者愿将此书介绍给国内业界同仁，希望对采暖领域的节能减排起一些启发作用。但由于译者水平有限，错误疏漏之处在所难免，敬请批评指正。

2010年5月于德国斯图加特

前　言

用于通风和采暖系统设计及计算入门的《室内空调工程》一书，由赫尔曼·里彻尔（Hermann Rietschel）撰写并于1893年首次出版。在此之前，曾经威廉·赖斯（Wilhelm Raiss）加工修订，在1968年至1970年间以全二卷作为第15版出版发行。

我的赫尔曼·里彻尔暖通空调研究所的前任，霍斯特·埃斯多恩（Horst Esdorn）一开始就规划把采暖、通风和空调工程统一在室内空调工程这个大题目下，以崭新的全集、第16版再版，它共包括4卷：

"基础篇"

"室内空调及制冷工程"

"室内采暖工程"

"建筑物理"（本卷不再考虑出版——译者注）

第1卷已于1994年出版，其他各卷将于最近陆续出版。埃斯多恩在其全集的前言中写道："支撑这个新书结构的基本想法是，暖通空调工程师可以利用本全集就可以在他的工作中知道如何处理我们专业领域所遇到的问题，而不再需要其他的参考书。"

埃斯多恩在前三卷的大纲、作者的选择和手稿的整理方面本都想尽量靠前，但直到这本新的第3卷出版，又是10年过去了。之所以迟迟未出版的一个原因可能就是由于这个"基本想法"，让本书的内容变得非常丰富。

"基本想法"早年也许可在预期的时间框架内付诸实践。但我们知道，早先的版本都是由正教授们出版，他们有助教在自己的周围，在著书时可以得到助教们的支持。而现在，是从行业里请来专家，对他们只能有条件地给出工作指标，即以撰写某一章节和改写部分内容的指标形式，尽管如此，这都几乎难以列入其工作日程。

四年前，埃斯多恩把出版的任务转交给了我。我尊重当初为这本内容广泛的全集订立的崇高目标，特别是我本人作为第2卷中几章的作者，也试图落实这个想法。但我不认为，今天还能够实现这样一个目标，即写一本如此全面的巨著，使我们的专业人员拥有它时，在本专业领域的工作中就不再需要其他的参考书。但尽管如此，还是应该尽可能紧紧地抓住这个乌托邦想法；同时，我也保留了埃斯多恩的大纲和选择的作者。引入新的理念，也将意味着时间的进一步推延；经验丰富的专业人士，本身也都是教授们，现在如此忙碌，在一定合适的时间内，全面介绍他们的学识几乎是不可能的，何况这只是作为一个光荣的业余工作。

因而，对于第3卷还有后面的第2卷和第4卷远远晚于计划出版，向读者深表歉意。

第3卷，主要是由于巴赫（Bach）的贡献，介绍了对许多工程师来说完全新颖的理念。工程师们常常习惯于把眼光局限在技术上必要的一些东西。他们期望对其工作有明确的指标，甚至会因为既没有得到这些，一部分反而成为他们要完成的任务而恼火。实际上这些规定指标是业主、用户、建筑师和工程师之间长期思考厘清过程的结果；由于这个厘清过程一般不是被看作理所当然就是视为多余，因此，通常这个过程并没有搞得清清楚楚。然后，在设备建造安装期间，最糟糕的是有时候在系统试运行时出现非常意外的问题。更令人难以置信的事情是，有些大型建设项目往往对实现其真正的意图还没有明确的规定指标，甚至业主和施工人员还存在着完全不同的想法，项目就已经开始动工了，之后试图为澄清一些问题只好对簿公堂。

巴赫通过对参与的各方定义评估标准，然后可以把这些标准在价值分析的框架内进行处理，努力做到使这一厘清过程量化；这些对于许多工程师来说一开始可能是陌生的，但却值得认真去思考。

因此，巴赫贡献的相当大部分是在第十章任务、要求及设备功能。但在下面的章节里也会出现一些对采暖工程师来说比较新的概念，如使用或热量移交使用，这些新概念有可能渗透到采暖课题中；想要跳过这一部分的读者，后面还有足够多的内容值得去阅读。

虽然饮用水加热的问题已超出了室内空调工程的范围，但本卷还是把它吸纳进来了，因为采暖锅炉顺带就完成了这项任务，而且随着采暖热量需求的减少，饮用水加热甚至成为确定采暖锅炉功率的决定性的参数。

调节、水净化和声学问题已分别在第 1 卷"基础篇"阐述过，这里专门就采暖技术领域的需要作了进一步的深化。鲍姆加特（Baumgarth）和舍尔努斯（Schernus）撰写修订了第 7 章调节控制和监控。

已参与了原著第 1 卷中"水化学"一章撰写的霍恩柏格（Hoehenberger），在第 8 章饮用水加热系统以及蒸汽生产和热水采暖设备的水处理中对有关采暖系统的问题作了必要的补充。

沙菲尔特（Schaffert）在第 9 章中根据采暖系统的消声减振问题总结了操作人员应该注意的方面（本卷篇幅很小的第 7 章至第 9.3 节未予翻译——译者注）。

本卷继续遵从全集的原意，即本书既面向学生，又面向活跃在本专业领域要解决具有挑战性任务的工程师或技术人员。

克劳斯·菲茨讷（Klaus Fitzner）
2004 年 6 月于柏林

致 谢

BACH, HEINZ, ORD. PROF. DR.-ING. (I.R.)
IKE, Lehrstuhl für Heiz- und Raumlufttechnik, Universität Stuttgart,
Pfaffenwaldring 35, 70550 Stuttgart

BAUMGARTH, SIEGFRIED, PROF. DR.-ING.
Vereidigter Sachverständiger
Homburgstraße 31, 38116 Braunschweig

HÖHENBERGER, LUDWIG, DIPL.-ING.
TÜV Süddeutschland, Bau und Betrieb
Westendstraße 199, 80686 München

SCHAFFERT, EDELBERT, DR.-ING.
BeSB GmbH, Schalltechnisches Büro,
Undinestraße 43, 12203 Berlin

SCHERNUS, GEORG-PETER, PROF. DR.-ING.
Labor für Elektrotechnik, Fachhochschule Braunschweig/Wolfenbüttel,
Institut für Verbrennungstechnik und Prozessautomation,
Salzdahlumer Straße 46–48, 38302 Wolfenbüttel

目　录

中文版序一 ·· Ⅲ
中文版序二 ·· Ⅳ
译者的话 ·· Ⅴ
前　言 ·· Ⅶ
致　谢 ·· Ⅸ

第1章　任务、要求及设备功能 ·· 1
 1.1　绪论 ··· 1
 1.2　采暖工程中的价值分析 ··· 4
  参考文献 ··· 13

第2章　系统结构和概况 ·· 15
 2.1　系统结构 ·· 15
  2.1.1　热量移交使用 ·· 18
  2.1.2　热量分配 ·· 20
  2.1.3　热量生产 ·· 20
 2.2　系统概况 ·· 21
  参考文献 ··· 25

第3章　采暖系统的设计和方案比较 ·· 27
 3.1　采暖设备的设计 ·· 27
 3.2　采暖部件的研发 ·· 49
 3.3　可比性的前提条件 ··· 57
  参考文献 ··· 62

第4章　热量的移交，分配和生产系统 ··· 63
 4.1　热量移交使用 ··· **63**
  4.1.1　引言 ·· 63

4.1.2　室内的热负荷，气流流动和辐射过程	64
4.1.2.1　热负荷	64
4.1.2.2　室内的气流流动和辐射过程	69
4.1.3　小房间局部采暖装置	76
4.1.3.1　概述	76
4.1.3.2　单个房间的采暖装置	76
4.1.3.2.1　壁炉	76
4.1.3.2.2　固体燃料采暖炉	79
4.1.3.2.3　燃油采暖炉	80
4.1.3.2.4　燃气采暖炉	81
4.1.3.2.5　电直热式采暖装置	84
4.1.3.3　单个房间的蓄热式采暖装置	87
4.1.3.3.1　蓄热式采暖炉（瓷砖炉）	87
4.1.3.3.2　电蓄热式采暖壁面（板）	90
4.1.3.3.3　电蓄热式采暖装置	91
4.1.3.4　多房间采暖装置（热风炉）	95
4.1.3.4.1　概述（热风采暖的计算）	95
4.1.3.4.2　多房间直接式采暖装置	99
4.1.3.4.3　多房间蓄热式采暖装置	100
4.1.4　大房间局部采暖装置	101
4.1.4.1　关于大房间的概述	101
4.1.4.2　大房间直接式采暖装置	102
4.1.4.2.1　大房间的空气加热器	102
4.1.4.2.2　辐射采暖装置	102
4.1.4.3　大房间蓄热式采暖装置	106
4.1.5　热风采暖（空气间接加热）	107
4.1.5.1　概述	107
4.1.5.2　中央热风采暖系统	108
4.1.5.3　局部热风采暖系统（室内空气加热装置）	109
4.1.6　中央采暖系统的室内散热器（板）	111
4.1.6.1　概述	111
4.1.6.2　一体式采暖壁面（板）	111
4.1.6.2.1　热水地板采暖	112
4.1.6.2.2　墙体采暖	122
4.1.6.2.3　顶棚采暖	125
4.1.6.3　顶棚辐射采暖板	128
4.1.6.4　室内散热器	136
参考文献	**160**

4.2 热量分配 163
4.2.1 引言 163
4.2.2 热量分配系统 169
4.2.2.1 蒸汽系统 169
4.2.2.1.1 概述 169
4.2.2.1.2 高压蒸汽系统 172
4.2.2.1.3 低压蒸汽系统 174
4.2.2.1.4 负压蒸汽系统 174
4.2.2.2 热水系统 176
4.2.2.2.1 概述 176
4.2.2.2.2 循环方式 177
4.2.2.2.3 分配系统 177
4.2.2.2.4 热量移交和热量生产循环 186
4.2.2.2.5 膨胀、排(空)气和放空 188
4.2.2.3 热油系统 193
4.2.3 系统部件 193
4.2.3.1 概况 193
4.2.3.2 管道及其附件 193
4.2.3.2.1 管道，软管 193
4.2.3.2.2 管道连接 195
4.2.3.2.3 管道支架（座） 202
4.2.3.2.4 管道保温 204
4.2.3.3 附件 206
4.2.3.3.1 概况 206
4.2.3.3.2 选择标准 209
4.2.3.4 水泵 219
4.2.3.4.1 结构形式 219
4.2.3.4.2 特征值 222
4.2.3.4.3 特征曲线 224
4.2.3.4.4 采暖系统中的水泵及其控制与调节 225
4.2.4 分配系统的评价(水系统) 229
4.2.5 分配系统的方案(热水系统) 235
4.2.6 分配系统的计算 239
4.2.6.1 运作方法 239
4.2.6.2 阻力计算 240
4.2.6.2.1 概述 240
4.2.6.2.2 管道摩擦阻力 243
4.2.6.2.3 局部阻力 244
4.2.6.3 系统总压差，浮升压力 246

4.2.6.4 计算例题	248
4.2.6.4.1 重力循环热水采暖系统	248
4.2.6.4.2 水泵循环热水采暖系统	254
4.2.6.5 设备运行的计算机模拟方法	260

参考文献 **265**

4.3 热量生产 267

4.3.1 目的、可能性及评估	267
4.3.2 由热交换生产热量	277
4.3.2.1 太阳辐射	277
4.3.2.1.1 概述	277
4.3.2.1.2 太阳能集热器的结构类型	278
4.3.2.1.3 评估、功率测定及设计	280
4.3.2.2 远程热源采暖（水–水换热器）	284
4.3.2.2.1 概述	284
4.3.2.2.2 水–水热交换器的结构类型	285
4.3.2.2.3 评价、功率测定及设计	287
4.3.3 由燃料生产热量	294
4.3.3.1 燃烧及燃烧器	294
4.3.3.1.1 燃烧过程	295
4.3.3.1.2 有害物质的生成	297
4.3.3.1.3 固体燃料的燃烧装置	299
4.3.3.1.4 燃油燃烧器	301
4.3.3.1.5 燃气燃烧器	303
4.3.3.2 采暖锅炉	306
4.3.3.2.1 结构类型	306
4.3.3.2.2 评估，功率测定及设计	314
4.3.3.2.3 锅炉水力回路，缓冲蓄热器	325
4.3.3.2.4 锅炉房及烟囱	331
4.3.4 电能产热	336
4.3.5 热泵（由环境能源、电能或燃料生产热量）	337
4.3.5.1 概况	337
4.3.5.2 热泵工作原理	339
4.3.5.3 热源	344
4.3.5.4 热泵装置	348
4.3.5.4.1 设计	348
4.3.5.4.2 热泵连接，缓冲蓄热器，日蓄热器	351
4.3.6 燃气轮机热电厂	354
4.3.6.1 概述	354

4.3.6.2 区域热源的热电联产（BHKW）设计	358
4.3.7 热量生产的安全措施	361
参考文献	**366**

第5章 采暖系统的运行特性 … 369

5.1 概述 … 369
5.2 部分负荷运行特性 … 370
5.2.1 热量移交部分 … 370
5.2.2 热量分配部分 … 378
5.2.3 热量生产部分 … 381
5.3 动态运行特性 … 387
5.3.1 建筑物 … 387
5.3.2 热量移交系统 … 391
5.3.2.1 升温运行 … 391
5.3.2.2 非稳态的部分负荷及降温采暖运行 … 395
5.3.3 热量分配和产热系统 … 399
参考文献 … 400

第6章 饮用水加热 … 403

6.1 概述 … 403
6.2 饮用水加热设备的基本类型 … 405
6.2.1 通流式热水器 … 405
6.2.1.1 概述 … 405
6.2.1.2 局部直接通流式热水器 … 406
6.2.1.3 中央间接通流式热水器 … 406
6.2.2 蓄热式热水器 … 409
6.2.2.1 概述 … 409
6.2.2.2 局部蓄热式热水器 … 409
6.2.2.3 中央蓄热式热水器和管网 … 410
6.3 需求，设计及功率测定 … 415
6.3.1 概述 … 415
6.3.2 局部热水器的设计 … 417
6.3.3 中央热水器的设计 … 418
6.3.4 热水器的功率测定 … 421
6.4 饮用水加热的能耗 … 422
参考文献 … 425

第7章 年能量需求 ·· 427

7.1 梗概、概念 ·· 427
7.2 "黑匣子"法 ·· 430
7.3 能量需求展开法 ·· 433
7.3.1 参照能量需求 ·· 433
7.3.2 热水采暖系统的能耗 ·· 436
7.3.3 单个房间的采暖装置的能耗 ·· 446
参考文献 ·· 447

第8章 采暖与饮用水加热能耗费用的结算 ·· 449

8.1 概述 ·· 449
8.2 采暖费用分配的处理方法 ·· 451
8.2.1 散热量采集法 ·· 451
8.2.1.1 概述 ·· 451
8.2.1.2 蒸发式采暖费分配计 ·· 452
8.2.1.3 电子式采暖费分配计 ·· 457
8.2.2 采集热量分配的方法 ·· 460
8.3 热量计和热水表 ·· 463
8.4 采暖费分配测量方法的评价 ·· 467
8.4.1 概述 ·· 467
8.4.2 测量精度 ·· 468
8.4.3 分配精度 ·· 470
参考文献 ·· 477

第1章 任务、要求及设备功能

1.1 绪论

关于采暖方面的经历，人人皆有。因为任何一个人呆在一个采暖房间里都会感觉到这个房间是否太冷或太热，空气是否太干燥或质量太差，或者觉得采暖设备操作起来不方便，甚至根本就是认为采暖费用太高。似乎人人也都可以设想出（或是纯粹"理论"的）一个方案，如何能更好地进行采暖。

但由于资金和相关条件的限制，实际上仅有很少数的设想能得到实验的确证。因而许多经验丰富的专业人员，常常面临的也多是没有经过深思熟虑的有关如何更好采暖的"理论"（偏见）。因此，绝不能造成这么一个印象：已经实现的采暖设备虽然满足了工程的基本要求，也保证了建筑物足够的热量需求，它就能置身于评估之外。所以，专业人员需要解决的是一个双重问题：不仅应该搞清楚哪种设备最为有利，并应符合专业规范的要求，而且必须针对其他方案，能够阐述所选方案的理由。

因此，一本采暖工程的书，其目的不是仅仅复述一些众所周知的工程技术以及计算方面的基础知识，即所谓的专门知识，而更多的是在于给采暖工程技术人员、设计工程师及所有相关的项目洽谈对象如建筑师或项目委托人，在大的建筑工程中，还有管理施工及运行的工程师，除了介绍专门知识之外，还要介绍方法。比如，在现有的情况下，怎样为一个房间制定采暖方案并进行设计。该方法不仅应该给出以什么样的顺序来合理地一步一步地进行设计、规划一个设备，还应该包含有方案选择及评估的方法，用这样的方法就可以找到优化以及阐述理由的方向。

每一个现有的情况是指其边界条件以及建筑师或项目委托方提出的要求。举例来说，位于某大城市市郊的一座办公楼，有下述的边界条件：室外空气的有害物质负荷可忽略不计，因建筑物立面的结构，由于太阳辐射而造成的室外热负荷有限，室内如气味及挥发的物质负荷等亦甚小；与所述的边界条件不同，预先确定的要求是受专业意见的影响，且不是不能变更的：设备运行过程，如采暖时间、降温采暖时间、室内人员的配备、使用的区域，环境保护等等。这里所提及的专业人员是基于其专门知识从预先给定的边界条件和要求，得出室内采暖系统应具有的相应功能。也就是说，他拟定出要设计的设备的技术性能，使预先确定的各项要求得到保证。在上面列举的例子中，以其特定的边界条件和要求，得出采暖是主要功能；房间或室内空气的冷却以及其他空气处理，在这里并非必要，因而也就没有空调系统（参见原著第2卷❶）。

如果人们认识了一个房间在冬季失热的不同过程，就应该提出一个符合要求的采暖

---

❶ 本书中所说的原著指的是德文版《室内空调工程》。

设备所具有的各项功能。一个房间的热损失基本上发生在外围护结构的表面,由内向外;这里主要指的是窗户及面积不大的外墙,还可能包括地面、楼板及屋顶。如果邻室温度较低的话,那么在一个房间的内围护结构的表面也会发生热损失。同时,也会因为围护结构的不密封(特别是外窗)通过室外空气渗漏而造成热损失。当然,人为的通风换气也会导致热损失。由于热量通过上述所提及的围护结构表面向外流出(传递),其结果是围护结构内表面的温度低于室内空气平均温度,然而,最大的温差应出现在外窗。不应忽略的是,即使内墙表面没有热量损失,但由于对外墙冷壁面的辐射,内墙的表面温度也会低于室内空气温度。由此,空气被这些冷表面冷却并产生下降的冷气流。这样,围护结构的冷表面会以两种方式对处于室内的人起干扰作用,亦即导致一个所谓的舒适性赤字(图1.1-1):

(1) 一方面对人的一侧造成很强的冷辐射(下面称之为辐射赤字);
(2) 另一方面由于温差的热力作用而产生一个下降气流,致使冷空气沿着室内地板流动。

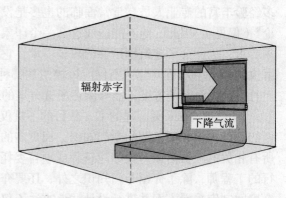

图1.1-1 在"冷"表面的辐射赤字以及下降气流
[根据鲍尔(Bauer)(A-1)和VDI 6030(A-9)]

对于设计和评估采暖系统来说,重要的是房间内一个人周围的物理方面可量测的环境条件,为了在全面描述舒适性问题的框架内(参见原著第1卷,第C部分)能够对此简单地加以鉴别和量化,现在引入了一个"舒适性赤字"的概念。所谓赤字,就是指现有的环境状况和按舒适定义的并力求达到的环境状况之间的差别。

根据对一个房间如何进行采暖,或换句话说,就一个房间某一区域,一个采暖系统应具有什么样的功能,有针对性地通过对某一个房间区域合适地设计、选择和安装室内散热器(板)可以弥补辐射赤字,阻止下降冷气流,亦即消除舒适性赤字。这种采暖系统所具有的主要功能不仅仅是保证房间采暖,亦即给该房间输入所需要的热功率,而且还具有一些其他的功能。应该建议,这个"如何"对于一个有一定要求的区域(图1.1-2)来说,需要在设计责任书中通过具体规定的功能确定下来,使在该区域中相应的性能都应发挥作用。

如果在前面所提到的办公楼例子中,项目委托方的要求已明确,房间面积直到窗前都要被利用,亦即有要求的区域尽可能地扩大,那么由此即可得出采暖系统要具备的固定功,能,即消除辐射赤字和阻止下降冷气流。若项目委托方坚持这些要求,那么,在这样要求

1.1 绪论

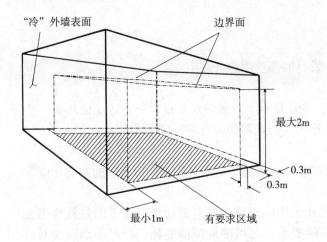

图 1.1-2 最大有要求区域的边界面（例如具有一个外墙的房间）（参见文献 VDI 6030[A-9]）

具体化的情况下，就只有一种具有可保证这些固定要求的采暖系统予以考虑。

办公楼的例子表明，首先应考虑的自然是用户的要求，从而确定一个采暖系统的方案。但常常有很多人是从另外的角度来决定采暖系统的方案。这些人可能是出租房子的房主、采暖设备（火炉、散热器及锅炉）的制造商或设备安装人员，他们会为一个项目进行激烈的竞争。每个人都有着他们各自的价值观，一些人看到的只是费用问题，而另一些人可能也还想着或是只想着舒适性问题。因此，对每一个具体情况，都必须弄清楚，按谁的观点来着手评估，也就是说，谁有优先权。当然，还应该看到当时楼宇技术的发展水平。

但是在任何情况下，今天至少对住宅楼或办公楼在舒适性、采暖设备的操作方便性及节能方面都有相当高的期待。一般还希望，一个采暖系统能长年无故障地运行而且用户的要求都能得到满足。这些都是以一个整体考虑为前提，也就是说，不仅考虑到参加系统方案决策过程的各方的不同想法，而且还有从设备投入运行、维修、保养直至设备更新等时间方面的考虑。整体考虑的内容首先是要大家确定谁的价值观具有优先权。然后，才能使业主和用户的需要合理地具体化。因此，系统方案优化的路径也就预先确定下来。但同时也要说明，除了优化的方案，不可避免地还会有一些其他技术上可行的方案在决策过程中（也许出于偏见）被认为没有什么优点或甚至把它看作漏误而不予考虑。

一般来说，不存在一个既适用于其个别情况又适用其他所有使用情况的最佳采暖系统，这是与某一委托方那些与各自项目有关的期望和需求关联系起来的。在理想情况下，只有一种采暖系统为最佳方案，如果这个系统具有所有符合项目边界条件所必需的以及又可以从用户的期望和要求中得出的额定功能。这样一个总的规定以这种设想为前提，即一个采暖系统应该能完成一个以上的任务，在任何情况下都具有多种功能，而且这些功能都必须是可以评估的，也就是说，对此必须引入评估和决策的标准。

有关可想象出的采暖系统的额定功能以及比如按照数值分析规则[2]引入不同采暖系统评价方法的概况，首先为采暖工程提供一个一般适用的规章框架，然后是一个用来实现与项目有关的最佳方案的操作模型，以及一个可以把各种设备方案或单个部件进行相互比较的方法。

1.2 采暖工程中的价值分析

赖斯（Raiβ）在里彻尔教科书第15版[3]的序言中这样写道：

"采暖和空调设备的任务就是，在逗留和工作的场所创造出一个通过使用制约的室内气候环境，它不依赖于室外气候和建筑物的内部过程。"

这里用一个毋庸置疑且不受时间限制的方式表达了"采暖和空调设备"的主要功能❷："创造室内气候环境"。

今天，时髦的人不仅要求在其居住和工作的环境中具有舒适性，在里彻尔教科书发行时，一个尽职的工程师也提出了更多的要求：尽可能地降低能耗，尽可能地减少对环境造成的污染。另外还有一些其他要求，诸如通过采暖空调系统怎样营造出一个舒适的环境。自此以后，边界条件就发生了变化。例如，立法者在短时间内一个紧接着一个颁布了多项有关降低能量需求的热保护法规。由此又必须牵引出采暖系统的其他功能，比如，"设备能耗尽可能地低"或"环境污染减少到最低程度"。毫无疑问，在考虑采暖设备方案或彼此进行比较时，除了要优先考量其主要功能即"创造室内气候环境"以外，一些其他功能也要一起予以考虑。当然，这些是以一个把多种目标捆绑在一起的整体运作方式作为前提，比如，这在其他工程项目中已应用且证明是有效的价值分析[2]。这种运作方式容易灵活地适应于改变了的边界条件，通过科学地寻求到一个所要求的设备功能来适应提出的新要求。

在采暖工程上表述其功能的目的在于：

（1）尽可能全面地认识一个要设计的采暖设备或其部件的所有重要性能；

（2）能够摆脱在设计时不经考虑而采纳传统的运作方式或者局限在畅销的设备及部件，从而找到多样化的运作空间，亦即扩展思路；

（3）充分利用扩展的思路，也就是激发创造性。

为了达到这些目标以及满足其他的要求，在数值分析中已接受由一个名词和一个动词组成的描述功能的一个词组，比如"环境污染减少到最低程度"。为了自觉地对在采暖工程中的经验和偏见的强势保持距离以及在边界条件及要求可能改变的情况下赢得必要的创造性，图1.2-1简要地给出了一个设备系统设计的思路，即从具有边界条件及事关具备一定功能的设备性能要求的规定直至所期望的设备。

但还存在一些不能用功能来表述的设备性能（图1.2-1）。这些是由技术上的基本要求来确定的，但同样也属于规定，比如：耐压、密封、耐腐蚀等性能。这样一些不取决于前面所述的规定的基本要求，也是标准、准则、规范。通过这些标准规范，比如说规定了管道的连接和安装的可能性或者管道的保温层厚度，它们应称之为"固有性能"。那么，除了那些固定要求的功能以外，这些必须视为不可缺少的（在价值分析时文献[2]也说成是与产品开发相关的"解决问题的条件"和"制约解决问题的规定"）。

为了选择和拟定一个采暖系统重要的功能以及评估不同的方案，对此则需要"评估标

---

❷ 正如已在1.1节中已引入的功能，其意义是指按要求起作用的一种性能。

准"（图1.2-1）。而这些标准可从规定的目标和一般适用的规范、准则及类似的法规演绎得到。因而配合每一个功能规定一个评估标准。而每个标准只有引入一个价值定义才具有说服力。在这种情况下，把价值理解为重要性，对"某某"来说就是采暖系统或部件所具有的重要性。这个"某某"可能是一个人、一个机关或是一个公司（参见1.1节的例子）。

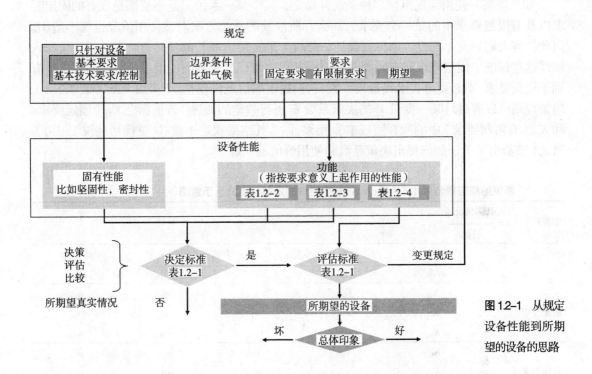

图1.2-1 从规定设备性能到所期望的设备的思路

因此，比如说一个采暖设备的价值，应该在主观上从设备制造厂家的观点或从用户的观点来定义，且这两者是有区别的。在这两种情况下，可以很清楚地看出其不同之处，因而不能判定其为一般适用。

一般来说，评估分为两个步骤：

（1）引入一个实现率，即真实情况与目标值之比；

（2）给评估标准加权。

现在只有一个选择的评估标准，亦即实现率是1或0的评估标准。这其实就是决策标准，在这些标准中表述了固定要求或有限制要求中的规定目标。比如说一个固定要求是满足热负荷；而有限制要求就是设备的生产成本不能超过某一限额。再举一个有关有限制要求的例子，现作为一个起码要求，即一个燃烧装置的有害物质排放量至少要减少到 RAL- 环保标志"蓝色天使"❸所规定的指标。

第三个评价标准包含了期望要求。因此，一般是希望一个采暖设备应尽可能地经济地运行，也就是说，优先选择的是设备的经济性。期望制造及后来的耗费及运行的总费用达到最低。此外，在仔细考虑经济愿望的时候，人们还发现，这其中还包含了上面述及的有

---

❸ 在德国质量安全及标志研究所的称之为 RAL- 小册子 [4] 中，生产厂家联合会一致同意环保标准并用环保标识对相应的产品予以标志。

限制要求，亦即不得超过某一最高价格。因而实现经济性这个功能可以分为两个子功能，认识到这个情况，在各种采暖系统的竞争面前，就容易决策了。由这两个子功能"不逾越最高价格"以及"总成本降到最低"，举例来说可以得出：如果一个系统已超出最高价格，那么，也就不必再详细进行总成本的计算。

如果就某一使用情况审核多种系统并确定，其中某一系统只是不能满足现有的固定要求以及有限制要求中的某一个要求，那么，所涉及的系统方案对该使用情况也就不适用。因此，当人们研究（开发、选择、设计、分析）采暖系统及其部件时，就有必要首先深入探讨这些标准。固定要求和有限制要求应概括在决策标准单独的一组中。对它们而言是有别于期望要求，不必要再去求找加权系数，它们提供的信息仅仅是"是"或"否"（表 1.2-1）。决策规则可以通过对某一变量 V_i 的决策系数 E_i 进行数学的表述：若把标准 K_{Fj}（固定要求）和 K_{Gj}（有限制要求）中的所有实现率 w 相乘，那么其结果就是 1 或 0（更确切地说 1 ∨ 0）。第 3.1 节给出了关于如何提出决策系数和使用价值的例题。

根据灿根迈斯特尔（Zangenmeister）建议制定的价值分析示意图 [2]   表 1.2-1

实现程度	$w=\dfrac{真实情况}{目标}$				
		变量 i（下标第一个数字）			
	标准 j	V_1	V_2	V_i	V_n
固定要求	K_{F1}	w_{F11}	w_{F21}	w_{Fi1}	w_{Fn1}
	K_{Fj}	w_{F1j}	w_{F2j}	w_{Fij}	w_{Fnj}
	K_{Fn}	w_{F1n}	w_{F2n}	w_{Fin}	w_{Fnn}
有限制要求	K_{G1}	w_{G11}	w_{G21}	w_{Gi1}	w_{Gn1}
	K_{Gj}	w_{G1j}	w_{G2j}	w_{Gij}	w_{Gnj}
	K_{Gn}	w_{G1n}	w_{G2n}	w_{Gin}	w_{Gnn}
变量 V_i 的决策系数 E_i：	$\left[\prod_{j=1}^{n} w_{Fij} * \prod_{j=1}^{n} w_{Gij}\right]=1 \vee 0$				
期望要求的标准	加权			$E_i=1$ 的变量 V_i	
K_{w1}	g_1			w_{i1}	$g_1 w_{i1}$
K_{wj}	g_j			w_{ij}	$g_j w_{ij}$
K_{wn}	g_n			w_{in}	$g_n w_{in}$
总使用价值	$N_i \sum_{j=1}^{n} g_j w_{ij}, 0 \leq N_i \leq 0, N_i \sum_{j=1}^{n}=1$				

下面举例列出了想得到的一个室内采暖系统的额定功能。这些显然都不够完整，这是因为只有对一个具体的项目才能列举出一个全面完整的表。

首先列举出那些划分成总体功能和部分功能的功能，这些功能由用户观点或设备制造厂家的观点是固定要求的（表 1.2-2），或者是可提出的有限制要求（表 1.2-3），然后才是期望能够实现的那些功能（表 1.2-4）。基本上同样的功能内容有可能同时以一个固定要求和一个有限制要求的形式或一个有限制要求和一个期望要求的形式给出来。

1.2 采暖工程中的价值分析

固定要求的功能 表 1.2-2

总功能	子功能
满足热负荷（逐个房间）	满足传递热负荷
	满足通风热负荷
	保障室内标准温度
满足功率需求（热量分配部分，生产部分）	
确保安全	避免在人员逗留区有名火
	避免温度过高
	避免有尖锐的棱角
确保卫生	能够清扫
	避免污染
	避免在室内产生有害物质

有限制要求的功能（最低要求，最高要求） 表 1.2-3

总功能	子功能
限定舒适性赤字	补偿辐射赤字
	阻止下降气流
	避免穿堂风
	保障舒适性区域
	限制噪声产生
	预留预热升温功率储备
确保卫生	不能逾越限定的有害物质浓度
限制设备能耗	保证最小使用率
	保证最低的控制要求
	限制用户的影响
	限制浪费的可能性
实现经济性	限制制造成本
操作方便	产热设备自动运行
环境污染减少到最低程度	遵守有害物质浓度的限值

期望功能（例子） 表 1.2-4

总功能	子功能
创造舒适性	造成一定的空气流动
	保持一定的温度
设备能耗降低到最小	室温控制
	充分利用得热（比如，被动式太阳能利用）
	调解供水温度、降低负荷（时间上，逐个房间）

续表

总功能	子功能
	限制（比如来自用户）错误的影响
	避免因不当要求而带来的热损失
	余热回收
	再生能源的利用（热泵，太阳能）
实现经济性	总成本降到最低
	（与资本关联的，与消耗关联的，与运行关联的）
改善运行状况	开关频率降低到最小（对产热设备而言）
占地需求最少	
做到具有技术适应能力	有可转换能力
	（到其他的能源供应系统）
	具有组合使用的能力
	（与不同的产热设备）
操作方便	建立需求检查
	（住宅范围的采暖设备有调节和监控）
有美学效果	
（散热器可用作为造型元素）	
提供额外用途	
（卫浴散热器可作为挂毛巾用，散热器作为胸墙，楼梯间	
扶手等等，产热设备同时用于饮用水加热）	
环境污染减少到最低程度	优化燃烧过程
	利用再生能源（热泵，太阳能）

  对一个具体的建筑物做采暖系统方案，第一步是从功能表格里挑选重要的功能，也可能再补充一些尚缺的功能。那么，在这种情况下必须确定应按谁的观点，以及因此又是谁来给出这些评估的规定。尽管原则上这是自由决定的，但还是建议一般采纳用户的观点。只有那些同生产有关的一些特殊功能以及涉及到技术上的基本要求以及技术上是否可行的功能，应听凭设备制造厂家的评估。优先考虑用户评估的理由是因为采暖设备的最大多数的功能是直接在用户处发挥作用，并且起决定性的因素是看用户的认可，因为每个建筑物系统合理的、经济的运行是与其工程设备联系在一起。

  与此相关，20世纪80年代初的实验结果证明，用户对能耗有着惊人的影响：在平均保温水平的建筑物情况下的能耗比可能是1:2，保温好的建筑物甚至可达到1:4，而在低能耗房已证实其能耗比为1:7。

  评估标准定位到用户的结果是，把对采暖设备的要求的研究同舒适性及美学需求的研究更紧密地关联起来。不同的是，早先阶段采暖工程的研究着重点在于设备部件的生产厂家，看如何适合他们合理的生产。经过数十年的整合，现在的散热器已规格一致并大批量的生产。

现在用户需求的不断增长，其结果不仅是带来很大的市场供应，而且需求也由于其自身的缘故在增加。这些起初每个人出于他本人的经验，会把一个未经证明的判别而出现的假设认为是事实。对此甚至还有一个定律，即所谓的"心理物理学基本定律"或韦伯－费希讷（Weber-Fechner）定律。因此，经验告诉我们，例如某人在一个阴雨、寒冷、大风天气的情况下散步之后，走进一个茅屋，即使这个茅屋很简陋，保温也很差，仅用一个很老式的劈柴火炉来取暖，他也感觉到了真正的舒适。而且，此时也决不会把透过吱吱作响、不密封的窗户的寒风当作舒适性赤字，而是把它看作为一个好事，因为在这种情况下，是希望湿衣服能干得快一些。如果某人在同一天回到他的具有现代化热水采暖设备的度假宾馆，在这温暖如春的房间内，他会感觉到有一种不舒适感来自阳台的门。起初，还以为阳台的门不密封，然而，仔细的（也许是专业训练有素的）观察告诉我们，这仅仅是由于窗户冷壁面的冷辐射以及下降到地板表面的冷气流对人的干扰。同一个人几乎在同一时间，基本上也不存在环境适应的问题，怎么会在一个高刺激水平的环境中的强烈刺激差别下产生的敏感差别与在一个舒适环境中（很低的刺激水平）几乎没有注意到的刺激差别下所产生的敏感差别差不多相同甚至还要小一些呢？这个关于刺激和敏感之间关系的问题以及由此带来的需求增长的问题不仅仅是提出了例子中所述及的舒适性问题。对此，首先完全一般性地把与感官敏感性有关联的因素都作了试验。从而注意到，视力依赖于光的刺激以及听力有赖于声的刺激。这个问题首先在于，刺激可以用一个可测量的物理量（比如声压）给出，然而由此引发的敏感问题却是不可测量的。由于敏感还受主观评价的影响，那么，就使问题变得更困难了。19世纪初，韦伯（E. H. Weber）和费希讷（G. Th. Fechner）找到了一个解决问题的办法，用一个诀窍使得主观因素的影响不再被考虑。这两位研究人员在试验中仅仅把敏感差别 ΔE 与在不同刺激水平 R 的情况下的刺激差别 ΔR 关联起来。在费希讷的两本迄今被认为是通俗易懂的著作[5]中还引用了韦伯的东西（他是用拉丁文发表的），他在1834年大致如此写道：出口刺激 R 越强烈，刺激差别 ΔR 也必然增长得越大，以便产生一个感觉差异 ΔE：

$$\Delta E \propto \frac{\Delta R}{R} \tag{1.2-1}$$

费希讷（G. Th. Fechner）完善了这个公式，让敏感强度与刺激的对数成正比：

$$E = k \ln R \tag{1.2-2}$$

对比例关系式（1.2-1）进行微分后得到一个更好的表达式：

$$\frac{dE}{dR} = \frac{k}{R} \quad 或 \quad dE \propto \frac{dR}{R} \tag{1.2-3}$$

图1.2-2简单描述了这个关系。敏感以一个刺激波 R'_0 开始，根据刺激这个刺激波为某一确定的物理量。图中横坐标描绘的是以刺激波为基准的相对刺激 $R = R' / R'_0$。如图1.2-2所示，在某一微弱的刺激水平 R_1 的情况下，一个很小的刺激偏差 ΔR_1 就足以产生一定的与在很高的刺激水平 R_2（但较大的刺激差异 ΔR_2）情况下相同的感觉差异 ΔE。这恰恰是从数学的角度描述了度假人在相继经历的两种不同环境中的感受。

如果人们把在图1.2-2中描述的规律用于要求改变的情况，那么，在该例中对于刺激 R_1 来说，可以置入在一个现代化自动控制的热水采暖的情况下所显现的总的干扰潜能。这个干扰潜能肯定小于在透风的茅屋中用手烧采暖炉取暖的情况下的干扰潜能。因此，在现代化热水采暖的情况下的一个小小的刺激增长就已经产生了一个很明显的感觉差异 ΔE，

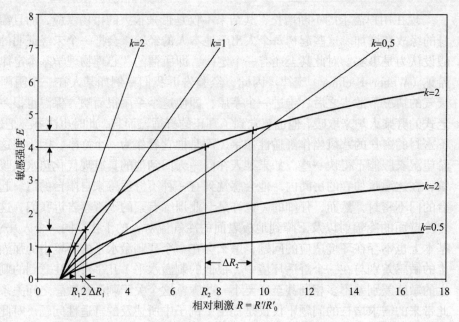

图 1.2-2 敏感强度 E 与相对刺激 $R=R'/R'_0$ 之间的关系

而这种感觉差异在用手烧采暖炉采暖的情况下要通过一个很大的干扰才会达到。或者换句话说，越是舒适无干扰的采暖，越容易感觉到其欠缺或干扰，并想方设法来补救。这一点亦以同样的方式适用于舒适性的要求，而研发也正是服从这个规律。谁已经习惯于墙壁之间或墙壁与空气之间温差较小的房间，那么，很小的温度偏差比如窗户温度偏差，他就会感觉得是干扰。此外，建筑物保温性能改善，而因此围护结构表面之间的温差减小，然而实际上不会导致感觉不到这个温差，相反，人们还是要更加小心地注意排除这个尚存的温差。如果在很小的干扰潜能 R 和一个相应很小的干扰偏差 ΔR 的情况下，还会出现一个明显的敏感强度 ΔE，那么也就还会存在一个相应的需求。这个需求当然只是提得更高，通过上述的例子能明显地表达：若是在一个透风的茅屋里用火炉取暖所产生的舒适性，只要求有一个功能即"满足热负荷"，在舒适的配有现代化设备的宾馆里就期望还有一个额外的功能，即补偿辐射赤字和阻止下降冷气流。这就意味着，需求的继续增长扩展了工程技术产品，也包括采暖系统的额定功能的数量及种类。

我们知道，基本上只有对一个具体的项目才可列出一个完整的功能表，类似于此，当然一个评价标准目录及其先后顺序也只能针对某一具体项目对象而言。在个别情况下，业主想要放弃所列举的能想得到的功能中的一个或多个，比如放弃功能"避免在人员逗留区域有明火"，因为他想要享受一下一个开式壁炉的乐趣，或者他认为某一个尚未列在表中的功能比如"采暖费用"很重要。尽管如此，一般对中欧的普通住宅楼的采暖系统来说能够确定哪些功能属于固定或有限制要求，哪些功能只是期望要求。如果忽略期望要求情况下的先后顺序，也还可以知道哪些功能能够很容易实现，哪些功能只有用另外一些特殊的设备或装置才能实现。

以这样一个一般性确立的目标，应对下面列出的可想得到的额定功能进行讨论。对此，应该看到，这不是关乎研发的一个方法，用它来尽可能简单设计一个什么采暖系统，而是借助于这些功能表对一个项目得出的各种可以设想到的方案加以分析，最终为用户找出一个最佳的方案。因而在选择评价标准时必须有意识地突出区别特征并且不能用简化的目标来回避这些区别特征。

在表 1.2-2 中所列举的两个总功能一般是由固定要求得出来的。这些要求是如此显而易见，以致在词的原意上即可区别其特征，不能再从中派生出评价标准来。假如解决问题的先决条件即规定在建筑物方面已经实现，比如这些已在德国还生效的热保护法[6]中规定，这一点也适用于"满足热负荷"的功能。所有熟知的采暖系统都应满足在这些条件下产生的热负荷（按标准 DIN 4701[7] 计算出的且作为标准热负荷）。为此得到一个不受限制并且不把任何系统排除在外的评价标准。与标准热负荷固定联系在一起的则是室内标准温度，并由此推导出一个准法律的关系："满足热负荷 = 舒适性"。这样得到的舒适性对不同的采暖系统都没有区别特征。系统的一个不同之处可能只是系统本身的特性，亦即具有舒适性作用的设备功能的范围以及各自的使用价值。

功能"确保安全"在古代的采暖设备中通过把火灶放到居室范围之外就已经实现了，亦即火炕采暖系统[8]。这种集中采暖系统还实现了其他一些功能，比如炉灰没有落在居室范围内，从而实现了"确保卫生"的功能，而且，"奴仆"就可承担采暖系统的运行工作，实现了"操作方便"的功能。今天，集中采暖系统中的产热设备已能够自动化运行（不再需要"奴仆"）。此外，"确保安全"的功能里还有一个子功能"避免温度过高"需要值得注意。在人员逗留区，为了保证孩子安全，仅仅避免散热器有尖锐的棱角还不足以保障安全，散热器的表面温度还不应超过 60℃ [9]。总体来说，许多安全措施的不到位都会限制到采暖系统的应用。

有些主要功能的子功能如"确保卫生"也同样可以理解为固定要求："能够清扫"，"避免污染"以及"避免产生有害物质"。如果人们把室内空气当作生活资料，那么不言而喻，空气中就应不含有害物质以及有气味的东西，那么所有的与室内空气接触的设备部件，就必须像打扫客厅一样把它清扫干净，特别是室内的散热器表面，空气加热系统的送风风道及换热器。如果对于那些由于技术原因不能清扫，即使其他的所有期望的功能都得到满足的系统，在相应必要的要求不能满足的情况下也把它筛选掉。这一点同样也适用于那些有危险的即是把有害物质（比如烟气）带进室内空气的系统，或是那些在居室内产生灰烬的系统。

那些在通常情况下有限制要求的功能都列在表 1.2-3 中。它们中的一部分还与固定要求有关联，但不同于这些固定要求的地方是它们有可能明确地区别出哪些只是设备方案变量，哪一个是目标设备系统。

用户期待的采暖系统最重要的功能大致就是"创造舒适性"。这里所指的是从热力意义上讲的舒适性，但一般意义上的讲的舒适还包括"避免产生噪声"。

用户起初并不知道"创造舒适性"功能还可以分为许多子功能，因此，只有在经某一专业人士作了相应的说明之后，在用户的想象当中才出现固定功能"满足热负荷"的概念：该功能保证室内的标准温度在标准的室外温度的情况下会得到保障并且在采暖的情况下会达到在室内或室内的某区域所要求的 PMV（参见原著第 1 卷第 C2.5 章及文献 [10]）。正如所述，不能拿功能"满足热负荷"来评估不同的采暖系统（因为该功能必须具备），而是要考虑其他的带有舒适性作用的子功能，而且，这些功能可以同有限制要求："排除舒适性赤字"并进一步分为子功能"补偿辐射赤字"或"阻止下降气流"（图 1.1-1）在其效果方面进行比较。例如，对于一个要有预期效果而安置的散热器，至少要有与窗户面积相匹配的尺寸和温度。只有这些子功能才适于对一个系统做出决定，才有可能有针对性地对系统加以改进，这些必须在设计中予以注意。

在表1.2-3中列举的另一个子功能"避免穿堂风"是与"阻止下降冷气流"联系起来的，这是因为，在这里连带考虑了带有机械通风的设备，它与热力气的作用无关，可引起亦或排除穿堂风。

子功能"避免产生噪声"技术上是同要求联系在一起的，尽量把可想象得到的来自逗留区的噪声源，比如一个风机置于室外。一般，没有这种噪声源的采暖系统的倒更为普遍地使用，而且从一般的评估来说，更具有优势。

如果关系到由通风来保障有害物质极限浓度的问题，那么，类似于热力方面的舒适性，应该讨论主要功能"确保卫生"。这里必须通过试验来确定所必要的通风耗费，以便保证在某一房间的人员逗留区内的有害物质不超过某一极限浓度值。这些主要是给工厂车间或会议室采暖和通风提出的问题。其余的卫生要求一般作为固定要求来加以讨论。

接下来在表1.2-3中所列举的总功能主要包括了具有期望特征的子功能。因此，作为主要功能"设备能耗降到最低"的大多数子功能同样看作期望而不是有限制要求来予以重视，并且就像其他所有的具有愿望特征的评价标准一样，把努力节约的结果通过实现率可用一个数字来评估。但另外两个子功能可用最低要求来表述："保证最低使用率"和"保证最低的控制要求"。第一个提到的功能基本上与热量生产有关，第二个是涉及到室内热量移交使用部分；后续的还有功能如"逐个房间控制"或"保障额定温度"或在房间负荷波动的情况下具有快速反应的能力。

除了子功能"限定制造成本"，功能"实现经济性"基本上也具有期望特征；在前者情况下，很简单规定出一个限制金额。但比如具有确定每年应付的息金与部分债款的财政计算只是在得知与资本关联的、与消耗关联的、与运行关联的费用的总体经济性情况下才需要进行。然后仅仅由此得到一个实现率（所以也属于期望标准）。

"操作方便"的功能基本上属于期望标准。这里存在着不同的追求这个目标的等级，但毋庸置疑的有一个基本等级，一般说确定为最低要求："制热设备自动运行"。这一点就是在今天即使是最简单的采暖系统也希望作为一件自然而然的事情。如果做到可分别影响一个采暖设备的各种功能，那么，其操作就变得灵活方便了。

有些功能，它们部分地含有有限制要求的内容，但基本上又具有愿望特征，"环境污染减少到最低程度"正是属于此类功能。比如，在这儿作为有限制要求的内容是必须遵守有害物质浓度不得超过某一限定值，这一点基本上涉及到的是制热设备。此外，它又可以表达这么一个愿望，即替代石化燃料并且不取决于成本，尽可能多地利用太阳能来制备采暖所需要的热量（比如利用太阳能集热器）。

表1.2-4中所列举的功能都明显地具有期望特征，也必须对它们提出评估标准。虽然是最后讨论这个问题，但从某种意义上说，它们并不因此就是次要的。不过在没有实现或实现不好的情况下，某些讨论过的方案变量不能排除在外，它们通过其个别的使用价值会影响决策的顺序排名（表1.2-1）。

综观所列举的固定要求及有限制要求（表1.2-2和表1.2-3），鉴于对在中欧一般的住宅楼所设计的现代化的采暖设备，可以确定，实际上没有要求是可以放弃的，特别是对安全的要求，在人员逗留的区域避免有明火的要求更是不能放弃。因而确定：

一个房间的现代化的采暖系统必须把热量移交使用和热量生产部分分开。

从功能概述中还可得出一个第二的一般性的结论：

很多要求能够得以实现，都是与设备系统有关，该系统不仅在室内而且在热量的生产及其分配方面提供足够多的设计自由度（自由度的数量和要求的范围是相互对应的）。

由此又得出结论：

同其他设备系统相比，最具多种自由度的设备系统显示了最高的研发水平；它同时也是最普遍的，亦即能得到最广泛应用的系统。

因此对不同的采暖系统现在有了一个一般性的评价标准和一个普遍适用的规则结构，这些为第 2 章的系统结构和系统概况奠定了基础。

价值分析的运作方式进一步为一个与项目相关的采暖系统的设计方法（论）提供了一个模式。下一步从中也可以得出针对单个设备的部件的额定功能，或者换句话说，这样就可以对设备部件的研发制定出设计责任书（参见第 3.1 节和第 3.2 节）。通过按固定要求、有限制要求或期望要求对功能的粗略分类，证明价值分析的运作方式的优点在于，要精确的以及计算的来试验方案变量的数量能够严格地得到限制。许多（常常由于偏见）拿到讨论中的方案，就能以客观和可以理解的方式加以淘汰，除非它们有可能事后通过有意识地在评估过程中改变要求再被拿出来。

价值分析的运作方式最终是作为设备系统及其部件进行相互比较的基础（参见第 3 章）。

参考文献

[1] Bauer, M.: Methode zur Berechnung und Bewertung des Energieaufwandes für die Nutzenübergabe bei Warmwasserheizanlagen. Diss. Universität Stuttgart, 1999 (LHR-Mittlg. Nr. 3)

[2] Wertanalyse; Idee-Methode-System. Hrsg. vom VDI-Zentrum Wertanalyse, 4. Aufl., VDI Verlag, Düsseldorf 1991.

[3] Raiß, W.: Heiz- und Klimatechnik. 15. Aufl., Band 1, Springer-Verlag Berlin, Heidelberg, New York 1968

[4] RAL-UZ Umweltzeichen-Richtlinien 3.79, Dt. Inst. f. Gütesicherung u. Kennzeichnung, Bonn.

[5] Fechner, G. Th.: Die Elemente der Psychophysik. 2 Bde (1860), Nachdruck durch E. J. Bonset, Amsterdam, 1964.

[6] Verordnung über einen energiesparenden Wärmeschutz bei Gebäuden (Wärmeschutzverordnung-Wärmeschutz V) vom 16.08.1994 (BGBl I); ersetzt durch die Energieeinsparverordnung (EnEV) vom 21.11.2001 (BGBl I, Seite 3085)

[7] DIN 4701: Regeln für die Berechnung der Heizlast von Gebäuden. Entwurf August 1995, formal gültig Ausg. März 1983, ist ersetzt durch: DIN EN 12831, Verfahren zur Berechnung der Normheizlast. Ausg. 2003.

[8] Usemann, K. W: Entwicklung von Heizungs- und Lüftungstechnik zur Wissenschaft Hermann-Rietschel. R. Oldenbourg Verl. München, Wien 1993.

[9] VDI 6030: Auslegung von freien Raumheizflächen; Blatt 1: Grundlagen und Auslegung von Raumheizkörpern. Juli 2002.

[10] DIN EN ISO 7730: Ermittlung des PMV und des PPD und Beschreibung der Bedingungen für thermische Behaglichkeit. Ausgabe September 1995.

第2章 系统结构和概况

2.1 系统结构

正如从采暖系统的要求（额定功能）得到，在最普遍应用的采暖系统的情况下，必须把室内的热量移交和能量转换部分以不同的空间分隔开来。由于热量移交和能量转换部分被分隔开来，这样就产生了一个第三部分：热量分配。首先让我们来看看所谈到的这三个部分的概念：

（1）热量移交是一个比较复杂的过程，它不仅包含了把热量传递到一个散热器或换热器的表面，而且还包含了其动态特性以及通过控制技术使热量移交与热量需求的变化过程相匹配。对此阿斯特（Ast）在他的论文[1]中对这个过程给予了定义及特殊的技术术语，这期间在本专业范围内这个术语已被广泛接受。

（2）热量分配这个概念严格地按工程热力学的定义来说并不是很确切，它实际上应该是内能的分配，但这从专业的术语上来讲不是太习惯。

（3）就如同在采暖工程中把能量转换称为热量生产。

热量移交、热量分配和热量生产这些概念以及之后相应的设备划分都已纳入新的规范和标准当中，这也包括新版的 VDI 2067[2]。因为这三个部分的每一个部分都是独立分开，配合各自的尤其是用户的要求，每个部分在其设计的范畴内（自由度）可做到最佳化，所以最普遍应用的采暖系统具有最大的自由度，亦即体现了最高的研发水平。与这个想法相反，限制这三个部分（热量移交、热量分配、热量生产）的任一部分的自由度以及最后把三部分合并，一方面会导致系统简单化，另一方面会导致放弃各种设计的可能性。这对某些应用情况也许是完全适合的，以至于在这种情况下比较简单的具有较小设计回旋空间的系统可能是最好的。

把一个采暖系统划分成上述三个部分首先有可能通过相应的三个部分的设计确立所有要求的功能或至少能确定现有功能的实现率。所以，这种适用于最普遍应用的采暖系统的范围划分，第一可作为系统学用于研判或评估，也同样可用来描述各种采暖系统；第二，这种范围划分也可以是不同采暖系统运行模拟计算的基础，可以这样说，它特别信息化地描述了一个采暖系统。与其他相比，通过范围划分能以再复制的方式得到某一确定的采暖系统的能量需求以及在所选择的划分范围的情况下，各单一部分的能量需求（参见第7章）。除了舒适性以外，能量需求在评估标准中占据了很重要的位置，因为能量需求是其他评估标准（如环境保护）以及经济性的基础。上面述及的每一个部分在这里应理解为一个子过程，在这个子过程中，需求作为输入值，耗费作为输出值，该输出值对下一个子过程来说又是一个需求。因此，从一个所谓的参照需求这个基础出发就产生了一个需求展开，而参照需求也就是热量移交子过程的输入值。

建筑物采暖参照能量需求是在一定的气候条件下，首先取决于建筑物结构的性能（比如保温情况或者蓄热能力），然后主要是取决于不同的用途以及用户对各个房间的期望值，也就是舒适性。比如对特殊用途的房间，它给出所要求的室内温度和通风情况、运行时间和在运行期间所出现的室内热力方面的负荷。在这种情况下，不仅需要热而且还需要"凉"，例如在降温运行或有过高得热时及时中断采暖。在采暖工程中所惯用的概念"热量"，在第一个子过程中是作为"产品的移交"，并非切中任务的全部。因此最近在整个房屋工程设备行业中它通过一个目标明确的泛概念"使用"来加以涵盖[2]。譬如相对于热量或冷量的概念，它是有限制地被使用，而且直接使用于要满足的需求，比如要有一个舒适的环境，或是热水。因此，在这种情况下的新概念使用完全普遍地适用于：

（1）作为不同使用形式的泛概念：热量、冷量、物质（例如排走有害物质或输入热的饮用水）或者起美观作用、其他额外用途。

（2）精确评估，例如，只是把要输入的那一部分的采暖热量算作需求，而这部分热量是精确地等于预先给定的使用情况所需要的热量。因而把它定义为参照需求。

为了满足体现建筑物性能和使用情况而得出的参照能量需求 $Q_{0,N}$，使用要求的采暖热量的移交部分的能耗 Q_1 要明显地高于需求。能量 $Q_{0,N}$ 和 Q_1 是以负荷 $\dot{Q}_{0,N}$ 以及功率 $\dot{Q}_1$ 以面积为基准经全年累积（精确地是积分计算）而得。图 2.1-1 表明了某一房间吸收的来自不同热源的瞬时负荷以及补偿这些负荷所付出的功率 $\dot{Q}_1$。同样，图中还给出了子系统"热量分配"和"热量生产"部分所需要的功率 $\dot{Q}_2$ 以及 $\dot{Q}_3$。在采暖情况下，把所付出的功率 $\dot{Q}_1$ 和来自不同热源的负荷 $(\dot{Q}_S+\dot{Q}_P+\dot{Q}_E+\dot{Q}_R)$ 相加；其超出围护结构传递及通风负荷 $(\dot{Q}_T+\dot{Q}_L)$ 的过余部分首先滞留在室内，并且蓄存在围护结构中或者造成房间过热。其中一部分为时间延迟以额外耗费表现出来（图中用虚线标出）。一个建筑物室内耗费总和 $\sum \dot{Q}_1$ 是置于子系统热量移交和热量分配之间的边界上并作为子系统热量分配部分的需求值，在子系统热

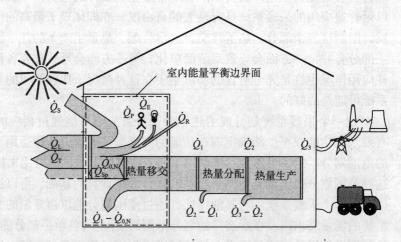

热量移交部分：用户的基本热量需求 $\dot{Q}_{0,N}$；太阳入射进来的得热 $\dot{Q}_S$；机器设备散热 $\dot{Q}_E$；人体散热 $\dot{Q}_P$；来自隔壁房间的得热 $\dot{Q}_R$；通风热负荷 $\dot{Q}_L$；传递热负荷 $\dot{Q}_T$；围护结构的蓄热 $\dot{Q}_{Sp}$；

设备：热量移交部分的需求量 $\dot{Q}_1$；热量分配部分的需求量 $\dot{Q}_2$；热量生产部分的需求量 $\dot{Q}_3$。

图 2.1-1 移交部分中功率需求的组成以及在设备系统中的需求展开

2.1 系统结构

量分配中同样要求较高的耗费量 $\dot{Q}_2$，这个 $\dot{Q}_2$ 又作为子系统热量生产的需求值，在子系统热量生产中则只应满足一个额外的耗费 ($\dot{Q}_3$-$\dot{Q}_2$)。图 2.1-2 中类似地描述了这个能量展开。因此，正如描述及计算展示的那样（总是以与使用相关的最佳设备方案为目标），要求把设计思路而且还有计算过程沿需求展开的方向进行操作，不要再走像迄今所沿用的从能量供应开始的路子。因此，应该从热量移交使用开始，也就是第一部分，由用户预先给定的参照能量需求 $Q_{0,N}$ 作为目标，然后在热量生产部分结束，这部分还应考虑到要满足热量分配部分以及能转换的耗费所要多投入的能量。

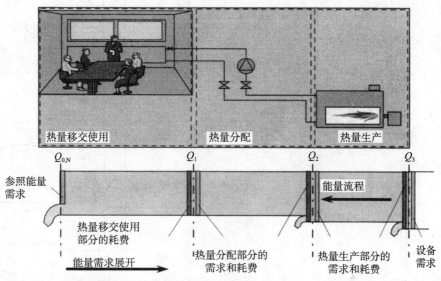

图 2.1-2 能量需求展开（根据新版 VDI 2067[B-2]）

图 2.1-1 和图 2.1-2 描述了一个采暖系统的范围划分。此外，如果一个房间还布置了一个带空气加热器的机械通风装置，那么以此类推，热量分配和热量移交部分之间的分界线划定在空气加热器的表面（图 2.1-3）。因此，空气到房间的输送部分以及送入室内部分都属于热量移交使用范围。可以同样的方式，来划分一个饮用水加热装置，热量移交使用范围以饮用水加热器的表面（图 2.1-4）开始，包括热水管道及其附件。

图 2.1-3 空气加热系统的热量移交使用（虚线为子系统边界线）

图 2.1-4 饮用水加热系统的热量移交使用
（虚线为子系统边界线）

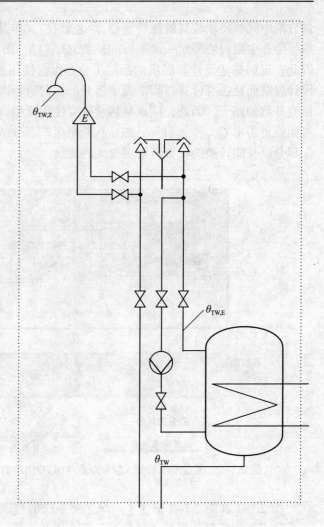

2.1.1 热量移交使用

一个由用户直接期望存在的采暖系统的所有额定功能，都可以理解为交付使用者。对此，只是把那些应该看成为前提条件的功能，比如："满足技术基本要求"、"确保安全"，或者"降低设备能耗"不属于此列。为了能尽可能全面地了解用户的期望，必须把那些额定功能详细地罗列出来。因此把"热量传递"功能概括为"满足热负荷"和"创造舒适性"两个功能。对于一个未经专业训练的用户来说，第一个述及的功能是难以理解，而第二个功能又太一般。子功能"满足传递热负荷"以及"满足通风热负荷"从用户的眼光来看太抽象。用户希望，在其要求区域内，室内空气以及围护结构表面的温度能保证一定的值，并且室内空气足够的"新鲜"。采暖专业人员把用户的这个希望翻译成子功能"满足传递热负荷"和"满足通风热负荷"。因此，作为使用出现的是维持室内围护结构表面温暖和已加热的室外空气，也就是需要加热空气和用室外空气来通风。

功能"热量传递"从另外的角度来看太一般：一部分热量可能没有使用效果在被传递，比如，设置在顶棚下的采暖辐射装置的对流换热，或更为普遍的原因，采暖设备的功率和

2.1 系统结构

热负荷不完全匹配。

功能"创造舒适性"必须更详细地予以说明。维持围护结构表面一定的温度意味着通过平衡冷辐射以及阻止冷的下降气流，以排除来自冷的围护结构表面如窗户的干扰，也就是达到一定的气流组织。因此这两个功能也有助于热量移交使用。

另外一种采暖设备所希望的并且已超越了"热量传递"功能的使用是其必须具有一定运行过的可能性。这样某些房间只是间歇地或是有区别地加以使用，也就是说，可依时间而定期望有不同的室内额定温度。除了迄今所描述的对节能有重大意义外，在这种情况下，相应的操作灵活性应该也作为使用列举出来。

最后，美观作用（散热器作为室内装饰元素）或是其他额外的用途（卫浴散热器作为挂毛巾架）等也都可以纳入使用表（表 2.1-1）。

采暖工程中热量移交使用部分的额定功能　　　　表 2.1-1

热量传递 加热围护结构表面 加热室外空气	用专业语言	满足标准热负荷 满足传递热负荷 满足通风热负荷 确保室内标准温度

弥补辐射赤字阻止下降冷空气
变化室内额定温度提供操作灵活性具有预热升温储备
制造一定的空气流动产生空气层
达到美观效果具备额外的用途

热量移交使用的核心范围（表 2.1-1）是人员逗留区域❶，其系统边界（用于能量平衡），一方面是房间的围护结构表面（墙壁、地板、顶棚及窗户），另一方面是室内散热器（板）。因为围护结构表面的温度不仅受采暖设备的影响，而且还受天气变化过程（如太阳辐射、外界温度）以及建筑围护结构性能（保温、蓄热能力）的影响。因此，主要是采暖设备的热量移交系统的动态作用功能不应独立于房屋结构的性能来进行评估。那么，热量移交使用系统进一步表征为设备性能亦即其热惯性以及和散热器连接在一起的调节机构的调节性能。

实现"加热室外空气"的功能，最简单并且最常见的方式就是通过打开窗户或因房间不密封透过缝隙而渗入的室外冷空气与室内空气一起由安装在室内的散热器加热。但是，采用其他可能的方式还会得到一个更大的自由设计空间，那就是把室外空气经过一个特殊的空气处理设备（其中至少配备有空气加热器和风机）通过风道和送风口输入房间。这种自由设计空间只是在室内散热器已满足其传递热负荷的情况下才扩大。这样的送风装置，比如配备有空气加热器、热回收器以及风机，是通过一个风道、一个送风口与一个房间（复杂一点的话与多个房间）连接起来的。如果现在把传递热量的表面统一看作为热量移交使用的系统边界，那么送风风道也就属于热量移交使用范围（图 2.1-3）。这种形式上的、而且在计算处理时也相当有利的边界划分，从卫生使用的角度来说也是一致的：风道内的清

---

❶ 按 VDI 6030[见文献 9]作为"要求区域"给出。

洁卫生同房间内的清洁卫生一样重要。因此，仔细地考虑，特别是从卫生的观点出发，风道也是属于热量移交使用部分。风口对热量移交使用部分来说，有着一个额外的功能，它可在室内产生一个具有确定的流动方向、速度以及温度分布的气流（参见原著第2卷）。同时，这一点可以作为使用来评价，它是否达到改善人员逗留区域的空气质量以及减少必要的送风量的目的。

因而具有一个送风装置而扩展的热量移交使用的系统边界，总括起来，一侧由房间的围护结构的边界面，另一侧在最简单的结构里由送风设备内的空气加热器的边界表面以及送风口，在最普遍的情况下是室内散热器（板）的表面、风道的表面以及空气加热器表面❷和送风口构成。而且这里也包含配有控制调节的热量移交装置的动态性能，也属于热量移交使用系统。

对于使用者来说，在整个空间内可以界定一个人员逗留区域的那些房间，比如大的工业厂房，可以通过有目的地制造两个稳定的空气层（排除负荷时分界或分区原理）把整个空间分成上面一层不被利用的区域和下面一层人员逗留区域（有要求区域）。那么，只要下面空气层的温度（及其成分）遵守额定指标就可以了。与室内散热器（板）的辐射必须对整个空间起作用不同，如果气流组织做得好的话（热量移交使用的质量），空气处理就可以只局限在下面的人员逗留范围。所以，热量移交使用的空间边界可以根据采暖系统的辐射作用或对流作用范围而有所区别。

2.1.2 热量分配

事实上，热量分配部分只是与热量输送（按热力学的概念应该说是输送内能）有关，而并不是像先前讨论的热量移交使用部分那样明显地与那么多因素有关。中央采暖系统热量分配的介质一般主要是水，很少是蒸汽或热油。如果有一个封闭的风道系统存在的话，从纯技术的角度来说，热量分配的介质也可以是空气。但空气通常是通过一个开放的风道系统直接送入使用范围的。因此，正如上面已经述及到的，这些都属于热量移交使用部分。因此，热量分配系统包括了所有的水力分配管网（封闭的）的部件，如管道、泵、调节装置以及室内散热器（板）和空调设备中的空气加热器。

热量分配部分的系统边界，一侧是热量生产设备的出口，另一侧是空调设备中的换热器或室内散热器（板）的表面。热量分配的介质除了影响分配系统本身外，还影响到热量移交装置以及产热设备的设计。因此，热量分配的介质就决定了整个采暖设备的特征。按照压力和温度高低把采暖系统区分为：热水采暖、低压高温水采暖、高压高温水采暖、低压蒸汽采暖、高压蒸汽采暖和负压蒸汽采暖。就低压和高温而言，还有热油采暖系统。

2.1.3 热量生产

在采暖工程中，热量生产指的是把燃料的能量或是电能转换成采暖的热量。把来自远程热源的热量输送到建筑物的分配系统，从另外一种意义上，也可以说是热量生产，还有来自太阳能集热器的热量同样也属于热量生产部分。当然，这两种提供热量的制热设备仅

---

❷ 更确切些：空气加热器或室内加热表面与水接触的表面。

仅是起着一个热量传递的功能，而不是能量转换的功能。如果不仅把采暖热量理解为直接散发到室内，而且也理解为传递给热水的热量，那么在燃烧过程中燃料的能量的转换总是直接发生的（室内的火炉、采暖锅炉）；在电能转换成采暖热量过程中可能出现中间过程，比如在使用热泵的情况下，首先转换成机械能。

热量生产系统的边界，一侧是热量分配的入口边界，另一侧是总系统的入口处，也就是燃料、电流、远程热源或太阳能集热器的太阳能输入的地方。所有在产热设备运行中必要的部件或是辅助设备（如蓄热器）都属于热量生产系统。

2.2 系统概况

按照需求展开（图 2.1-2），采暖系统的概况要从热量移交使用部分开始。这部分有着大不相同的实施方案以及从最简单的就是仅仅具有把热量传递给房间这一主要功能的采暖系统直到一个具有在表 2.1-2 中列举的额定功能的舒适的采暖系统的最大自由设计空间。现在把系统描述以如下形式：每次都是从具有最小设计自由度的设备出发，然后进展到具有最大设计自由度的系统。因而，从单个房间直接式采暖装置开始，这些装置就是把热量直接散发到房间，热量生产部分也是在同一个装置中，要用这种装置来解决舒适赤字，比如"补偿辐射赤字"或"阻止下降冷气流"是不可能实现的，这种系统一般描述到室内散热器（板）为止。室内散热器（板）是中央采暖系统的部件，它能满足室内空气环境和安全的要求，应该安置在最佳的位置和做最好的调节，也许还能具有额外的功能比如作为室内装饰元素（表 2.2-1）。

热量移交使用系统概况	表 2.2-1
设计自由度	小房间局部采暖装置
	• 单个房间直接式采暖装置
	— 壁炉
递增	— 固体燃料火炉
⇓	— 燃油采暖炉
	— 燃气采暖炉
	— 电直接采暖装置
	• 单个房间蓄热式采暖装置
	— 蓄热式火炉（瓷砖炉）
	— 电蓄热式采暖壁面（板）
	— 电蓄热式采暖装置
	• 多房间采暖装置（热风炉）
	— 直接式采暖装置
	— 蓄热式采暖装置
	大房间局部采暖装置
	• 直接式采暖装置

续表

— 热风机	
— 辐射采暖装置	
• 蓄热式采暖装置	
热风采暖（水-热风采暖）系统	
• 配有风道的中央热风采暖	
• 局部热风采暖（风机盘管）	
中央采暖系统中的室内散热器（板）	
• 一体式采暖壁面（板）	
— 热水地板采暖	热量分配
— 墙体采暖	
— 顶棚采暖	
• 自由采暖板（面）	
— 顶棚辐射板	
— 室内散热器	
系统组合	

热量分配及热量生产部分的方案变化余地相对很小；其方案变化都要纳入中央采暖系统并且必须同热量移交部分协调一致，而且这两者也是从具有最少设计自由度的设备开始的（表2.2-2和表2.2-3）。

热量分配系统概况　　　　　　　　　　　　　　表2.2-2

设计自由度	蒸汽分配系统
	• 高压蒸汽管网
	低压蒸汽管网
递增	负压蒸汽管网
⇓	
	热水分配系统
	• 循环系统
	— 重力
	— 泵
	• 连接方式
	— 单管系统
	— 双管系统
	普通铺管
	蒂歇曼(Tichelmann)- 铺管
	• 水力回路
	— 热量分配回路

2.2 系统概况

续表

— 有热量移交回路的热量分配回路

— 有热量生产回路的热量分配回路

— 有热量移交回路和热量生产回路的热量分配回路

热油分配管网
- 泵循环，双管系统
- 水力回路（如热水回路系统）

热量生产系统概况（建筑物作为一个采暖热量供应系统的边界） 表 2.2-3

设计自由度	热量生产来自传递热量
	• 来自太阳能
	— 空气集热器
递增	— 水集热器
	太阳能吸收器
	平板式集热器
	真空集热器
	热管集热器
	• 来自远程热源（远程热源热力站）
	— 直接式
	— 间接式（水 – 水 – 热交换器）
	由燃料生产热量
	— 燃烧
	固体燃料燃烧设备
	燃油燃烧器
	分层式燃烧器（"蒸发式"）
	喷雾式燃烧器
	带火焰混合
	带预混
	燃气燃烧器
	带火焰混合
	带预混
	— 采暖锅炉
	燃烧侧
	炉膛
	后置加热面
	水侧

续表

     火焰管 – 烟管 – 锅炉
       柱型结构形式
       组合式结构形式
    水管锅炉
      强迫环流
      强迫通流
   运行方式
     标准运行（没有冷凝）
     低温运行
     冷凝热值利用

用电生产热量
  — 电采暖锅炉（直接式）
    采用电阻加热器
    采用电极
  — 中央电蓄热器
    中央水蓄热器
    中央固体蓄热器

用环境能量以及电或燃料生产热量（热泵）
  — 压缩式热泵
    压缩机
      活塞压缩机
      螺杆压缩机
      透平压缩机
    驱动
      电机
      内燃机
  — 吸收式热泵

来自燃料的热电联产
  — 四冲程发动机的燃气轮机热电厂
  — 柴油发动机的燃气轮机热电厂

由所描述的系统分类得出的系统概况正是第 4 章划分的基础。

参考文献

[1] Ast, H.: Energetische Beurteilung von Warmwasserheizanlagen durch rechnerische Betriebssimulation. Diss. Universität Stuttgart 1989.
[2] VDI 2067 Bl.1 Wirtschaftlichkeit gebäudetechnischer Anlagen; Grundlagenundkostenberechnung. VDI-Verlag, Düsseldorf, 2000.

第3章 采暖系统的设计和方案比较

3.1 采暖设备的设计

人们发现，采暖有很多种可能性，表 2.2-1 大致上给出了在采暖工程中各种不同的热量移交使用。那么，就会产生这样一个问题：对一个已明确的使用情况，究竟怎样为其确定一个采暖系统。这个问题对一个有实际经验的人来说，会很快就有答案：人们可以按经验来确定选这个或那个系统。这种运作方式的优点同时也是其缺点，原因就是其回答像决定一样太仓促。大多没有经过专业训练的客户或用户得到的也仅仅是：大家都是这么做。最好的情况也就是（充其量是在多方的询问之后）给出了供货范围，但不说明决策过程或者根本就不逐个说明选择过程的理由。另外一个缺点就是，由于边界条件的改变，比如建筑物的保温性能提高了或者用户的要求增加了，经验和要求彼此之间就拉开了距离，那么就会出现从专业上讲合适而需求却得不到满足的设备。

因而，确定选用哪种系统的运作方式基本上取决于具体使用的整体情况。特别要需要注意的是：

一个简单的使用情况可能仅仅只有一个要求，即不管以何种方式，只要给房间（建筑工房、花园小舍、滑雪木屋等等）输入采暖的热量，那么针对这种情况，购置一个局部采暖装置[1]就足够了。在这种情况下作出一个决定就如同买其他任何一件消费品，所要考虑的仅是我能否买得起？或者这个东西我是否喜欢？技术方面的细则如功率的大小或连接的可能已经由生产厂家事先决定或者从安全角度的考量按规定予以保证。对要安装局部采暖装置的房间，首要的是了解室内基本状况和配置。如果一定要选择一个热功率的话，那么，最简单的办法就是视房间的大小而定。

复杂的使用情况与简单使用情况的区别在于它有许多不同的要求：这种情况不应该只是给要采暖的建筑物内的房间输送热量就可以了，而是比如说按规定的时间使室内的空气及围护结构表面达到一定的温度。这样所需要的设备就必须具备一系列的功能，而这些功能必须符合每一个使用情况，从而保证该设备既具有节能和经济性，又能让房间达到舒适性的要求。如果要求一个采暖设备达到今天的技术水平并完全满足用户的要求，那么，如何确定设备的各种不同功能，只能在一个相应复杂的方案设计中进行。第 1.2 节所介绍的价值分析为此提供了必要的方法。当然，先前所述及的简单的使用情况也可以用这个方法来处理：要求少，相应的基本功能也少（图 1.1-2）；或者相反：对于一个复杂的使用情况并随之而来的许多设备功能，那么在常常出现要求雷同的情况下，其决策也可能像一个购买过程那么简单。其中一个例子就是住宅楼里的楼层分层热水采暖。在给安装人员做简单

---

[1] 表 2.2-1 中上部所列举的局部采暖设备。

的安装作业决定之前,首先要有一份从热量移交使用到生产主要部件如循环燃气热水器(参见第 3.2 节)的制造厂家那儿的热量生产部分的整个设备的详细的标准设计图。

决策机构的详细讨论表明,在非常大的运作方式区别的背后存在一个或多或少复杂的但从方法论方面来说基本上统一的方案设计过程。然而这个过程在完全不同的条件下可能是:在产量很大的工业化生产的局部采暖装置以及小型采暖设备(产热设备是大批量生产)的情况下,其方案设计过程同产品研发是一样的,从时间上来说,研发远远是在对某一个确定的使用情况所要的采暖系统作出决定以前进行(参见第 3.2 节)。另外一种就是在单件生产采暖装置和较大的采暖设备时的情况,这些较大的设备是直接根据某一确定的使用情况做的方案。这种情况下方案设计只是设计的一部分,而设计的执行则是设备制造厂家(也可能是手工作坊或是设计者)。因此,在任何一种情况下,设计运作都迫不得已要与报酬挂钩,这已在给建筑师和工程师的报酬规定中明确下来[1]。设计中的决策几乎完全依赖于每个设计项目的经验,其中决策的自由空间常常是受项目委托方(建筑师、建筑商),偶尔还会受偏见的制约。对每一个现有的情况寻求最佳解决方案时,在传统的作业方式下,给不出一个系统的做法。付酬金的实际情况甚至也阻止了这种作业方式,这就是为什么建筑师和工程师的报酬规定还提出:在传统设计过程的所有阶段中都规定有基本业绩,也就是说设计人员无论如何应该做出的业绩,以及应该约定的特殊业绩;恰恰是这些业绩通常在重要性和复杂性方面,过低地估计了在有关要设计采暖系统的内容决策方面理由说明的工作。对基本业绩方面规定一个具有约束力的报酬计算,而与此不同的是,在特殊业绩方面却是自由约定的。一般只申请基本业绩并加以执行,这一点导致的结果是,不会考虑其他的可能性并且取消了对相应的所期望的设备功能特别是其经济性的考察和评估。

为了说明如何对某一明确的使用情况实现采暖系统的决策,在下面的实例中将演示进行设计方案过程的方法。该方案设计还包括前两项在给建筑师和工程师的报酬规定中规定的设计阶段,基础资料调查和前期设计(图 3.1-1)。类似于在图 1.2-1 中描绘的思路,但

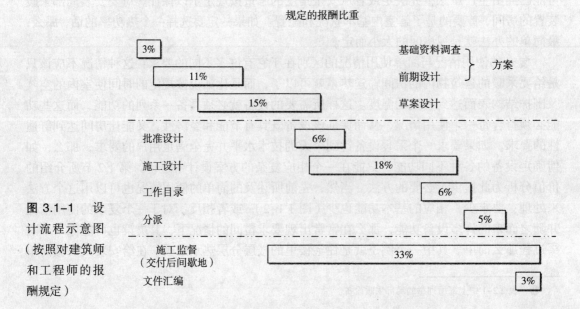

图 3.1-1 设计流程示意图(按照对建筑师和工程师的报酬规定)

3.1 采暖设备的设计

从概念上说,它更为详细地加以说明。应该强调的是,在做方案设计时,在各种可能想象的方案之间做决策是基本的,为此简化的计算模型不仅足够了,而且是颇有益处。精确的计算只有在设计真要安装的设备时才有必要。

例1 一幢多层住宅楼

按概念示意图 1.2–1 的规定,为该使用情况确定一个采暖系统,那么,只需要考虑现有情况的边界条件和使用要求。比照建筑师和工程师的报酬规定,它们就是与项目有关的基础资料。如果从与项目有关的边界条件和使用要求出发,已得到一个粗略的临时方案决策。例如,用中央采暖系统取代局部采暖,那么,图 1.2–1 中额外列举出来的基本要求才必须予以考虑。

所选的例子,是一座敬老院大楼,其边界条件(不影响规定)已概括在表 3.1–1 中。重点是建筑物的位置、用途、大小、能源供应情况以及对项目有重要意义的当地的法规。

例1 的边界条件　　　　　　　　　　　　　表 3.1–1

位置	曼海姆	
气候	标准室外温度	$\theta_a = -12$ ℃
	采暖天数(采暖界限为15℃)	$t = 242$ d/a
	度日数(按 VDI 3807[C1-2])	$G_{15} = 2189$ Kd/a
建筑物用途	"敬老院"	
	40个 单人住宅,每个住宅 44 m²	∑ 1721 m²
	4个 单人住宅(按残疾人法),每个住宅 54 m²	∑ 217 m²
	16个 双人住宅,每个住宅 54 m²	∑ 867 m²
	1个 工作人员住宅	∑ 77 m²
	公共设备和供应装置	∑ 252 m²
建筑物规模	4个标准层,1个扩建的顶层	
	部分地下室,通过楼梯间把该建筑物分成两翼	
	(部分平面图 3.1-5)	
	长度:27.30 m + 5.26 m + 30.10 m,宽:16.36 m	
	建筑物体积	16155 m³
	围护结构面积	4505 m²
	围护结构面积/建筑物体积(A/V)比	0.28 m⁻¹
	总面积[2]	3238 m²
能源供应	有与远程热源联接可能性	
重要的法规	施工按照 1995 年版建筑物热保护规范(WSVO95[C1-3])	
	与远程热源联接	

图 3.1-2 上图：以使用面积 A_N 为基准的年最大采暖热量需求；[3] 下图：由上图得出的以面积为基准的作为估计值的"准标准热负荷"

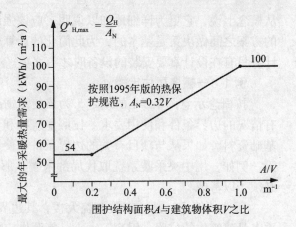

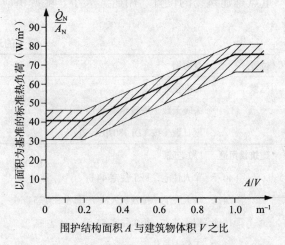

由使用要求得出了完全一般的已在表 1.2-2~ 表 1.2-4 中举例搜集到的设备功能。在本例中，建筑商与建筑师在一致同意的边界条件下提出下列要求：

（1）按表 1.2-2 的固定要求：由表 3.1-1 给出的围护结构面积/建筑物体积（A/V）比为 0.28 m^{-1} 和图 3.1-2 得出的一面积为基准的热负荷❷ 43W/m^2 必须予以满足。在方案阶段还没有按规则计算出的标准热负荷。

根据安全和卫生如在表 1.2-2 中所列举的一些其他的固定要求当然同样适用于本例的使用情况，也就是：没有明火，散热器表面的最高温度不超过 60 ℃，散热器没有尖锐的边角，易于清扫，没有污染而且没有有害物质挥发到人员逗留区域。

（2）按表 1.2-3 的有限制要求：建筑商应该考虑到，居民冬天能坐在窗前看着街上的热闹景象，而感觉不到由热力方面的原因造成的不舒适。这就意味着，要安装的散热器必须有足够大的尺寸和足够高的温度，能够中和来自窗户的冷辐射以及阻止由窗户冷表面产生的下降冷气流。窗户的换热系数 k 为 1.8 W/(m^2·K)，那么，参照图 3.1-3 所示的曲线，则窗户的过冷温度是 7.3K。因为该建筑物是按照建筑物热保护规范[3] 建造的，密封性能很好，所以穿堂风的问题不需要去考虑。如果放弃使用风机或类似的设备，"避免噪声产生"

---

❷ 因为总的净面积用来作为基准面积，但其中只有 66% 的面积要采暖，那么以面积为基准的热负荷 65W/m^2 作为设计基础，在潮湿房间的情况下，如有一个以上住宅隔墙，其热负荷为 105W/m^2。

3.1 采暖设备的设计

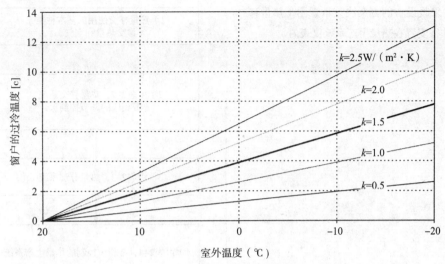

图 3.1-3 按照 VDI 6030[A-9]，在室内温度为 20℃的情况下，"冷"壁面（比如窗户）的温度取决于室外温度和其换热系数 k（按欧洲标准换热系数现在用"U"代替"k"）

（给定一个最大允许的噪声负荷）的要求能很容易实现。关于功能"预留预热升温功率储备"，取代标准 DIN4701 的一个新的欧洲标准（欧标征求意见版 EN12831[A-7]）提供了一些参考值，这些参考值取决于规定的预热时间和其他一些边界条件。在本例的情况下，对于 20m² 的客厅和卧室，其预热升温的功率储备是 20 m² × 20W/m² = 400W，而厨房的功率储备为 180 W。

因为根据现有的边界条件，已计划利用远程热源采暖，所以，取消要求确保卫生、操作方便以及减少环境污染作为评价标准。

对于方案的决策，有关限制设备能量消耗，那就只是对热量移交使用部分的要求：对于计划的具有夜间降温的使用情况，其耗费系数不得超过 1.15（参见第 8.3.2 节和文献 4）。相应于此，应该选择合适的散热器及其调节装置。

在考虑到对舒适性和能量需求有特殊要求的情况下，制造费用不得超过当地平均消费水平的 10%。

根据表 1.2-4 的期望功能，以下情况除外：在设备能量需求里的子功能"排气热量的回收"和"替代能源的使用"，还有总功能中的"技术适应能力"以及"减少环境污染"。在操作灵活性方面，希望在已中央设定好的采暖时间的框架内，各个住宅的采暖时间还能自由选择。最后一个期望就是卫浴散热器可用来挂毛巾并起烘干作用。

现在，边界条件和要求已经清楚，问题是哪一种设备方案最能满足建筑商和建筑师的愿望。图 3.1-4 给出了相关的决策流程示意图。首先必须清楚，应该选择哪种基本形式的热量移交使用（它与采暖设备一起可提供的基本使用就是采暖热量）。由边界条件（用途、能源供应、重要的法规）和要求（特别是有限制要求）得到，只有中央热水采暖系统可以考虑。由于在窗户附近也有舒适性的要求，则不宜采用热风采暖（水-空气采暖）系统。根据经济性这样的有限制要求，也取消了户式机械通风系统。经过这些初步考虑之后，应该讨论热量移交系统是用一般室内散热器还是用地板采暖外加卫浴散热器。

图 3.1-4 采暖设备的方案决策示意图（热量移交的控制往往安置在热量生产系统仪表内）

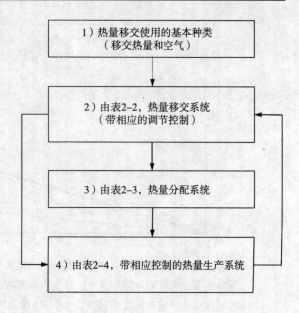

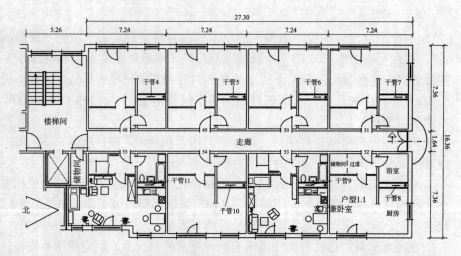

图 3.1-5 建筑物 B 部分二层的平面图（例 1）

第二步（参见决策示意图 3.1-4）应该决定上述所考虑的两种移交系统中的哪一种原则上对于本例是最合适的。此外，对要设计的采暖系统也应该提出带有特殊和一般要求的设计责任书，以一位于二层的住宅为例（图 3.1-5），已把它描述在表 3.1-2 中。由设计责任书可以得出热量移交系统（具有调节机构的散热器）的额定功能。比如，在使用这一栏就能看出对散热器的控制能力的要求。在本例的情况下，由于负荷低，热量移交系统很小，但尽管如此，因为有操作灵活性（各个房间可设定采暖时间）这样特殊的愿望以及要求耗费系数小，这些散热器（板）的蓄热量必须尽可能的小（其作用是能迅速的作出反应）。在规定一栏给出了要求等级 3，按照 VDI6030[A-9]，这意味着如果通过自由散热器（板）的安置、尺寸大小和过余温度完全排除了因为结构和运行的条件所产生的舒适性赤字，那么，就具备了等级 3。若做到下述要求，则认为等级 3 是毫无疑问地达到了。

（1）因为散热器（板）的长度和放置位置能阻止下降冷空气（散热器的长度＝窗户

3.1 采暖设备的设计

表 3.1-2 采暖房间的详细说明
（依照 VDI6030[A-9]），单人住宅的设计责任书的例子

项目："敬老院"
建筑物：

房间簿记			使用				设计规定				其他规定		
楼层	标记	房间类别	标准热负荷① (W)	采暖时间 起至 钟点	通风种类② 机械/自然	高/低	室内 $\theta_{i,La}$ (°C)	室内温度 θ_{Abs} (°C)	有要求 区域④ (m)	要求等级	预热升温 功率储备⑤ $\Delta\dot{Q}_{RH}$ (W)	额外用途	耗费系数⑥ $e_{f,max}$
2层	121/1	客厅/卧室	1300	7 - 22	自然	低	20	18	最小	3	400	—	≤ 1.15
2层	121/2	厨房	585	7 - 22	自然	低	20	18	最小	3	180	—	≤ 1.15
2层	120	浴室	630	0 - 24	机械	低	24	24	—	3	—	挂浴巾用	≤ 1.15
2层	119	走廊	—	—	—	—	—	—	—	—	—	—	—

注：房间 119，走廊，没有采暖，所有其他房间适用如下规定：
(1) 制造费用不允许超过当地消费水平的 10%；
(2) 各个房间可自由设定采暖时间。

① 在机械通风的情况下，另外给出送风量（人员数量、设备功率、运行时间、同时运行系数）；否则只表明机械或自然。
② 由以面积为基准的热负荷 65W/m² 或 105W/m² 和使用面积计算出来，作为"准标准热负荷"。
③ 高与低之间的界限为：室内负荷／标准负荷 ≥ 0.2。
④ "冷"围护结构壁面的距离。
⑤ 按照欧标征求意见版 12831。
⑥ 对于移交使用定是按 VDI 2067 第 20 部分 [C1-4]。

的宽度);

（2）在要求区域内不会出现辐射赤字；

（3）散热器像直接安装在与"冷"围护结构壁面为同一个平面的前面（平行或垂直）；

（4）散热器的迎面面积和过余温度弥补了"冷"围护结构壁面造成的辐射赤字；

（5）散热器满足标准热负荷；

（6）已考虑了约定好的预热升温功率储备。

如果从建筑的角度来说，不存在"冷"的围护结构壁面，也没有干扰气流到达规定的舒适区域，另外通过设备方面的措施，上述条件（5）和（6）也得到满足，那么，这也同样具有了等级3。

这里所要求的功能是：阻止下降冷气流，弥补辐射赤字，满足标准热负荷。建筑师在其第一方案里为客厅设计了三扇落地窗（参见图3.1-5所示的平面图），其中中间一扇是所谓的法式窗（玻璃阳台门，没有阳台而只有外栏杆）。此外，建筑师还考虑采用地板采暖。设计人员通过一个简单的计算[推导过程见第4.1.2节，式4.1.2-7]可以给建筑师清楚地表明，该方案达不到项目委托方所要求的等级3（甚至因为要缩短要求区域到窗户前的距离而使问题更尖锐了）：若采用地板采暖，本例的要求区域与窗户之间的距离必须大约保持2.5m[图3.1-6，此结果按式4.1.2-7计算得出]。那么只有通过大幅提高室内空气温度，才能缩短这个距离（在本例的情况下，空气温度提高2℃，才能把要求区域与窗户之间的距离从2.5m缩短到1.5m，参见第4.1.2节）。因此，再加上地板热辐射，就会造成室内过热。因为窗前的舒适性没有提高，所以建筑师修改了他的方案，去掉了法式窗，下部改砌胸墙。因此，热量移交系统决定采用散热器。

通过室内散热器位置安装和设计能够实现所要求的功能（设计过程及特征值参见表3.1-3）：从有窗户的房间开始散热器设计，散热器应该消除辐射赤字。这个功能要求散热器有一定大的迎面面积和过余温度，由此可推导出整个采暖系统的设计供水温度。本例中以客厅和厨房里的散热器开始。在客厅里，一个2.6 m长的散热器正好适合2.8 m宽的窗龛，出于美观的考虑，散热器的高度为0.4 m。由余下的1.5 m高度（墙的尺寸）得出窗户的面积为4.2 m²，其过冷温度为7.3 K，这正是造成需要用散热器的迎面面积来弥补的辐射赤

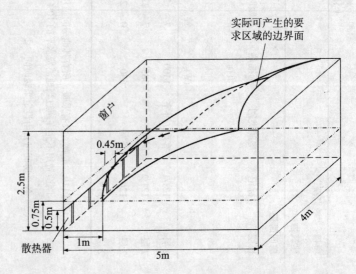

图3.1-6 举例说明用式（4.1.2-7）计算出来的实际可产生的要求区域的边界面（等级3）

3.1 采暖设备的设计

字。严格地讲，其他的外围护结构表面同样也有过冷温度的问题，在外墙换热系数 k_{AW} 为 0.6 W/(m²·K) 的情况下，其过冷温度 $\Delta\theta_{AW}$ = 2.3 K。这样小的过冷温度可以不再予以考虑（VDI6030 推荐 4K❸作为限值）。因此，只需要补偿由窗户造成的辐射赤字就足够了。那么，对于散热器的辐射换热来说，所要求的表面平均过余温度可用一个简单的线性方程来计算：

$$\Delta\theta_H \geq \frac{A_F \Delta\theta_F}{L_{HK} H_{HK}} \tag{3.1-1}$$

得到其过余温度至少为 29.5 K。厨房的情况也与此类似，它的窗户的过冷温度同样为 7.3 K，窗户的面积为 1.36 m²，宽度为 1.1 m（该窗户下没有壁龛）。因此，散热器的平均过余温度略低于 29.5 K，选择散热器的高度为 0.3 m，长度为 1.2 m。那么，得到的散热器过余温度为 27.6 K。为了确定共同的进口过余温度，必须首先定下来比较热一些的客厅散热器的进出口温差。由 VDI6030 给出的最大流量规则推算出（据此，要保证一个良好的可调节性的原则，进出口温差应大于进口过余温度的三分之一，推导将在第 4.1.6 节叙述，图 3.1-7）：该进出口温差为 12 K。因此，把进口过余温度化整以后为 36 K（为简化起见，以算术平均值作为平均过余温度），在室内温度为 20℃ 的情况下，统一的供水温度 θ_V = 56℃。现在，通过一个简单的算式 $\Delta\theta_V - \Delta\theta_H = \sigma_{Aus}/2$ 就可计算出厨房散热器的设计进出口温差：Δ_{Aus} = 16.8 K。

设计数据汇集在表 3.1-3 中。此外，还给出了工作步骤：第一个数字表示各个房间，第二个（括号中的）数字表示工作步骤。关于客厅散热器的前 5 个工作步骤是：散热器长度、散热器高度、过余温度、进出口温差和进口过余温度；第二个散热器的进出口温差只能由统一的进口过余温度得到。在做中间计算时，从表中的地面净面积估算出了准标准热负荷❶ $\dot{Q}_N$（相当于其设计功率 $\dot{Q}_{Aus}$）。其中，客厅和厨房的热负荷是用以面积为基准的热负荷 65W/m²，而浴室则是用 105W/m² 来计算热负荷的。两个值相比，第二个值的功率相对第一个值约提高了 60%，其原因在于，这里所指的设计功率按标准是假定那些毗邻的房间温度仅有 15 ℃，并且内墙的换热系数是外墙的 2 倍。

所列举的住宅中散热器的选择和计算（流程和特征值）				表 3.1–3
房间	客厅	厨房	浴室	
			简单散热器	舒适性散热器
号码	1	2	3	3*
散热器长度	(1) 2.6 m	(1) 1.2 m	(1) 1.0 m	(1) 1.0 m
散热器高度	(2) 0.4 m	(2) 0.3 m	(2) 0.9 m	(2) 1.8 m
$\Delta\theta_H$	(3) 29.5 K	(3) 27.6 K	—	—
σ_{Aus}	(4) 12 K	(6) 16.8 K	(6) 9 K	(6) 11 K
$\Delta\theta_V$	(5) 36 K	(5) 36 K	(5) 32 K	(6) 32 K
NGF①	20 m²	9 m²	6 m²	6 m²
$\dot{Q}_N$②	1300 W	585 W	630 W	630 W
$\dot{Q}_{Aus}/\dot{Q}_n$	(7) 0.52	(7) 0.47	(4) 0.44	(4) 0.36
$(\dot{Q}_{Aus}+\dot{Q}_{RH})/\dot{Q}_n$	≈ 0.68	≈ 0.63	—	—

❸ 严格地讲，这只适用于通常的住宅和办公楼的楼层高度。
❶ 用标准热负荷这个概念的前提条件是按标准进行计算。

续表

房间	客厅	厨房	浴室	
			简单散热器	舒适性散热器
号码	1	2	3	3*
在 $\Delta\theta_V=45K$ 时				
$\dot{Q}_n$ ③	(8) 2500 W	(8) 1245 W	(3) 1430 W	(3) 1730 W
$\dot{m}_H$	(9) 93 kg/h	(9) 30.0 kg/h	(7) 60.3 kg/h	(7) 49.3 kg/h
DN ④	(10) 15×1	(10) 12×1	(8) 12×1	(8) 12×1

注：(1),(2),(3)……为工作步骤。

① 依照 VDI 3807 为净地面面积。
② 以 65W/m² 估算，对有两个住宅隔墙的潮湿房间，则以 105W/m² 估算 [来自图 3.1-3，与 1995 年版建筑物热保护法规（WSVO95）一致]，设计功率 $\dot{Q}_{Aus}/\dot{Q}_n$。
③ 初选标准功率（75/65/20°C）。
④ 连接散热器的管道公称尺寸（见 VDI 2073[C1-5] 或第 4.2.5 和 4.2.6 节）

为了从某一家公司的产品目录中选择散热器，需要其标准功率 $\dot{Q}_n$。功率比 $\dot{Q}_{Aus}/\dot{Q}_n$ 可在图 3.1-7 中查出（第 6 个工作步骤）。图中的曲线简单描述了热功率与散热器表面的平均过余温度之间的关系（过余温度为算术平均值以及统一的指数，参见第 4.1.6 节）：

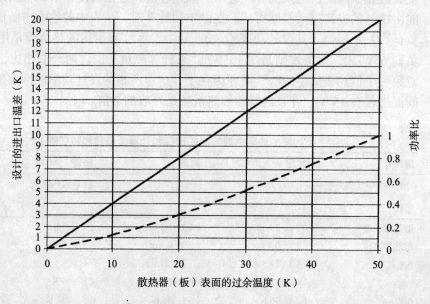

图 3.1-7 按照 VDI 6030[A-9] 的最小设计进出口温差 σ_{Aus} 以及估算所要求的功率比 $\dot{Q}_{Aus}/\dot{Q}_n$

$$\frac{\dot{Q}_{Aus}}{\dot{Q}_n} = \left(\frac{\Delta\theta_H}{\Delta\theta_n}\right)^{1.3} \quad (3.1-2)$$

那么，得到第一个散热器的功率比是 0.52，厨房里的第二个散热器的功率比是 0.47（第 7 个步骤）。相应地，其标准功率分别为 2500 W 和 1244 W（第 8 个工作步骤）。应该检查，把进口过余温度从 $\Delta\theta_V=36$ K 提高到 45 K，可否提供所要求的预热升温功率储备。在热水流量保持不变的情况下，从图 3.1-8 可查出功率比约分别为 0.68 和 0.63。其差额

0.68-0.52=0.16 与功率 2500W 相乘,得到的预热升温功率储备为 400W,足以用于预热升温。采用同样的方法计算厨房散热器的预热升温功率储备为 199W,也足够了。

第 9 个工作步骤是由设计功率（这里是等于标准热负荷 $\dot{Q}_\mathrm{N}$）以及已经得到的进出口温差计算出水流量：

$$\dot{m}_\mathrm{H} = \frac{\dot{Q}_\mathrm{Aus}}{\sigma_\mathrm{Aus} c_\mathrm{w}} \qquad (3.1-3)$$

因为简化的原因,在用步骤 4 和步骤 6 计算进出口温差时所带来的误差也会影响到水流量的计算,但这在初步设计阶段是无关紧要的,因为在进行施工设计时总归还必须考虑一般或多或少都偏离实际安装的散热器的产品目录所给的功率这样的问题。在本例的要求等级 3 的情况下,所选散热器的产品目录给出的功率 $\dot{Q}_\mathrm{n}^*$ 大于标准功率 $\dot{Q}_\mathrm{n}$。因此,稍微把进出口温差缩小一点,然后水流量增大一些。精确的计算（参见第 4.1.6.6 节）可采用散热器设计曲线图（图 3.1-8）。

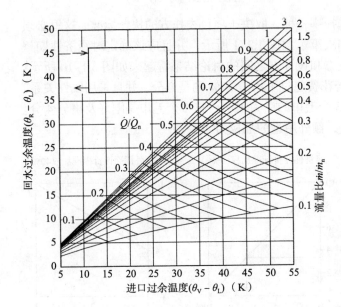

图 3.1-8　散热器设计曲线图,指数 $n = 1.3$ 以及混合系数 $b = 1.25$（标准连接）

最后一个步骤,由水流量可以确定要连接散热器的管道公称和尺寸；这应遵循 VDI 2073[C1-5] 所定的有关管道尺寸规则来进行,这部分内容将在第 4.2.5 和 4.2.6 节予以详述。

卫浴散热器的选择以另外的方式进行,因为选择其尺寸大小的动机不再是为了消除舒适性赤字,而是期望所选的散热器还能用来挂毛巾并烘干。对于本例的情况,有两种做法可以讨论：一是选一种简单的散热器,其尺寸和标准功率列在表 3.1-3 中第 3 列；另一种是舒适性散热器,其数据也列在表 3.1-3 中,但在第 3* 列（工作步骤 1 到步骤 3）。因此,由所给的标准功率值,可以算出功率比（工作步骤 4）,以及用由客厅散热器所确定的进口过余温度（室内温度为 24℃,工作步骤 5）,在散热器设计曲线图（见图 3.1-8 和图 3.1-9）中找出回水过余温度,从而进一步得到进出口温差（第 6 个步骤；舒适性散热器为下部马步式连接,利用散热器设计曲线图 3.1-9）。第 7 个步骤就是用式（3.1-3）计算出水流量,进而确定连接散热器的管道的公称尺寸。

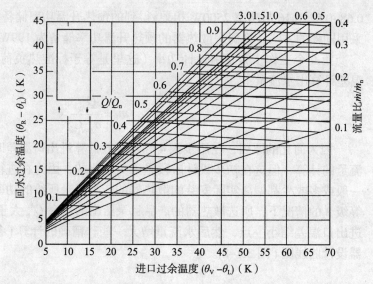

图 3.1-9 散热器设计曲线图，指数 $n = 1.3$ 以及混合系数 $b = 10$（马步式连接）

对于这两种散热器，究竟优先选择哪一种，取决于项目委托方的抉择标准。这里必须要重新回到前面的规定范畴，亦即如决策示意图 1.2-1 所示，并且应该确定对经济性期望和对额外用途要求的加权。项目委托方和设计方之间的讨论结果看起来如图 3.1-10 所示，用 10 分来评估。经济性的评价是，若花费超过平均值 10% 则是 0 分，并且采用线性关系。而评价标准"额外用途"是，能够挂 3 个毛巾的话为 10 分，挂 1 个毛巾是刚好及格分 4 分。事先约定的是，经济性的加权为 60%，额外用途的加权为 40%。

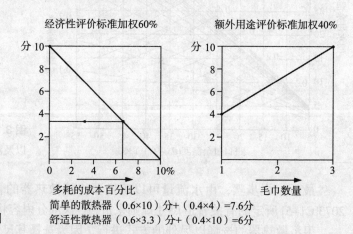

简单的散热器（0.6×10）分+（0.4×4）=7.6 分
舒适性散热器（0.6×3.3）分+（0.4×10）=6 分

图 3.1-10 例 1 约定的决策示意图

在本例中，其标准热负荷大约为 1.5 kW，用于采暖设备的投资估计是 1500 欧元。用于卫浴舒适性散热器的额外花费，在考虑通常折扣的情况下，大概是 100 欧元。这样，采暖设备的投资就增加了 6.66%。从图 3.1-10 中可以看出，按所给定的加权，简单的散热器的决策分为 7.6 分，而舒适性散热器的决策分仅为 6 分。因此，决策显然倾向于采用简单的散热器（除非项目委托方改变其初衷）。

为该住宅选择了散热器之后，还应该检查一下规定的耗费系数 1.15 是否能够保证，以及对仍然悬而未决的房间的局部调节有什么要求。为此，应该考虑到 VDI 2067 第 20 部分[4] 所述：如果用 PI 调节器，所选的散热器能够遵守预先规定，这就意味着，不能使用通常价廉物美的散热器恒温阀（P调节器）。与项目委托方要解释清楚的是，与通常的采暖设备相比，由于该决策而产生的额外费用是否能忍受，或者是否肯定要保持这个硬性指标，即耗费系数为1.15。在项目委托方经过仔细审查，还是要把节能作为目标之后，作为解决房间的局部调节和住宅采暖运行调节相配合的问题的最好办法，建议为住宅安装带PI调节器的中央调节机构和采用星形铺管方式连接3个散热器（一种"意大利细长面条"式铺管）。这样就取消了散热器的恒温阀（看起来也更美观些）以及楼层间的管道，因为可以直接连接到位于厨房内管道竖井中的进出口干管上（图3.1-5）。从平面图上可量取到的管道长度：厨房为10 m，客厅为17m，浴室为7m。因此，按照图3.1-4采暖设备的方案决策示意图已经完成了第三步也就是分配系统。

考虑房间的局部调节和随之而来的住宅内星形铺管方式也就初步决定了分配系统。通过在整个住宅内配置14个管道竖井，使得分配系统的铺管容易多了。然后相应地，把布置在竖井内14个进出口干管和在地下室内的分配主干管按蒂歇曼(Tichelmann)铺管方式连接。干管的公称尺寸依照VDI 2073选定，下面一层的干管尺寸为DN 32，上面两层的干管尺寸为DN 25，进出口干管的总长度为14 × 2 × 13 m。分配主干管尺寸在DN 80和DN 32之间自然变化，由于主干管是环形铺设，其总长度为4 × 63m。如果建筑图纸是以1∶100或1∶50的比例做好，那么，能在草图设计时确定精确的尺寸。还需要进一步注意的是，仅仅以一个住宅为例进行的计算，在设计时显然是不够的。因为，如表3.1-1所示，还有按残疾人法建的住宅、双人住宅、工作人员住房及公共设备和供应装置用房。为了能独立调节自身的进口温度，工作人员住房及公共设备和供应装置用房拥有各自的干管和循环水泵。所有其他住宅能够用一个中心循环水泵进行采暖。

热量生产设备（按图3.1-4，为第4步），在和远程热源连接的情况下，它仅是一个水—水换热器。由总的净地面面积3238 m^2（见表3.1-1），以面积为基准的标准热负荷43 W/m^2以及同时使用系数70%，依此，能够估算出水—水换热器的设计功率，在标准热负荷为140 kW的情况下，有98 kW的热功率就够了。远程热源一侧的供水温度为110℃，回水温度应为55℃，而采暖系统一侧的回水温度给定值为46℃。

例2 一幢豪华的独宅

例2所述的是一幢20世纪60年代建造的平层独户小别墅，需要扩建，完全翻新并应依照1995版热保护法规[3]进行保温。与例1不同的是，这里不存在因为采暖工程的考虑而产生对建筑设计的影响。其边界条件总结列举在表3.1-4中，图3.1-11是建筑物各个方向的正面图，图3.1-12和图3.1-13分别为其平面图和一个方向的截面图（底层扩建部分用阴影线标示）。该住宅采用热水采暖，所有采暖的房间都安装柱式散热器，而且采暖系统应现代化，其目的是"节能"和"环保"。由于操作不够方便以及占地面积太大的原因，在本例中不考虑采用单个房间的局部加热装置，继续采用中央采暖系统。建筑师将审查是否在客厅安装一个开放式的壁炉。由于没有燃气供应，并且现有一个埋设在地下的油罐（依照规范），所以对产热设备的方案没有必要再进行研究，而是选择一台先进的燃油锅炉。

第 3 章 采暖系统的设计和方案比较

例 2 的边界条件		表 3.1-4
位置	斯图加特	
气候	标准室外温度	$\theta_a = -12\,°C$
	采暖天数（采暖界限 15 ℃）	$t = 244$ d/a
	度日数（依照 VDI 3807[C1-2]）	$G_{15} = 2114$ Kd/a
建筑物用途	两个成人带两个孩子居住	
	房间划分见图 3.1-12 和图 3.1-13 以及表 3.1-5	
建筑物规模		
	底层，部分为地下室	
	尺寸见图 3.1-12 和图 3.1-13	
	采暖的使用面积	180 m²
能量供应		
	油罐（埋设在地下）	5000 L
重要的法规		
	遵照 1995 年版建筑物热保护法规（WSVO95）施工	

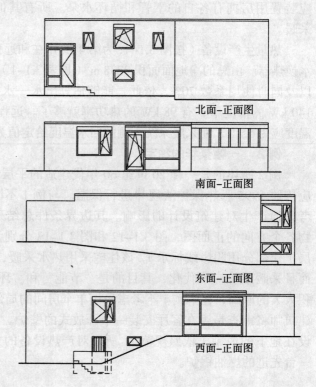

图 3.1-11 例 2 建筑物的正、侧、背面图

3.1 采暖设备的设计

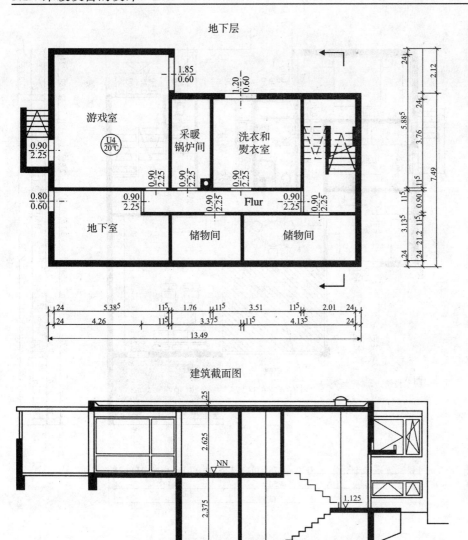

图 3.1–12 例 2 建筑物的地下层平面图及建筑截面图

如同例 1 的情况,这里也考虑了已概括在表 1.2-2 中的设备功能。对于该建筑物的翻新,业主和建筑师提出了如下要求:

(1)按表 1.2-2 中的固定要求:由于新做了保温层和更新了窗户,要满足的标准热负荷列在表 3.1-5 中。

在表 1.2-2 中所列举的一些其他的固定要求当然同样适用:没有明火(一个开放式壁炉除外),散热器表面的最高温度不高于 60℃,散热器没有锐利的边角,易于清扫,不会造成污染而且没有有害物质挥发到人员逗留区域。

(2)按表 1.2-3 的有限制要求:业主要求,所有在底层的房间,除了与餐厅连在一起的客厅以外,要求的舒适区域应尽可能最大。这就意味着,要安装的散热器必须有足够大的尺寸和足够高的温度,才能够中和来自窗户的冷辐射以及阻止在窗户冷表面所产生的下降冷气流。窗户的换热系数 k 为 1.5 W/(m²·K),那么,得到窗户的过冷温度为 6 K(图

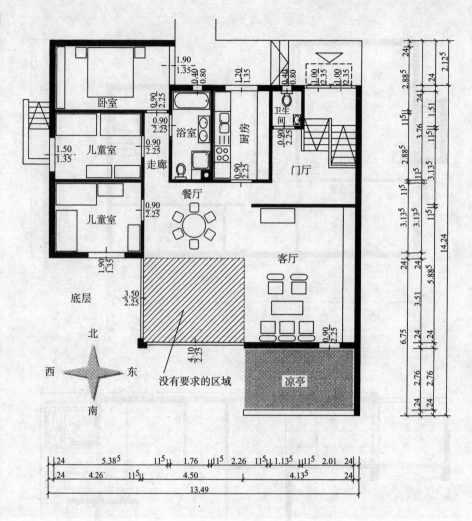

图 3.1-13 例 2 建筑物的底层平面图

3.1-3）。因为带餐厅的客厅比较大（房间的总共面积约 58m²），有要求的舒适区域可以有所限制：窗户附近的长方形区域（图 3.1-13 中用阴影线标志的部分）可不予考虑。因此，在客厅里落地大玻璃窗的前面可以不安装散热器而采用地板采暖或是空气加热，也会像其他房间一样能够达到要求等级 3。这里也不需要去考虑穿堂风现象，因为所有的窗户都已翻新，密封性很好。如果放弃使用风机或类似设备的话，同样"避免噪声产生"的要求也能很容易实现。关于功能"预留预热升温功率储备"，只是对那些要求等级 3 以及运行间歇时间长的房间需要去考虑，并且至少有 30 W/m²。

如果采用新型的产热设备，那么要求确保卫生，操作方便以及消除环境污染就不会有问题。

在建筑物以节能为重要目标翻新之后，对采暖系统方案的决策来说，就是给热量移交使用部分还提出一个要求：在带餐厅的客厅没有夜间降温运行，而其他所有的房间具有夜间降温运行的使用情况下，其耗费系数不得超过 1.15。相应于此，应该选择合适的散热器及其调节装置。

最后：制造费用没有硬性限制，它包含在期望功能里。

3.1 采暖设备的设计

（3）根据表 1.2-4，所有能想到的期望功能，以下情况除外：在设备能量需求中的子功能"排气热量的回收"（因为没有空间铺设风道，所以无法采取机械通风或空气加热）和"替代能源的使用"（不应改变其平顶的风格）。在操作灵活性方面，仅仅是希望拥有当时最先进的技术。浴室里的额外期望就是除了保持一定的地板表面温度外，还希望能选用一个可用来挂毛巾的卫浴散热器。

例 2 建筑物的标准热负荷以及地面面积　　　　　　　　　　表 3.1-5

房间	用途	地面面积（m²）	标准热负荷 Q_N（W）
U4	游戏室	32	1418
01	客厅	41	1800
02	餐厅 + 走廊	16.7	1030
03	儿童室	14.1	670
04	儿童室	12.3	450
05	卧室	15.5	740
06	浴室	6.6	440
07	厨房	8.5	370
08	卫生间	1.7	120
09+ U7	门厅 + 楼梯间	31.4	1230
		180	8330

在做设备方案选择时，采用同例 1 一样的方式，由边界条件和要求，再依照图 3.1-4 描绘的决策流程示意图进行运作。第一步决定热量移交使用部分的基本类型。在本例中只能采用中央热水采暖系统；由于在窗户附近也有舒适性的要求以及无法安装空气加热设备，所以热风采暖（水—气）系统不予考虑，同样也因为安装问题不需要室内的机械通风。经过这些初步考虑之后，作为热量移交使用系统，只应讨论采用一般室内散热器以及地板采暖。

第二步应该弄清楚在哪些房间里用这两种热量移交系统是最合适的，对此是编制一份具有一系列额定功能的设计采暖系统的设计责任书。它可以由边界条件（表 3.1-4）以及描述的要求得出，并在表 3.1-6 中列出。从使用一栏可以看出散热器调节能力的要求。因为室内负荷不高并且规定带餐厅的客厅是连续采暖，所以对散热器调节能力的要求不是特别高。当然，在那些具有夜间降温运行房间内的散热器则需要有较小的蓄热量和较低的设计温度。否则的话，就达不到耗费系数不得超过 1.15 的要求。

现在由各个房间的具体情况能够对散热器作出决定：

带餐厅的客厅包括与其敞开相接的走廊，因有部分的地下室，要求舒适性的区域亦已减小，且还有一扇落地大玻璃窗，推荐采用地板采暖。对浴室里的散热器的期望值已很明确。而对其他房间，因为希望有要求的舒适区域应尽可能大并达到要求等级 3，那么应该把散热器安装在窗户前面；至于对游戏室（U4）、门厅（09）以及厨房（07）里散热器的要求最简单，只要满足要求等级 1（有足够大的满足热负荷的功率）就可以了。在地板采暖的

第3章 采暖系统的设计和方案比较

表3.1-6 采暖房间的详细说明

一幢豪华独宅的设计规范责任书（例2）

项目：豪华独宅，翻新
建筑物：

楼层	标记	房间类别	使用		设计规定			有要求区域[4]	要求等级	其他规定		
			标准负荷[1] (W)	采暖时间 起至 钟点	通风种类[2] 机械/自然	室内负荷[3] 高/低	设计温度 $\theta_{i,a}$ (℃)	降温运行温度 θ_{Abs} (℃)	(m)	—	预热升温功率储备[5] $\Delta \dot{Q}_{RH}$ (W)	额外用途	耗费系数[6] $e_{i,max}$ —
地下室	U4	游戏室	1418	14 - 18	自然	高	20	18	—	1	—		1.15
1层	01	客厅	1800	0 - 24	自然	高	20	20	3	3	—		1.15
1层	02	餐厅+走廊	1030	0 - 24	自然	高	20	20	3	3	—		1.15
1层	03	儿童室	670	13 - 20	自然	高	20	16	最小	3	420		1.15
1层	04	儿童室	450	13 - 20	自然	高	20	16	最小	3	370		1.15
1层	05	卧室	740	1h	自然	高	20	16	最小	3	500		1.15
1层	06	浴室	440	0 - 24	自然	高	20	24	2	3	—	挂毛巾用	1.15
1层	07	厨房	370	7 - 8	自然+机械	高	20	18	—	1	—	—	1.15
1层	08	卫生间	120	0 - 24	自然+机械	高	20	20	—	—	—		1.15
1层+	09+	门厅+楼梯间	1230	7 - 20	自然	高	20	18	—	1	—		1.15
地下室	U7		-										

① 依照DIN4701[A-7]或欧洲标准征求意见版DIN pr EN 12831。
② 在机械通风的情况下，另外给出有关送风数据（人员数量、设备功率、运行时间，同时使用系数）；否则只表明机械或自然通风。
③ 高与低之间的界限是：室内负荷/标准负荷 ≥ 0.2。
④ 到"冷"围护结构壁面的距离。
⑤ 参照欧洲标准征求意见版DIN pr EN 12831[A-7]的最小预热升温功率储备。
⑥ 对于热量转移见使用VDI 2067第20部分[C1-4]。

3.1 采暖设备的设计

地方，由于改建，整个混凝土地板必须翻新，用瓷砖铺地。另外，其他房间的地板有很厚的保温层，因此房子到顶棚的总高度还保持不变，儿童室、卧室和厨房的地板也无需改动。

在基本确定了热量移交使用系统以后，剩下的只是讨论选择什么样的产品，经济性和美观的标准则是选择产品的决定性因素。

与门厅一样，浴室内的地板采暖也承担了部分热负荷，那么，合适的是第一步设计地板采暖。首先，应确定其必要的热流密度；至于管子的间距以及热水温度，只有在选择了系统之后才能确定。要采用地板采暖的房间列在表 3.1-7 中。带餐厅的客厅连同走廊的标准热负荷共计为 2830W。在进行前期设计时，应忽略通常按标准要扣除的通过地面传递的热负荷。在可使用的地面面积总共为 57.7 m^2 的情况下，计算出所需要的热流密度为 50 W/m^2，这个热流密度也同样适用于浴室、卫生间和门厅。这样，浴室散热器的功率在设计时可减少 100 W，在门厅（09）里的散热器的功率则可减少 325 W。

对散热器而言，从设计责任书（见表 3.1-6）中可以得出，根据要求等级 3 和等级 1，将设计分成两组，儿童室（03）和（04）、卧室（05）和浴室（06）为要求等级 3。只是浴室里不能把散热器安装在窗户前，因为窗户前面有浴缸，这正是 20 世纪年代通常的做法。通过可折叠的遮挡玻璃（如淋浴室）能够减少由窗户造成的舒适性赤字。因此，在门边上，正对着浴缸安装一个宽 1m、高 1.8m 的卫浴散热器（图 3.1-14）就可以了。其他有要求等级 3 的房间都有高 1.35m 的窗户，因此选择散热器的高度也都为 0.4m，而散热器的长度等于窗户的宽度，全部设计数据列在表 3.1-6 中。现在由式（3.1-1）可得出所要求的散热器的平均过余温度为 21K（第 3 个工作步骤），由图 3.1-7 得到最小的进出口温差为 8.5K（第 4 个工作步骤）以及热功率比为 0.324（第 5 个工作步骤）。那么，再由表 3.1-5 所给的标准热负荷，可以计算出散热器的标准热功率（第 6 个工作步骤），在选择散热器时，该值作为最大值从散热器产品说明书中查找，以使平均过余温度无论如何都会得到保证。

三回路的地板采暖系统（湿埋管）　　　　表 3.1-7

房间标记	地面面积 A_F (m^2)	功率 $\dot{Q}_F$ (W)	回路序号	流量 $\dot{m}_H$ (kg/h)	管长 (m)
客厅/餐厅	53	2650	1	142	大约 90
走廊			2	142	大约 90
浴室	2				
门厅	10	650	3	70	大约 43
卫生间	1				

注：假设：
平均热流密度（设计值）　　50 W/m^2
管距　　　　　　　　　　　300mm
平均过余温度　　大约　　　14K
进出口温差　　　大约　　　8K
进水温度　　　　大约　　　38℃
管子 17×2

图 3.1-14 底层的管道布置

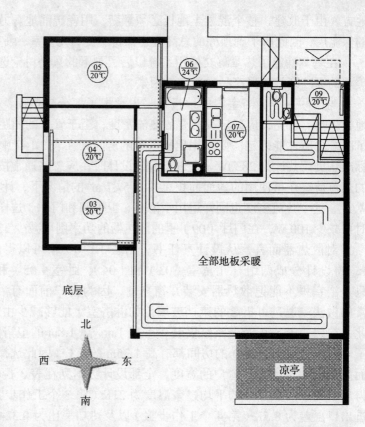

把进出口温差的一半化整为 5K，从而得到进口的过余温度 $\Delta\theta_V=26$ K（第 7 个工作步骤）。因此，统一的进口温度为 46℃。房间（03）、（04）和（05）的散热器的预热升温功率储备应通过把进口温度提高到 65℃来给予保障（水流量保持不变）。此时的热功率比由原来的 0.324 上升到大约 0.64（图 3.1-8）：有足够的预热升温功率储备。

第 8 个工作步骤是从设计功率和 8.5K 的进出口温差计算出热水流量。然后，由水流量确定连接散热器管道的公称尺寸（参见第 4.2.5 和 4.2.6 节）。

在选择卫浴散热器时以另外的方式进行，先前不仅确定了卫浴散热器的尺寸，而且其型号亦已选定，因此它的标准功率为 1730W（工作步骤 1 到步骤 3）。散热器的设计功率为 440W -100W =340W（扣除了地板采暖所承担的部分热负荷）。因而其功率比为 0.197（第 4 个工作步骤）。卫浴散热器在浴室温度为 24℃以及和其他所设计的散热器具有同样的进口温度的情况下，那么进口的过余温度 $\Delta\theta_V=22K$（工作步骤 5）。从而进一步由下部马步式连接的散热器设计曲线图（见图 3.1-9）得到出口过余温度为 12.5K，并由此计算出进出口温差为 9.5K（第 6 个工作步骤）。最后两个步骤是算出热水流量，并进而确定连接散热器管道的公称尺寸。

对剩下的三个房间，即游戏室、厨房和楼梯间里的散热器，只要符合要求等级 1。因此把它们进行统一地设计。游戏和厨房里散热器的长度与窗户的宽度一样，散热器的高度则自由选择。楼梯间的散热器尺寸的选择是以美观作为考量的标准：散热器的高度为 2m，散热器的宽度为 1m。最大进口温度统一确定为最大可能的 60℃，这样过余温度则为 40K。依照在例 1 中所述及的最大流量调节（图 3.1-7）的方法，其最小进出口温差为

3.1 采暖设备的设计

40 K/3=13.3 K（第 4 个工作步骤）。在已知进口过余温度为 40K，出口过余温度为 26.7K 的情况下，由散热器设计曲线图（图 3.1-8）可查出热功率比为 0.56（第 5 个工作步骤）。在最后三个步骤里，由设计热功率算出每个散热器的标准热功率、热水流量及所要求的连接散热器管道的公称尺寸。

表 3.1-7 列出了地板采暖、表 3.1-8 列出了散热器的设计数据，这些数据可供进行产品选择或投标。至此，热量移交系统的方案设计阶段结束。

散热器的选择和设计（工作流程和特征值） 表 3.1-8

要求等级		3		3		1	
房间序号		03；04，05		06		U4；07；09	
散热器长度	（1）	03	1.9 m	（1）		（1） U4	1.9 m
		04	1.5 m		1.0 m	07	1.0 m
		05	1.9 m			09	1.0 m
散热器高度	（2）			（2）		（2） U4	0.2 m
			0.4 m		1.8 m	07	0.4 m
						09	2.0 m
$\Delta\theta_H$	（3）		21 K				
σ_{Aus}	（4）		8.5 K	（6）	11.5 K	（4）	13.3 K
$\dot{Q}_{Aus}$		03	670 W			U4	1480 W
		04	450 W		340 W	07	370 W
		05	740 W			09	905 W
$\dot{Q}_n$	（6）	03	2062 W	（3）		（6） U4	2643 W
		04	1385 W		1730 W	07	661 W
		05	2277 W			09	1616 W
$\Delta\theta_V$	（7）		26 K	（5）	22 K	（3）	40 K
$\dot{Q}_{Aus}/\dot{Q}_n$	（5）		0.324	（4）	0.197	（5）	0.56
$\dot{m}_H$	（8）	03	68 kg/h	（7）		（7） U4	96 kg/h
		04	46 kg/h		30.8 kg/h	07	24 kg/h
		05	75 kg/h			09	59 kg/h
DN	（9）	03		（8）		（8） U4	
		04	12×1		12×1	07	DN
		05				09	10

注（1），（2），（3）……为工作步骤。

按照图 3.1-4 描述的采暖设备的方案决策示意图，第 3 个框图是分配系统。布置在游戏室、厨房和楼梯间的老设备的管道应保留下来。由于地面翻新，地板采暖的管道完全重新铺设，而且儿童室、卧室以及浴室都采用新的埋在地板内的连接散热器管道，以避免在地下室有热量分配管道。为此，采用了一个双管连接系统作为布置在浴室内的中央分配器，但该双管连接系统具有单独与散热器连接的管道。这样，带遥感装置的调节机构就有可能分装在不同的房间。在地下室采暖中心的主分配器安排了3根干管，为调节供水温度，每根干管配有一台循环泵和一个三通阀，一个用于地板采暖，一个用于有要求等级3的散热器，还有一个用于有要求等级1的散热器。图 3.1-14 表明了管道布置在底层的可能性，管道的公称尺寸以及所估计的长度（包括地板采暖的管道）都列在表 3.1-9 中。

连接散热器管道的公称尺寸及长度　　　　　表 3.1-9

散热器序号	DN（公称尺寸）	（大约）长度（m）	备注
03	12×1	15	分别单独连接到分配器
04	12×1	11	
05	12×1	4	
06	12×1	1.5	
09	10	14.2+8.6 DN15+6 DN20	
U4	10	4	现有干管
07	10	2	

由于没有天然气供应，只有一个埋设在地下的油罐，所以热量生产设备（按照图 3.1-4 为第 4 步骤）已基本敲定：安装一台先进的燃油锅炉，该锅炉带中央饮用水加热并且用能买到的尽可能小的标称功率。建议再并联一台缓冲蓄热器，其容量至少为 100L，理由是：有了它以后，会减少燃烧器的启动频率（维护次数较少，减少有害物质排放）。为了让缓冲蓄热器保持最大的温差，充载温度必须是可控的。对此，需要一个锅炉旁通、一个带分配功能的三通阀和一台锅炉循环水泵（最小扬程）。关于采暖系统水力回路的建议如图 3.1-15 所示。

通过给新的采暖系统规定了范围广泛的固定要求和有限制要求，设计方案过程采用了所描述的严格的作业程序。作为判断决策仍然是壁炉、散热器类型以及锅炉的缓冲蓄热器。

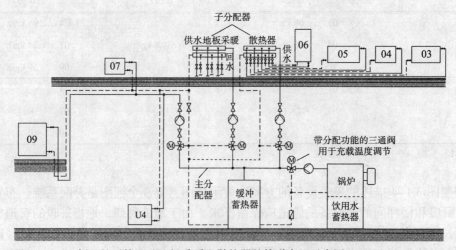

图 3.1-15　例 2 的干管以及地板采暖和散热器的管道布置示意图

这里，通过得出实现率以及通过提出影响决策分数的加权系数（参见例1）会使得决策变得更容易些。

3.2 采暖部件的研发

一般来说，部件表示是"整体的一部分"。如果在这里把采暖系统看作为整体，那么，部件就是散热器、锅炉、循环泵或调节机构这样一些产品，当然也包括管道这类半成品。这些部件大多数都是批量生产的，单件生产已是越来越少见。部件也可能是一个子系统，比如地板采暖地面，它有专门的管道和一个特别的铺设式样并为此界定了其热工检验。在部件研发方面，实际上面对的是或者只可能是一个一个功能或热工性能检验的问题。部件的开发一方面是在一个长期的、一定程度变革的过程中，从市场方面讲以一个小小的步伐往前推进；另一方面是通过设计人员自己的想法，可以这么说，通过突变，使其向前推进。除了缓慢的"自然"研发以外，现在还有第二个，"强行"带来的更大的研发飞跃，这是由于边界条件的剧变，比如能源价格飙升或颁布了一个节能法规而强迫进行的。这里所要寻求的是迅速确立新的研究方向，只能以一种有计划的运作方式进行，否则的话，在失去部分经验基础的情况下，匆匆忙忙的作业恐怕会造成盲目。在其他的技术领域同样也有边界条件剧变的问题，如汽车行业或产品制造业。多年来，它在产品研发方面已引进了一种有条不紊的运作方式，其中一种就是数值分析方法，这已在第1.2节中述及。作为该方法应用的例子，是用于楼层采暖系统的热量生产设备的水力及控制方面的研发。下面就把研发目标用期望要求的形式表述出来。

由生产厂家给出的边界条件是：

（1）由于成本和占地的原因，采暖用水和饮用水应该用一台设备即所谓燃气循环热水器来加热。

（2）作为一个示范住宅是一个在一幢多住户的楼房里平均有3个房间的公寓（图3.2-1），其保温标准符合1995年版建筑物热保护法规[3]（WSVO95）（近来要留意新的节能法规 EnEV）。表3.2-1给出了该示范住宅的有关数据。

（3）气候参数应依照 DIN4710[6]。

（4）图3.2-2给出了室内通过人体和电器设备的得热量。

（5）汲取热（饮用）水的时间表如图3.2-3所示。

（6）热量移交部分是带恒温阀的板式散热器。假定其进口温度为45℃以及平均出口温度为35℃。

（7）对产热系统而言，作为选择的可能性是两台锅炉，一台的标称功率为20kW，另一台为5kW，锅炉配备可调制运行的燃烧器，功率范围可从20～8kW或从5～2kW进行调节。

在表1.2-2中列举的"满足热负荷"和"满足饮用热水的需求"继续作为固定要求；所有其他的要求通过边界条件的规定已经得以实现，这同样适用于技术和法律的基本要求。

第 3 章 采暖系统的设计和方案比较

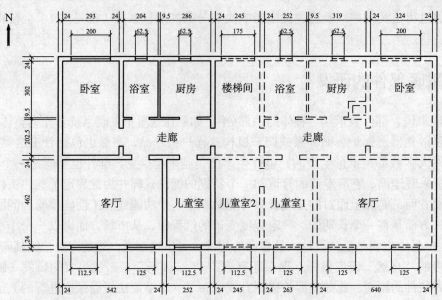

图 3.2-1 用于研发实例的 3 个房间公寓的平面图（左侧）

示范住宅的数据　　　　　　　　　　　　　　　　　　　　　表 3.2-1

房间高度（m）	2.40
楼房层高（m）	2.70
窗户高度（m）	1.35
外墙换热系数 k [W/(m² · K)]	0.47
窗户（玻璃和窗框）换热系数 k [W/(m² · K)]/ 及有效总能量穿透率，g	2.0/0.6
外墙和窗户的换热系数 k [W/(m² · K)]	0.66
标准热负荷 $\dot{Q}_N$（kW）	2.27

在极限要求方面仍为表 1.2-3 中所列各项，另外还有：

（1）要讨论的水力措施及控制设备必须合适，即在采暖时间（6点30到22点）至少保证室内温度达到20℃（中间计算表明，此时的空气温度必须是20.5℃）。

（2）为要实现期望要求，所讨论的措施而导致成本增加不得超过当时基本版本的30%。

期望要求列在表 3.2-2 中，并参照表 1.2-4，把它们划分成期望总功能和子功能，此外，也额外地把厂家按照市场分析决策所确定的各种标准的加权系数列在表中。应当强调的是，这些仅仅是取决于要进行比较的热量生产系统之间的各种性能的差异，而不是取决于为了评估而保持不变的热量移交和分配部分。

由初步设想得知，用一台机器，其任务不仅用来采暖，而且用来加热饮用水，但则暴露了一个窘况：确定一个 2~3 倍于标准热负荷的功率为5kW的热量生产系统，就能满足室内热负荷，与此不同的是，对于穿流饮用水加热反而需要明显大得多的热功率，比如在这种情况下就需要20kW。相反，一个功率为20kW的热量生产设备用于一个住宅单元采暖，其标准热负荷仅略高于2kW。那么，设计的热量生产系统就太大了。这会由于燃烧器在运

3.2 采暖部件的研发

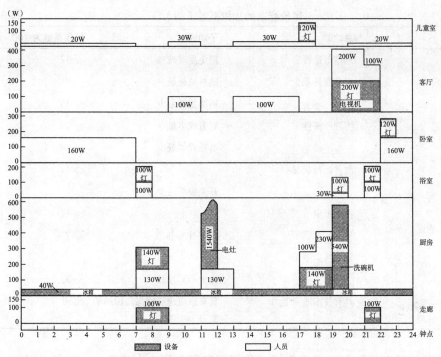

图 3.2-2　人体和电器设备的得热量的日分配

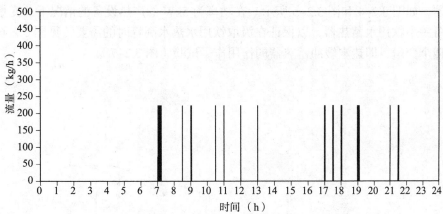

图 3.2-3　热（饮用）水汲取的日程序表（每次汲水量为 224 kg/h）

注：汲水持续时间：

　　0.015h：时间为 8 点 30，11 点，12 点，13 点和 21 点；
　　0.02h：时间为 17 点；
　　0.03h：时间为 9 点，17 点 30，18 点和 21 点 30；
　　0.04h：时间为 19 点；
　　0.25h：时间为 7 点。

行中的经常开和关导致设备的耗损并提高了有害物质的排放。所描述的功率窘境可以通过加设一个饮用水蓄热器或一个热水缓冲蓄热器来加以缓解。究竟两种带饮用水蓄热器或一个热水缓冲蓄热器的产热设备中的哪一种组合更好，下面将作进一步解释。

评价标准的加权系数(例)   表3.2-2

评价	总功能	子功能	加权系数为100
K_{W1}	创造舒适性	避免温度波动	$g_1=12$
K_{W2}	设备能耗最少	燃料消耗最少	$g_2=9$
K_{W3}		辅助能耗最少	$g_3=13$
K_{W4}	实现经济性	制造成本最少	$g_4=20$
K_{W5}		消耗成本最少	$g_5=14$
K_{W6}	改善运行状况		$g_6=11$
		开关频率最少	
K_{W7}	占地最少		$g_7=11$
K_{W8}		减少 NO_x 排放	$g_8=7$
	环境污染最小		
K_{W9}		减少 CO_2 排放	$g_9=3$
K_{W10}	具有技术适应能力	具有适应建筑物保温标准的能力	$g_{10}=0$

为了使试验范围不至于漫无头绪,我们把它限制到4个变量。一种就是试验一个功率为20KW为穿流运行的饮用水加热的产热设备,带(变量1)以及不带(变量2)热水缓冲蓄热器,如图3.2-4和图3.2-5所示。在功率为5kW的产热设备的情况下(变量3),必须要配备一个饮用水蓄热器,以保证在汲取饮用水热水高峰时的需要(见图3.2-6)。同时还对第四个变量,即热水缓冲蓄热器的作用作了试验(图3.2-7)。

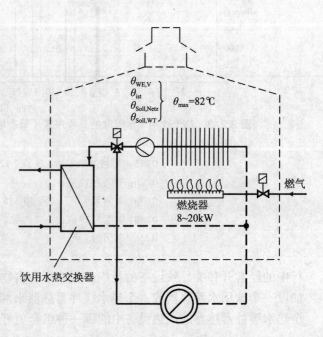

图3.2-4 变量1:大功率(20kW)的组合热水器,饮用水加热为穿流运行

3.2 采暖部件的研发

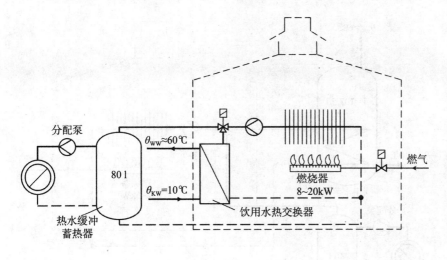

图 3.2-5 变量 2：带热水缓冲蓄热器的大功率（20kW）组合热水器，饮用水加热为穿流运行

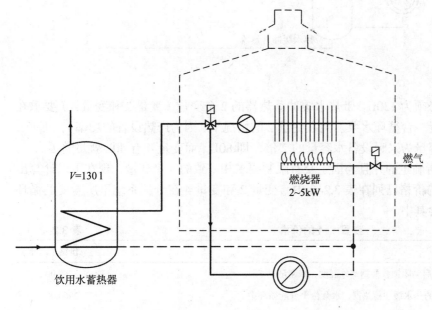

图 3.2-6 变量 3：带饮用水蓄热器的小功率（5kW）组合热水器

为了节省前期试验，依照 DIN4710[6] 对一个楼宇—设备组合做三个典型日的模拟实验，看看在已给定的产热设备的情况下，为了保证达到按有限制要求所规定的室内温度，需要哪一种调节设定。进一步还将试验，从调节技术上讲，如何一开始就能减少可调制运行的燃烧器的开关频率。此外，还要搞清楚，从经验出发所选择的略大于 100L 的饮用水蓄热器是否够用。进行模拟的是设计日（元月份的一天）、过渡日（三月份的一天）和所谓的年日，即描述采暖季节的一个有影响的均值。

对于在图 3.2-4~图 3.2-7 所描述的 4 个变量而言，从计算的温度变化过程可以看到，在每种情况下，由于 7 点钟（图 3.2-7）汲取热水的时间较长，为了弥补由此而引起的功率骤增，从运行开始到 9 点，采暖（控制）曲线都必须提升。为减少燃烧器的开关频率而采取的措施列在表 3.2-3 中。这就是说，燃烧器复位（重新启动）闭锁 5min，在燃烧器关机后，泵空转（一次取决于室外温度，另一次固定为 6min）。对于变量 3，可以确定，饮

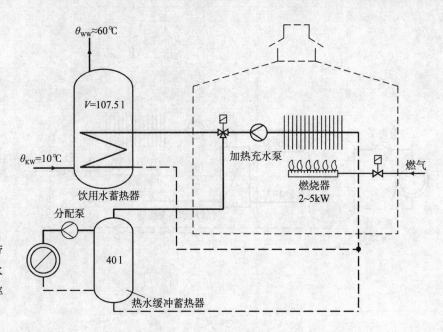

图 3.2–7 变量 4：带饮用水蓄热器和热水缓冲蓄热器的小功率（5kW）组合热水器

用水蓄热器的容量必须为 130L。带热水缓冲蓄热器的 2 个变量（变量 2 和变量 4）要求在分配系统里额外配置一台循环水泵。而在变量 2 的情况下，因为产热设备的功率大，那么，热水缓冲蓄热器的容量为采暖设备水容量的 2 倍，即 80L，而变量 4 有 40L 就足够了。

按照前期试验所确定的并且与固定及有限制要求相一致的 4 个变量，现在可以计算出其制造成本；预估的价格已列在表 3.2–3 中。变量 2 和变量 4 在分配系统里所需要的循环水泵的价格亦已包含其中。

变量 1-4 的价格　　　　　　　　　　　　　　　　　　　　　　表 3.2–3

变量	图例	措施	价格（欧元）
1	3.2–4	重新启动闭锁，根据室外温度，水泵随动 5min	2280.00
2	3.2–5	80L 的热水缓冲蓄热器，水泵位于分配循环中	2960.00
3	3.2–6	重新启动闭锁 5min，水泵随动 6min，130L 的饮用水蓄热器在供暖开始前充热水	2020.00
4	3.2–7	40L 的热水缓冲蓄热器，泵位于分配循环中，107.5L 饮用水蓄热器采暖开始前充载，下午再充载	2040.00

表 3.2–4 给出了上述 4 种变量的模拟及其他计算的结果。从对设计日、年日和过渡日所计算出的数字上的巨大差异，可以看出相对热负荷的影响：相对热负荷越大，则整个采暖系统的耗费系数越小（参见第 7.3.2 节和文献[4]）。其中对热量移交部分的影响尤为显著，细节请参见艾森曼的论文[7]。对 4 种变量的评估采用年日计算出来的结果。对此，依照表 1.2–1 的例子，应先找出实现率并且把它与已在表 3.2–2 中给出的加权系数相乘。实现系数率假定为一个 10 分制，最好值为 10 分，最差的值为 0 分，从 0 到 10 之间为线性插值（图 3.2–8）。计算出的总的使用价值的结果概括在表 3.2–5 里。具有小功率的产热设备并配备一个 130L 饮用水蓄热器的变量 3 达到最大使用价值，另外再带一个热水缓冲蓄热器的变

3.2 采暖部件的研发

表 3.2-4 变量 1~4 的模拟计算结果，摘自文献 [7]

变量	1			2			3			4		
计算日	设计日	年日	过渡日	设计日	年日	过渡日	设计日	年日	过渡日	设计日	年日	过渡日
每日的开关频率	486	182	78	53	21	13	11	114	146	5	8	7
燃料需求（kWh/d）	66.4	28.3	18.65		28.7		59.2	23.6	13.1		24.05	
电能需求（kWh/d）	1.1	0.971	0.827		1.048			1.06			1.32	1.13
日耗费系数 e_3	1.31	1.83	2.46	1.35	1.86	2.31	1.17	1.53	1.76	1.24	1.56	1.89
有害物质排放量（g/d） SO_2	0.778				0.818			1.664			1.693	
NO_x	3.044	0.304			0.304			0.307			0.382	
CO_2	7.298				2.322			1.792			2.077	
费用（欧元/d） 燃料	0.996				1.009			0.832			0.847	
辅助能	0.141				0.152			0.154			0.192	
合计	1.137				1.161			0.986			1.039	
温度波动（℃）	0.1				0.4			0.4			0.2	
占用场地（m³）	0.15				0.23			0.17			0.21	

① 日平均总耗费系数，摘自第 2 章参考文献 [1]

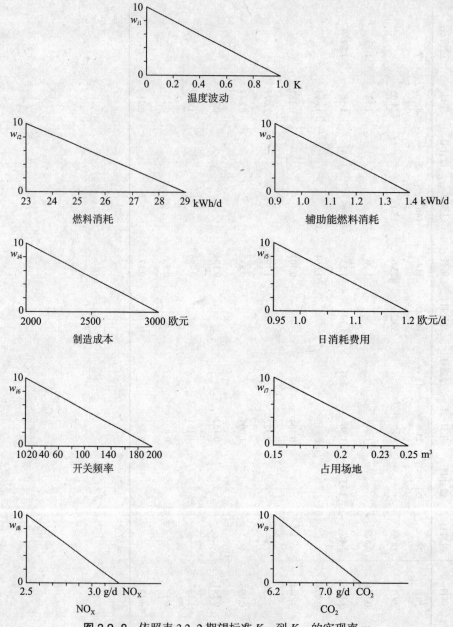

图 3.2-8 依照表 3.2-2 期望标准 K_{W1} 到 K_{W9} 的实现率 w_{ij}

量 4 以明显的差距紧随其后；20kW 产热设备的变量 1 位居第三；而具有大功率的产热设备，还附加一个热水缓冲蓄热器的变量 2 远远落后于其他三种位居第四。

　　这里举例说明了一部件的研发（热量生产系统）以及对 4 种变量的评估，但很显然还不是一个一般性的说明。它是基于由厂家决策订立的规定，特别是事先确定的评价标准的加权系数。对 4 种变量计算试验是通过建筑物—设备组合的模拟，以严格的物理和数学的标准来衡量，而与此不同的是，计算实现率却是一个按自己的判断来决定的问题。但尽管如此，决策过程是可以理解的，并且在边界条件改变的情况下也可以加以修正。

在现有技术装备的情况下，作为例子所研发的 4 种变量的热量生产系统，比较起来，原则上使用变量 1 是合适的。尽管如此，运行模拟还是展现了进一步研发的前景。因此，前面所介绍的对 4 种变量剖析及相互比较也可理解为一种初步的研发，严格地说，这是每一个研发进行的方式。还可以进一步开展的工作：例如，减小供热锅炉及燃烧器，对配备有热水缓冲蓄热器的变量 4，通过改善充载系统或简化锅炉循环，结合改善变量 3，来减小蓄热器的容积。但无论如何，运作方式还是像举例所说明的那样进行。

计算列举的四种变量 V_i 总的使用价值 N_i 的加权系数 g_i 和期望标准 K_{W1} 的实现率 w_{ij} 表 3.2-5

变量 V_i（见图 3.2-4~ 图 3.2-7）									
评价标准	加权系数	1		2		3		4	
K_{Wj}	g_j	w_{1j}	$w_{1j}g_i$	w_{2j}	$w_{2j}g_i$	w_{3j}	$w_{3j}g_i$	w_{4j}	$w_{4j}g_i$
K_{W1}	0.12	9	1.08	6	0.72	6	0.72	8	0.96
K_{W2}	0.09	1	0.09	1	0.09	9	0.81	8	0.72
K_{W3}	0.13	9	1.17	7	0.91	6.5	0.845	2	0.26
K_{W4}	0.20	7	1.40	0	0	10	2.00	5	1.00
K_{W5}	0.14	3	0.42	2	0.28	9	1.26	6.5	0.91
K_{W6}	0.11	1	0.11	9.5	1.045	4.5	0.495	10	1.10
K_{W7}	0.11	10	1.10	2	0.22	8	0.88	4	0.44
K_{W8}	0.07	2	0.14	1	0.07	8	0.56	6	0.42
K_{W9}	0.03	1	0.03	0	0.03	9.5	0.285	7.5	0.225
总的使用价值 N_i			N_1=5.54		N_2=3.365		N_3=7.855		N_4=6.035

3.3 可比性的前提条件

在 3.1 和 3.2 节已经多次出现这样一个问题：对设备方案或部件制作的各种变量进行比较。这个比较的问题，不仅是给设计以及施工工程师提出的，对所有关心采暖设备的人，作为买方、用户或仅仅是作为政策判断者来说也都存在。

在日常的市场上人们对采暖系统，大多数对同类产品仅仅是很简单地进行价格的比较。尽人皆知，俗话说，人们不会去拿苹果和梨进行比较。进一步而言，当购买苹果时，经过多次的品尝会注意到其品种、来自哪一个仓库及产地；也就是说，除了价格以外，还会考虑三个评价标准。当然，采暖设备不像苹果，它是复杂的产品，因此，要对采暖设备进行准确的（有意义）比较，则需要更多的评价标准。

在评估为某一特定的建筑项目而提供的不同的整套设备时，就给买方但也给卖方为他的供货寻找论据提出了可比性的问题；在设备方案设计（参见 3.1 节）以及部件研发（参见 3.2 节）中也提出了同样的问题。如果政治家们，例如依照能源或环境保护政策，想要通过规范来促进一定的技术研发，他们也同样要寻找可靠的可比性规则。

当进行供货比较时，只注意到设备是为同样的负荷设计的，这是不够的，还要进一步看到其他方面,例如:舒适性、卫生问题、先进性、能源消耗、对环境的污染问题,日常消耗及运行成本等。相对于供货比较,如3.1节所指出,在设备研发时还有一些其他的标准需加以注意,如结构及运行方面的变量;每一个研发的、对现有情况原则上可能的方案,都应该予以评估并进行相互比较。进一步讲是在详细的审查和评估设备系统时(参见第3.2节)对设备部件提出各种明确的要求。然后,可以得出一个部件研发的责任书,责任书中同样也包含了比较研究的内容。对于那些为政治家们进行国家干预的比较规则不仅支撑上面已述及的标准,而且出于另外的政治动机而额外地加权,例如对资源的节约和环境的保护。

现在专业人员可能很快认识到,各种供货、设备方案或部件研发的可比性只有在考察了整个一系列不同的标准的情况下才有可能,但对于外行来说(这些大都是一般项目委托方),尽管已有各种好的不同意见,他们只是把问题减少到价格的比较。这即使在比较研究时作为政策性措施的结果也几乎不起作用,对此却又是难以摒弃的大多数相信的偏见。因此,在任何情况下,与某一具体的任务无关,阐明一个正确和有说服力的比较基础,都是十分有益的(在此,图1.2-1说明了应用的概念及其关系):

(1)边界条件(如气候、建筑物、建筑物运行);
(2)要求(例如,根据负荷、安全、舒适性、卫生、设备先进性、经济性);
(3)设备功能("按要求所发挥的性能")。必须相同、完整(详细清单),而且也要有足够的细节说明!

此外,公差规则和极限值也属于要求范畴。比如,公差规则包含了室内温度只允许是额定值的正偏差以及在冷却情况(这里不再进一步论述)下为负偏差。在采暖情况下必须不考虑得热量而保证室内的额定温度,与此不同,在冷却情况下则必须考虑预先给定的得热量。

足够的细节说明主要是考虑在要求方面。在边界条件方面,细节一般已具备;在要求方面,这些细节必须通过系统地研究项目委托方或用户的介绍而进行加工。因此,比如对一般性的要求"舒适性",就应该问:

(1)舒适性指的是什么,更确切地说要消除什么样的舒适性赤字(辐射、下降冷气流),或者说,要避免什么样的干扰因素(比如气流速度、紊流度过高)?
(2)舒适性的要求适用于室内哪些区域,哪些区域不需要?这意味着,如何确定有舒适性要求的区域?
(3)所确定的舒适性赤字应消除到什么程度?对此,所期望的要求等级应按照VDI 6030给出来。
(4)什么时候应该有这些要求,白天,平日?

如此确定下来的要求综合表述在一个责任书里,实例参见表3.1-2和表3.1-6。由边界条件和责任书可以得出待比较的设备的额定功能,在1.2节已有详述并已举例说明。前提条件当然是,要考察的设备首先是实现以法律、标准和其他技术规范为基础的,考虑到安全性、强度、密封性等的基本要求。对于由固定要求和有限制要求而衍生出来的功能是简单的只需要说"是"或"否"的决策标准。这就是说,应该搞清楚,审查某一设备变量,其比较根本就是是否容许,或者是否它不需要有任何进一步的评估,从比较中就脱颖而出。这些按固定要求应该具有的功能大多数都可以很最容易做到,所以在设备选择时不必为此

3.3 可比性的前提条件

十分在意。相反,所有为热量移交系统按有限制要求配备的功能必须要与设计条件匹配。譬如,选择一个室内散热器,其尺寸和表面过余温度应该抵消由冷的围护结构表面所产生的冷辐射,同时要有足够大的热功率来满足室内热负荷。一般来说,这通常只有在仔细挑选了部件(主要是在热量移交部分)后才有可能。因此,它取决于同样的要求细节以及同样的完整性(完整的清单)。同样的细节以及同样的完整的必要性也适用于从中得出的设备功能。只有在第三组,期望功能方面,才会出现不同的实现率;在这种情况下应提出评价标准。如 3.2 节所述,实现系率还需同引入的加权系数相乘,然后累加才得到总的使用价值。通过总的使用价值,能够在可比的设备或部件中得到一个先后顺序,实际的比较则在其中。

现在,常常要求(尤其是在以商业政策为动机的研究方面)对那些还没有一个由有限制要求而产生的功能的完全同一性(通常情况下,在期望功能方面存在着一种差异,正是它们为评价提供判断标准)进行比较。举例来说,可能缺乏消除辐射赤字或阻止下降冷气流的功能,在把热风采暖与室内采暖散热器比较时,就会有这种情况。采用热风采暖不会达到辐射平衡,采用壁炉采暖或把散热器安装在房间内的后墙,同样不会达到一个辐射平衡;此外,采用这些热量移交系统也不能起到阻止下降冷气流的作用。在上述情况下,只有通过提高整个房间的空气温度才能补偿所欠缺的功能。这样,为弥补舒适性赤字影响范围内所欠缺功能,必须在别的地方补偿:在要求区域内,把室内(敏感)温度提升超过额定值,而且还必须检查为其补偿而导致的必要的温度变化是否在允许的公差范围内。由此而额外增加的热损失,特别是在通风的情况下,对在期望范围内评价能源需求和经济效益的标准方面起着负面的影响。

关于缺失的功能对室内平均舒适性的影响目前还不能足够精确地认识,而通过提高空气温度来进行补偿,也同样对其认识不多。首先来研究缺乏消除辐射赤字功能的情况,如果消除一个局部有效的赤字不是通过散热器(板)的热辐射而是把空气温度提高超出规定的舒适性水平 $\theta^*_e = \theta^*_L = \theta^*_r$、$\Delta\theta_L$ 通过对流来实现,那么,这里就给出了局部的等价性。下角 e 表示敏感温度,下角标 L 表示空气温度,下角标 r 表示(半球的)辐射温度,上角标 * 指的是要求中规定的状况。对局部的等价性而言,就是要求皮肤表面上一个微元面积的温度 θ_{sk} 保持相同,也就是说使皮肤微元面积转向一个造成辐射赤字的冷表面。为简化起见,假设在所研究的换热条件下辐射换热为线性关系,那么就有:

$$\alpha^*_K(\theta^*_{sk}-\theta^*_e)+a_r(\theta^*_{sk}-\theta^*_e)=\alpha_K(\theta^*_{sk}-\theta^*_L)+a_r(\theta^*_{sk}-\theta^*_r) \quad (3.3-1)$$

定义空气温度的升高为 $\theta_L=\theta^*_e+\Delta\theta_L$ 和辐射赤字为 $\theta_r=\theta^*_e+\Delta\theta_r$,并假定辐射换热系数 α_r 在所研究的较小温差的情况下不发生变化,那么,就得到一个确定空气温度提升的方程:

$$\Delta\theta_L = \frac{\alpha_r}{\alpha^*_K}\frac{\alpha^*_K}{\alpha_K}\Delta\theta_r - \left[\frac{\alpha^*_K}{\alpha_K}-1\right](\theta^*_{sk}-\theta_e) \quad (3.3-2)$$

前提条件是皮肤表面的温度不变,可假设为一个定值,比如 34℃。起先未知数是对流换热系数随温度变化而变化,因为,随着室内空气温度的变化,不仅是观察的皮肤表面微元面积的对流,而且所有室内内壁的表面还包括冷的围护结构表面的温度都发生变化。这也意味着,对一小块皮肤表面微元面积起作用的半球辐射温度 θ_r 也发生了变化。

空气温度升高前,窗户温度为 $\theta_{F,0}$。假设敏感温度 θ^*_e 如室内温度 θ_i 对热传递来说为起决定性作用的参数,并且视窗户(下角标为 F,0)为冷围护结构表面,则窗户温度可按下式计算：

$$\frac{k_{Fe}}{\alpha_i}(\theta^*_e - \theta_a) = (\theta^*_e - \theta_{Fe,0}) \tag{3.3-3}$$

与观察的皮肤表面微元面积进行辐射热交换的表面温度为 θ^*_r 和 $\theta_{F,0}$。而与窗户进行辐射热交换的角因子是 Φ_{Fe}。由于窗户影响而引起的半球辐射温度为 $\theta_{r,0}$，那么，由半球辐射热平衡可得出：

$$\alpha_r(\theta_{sk} - \theta^*_r)(1-\Phi_{Fe}) + \alpha_r(\theta_{sk} - \theta_{Fe,0})\Phi_{Fe} = \alpha_r(\theta_{sk} - \theta_{r,0}) \tag{3.3-4}$$

在已经假定辐射换热系数 α_r 对上述所有温差都保持不变的情况下，皮肤微元表面的温度可由下式简化计算：

$$\Phi_{Fe}(\theta^*_e - \theta_{Fe,0}) = \theta^*_e - \theta_{r,0} = -\Delta\theta_{r,0} \tag{3.3-5}$$

若把式（3.3-3）中原来的窗户过冷温度代入式（3.3-5），那么，就得到原来的半球辐射温度的偏差值：

$$\begin{aligned}\Delta\theta_{r,0} &= -\Phi_{Fe}\frac{k_{Fe}}{\alpha_i}(\theta^*_e - \theta_a) \text{或者} \\ &= -\Phi_{Fe}(\theta^*_e - \theta_{Fe,0})\end{aligned} \tag{3.3-6}$$

假设对房间热损失起决定性作用的温度是敏感温度与空气温度提升幅度之和，则在温度提升后的窗户温度由下式确定：

$$\frac{k_{Fe}}{\alpha_i}(\theta^*_e + \Delta\theta_L - \theta_a) = \theta^*_e + \Delta\theta_L - \theta_{Fe} \tag{3.3-7}$$

并类似于式（3.3-5），得：

$$\begin{aligned}\Phi_{Fe}(\theta^*_e - \theta_{Fe}) - \Delta\theta_L(1-\Phi_{Fe}) &= -\Delta\theta_r \text{或者} \\ \Phi_{Fe}(\theta^*_e + \Delta\theta_L - \theta_{Fe}) &= \Delta\theta_L - \Delta\theta_r\end{aligned} \tag{3.3-8}$$

把温度提升后的新的窗户过冷温度代入式（3.3-7），可得：

$$\Phi_{Fe}\frac{k_{Fe}}{\alpha_i}[(\theta^*_e - \theta_a) + \Delta\theta_L] = \Delta\theta_L - \Delta\theta_r \tag{3.3-9}$$

现在，与依照式（3.3-6）确定的在温度提升前的半球辐射温度偏差 $\Delta\theta_{r,0}$ 一起，可得到一个实际的半球辐射温度偏差 $\Delta\theta_r$ 和温度提升 $\Delta\theta_L$ 之间的关系式：

$$\Delta\theta_r = \Delta\theta_L + \Delta\theta_{r,0}\left(1 + \frac{\Delta\theta_L}{\theta^*_e - \theta_a}\right) \tag{3.3-10}$$

可以消去式（3.3-2）中的 $\Delta\theta_r$，并得出补偿辐射赤字所必要的空气温度提升幅度：

$$\Delta\theta_L = -\frac{\alpha_r}{\alpha^*_K}\frac{\alpha^*_K}{\alpha_K}\left[\Delta\theta_L + \Delta\theta_{r,0}\left(1 + \frac{\Delta\theta_L}{\theta^*_K - \theta_a}\right)\right] - \left(\frac{\alpha^*_K}{\alpha_K} - 1\right)(\theta^*_{sk} - \theta^*_e) \tag{3.3-11}$$

它能容易地变转换成一个明确表达温度提升 $\Delta\theta_L$ 的公式，这取决于变量 α^*_K/α_K 和 $\Delta\theta_{r,0}$ [见式（3.3-6）]。对于方程中的其他值，可以取 $\alpha^*_K/\alpha_K = 1.9$，$\theta^*_{sk} - \theta^*_e = 14K$ 以及在设计情况下 $\theta^*_e - \theta_a = 32K$。换热的基准情况是以在着衣的身体表面，且其表面平均温度为 θ_{cl} 的自然对流为前提条件。对此，其换热系数可很好地近似为：

$$\bar{\alpha}_K = 1.66\left(\frac{\bar{\theta}_{cl} - \theta_L}{1K}\right)^{0.25} \text{W/(m}^2\cdot\text{K)} \tag{3.3-12}$$

由此，在空气温度提升不是太高的情况下，可近似推导出：

$$\frac{\alpha^*_K}{\alpha_K} \approx 1 + 0.285\frac{\Delta\theta_L}{(\bar{\theta}_{cl} - \theta^*_e)} \tag{3.3-13}$$

3.3 可比性的前提条件

利用上述线性关系能够解出确定温度提升的隐含方程式（3.3-11）。对于设计情况，可得到如图3.3-1所描述的空气温度提升前的半球辐射温度偏差 $\Delta\theta_{r,0}$ 和所要求的空气温度提升幅度之间的关系。在窗户过冷温度（空气温度提升前）约为7℃，角因子为0.5的情况下，半球辐射温度偏差则为3.5℃。为补偿辐射平衡的不足，在该温度偏差时要求空气温度提升约2℃。为此，还有经验从计算上证明：没有考虑辐射平衡的采暖系统，一般来说，在所描述的范围都需要提高温度。应该注意的是，在设计条件下提高温度的幅度大一些，而在过渡季节要相应地低一些。

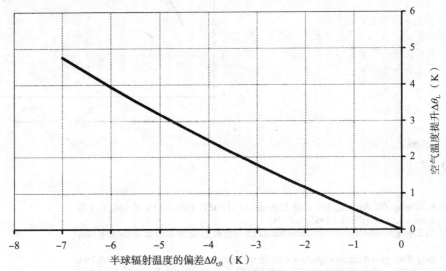

图3.3-1　在不同设备功能情况下的各种热量移交系统的比较

注：此处缺失辐射平衡：空气温度提升和半球辐射温度的偏差之间的关系。

类似于此，补偿其他缺失功能，如"阻止下降冷气流"，也能进行计算处理，其前提条件是不存在辐射赤字（$\Delta\theta_{r,0}=0$）。这样，式（3.3-1）和式（3.3-2）就可以加以简化。进一步假设，下降冷空气流接触到一小块着衣的身体表面，那么，确定空气温度提升的公式则为：

$$\Delta\theta_L = \left(1 - \frac{\alpha^*_K}{\alpha_K}\right)(\theta^*_{cl} - \theta^*_e) \tag{3.3-14}$$

其换热系数可按下式近似计算：

$$\alpha_K \approx 15,6\sqrt{\frac{\bar{v}}{1\frac{m}{s}}} \text{ W/(m}^2\cdot\text{K)} \tag{3.3-15}$$

假定着衣的身体表面的过余温度为7℃，那么就得到如图3.3-2所给出的空气温度提升和空气平均速度之间的关系。

所有上述研究皆着眼于热量移交部分，因为，这里出现的主要情况就是把具有不同功能的设备进行比较。一般情况下，另外两个部分，即热量分配部分和生产部分，由于技术上的强制要求，在功能方面已与热量移交部分相匹配，不同的只是在期望功能方面各有差异。第3.2节的例子已给出了这方面的比较。

图 3.3-2 在不同设备功能情况下的各种热量移交系统的比较

注：此处缺失阻止下降冷气流的功能：空气温度提升和空气平均速度之间的关系。

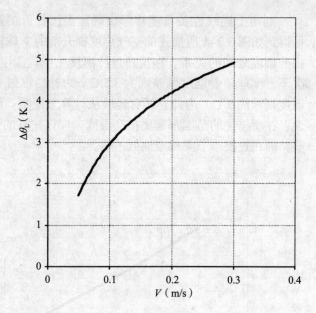

参考文献

[1] Honorarordnung für Architekten und Ingenieure (HOAI) vom 13.11.90 (BGBl. I S. 2707), geänd. 01.01.96 (BGBl. I 1995, S. 1174)
[2] VDI 3807: Energieverbrauchskennwerte für Gebäude; Bl.1: Grundlagen. Ausgabe Juni 1994.
[3] Verordnung über einen energiesparenden Wärmeschutz von Gebäuden vom 16.08.94 (BGBl. I S 2121), (Wärmeschutz V95 – WSVO 95), ersetzt durch: Verordnung über energiesparenden Wärmeschutz und energiesparende Anlagentechnik bei Gebäuden (Energiesparverordnung – EnEV) vom 21.11.2001, BGBl. I S. 3085
[4] VDI 2067 Wirtschaftlichkeit gebäudetechnischer Anlagen; Bl. 20: Energiebedarf der Nutzenübergabe bei Warmwasserheizung. Beuth Verlag Berlin, Aug. 2000.
[5] VDI 2073: Hydraulische Schaltungen in Heiz- und Raumlufttechnischen Anlagen. Beuth Verlag Berlin, Juli 1999.
[6] DIN 4710 Meteorologische Daten zur Berechnung des Energieverbrauches von Heiz- und Raumlufttechnischer Anlagen; Beuth Verlag GmbH . Berlin, November 1982.
[7] Eisenmann, G.: Entwicklung einer allgemeinen Bewertungsmethode für Heiz- und Trinkwassererwärmerssysteme am Beispiel einer Wohnung im einem Mehrfamilienhaus. Diss., Universität Stuttgart 1997.

第4章 热量的移交，分配和生产系统

4.1 热量移交使用

4.1.1 引言

一个采暖系统的热量的移交使用部分（参见第2章）无论如何都具有"传递热量"的功能，并对比空调工程的其他部分正好不具有"传递冷量"或"传质"的功能，比如，用水来加湿空气。大多数情况下同时传递出的许多热量，不仅是为了满足通过围护结构的热量传递损失，而且也为了满足加热透过窗户及房间的缝隙渗入的室外空气所需要的热量，甚至使得房间过热。当然，其过剩的热量已不再具有使用效果。在"传递热量"功能的背后有两个功能："满足传递热负荷"和"满足通风热负荷"。按照不同采暖设备的设计自由度的数量，还可以产生其他的热量移交部分的功能（图2.1-1）。此外，各个不同功能的实现率取决于设计自由空间的大小。循着在第2章中的系统介绍，可看到每次都是以描述有最少数量的设计自由度，也因此只有最少使用功能的设备开始。

首先，介绍把热量传递到房间的热量移交部分和生产部分集中在一个装置里的采暖设备，比如，采暖火炉就属于此类设备。这样，一个房间采暖的设计自由空间也就因此而受到限制，因为设置一个采暖火炉的问题只是把它连接到一个烟囱上。此外，在室内有明火还会带来高温、污染等弊端。这里唯一的用途就是热量移交。如果采暖火炉，例如像燃气采暖炉那样能够安装在外墙上，那么，就会有更多可能的设计方案并因而会得到更多的使用功能（消除辐射赤字或阻止下降冷气流）。在这方面，作为进一步的研发应该是电直接式加热装置或蓄热式加热装置。这些安置仍然是把热量移交和热量生产做成一个整体，但好处是避免了在室内有明火。而且也因此使得它的放置位置有了灵活性，可以把这些设备有针对性地合理安装，以便能消除舒适性赤字，既避免了在室内有明火，又增加了舒适性，这样就又进一步扩展了一个使用功能。因而，它们可以说是把热量移交和生产组合在一起的、作为单个房间采暖装置最高的研发等级。

对多房间的供热装置(热风炉)来说，因为只要照料一台炉火，比之单个房间的采暖装置在操作方面舒适了很多（但同样只具有一个用途）。

只有在把热量移交和热量生产部分完全分开并引进一个通过中间介质（采暖热媒）进行热量分配的部分以后，才能显著地扩大设计的自由空间。在此背景下，最简单的热风采暖实施方案就是必须通过采暖热媒来间接加热❶的系统。热风采暖还得在采用带室内散热器的中央采暖系统前面列出来，因为通过热风采暖还克服不了由于冷辐射带来的舒适性赤

---

❶ 较简单的热风炉采暖系统是直接加热空气。

字所造成的影响。这里既包括在室外安装的带空气加热器、风道及风口的中央空气采暖系统，也包括分散式热风采暖，如室内的风机盘管。

下一个研发等级就是带室内散热器的中央采暖系统，在这样的系统里有不同的设计自由空间的多种方案变量。室内散热器提供了大量的设计可能性，因为它可以随意摆放，并且也可以根据美学效果的要求加以使用，甚至能提供其他额外的用处。

对室内热量移交使用部分（依照 2.1 节所给的定义）而言，最高等级的研发是带室内散热器的中央采暖系统和机械通风系统（室外空气加热器）的组合。用室内散热器可以平衡冷外表面的冷辐射以及阻止下降冷气流，而通过有目的的给房间送进在室外加热的新鲜空气（功能："远离风机噪声"，"净化空气"），保证在人员逗留区域有最佳的空气质量。

4.1.2 室内的热负荷，气流流动和辐射过程

4.1.2.1 热负荷

依照 2.1 节所阐述的对采暖系统的范围划分（2.1-1 和图 2.1-2），热量移交使用是 3 个子系统中的第一个子系统，根据系统的理论规则，它至少具有一个入口和一个出口[2]。在进行能耗研究时，如在第 2 章所述及的，入口值是需求量，出口值是耗费量（比如两者皆以每年的能耗量作为单位）。从需求到耗费的路径给出了所谓的需求展开方向，它是从热量移交使用的入口处的参照热量需求开始。依此类推，功率值亦如此展开，某一已确定了使用方式的房间的热负荷 $\dot{Q}_{0,N}$（下标 N 表示使用），为热量移交使用系统的入口值，热量移交使用系统的出口值就是热功率 $\dot{Q}_1$ [图 4.1.2-1(a) 和图 2.1-1]。也许可以粗略地认为，这两个值在实际运行中是不相等的（详见下文）。

与所描述的非稳态采暖运行不同，对于设计情况而言，不仅房间周围环境，而且房间

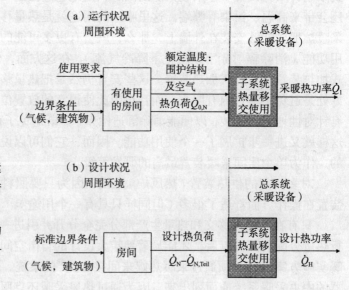

图 4.1.2-1 (a) 子系统移交使用在运行状况下的入口值和出口值：热负荷和热功率。
(b) 子系统移交使用在设计状况下的入口值和出口值：标准热负荷和设计热功率。

---

[2] 根据系统的理论，每一个系统具有：一个结构、一个环境、一个状态，进一步说至少还有一个功能以及至少一个入口和一个出口。

4.1 热量移交使用

内部环境都以简单化了的稳态条件为前提。此外，一些内部和外部的参数（温度、换热系数）也都确定。因此，很可能产生某单个房间预期的热负荷的最大值。而且所有的减轻热负荷的得热影响和存在的人体实际的散热没有计算在内。在德国，计算方法和过程已标准化，例如，按照 DIN 4701（参见原著第 4 卷）。计算所得到的结果就是所谓的标准热负荷 $\dot{Q}_N$。在上述条件下，标准热负荷可以看作一个建筑物的性能。

自引入第一个标准 DIN 4701 之后，起先曾很长时间都是把标准热负荷直接作为设计的基础，也就是把标准热负荷 $\dot{Q}_N$ 等同于采暖设备的设计热功率 $\dot{Q}_H$。当时也提出了很好的例如有关散热器的理由，即认为散热器只是略微改变了对围护结构表面的传热条件。但另外还必须考虑这么一个简单的估计，就是大量引入一些与房间的围护结构做成一个整体的热量移交使用系统，比如，地板辐射采暖系统（参见 4.1.6.2 节）。由于热量移交使用与房间的围护结构做成一个整体，所涉及到的房间在这个位置朝外的系统边界被断开了，因此也就在此处要删减一部分的传递热负荷 $\dot{Q}_{N,Teil}$，在一体化的室内采暖散热面的情况下，全部删减，在分散式室内散热器（板）的情况下，则删减一部分（辐射部分）。如果在一个（几乎）密封的建筑物内，为了换气而要求把一定的新风经风机和空气换热器处理，使其达到室内额定的温度后送入（机械通风）房间，所安装的送风设备也产生类似的效果。这里也同样要删除（除了加热剩余空气部分以外）通风热负荷（这里的系统边界是在送风口断开了）。

如果一个采暖设备是稳态运行（比如没有夜间降温运行），那么，热量移交系统中的装置无论如何应该这么去考虑，即它们在持续运行时能够满足在稳态条件下所出现的设计热负荷，一般情况亦即 $\dot{Q}_N - \dot{Q}_{N,Teil}$。从系统理论方面来讲，入口值是设计热负荷，出口值是设计热功率 $\dot{Q}_H$[图 4.1.2-1（b）]。大多数热量移交装置能够在一段有限的时间内传递一个明显超过设计热功率的最大热功率 $\dot{Q}_{max}$。这种情况很容易做到，例如，在自助燃烧的采暖装置处，可短时间内多加些燃料，或者在产热设备允许的情况下，把中央采暖系统的室内散热器的供水温度提高到超过设计值。倘若没有上述增加的可能性，为安全起见，例如，按式（4.1.2-1）把设计热功率 $\dot{Q}_H$ 增加一个安全系数 x：

$$\dot{Q}_H = (1+x)(\dot{Q}_N - \dot{Q}_{N,Teil}) \quad (4.1.2-1)$$

与设计热功率 $\dot{Q}_H$ 不同，中央采暖系统内的室内散热器（板）的标准热功率 $\dot{Q}_n$❸ 是一个标称功率，它是对应于按标准确定的过余温度。一般情况下，它大于设计热功率，也就是说，设计的过余温度低于标准状况下也低于热量生产设备所能提供的、实际上有可能就是产生最大热功率 $\dot{Q}_{max}$ 的过余温度。由后者产生的热功率储备（$\dot{Q}_{max}/\dot{Q}_H$）保障了使用安全，并且主要是有利于房间的预热升温过程（非稳态的采暖运行）。

在采暖运行中出现的变化的热负荷 $\dot{Q}_{0,N}$，它不仅考虑了得热量（太阳的热辐射、仪器设备的散热等），而且还包含了用户随时间变化对室内温度的要求。因此，它是有别于为常量的标准热负荷。参照 DIN 1946 第一部分[3]，把它定义为一个房间所需要的能量流，这个能量流是为了保证用户所期望拥有的一个热环境（空气和墙壁的温度）。因此，它由在某一个时间通过一个虚拟的理想采暖设备必须给该房间输入的能量流组成，以便保证房间有一个规定的墙壁壁面和空气温度。这个虚拟的理想采暖设备没有热惯性，有最佳的调节控制，有无限大的功率能力，并且有精确与需求相匹配的辐射和对流的状况。这样定义

---

❸ 依照欧洲标注 DIN EN 442[2]，标准热功率是用 Φ_S 表示。

的热负荷类似于 VDI 2078[4] 中所谓的"干的冷负荷"。按照 VDI 2067、第 10 和 11 部分[5]，它对一年的时间进行积分，则提供了参照采暖能量需求。

  热负荷基本上受下面因素的影响：
  气候或天气；
  建筑施工（围护结构）的壳体；
  用户要求及用户的行为。

  气候和用户需求（用于模拟计算）或天气状况及用户的行为（用于实际运行）对随时间而变化的甚至间断出现的进入和流出房间的能量流有直接的因果关系，与此不同的是，有保温的建筑壳体及其蓄热能力对这些能量流起着衰减和延迟的作用并从而影响到热负荷。

  气候和天气已在第一卷的 B 部分述及，建筑壳体对热负荷的影响将会在第四卷加以描述。

  用户的要求（以及在实际运行中其行为）对热负荷的影响是通过以下几方面进行的：
  （1）活动和逗留时间；
  （2）有要求的区域；
  （3）室内额定温度的变化过程；
  （4）对室外新鲜空气的要求；
  （5）散发热量的仪器设备的使用时间及其功率。

  对设备的方案及设计起决定性作用的是那些已明确表达的固定要求，所期待的用户行为也必须要作为规定来要求。随着活动类型和与其相关的停留时间及有要求的区域也就规定了该房间的使用类型。通常由此得到室内额定温度的变化过程、对室外新鲜空气的要求以及所需要的且散发热量的仪器设备的使用时间及其功率大小。大多数情况下，房间是按在里面所从事的典型活动给其命名，例如，客厅、卧室、教室、办公室、工厂厂房等。与活动相关的是停留在房间的人员活动强度及其散热量，因为它不仅影响到热负荷，而且也关乎人们对室外新鲜空气的要求和对室内额定温度的选择。因此，对于房间的使用类型给出了一些典型的室内额定温度变化过程（图 4.1.2-2）。图中的室内额定温度的上限和下限值可理解为最小值，也就是说，室内额定温度不允许低于该值。在上限值的阶段通常表明为设定的使用时间。在这个时间内，温度过分的波动（1~2℃）不能认为是舒适的。下限值只是考虑在短时间内停留的情况。卧室是一个例外，因为通常希望卧室在睡觉时间内（这也是使用时间）其温度不要超过一定的最高值，这一点往往不仅是通过关掉采暖设备，而且通过打开窗户，就能达到这个目的（况且仅仅因为通风的问题），此种情况经常发生。

  有要求区域是在 VDI6030 中一个用来设计室内散热器（板）而定义的概念。它是"房间的一部分，在这部分中满足了根据舒适性而期望的要求，并且也因此满足了按照 DIN-EN-ISO 7730 提出的其他要求，有要求区域的范围和位置通过分散式室内散热器（板）的尺寸及如何放置，亦即通过其设计来确定"。这个定义适用于实际建立的房间区域。作为要求而规定的有要求区域比房间区域小一些并在几何上可简单地加以描述：它是通过水平和垂直的表面界定的（图 1.1-2，进一步参见 4.1.6 节）。

4.1 热量移交使用

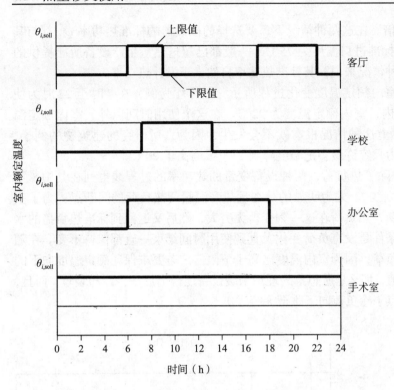

图 4.1.2–2 举例说明不同使用类型的室内额定温度典型的变化过程

在新建的相当密封的建筑物中，对室外新鲜空气的要求以及由此而产生的通风热负荷，基本上由用户本身来确定。因此，它大多数都超过按标准 DIN 4701[1] 得来的标准热需求。只是在较旧的建筑物中，（不仅是窗户）所有的地方都不密封，正如先前（依照 DIN4701 的定义）假定的，通风热负荷只是反映了建筑物的性能，室外空气的进入与用户基本无关。

确定房间对室外空气的要求，按居住房间的类型和大小，可以用一个由经验得来的换气次数进行计算（换气次数 = 室外空气流量 / 房间容积，单位为 h^{-1}）。换气次数的大小在 $0.5～1h^{-1}$ 之间。对于办公室，换气次数应该略高一些。在大的房间中，室外空气的需求量是按有害物质源、有异味的物质源和热源的数量及强度来确定的。此外，室外空气的需求量很大程度上取决于送风类型。不过，在任何情况下，只要求在使用时间内才有新风需求。在使用时间之外，只需要有基本通风，在许多情况下，通过建筑壳体的缝隙渗入的空气就足够需要了。

最大热功率、设计热功率和标准热功率在概念上的差异可通过一个客厅的例子把它阐述清楚。简单来说，把若干天的外部负荷假定为常数 [室外温度不变，没有太阳辐射，图 4.1.2–3（a）]；进一步假定没有室内负荷。因此，在规定的标准室外温度情况下选定了符合按 DIN 4701 的得到的标准热负荷的条件。这里应把两种热量移交系统进行比较，这两种热量移交系统都简单地假设为没有热惯性并且配备最佳的调节装置。这几乎可以用相应设计的直接电加热系统来实现。这两种设备的安装功率（正如人们用电采暖时常说的）应有所不同。其安装功率也就是在采用热水采暖情况下，热量生产设备所能提供的最高过余温度时的最大热功率 $\dot{Q}_{max}$。在两种情况下，设计热功率 $\dot{Q}_H$ 都简单地等于标准热负荷（假定设计安全系数 x 等于 0）。第一种设备的设计热功率刚好等于最大热功率。第二种设备的设计过余温度要低于热量生产设备所能提供的最高过余温度，低的程度也刚好使得其最大热功率是设计热功率的 2 倍。在这两种情况下，要选择的散热器的标准热功率 $\dot{Q}_\text{n}$ 都与其设计热功率不吻合。由于标准进口温度为 75℃，一般都已超过热量生产设备所能提供的供水温度，因此，对第一种情况来说，其标准热功率自然大于设计热功率。

如图 4.1.2-3（b）中室内额定温度变化过程所示，以客厅为例，在 7 时至 22 时为使用时间，在这个使用时间内，室内额定温度为 22℃。在这个使用时间以外，室内额定温度可以降到 17℃。但实际上这种情况根本就不会发生，因为，所研究的建筑物的例子，按照采暖时间，其蓄热能力只容许最多把温度降到 21℃或略高于 20℃。

在图 4.1.2-3（c）中除了热负荷，两种设备变量的热功率的过程线也列在其中（第一种是虚线，第二种是点划线）。尤为明显的是在预热升温瞬间热负荷的间断点：为了实现额定温度向上的垂直跳跃，热负荷在这一刻变得无穷大，然后又返回到标准热负荷的水平。之后这种状况（前提条件是没有负荷变化）直到使用时间结束一直都保持不变。在随后的降温时间内不再有热负荷，因为室内温度已高于下限值。若要求保证额定温度向下的垂直跳跃并应该维持下限值，那么，所想象的理想采暖设备还得增加一台冷却装置，而且，这里也应容许有一个间断点（冷负荷向下跳至无穷大）。

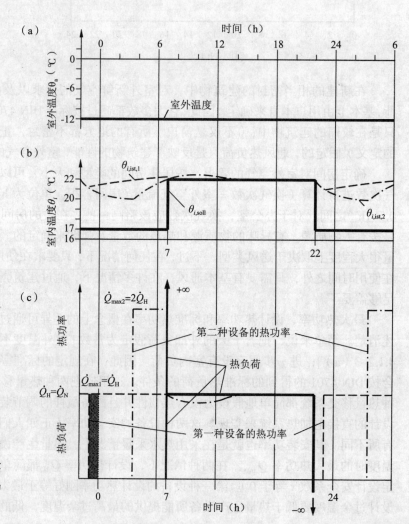

图 4.1.2-3 约一天时间内的室外温度，室内额定及实际温度，举例所述及的两种设备热负荷和热功率

4.1 热量移交使用

一般希望在使用时间的开始即早上 7 时，就能达到规定的室内额定温度，这个要求对第一个设备变量来说，因为其启动热功率小，那么，它必须就要提前大约 8h 开始运行进行加热（从 22 点起，该设备相应地只有一个小时的空档，因此，通过夜间降温运行来节约能源对它而言微乎其微）。而对第二个设备变量来说，因为其启动热功率大，它提前加热的时间相对于前者缩短了一半以上，因而通过夜间降温运行可节约更多的能量，在图中以阴影面积表示出来。总而言之，这个简单的例子表明，通过夜间降温的节能效果不是外行人想象的那么大。不过，如果出于舒适性的原因希望降低温度，因为在夜间睡眠时，房间温度低一点是有利的，然后在考虑室内散热器（板）时，在热惯性尽可能小的情况下，采用功率尽可能大的，也就是有尽可能大的标准热功率。

4.1.2.2 室内的气流流动和辐射过程

一个要采暖的房间至少有一面围护结构表面，其温度明显低于其他表面，这里把它称为"冷表面"。大多数情况下，这是一面带窗户的外墙；不过，也可能是一面适度保温的与一间没有采暖的房间（比如楼梯间）相邻的内墙。而对一个大厅来说，其屋顶也看作为"冷"的围护结构表面。对于下面进一步所研究的且由标准 DIN 4701 [1] 所给的设计条件，这类表面的表面温度能够很近似地通过与换热系数 k 有关的关系式计算得出。例如，图 4.1.2–4 给出了在窗户作为"冷"的围护结构表面情况下的表面温度。在标准条件下，通过窗户的热流密度由下式计算[1]：

$$\dot{q}_{Fe}=k_{Fe}(\theta_i-\theta_a) \qquad (4.1.2-2)$$

式中　k_{Fe}——窗户的换热系数；
　　　θ_i——室内温度；
　　　θ_a——室外温度。

而同样的热流密度也发生在窗户内侧，当其表面温度为 θ_{Fe} 和换热系数为 α_i 时，则有：

$$\dot{q}_{Fe}=\alpha_i(\theta_i-\theta_{Fe}) \qquad (4.1.2-3)$$

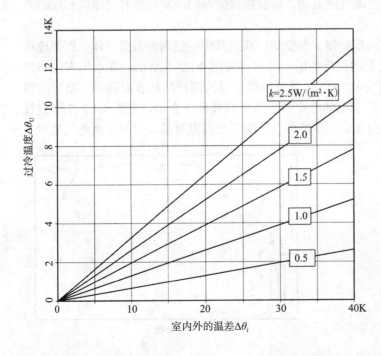

图 4.1.2–4 一个"冷"围护结构表面的过冷温度（例如，窗户）与室内外温差之间的关系

由式（4.1.2-2）和式（4.1.2-3），图 4.1.2-4 中所表达的窗户的过冷温度的关系式可用室内外的温差推导出来：

$$\theta_i - \theta_{Fe} = \frac{k_{Fe}}{\alpha_i}(\theta_i - \theta_a) \quad (4.1.2-4)$$

窗户内侧的热阻 $1/\alpha_i$ 采用标准值 $0.13 m^2 \cdot K/W$。应该强调，为内侧和外侧换热所引用的由标准给出的数值一般是最大值。因此，式（4.1.2-4）提供的是在设计状况下表面最低温度，也就是说，实际上，过冷温度还要大一些，或者说，"冷"表面还要更冷一些。

房间其他墙面以及在不同的进深和高度的室内空气的温度取决于热量输入的方式与位置。对壁面的表面温度起决定性作用的是辐射换热（参见原著第 1 卷，G1 部分），而影响空气温度的是气流流动状况。也就是说，如果热量移交系统不一样，它们对房间所起的作用也不同，这取决于它们是否仅仅或者说全部以对流换热的方式把热量送进房间，还是说有值得一提的一部分热量是通过辐射换热的方式带进房间的。作为规则可以提出的是：

（1）在主要以对流换热的方式把热量送进房间的情况下，内墙（没有加热的）由于向冷壁面辐射，其表面温度稍微比房间中央的空气温度低一些。

（2）在主要以辐射换热的方式把热量送进房间的情况下，"冷"壁面除外，视散热器放置的位置，其他墙面的温度略高于房间中央的空气温度。通过把以辐射换热方式为主的散热器安装在合适的位置，就不仅能够补偿来自冷壁面的冷辐射，而且可避免其他墙面与空气之间的温差。

此外，室内空气流动的方向也会受到采暖散热面[采暖装置、室内散热器（板）]安装位置的影响。如果一个普通的并且 60% 以上用对流换热的方式散发热量的散热器，自由地竖置在"冷"壁面前面，那么，在这个散热器的周围会产生很强的上升气流，来阻止由"冷"壁面造成的要涌入房间的下降冷空气，并形成一个反向气流，致使气流在室内的循环，原理上如图 4.1.2-5 所示。由于散热器的长度常常与"冷"壁面的宽度不相等，所示意的二维气流图描述的只是主流气流流动，而散热器侧面的冷却气流有可能以相反的方向流向地板。

反之，如果散热面布置在内墙一侧，如壁炉，或与其中一面内墙做成一体，例如地板采暖，那么，就会产生一个与上述相反的循环气流，如图 4.1.2-6 所示。在水平方向布置的采暖散热面（地板采暖、顶棚采暖），总是最冷的垂直的围护结构表面确定了整个房间的空气流动的方向和强度：在该表面的冷空气以最大的速度（它可以在图 4.1.2-7 中查找出来）向下流动，并在地板表面逐渐减慢速度，且随之增高温度涌入房间。由此气流所达

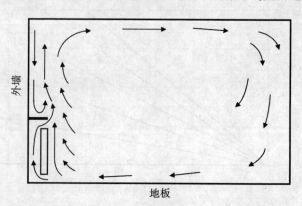

图 4.1.2-5 用散热器采暖的室内气流流动

4.1 热量移交使用

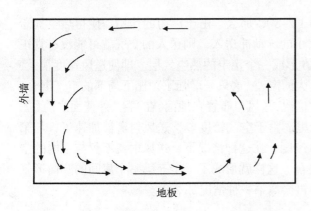

图 4.1.2-6 在地板采暖情况下的室内气流流动

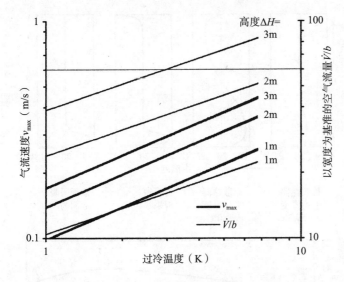

图 4.1.2-7 最大空气流速以及以宽度为基准的空气流量与"冷"表面的过冷温度及高度 ΔH 之间的关系[6]

到的房间深度（在一个空房间里，没有其他的热源）取决于房间深度 l 和房间高度 h 之比以及房间本身的高度：直到房间进深 l 和房间高度 h 之比为 2，冷气流到达的房间深度的极限值约为 0.7 l，若其比例超过 2，则为 1.5 h。流向外表面的返回气流是由外表面下降冷气流射流诱导而产生的。在地板采暖情况下，外围表面的地板边缘带温度较高，或所谓的地面热空气对流加热器能够阻止这个稳定的循环气流不再返回。而且只有在离外墙足够远的距离的情况下，才能有热的地面生成向上的气流。如同人们在做饭时观察到的饭锅的现象 [称之为"贝纳尔德（Bénard）对流"]。

由上面两例（散热器和地板采暖）所描述的气流在室内产生了如图 4.1.2-8 所示的典型的温度分布。地板采暖的气流流动图（图 4.1.2-6）原则上也可用到瓷砖壁炉采暖或者是把散热器布置在内墙的情况。而且，在地板范围的温度分布状况也很吻合，但在顶棚下部温度显示一个凸出，这与采用短的散热器并具有较高的过余温度的情况相似。此外，在内部的采暖装置的上方及顶棚下方的气流速度明显较高。

在热风采暖的房间，来自送风口的送风射流的位置和温度以及在冷表面的下降气流决定了室内的气流流动。通常，这种情况下的室内气流速度高于散热器（板）的情况。按照送风位置可区分为两种室内气流流动状况；在图 4.1.2-9 中把它们同时分别加以描述。如果热空气由顶棚下或者从内墙送入（图4.1.2-8），那么，由于浮力的作用，使得热空气滞留在房间的上部范围。如果送风射流以太小的脉动冲送入，则送入的空气就可能没有真正地与室内空气充分混合，于是会在顶棚下方形成一个稳定的热空气层。即使送风速度很大，在顶棚以下和地面以上的空气之间会产生大的温差：这只是增强了顶棚下局部的空气混合，而外墙面的下降冷气流依然存在。第二种情况，送风口布置在地面，在"冷"外壁面之前（图4.1.2-9中的下图），因为出风口选择在这里，由于空气密度差，送风射流被加速了，与第一种情况相比，就可以采用小得多的送风速度。在这种情况下，送风射流不仅与室内的空气，而且也与来自窗户周围的空气进行混合。这样就形成了一个充满整个房间的圆筒形气流。因此，空气温度在局部上的差异也不再会像第一种情况那么大。

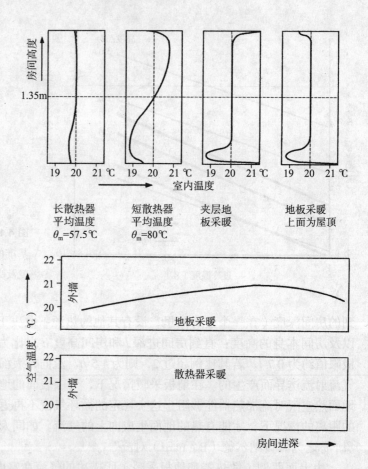

图4.1.2-8 举例说明在不同采暖方式下的典型室内温度分布[7]

如果在室内所有垂直的围护结构壁面都制造一股向上的热气流，那么，经地板涌入的冷空气，如图4.1.2-8和图4.1.2-9所示，就完全可以避免。要达此目标，或者是通过在所有垂直的冷壁面的底部布置有对流效果的散热（面）器，或者是把散热器布置在窗户下面，它一方面通过逆向的对流气流阻止下降冷气流，另一方面平衡由窗户造成的冷辐射。很多时候，因为室内的现实条件，不可能完全补偿由一个"冷"围护结构表面所造成的舒适性赤字。在这种情况下，我们的任务就是要理清，舒适性赤字影响到房间多远的地方，或者，怎样布置和设计散热器，能保证规定的如图1.1-2所示的那样有舒适性要求的区域。

4.1 热量移交使用

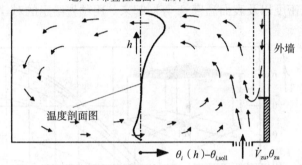

图 4.1.2-9 热风采暖的室内气流流动状况（原理图）

首先，只试验辐射赤字的效应，前提条件是整个房间有一个统一的空气温度 θ_L 并且干扰性的气流很小。在考察的房间内有 3 个不同温度的表面：一个冷表面，其温度为 θ_{AW}，一个采暖散热面，其温度为 θ_H 以及另外剩下的温度为 θ_{IW} 的内墙表面。一个描述换热情况的长方体，例如代表一个人作为测试对象（图 4.1.2-10）。现在从其身上取出一小块表面微元面积 dA_P 作为研究的对象，通过它的热流为 $d\dot{Q}_P$。该表面微元面积的温度为

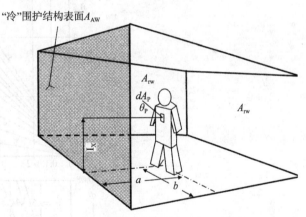

图 4.1.2-10 在身体表面微元面积 dA_P 上的热交换

θ_P，平行对着"冷"围护结构表面。在测试对象和"冷"壁面之间布置了一个散热器，目的是试验其辐射作用。它将仅仅考虑通过布置散热器后而产生的半球空间里的热流，在任何情况下都不包括可能来自其他在后面的半球空间的补偿热流。长方体的测试对象应可以位于室内不同的位置，同时也不断改变微元表面积的高度。

通过辐射和对流换热引起的人体表面微元面的热流密度为：

$$\frac{d\dot{Q}_P}{dA_P} = \alpha_K(\theta_P - \theta_L) + \alpha_r \left[\Phi_{p,H}(\theta_P - \theta_H) + \Phi_{p,AW}(\theta_P - \theta_{AW}) + (1 - \Phi_{p,AW} - \Phi_{p,H})(\theta_P - \theta_{IW}) \right] \quad (4.1.2-5)$$

式中，α_K 为对流换热系数（为简化起见，假定 α_K 统一为 3 W/(m²·K)）和 $\alpha_r = 5.15$（W/

m²·K）为辐射换热系数 [详见原著第1卷，第G1.2部分式（G1-21）]；其局部的角因子 Φ 是通过参与辐射热交换的平面的下标来表明的。

这里所指的角因子不能应用在第一卷，第7.1.2节描述的有限大的平面之间辐射热交换的（平均）角因子，而是应用在图4.1.2-11和4.1.2-12中所描绘的一个有限大的平面和一个微元表面之间辐射热交换的角因子（见图4.1.2-8和图4.1.2-9）。

在要确定的舒适性区域边界应该是温度 θ^* 影响着测试对象，温度 θ^* 等于该位置的空气温度 θ_L 和半球空间的辐射温度 θ_r。

由式（4.1.2-5）可得到在边界面的热流密度：

$$\left(\frac{\mathrm{d}\dot{Q}_p}{\mathrm{d}A_p}\right)^* = (\theta_p - \theta^*)[\alpha_K + \alpha_r] \quad (4.1.2-6)$$

为了作一比较，将两个热流密度以及表面温度 θ_p 等同起来。用预先给定的对"冷"围

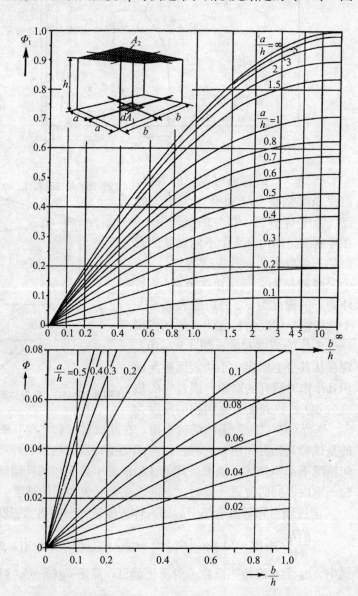

图4.1.2-11 一个微元表面 dA_1 和与之平行的平面 A_2 之间辐射换交热的局部角因子 Φ_1

4.1 热量移交使用

护结构表面的角因子 $\Phi_{p,AW}$,得到确定对散热器(板)的角因子 $\Phi_{p,H}$ 的方程并由此得到室内不同位置的有舒适性要求区域的边界面(深度、高度、长度),因此,确定边界面的方程为:

$$\left(\frac{d\dot{Q}_p}{dA_p}\right)^* - \left(\frac{d\dot{Q}_p}{dA_p}\right) = 0 = a_K(\theta_L - \theta^*) + a_r[\Phi_{p,H}(\theta_H - \theta^*) + \Phi_{p,AW}(\theta_{AW} - \theta^*)$$
$$+ (1 - \Phi_{p,H} - \Phi_{p,AW})(\theta^* - \theta_{IW})]$$

(4.1.2-7)

图 3.1-6 描述了用散热器采暖,而图 4.1.2-13 则显示了用地板采暖可实际产生的有舒

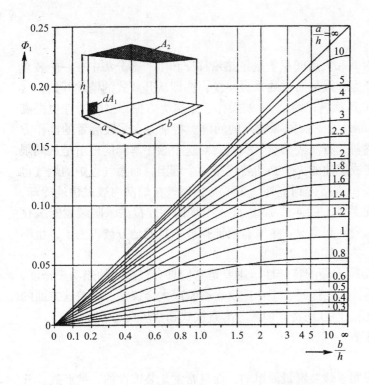

图 4.1.2-12 一个微元表面 dA_1 和与之垂直的平面 A_2 之间辐射换交热的局部角因子 Φ_1

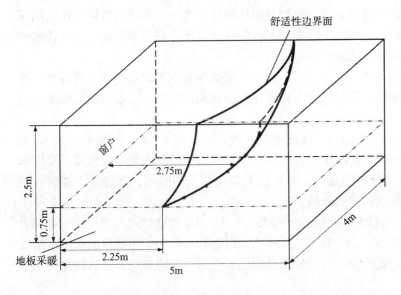

图 4.1.2-13 可实际产生的舒适要求区域的边界面的例子(要求等级 3)

注:该例是按式(4.1.2-7)计算出来的。

适要求区域的边界面的两个例子。根据德国工程师协会标准 VDI 6030，如果在室内 0.75m 高度的水平断面上达到有效温度 θ^* 时，且简化为长方体形的有要求区域位于该边界处（图 1.1-2），那么，就被认为是足以达到所期望的舒适性了。如果偏离标准规定，把空气温度提到高于额定的温度 θ^*，实际产生的有舒适要求区域的对着冷壁面的帆形界面（图 4.1.2-13）就能绷紧。此外，局部提高的空气流速的影响也能够描绘出来，只是必须把局部变化的对流换热系数代入式（4.1.2-5）。

4.1.3 小房间局部采暖装置

4.1.3.1 概述

局部采暖装置（布置在小房间和大房间里）是把热量移交和生产部分集中在一个装置里。按照在本书第 2 章所作的分类，以最简单的采暖系统，亦即从开放式的壁炉开始，接着是炉膛封闭的火炉，然后进步到蓄热式系统。（如操作起来更为方便以及舒适性也提高了的瓷砖炉）。其他的研发的可能性是解决能源输入的问题。特别是在采暖装置的操作方便性方面，按顺序应当是固体燃料、石油或天然气和电。对这个顺序解释的理由是从局限性方面考虑：所有使用固体燃料或燃油的火炉必须要连接一个烟囱，而燃气火炉的烟气也可以允许通过在外墙开的一个洞口直接排到室外。为了防止烟气在烟囱内被过快地冷却，烟囱最好布置在建筑物内（详见第 4.3.3.2.4 节）。因此，跟烟囱相连接的采暖装置安装在内墙边上，这样也就导致了一系列不利情况：本来有可能摆放家具的地方被占去了，也不可能产生一个均匀的舒适性了（参见第 4.1.2 节）。

有些局部采暖装置是通过结构方面的特殊性，主要是它们具有很高功的热功率密度，特别普遍地适用于大房间的采暖，如工作间、工业厂房、教堂或大会议室。有关这方面的内容将在第 4.1.4 节重点予以阐述，而且还将它们区分为直接式和蓄热式的采暖装置。

4.1.3.2 单个房间的采暖装置

4.1.3.2.1 壁炉

开放式的壁炉装置是单个房间采暖装置最简单的，而且常常是装饰性的一种形式。开放式的壁炉是源自最古老的开放式炉灶。壁炉目前仍是作为唯一的采暖装置被广泛应用在那些冬气温还比较适中的国家，例如地中海国家。但很多时候，它是附着在一个现代化中央采暖系统旁边，仅用于娱乐性或装饰性的目的。

一般来说，壁炉的购置成本相比之下并不高，如果劈柴是取自自己的花园或森林，燃料的费用常常可以忽略。不过，伺候好它需要多花费些时间，当然，这也可以算作是消遣放松的一部分。

开放式壁炉可做成一面、两面、三面或者全开放式的（图 4.1.3-1 和图 4.1.3-2）。最近一个时期以来，也有一些新式的壁炉面世，这些壁炉带铸铁炉篦和炉灰收集器以及底部空气调节以便改进燃烧并充分利用燃料，操作上无需花费太多时间，并加上了视窗（图 4.1.3-3）或尽量多利用燃烧气体中的余热。

传统的开放式壁炉是由筑炉工在现场制作的。进一步研发的壁炉式火炉（图 4.1.3-4），是在工厂成批生产的，并安装了一个封闭或开放的视窗。有一些炉子还制作成管道系统或双层壁，以便与热水采暖系统连接。一旦炉子里的热水达到一定的温度，它就会并网到中

图 4.1.3-1　开放式壁炉，一面敞开

图 4.1.3-2　开放式壁炉，三面敞开

央采暖系统管网。

对开放式壁炉的要求、位置布置及运行已按照 DIN 18895 第 1 部分[8]予以规范。

壁炉的热量主要是通过辐射来传递，而对流散热只是有可能发生在面向房间的热气流表面。因而，充分利用燃料所输入的能量是很少的：只能达到 20%~30%❶。在这种情况下，谈其使用效率，是很困难的，因为，使用及其操作过程是无法预先给定的，而是只能接受其燃烧过程的结果。因此，与其他采暖系统进行能量方面的比较原则上是不可能的，除非开放式壁炉与另外有调节能力的采暖系统一起运行，然后共同进行评估。

---

❶ 目前在任一标准里，还没有规定与此相关的要求，若有给出的效率原则上都是错误的。

图 4.1.3-3 带视窗的开放式壁炉

图 4.1.3-4 壁炉式火炉

DIN 18895 第 2 部分 [9] 规范了对壁炉的各项基本要求的检验。对壁炉的检验来说是确定其使用的燃料、测量烟气的温度、烟气中的 CO_2 和 CO 的含量以及抽烟压力。

设计一个开放式的壁炉，应该指出的是，只有一小部分输入壁炉的空气参与燃烧。炉膛内的空气流速可以假定大约为 0.3m/s。有些壁炉，也可直接做到从室外把空气输入炉膛。有关烟囱的问题已有规定：烟囱的横截面要考虑到烟气的平均温度为50~60℃（其有效高度必须足以让烟气流排走）。以壁炉开口为基准的热功率可以假设为3500w/m^{2}和4500w/m^2，所需要输入的助燃空气量至少为360m^3/(h·m^2)。对于固体燃料的壁炉式火炉（见图4.1.3-4）来说，要符合DIN 18891[10]的要求。壁炉式火炉在燃料充分利用方面可以明显好得多（约能达到70%）。

4.1.3.2.2　固体燃料采暖炉

有别于壁炉或壁炉式火炉，还有一种火炉，它是采用所谓的自动补充燃料来燃烧。因此，它们具有连续燃烧的能力，也因而称之为连续燃烧炉，可通过改变助燃空气的流量来调节所要求的采暖功率。对这种火炉的相关要求、检测及其标识已规范化了，DIN 18890第1部分适用于燃煤炉，第2部分适用于烧劈柴炉[31]。

这种火炉可区分为全烧旺炉和下部烧旺炉。全烧旺炉（人们也称之为爱尔兰式火炉或上部燃尽炉，参见图4.3.3-4）是在整个燃烧室内的燃料都被烧红，而下部烧旺炉（人们把它称之为美式火炉，参见图4.3.3-5）只有在充填的燃料的底下一部分被烧红。两种结构类型的进一步发展是所谓通用连续燃烧炉。助燃空气不仅是从下面，而且也从上面和侧面接触燃料，因而，特别是改善了焦化气的燃烧。

全烧旺炉的特色是几乎可以用所有的燃料，其最高效率达到75%~80%。在满负荷的情况下，烟气温度在250~300℃之间、空气比为2和助燃烧空气流量为2.7 m^3/(kWh)。燃料的充分利用及空气比很大程度上依赖充填情况（燃尽的时间）。

下部烧旺炉的填料室和燃烧室是分开的。作为燃料，无烟煤将为首选。调节情况明显好过全烧旺炉，其最高效率在80%~85%之间（不取决于燃料的充填状况）。

给火炉配备了调节装置，由此可以保证所期望的采暖功率或室内温度，以及阻止穿堂风的波动。功率调节可以两种方式来实现：通过在烟道内的双金属螺旋片调节烟气温度，它是相应地调节空气入口的开启度，或者通过一个表面温度调节器，其在采暖炉表面的温度传感器作用到风阀上。对于室温调节器而言，室温传感器（双金属片或液体充填的弹性皮囊）作用到助燃空气阀门上。

由于火炉的采暖散热面积相对较小，所以表面温度一般很高，远超过100℃，这尤其对儿童危害的风险大一些。其辐射换热部分占整个散热量约超过50%。在4.1.3.1节已述及到采暖炉放在内墙边上的缺点，就是它会造成较高的能量耗费或舒适性的缺失。比较新的采暖火炉装配一个与炉体本身分开的搪瓷钢板外罩，由此，降低了外表面温度，同时增加了（对流）散热量（降低了辐射换热部分）。

一个火炉的标称功率是基于采暖散热面负荷最高为4000 W/m^2，从可估算的散热面大小计算得到的，其值介于3.7~9.3 kW之间。放火炉地方的地板表面温度以及火炉背后离炉子0.2m处墙的表面温度不应超过室温60℃。

基本上，确定每个火炉的大小要考虑能够确保满足室内的热负荷并且具有一定的热功率储备以备预热升温的需要。因为，一开始并不力求保证中央采暖系统的舒适性问题，因而允许按照DIN 18893[32]，采用一个简化的计算方法：选择的火炉的采暖功率是根据房间的容积，然后审查对采暖状况是否适用，不太适用或不适用。采暖状况取决于房间的界墙在楼内的位置及其保温性能：

（1）如仅有一个外墙，地板和一个内墙与不采暖房间相邻，而另外两个内墙及顶棚与采暖房间相邻，则为适用。

（2）如同样仅有一个外墙，但三个内墙及顶棚与不采暖房间相邻，而地板与采暖房间相邻，则为不太适用。

（3）如有两个外墙，其余界墙均与不采暖房间相邻，则为不适用。

采暖炉的标称功率可查表 4.1.3-1。

采暖炉的标称功率　　　　　表 4.1.3-1

采暖火炉标称功率（kW）	2	3	4	6	8
采暖房间（m³）	热保护法规 1984 版执行之前				
适用	31	56	88	165	—
不太适用	20	35	53	95	145
不适用	12	22	34	65	98
	热保护法规 1984 版执行之后				
适用	60	107	160	—	—
不太适用	36	63	95	169	—
不适用	24	43	66	118	175

4.1.3.2.3　燃油采暖炉

燃油采暖炉类似于固体燃料火炉，但应该主要用于间歇采暖的房间。相对于固体燃料，燃油具有一系列的优点：采暖炉能较清洁地运行，操作较简单，加热快及较好地调节，而且燃料能够储备在采暖房间外面一个合适的地方。但也有把油箱装在炉子里面或炉子的边上。总的来说，燃油储备所需要占用的地方比固体燃料小得多。燃烧装置一般采用雾化燃烧器（参见 4.3.1 节），其缺点就是有时有油味。

燃油采暖炉的外形类似于用其他燃料的火炉，也考虑到其多样性。仅仅应该强调的是，它们要具备前面已经提及到的钢板外罩。

一方面对于燃油采暖炉的制造，评估和检验，以及另一方面如何布置，需要注意如下若干准则：

（1）DIN EN 1（1993 版）[13] 是 DIN EN 1（1980 版）和 DIN 4730 进一步的发展。

（2）DIN 4736（1991 版）[14] 燃油燃烧器的供油设备。

（3）DIN 18160（1987 年 2 月版）[15] 房屋烟囱。

（4）1980 年版的燃烧设备规范样本[16]。

燃油采暖炉的标称功率一般在 3~11kW 之间，其效率至少不得低于 0.75，用馏分燃料油运行时地板的表面温度不得高于室温 45℃，用煤油运行时地板的表面温度不得高于室温 35℃。靠近放采暖炉地方的墙的表面温度不应超过室温 60℃。

在标称功率和空气比为 2 的情况下，烟气温度将近 400℃。图 4.1.3-5 举例描述了一个标称功率为 5.5kW 的燃油采暖炉的空气比、效率、烟气温度以及烟气和空气流量与热功率之间的关系。

如上所述，检测用雾化燃烧器的燃油采暖炉在 DIN EN 1（1993 版）已有规定。

燃油采暖炉的效率仅从烟气损失来间接计算，因此按照第一卷式 H2-20 得到：

4.1 热量移交使用 81

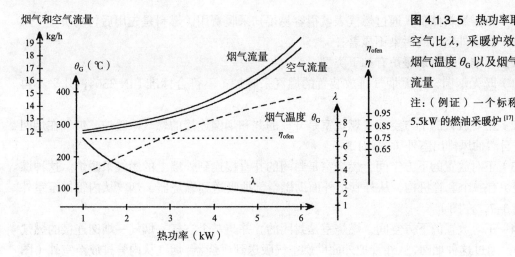

图 4.1.3-5 热功率取决于：空气比 λ，采暖炉效率 η_{ofen}、烟气温度 θ_G 以及烟气和空气流量

注：（例证）一个标称功率为 5.5kW 的燃油采暖炉[17]

$$\eta_{ofen}=1-l_G \tag{4.1.3-1}$$

根据第一卷式 H2-22，所谓基准烟气损失 l_G 按下式计算：

$$l_G=\frac{\mu_G}{H_u}c_{pG}(\theta_G-\theta_b) \tag{4.1.3-2}$$

式中 μ_G——以燃料流量为基准的烟气质量流量；

H_U——由标准确定的参照温度 θ_b 下的热值；

c_{pG}——烟气比热；

θ_G——烟气温度。

基准烟气质量流量 μ_G 是通过烟气分析来确定的。根据第一卷式 H2-43，由燃料流量 $\dot m_B$ 可计算出热功率为：

$$\dot Q=\dot m_B H_u \eta_{ofen} \tag{4.1.3-3}$$

在此，这是第一次正确地用标准规范了的参照温度，而不是错误地用助燃空气温度来确定烟气损失。

4.1.3.2.4 燃气采暖炉

燃气采暖炉有一个规范的名称叫室内采暖器，出于各种局部采暖炉在概念上的统一起见，下面继续称之为燃气采暖炉。DIN 3364 第一部分[18]详细介绍了关于燃气采暖炉的概念、对其要求、标识以及检测的相关规定。对燃气采暖炉的富有成效的研发以及充足的燃气供应，再加上燃气采暖炉所具有的一系列优点，以至燃气采暖炉得到了广泛的应用。它们大多用于住宅、办公室或商店，特别是常常用于既有建筑物的改造。所有单个房间采暖炉，也就是燃气采暖炉能进行最好的控制调节；由于燃气采暖炉不同于其他采暖炉，它可以布置在外墙上，所以能够在一定程度上弥补一些舒适性赤字。此外，燃气采暖炉还有其他一些优点：

（1）操作方便，能持续保持着运行准备状态；

（2）（在室内）清洁地运行；

（3）生火时间短，因此热量移交系统的利用率较高；

（4）布置在外墙的情况下，不要烟囱；

(5）无需燃料储备，通过燃气表就很容易得知采暖费用（燃料是先用后付费）；

（6）对室外空气的污染不显著；

按照标准，燃气采暖炉有如下类型：

（1）既无烟囱，亦无烟气排放装置的燃气采暖炉（不符合标准 DIN 3364，几乎不再应用）。

（2）正对放置的下方空间，燃烧室是开放的并和烟囱连接的燃气采暖炉，烟气在烟囱里通过自然抽风排出室外（图 4.1.3-6）。

（3）正对放置的下方空间，燃烧室是封闭的并直接连到外墙上的燃气采暖炉。这种燃气采暖炉有一个套管机构，从外管把外面助燃空气抽吸送到燃烧器，烟气从内管排至室外（图 4.1.3-7，左图）。

（4）正对放置的下方空间，燃烧室是封闭的，并与一个空气—烟气—烟囱连接的燃气采暖炉。通过这种烟囱，从外管把外面助燃空气吸送到燃烧器，烟气从内管排放至室外（图 4.1.3-7，右图）。

此外，燃气采暖炉按使用燃气的种类（依照 DVGW 工作表 D260[19]）进行不同分类（表 4.1.3-2）。

最后，燃气采暖炉还以其对流散热的方式划分为：

（1）自然对流；

（2）借助于安装在旁边或内部的风机进行强迫对流。

根据燃气采暖炉的结构类型和分类，配备的装置是不一样的，但无论如何，按照 DIN EN 125[20] 或 DIN 3258[21] 都必须要有一个火焰监视器。目前，大部分燃气采暖炉都是全自动运行，这意味着，对热量的要求是通过恒温器，点火不仅自动化，而且热功率也是自动调节。其标称功率是从 1~11kW 进行分段。

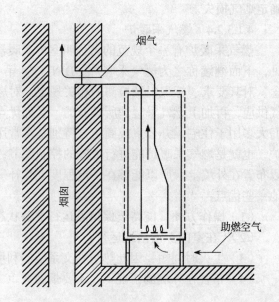

图 4.1.3-6　连接到烟囱上的燃气采暖炉（结构类型 B）

4.1 热量移交使用

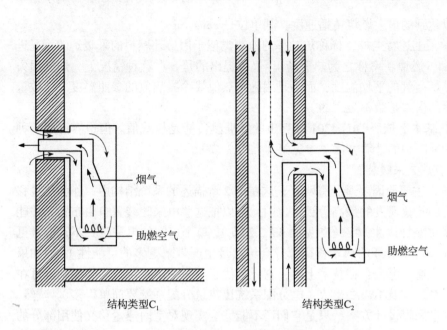

图 4.1.3-7 直接连接到外墙上的燃气采暖炉（左图）以及与空气-烟气-烟囱连接的燃气采暖炉（右图）

燃气族分类（依照 DVGW 工作表 D260）					表 4.1.3-2
分类	I		II		III
	I_{2HL}	I_3	II_{12HL}	II_{HL3}	
燃气族	2. 天然气 石油天然气	3. 液化气	2.+ 燃气-空气-混合物	2. 和 3.	1., 2. 和 3.+ 燃气-空气-混合物

作为燃料的特征值，不仅是热值 H_u，冷凝热值 H_o [5]和理论上的空气需求量 L_{min}，而且还要有其他三个数值：

(1) 相对密度 d_V，它是指在相同压力和温度情况下，燃气密度与干空气密度之比。

(2) 沃博 (Wobbe) 值 [6] W_o 和 W_u，它们描述了有不同成分的气体燃料的一个特征值，燃烧器在燃料有相同的沃博值的情况下，得到几乎相同的热载荷。按照第一卷方程 H3-12 有：

$$W_o = \frac{H_o}{\sqrt{d_V}} \quad (4.1.3-4)$$

以及类似地有：

$$W_u = \frac{H_u}{\sqrt{d_V}} \quad (4.1.3-5)$$

沃博值的单位[7]为 $W = MJ/m^3$。

(3) 最大的火焰层流速度 λ_{max}，它是在燃气同空气混合时，并在燃气层流流动和一定

---

[5] 在欧洲范围内，气态燃料现在用 H_i 表示热值，用 H_s 表示冷凝热值。

[6] 有人错误地用"沃博指数"。

[7] 在第一卷第 H3 部分是 $W = kJ/m^3$。

温度的情况下可以达到的最大燃烧传播速度，其单位是 cm/s。

燃气采暖炉除了上述特点外，标称热功率的检测类似于用另外燃料的采暖炉的情况进行（依照 DIN 3364，燃烧功率称之为热载荷）。值得提出的是，在这种情况下，烟气损失计算是用欠缺的助燃空气的平均温度，而不是用确定热值或冷凝热值的参照温度（从数量上讲，因此而产生的误差是微不足道的）。

对设计而言，基本上依照 DIN 4701 计算出的标准热负荷是权威值。但也容许用一种简单的类似于燃油采暖炉的计算方法（参见第 4.1.3.2.3 节）。

4.1.3.2.5 电直热式采暖装置

室内用电采暖，主要原因要避免有明火，这在第 2 章描述的系统结构中，作为热量移交和热量生产组合的装置研发的最高等级，也因此可以把这些电采暖装置自由布置，并能够有针对性地用来排除舒适性赤字（参见第 4.1.2.2 节）。单个房间的电采暖并不是最常见的采暖形式（与能量转换分开的热量移交部分会给热量生产带来更多的可能性），但如果所有其他选项都行不通，那么，在技术上讲，它还是优于中央采暖系统，因为原则上可在室内免除热量分配系统以及不需要生火（电分配系统比热量分配系统要简单得多）。诚然，有多种多样的室内电采暖设计方案，只是它们还不能完全实现对室内热量移交使用部分的要求（参见第 2 章和 4.1.2.2 节）。因为电价相对较高，电采暖在德国只能是有限制地使用。诚如文献 [22] 指出的，以 1990 年为准，整个德国西部，只有 230 万个住宅用电采暖，占全部住宅的 9%。用电采暖的住宅的比例在那些电力供应结构不同的国家明显要高（比如法国、挪威或加拿大，这些国家用核能或水电的比例较大）。还有第二个理由阻碍了电采暖的广泛应用：把供我们使用的高值能量用到低温水平的采暖领域让人汗颜。在热电厂发电的情况下，能量转换的损失差不多占投入能量的 2/3。因此，在考虑总体能源的情况下，为了得到用于采暖的，即从插座得到的电能，则大约需要投入 3 倍的初级能源。与在建筑物内用传统的燃料（今天大多是石油或天然气）的采暖系统相比，当然用电采暖是非常不划算的。有时往往忽略了这样的观点，即除了水力作为初级能源来发电以外，还有一些无论如何都不适合于采暖设备的燃料（如垃圾），或者由于高标准的舒适性和环保要求需要避免用的燃料，如褐煤、石煤和重油等也可用来发电。建筑物内采暖设备不能直接使用的燃料，可以尽量直接用于和发电关联的远程热源采暖。在任何情况下，由不宜于采暖工程用的燃料而生产的电力能源在许多应用领域都比用于采暖能更为有效。

对于单个房间的采暖有直接式采暖和蓄热式采暖之分。由于电厂越是均匀地供电，越是更符合经济效益，可是白天和夜间之间严重的负荷波动，导致电力供应公司提出一个价格方案，在夜间所发的电，供应价格较低。出于这个原因，研发了蓄热式采暖装置，它们在现有的设备中所占的市场比例超过 95%，而直接式采暖勉强达到 2%（其余的部分是热泵采暖）。这种惊人的差异，除了经济效益的考量以外，还有一个解释，就是能源供应的思路影响了目前电采暖的市场发展，也就是说，电采暖设备供应要看在电力盈余时电力销售的情况。在电直接式采暖的情况下，除了有可自由布置的装置外，还有地板、顶棚和墙壁采暖系统，即所谓的一体式采暖壁面。因为这些系统只有较小的设计自由空间，那么，这里将对它们首先进行讨论。

（1）一体式采暖壁面

为了使一体式电采暖壁面直接产生作用，把这些采暖壁面直接铺设在地面铺层下面和保温层之间，保温层加载有蓄热能力的地板上面（类似于墙壁及顶棚系统）。有关一体式采暖壁面的情况将在第4.1.6.2节论述。至于采暖房间里散热的物理方面的条件，是同用水作为热媒的一体式采暖壁面情况一样。主要的不同之处是，在电采暖系统的情况下，各个围护结构壁面的热功率已固定了，这意味着，若配备有电采暖的围护结构壁面的散热受到阻碍，如又没有采取相应的措施。那么，热壁面内的温度就会任意地增高（而在热水采暖情况下只会达到一个最高的供水温度）。因此，所有电采暖系统都配备有温度监控器，如果温度超过一定界限，就自动切断电源。

对于一体式电采暖壁面来说，加热环线、加热垫（图4.1.3-8）、管式加热垫以及平面式加热导线可以用来作为采暖元件。安装一体式电直接式采暖壁面要注意一些规则，这些不是专门为电直接采暖壁面定的，而是可以采用为地板蓄热式采暖系统制定的规则，如DIN 44576[23]。但应该注意，把一体式电直接式采暖壁面直接布置在地面铺层之下或墙表面内等，在这种情况下，限定温度只允许略微超过力求所达到的表面温度。否则的话，电直接式采暖壁面和电蓄热壁面就做成一样。在加热环线的情况下，加热导线可以自由铺设，铺设时应力求布置均匀。而加热垫则是把导线埋入垫子里在工厂成批生产的（图4.1.3-8）。管式加热垫是由弯曲成U形的金属或塑料管与可更换的加热导线组装在一起，铺设到地板下或墙壁上的凹槽里，然后每个凹槽再加盖上可拆卸的盖板，它们有很强的负荷承载能力。平面式加热导线由两个粘在一起的聚酯薄膜构成，加热导线平铺在这两个聚酯薄膜之间或架在聚酯薄膜之间的托架（碳、炭黑和石墨的混合物）上，薄膜也可以得到强化。

其设计可类似于按在第4.1.6.2节提供的方法进行。

特别有利的是一体式电直接式采暖壁面可作为一个主采暖系统的补充，用于房间的热屏蔽。就现今通常保温良好的外墙来说，有10~15W/m² 的功率就足够保证外墙的内表面有相当于室温的水平（在既有建筑物改造时可以以这种方式排除所存在的建筑物理方面的缺陷，另外也不再需要对整个房间过度加热或通风，参见4.1.6.2.2节）。

（2）自由布置的电直热式采暖装置

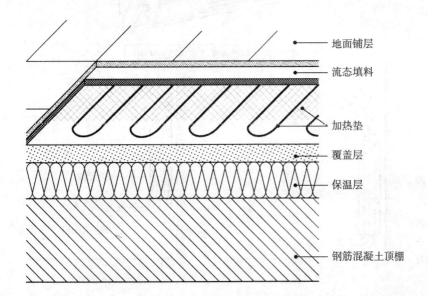

图4.1.3-8 用电线加热垫的电直热式地板采暖

采暖装置有位置固定的，也有可移动的。在位置固定的情况下，当首先提及装在室内那些有时停止使用的瓷砖壁炉燃烧侧的一体式采暖壁面，毫无疑问，这样就避免了一切与燃烧有关而造成的不便并且还保留了瓷砖壁炉的美观效果。但却不能排除由于冷辐射和下降冷气流所造成的舒适性赤字。当然大多数情况下，对它们也没有这方面的要求，因为这些采暖系统通常只作为主采暖系统的一种补充。

市场上供应的作为镶边对流散热器或所谓的低温对流散热器（外观像板式散热器，参见图 4.1.3-9，左图）对创造舒适性环境显然有更大的作用。还有布置在过道地板下面、特别适合阻止大窗户前下降冷气流，尤其是与地板采暖联合使用的对流散热器也属于这一类产品。对流散热器有时再额外加上一台风机来增强其散热能力。这些就是所谓的快速散热器或风机对流散热器，它尤其适合用于那些只短时间使用的房间。所有的对流散热器都有一个共同点，就是它们不可能补偿来自冷围护结构表面的冷辐射，在这原本就是一个辅助采暖系统的情况下，通常也就不把这个问题作为一个缺陷来加以评价。

几乎完全通过辐射方式散发其热量的装置称之为红外辐射器。它们作为一种辅助采暖设备适合用在浴室，或在一些大空间内（如教堂、体育馆）以及用于有针对性的、短时间的采暖场合，也有以同样的方式用在室外，比如阳台、凉廊、露台等等。除了石英和长格形的红外辐射器（图 4.1.3-10）外，还有小功率的白炽灯泡红外辐射器。

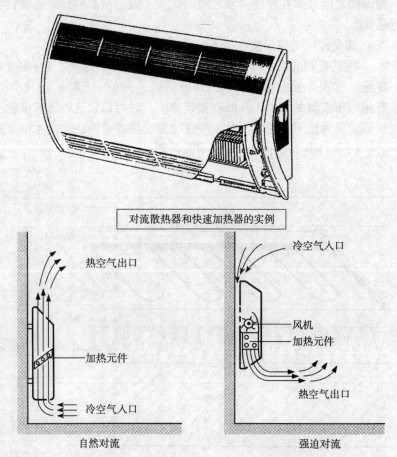

图 4.1.3-9　电直热式采暖装置

注：上图为一对流散热器和快速加热器的制造方式实例，下图为相应的自然对流及强迫对流的作用原理。

4.1 热量移交使用

图 4.1.3-10　电红外辐射器

电散热器有光管式散热器和翅片管散热器（前者因其表面温度高，几乎尚无应用），它们不仅通过对流而且也通过辐射方式来散热，墙脚散热器（镶边散热器或踢脚板散热器，甚至还有天然石材或陶瓷板做成的采暖墙体，最近也还有图片式的玻璃板散热器，其间的加热导线清晰可见）。最后，属于这一类的应该还有一些用于热水采暖的室内散热器，它们或者连接到一个热水采暖系统上，并附加一个的电热棒，这样在夏季采暖系统关闭的情况下，可以保证在浴室里有必要的舒适性；或者让它们分开布置（里面充油或水）并连续采暖。在本段落中所描述的电采暖装置，尽管它们同上面述及的对流散热器比较起来有舒适性方面的优势，但市场占有率还是比较低。

位置可移动的直热式采暖装置（它们应用最广泛）特别用于过渡季节采暖以及额外需要的采暖。用它们可以在空间和时间上有针对性地、很快地抵消舒适性缺陷。有一些采用强迫对流的对流散热器（热风机），但用它们不能达到平衡辐射亏空的目的。当然，自然对流散热器也不能解决这个问题，然而，自然对流散热器却不会有噪声干扰的问题。第三种是可以做成红外辐射器（落地式信号灯式），它们能像固定的红外辐射器一样以同样的方式使用。对于有针对性的采暖装置，进一步应该提及的是热地毯和地面采暖热板。

最后，也存在作为充水或充油的散热器的位置可移动的直接式采暖装置，就像在热水采暖系统中的散热器一样通过辐射和对流方式散热，而且它们不仅仅适用于部分采暖的需要。

所有直接式采暖装置都配备有恒温器。

4.1.3.3　单个房间的蓄热式采暖装置

4.1.3.3.1　蓄热式采暖炉（瓷砖炉）

火炕采暖系统是已知的最古老的蓄热式采暖形式：它是把高温烟气流经砖砌的地面烟道和墙壁烟道。这种古老的采暖方式与现代的瓷砖炉都有两个共同的重要且有益的功能：

（1）每天只需要加一次到两次燃料（火炕采暖系统大多是用木材）。

（2）热量以相对较低的温度通过很大的表面积散发到采暖房间。

由于瓷砖用作蓄热式采暖炉的装饰外壳（也有铸铁或天然石材板的外壳），因此，一般把它称之为瓷砖炉。从炉子的名称上来说是有点儿狭义之嫌。一般来说，在瓷砖炉内的热量不仅是通过燃烧，而且有时候也由电热棒生产（参见下面的章节）。此外，一般联系到采暖炉这个概念，想象当中它是一个长方体的或者圆形的东西，但这想象显然还不够开放，瓷砖炉可以做成各种形状，甚至是做成墙体式采暖。它们以美观精巧的设计形式，用于室内装饰，超越任何其他局部采暖设备。在德国的一些地区把艺术造型的瓷砖炉，称之为"艺术"。还有一个独特的之处是其怀旧的价值，并且相信这样的采暖装置也是一个好的节能系统❽。

瓷砖炉大多数是位置固定的并且由某一工匠（筑炉工）按房间个性设计完成的采暖装置。它们大多用火炉瓷砖来装饰，这些瓷砖由纯的或加低配合比的耐火黏土的陶土制成。有两种不同的瓷砖炉结构，初级瓷砖炉和热风瓷砖炉。

---

❽　理由如最近的实验研究表明的那样 [4.1.3-17]

所有瓷砖炉的原型，即初级瓷砖炉现在是很少生产，它完全是由砖砌成的，其炉膛直接用砖和瓷砖围砌起来（图 4.1.3-11），从这里所释放的热量迟缓地散发到房间。炉膛的结构视所用的燃料而定（用劈柴的话，要求炉膛较大一些，若用煤，则需要一个填料室）。

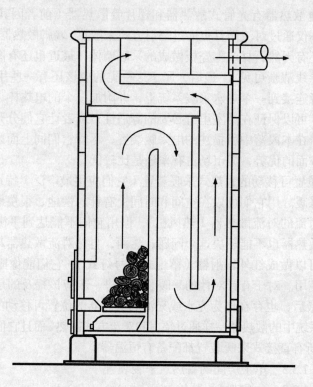

图 4.1.3-11　初级瓷砖炉

一个初级瓷砖炉达到释放出其最大热功率至少需要 2h，而相应的有衬底的炉子，甚至需要更长的时间。因此，燃料（大多是劈柴）只装一次或两次，并且在较短的时间内燃烧。然后必须防止后来流入的空气使炉子从内部冷却下来（关闭炉门）。因为初级瓷砖炉的调节能力是非常有限的，因此它只适合于那些热负荷保持不变、持续采暖的房间。只有把它与其他调节能力强的采暖系统配合在一起，正如目前力争做到的，才能不断充分利用得热并且不损失舒适性。

初级瓷砖炉既适合用于一个房间的采暖或穿墙建造用于两个房间的采暖。尽管如此，仍不能把它们视为多房间采暖装置（相应的定义参见 4.1.3.4 节）。

更为普遍用于采暖的是瓷砖热风炉（图 4.1.3-12），它是由钢或大多由铸铁工业化生产制成。此外，其后置的高温烟气通道通常由钢板制成或浇铸成形。在这些炉芯、烟气通道和瓷砖炉壁之间是中空的空间，空气通过该空间流动，被炙热的炉芯以及已通过辐射升温了的瓷砖炉壁加热。

如图 4.1.3-12 所示，空气从下部流入由瓷砖炉壁所构成的热室，然后经上部的空气格栅风阀流出。用这种方式，80% 的热量通过对流方式散发到室内。较之初级瓷砖炉，其优点是室内空气能很快地被加热，而辐射却是以一个类似的方式延迟了其效应。

DIN 18892 规定了对连续燃烧采暖炉的要求，该标准的第一部分适用于煤炉，第二部分适用于木柴炉[25]。正如由该标准的名字表明，瓷砖热风炉就是设计为一个连续燃

4.1 热量移交使用

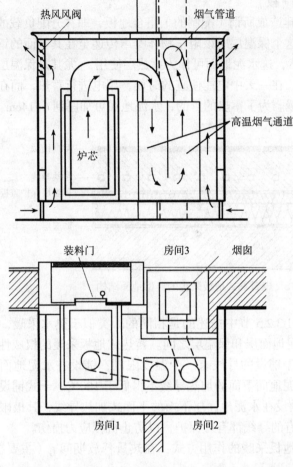

图 4.1.3-12 瓷砖热风炉

烧采暖炉。因此，它们也适合用燃气以及燃油作为燃料。采用的炉芯亦类似于那些燃油和燃气采暖炉。甚至还有用电来加热，其方式同电蓄热式采暖装置差不多相同（参见第 4.1.3.3.3 节）。

从平面图上看，用瓷砖热风炉在同一层可以做到给 4 个房间（通常是 2 个）供暖。借助于竖井及风道还能够把热空气送到同一层或高一层的其他房间去。在这种情况下（如果竖井及风道是必要的话），则称之为热风采暖（参见第 4.1.3.4 节）。

瓷砖热风炉的散热（视其建造形式，50%~70% 通过对流方式）取决于炉子的总表面积以及建造的重量，重的可以 600W/m²，轻一些的以 1000 W/m²（平均值）来计算。

对于 80% 以上通过对流方式散热的瓷砖热风炉来说，其散热是取决于炉芯的大小，它的功率范围在 4~15kW 之间。

依照 DIN 18892，燃煤炉的最低效率为 75%，烧木柴的炉子的最低效率为 70%，但也有的效率可达到 85%（很大程度上依赖于瓷砖炉的扩建）。当然，这些值只是考虑在燃料热值被充分利用的情况下，这里并不包括热量在室内传递的效果。在瓷砖炉作为唯一采暖装置的情况下，其能量的消耗应该大约是需求量的 2 倍或 3 倍（需求量指的是为满足一定的通常居住使用所需要的能量），这里亦考虑到在一年里的过渡季节，充分利用太阳能（被动式太阳能利用）和其他得热的可能性。

4.1.3.3.2 电蓄热式采暖壁面（板）

由于隔声的原因，通常地板建造成所谓（配制的）组合地板，即在分配负载的水泥地面层下面铺一层保温层。首先，这个保温层应该阻止物体噪声传递至在其下面的钢筋混凝土顶棚（图4.1.3–13）。但很显然，这水泥地面可作为蓄热层使用，尤其是保温层可阻止太多的热量流向其他房间。这样，在一天中电能便宜的时候，用电进行蓄热，而在一天中电能贵的时候再释放能量用来采暖。为了蓄热的目的，水泥地面可加厚到6~14cm。

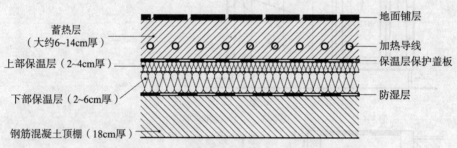

图4.1.3–13　电蓄热式地板采暖的典型地面结构

所使用的加热元件与在第4.1.3.2.5节中描述的是相同的。类似于热水采暖，加热导线可铺设在水泥地面里层或在水泥地面层和保温层之间。蓄热式地板采暖的权威性的规范是DIN 44576第1~4部分[23]。对于铺设的导线有一个温度限制：铺设在水泥地面里的加热导线不得超过90℃，铺设在水泥地面下面的加热导线不得低于100℃，干式铺设在管子里的加热垫不得超过150℃；对铺设在水泥地面层下面的平面式加热导线，其极限温度为80℃，而对冷导线则为70℃。所有的导线都有外保护，以防止机械应力损伤。

图4.1.3–14表明了电蓄热式地板采暖的作用方式：在热量释放期间t_F（主要在夜间）

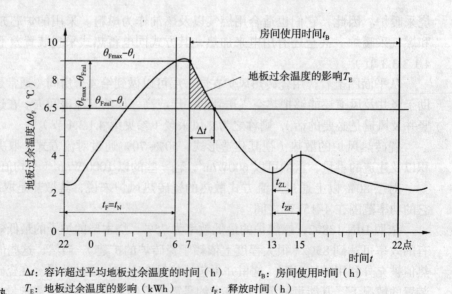

图4.1.3–14　电蓄热式地板采暖，地板过余温度的变化过程

Δt: 容许超过平均地板过余温度的时间（h）　　t_B: 房间使用时间（h）
T_E: 地板过余温度的影响（kWh）　　t_F: 释放时间（h）
t_N: 名义充载时间（h）　　t_{ZF}: 附加释放时间（h）
t_{ZL}: 附加充载时间（h）　　θ_{Fmax}: 在房间使用期间内最大地板表面温度（℃）
θ_{Fzul}: 容许地板表面温度（℃）　　θ_i: 标准室内温度（℃）　　$\Delta\theta_F$: 地板过余温度（℃）

4.1 热量移交使用

蓄热层由电加热。此外，依赖于能源公司的价目表，在白天还可短时间再加热（附加释放时间 t_{ZF}）。储存的热量就如同热水地板采暖（参见第 4.1.6.2.1 节）一样，不仅夜间，而且白天也以同样的物理规律通过辐射和对流方式散发热量（"静态"卸载）。其运行方式当然是非稳态的：其表面温度滑动变化，并且有时明显高于热水地板采暖的情况。耗费系数（能耗费与需求之比），在定时使用的房间（例如，从 7 时至 22 时）内，与使用初级瓷砖炉（参见上文）一样不理想，但与初级瓷砖炉的主要区别在于用作卧室的房间恰恰在睡眠时间使房间过热了。因此，不仅因为合理利用能源的理由，而且还由于对通常使用的住宅而言缺乏采暖的舒适感，所以，一般不宜采用电蓄热式地板采暖。它只有可能用在那些 24 小时使用并且短时间内过热也不会让人觉得不舒适的房间。因此，这里就不再深入讨论有关如何设计的问题，而且已有了相应的标准 [23]。

4.1.3.3.3 电蓄热式采暖装置

电蓄热式采暖装置有别于采暖壁面(板)，其蓄热材料对房间来说是热绝缘的，以便保证把未加控制的放热限制在某一范围内。常用的蓄热材料是成形的瓷砖（大多由菱镁矿烧制成的砖），它们可以用中间横放或竖置的管状散热器加热到 600~700 ℃。这些砖块用保温层包上，放置在一个钢板箱体内。箱体底部用结实的耐压垫盖住，其余表面均用矿物棉板保护起来。这种装置可放在地板上或装在墙上。若不用管状散热器（由管套保护起来的加热导线埋置在金属氧化物粉末床里），也可用螺旋状的裸露加热导线，将其固定在陶瓷架上。此外，还有用瓷砖或天然石材加护在铁皮外壳上。

有两种不同的蓄热式采暖装置，一种依照 DIN 44570[26]，散热是不可控的；另一种，依照 DIN 44572[27]，散热是可控的。

"散热不可控的"采暖装置实际上已不再多见，它们只适用于那些对温度恒定没什么要求且连续采暖的房间（作为建筑物理保护的地方，比如浴室，它们具有优势。）

散热可控的蓄热式采暖装置是最广泛应用的电采暖方式，也就是说，采暖装置还配置

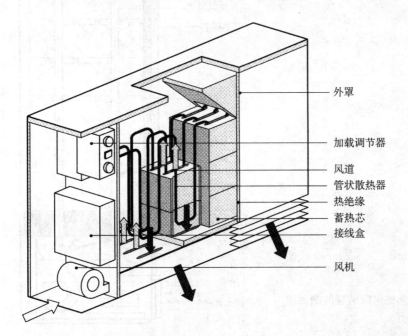

图 4.1.3–15 电蓄热式采暖装置的构造原理

了一台卸载风机。其传统规格是结构厚度为 25~30cm，功率在 1.2~9kW 之间。由于现在的建筑物保温性能大大提高，采暖装置基本上只需要较少的标称功率（最大为 3.6kW）；另外还因为用于蓄热式采暖装置的保温材料的质量进一步提高，以至采暖装置的结构厚度还可做到 16~18cm 之间。

散热可控意味着一台由室温恒温器控制的风机（大多是切线风机，参见图 4.1.3 – 16）把空气通过蓄热芯送入混合室中，来自蓄热芯的热空气在此与室内空气混合，然后经格栅出风口送出。空气出口处的过余温度应低于 120℃（运行噪声不得高于 35dB(A)）。控制散热是借助于一个风机来实现的，往往不够准确地把它称之为"动态热释放"。从技术上讲，"动态"这个概念是一个强烈的随时间变化的过程（其反义词"静态卸载"更是不够准确。因而在所认为的自由热力卸载的情况下，实际上也是一个随时间变化的过程，整个过程均非静态）。

自由热力卸载通常大约有 1/3 的主动卸载用风机完成的，如图 4.1.3 – 17 所示。它在采暖时间内无论如何都是有利的，因为在这种情况下，蓄热式采暖装置辐射散热份额约为 15% 左右，但在采暖时间之外，自由热力卸载可能有供过于求的问题，这也就是说，在随后的采暖时间内，它只能部分地得到使用。因而，随着采暖时间的减少以及得热量的增加，以至使耗费系数增大。

为了能用较小的蓄热器，也有直接加热的蓄热式采暖装置。这是在格栅出风口处再额外装上管式散热器，它在采暖期间内把流经蓄热器的空气再直接加热。直接加热一般在能源供应公司规定的额外的低费供电的时间内（大多数情况下是在中午）进行，以至在这期

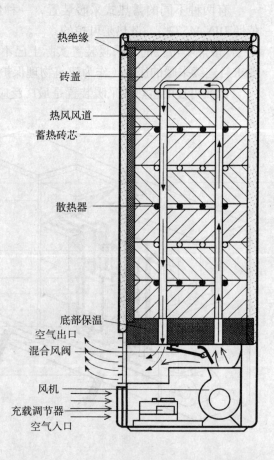

图 4.1.3–16 散热可控的蓄热式采暖装置的剖面图（原理图）

4.1 热量移交使用

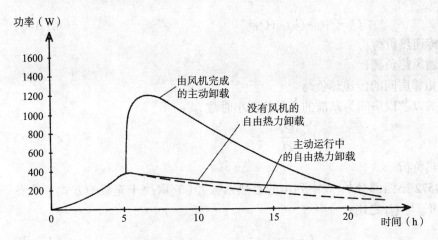

图 4.1.3–17 电蓄热式加热器的功率 – 时间例图

间蓄热器不会主动卸载。

所有电蓄热式采暖装置都有充载调节，有关规定见标准 DIN 44574[28]。用充载调节装置的目的是在各个能源公司规定的低费供电时间里（通常是在夜间，但也有在中午或下午一段时间内），配合外界温度，以充足的电力向蓄热式采暖装置输电。与此同时，也有一些特殊的中央控制器，用这些中央控制器能源供应公司能够在固定的时间或根据电力生产和分配的状况，通过功率脉冲或者无线电进行中央控制。

电蓄热式加热器设计有赖于按 DIN4701 计算出的标准热负荷。

第一步由热负荷以及以此热负荷为基础并按 DIN 44572[27] 所确定的全天使用小时数 t_d 计算出全天用热量 Q_d。严格来说，"全天用热量"就是蓄热式采暖所要的能耗，它远大于在满足用户要求情况下所需求的能量（该能量需求实际上可看作为是全天用热量）。全天使用时间取决于建筑结构形式（依照标准 DIN 4701 定义）、使用方式和由此按 DIN 44572 所确定的采暖时间 t_H（表 4.1.3-3）。全天用热量定义如下：

全天使用小时数[26]   表 4.1.3–3

建筑物或房间种类	采暖时间（h/d）	降温时间（h/d）	全天使用小时数 [h/d]			
	t_H	t_{ab}	t_{dT}	t_{dL}	t_{di}	t_{dm}
住房和类似用途的房间，酒店以及餐馆、教室、医务室和实验室在下列结构形式情况下：						
轻型	6 点到		19.7	14.0	18.0	18.8
重型	22 点	8	21.0	15.0	18.0	19.6
超重型	=16		22.1	16.0	18.0	20.5
行政大楼，办公室、会议室在下列结构型式情况下：						
轻型		12 ≤	18.7	11.5	16.5	17.3
重型	24– tab	t_{ab} ≤ 14	20.3	12.3	16.5	18.3
超重型			21.7	13.5	16.5	19.5

$$Q_d = \dot{Q}_T t_{dT} + \dot{Q}_L t_{dL} + \dot{Q}_{Ti} t_{di} \tag{4.1.3-6}$$

式中 $\dot{Q}_T$——标准传递热负荷；

$\dot{Q}_L$——标准通风热负荷；

$\dot{Q}_{Ti}$——来自相邻房间的传递热负荷。

由此得到所谓的以"以房间为基准的全天使用小时数 t_d":

$$t_d = \frac{Q_d}{\dot{Q}_N} \tag{4.1.3-7}$$

式中 $\dot{Q}_N$——标准热负荷

有关在 DIN 44572 第四部分[27] 表中列出的蓄热系数 f_s（它取决于充载的方式）是要求可释放的热含量 W_{se} 与 Q_d 之比：

$$f_s = \frac{W_{se}}{Q_d} \tag{4.1.3-8}$$

充载模式直线（图 4.1.3-18）描述了 W_{se} 和加热功率 P_{He} 之间的关系，热功率 P_{He} 等于标准热负荷 $\dot{Q}_N$：

$$W_{se} = f_s t_d P_{He} \tag{4.1.3-9}$$

根据公司的资料，考虑到能源公司规定的释放时间 t_F 以及附加的释放时间 t_{ZF}，由 t_d 得到每次所需要的可释放的热含量 W_{se}（参见后面的计算例题）。

此外，所需的功率 P_{se} 应由下式计算：

$$P_{se} = \frac{Q_d}{t_F + t_{zF}} \tag{4.1.3-10}$$

为了近似确定"全天用热量"可用由表 4.1.3-3 列出的全天使用小时数 t_{dm} 按下式计算：

$$Q_d \approx \dot{Q}_N t_{dm} \tag{4.1.3-11}$$

设计举例

一住宅欲采用蓄热式采暖系统，该住宅是在一个重型结构的建筑物内。能源公司给予的低费供电时间 $t_F=8h$ 以及非优先使用的额外的低费供电时间 $t_{ZF}=2h$。按 DIN4701 计算出的标准传递热负荷 $\dot{Q}_T=706W$，标准通风热负荷 $\dot{Q}_L=350W$ 以及 $\dot{Q}_{Ti}=40W$。因此，标准热负荷为：

$$\dot{Q}_N = \dot{Q}_T + \dot{Q}_L + \dot{Q}_{Ti} = 1096W$$

相应于各部分热负荷的全天使用时间可从表 4.1.3-3 中查出，并由此按式 (4.1.3-5) 来计算全天用热量 Q_d。

$$Q_d = 706W \cdot 21h/d + 350W \cdot 15h/d + 40W \cdot 18h/d = 20.796 kWh/d$$

由式 (4.1.3-7) 计算出全天使用时间：

$$t_d = \frac{20.769 kW \cdot \frac{h}{d}}{1.096 kW} = 18.97 h/d$$

用计算出的全天使用时间按式 (4.1.3-9) 在图 4.1.3-18 中得到充载模式直线，其与标准热负荷 $\dot{Q}_N$ 的交点落在型号 3 的区域内。

按式 4.1.3-10 再计算出所需要的功率：

$$P_{se} = \frac{20.796 kW \cdot \frac{h}{d}}{8 \frac{h}{d} + 2 \frac{h}{d}} = 2.08 kW$$

4.1 热量移交使用

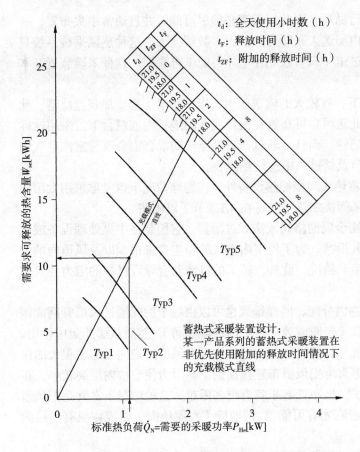

图 4.1.3-18 举例说明设备性能曲线和充载模式直线的图表[27]

注：根据某公司的一个产品的型号系列的资料。

相关的公司提供的型号 3 的设备有 4 个功率等级 P_N：1.5kW、1.8 kW、2.14 kW 和 2.4 kW，那么，选择功率 P_N 为 2.1 kW。

4.1.3.4 多房间采暖装置（热风炉）

4.1.3.4.1 概述（热风采暖的计算）

多房间的采暖装置实际上是由采暖装置（第 4.1.3.4.2 和 4.1.3.4.3 节）及与其连接的风道组成的采暖系统，它们也被称之为热风炉系统。应该区别的是：

（1）通过另外增加的风道才能够加热其他房间的单个房间的采暖装置（参见 4.1.3.3.1 节）；

（2）直燃式热风采暖装置（"自动热风装置"）大多数竖立在采暖房间外面，经风道加热其他更多的房间[❾]。

这里还有意识的简单地保留热风炉的称谓，目的在于，以价格上的差别来平衡通过热水间接加热的热风采暖系统或根本就是热水采暖系统所带来的舒适性优势。

这也不意味着它同单个房间的采暖炉（比如位于两个房间之间同时加热这两个房间的瓷砖炉）有什么关联。

按照风道布置的情况，可以分为重力和风机热风采暖系统。

重力循环热风采暖系统依靠建筑物内的空气由热空气和回流的已冷却了的空气之间

---

❾ 住宅和办公室总是安装在室外，而工间也有在室内的情况。

的密度差所产生的很小的压差进行循环。因此，风道必须尽可能短并且通常中央布置，一般不加过滤器，热空气从某一个内墙送入采暖房间。大多数情况下，这种热风采暖系统只需要送风管道，空气经楼梯间或过道（只有独立住宅才可能）再流回。这种采暖装置基本上只考虑采用热风瓷砖炉。

在风机热风采暖系统的情况下，有较大的输送压力，以后基本上都要加装过滤器。此外，风道可按楼层横向布置，因此送风口可布置在窗户底下的地板内或窗台下。采用这样的系统，会明显地改善室内的舒适性，而且，通过与室外空气的混合也会改善室内空气的质量，同时，可以实现通风的调节及从排风中进行热回收。

热风采暖除了使用直接式和蓄热式间接加热设备外，在特殊情况下也考虑采用太阳能集热器。用热水或蒸汽作为热媒来间接加热空气将在 4.1.5 节予以阐述。

热风采暖系统中的过滤器多用金属网格式或袋式过滤器，它们装在中央处理设备或风道当中，但要注意能够容易清洗和拆换。为了使室内空气的粉尘含量很少以及风道内的尘埃沉积较少，过滤器需要定期拆换和清洗。此外，脏了的过滤器会导致过高的阻力并且空气也因解析而造成污染。

热空气通过风道管网在建筑物内分配，同样排风也可以由各个房间通过风道管网或例如装在门里的出风口，导入核心区（走廊或独立住宅内的楼梯间），然后从那儿集中排出。除了进入各个房间的送风口的位置外，铺设风道占地的许可对风道的走向也起着很大的作用。在生产车间、仓库、体育馆等常常把风道布置在顶棚下。因为住宅楼内层高较小，布置在顶棚下清洁工作是大大方便了，但布置起来就有很多困难，这种情况下常常是把风道布置在悬吊的顶棚上（一般只在走廊才有可能），在地板（水泥地面）内或在只有一层的建筑物情况下布置在地下室内。

此外，对空气分配的方式来说，至关重要的是要考虑噪声传递、压力平衡以及调节的问题。送风管网可设计成单风道系统、汇流风道系统或周边系统（图 4.1.3-19）。小设备的单风道系统的空气分流箱一般和中央处理设备（比如直接在采暖中心室或在吊顶里）布置在一起，在多层楼房的情况下，可以按每层楼或逐个住宅布置在走廊里。对送风口布置在地板内（窗户下）的情况，风道布置在下一层（吊顶）、地下室或水泥地面内（用扁平风道）。布置在顶棚或墙壁上的风口必须通过布置在顶棚空腔里的管道或者在阁楼上面的管道送风。单风道系统的布置方式由于长度问题较为昂贵，但是，因其截面积小，容易摆放。各个送风口的空气流量可在中央的空气分流箱进行调节。各个房间之间的噪声传递由于通过狭长的风道以及经过一个安装在中央处理设备里的消声器而大大衰减。

汇流风道系统 [图 4.1.3-19（b）] 只用在那些有足够的空间布置主分流管道的地方。这样的管道布置方式主要是在大厅内使用，因为可以把风道直接悬挂在顶棚下面。这种空气分流方式的优点在于风道管网的材料消耗少，并且走向较好。在住宅楼内只应把支管与主风道连接，这样又能额外地阻止各房间之间噪声的相互传递。

考虑到风道的压力平衡情况，这方面问题最小的是采用特殊的周边系统（图 4.1.3-19（c））。在这个称之为环形风道系统里（在希腊文里 περιμετρον 即圆周），各处大致有相等的压力，如果平均气流的速度足够小的话，这的确合乎实际情况。

如果从每个房间分别进行排风（另加一个"排风装置"），排风风道系统可类似于送风道系统进行布置。另一种形式，只是在门上省略了溢流口，排风从走廊集中抽走。对厨房、浴室和卫

4.1 热量移交使用

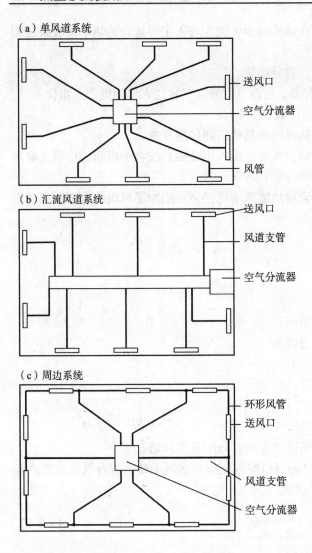

图 4.1.3-19 空气分配系统的风道连接图(送风管网)

(a) 单风道系统 — 送风口、空气分流器、风管
(b) 汇流风道系统 — 送风口、风道支管、空气分流器
(c) 周边系统 — 环形风管、送风口、风道支管、空气分流器

生间来说,应有一个单独的排风风道,以免来自这些房间的排风进入其他房间或与其送风相混合。

风道一般是矩形或圆形的铁皮（镀锌钢板）风道、塑料风道（不易燃的）或者例外的情况也有用柔性铝管（不易清洗）的风道。目前,在生产这些风道时基本上都同时加上保温层。如送风管网的风道位于不采暖的房间里,必须采取保温措施。

在风道中应安装风阀（手动或电动）,以及在送风口加装节流装置,用来调节空气流量。在有火灾的情况下,为了阻止火焰或烟气蔓延到楼房的其他部分,必须在穿过防火隔离墙的风道内安装消防安全阀门（参见建筑规范）。如果送风温度超过规定的温度,安全阀自动关闭风道断面。

为了按照 DIN 1946 第 2 部分[29]或者 VDI 2081[30]在强迫通风的房间内保证不超出所允许的噪声声级,那么,应在风道系统内采用较小的风速或安装消声器。然而,对于较小的住宅单位不必强行遵守这些规定。由风机造成的噪声,则必须在风机的后面安装消声器。有关通风空调方面的进一步细节,已在第 2 卷中论述,针对每一种具体情况（视前提条件）只应用简单的办法来解决。

目前在中欧，热风炉采暖系统也正在逐步减少，因为与占主导地位的热水采暖系统相比，热风炉采暖系统有一系列的缺点：

（1）空气从房间的各个部分进行混合容易串味。
（2）因为风道不易清洗，而且缺乏保养，是否卫生的空气被送入房间则令人担忧（"空气其实是一种生活资料，而不是传递能量的媒介！"）。
（3）由于消声措施有限，噪声还会从风机和其他房间传递开来。
（4）由于可能的气流分流方面的影响，风量的输入很难做到按各个房间的负荷正确地分配，那么，根本不能或很难实现各房间的单个调节。
（5）由于提升室内的空气温度而导致增加能源消耗，另外，添加了风机的电力消耗（于相应的循环水泵相比，电耗在10倍以上）。
（6）占地面积大。

其优点可列举如下：
（1）购置成本较低；
（2）能很快使室内空气升温；
（3）有可能与通风及空气加湿联合使用；
（4）没有漏水的问题（比如在博物馆内）；
（5）没有结冻的危险（周末住房）。

热风采暖系统的设计按如下步骤进行：
（1）计算采暖房间的标准热负荷；
（2）确定送排风口的位置及数量；
（3）确定采暖设备安装位置，设计风道的走向并分配分支风道。
（4）计算各个房间里送风口数目为 i 的风口空气流量。热风采暖是混合气流在室内起作用，因此，排风的焓也就等于室内空气的焓：

$$\dot{m}_{L,i} = \frac{\dot{Q}_N}{i(h_{ZU} - h_{RA})} \quad (4.1.3\text{-}12)$$

焓差由空气的温差及含湿量计算得出：

$$h_{ZU} - h_{RA} = \left[1.007 \frac{kJ}{kgK} + 1.86 \frac{kJ}{kgK} x\right](\theta_{ZU} - \theta_{RA}) \quad (4.1.3\text{-}13)$$

或近似以含湿量 $x=0.008$ 来计算：

$$h_{ZU} - h_{RA} \approx 1.02(\theta_{ZU} - \theta_{RA})$$

一般情况下，采暖装置已给定温差，但应尽量不超过10℃。

（5）用表4.1.3-4所列出的空气速度可以确定风道截面积[式（4.2.6-4）]。
（6）接下来计算风道系统支风管中的压降，详见第1卷第J章以及第2卷。

风道中的空气速度　　　　表4.1.3-4

风道种类	空气速度（m/s）
主风道	5-6
支风管	3-4
送风口（取决于送风射流）	1.5-4.0

4.1 热量移交使用

4.1.3.4.2 多房间直接式采暖装置

多房间直接式采暖装置一般用燃油或燃气来燃烧，很少用电加热。以前也曾有用固体燃料的，实际上只是用于瓷砖热风炉（参见第 4.1.3.3.1 节）。

原则上燃油及燃气直接式采暖装置的结构和热水采暖锅炉差不多：它们由炉膛和后置的加热面，大多为排管组成，或者

（1）管里面通高温烟气（如烟气管道采暖锅炉），空气在外面流动；

（2）管里面通空气（相当于热水管道采暖锅炉），烟气在管外流动。

它与热水采暖锅炉的主要区别在于：其在空气侧和烟气侧的换热系数基本上是同一个数量级；分界面的温度大概是烟气和空气温度的平均值。这就需要使用抗爆钢。图 4.1.3-20 所示是一种广泛使用的管道结构形式。它是以天然气作为燃料。这里受热面是由波纹状的薄钢板袋构成，空气绕着它环流[31]。

一般来说，空气直接式采暖装置（或简称为"空气加热器"，如图 4.1.3-21）是模块化组装的，它们也可以再加装一个热回收器模块。

其标称功率范围与单个房间的直接式采暖装置类似，在 10 ℃ 过余温度的情况下所应匹配的空气流量为 300 m³/kWh。其效率和单个房间的直接式采暖装置一样处于同一个范围。

电加热的装置有一个加热模块，它和单个房间的采暖装置里的一模一样，其功率范围可扩大到 9kW。

热泵也可用作为多房间的直接式采暖装置。在热泵的情况下可以用一个特别有利的方

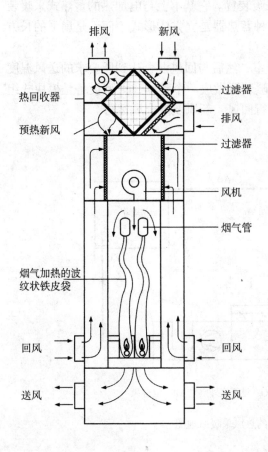

图 4.1.3-20 燃气热风直接式采暖装置（"热风炉"）

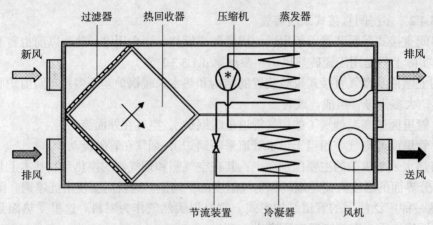

图 4.1.3-21 带热回收器和热泵的多房间直接式采暖装置的示意图

式和热回收器做成一个整体（图 4.1.3-21）。冷凝器安装在送风风道里，蒸发器安装在排风风道里。

4.1.3.4.3 多房间蓄热式采暖装置

烧燃料的蓄热式采暖装置当提及瓷砖热风炉（参见第 4.1.3.3.1 节），与直接式采暖装置不同，它们特别适合烧固体燃料，尤其是木柴。

电加热的中央固体蓄热器也属于蓄热式采暖装置。它基本上与电加热的蓄热式采暖装置（参见第 4.1.3.3.3 节）的结构相同，只是这种蓄热器是立方体形式（而不是扁平的长方体），并且风道穿过其中。

在中央蓄热器加热了的空气进入一个混合室，然后与回风混合达到所要求的送风温度（图 4.1.3-22）。小型设备的混合室与蓄热式采暖装置做成一个整体，大型设备是模块式组合装配在一起。一般来说，按图 4.1.3-22 可进行回风－新风及混合风运行。

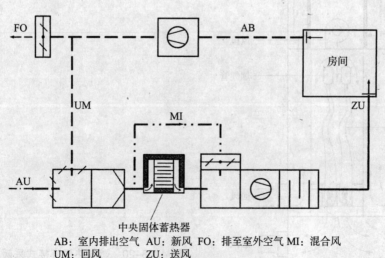

AB：室内排出空气　AU：新风　FO：排至室外空气　MI：混合风
UM：回风　　　　ZU：送风

图 4.1.3-22　电加热的中央固体蓄热器的热风采暖原理图

4.1.4 大房间局部采暖装置

4.1.4.1 关于大房间的概述

我们想象的正常大小的房间是住宅的房间,现在讲的大房间不只是简单地比住宅的房间大一些以及高一些。一般来说,它们有多个外围护结构表面,亦即比较冷的外表面(大多数为顶棚),还会有其他不同的用途。此外,人员逗留区距离外墙和可能有的窗户比较远,那么室外空气的补给就变得困难了。还要进一步说明的是,人员逗留区即对温度和空气成分有一定要求的区域,当然相比整个大房间来说要小而且低矮得多。

比如说,车间、工厂厂房、飞机库、体育馆、会议室、教堂等就是大房间。许多这类房间早先(今天仍在世界各地随处可见)根本就没有采暖。在大房间工作的人不仅增加了对舒适性的要求,而且也期望他们能做出更大更多的成绩。那么,就很有必要给大房间进行采暖。此外,尤其是考虑到已实施 20 多年的热保护法规的情况,还提出了通风的问题。按照规范,大厅(无疑属于大房间)也像其他建筑物一样,在技术可能的情况下应做到密不透风。作为例外,这一规则不适用于这样一些大厅,那就是"按其通常的用途必需大面积门窗持续洞开"的大厅。还有一些例外的情况就是所谓的高温运行,"它们的采暖能量需求主要由建筑物内部的余热来满足"。在大多数大房间的情况下,还是规定要密封。联系到劳动岗位应遵守的条例[32]和有害物质法规[33],这些规范都要求有足够好的通风状况,再从热保护法规的总体目标出发,那么,应该通过一个机械通风设备(参见原著第 2 卷)来保障起码的新风需求。凡是经窗户及门的自然通风,都有可能带来很高的通风热负荷。如果大房间的高度超过人员逗留区的正常高度(2m,图 1.1-2)越多以及顶棚区域或天窗不密封,那么,通风热负荷就会越大。倘若在大房间内没有充满整个空间的混合气流,比如,送风口在接近顶棚的下方,那么,即使不依赖于使用热源,始终会在大房间顶棚的下部形成一个热空气层,因为在"冷"围护结构表面的下降冷气流只涌入室内的下部区域。充分利用这个事实,并考虑到今天的空调技术水平(参见原著第 2 卷),有针对性对人员逗留区进行通风而且让其区域上面的热空气层保持稳定,不仅从提高热保护的角度,而且从确保空气质量方面来说都是很有好处的。在采暖情况下,只有采用一个通风和采暖组合设备才能实现这个方案,若仅用唯一一个热风采暖系统来采暖,由于其送风温度较高,实际上是不可能的。所要采用的通风和采暖组合设备的送风温度无论如何都不应高于人员逗留区域的室内空气温度,也就是说,送风设备只需要满足通风热负荷,额外需要的采暖系统保证人员逗留区域的边界面具有所要求的半球辐射温度。因此,在大厅上部安装的辐射采暖板(参见第 4.1.4.2.2 节和第 4.1.6.3 节)特别适用这种情况。在使用辐射采暖板时,允许人员逗留区域的空气温度低于室内额定温度(有效温度)(参见原著第 1 卷第 C2.3 章)。一般来说,热风采暖系统能使室内空气达到充分混合,正由于这个原因,它适合于那些层高不太高(3.5m 以下)以及有害物质和气味负荷不太大的大房间。

这里所讨论的大房间局部采暖设备(热辐射器除外)都是空气加热器(按照标准:"热风机"),它们与在第 1.3 节中所描述的设备的区别在于其结构上的特殊性,而这些特殊性不容许它们用于小房间,这主要是因为小房间顶棚的高度不够或者由于运行温度较高。它们一般构造简单,其目的在于做到物美价廉,能用于那些只要满足标准热负荷而对舒适性要求不高的地方。

4.1.4.2 大房间直接式采暖装置
4.1.4.2.1 大房间的空气加热器

大房间空气加热器与第 4.1.3.4.2 节所描述的多房间直接式采暖装置不同，它本身就带风口，像局部采暖装置一样直接就可使用而无需与风道连接。其内部加热壁面的构成和多房间直接式采暖装置基本相同。因为功率较高，一般采用燃气的空气加热器和带鼓风机的燃烧器，燃油的一般采用喷雾燃烧器。除了有竖立在地板上的设备（"立式空气加热器"，图 4.1.4-1）外，还有安装在墙上及顶棚上的设备。通常空气由加热器的下部吸入，然后从侧上部吹出。也有的空气加热器安装在大厅的屋顶外面，经短管从大厅吸入回风同室外新风混合后加热，再经一短风道送入大厅。在大房间内安装的空气加热器，通常必须接到一个烟囱上，而安装在外面的带排烟风机的设备则不需要烟囱。

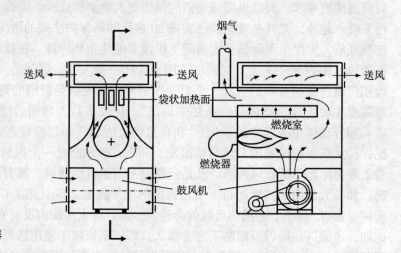

图 4.1.4-1 立式空气加热器

DIN 4794[31] 规定了有关大房间空气加热器（"热风机"）的概念、要求及检测。

因为整个大房间都采暖，对于设计空气加热器来说，其标准热负荷按照 DIN 4701 来计算。送风温差应在 30~60℃之间。

另外还有一种空气加热器，其特别之处是没有换热器，它们用天然气燃烧，炙热的燃气与新风混合后直接送入大房间。对该空气加热器的要求及检测依照 DIN 4794 第 7 部分[34]。没有换热器的空气加热器只允许在那些足够大的房间使用，亦即其标称功率与使用空气加热器的房间的体积之比小于 $5W/m^2$（原本应规定 CO 的限定值）。

对大厅的采暖来说，大房间空气加热器是最便宜的，当然它有一系列的缺点：本节（第 4.1.4.2.1 节）开头强调的力求采用的通风和采暖组合设备实现不了，那么，由于需要给整个大房间加热，能量需求就大得多了，而且由于出口风速高并且射流的射程远，从而降低了热力方面的舒适感，再由于自然通风和在冷围护结构表面所产生的下降冷气流致使出现穿堂风现象，同时也难以做到中和冷热辐射。

4.1.4.2.2 辐射采暖装置

典型的大房间直接式采暖装置是在 DIN 3372[35] 中称之为热辐射器的设备。它们也是常常所说的高温热辐射器或顶棚热辐射器，有时还附加上"红外"两个字。在大房间里使用的热辐射器大多数都烧天然气（DIN 3372 对此依旧适用），在封闭系统的情况下也有烧

4.1 热量移交使用

油的。它们单个或以较大的间隔（6m以上）悬挂在大房间的顶棚下方，其宽度为0.3~0.8m，其长度4~60m，其燃烧功率（"热载荷"）为10~140kW。

有两种不同的辐射采暖装置：

（1）白热辐射器；依照DIN 3372第1部分，也称之为"白炽热辐射器"。

（2）黑热辐射器；依照DIN 3372第6部分，也称之为"带燃烧器和鼓风机的黑热辐射器"。

正如其名，热量主要通过辐射散发出来，白热辐射器在采暖的区域有效散发出来的热量达到60%~80%，（人们也常把它称之为辐射效率，其基准值是燃烧功率）。它的烟气损失为5%~7%，其余的部分则是通过对流和辐射散发到其他区域。黑热辐射器的有效使用辐射部分为50%~65%，其烟气损失为7%~10%。

白热辐射器是由一个炽热的陶瓷孔板作为辐射板发挥作用。空气—燃气混合气体从陶瓷板的细孔流出，然后在陶瓷板表面燃烧，这时的陶瓷板温度达850~900℃。如果有排风设备（对于大多数大房间，在热保护条例[35]中已有相关规定）的话，或者如果该大房间具有不能关闭的通风口（依照热保护条例只是作为例外被允许的），烟气（1kW功率约排放3m³/h的烟气）可以自由地逸放到室内。在这两种情况下，称之为"间接排烟"。在没把握的情况下，烟气需通过一个烟囱排出（"直接排烟燃烧炉"），而在这种情况下，必须保障助燃空气能顺畅流入。

在白热辐射器上安装一个所谓全预混燃烧器（详见第4.3.3.1.5节）：燃烧所需要的空气通过燃气射流的诱导吸入（空气比λ至少为1.0）。空气—燃气混合气体分布在陶瓷板上面拱形的空腔内（图4.1.4-2，左图）。一个辐射屏蔽罩用来保护燃烧区域，它集束了辐射又减少了对流散热。另一种改进了的做法即组合热辐射器，它的辐射屏蔽罩被保温并且和燃烧部分封闭在一起（图4.1.4-2，右图）。它由热烟气加热并额外起着一个温度辐射器的作用。陶瓷板的辐射光谱的波长最大值在2~3um之间，也就是说，相当一部分的辐射仍然在可见光范围（因此相当大的程度上还是穿过窗玻璃，参见原著第1卷，图G1-1和G1-9）。不同的是，反射板（温度约为300℃）的辐射光谱的最大值大约是其2倍（"黑热辐射"）。通过对反射板的保温，会降低烟气的温度，对流散热部分（在常规辐射器的情况下大约是25%）将显著减少。

白热辐射器大部分是水平安装在顶棚下的（顶棚最低高度通常为4m），有时甚至倾斜固定在墙上（这种情况就会大大增加对流散热）。

白热辐射器的辐射热流密度（以总辐射面积为基准）大约为100kW/m²（从燃气专业

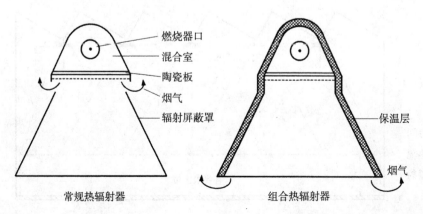

常规热辐射器　　　组合热辐射器　　　图4.1.4-2　白热辐射器

的角度则称之为"以面积为基准的热载荷")。

黑热辐射器大部分是弯成 U 形的管道，燃烧的炙热气体或热空气在管内流动（图 4.1.4–3）。它们或者直接与一个带鼓风机的燃烧器（一般烧天然气，有时也烧油）连接，或者在有的情况下通过风管与中央空气加热器（热风机）连接，或者与一个燃烧室连接。燃烧的炙热气体也可以用一个吸气管单个或集中连接起来，然后抽走。助燃空气一般用一个特殊的送风设备送进燃烧器。否则，助燃空气就可能不受控制地涌入，在人员逗留区可能会引起穿堂风现象，或至少因为很希望再增添通风设备，从而可能因此增加耗费。为了集束辐射又减少对流散热，在管道上方安装了一个反射板（比较好的做法是在其上加保温层）。采用 U 形管是保证辐射比较适中，其平均温度大约在 250~300℃ 之间（按照 DIN3372 第 6 部分，其上限温度为 500℃），设备检测依照 DIN 3372[35] 进行。

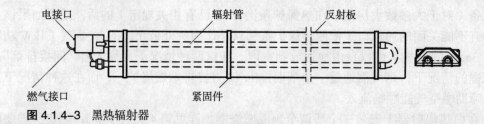

图 4.1.4–3　黑热辐射器

在第 2 章引入的热量移交使用这个概念，用在热辐射器上，与其他热量移交系统相比显得更为清晰。这里应该认识到，每个设备尽可能多地给房间传递热量不是唯一的目的，而是把热量真正传递到使用上，这一点共同适用于黑白两种热辐射器。热辐射器始终要在人员逗留区（"有要求区域"，图 1.1–2）发挥其有效作用。热量对流传递给空气或向上辐射散发热量都对人员逗留区的热环境不产生影响，因此这也就是一种额外的浪费或损失（除非用一个通风设备使室内空气充分混合），人员逗留区的空气是通过经辐射换热已升温的表面间接地加热。

对在一个大房间内顶棚下方均匀分布的热辐射器投射到人员逗留区上部边界面的不均匀性问题，进行了实例试验（图 4.1.4–4）。在人员逗留区上部边界面上的位置变化的微元面 dA_1 与表面 A_2（热辐射器表面）、表面 A_3（热辐射器之间的表面）、表面 A_4（相邻的热辐射器表面）以及其余的在人员逗留区上部半球空间的围护结构表面之间进行辐射热交

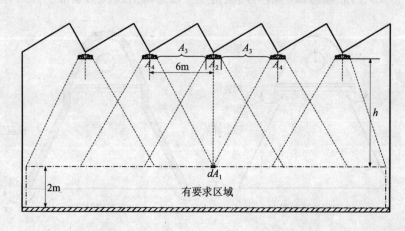

图 4.1.4–4　在一个大房间内顶棚下方均匀分布的热辐射器与微元面 dA_1 之间辐射热交换的示意图

4.1 热量移交使用

换。在第1卷，第G1.2.5章中所介绍的角因子 Φ_{1i} 应只在热辐射器表面下方中间位置（热辐射器长度 b 的一半）被确定（图4.1.2-11），例如，图4.1.4-4中所示位置的 Φ_{12} 可以直接读出，Φ_{13} 以及 Φ_{14} 可用加法规则计算：

$$\Phi_{13}+\Phi_{12}=\Phi_{1(2+3)}$$
$$\Phi_{14}+\Phi_{1(2+3)}=\Phi_{1(2+3+4)} \tag{4.1.4-1}$$

微元面 dA_1 与其余表面之间的角因子 $\Phi_{1\text{rest}}$ 由第1卷中的式（G1.2-4）得出：

$$\Phi_{1\text{Rest}}=1-\Phi_{1(2+3+4)} \tag{4.1.4-2}$$

若把投射到微元面 dA_1 上的热流密度 q_r 简化地与一个统一的热辐射交换系数 $C_{1i}=C_{12}$（第1卷，第G1.2.4章）关联起来，并按第一卷的式（G1.21）把热流密度 q_r 与温差之间继续简化成线性关系，那么就有：

$$\frac{\dot{q}_{r12}}{C_{12}}=a_{r12}\Phi_{12}(\theta_2-\theta_1) \tag{4.1.4-3}$$

温度因子 a_r 按下面的关系式定义：

$$a_r=\left[\left(\frac{T_1}{100}\right)^4-\left(\frac{T_2}{100}\right)^4\right]\frac{1}{(T_1-T_2)} \tag{4.1.4-4}$$

在已知温度 θ_1 和 θ_2 的情况下，温度因子 a_r 可由图4.1.4-5查取。现在要求出半球的辐射温度 θ_{rh}，亦即半球表面以该温度对微元面积 dA_1 的辐射作用相当于表面 A_2, A_3, A_4 等以其差别很大的表面温度 θ_2, θ_3, θ_4 及 θ_{rest} 共同所起的作用。

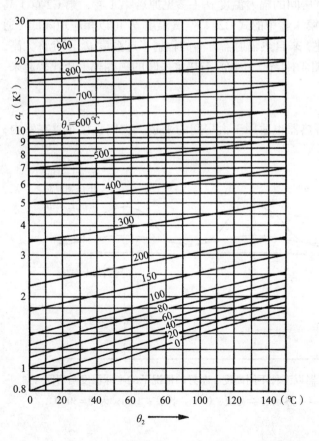

图 4.1.4-5 温度因子 $a_r=\dfrac{T_1^4-T_2^4}{T_1-T_2}\cdot 10^{-8}$

$$\alpha_{rl2}\Phi_{12}(\theta_2-\theta_1)+\alpha_{r13}\Phi_{13}(\theta_3-\theta_1)+\alpha_{r14}\Phi_{14}(\theta_4-\theta_1)+\alpha_{rlR}\Phi_{lR}(\theta_{Rest}-\theta_1)=\left(\frac{T_{rh}}{100}\right)^4-\left(\frac{T_1}{100}\right)^4 \quad (4.1.4-5)$$

图 4.1.4-6 描述了在人员逗留区（图 4.1.4-4）上方热辐射器以 3 种不同高度 h 布置的情况下所得出的辐射的半球温度与房间宽度之间的关系。只有当热辐射器的高度为 7m+2m = 9m 时，在本例的条件下，半球温度大体上均匀。但在任何情况下，其辐射温度－非对称温差 $\Delta\theta_{rh} =\theta_{rh} - 20℃$（参见原著第 1 卷，图 C2-14），均已远远超出所给出的容许值：非对称温差在 5K 的情况下，不满意度为 6%；在 7K 的情况下，不满意度为 10%。同一般的建议相反，对热辐射器来说，难以给出一个大家都满意适用的最低安装高度；它与热辐射器的温度和宽度关系很大，因而应对每个使用个案按所述的方式进行核查。

原则上，热辐射器的设计如同设计热水天花板辐射板（参见第 4.1.6.3 节），优先考虑的是（如在第 4.1.4.1 章所述理由）应在采暖的大房间采取机械通风，以便送风设备满足通风热负荷要求。然后热辐射器只要给人员逗留区的界面产生出所要求的辐射半球温度。由于同热水采暖的顶棚辐射板比较起来，它的辐射温度高，那么热辐射器的辐射面积就可以小得多，但也正因为它的辐射温度比较高，在采暖的区域会产生一个很强的不均匀辐射（图 4.1.4-6）。因此，对热辐射器辐射的不对称问题以及人员逗留区和热辐射器安装位置之间至少要保证的距离应该逐个予以检查（参见上文）。

相对空气加热器，热辐射器的优点在于其加热作用就限制在预先确定的人员逗留区，因此不需要去加热整个房间。还有就是由于它的蓄热容量小并且直接发挥辐射作用，因而房间很快就能预热升温。此外，整个房间的辐射温度 $\bar{\theta}_r$（参见原著第 1 卷，第 C2 章）高于室内温度 θ_R 是有好处的，因为根据第 1 卷中的式 C2-4，空气温度 θ_L 可以相应地降低（通风热负荷较小）。然而，正如上文所述，来自热辐射器方向的辐射半球温度 θ_{rh} 不允许太高，而且辐射的不均匀性也是一个问题（图 4.1.4-6）。因而，与热水采暖的顶棚辐射板比较起来，热辐射器的适用性还是有限制的。

4.1.4.3 大房间蓄热式采暖装置

如第 4.1.3.4.3 节所述，电固体蓄热器也适用于大房间的采暖。它们直接布置在室内，

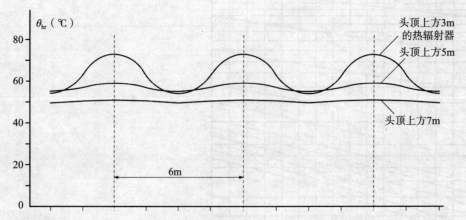

图 4.1.4-6 在头顶上方的热辐射器以三种不同高度 h 布置的情况下的半球温度与房间宽度之间的关系（实例如图 4.1.4-4：热辐射器宽度：0.4m，长度：12m；$\theta_2=\theta_4=300℃$，$\theta_3=15℃$，环境温度 $\theta_U=20℃$）

并类似于空气加热器装配有自己的送风口,同样有可能接室外新风进行混合风运行。电固体蓄热器除了上面提到的空气加热器的一些缺点外,其能源费用也会高一些。

4.1.5 热风采暖(空气间接加热)

4.1.5.1 概述

间接加热的热风采暖系统,空气是在换热器里(翅片管、对流散热器等)被加热,然后直接或通过风道送进房间。前述的热风采暖系统是把热量移交(第4.1,3,4节)和热量生产部分集中在一个设备内,而与此不同的是,间接加热的热风采暖系统是在热量移交和热量生产之间增加了一个热量分配部分。按照换热器的布置和分配,有中央或局部空气加热系统。这些设备也可区分为一种只加热房间;另一种除了加热房间,还起通风的作用(送进室外新鲜空气)。图4.1.5-1概述了有关不同类型的空气加热系统。

与热风采暖炉系统相比,采用间接的空气加热,设计方面的自由空间大大扩展了:

(1)即使是较大的建筑物,一个热量生产设备就够了(更好地充分利用,更高地使用效率)。

(2)可以降低风道方面的消耗(节省占地,更容易清洗)。

(3)比较容易进行逐个房间的采暖调节(特别是在局部系统的情况下)。

(4)空气加热器可按房间使用的需求进行调节。

(5)有可能把现有设施经过简单的改造,发展成热量生产设备(使用区域热源、热泵、太阳能)。

当然,设计方案的扩展可能性就会导致提高系统价格(远比热水采暖昂贵),且需要更多的维修点或者在室内造成更多的额外噪声源。

对于间接空气加热的热风采暖系统来说,只能考虑采用机械送风。这不仅适用于把空气加热器、风道系统及风口布置在室外的中央系统,而且举例来说,也适用于在一般室内带风机盘管、在大厅内带空气加热器的局部系统。与带室内散热器(板)的热水采暖系统相比,这两种系统都有噪声负荷的问题,而且,因为冷外壁面的冷辐射造成的辐射赤字也难以得到补偿。为了弥补这方面的不足,可通过提高室内空气温度,但增加了采暖能源的

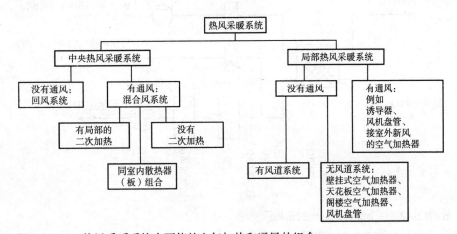

图 4.1.5-1 热风采暖系统中可能的空气加热和通风的组合

需求，面对这个问题，要尽量做到让系统对热负荷变化过程有很好的适应能力，从而减少设备的能耗。

4.1.5.2 中央热风采暖系统

用中央空气加热器的热风采暖系统不仅能做成回风系统，而且（与通风组合）也能做成混合风系统。原则上讲，热风采暖系统也属于在第2卷中所述及的空调设备之一，但与其不同的是，热风采暖系统没有特意要消除（由住宅环境释放出来的）物质负荷的任务。

回风系统存在这样的缺点，即有可能把从含湿量大的房间（厨房、浴室和卫生间）排出的空气带到人员逗留区。要避免这种情况发生，最好在含湿量大的房间内安装一个排风机；而室外新风经窗户和不密封的地方流入房间。

混合风系统是把一部分回风同室外新风混合，经过滤和加热后送进房间。排到室外的空气经含湿量大的房间排出。位于内区的含湿量大的房间（没有传递热负荷）不需要送进热风，也无需排风经过，而是从相邻房间得到从门里溢出的空气。当然，这些湿房间的空气温度会由此和其他房间的空气温度差不多一样高，或者甚至会低一些（干燥过程）。因而，可能情况下比如需要加装一个电采暖系统。由于混合风系统中的新风是通过一个风道吸入的，那么，新风能够经过一个热回收器先进行预热。图4.1.5-2示意了一个混合风系统的布局，含湿量大的房间与其他房间的空气分开排出。混合风系统也可与室内散热器（板）组合使用，在这种情况下，热风采暖系统只满足随时间变化的热负荷部分。

中央热风采暖系统的设备，如空气加热器、过滤器、热回收器、风机以及消声设备已在第二卷中述及。

与带室内散热器（板）的热水采暖系统相比较，热风采暖系统的压降问题应予以特别的关注。如表4.1.5-1所示，输送空气所需要的功率以及与之相应的能耗约是热水采暖分配系统的10倍之多。对此可举例加以说明，这里利用两个方程用来确定热水或空气流量 $\dot{m}$ 及驱动电功率 P，计算所用的参数采用统一的采暖热功率 $\dot{Q}$，不同的进出口温差 σ、比热 c、密度 ρ、总压差 Δp 以及总效率 η。

$$\dot{m} = \frac{\dot{Q}}{\sigma c} \tag{4.1.5-1}$$

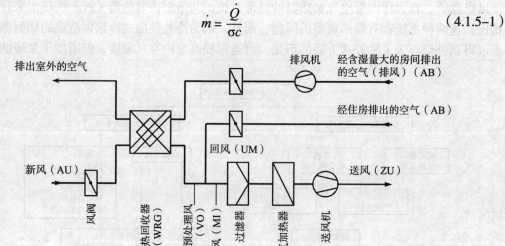

图4.1.5-2 一个混合风系统的布局示意图

注：含湿量大的房间与其他房间的空气分开排出（$\dot{m}_{FO} = \dot{m}_{AU}$）

若热水采暖系统的功率为 $\dot{Q}$=20 kW，水的进出口温差 σ = 15 K 以及比热 c = 4.18 kJ/(kg·K)，那么应得到热水流量为 0.318 kg/s，而在热风采暖的情况下，空气的进出口温差为 20 K，比热为 1.007 kJ/(kg·K)，得出的空气流量则为 0.990 kg/s。

驱动电功率按下式计算：

$$P = \frac{\dot{m}\Delta p_t}{p\eta_{ges}} \quad (4.1.5-2)$$

计算所用的各个值列在表 4.1.5-1 中。水和空气之间最大的差异为密度，水的密度为 983 kg/m³，而空气的密度仅为 1.2 kg/m³。水泵电机的驱动功率是：

$$P = \frac{0.318 \text{kg/s} \times 15000 \text{Pa}}{983 \text{kg/m}^3 \times 0.1} \approx 50\text{W}$$

而风机电机的驱动功率则是：

$$P = \frac{0.990 \text{kg/s} \times 200 \text{Pa}}{1.2 \text{kg/m}^3 \times 0.25} \approx 690\text{W}$$

在采暖功率为 20kW 的情况下，比较热风采暖和热水采暖系统所需要的驱动功率（举例）　　表 4.1.5-1

采暖热媒采用：	水	空气（回风）
设计温度	进口：65℃（θ_V = 65℃）	送风温度：40℃（θ_{ZU} = 40℃）
	出口：50℃（θ_R = 50℃）	排风温度=室内温度=20℃（$\theta_{AB}=\theta_R$ = 20℃）
热水及空气流量	0.318 kg/s	0.990 kg/s
	0.00032 m³/s	0.861 m³/s
泵或风机的总压头	15 kPa	0.2 kPa
理论功率	5 W	172 W
（总）效率	$\eta_{泵}$=0.1	$\eta_{风机}$=0.25
电机的驱动功率	50 W	690 W

4.1.5.3　局部热风采暖系统（室内空气加热装置）

局部热风采暖系统的装置（室内空气加热装置）总是具有一个空气加热器和一台风机，有的可能是再安装一个过滤器。

简单的设备只是以回风方式进行运行，它们往往采用轴流风机。在室外连接的情况下，有可能采用新风或混合风方式运行。较大的设备额外再安装一台排风机（风量大于 2000 m³/h）；大多数这样的设备还安装一个热回收器（图 4.1.5-1）。其优点在于它由室内恒温器通过开启关停或极性可转换的电机进行简单而又便宜的调节。

吊装在顶棚下或竖立在地板上的设备，其结构是格外的扁平（图 4.1.5-4）。但在正常情况下，设备是自由布置的。视其安装的位置及使用范围区别为：

（1）壁挂式空气加热器（图 4.1.5-5，下图），用于工业大厅；

（2）吊顶式空气加热器（图 4.1.5-3 和图 4.1.5-5，上图），用于工业大厅；

（3）空气加热柜（图 4.1.5-6），也称之为风机盘管或室内空气加热器，用于舒适性区域。

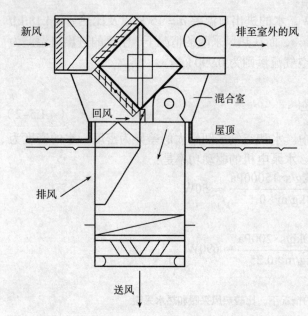

图 4.1.5-3 一个安装了热回收器(板式换热器)的局部热风采暖系统示意图

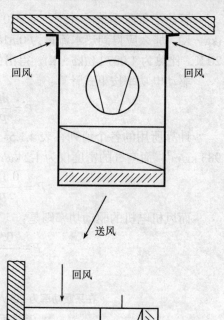

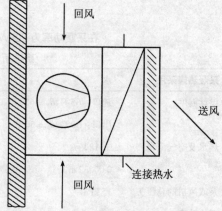

图 4.1.5-5 用于工业大厅的壁挂式(下图)和吊顶式(上图)空气加热器示意图

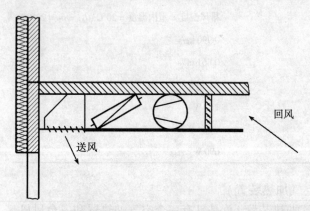

图 4.1.5-4 安装在顶棚下夹层中的扁平空气加热器示意图

壁挂式空气加热器也可以安装在柱子上;如果考虑用新风运行,就必须要从屋顶加装一截短风道。

吊顶式空气加热器或者是悬吊在顶棚下(图 4.1.5-5),或是装到屋顶上(图 4.1.5-3)。它们也可以用在门洞前,以便产生一个风幕(图 4.1.5-5)。这样的话,空气加热器应密集地毗邻安装。

空气加热柜(风机盘管,图 4.1.5-6)类似于吊顶式或竖立在地板上的空气加热器,亦是扁平结构,它们一般使用贯流式风机。

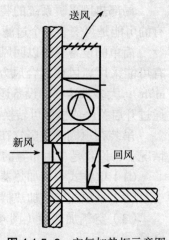

图 4.1.5-6 空气加热柜示意图

一般来说，空气加热器的散热和设计同其他热风采暖系统一样，热量总是通过对流方式进行交换。因此，难以解决平衡室内围护结构冷表面的冷辐射问题（除非热风是直接吹到身上）。但相反，它可以减少强烈的对流干扰（比如车辆出入口）。关于功率设计，类似于设计室内散热器（板），应不考虑同时使用系数。此外，由于空气加热器加了保护罩，没有受伤的危险以及一般对舒适性要求不那么高，其热媒温度可以高于室内散热器（板）规定的70℃。总体而言，与设计室内散热器（板）不同的是，在选择热媒温度时不需考虑舒适性问题，需要考虑的仅仅是热媒温度增高与热量分配系统（管网）热损失增加之间的关系。

4.1.6 中央采暖系统的室内散热器（板）

4.1.6.1 概述

如第2章和第4.1.1节所定义的热量移交使用部分，视其布置方式以及由此而来的设计自由空间，在一个中央采暖系统的情况下，可以区分为3种不同形式的室内散热器（板）。

（1）一体式室内采暖壁面（板）。在这种情况下，室内采暖壁面（板）和建筑结构部件即地板、墙体或顶棚做成一个整体。仅仅是通过把散热板（面）装配到围护结构表面内，已经确定了其辐射方向，也由此使设计自由空间以及影响室内气流流动的可能性受到了限制。只有在墙体采暖的情况下，才会对室内的对流产生小小的影响。

（2）顶棚辐射采暖板。由于辐射采暖板按照室内的使用条件，只能以适当的距离吊挂在顶棚下，因此它们都属于"分散式采暖板（面）"一类。它们可以有针对性地对房间某些范围用辐射来加热。但它们也不可能影响在人员逗留区域内的气流流动。在人员逗留区域上部（图1.1–2）以对流方式散发的热量必须算作额外增加了的消耗（参见第4.1.6–3节）。

（3）室内散热器。对于室内散热器来说，人们刻印上了一个"分散式采暖板（面）"的概念。因为它们可以布置在任何想让它出现、或者以所希望的方式影响其辐射状况或气流流动的地方。此外，也可以用它们起到美观的效果，总的来说，室内散热器具有最大的设计自由空间。

在"一体式采暖壁面（板）"的情况下，仅考虑用水作为热媒，因为用于采暖，热媒温度低于50℃就足够了，也就是说，热媒温度不得超过某一限定值。在"分散式采暖板（面）"的情况下，如果安全问题得到保障，基本上还可以用蒸汽或热油作为热媒，在用蒸汽作为热媒时，需要考虑选择合适的材料以便不会出现腐蚀的问题。从温度限制角度讲，对顶棚辐射采暖板的限制最少。就所有室内散热器（板）来说，一体式室内采暖壁面（板）在其散热方面最受周围热环境状况的影响，因为它们与周围表面和空气的温差较其他情况是最小的。因此，将把标准散热和实际散热之间的区别加以特殊讨论。

4.1.6.2 一体式采暖壁面（板）

概述

地板采暖、墙体采暖以及顶棚采暖可看作为"一体式采暖壁面（板）"。最常使用的术语"平面（板）式采暖"看来并不合适，因为顶棚辐射采暖板（参见第4.1.6.3节）以及板式散热器（参见第4.1.6.4节），虽然它们的热交换的基本元件也设计成平面式的，但它们还是属于"分散式采暖板（面）"。一体式室内采暖壁面（板）是围护结构的一个组成部分，因此，它不能像室内散热器那样以不同的表面造型来表现出系统的多样性，而是根据管道在地板、墙壁或顶棚内铺设和埋置的形式亦或其他诸如热水流向特点来说明其系统的多样性。

若把一体式室内采暖壁面（板）布置在一个房间的外墙或与其相邻的但不采暖的房间的内墙并使其保持与室温大致相同的温度，那么，它们都能起到热屏蔽的作用（参见第4.1.2.1节）。在这种情形下，一体式室内采暖壁面（板）去除了在这个位置的传递热负荷（这一点在设计时应予考虑）。如一体式室内采暖壁面（板）用较高的热媒温度运行，它们还可以部分或完全地满足房间的全部热负荷。因为从人们的感觉来说，地板采暖要比顶棚采暖（在顶棚采暖情况下，还得注意辐射（温度）的上限，参见原著第1卷，第C2.6章）舒适得多。因此，一体式室内采暖壁面（板）中的地板采暖应用最为广泛，而墙体采暖可能由于家具的布置一般问题较多。从美观方面来看，一体式室内采暖壁面（板）与分散式采暖板（面）完全不同，因为它们在房间里根本就不会出现。地板采暖的另一个好处是在潮湿房间，若地板洒了水，能加速其干燥。

4.1.6.2.1 热水地板采暖

（1）结构

热水地板采暖系统是把通水的管道或其他的具有空心截面的构件埋设在地板里。基本上有四种不同的结构形式（图4.1.6–1）。

1）管道埋置在水泥地面内。在这种情况下，它们可能平铺在保温层上面，亦或包裹在水泥地面当中（按照 DIN 18560 第2部分中的结构类型 A1，A2 和 A3）。水泥地面起着一个像翅片一样的作用，用来横向导热并使地板表面温度均匀分布。水泥地面下面的保温层同时用来消除脚步噪声和隔热。根据这种制作方式把类型1）称之为"湿式铺管"。

2）采暖管道铺设在负载分配层下面的保温层中（按照 DIN 18560 第2部分[36]，类型B）；通过热量分配金属薄板提高了横向导热能力。这种结构模式称之为"干式铺管"。

3）水平通热水的扁平的空心截面的构件位于一层薄薄的保护层（如金属薄板）和保温层之间。在保护层上面，可以是任何一种地板结构，也能采用湿式铺管方式。

4）采暖管道铺设在保温层之上，在隧道形截面的盖板之下；金属薄板翼片用来强化横向导热。

热水地板采暖管道的材料一般为塑料、铜或软钢（也有的使用铝材和不锈钢）。塑料材料多是聚乙烯、聚丙烯、聚丁烯。一部分塑料管道还加上一种特殊的阻止扩散层用来防止氧气扩散渗透。一般来说，对管道材料的要求，不仅从外部而且从内部都能抗腐蚀。同时期望其使用寿命与建筑物一样长，否则的话，提前维修和更换将不仅困难而且昂贵。对管道抗氧扩散的密封性要求同样也起着保护其余采暖设备的作用。

软钢管一般加塑料保护套管。此外，也有把塑料管再加上一层热绝缘护套，当然，其用意是在地板采暖情况下也能够用和室内散热器一样的供水温度。这样，一方面可与室内散热器联合运行，另外一方面，即使用不同的地板铺层也不会觉得地面温度有什么差别。同样的理由也适用于类型4）的地板采暖结构。究其原因，将在下面的有关检测一节，以不同的热功率和过余温度之间曲线关系的斜率来予以阐述。

图4.1.6–2示意了地板采暖各种不同的铺管方式。大多数生产厂家首选环形铺设方式（a），回形针式的铺管（b）能够有针对性地造成一个温度梯度，比如在室内从外向里。在（a）和（c）的情况下，用两管即进水管和出水管并排铺设，这样可使得地板表面温度相对均匀。管道采用塑料卡件或类似的元件固定到地下；也经常把管道夹紧在有相应凹槽的热绝缘板里。

4.1 热量移交使用

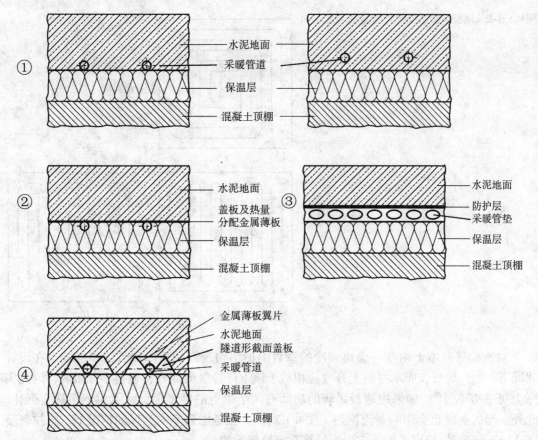

图 4.1.6-1 四种基本不同类型的地板采暖系统结构

一般情况下，现在的地板采暖都是按楼层或按住宅把它连接到一个在建筑物内的中央热水分配器上，此处还配备了一些阀门配件用来进行逐个房间的散热量控制以及保证热水流量的平衡和关闭。

（2）散热

与分散式采暖板（面）散热边界条件不同的是地板采暖的散热温差（采暖壁面与周围环境之间）通常不大于10℃，而分散式采暖板（面）的散热温差大多高于30℃。围护结构表面和空气温度即使是很小的变化，对热量散发都会产生很大的影响。此外，对地板表面的对流换热起决定作用的气流流动是在相当大的范围内变化的，所以正如在概述中指出的，必须特别注意在标准条件和实际条件下散热之间的差别。

如同所有其他一体式室内采暖壁面（板），地板采暖的换热主要也是辐射方式换热。由于地板表面和围护结构表面的温度不高且相互之间的温差不大，辐射换热量与地板的过余温度之间采用线性关系（下面会进一步阐述）来计算已足够精确。在引入辐射换热系数 α_s [大约等于 $5.2W/(m^2 \cdot K)$，参见原著第1卷式（G1-21）]的情况下，其辐射换热热流密度则为：

$$\dot{q}_s = \alpha_s (\bar{\theta}_F - \bar{\theta}_{su}) \tag{4.1.6-1}$$

式中 $\bar{\theta}_F$ ——平均地板表面温度；

$\bar{\theta}_{su}$ ——平均维护结构表面温度，参见原著第1卷，式（G1-46）。

图 4.1.6-2　地板采暖系统的管道铺设方式

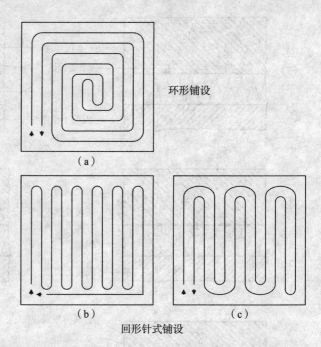

对流换热基本上由在一个比较冷的垂直围护结构表面的下降冷气流引起的（在设计状况下）[37]。地板表面本身的上升气流相对于该下降冷气流而言，显得十分微弱，因此实际上可忽略不计❿。如果用地板采暖的房间有两个以上的冷墙面，那么对流换热会强化。此外，墙的高度也会影响对流换热（图4.1.2-7）。在考虑到室内通风的情况下，施拉普曼（Schlapmann）[37]给出了如下方程来计算对流换热系数：

$$\bar{\alpha}_K \approx 1.47(\bar{\theta}_L - \bar{\theta}_{AW})^{\frac{1}{3}} \qquad (4.1.6-2)$$

式中　$\bar{\alpha}_K$——平均对流换热系数，$W/(m^2 \cdot K)$；

$\bar{\theta}_L$——室内平均空气温度，℃；

$\bar{\theta}_{AW}$——垂直冷围护结构表面的平均温度，K。

对地面气流流动起决定性作用以及也因此影响对流换热系数的是外墙或窗户冷壁面的平均过冷温度，图4.1.6-3表明了其作用过程。在地板表面形成了一个流动和温度边界层，其边界层的过冷温度为 $\Delta\theta_{K,F}$。依照施拉普曼（Schlapmann），它大致与外墙的过冷温度成正比：

$$\Delta\theta_{K,F} \approx -0.13(\bar{\theta}_L - \bar{\theta}_{AW}) \qquad (4.1.6-3)$$

式中　$\theta_{K,F}$——地板边界层温度，$\bar{\theta}_{K,F} = \bar{\theta}_L + \Delta\theta_{K,F}$

由此计算出对流换热的热流密度：

$$\dot{q}_K = \bar{\alpha}_K(\bar{\theta}_F - \bar{\theta}_L - \Delta\theta_{K,F}) \qquad (4.1.6-4)$$

在设计情况下，冷围护结构壁面有一确定的过冷温度 $\bar{\theta}_L - \bar{\theta}_{AW}$（图4.1.2-4）。于是，不仅对流换热系数，而且对地面流动边界层的过冷温度都存在有恒定的边界条件。由此得到一个设计热流密度，它与地板表面的过余温度为线性关系：

---

❿ 上升气流流动，又称之为贝纳尔德对流，举例来说，只有在顶棚有热量损失的情况下，按照原著第1卷式（G1-108），其对流换热系数小于0.05W/（$m^2 \cdot K$）。

4.1 热量移交使用

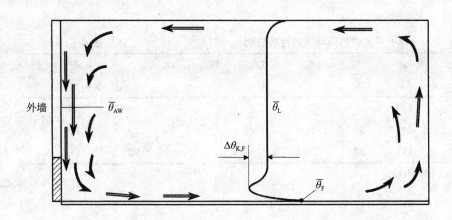

图 4.1.6-3 有一面外墙的房间采用地板采暖，其室内的空气流动过程和温度状况

$$\dot{q} = \dot{q}_S + \dot{q}_K = f_1(\bar{\theta}_F - \bar{\theta}_L) + f_2 \quad (4.1.6-5)$$

式中　$f_1 = \alpha_S + \bar{\alpha}_K$；
　　　$f_2 = -\alpha_S \Delta \theta_{SU} - \bar{\alpha}_K \Delta \theta_{K,F}$。
其中
$\bar{\theta}_{SU} = \bar{\theta}_L + \Delta \theta_{SU}$

假设室内温度 θ_i 和空气温度大致有一个恒定的偏差，即：$\theta_i = \bar{\theta}_L + \Delta \theta_i$，那么，式（4.1.6-5）就可改写成：

$$\dot{q} = f_1(\bar{\theta}_F - \theta_i) + f_3 \quad (4.1.6-6)$$

式中　$f_3 = (\alpha_S + \bar{\alpha}_K) \Delta \theta_i - \alpha_S \Delta \theta_{SU} - \bar{\alpha}_K \Delta \theta_{K,F}$。

线性方程式（4.1.6-6）是适用于各种设计条件的设计特征曲线。因为地板温度也影响着 $\Delta \theta_i$ 和 $\Delta \theta_{SU}$，参数 f_1 和 f_3 作为常数只适用于在一个有限的过余温度范围 $\bar{\theta}_F - \theta_i$ 内。

图 4.1.6-4 举例说明了 3 种不同的设计特征曲线，所选定的设计数据资料综合列在表 4.1.6-1 中。在研究的房间里均只有一面冷的围护结构表面且各自不同：例 1 里的冷壁面的温度 $\bar{\theta}_{AW} = 13℃$，例 2 是 $\bar{\theta}_{AW} = 17℃$，而例 3 与例 1 及例 2 不同的是它有一个水平的冷壁面即顶棚，其温度 $\bar{\theta}_D = 13℃$（例 3 的情况没有室外冷空气渗透）。地板对各壁面的角因子 $\Phi_{F,AW} = 0.14$（地板对外墙），$\Phi_{F,D} = 0.38$（地板对顶棚）和 $\Phi_{F,IW} = 0.48$（地板对内墙）。对本例而言，简单假设内墙表面有一个统一的温度。图中标明的 3 种设计特征曲线差异明显很大，主要表现在斜率上：散热状况要越好，地板的过余温度 $\bar{\theta}_F - \theta_i$ 必须越高。显然不存在什么"统一的设计曲线"，就如同从 DIN EN 1264[38] 给出的所谓"基础特征曲线"而常常得出错误的结论。实际上，这个基础特征曲线只是描述在热工检测时对散热来说可约定的基础状况（参见上文）。它是以康泽尔曼（Konzelmann）的试验[39]为基础并且是在一个特定的试验室内精确得出的一个运行特性曲线（随着地板热流密度的增加降低围护结构表面的温度）。因此，在这种情况下，热流密度与地板的过余温度为超线性关系，并且在设计范围（在 $\bar{\theta}_F - \theta_i = 9K$ 的情况下）内式 4.1.6-6 已不再适用（图 4.1.6-4）。"基础特征曲线"的方程是：

$$\dot{q} = 8.92(\bar{\theta}_F - \theta_i)^{1.1} \quad (4.1.6-7)$$

在地板的过余温度 $(\bar{\theta}_F - \theta_i) = 9K$ 的情况下，其热流密度精确地为 $\dot{q} = 100W/m^2$。

参数	$\bar{\theta}_L$	$\bar{\theta}_{AW}$	$\bar{\theta}_D$	$\bar{\theta}_{IW}$	$\bar{\theta}_{SU}$	$\Delta\theta_{SU}$	$\Delta\theta_i$	$\Delta\theta_{K,F}$	f_1	f_3
单位	℃	℃	℃	℃	℃	K	K	K	W/(m²·K)	W/(m²·K)
例1	20	13	24	21	21	1	1	-0.9	8.0	5.0
例2	20	17	24	21	21.6	1.6	1.3	-0.4	7.3	2.0
例3	20	20	13	20	17.4	-2.6	0	0	5.2	13.5

表 4.1.6-1 三种不同类型热环境下的地板采暖

注:参数 f_1 和 f_3 见式(4.1.6-6)

(3) 检测

检测的目的是为了确定不同的地板采暖在系统条件下的热工性能。由于采暖管道铺设的方式、地板结构及使用不同的材料它会有所区别。所有地板采暖系统的换热表面统一的都是平面。因此,对地板采暖系统在室内的散热来说,地板表面的平均温度和周围的热环境条件起着决定性的作用:在给定的地板表面平均温度的情况下,一种特殊的地板结构对热功率并没有影响,但它却影响着用什么样的热媒温度能够达到所期望的散热量所要求的地板表面平均温度。而这些正是要在热工检测中予以确定。

除了生产要求的采暖管道或通热水的扁平的空心截面构件以外,与分散式采暖板(面)(顶棚热辐射板及室内散热器)不同,地板采暖系统是逐个手工制作的,不仅管道铺设,而且地板亦如此。由于制作上的边界条件的不同,用在实验室检测的样品不可能复原成和实际生产的产品一模一样,这其中会存在着显著的差异。基于这个原因,热水地板采暖系统一般地按图纸资料进行计算检测(参见 DIN EN 1264 第 2 部分[40])。按照标准确定了计算方法及条件,由此可计算出通常的地板采暖系统结构与热媒过余温度 $\Delta\theta_H$ 相关的热流密度 $\dot{q}$。其计算程序及相应的计算数值表源于卡斯特(Kast)、克拉恩(Klan)和博乐(Bohle)的论文[41]。至于特殊结构的地板采暖系统,需要用实验确定其他额外的影响参数,并引入到计算中去。

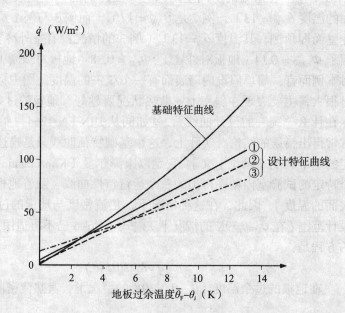

图 4.1.6-4 三种不同的设计特征曲线(依照式(4.1.6-5))

注:设计例题的数据资料参见表 4.1.6-1

检测结果以特征曲线族表达出来，这些特征曲线描绘了在不同的地面铺层及管距或其他有显著影响因素的情况下热流密度 $\dot{q}$ 和要求的过余温度 $\Delta\theta_H$ 之间的关系（图 4.1.6-5）。就地板采暖在室内散热而言，热流密度 $\dot{q}$ 和地板表面过余温度 $\bar{\theta}_F-\theta_i$ 之间的关系确定为统一的并且是取决于系统的线性关系：

$$\dot{q} = \left(\frac{100\frac{W}{m^2}}{9K}\right)(\bar{\theta}_F - \theta_i) \tag{4.1.6-8}$$

此外，由于生理原因，在标准中规定了局部的地板最高表面温度 $\theta_{F,max}=29℃$（周边区域为 35℃[1]）。因此，每一个地板采暖系统都有一个系统本身容许的最大热流密度即热流密度限定值 $\dot{q}_G$。连接按照地面铺层或管距得到的不同的热流密度限定值就形成了在各个特征曲线族中的限制曲线（图 4.1.6-5 和图 4.1.6-6）。在测试报告里，为了表明每个系统的特征，亦应给出一个标准的热流密度 $\dot{q}_N$，它是在没有地面铺层的情况下达到的热流密度限定值。

用于检测的计算程序是不尽相同的，这要看系统是湿式铺设、干式铺设还是水平通热水的扁平的空心截面的构件。根据卡斯特（Kast）[41]，利用式（4.1.6-8），同样可把 $\Delta\theta_H$ 曲线归纳到线性关系上：

$$\dot{q} = K_H \Delta\theta_H \tag{4.1.6-9}$$

按有限元法通过模拟计算推导出系数 K_H：

$$K_H = B \prod_i (a_i^{m_i}) \tag{4.1.6-10}$$

式中 B 是与系统有关的系数，单位为 $W/(m^2 \cdot K)$，而 $\prod_i(a_i^{m_i})$ 是一个幂乘积，它把地板结构的影响因素相互关联起来（详见 DIN EN 1264 第 2 部分）。

热媒的过余温度 $\Delta\theta_H$ 由下式给出：

$$\Delta\theta_H = \frac{\theta_V - \theta_R}{\ln\frac{\theta_V - \theta_i}{\theta_R - \theta_i}} \tag{4.1.6-11}$$

系数 K_H 亦即 $\Delta\theta_H$ 曲线的斜率越大，水管和地板表面之间的整个地板结构的保温作用就越弱。在特征曲线陡的情况下，很小的水温变化就会引起热流密度强烈的变化：具有陡的特征曲线的地板采暖系统比具有较平缓特征曲线的系统容易控制得多。

但另一方面，因为地板铺层的隔热性能相对比较好，那么这种系统对不同的地板铺层就比较敏感。为了提高其不敏感性，因而有意识地把管道铺设在一个空腔内，或者再额外添加保温层。

（4）设计

确定采暖热功率及设计依照 DIN EN 第 3 部分[42]的规定。在地板采暖情况下（其他一体式室内采暖壁面（板）亦类似）应注意其特殊性，即把相应的地板部分 A_F 的传递热负荷（参见第 4.1.2.1 章）从标准热负荷 $\dot{Q}_N$ 里扣除出去。这样设计热负荷则为：

$$\dot{Q}_N^* = \dot{Q}_N - A_F k_F (\theta_i - \theta_u) \tag{4.1.6-12}$$

式中，k_F 为地板的传热系数，θ_u 则为安装了地板采暖的顶棚下面房间的室内温度（图

---

[1] 周边区域 A_R 是指这区域用较高表面温度采暖的地板，它一般在外墙前面，距外墙最宽 1m，人并不是长时间逗留的地方。

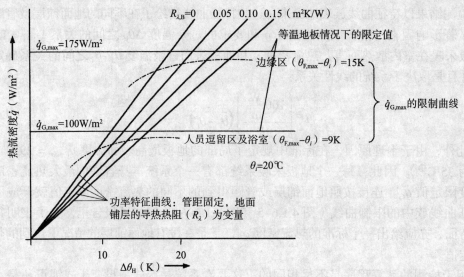

图 4.1.6–5 特征曲线族 $\dot{q}=K_H\Delta\theta_H$

注：举例定性地画出了某一具有固定管距 T 的地板采暖系统的限制曲线 $\dot{q}_G=f(\Delta\theta_H)$；其中地面铺层的导热热阻作为参数。此外，还表明了在等温地板情况下，地板表面过余温度为 $(\theta_{F,max}-\theta_i)=9K$ 或 $15K$ 时理论上应有的热流密度限定值 $\dot{q}_{G,max}$。

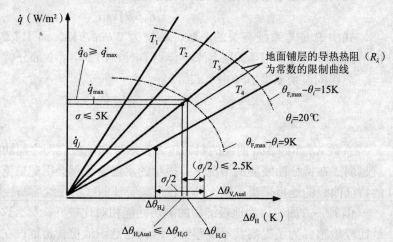

图 4.1.6–6 确定"示范房间"的设计热水进口温度和其余房间的进出水温差 σ_j

4.1.6–7）。如果房间仅仅通过地板采暖系统加热，而且也没有把供水温度提高到超过设计值的可能性，那么，依照式（4.1.2–1）并与 DIN 4701、第 3 部分[1]相一致，设计热功率应增加 x 部分：

$$\dot{Q}_H=(1+x)\dot{Q}_N^* \quad\quad (4.1.6-13)$$

在设计时，只有当选择的表面温度距离规定的最大表面温度足够大并且有提高热媒温度的可能性，那么，允许设计热功率增加的部分 $x=0$，对于设计来说，热流密度应为：

$$q_{AusL}=\frac{\dot{Q}_H}{A_F} \quad\quad (4.1.6-14)$$

该设计热流密度是相应于适用设计条件的（"真实的"）$q-\Delta\theta_H$ 特征曲线上的某一个热

4.1 热量移交使用

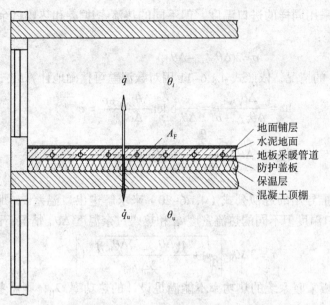

图 4.1.6–7 地板采暖向上向下的热流密度示意图

媒过余温度 $\Delta\theta_H$（图 4.1.6–6）。此外，通常还会直接用由标准检测得到的 q-$\Delta\theta_H$ 特征曲线，它是在标准条件下当对流换热热阻为 $R_{\alpha,N}$ = 9 K/100W/m² 时依照式（4.1.6–8）得出的。如果现在应该考虑真实的，对各种设计情况都有效的换热条件，那么，应使用如图 4.1.6–4 所示的设计 q-$\Delta\theta_H$ 特征曲线。它们可以通过在过余温度为 9 K 的情况下所具有的热流密度 $\dot{q}_9$ 的原始直线近似为：

$$\dot{q} = \frac{1}{R_{\alpha,real}}(\theta_F - \theta_i) \quad (4.1.6-15)$$

式中，$R_{\alpha,real}$ = 9 K/$\dot{q}_9$ 为真实的对流换热热阻。它起的作用就像改变了地面铺层状况：

$$\Delta R_{\lambda,B} = R_{\alpha,real} - R_{\alpha,N} \quad (4.1.6-16)$$

通过把实际的地面铺层热阻改变 $\Delta R_{\lambda,B}$，例如，"真实的"$\Delta\theta_H$ 特征曲线就能够应用图 4.1.6–5 所示的特征曲线族，从"标准"特征曲线推导出来。从"真实的"$\Delta\theta_H$ 特征曲线上可查出要求的热媒过余温度 $\Delta\theta_H$。

要求的热水进口过余温度 $\Delta\theta_V$ 略大于热媒过余温度 $\Delta\theta_H$。由于一个住宅的不同房间通常都是用一个统一的进口温度，所以，确定室内的设计进口温度就考虑采用最大的设计热流密度 $\dot{q}_{max}$（"示范房间"），只是浴室例外。作为前提条件，允许把地板采暖房间的地面铺层的导热热阻设定为一样（按照标准 $R_{\lambda,B}$ = 0.1m² · K/W，而浴室的 $R_{\lambda,B}$ = 0）。在地面铺层已确定的情况下，一般采暖管道的管距可有多种选择。由 $\Delta\theta_H$ 特征曲线族来选择管距，使得在该选出的管距情况下，设计的进口温度刚好还处于限制曲线之下。因此，大多数选出的进出口温差都不大（低于5 K），且应该是：

$$\Delta\theta_{V,Ausl} \leqslant \Delta\theta_{H,G} \quad (4.1.6-17)$$

如果 $\sigma/\Delta\theta_H$<0.5，其中进出口温差 $\sigma = \theta_V - \theta_R$（进口水温 – 出口水温），那么，用与设计热流密度 $\dot{q}_{max}$ 相匹配的热媒过余温度 $\Delta\theta_{H,Ausl}$ 则得出最大允许的进口过余温度：

$$\Delta\theta_{V,Ausl} = \Delta\theta_{H,Ausl} + \frac{\sigma}{2} \quad (4.1.6-18)$$

其余房间也都采用同样的进口温度，但不同的热流密度 $\dot{q}_j$ 和热媒过余温度 $\Delta\theta_{Hj}$ 并由此计算出进出口温差：

$$\sigma_j = 2(\Delta\theta_{v,Ausl} - \Delta\theta_{H,j}) \tag{4.1.6-19}$$

对于 $\sigma/\Delta\theta_H > 0.5$ 的情况，依照式 4.1.6–11 用对数温差可精确地计算出：

$$\ln\frac{\Delta\theta_{r,Ausl}}{\Delta\theta_{v,Ausl} - \sigma} = \frac{\sigma}{\Delta\theta_H} \text{ oder } \frac{\Delta\theta_{v,Ausl} - \sigma}{\Delta\theta_{v,Ausl}} = e^{\frac{-\sigma}{\Delta\theta_H}}$$

$$\Delta\theta_{v,Ausl} = -\Delta\theta_H \frac{e^{-\frac{\sigma}{\Delta\theta_H}}}{1 - e^{-\frac{\sigma}{\Delta\theta_H}}} \approx \Delta\theta_H + \frac{\sigma}{2} + \frac{\sigma^2}{12\Delta\theta_H} \frac{\sigma}{\Delta\theta_H} \tag{4.1.6-20}$$

若从级数展开推导出的近似公式（4.1.6–20）来求解进出口温差 σ，那么就得到了其余房间在相同的进口温度但不同的热流密度 $\dot{q}_j$ 和热媒过余温度 $\Delta\theta_{Hj}$ 情况下的 σ_j：

$$\sigma_j = 3\Delta\theta_{H,j}\left[\sqrt{1 + \frac{4(\Delta\theta_{v,Ausl} - \Delta\theta_{H,j})}{3\Delta\theta_{H,j}}} - 1\right] \tag{4.1.6-21}$$

如果选择的地板采暖系统的热功率不能满足设计的热功率 $\dot{Q}_H$，则需考虑添加另外的采暖板（面）。

采暖循环系统要求的热媒流量 $\dot{m}_H$ 按下式计算：

$$\dot{m}_H = \frac{A_F \dot{q}}{\sigma c_w}\left(1 + \frac{\dot{q}_u}{\dot{q}}\right) \tag{4.1.6-22}$$

式中向下的热流密度部分在下一层房间室温为 θ_u 时，可近似求出[⑫]：

$$\frac{\dot{q}_u}{\dot{q}} = \frac{R_o}{R_u} + \frac{\theta_i - \theta_u}{qR_u} \tag{4.1.6-23}$$

向上部分的换热热阻由向上的导热热阻和换热热阻组成（图 4.1.6–7）：

$$R_o = \frac{1}{a} + R_{\lambda,B} + \frac{s_{\ddot{u}}}{l_{\ddot{u}}} \tag{4.1.6-24}$$

向下的总热组为：

$$R_u = R_{\lambda,D\ddot{a}} + R_{\lambda,Dexke} + R_{\lambda,Putz} + R_{a,Decke} \tag{4.1.6-25}$$

具有轧制成型的保温板的地板采暖系统（图 4.1.6–8（a）），其有效保温层厚度 $s_{D\ddot{a}}$ 按平面部分加权计算：

$$S_{D\ddot{a}} = \frac{1}{T}\left[S_o(T-D) + S_u D\right] \tag{4.1.6-26}$$

地板采暖系统在运行状况下，亦即进口温度和热媒流量偏离设计值，则有下面的关系式（详细推导参见第 4.1.6.4 节）：

$$\ln\left[\frac{\Delta\theta_v}{\Delta\theta_v - \frac{\dot{q}}{\dot{q}_{Ausl}}\frac{\dot{m}_{Ausl}}{\dot{m}}\sigma_{Ausl}}\right] = \frac{\dot{m}_{Ausl}}{\dot{m}}\frac{\sigma_{Ausl}}{\Delta\theta_{H,Ausl}} \tag{4.1.6-27}$$

或

[⑫] 若把地板结构中的热功率简化地看成一个平面问题（第 1 卷，第 G1.3.7 部分），那么向上的热流：$\dot{q}R_o = \Delta\theta_m$，式中 $\Delta\theta_m$ 为采暖层的平均过余温度。向下的热流：$\dot{q}_u R_u = \Delta\theta_m + \theta_i - \theta_u$，两方程的差为 $\dot{q}_u R_u - \dot{q} R_o = \theta_i - \theta_u$。

4.1 热量移交使用

$$\frac{\dot{q}}{\dot{q}_{Ausl}} = \frac{\dot{m}}{\dot{m}_{Ausl}} \frac{\Delta\theta_v}{\sigma_{Ausl}} \left[1 - e^{\frac{\dot{m}_{Ausl}}{\dot{m}} \frac{\sigma_{Ausl}}{\Delta\theta_{H,Ausl}}} \right] \quad (4.1.6\text{-}28)$$

与室内散热器运行状况相比,不同的是这里不存在混合效应的问题($b=1$)并且过余温度对换热也没有显著的影响($n=1$)。

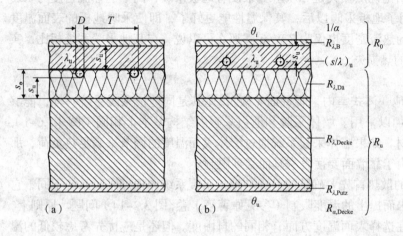

图 4.1.6-8 热水地板采暖系统的顶棚构造示意图(a) 轧制成型的保温板(干式铺管);(b) 湿式铺管

(5) 举例

作为例子,为一舒适的独户小别墅的客厅设计一个地板采暖系统。房子的保温标准符合热保护法规;窗户的传热系数$k=1.1$ W/($m^2 \cdot $K)。该房间位于一个没有采暖的地下室上面(按照标准 DIN 4701,地下室温度为6℃)。客厅的标准热负荷为2400 W。起初,在没有地板采暖情况下设计的地下室的顶棚结构的导热热组为$R_{\lambda,B}=0.783$ $m^2 \cdot $K/W。客厅地板表面及地下室顶棚的换热热阻均为$R_i=0.17$ $m^2 \cdot $K/W,总热阻为$R_k=1.123$ $m^2 \cdot $K/W。因此,传递热流密度$\dot{q}=(20-6)\cdot 1.123 m^2 \cdot ℃/W=12.5 W/m^2$以及地面温度(未采暖)$\theta_F=20℃ - 12.5$ W/$m^2 \cdot 0.17$ $m^2 \cdot ℃/W = 17.9℃$[13]。

采用地板采暖的客厅的标准热负荷为$\dot{Q}^*_N = \dot{Q}_N - \dot{q} \cdot 40 m^2 = 1900 W$。窗户的传热系数$k=1.1$ W/($m^2 \cdot $K),其过冷温度为4.5 K,在窗户下面应安装一台散热器($\dot{Q}_{HK}=900W$)。那么,要求地板采暖系统的热流密度则是$\dot{q}=25 W/m^2$。这就是说,依照"标准"$\Delta\theta_F$特征曲线就有:

$$\dot{q} = \left(\frac{100}{9}\right)(\overline{\theta}_F - \theta_i)$$

式中平均过余温度为:

$$\overline{\theta}_F - \theta_i = \frac{9}{4} K$$

就现有的按式(4.1.6-5)的设计状况而言,由于楼房有较好的保温性能,在$R_{\lambda,real}=9K/69W/m^2 = 0.130$ $m^2 \cdot $K/W的情况下,采用实际$\Delta\theta_F$特征曲线,大约为图4.1.6-4中的$\Delta\theta_F$特征曲线2。因此,在由标准检测得出的设计图里应考虑增加一个虚构的地面铺层,按照式(4.1.6-16),其热阻$\Delta R_{\lambda,B} = (0.130 - 0.09) = 0.04$ $m^2 \cdot $K/W,那么,在热阻$R_{\lambda,B}=0.05$ $m^2 \cdot $K/W的瓷砖地板的情况下,可读出热媒过余温度(图4.1.6-9),从图上找到$\Delta\theta_H = 15$ K。

---

[13] 译者注:原著中温差均用"K"表示,为了符合中国读者的阅读习惯,本书中均改为"℃"。

显然，这远没有达到过余温度的限定值。这里给出的进出口温差 σ = 4 K，按照式（4.1.6-18）进口温度为 20℃ +$\Delta\theta_H$ + 2℃ = 37℃。向下的热流密度占向上的热流密度的比例 $\dot{q}_u/\dot{q}$ 依照式（4.1.6-23）用热阻比 R_o/R_u=0.133/2.47 得到 $\dot{q}_u/\dot{q}$=0.28，也就是说，远高于常见的由测试条件下推导出来的 $\dot{q}_u/\dot{q}$=0.1。究其原因是因为本例的热流密度很低，仅为 25 W/m²。但是，这里不能匆忙就下结论说热损失是 28%。如果没有地板采暖，向下的热流密度为 12.5 W/m²（参见上文）。采用了地板采暖以后，其保温性能更好了，即使采暖地板的表面温度提高了，而流向地下室的热流密度也仅为 7 W/m²。那么可以说，与其他采暖系统相比，实际上是减少了 5.5 W/m² 的热损失。

4.1.6.2.2 墙体采暖

墙体采暖系统同其他一体式室内采暖壁面（板），尤其是同地板采暖系统一样，能够以同样的原因和可能性加以采用。墙体采暖和地板采暖的结构基本上相同（图 4.1.6-1），而且也可以用同样的管材。如果墙体采暖系统通过墙体表面温度的调节来满足热负荷，那么，它的使用往往只是由于靠墙面要摆设家具而受到限制。

关于墙体采暖系统的散热首先要确认的是，与地板采暖系统和顶棚采暖系统不同，它不存在因考虑舒适性要求而提出的温度限制（参见原著第 1 卷，图 3.2-14）问题。原则上，它与室内散热器一样，在选择表面温度方面有相同的自由度。但还是应优先考虑较低的温度，特别是顾及到因为安装条件而造成的向外或向其他房间的热损失，尽可能地选择温度在 35℃ 以下。

另外，与地板和顶棚采暖系统不同之处在于：墙体采暖系统的对流换热直接取决于墙体表面和室内空气之间的过余温度，它也影响着墙体表面的空气流动。其对流换热系数可用下式确定（最先由雅可布（Jakob）[43] 提出，后经卡斯特（Kast）[49] 证实）：

$$\bar{\alpha}_K = 1.6(\bar{\theta}_w - \theta_L)^{\frac{1}{3}} \quad (4.1.6-29)$$

式中 α_K 的单位是 W/(m²·K)。该式导致的结果是，与地板或顶棚采暖系统不同，其热流密度不再如式（4.1.6-6）那样为线性的，而是过余温度的幂函数。

$$\dot{q}_w \approx 7.4(\bar{\theta}_w - \theta_L)^{1.1} \quad (4.1.6-30)$$

式中，$\dot{q}_w$ 的单位是 W/m²。

因为如同地板采暖系统一样，不同的墙体采暖系统具有同样的加热面（表面）以及同样的布置，区别只是在于：为了达到一定的热流密度，要求有什么样的热媒过余温度。因此，要通过检测确定的热流密度和热媒过余温度之间的关系也如同地板采暖系统依照 DIN EN 1264，第 2 部分[40]，亦应按卡斯特（Kast）、克拉恩（Klan）和罗森伯格（Rosenberg）[45] 的建议通过计算来确定。近似方程和计算地板采暖系统的情况一样，并且得到类似于图 4.1.6-5 和图 4.1.6-6 的线性特征曲线。

同样，也类似于地板采暖系统可计算出向外或流入未采暖的相邻房间的热流密度 $\dot{q}_a$。基于在没有墙体采暖情况下墙的传热系数为 k，参照图 4.1.6-10，存在如下的关系式：

$$\frac{\dot{q}_a}{\dot{q}_w} = \frac{R_i}{\left(\frac{1}{k} - R_{a,i} + R_{\lambda,D\bar{a}}\right)} + \frac{\theta_i - \theta_a}{\left(\frac{1}{k} - R_{a,i} + R_{\lambda,D\bar{a}}\right)\dot{q}_w} \quad (4.1.6-31)$$

但因为主要感兴趣的是，相对于在没有墙体采暖情况下的热损失 $\dot{q}_a^* = k(\theta_i - \theta_a)$ 是否在隔

4.1 热量移交使用

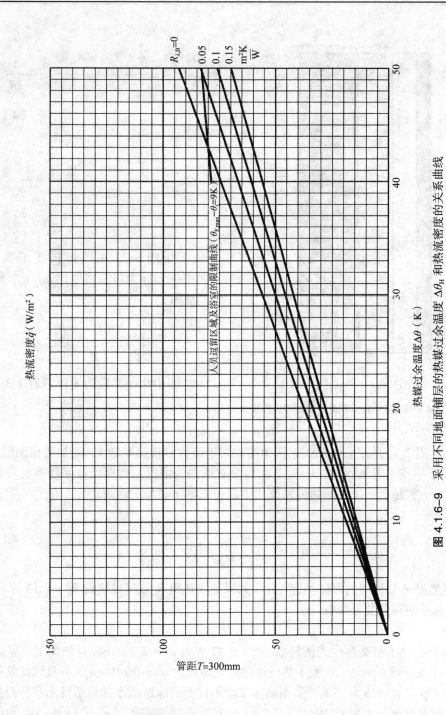

图 4.1.6-9 采用不同地面铺层的热媒过余温度 $\Delta\theta_H$ 和热流密度的关系曲线

热方面恶化了,所以该方程改写成:

$$\frac{\dot{q}_a}{\dot{q}_a^*}=\frac{R_i}{\left(\dfrac{1}{k}+R_{\lambda,\mathrm{D}\bar{\mathrm{a}}}-R_{\mathrm{a},i}\right)}\frac{\dot{q}_W}{\dot{q}_a^*}+\frac{\dfrac{1}{k}}{\left(\dfrac{1}{k}+R_{\lambda,\mathrm{D}\bar{\mathrm{a}}}-R_{\mathrm{a},i}\right)}$$

进一步简化为：

$$\frac{\dot{q}_W}{\dot{q}_a^*} = \frac{\frac{1}{k} + R_{\lambda,D\ddot{a}} - R_{a,i}}{R_i} - \frac{\dot{q}_a}{\dot{q}_a^*} \cdot \frac{1}{kR_i} \quad (4.1.6\text{-}32)$$

或

$$\frac{\dot{q}_W}{\dot{q}_a^*} = \frac{\frac{1}{k} + R_{\lambda,D\ddot{a}} - R_{a,i}}{R_i} - \frac{1}{kR_i \frac{\dot{q}_a}{\dot{q}_a^*}} \quad (4.1.6\text{-}33)$$

图 4.1.6-11 用图形描述了该公式。图中纵坐标为热流密度比 $\dot{q}_W/\dot{q}_a$，横坐标为热阻比

$$\left(\frac{\frac{1}{k} + R_{\lambda,D\ddot{a}} - R_{a,i}}{R_i} \right)$$

图中曲线参数为无量纲表达式

$$\left(kR_i \frac{\dot{q}_a}{\dot{q}_a^*} \right)$$

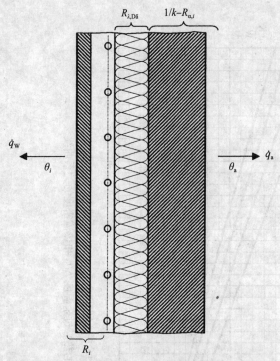

图 4.1.6-10 墙体采暖情况下的热流分布。
注：在没有墙体采暖以及内抹灰情况下墙的传热系数为 k，内墙标准换热热阻 $R_{a,i} = 0.13 \text{ m}^2 \cdot \text{K/W}$。

导热热阻 $R_{\lambda,D\ddot{a}}$ 是在墙体采暖系统中（相对于墙体的传热系数 k）附加的保温层热阻；热阻 R_i 依旧不变（图 4.1.6-10）。对于向内没有传热的情况，亦即墙体采暖系统只是满足传递热负荷 $\dot{q}_a$，那么，向外的热流密度比（由式（4.1.6-32））则为：

$$\frac{\dot{q}_a}{\dot{q}_a^*} = \frac{\frac{1}{k}}{\frac{1}{k} + R_{\lambda,D\ddot{a}} - R_{a,i}} \quad (4.1.6\text{-}34)$$

这里热阻 R_i 如预期的那样不起作用。如果导热热阻 $R_{\lambda,D\ddot{a}}$ 超过热阻 $R_{a,i} = 0.13 \text{ m}^2 \cdot \text{K/W}$，那么，传递热负荷就能够降低。

举例

一平层独户小别墅客厅的侧外墙（$k = 0.32 \text{ W/(m}^2 \cdot \text{K)}$）在设计情况下（室外温度 $\theta_a = -12°C$，室内温度 $\theta_i = 20 °C$）的传递热负荷密度为 $\dot{q}_a^* = 10.24 \text{W/m}^2$，并且因此其过冷温度为 $0.32 \times 0.32 \times 0.13 = 1.3 \text{ K}$。采用墙体采暖不仅要消除这微小的舒适性赤字，而且使外墙的内表面温度高于室温 θ_i 2K。按式（4.1.6-30）得到热流密度 $\dot{q}_W = 16 \text{ W/m}^2$，预计的墙体采暖系统的热阻 $R_i = 0.145 \text{ m}^2 \cdot \text{K/W}$，热流密度比 $\dot{q}_a/\dot{q}_a^*$ 应提高到 80%。求需要附加的保温层热阻 $R_{\lambda,D\ddot{a}}$。图 4.1.6-11 中曲线参数是 $\dfrac{1}{\left(\dfrac{\dot{q}_a}{\dot{q}_a^*} kR_i\right)} = 26.94$，以及纵坐标为热流密度比

4.1 热量移交使用

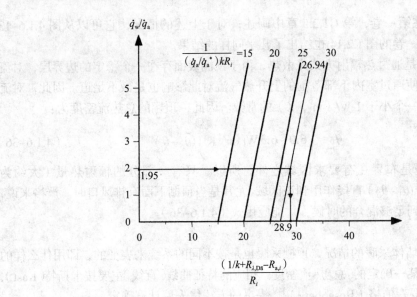

图 4.1.6–11 热流密度比 $\dot{q}_w/\dot{q}_a$ 和热阻比 $(1/k+R_{\lambda,D\ddot{a}}-R_{a,i})/R_i$ 的关系曲线

注：图中参数为表达式 $((\dot{q}_a/\dot{q}_a^*)kR)^{-1}$

$$\frac{\dot{q}_W}{\dot{q}_a^*} = \frac{\dot{q}_W}{\dot{q}_a} \cdot \frac{\dot{q}_a^*}{\dot{q}_a} = \frac{16}{10.24 \times 0.8} = 1.95$$

从曲线图的横坐标上读出数值为28.9，也就是说所求的热阻大小必须如下值：

$$\left(28.9 \times 0.145 + 0.13 - \frac{1}{0.32}\right) \text{m}^2 \cdot \text{K/W} = R_{\lambda,D\ddot{a}} = 1.1955 \text{ m}^2 \cdot \text{K/W}$$

用导热系数为 $\lambda = 0.035$ W/(m·K) 的聚氨酯泡沫塑料，相应地需要厚度为4cm。如果不考虑墙体的热效应，并且尽管如此力求达到 $\dot{q}_a/\dot{q}_a^* = 0.8$，则由式 (4.1.6-34) 推导得出：

$$R_{\lambda,D\ddot{a}} = \frac{1}{k}\left(\frac{\dot{q}_a^*}{\dot{q}_a} - 1\right) + R_{a,i} = \left(\frac{0.25}{0.32} + 0.13\right) \text{m}^2 \cdot \text{K/W} = 0.91 \text{ m}^2 \cdot \text{K/W}$$

亦即保温层厚度为 3.2cm。

4.1.6.2.3 顶棚采暖

顶棚采暖与顶棚辐射采暖板不同，因为它们和顶棚做成一个整体，或是在顶棚整个表面或是一部分表面。基本上，能把它们的结构做成和地板采暖系统一样（图 4.1.6-1）。不过，与地板不同的是，由于顶棚结构无需承重，因而顶棚采暖大多与吊顶做成一个整体（图 4.1.6-12）。它主要用在那些有足够高度的房间里，比如住宅和办公楼。需要注意的是，顶棚的表面温度不应超过一个由辐射条件决定的上限值，否则，过多的热量辐射到室内某个人的头部，也许会产生不适感。奇伦科（Chrenko）[46] 和科尔马（Kollmar）[47] 对该极限负荷进行了试验并给出了应该考虑的规则（图 4.1.6-13）。从热生理学的角度确定容许的顶棚表面温度的方程为：

$$\theta_{D,Zul} = (2 - \Phi)\left(18\,°C + \frac{2K}{\Phi}\right) \quad (4.1.6-35)$$

角因子 Φ 已在第一卷，第 G1.2.5 章中阐述；对于上述的情况，它可以从图 4.1.6-13 中直接查出来。第一卷的图 C2.14 也给出了几乎同样的结果。

顶棚采暖主要是通过热辐射方式来散热，由于顶棚表面存在一个稳定的边界层，对流散热相当微弱，即使通过室内下部范围的上升热气流对此影响也是微不足道。因此，对流换热系数可假定为一个小于 1 W/（m²·K）的常数。因此，顶棚的总热流密度为：

$$\dot{q}_D \approx \left(6.0 \sim 6.3 \text{W/(m}^2 \cdot \text{K)}\right)(\bar{\theta}_D - \theta_i) \qquad (4.1.6\text{-}36)$$

因为顶棚采暖是布置在有要求区域之外，所以，只有一部分的辐射热量（大约为 5.2W/（m²·K）·$(\bar{\theta}_D-\theta_i)$）直接作用到该区域，尤其是当顶棚下面有排风口时。严格来说，只有当室内空气得到足够混合的时候，才能应用式（4.1.6-36）。

检测

如地板采暖和墙体采暖的情况，顶棚采暖也是按不同的系统来表征的，即用什么样的热媒过余温度得到某一确定的(总)热流密度。相应的特征曲线(直线)主要按卡斯特(Kast)、克拉恩（Klan）和罗森伯格（Rosenberg）[45]提出的方法优先用计算确定。

对于设计而言，首先要指出的是，用顶棚采暖系统不能阻止在某一冷壁面（如带窗户的外墙）形成的下降冷气流。就这方面来说，所有的一体式室内采暖壁面（板）与用室内散热器采暖相比都不是轻易地具有可比性（参见第 3.3 节）。因此，必须至少有房间 2m 进深的边缘区域，以减少舒适性要求作为代价。如果为该区域布置一个与其宽度相等的顶棚采暖，那么，至少有可能产生一个辐射平衡 [参见格吕克（Glück）[48]]。若有意地允许有这么一个"非舒适区域"（相应地也就是有要求区域小一些），那对位于顶棚采暖下方正中央的人，也可以把允许的顶棚采暖表面温度 [按图 4.1.6-13（a）计算] 调高一些。对站

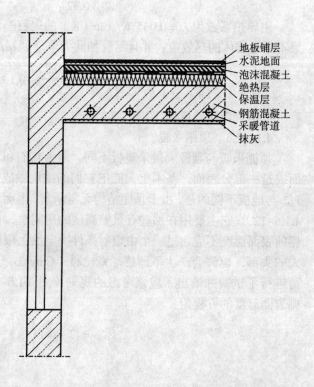

图 4.1.6-12　全混凝土顶棚采暖系统示意图

4.1 热量移交使用

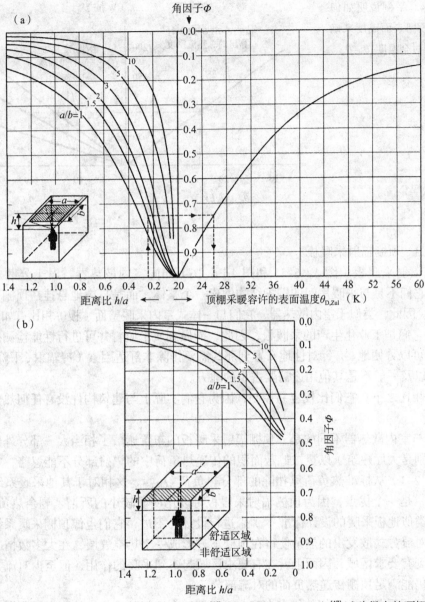

图 4.1.6-13 (a) 由奇伦科 (Chrenko)[46] 和科尔马 (Kollmar)[47] 试验得出的顶棚采暖容许的表面温度和顶棚采暖表面的角因子之间的关系；(b) 对站在非舒适区边缘的某一个人的角因子

在非舒适区边缘的一个人的角因子可从图 4.1.6-13 (b) 中查出来。那么，利用查到的最大允许过余温度能够在图 4.1.6-14 为顶棚采暖系统举例确定的特征曲线中查得最大允许的平均热媒温度。如果把找到的平均热媒温度再加上 1/2 的进出口温差 $\sigma = \theta_V - \theta_R$，那么，就很容易得出最大允许的热媒进口温度。在没有足够的空气循环或者有一个布置在顶棚附近的排风口情况下，只有 $5.2/6.8 \times 100\% = 84\%$ 的输入总功率可以用来满足热负荷 [依照式 (4.1.2-1)，传递热负荷应从房间的标准热负荷中扣除出去]。

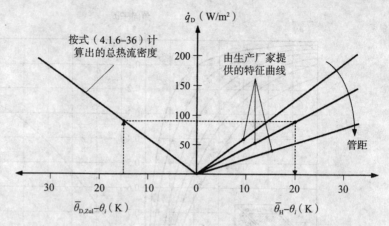

图 4.1.6-14 举例说明如何从容许的顶棚表面温度来确定平均热媒过余温度 $(\bar{\theta}_H-\theta_i)$

4.1.6.3 顶棚辐射采暖板

顶棚辐射采暖板（图 4.1.6-15 和图 4.1.6-16）如同室内散热器，属于分散式采暖板（面），即它们不是与采暖房间的围护结构做成一个整体，而是自由地悬挂在顶棚下方（图 4.1.6-17）。因此，类似于室内散热器，它们与一体式室内采暖壁面（板）相比有如下优点：

（1）它们是工业化生产的采暖板，因此，能做到质量监督并可进行性能检测。

（2）可以方便地、有针对性地布置到那些需要排除非舒适因素（冷辐射、下降冷气流）的地方，以及一般不是其他用途需要占用的地方。

（3）相比之下，它们比较容易控制，因为它们实际上与建筑构件没有任何热力方面的耦合。

但是与室内散热器不同的是，顶棚辐射采暖板的布置遮蔽了相当大一部分外围护结构表面（特别是大厅建筑）以至被遮蔽面积的传递热负荷中的辐射部分不能忽略，它就是依照式（4.1.2-1）从标准热负荷里扣除的部分热负荷 $\dot{Q}_{N,Teil}$。这相对于其他采暖系统，例如热风采暖，是一个优点，因为顶棚辐射采暖板可以用明显较小的所谓"剩余热负荷"（这里可采用类似地板采暖的设计标准[42]）来进行设计。不过，它们也像顶棚采暖系统一样有其缺点，对流方式散发出的热量使得在顶棚下方形成一个热空气层，在大多数情况下，它又影响不到有要求区域，因而也就在有要求区域起不到采暖的作用，但至少对流方式散发出的热量仍能满足顶棚传递热负荷的对流部分。

与热风采暖相比，它们的优点在于：不必把整个房间的空气加热到高于预期室温的温度，因为它们通过热辐射就能直接作用到人员逗留区域。这个优点在那些室内运作方式变化大的场合尤为明显（如飞机、铁路部门维修大厅）。

总而言之，顶棚辐射采暖板主要用于大厅的采暖，房间的高度最好是超过4m。一般把顶棚辐射采暖板条形布置，力求辐射板尽可能地长。为了让其对地面的辐射尽量均匀，应做到辐射采暖板束之间的平均距离与其悬挂高度 H_A 相匹配（图 4.1.6-16），往往带天窗的屋顶结构决定了该距离。如图 4.1.6-17 所示，大多数辐射采暖板与地面平行悬挂；偶尔也有斜挂的情形，以便达到对地面特殊的辐射效果，但这种方式也有其不利之处，即对大厅采暖利用不上的对流散热部分却大大提高了，从而增加了不必要的采暖耗费。

直到几年前，各种顶棚辐射采暖板的产品样式原则上都差不多（图 4.1.6-16 A）。现

4.1 热量移交使用

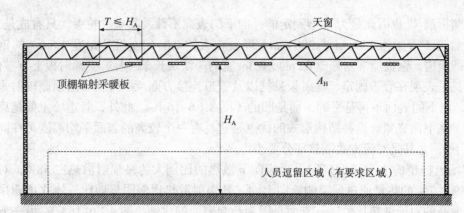

图 4.1.6–15　厂房大厅里的顶棚辐射采暖板（举例）

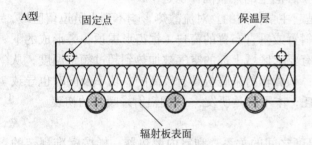

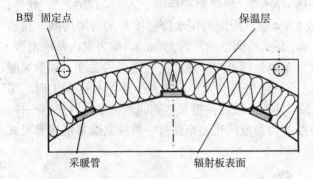

图 4.1.6–16　顶棚辐射采暖板基本示意图
注：A 型：向下为平板；B 型：向下为凹形板

图 4.1.6–17　体操馆里的顶棚辐射采暖板

有的检测标准[49]也因此是为 A 型制定的：向下的表面不计及其条纹轮廓，只看成是平的。通水的管道（管距为 150mm 或 200 mm）埋置在大约 0.6~1.5m 宽（最宽 1.8m）的钢板上的条形凹槽内。钢板经常划分成 0.2m 或 0.3m 宽的一块块长条(模块)。辐射板上方被保温。其差异只是表现在管道固定、辐射板悬挂以及管道连接方面。一种新型的顶棚辐射采暖板（B 型），向下的表面不再是平的，而是凹的（图 4.1.6-16 B）。此外，管道（主要是扁平长方形的）从下面夹紧。这种结构形式的优点是它具有一个较高的表面平均温度（在同样水温情况下），尤其是对流方式散热部分要小得多。

市场上畅销的 A 型顶棚辐射采暖板向下散热的比例大约是辐射散热占 58%，对流散热占 35%，7% 的热量通过保温侧流向上面。其辐射散热比例明显地比一体式顶棚采暖小得多。偏高的对流散热比例，一方面是因为凸起表面的比例（图 4.1.6-16A），另一方面是因为侧面边框平滑（缺裙围），易于气流绕流。在 B 型顶棚辐射采暖板情况下，辐射散热占的比例为 80%，向下的对流散热占 13%，向上的热量同样也是 7%。

大厅的辐射板采暖，辐射散热部分是起主要作用的。对流散热影响不到人员逗留区域，但可满足顶棚的对流热负荷并能捕获在斜置或垂直布置的窗户（锯齿形屋顶）旁形成的下降冷气流。过高的对流散热比例会导致有要求区域上部的空气被加热到超过额定温度，从而增加了热量损失。由此可以得出结论：顶棚辐射采暖板具有较高的总功率及同时也导致较高的对流散热比例，其过高的能源消耗，本不应是研发，顶棚辐射采暖板的初衷。

（1）检测及其结果分析

顶棚辐射采暖板的热功率和过余温度之间的关系，和室内散热器一样按标准规定的检测方法由试验得到，目前还按标准 DIN 4706[49]，将来则按标准 DIN EN 14037[50]。此外，用于测试的标准检测室是根据标准 DIN EN 442[51]规定的用水冷壁冷却的封闭房间。待检测的辐射采暖板悬挂在顶棚下离地面 2.5m 高（检测室的高度为 3m）。作为室内基准温度，是采用一支球状温度计在测试室的中央、距离地面 0.75m 高的位置测得的温度。辐射采暖板的标准功率则是在过余温度为 55 K 以及一定的热水流量，其大小是在水温 50℃时，雷诺数为 4500 ± 500 的情况下所确定的流量。其他方面的前提条件则同测试室内散热器一样。此外，用同样的方式测得的以热水过余温度为参数的热功率通过一特征曲线来描述参见式（4.1.6-54）和式（4.1.6-55）。

$$\dot{Q} = C \left(\frac{\Delta \theta_H}{1K} \right)^n \tag{4.1.6-37}$$

（在标准 DIN 4706-1[49]中现在用字母 Φ 代替 $\dot{Q}$ 来表示热功率，而过余温度则用 Δt 表示）。对于顶棚辐射采暖板的指数 n 在标准测试条件下大约在 1.1~1.2 之间。在新标准 DIN EN 14037 里规定应测试两个 $\dot{Q}$-Δt 特征曲线：一个是在为辐射采暖板"有效长度"情况下，另一个是整个辐射采暖板在连接热水的部件没有保温的情况下。测试结果分别用 Φ_{act} 和 Φ_{tot} 来表示，表达式中的其余下标如幂函数式（4.1.6-37）所示。

相对于迄今为止的标准 DIN 4706，新的标准中新的地方是对辐射起决定性作用的辐射板表面 A_S 的平均温度和平均热水温度之间的关系在测试特征曲线时应同时测得并加以描述。辐射板表面的平均温度用一个（红外）热像图测试仪测定，测试仪性能在标准 DIN EN 14037 有详细描述。此外，要做好准备的是先用样品测出辐射采暖板的黑度，该样品

4.1 热量移交使用

的表面涂层应和辐射采暖板的一模一样（实际上，与第 1 卷第 G1.2.5 部分，图 G1-28 中的做法一致，确定下面壳套表面 A_S 的"提高了的黑度"，会更正确一些）。测得的温差（$\theta_H - \bar{\theta}_S$）与同样测试得出的热功率之间有很近似的线性关系。所应用的物理模型是基于这样一个假设，即沿辐射采暖板宽度 b 方向（即垂直于管道）存在与温度 θ_H 的温差。如果采用平均温度的目的是把测量的热功率以辐射采暖板的（"有效"）长度 L_{act} 为基准，那么，在 $A_S = b \cdot L_{act}$ 时，"传热因子" K 可由下式求得，其单位为 $W/(K \cdot m^2)$：

$$(\theta_H - \bar{\theta}_S) = \frac{\dot{Q}}{A_S \cdot K_S} \tag{4.1.6-38}$$

从测试可进一步得到测试室内壁表面的平均温度 θ_W。现在，用热力学温度 $T = \theta + 273$ K 可以按第 1 卷中推导的方程（G1-14）计算出辐射热功率：

$$\dot{Q}_S = \varepsilon_H C_S A_S (\bar{T}_S^4 - T_W^4) \tag{4.1.6-39}$$

式中，黑度 ε_H 应视为下面壳套表面（有效的辐射面积）A_S 的"提高了的黑度"。黑体的辐射常数 $C_S = 5.67 \times 10^{-8}$ W/($m^2 \cdot K^4$)。

为了评价测试结果，同时也为了获得设计资料，用热流密度来进行计算更好一些，亦即 $\dot{q}_M = \dot{Q}/A_S$ 或 $\dot{q}^S = \dot{Q}_S/A_S$。向上的热流密度取决于辐射采暖板表面的平均过余温度，因此也取决于 $\dot{q}_M$，$\dot{q}_M$ 为：

$$\dot{q}_M = \dot{q}_S + \dot{q}_K + f_0 \dot{q}_M \tag{4.1.6-40}$$

式中，$\dot{q}_K$ 为向下的对流热流密度。在试验台的条件下，辐射板上侧按规定进行保温，其热损失系数 $f_0 = 0.07$。从测得的总热功率 $\dot{Q}$ 和表面温度 $\bar{\theta}_S$ 等数据能推导出热流密度 $\dot{q}_M$ 和 $\dot{q}_S$ 以及由式（4.1.6-40）算得 $\dot{q}_K$。其实，仅将总热流密度 $\dot{q}_M$ 分成两部分就足够了，一部分是向下的有效辐射热流密度 $\dot{q}_S$ 和另一部分剩余向上的热流密度 ($\dot{q}_K + f_0 \dot{q}_M$)。

测试结果不能直接用于设计计算，这是因为在实际使用条件下的对流散热高于在测试台上的对流散热。从实地的测量得知[52]，在实际条件下出现的热流密度 $\dot{q}_H$ 可能比测试结果 $\dot{q}_M$ 高达 8%。出现这个问题的原因是因为在贴近顶棚的范围有一个较大的温差并强化了对流，从而提高了对流换热比例。按照标准应有：

$$\dot{q}_H = 1.1 \dot{q}_M$$

按式（4.1.6-38），过高的热流密度导致了热水温度和辐射板表面温度之间的差距更大：

$$\Delta\bar{\theta}_S = \Delta\theta_H - 1.1 \dot{q}_M / K_S \tag{4.1.6-41}$$

用式（4.1.6-39），亦即（测得的）辐射板特征曲线，可得如下的关系式：

$$\Delta\bar{\theta}_S = \Delta\theta_H - 1.1 \frac{C}{K_S A_S} \Delta\theta_H^n$$

$$\Delta\bar{\theta}_S = \Delta\theta_H \left(1 - 1.1 \frac{C}{K_S A_S} \Delta\theta_H^{n-1}\right) \tag{4.1.6-42}$$

式中数值 C，K_S 和 A_S 以及指数 n 由检测得到。因此，要求的表面过余温度以及进一步（在实际出现的条件下）总热流密度 $\dot{q}_H$ 能由热水过余温度计算出来（图 4.1.6-18a 和 4.1.6-18b）。

设计一个大厅用顶棚辐射采暖板采暖，在通常做该大厅的标准热负荷的计算之前应该搞清楚，哪些部分热负荷 $\dot{Q}_{N,Teil}$ 能够不予考虑（参见 4.1.2.1 节）。当用辐射采暖板足够均匀地覆盖大厅主要的外表面，即顶棚时，这已至少满足其传递热负荷中的辐射部分。因而，也足以补偿有要求区域对顶棚的辐射。对此，所要求的顶棚辐射采暖板的平均温度 $\bar{\theta}_S$ 可

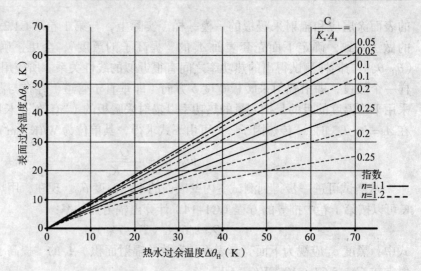

图 4.1.6-18（a） 依照式（4.1.6-42）计算出的表面过余温度 $\Delta\theta_S$ 与热水过余温度 $\Delta\theta_H$ 之间的关系曲线

注：参数值 $C/(K_S A_S)$ 由检测及按式（4.1.6-37）和（4.1.6-38）给出来。

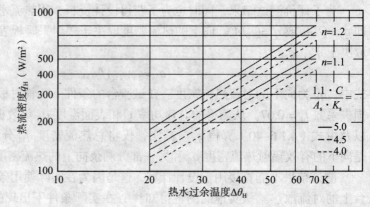

图 4.1.6-18（b） 依照式（4.1.6-37）计算出的热流密度 $\dot{q}_H$ 与热水过余温度 $\Delta\theta_H$ 之间的关系曲线

注：参数值 C/A_S 由检测给出并按标准约定：$\dot{q}_H = 1.1 \dot{q}_{MO}$

以由下面的关系式简单地确定：

$$(A_D - \sum A_S)(\theta_i - \theta_D) < \sum A_S(\theta_S - \theta_i) \tag{4.1.6-43}$$

式中　A_D——顶棚面积；

　　　θ_D——设计条件下的顶棚表面温度。

采用这个简单的计算公式的理由如下：大厅中人员逗留区（图 4.1.6-15）与冷的顶棚表面存在着辐射热交换。作为热表面，它是所有辐射采暖板表面的总和 $\sum A_S$，而作为冷表面仍然是 $A_D - \sum A_S$。这里也如同式（4.1.6-1）仍把热交换和温差之间简化地用一个线性的关系来描述：

$$\alpha_{S,D}(A_D - \sum A_S)(\theta_i - \theta_D) \leqslant \alpha_{S,H} \sum A_S(\overline{\theta}_S - \theta_i)$$

接着假设两个不同热表面的热交换系数 $\alpha_{S,D}$ 和 $\alpha_{S,H}$ 相等，那么，经这样的简化得到式（4.1.6-43）。

在墙壁（包括窗户）的情况下也可以和上述顶棚的情况一样，以同样的方式进行这样的简化计算。假如用与之相应尺寸的室内散热器（参见 4.1.6.4 节）能够产生一个辐射平衡及阻止下降冷气流的作用。当然，这一点大多数情况下不会发生，因为这里扣除的部分热负荷相对较小，或者由侧面可能出现的舒适性赤字影响不到要求区域。在此情况下，顶

4.1 热量移交使用

棚辐射采暖板不仅必须平衡顶棚的冷辐射,而且还得负担其余的部分热负荷(譬如地板)。

因为法律的规定,通风热负荷显示了其特殊性。按照节能法规,大厅也应像其他建筑物一样,在技术许可的框架内尽可能做到空气密封。作为例外的情况,只是那些"按其通常的使用目的必须大范围且长时间保持开启的"大厅。因此,在大多数使用情况下还是规定:空气密封(在可能做到的情况下)!该规定导致的结果是,通风热负荷(忽略通过不可避免的从墙角处的渗漏造成的换气($0.2\ h^{-1}$))不属于建筑物性能,而是取决于使用的行为。对于工业厂房,大厅额外的由机械通风以保证有足够的室外新鲜空气,这种情况下最好还是采用热回收。在顶棚辐射采暖板和机械通风组合的情况下,其优点是可以对人员逗留区(有要求区域)针对性地进行通风(参见原著第2卷)并且还可以利用在其上的热空气层以便保证人员逗留区域稳定以及界定这个区域。因此,送风温度绝不能高于人员逗留区域的空气温度。由此通过使用情况决定的通风热负荷,亦即按式(4.1.2-1)额外扣除的部分热负荷 $\dot{Q}_{N,Teil}=\dot{Q}_L$ 得以满足。

顶棚辐射采暖板的投资成本随其总面积 $\sum A_S$ 的增大而上升。在此只是考虑与地板平行的底部的壳套表面。因而,衡量成本高低的尺度是其覆盖系数 $\Psi = \sum A_S / A_D$。下式表达了所要求的采暖板表面的最小过余温度与覆盖系数的关系:

$$\Delta \bar{\theta}_{Smin} = (\bar{\theta}_S - \theta_i)_{min} = \left(\frac{1}{\Psi} - 1\right)(\theta_i - \theta_D) \tag{4.1.6-44}$$

图 4.1.6-19(a)描述了上述关系式。假设式(4.1.6-39)中的环境温度 $\theta_W = \theta_i$ 以及黑度 $\varepsilon = 0.92$,那么可以把过余温度 $\Delta \bar{\theta}_{Smin}$ 与辐射热流密度 $\dot{q}_{Smin}$ 关联起来(图 4.1.6-19(b))。用最小过余温度 $\Delta \bar{\theta}_{Smin}$ 和最小热流量 $\dot{Q}_{Smin} = \dot{q}_{Smin} \sum A_S$ 能确保在温度为 θ_i(或者更确切地说室内设计温度 θ_{iA})的人员逗留区域内上方的大厅顶棚全部发挥作用(即其表面温度远低于按图 4.1.6-13 得出的最高容许的顶棚表面温度)。

A 型顶棚辐射采暖板一般在侧面有一个边框,它相当于给辐射采暖板增加了采暖面积 ΔA_S,并有同样的平均过余温度,因此也就如同辐射采暖板本身有相同的辐射热流密度(平均值一样依此构成)。当然,侧墙和地面与垂直边框表面的辐射换热大约仅有 75%,其余部分则辐射到顶棚。也就是说,起作用的几乎只有 $0.75\Delta A_S$。现在必须把辐射采暖板的过余温度大大地提高,以致用 $\dot{q}_S(\sum A_S + \sum A_S)$ 来满足余下的热负荷 $\dot{Q}_N - \dot{Q}_{N,Teil}$。就顶棚辐射采暖板的采暖效果来说,只有该辐射部分是决定性的。式(4.1.6-42)或图 4.1.6-19(a)描述了与热水过余温度 $\theta_H - \theta_{ic}$ 的关系;由此可参照图 4.1.6-19(b)确定总热流密度 $\dot{q}_H$。

(2)例题

一产品加工大厅采用顶棚辐射采暖板来采暖。该大厅有一个带天窗的平顶屋面(天窗占平顶屋面面积的10%)。大厅内部的面积为 50m×100m,高为12m。长的侧墙有一排窗户(占侧墙面积的10%),宽的侧墙与一办公楼相接。屋面和墙壁的换热系数均为 $k_D = k_W = 0.35$ W/(m^2·K),天窗的换热系数 $k_{DF} = 3.0$ W/(m^2·K),侧墙窗户的换热系数 $k_F = 1.4$ W/(m^2·K)。大厅地面到地下水的当量热阻为 $R_{GW} = 5\ m^2$·K/W。

人员逗留区(有要求区域)应该从离侧外墙 5m(来往交通通道)开始,并且高度为 2m,而和办公楼相接的一侧直接从侧墙开始。舒适性区域的室内设计温度为 $\theta_{iA} = 18℃$,用于计算标准热负荷和围护结构内表面温度的室外设计温度为 $\theta_a = -12℃$。补偿由于来自外墙的冷辐射而造成的舒适性赤字以及在有要求区域边缘的下降冷气流的问题并不需要力求

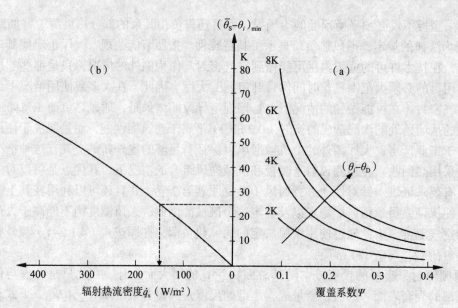

图4.1.6-19 (a) 依照式 (4.1.6-44) 得出的最小辐射采暖板的过余温度 $(\bar{\theta}_S-\theta_i)$ 和遮蔽系数 $\Psi=\Sigma A_S/A_D$ 之间的关系曲线,$(\theta_i-\theta_D)$ 作为曲线参数;(b) 依照式 (4.1.6-39) 计算出的辐射热流密度 $\dot{q}_S$ 和辐射采暖板的过余温度之间的关系曲线,其中 $\theta_W \approx \theta_i$

解决(大厅的边缘地带为来往交通通道)。

为了避免在采暖季节通过门窗任意进入的冷空气而造成的无限度的能量损失,以及为了经完全一般的通风(参见原著第2卷)来确保在人员工作区域全年所要求的空气质量,那么应配备一台应满足通风热负荷的空调设备(送风温度为 $\theta_{ZU} = \theta_{iA} = 18℃$)。由于在有要求区域的周边地带不要求补偿由于来自外墙的冷辐射而造成的舒适性赤字以及解决下降冷气流的问题,因此如果顶棚辐射采暖板满足了侧墙的传递热负荷的需要,就可以了,带天窗的平顶屋面的传递热负荷的问题可以先不必去考虑。

顶棚辐射采暖板悬挂在高度为12m的顶棚下2m的横梁上,如何布置要视因天窗问题所给定的屏面:平行于长的侧墙,悬挂在宽度为 $T = 10$m 的屏面内,共悬挂5块辐射采暖板,由于结构设计的原因,中间的3块每块宽度为1m,在外面的两块因为满足侧墙的传递热负荷的需要则每块的宽度为1.6m。辐射采暖板的热水管在其上方连接,这样,条形的辐射采暖板就能整个利用了大厅的长度。因此,平行于地面的辐射板的壳套表面面积为 $A_S = (3 \times 1m + 2 \times 1.6m) \times 100m = 620m^2$,即覆盖系数 $\Psi = 12.4\%$。顶棚辐射采暖板选择A型,其外侧面高0.07m,未保温(辐射板增加了采暖面积 ΔA_S)。

在第一步的计算里是要求出顶棚辐射采暖板有可能最低的表面平均温度 $\Delta \bar{\theta}_{Smin}$,以便能营造出把整个顶棚表面看成像一个室内的内墙表面。对此,式(4.1.6-43)描述了这个条件,在设计情况下预期的顶棚(包括天窗)过冷温度由顶棚的平均传递热流量及标准化了的换热热阻 $R_{a,i} = 0.13$ m²·K/W 求出。平均传热系数为:

$$\bar{k}_D = 0.9k_D + 0.1k_{DF} = 0.615 W/(m^2 \cdot k)$$

和平均传递热流密度为:

$$\bar{q}_{T,D} = \bar{k}_D(\theta_i - \theta_a) = 18.45 \text{W/m}^2$$

因而，总的顶棚表面的平均过冷温度则为：

$$\Delta\theta_D = \bar{q}_{T,D} \cdot R_{a,i} = 2.4\text{K}$$

把辐射采暖板的遮蔽系数 $\Psi = 0.124$ 代入式（4.1.6–44），得到顶棚辐射采暖板最低的表面平均过余温度为：

$$\Delta\theta_{Smin} = \left(\frac{1}{\Psi} - 1\right)\Delta\theta_D = 17.0\text{K}$$

通过式（4.1.6–39）可得到最小辐射热流密度：

$$\dot{q}_{Smin} = \varepsilon C_S(T^4_{Smin} - T^4_W) = 0.92 \times 5.67 \times 10^{-8}\text{W/(m}^2\cdot\text{k)} \times [(308)^4 - (291)^4] = 95.4\text{W/m}^2$$

该辐射热流密度足以保证位于人员逗留区上方的全部顶棚辐射板的平均温度为 18℃。其相应输出的辐射热功率为 $\dot{Q}_{Smin} = 95.4 \text{ W/m}^2 \times 620 \text{ m}^2 = 59.15 \text{ kW}$。

此外，顶棚辐射采暖板还必须能满足外墙和地面的传递热负荷，两者为：

$$\dot{Q}_{T,Wand} = [50\text{m} \times 12\text{m} \times 0.35 + 200\text{m}(10.8\text{m} \times 0.35 + 1.2\text{m} \times 1.4)]\text{W/(m}^2\cdot\text{k)} \cdot 30\text{K} = 39.1\text{kW}$$

$$\dot{Q}_{T,Boden} = \frac{\theta_i - \theta_{GW}}{R_{GW}} \cdot A_{Boden} = \frac{8\text{K}}{5\text{m}^2/\text{kW}} \cdot 5000\text{m}^2 = 8\text{kW}$$

因而还必须再有 47.1 kW 的热功率辐射到大厅的下部范围（地面和侧墙），辐射采暖板侧面边框可承担其中一部分 $\Delta\dot{Q}_{S,min} = 0.75 \times 70 \text{ m}^2 \times 95.4 \text{ W/m}^2 = 5.01 \text{ kW}$。通过提升温度多得的剩余热功率为 42.09 kW。平均 1m 条形辐射板应该通过把过余温度从 17K 提高到 22 K，从而承担其中较小一部分的热负荷，其辐射热流密度增加到：

$$\dot{q}_S = 0.92 \times 5.67 \times 10^{-8}\text{W/(m}^2\cdot\text{k)} \times [(313)^4 - (291)^4] = 133\text{W/m}^2$$

中间 3 块 1m 宽的辐射板的总面积为 $(300 + 0.75 \times 42)$ m²，它们多增加的辐射热功率为 331.5 m² $\times (133 - 95.4)$ W/m² = 12.46 kW。因此，1.6m 宽的辐射板的总面积为（320 + 0.75 × 28）= 341 m²，必须还要承担 42.09 kW – 12.46 kW = 29.63 kW，也就是说，其热流密度为（29630/341 + 95.4）= 182.3 W/m²。把该热流密度代入式（4.1.6–39），由此得到所要求的辐射板的表面温度为：

$$\bar{T}_S = \sqrt[4]{\frac{\dot{q}_S}{\varepsilon C_S} + T_W} = \sqrt[4]{\frac{182.3\text{W/m}^{-2}}{0.92 \times 5.67 \times 10^{-8}\text{W/(m}^2\cdot\text{K}^4)} + (291K)^4} \quad (4.1.6-1)$$

$$= 321.4\text{K} \to \bar{\theta}_S = 48.4℃ \to \Delta\bar{\theta}_S = 32.4\text{K}$$

平均热水过余温度则应由给定的 22 K 和计算出来的 30.4 K 用隐含方程式（4.1.6–42）计算确定。对于预计需要的辐射板可从生产厂家的资料（比如检测报告）比如得到 1m 宽的辐射板的表达式为 $C/(K_S A_S) = 0.157$，1.6m 宽的 $C/(K_S A_S) = 0.156$，指数 n 统一为 1.19。在 1m 宽的辐射板的过余温度为 $\Delta\bar{\theta}_S = 22$ K 时，需要热水过余温度 $\Delta\bar{\theta}_H = 32.5$ K，亦即 $\bar{\theta}_H = 50.5℃$，1.6m 宽的辐射板的过余温度为 $\Delta\bar{\theta}_S = 30.4$ K，热水过余温度则为 $\Delta\bar{\theta}_H = 47.0$ K，那么，热水平均温度 $\bar{\theta}_H = 65.0 ℃$。过余温度还有可能可从图 4.1.6–18(a) 查出来。

下一步则或者用式（4.1.6–37），或者是借助于图 4.1.6–18（b）来确定总热流密度 $\dot{q}_H$。从生产厂家的资料查得窄辐射板的表达式 $C/A_S = 4.1$ W/m² 以及宽的为 4.05 W/m²。因此，其总热流密度 $\dot{q}_H = (C/A_S) \cdot \Delta\bar{\theta}_H^n = 258.2$ W/m² 或者 395.6 W/m²。窄辐射板的有效面积为 300 m²，必须通过热水输入的热功率为 258.2 W/m² × 300 m² = 77.46 kW，而宽的为 126.59 kW，亦即输入的热功率总计为 204.05 kW。

选择宽辐射板的进口水温为 73 ℃，那么，出口水温则为 57℃（算术平均），进出口温差为 16 K。因此，要求的热水流量为：

$$\dot{m}_H = \frac{\dot{Q}_H}{\sigma_{cw}} = \frac{126.59\text{kW}}{16\text{K} \times 4.18\text{kJ/(kg}\cdot\text{k)}} = 1.89\text{kg/s} = 6814\text{kg/h}$$

对于窄辐射板，确定进口水温为 57℃，也就是说，宽辐射板的出口可直接与窄辐射板进口连接；窄辐射板的出口水温必须为 44℃，进出口温差为 13 K。热水流量则是 5132 kg/h。总的出口水温为 47.2℃。

通过屋面、墙壁和地板的传递热负荷合计为：

$$\dot{Q}_T = \dot{Q}_{T,\text{Wand}} + \left[\dot{q}_{T,D} + \frac{(\theta_i - \theta_{GW})}{R_{GW}}\right] 5000\text{m}^2$$

$$= 39.1\text{kW} + \left[18.45\text{W/m}^2 + \frac{8\text{K}}{5\text{m}^2\cdot\text{K/W}}\right] 5000\text{m}^2 = 139.35\text{kW}$$

经顶棚辐射采暖板输入大厅总共有 204.5 kW 的热功率，但其中有效辐射热功率为 106.24 kW，也就是说所占比例约为 52%；这有可能足以维持人员逗留区域所需的热环境。屋面传递热负荷的对流部分大约为 33 kW，辐射采暖板的剩余热功率为（204.5-106.24）= 98.26 kW，这样大约有 65 kW 的热量没有对人员逗留区发挥任何作用而损失掉了。这一部分热功率仅仅是把贴近屋面范围的空气温度提高，使其超过室内额定温度。B 型辐射板可能会没有这方面的损失，它可以采用较小的辐射板面积或较低的过余温度运行。

4.1.6.4 室内散热器

室内散热器一般是中央采暖系统采用的加热面（板），它们是自由地布置在采暖房间内。室内散热器自由布置的可能性使得它能以尽可能好的方式来实现舒适性功能"平衡冷辐射"和"阻止下降冷气流"。因此，选择和设计一个室内散热器正应该特别注意发挥其与任何其他热量移交系统相比而具有的这个优点。不仅如此，使用室内散热器还可以实现其他一些如安全、卫生、操作方便、美观或有额外用途等功能。那么，在选择室内散热器时，这些因素也同样起着重要的作用。但在注意到舒适性评价标准的情况下，首要的还将评估室内散热器的散热性能。因此，显然可由此得出其类型划分的基本不同点。

对散热器的换热来说，空气侧主要是以对流及辐射方式换热；由于水侧的换热系数比空气侧的大得多，因此，散热器水侧的形状如何不起重要作用，而外侧的形状则是起着决定性的作用。

由于散热器的辐射换热，对于所有的结构类型来说，基本上统一地取决于散热器外廓壳套表面面积的大小及其表面平均温度，所以散热器表面的结构性状几乎不影响其辐射换热。但相反，散热器的外表造型却对其对流散热和室内的空气流动有着很大的影响。因此，把它们的这种差别用来划分散热器的类型。

1）气流从井状通道里流出（上升气流），空气经地面流入（对流散热器）。

2）气流穿过柱片，迎面流动面积大（钢制柱式散热器、铸铁柱式散热器、管式散热器、压铸铝散热器、卫浴散热器（搭毛巾用的管式散热器））。

3）气流流动在侧面敞开的散热器和后墙之间井状的空间，自然对流发生在散热器迎面表面（板式散热器、"平面散热器"）。

4.1 热量移交使用

4)类型1)和3)的气流流动组合(带对流散热翅片的多排板式散热器)。

散热器类型

在散热器周围基本上可以区分为4种不同的受热力作用的气流流动形式(见图4.1.6-20)。

(1)在对流散热器的情况下,封闭的井状通道里有一股很强的上升气流,而且空气仅经地面流进来,热量几乎全部通过对流方式交换。这种散热器不能补偿冷围护结构表面对

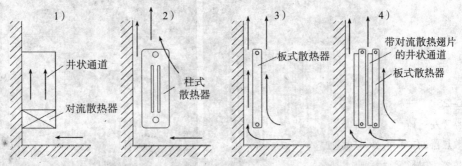

图 4.1.6-20 四种不同类型室内散热器的气流流动形式

人体的冷辐射,但可以阻止下降的冷气流。

目前的对流散热器(图4.1.6-21和图4.1.6-22)有带和不带外装饰板,有用钢管和钢翅片,也有用铜管铝翅片。特殊结构式的对流散热器有镶边散热器或踢脚板散热器,它们用铜管铝翅片,正面用钢板或铝挤压型材装饰;还有一种就是配置风机及无风机的在走廊下或水泥地面下的对流散热器,再就是所谓的浴缸对流散热器。

(2)在柱式散热器的情况下,空气大面积地从散热器的整个高度穿过柱片,其空气流动速度基本上小于对流散热器的情况,辐射散热部分约占25%。标准的(DIN)铸铁柱式对

图 4.1.6-21 有对流井状通道的对流散热器

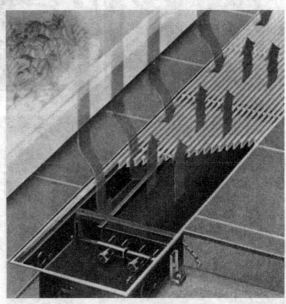

图 4.1.6-22 走廊下的对流散热器

散热器、钢制柱式散热器、管式散热器、压铸铝散热器、卫浴散热器（搭毛巾用的管式散热器）（图 4.1.6–23~ 图 4.1.6–26）都属于这一类散热器。

（3）在板式散热器（也称之为"平面散热器"）的情况下，自然对流发生在散热器迎面表面和在侧面敞开的散热器和后墙之间"井状通道"内。其迎面的空气流动速度以及空气流出的速度均为最小，辐射散热部分约占总散热量的 40%~50%。板式散热器的迎面面

图 4.1.6–23 柱式散热器（左：铸铁柱式散热器，右：钢管散热器（拱形结构）；这两种散热器皆为热水水平分配，垂直穿流）

图 4.1.6–24 立式扁管组成的柱式散热器（左：作为楼梯扶手的一部分，右：结构布局的一部分（热水水平分配，垂直穿流））

图 4.1.6–25 卧式扁管组成的座椅形的柱式散热器（管式散热器，热水垂直分配，水平穿流）

板可以是有凸起条纹状的或平的（图 4.1.6–27 和图 4.1.6–28）。它可由条纹状的铁板做成或有相互并排的矩形管（"管壁"，图 4.1.6–28）拼制而成。

（4）通过多排板式散热器或附加"对流翅片"则可以大大提高单位长度的热功率。类型 1）和 3）的组合是个明显的例子，从而提高空气流动速度，其辐射散热部分下降到约 25%。它的对流翅片通常由大约 0.5mm 厚的薄板模压成回形针形，然后逐个从板的底部到顶端点焊起来（见 图 4.1.6–29 和图 4.1.6–30），通水的部分与类型 3）相同。第四类散热器的迎面面板也可以由压铸铝柱片（见图 4.1.6–31），铝挤压型材或灰铸铁柱片并排拼装制成。

对结构类型 2）和 3）来说，空气侧和水侧的换热面积实际上一样大。而结构类型 1）和 4）的两侧换热面积则有很大的差别，这就使得其热功率明显地依赖于水侧的换热系数。这些结构类型也可以通过加装风机来强化对流散热量[过渡到风机盘管对流散热器（参见第 4.1.5.3 章）]。

除了上述四种结构类型的散热器，还有所谓的造型设计散热器，它们的美学效果要远远比其散热和气流流动状况更为重要。当然也有可能把它们归入到四个类型散热器的某一类，但从设计角度来考虑，并不是很有帮助（图 4.1.6–32 示意了其中的几例）。

图 4.1.6–26　卫浴散热器（热水垂直分配，水平通流）

图 4.1.6–27　平面散热器，单排（"板式"，热水水平分配，垂直通流，上：迎面面板有凸起条纹，下：迎面面板是平的）

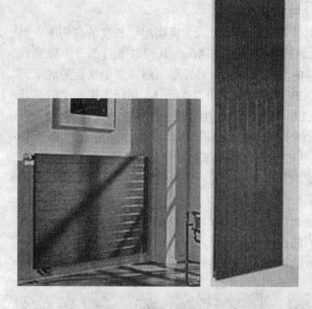

图 4.1.6-28 扁平管散热器，（"管壁"，左：热水垂直分配，水平通流，右：热水水平分配，垂直通流）

类型 32　　类型 22（2排板，2层对流翅片）　　类型 10

图 4.1.6-29 不同高度的单排及多排板式散热器，（有凸起条纹，热水水平分配，垂直通流）

室内散热器的布置，很重要的是要考虑如何能满足舒适性功能，即"补偿冷辐射"和"阻止下降冷气流"，也就是说，通常是把散热器布置在窗户下面，而且在任何情况下都至少安装在外墙部分。若把一个散热器安装在内墙一面，布管相对是简单了，但即使忽略舒适性的损失以及室内气流流动的不佳状况，它也减小了房间的有效使用面积：失去了摆放家具的位置。若散热器布置在一个大玻璃平面前，按老的⑭热保护法规应考虑在散热器和窗户之间设置一个辐射屏蔽幕（这种做法对第三类型散热器节能效果最好，但也不到3%）。

⑭ 已由节能法规（EnEv）取代。

4.1 热量移交使用

图 4.1.6–33 描述了散热器的各种连接方式。一般都是同侧连接,这也是在测试散热器热功率时规定的标准连接方式。异侧连接可以具有安装上的好处,然而导致不了提高热功率的。所有其他连接方式,与通常的连接方式相比,由于内部混合过程会导致热功率减少,除非把散热器内的水流状况调整到使得进口的热水不会与在散热器内已冷却的水混合。水流状况可以是热水水平分配,垂直通流(见图 4.1.6–23)或反之(见图 4.1.6–25 和图 4.1.6–26)。也有一些情况是水的进口在底部,热水从下面强制流向上部,或者就是向上强迫通流。

图 4.1.6–30 有双排对流翅片的扁平管散热器(热水垂直分配,水平通流)

在从拟议的一系列型号散热器中进行选择时,应考虑如下因素:

(1)外观;
(2)大小(尺寸合适);
(3)标准热功率(以散热器长度或迎面面积为基准);
(4)额外用途(搭毛巾、座椅、护栏等);
(5)边缘棱角(安全);
(6)清扫的可能性(卫生);
(7)重量和水容量(以热功率为基准;调节能力);
(8)安装可能性(重量小,作为防护措施,带包装安装、配件包括配管及阀门完整);
(9)耐腐蚀(基本技术要求);
(10)耐压(特别是对那些压力高的设备,比如远程热源采暖,技术上的基本要求);
(11)投资成本。

图 4.1.6–31 压铸铝柱式散热器(热水水平分配,垂直通流)

上述列举的各项选择标准是适用于一个要求高的采暖系统,而对于一个便宜的设备来讲,除了基本要求和标准热功率以外,只有投资成本作为决定性的因素。

散热量的确定

就室内散热器通常运行的温度范围而言,把通过辐射方式的散热与过余温度看成线性关系已足够精确。若辐射换热为 α_r(在过余温度 $\Delta\theta_r \approx 35\text{K}$ 时,约为 6.3W/($m^2 \cdot K$),参见原著第 1 卷,图 G1–18),则由散热器壳套表面的辐射热流密度 $\dot{q}_r$:

$$\dot{q}_r = \alpha_r \cdot \Delta\theta_r \qquad (4.1.6\text{–}45)$$

图 4.1.6-32 举例示范几种样式的造型设计散热器（a）壁挂式；（b）自由摆放的并带泛光顶灯；（c）布置在儿童房间的大象散热器

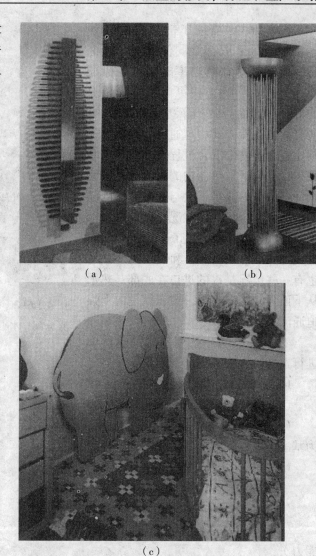

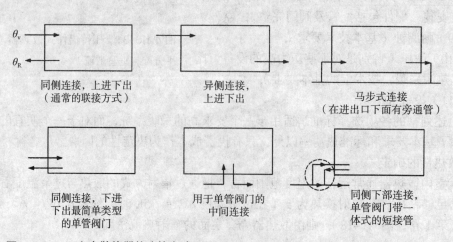

图 4.1.6-33 室内散热器的连接方式

4.1 热量移交使用

式中的过余温度 $\Delta\theta_r$ 是散热器壳套表面（用下标 Hüll 表示）与周围环境表面（用下标 W 表示）的温差。

$$\Delta\theta_r = \overline{\theta}_{Hüll} - \overline{\theta}_W$$

与辐射换热不同，对流换热系数取决于过余温度，通过一个指数函数可精确地表达它们之间的关系：

$$\alpha_k \propto \Delta\theta_k^{m_k} \tag{4.1.6-46}$$

式中的指数由试验确定，根据散热器的结构形式，指数值在 0.2~0.4 之间，过余温度则为散热器的表面与空气之间的温差。

$$\Delta\theta_k = \overline{\theta}_{Oberfl} - \theta_L$$

由此得到散热器的对流换热密度：

$$\dot{q}_k = \alpha_k \Delta\theta_k \propto \Delta\theta_k^{1+m_k} \tag{4.1.6-47}$$

那么，散热器经对流有效表面 A_K 和壳套表面 A_r 散发的总热流 $\dot{Q}$ 为：

$$\dot{Q} = \alpha_k A_k \Delta\theta_k + \alpha_r A_r \Delta\theta_r \tag{4.1.6-48}$$

尽管这是两个不同函数的和，亦即对流换热部分

$$\alpha_k A_k \Delta\theta_k \propto \Delta\theta^{1+m}$$

一级辐射换热部分近似的有（参见原著第 1 卷，方程 G1-21）：

$$\alpha_r A_r \Delta\theta_r \propto \Delta\theta_r$$

对总的热功率 $\dot{Q}$ 则可类似于对流换热部分，同样用一个指数函数来表达：

$$\dot{Q} \propto \Delta\theta^{1+m} = \Delta\theta^n \tag{4.1.6-49}$$

其中指数 m 略低于 m_k。也只是因为最初使用的过余温度 $\Delta\theta_r$ 和 $\Delta\theta_k$ 由于不同的墙壁温度和空气温度难以量测，作为过余温度 $\Delta\theta$ 采用的是热水平均温度和某一空气温度（参照温度[50]）之间的温差。即使过渡到热水过余温度 $\Delta\theta$，如果不是最终通过热水侧的温度分布方式得到的，同样也会导致指数 m 偏离 m_k。

仅仅通过与辐射和对流之和的线性效应，如式（4.1.6-48）所描述的，指数和 $1+m_k$ 例如可能从 1.25 就下降到 1.12。研究该指数的用意，是因为一方面可以检查一个散热器的测试结果，另一方面也能够考虑空气压力的影响。对于后者可应用准则关系式（参见原著第 1 卷，G1.4.6）：

$$Nu \propto Gr^{m_k^*} \tag{4.1.6-50}$$

在上述努赛尔数和格拉晓夫数的关系式中，指数是 m_k^*，由于物性参数受温度的影响，它有别于式（4.1.6-46）中的指数 m_k。若采用动力黏度 $\eta = \nu \cdot \rho$，那么，格拉晓夫数应为（参见原著第 1 卷，方程 G102）：

$$G_r = \frac{\rho_0^2 l^3 g}{\eta_0^2} \frac{\rho_\infty - \rho_0}{\rho_0}$$

式中 l——特征长度；

g——重力加速度；

ρ_0, ρ_∞——散热器表面空气密度和环境空气密度；

η——动力黏度。

在第一卷中给出的是运动黏度 ν，而这里应用了动力黏度 η，其优点就是对于在目前情况下的条件，动力黏度只依赖于（表面）温度，而与压力 p 无关。但由于 $\rho \sim p$，压力的

影响仅限制在空气的密度 ρ_0 或 ρ_∞ 方面。按照气体方程，密度比可写成：

$$\frac{\rho_\infty-\rho_0}{\rho_0} = \frac{T_0-T_\infty}{T_\infty} = \frac{\Delta\theta_k}{T_\infty}$$

因为在散热器测试时周围环境空气的温度 T_∞ 保持恒定，因而，过余温度 $\Delta\theta_k$ 一方面直接，此外还通过动力黏度 η_0 起作用（近似通过一个指数函数，类似于此，该函数也适用于努赛尔数中的导热系数 λ）。

由准则关系式（4.1.6-50）可推导出压力和温度对换热系数的影响：

$$\alpha_K \propto p^{2m^*_K}\Delta\theta_k^{m_K} \tag{4.1.6-51}$$

因为，正如已经表明的由测试确定的指数 m 和对对流换热起决定作用的指数 m^*_k 之间存在着一个很强的与散热器的形状、辐射换热的比例以及测试条件很密切的依赖关系，因此，在相应的测试标准[50]、[52]中对压力修正规定了一个理论计算的指数 $n_p = 2 m^*_k$（表 4.1.6-2）。表中的数据摘自绍特（Sauter）的论文[53]。

由测试确定的热功率和过余温度之间的关系是在热水流量恒定的情况下，参照式 D1.6-51 通过一个指数函数形式的曲线来描述：

$$\dot{Q} = C\Delta\theta^n \tag{4.1.6-52}$$

式中的过余温度规定为热水进出口水温的算术平均过余温度：

$$\Delta\theta = \frac{\theta_V+\theta_R}{2} - \theta_L = \frac{\Delta\theta_V+\Delta\theta_R}{2} \tag{4.1.6-53}$$

其中 θ_L 为空气基准温度（按照 DIN EN 442，参照温度用 t_r，t_1 为进口温度，t_2 为出口温度）。

测试过程若是在标准条件下进行，即测试室按 DIN EN 442[51] 建造，标准的基准温度为 20℃、标准大气压为 1013mbar，在热水进口温度为 75℃时，把热水流量的大小调节到保证其出口温度为 65℃。那么，这样测得的曲线为标准曲线。过余温度为 50K 时的热功率为标准热功率（在以前的标准[52]中，标准状态点确定为：热水进口温度为 90℃，出口温度 70℃）。

但如果（1）由于散热器的特殊安装干扰了空气流动（比如，散热器安装在壁龛内，散热器加装了装饰罩）；（2）热水流量被调节到远远小于标准流量以及（3）若热水连接方式（图 4.1.6-33）偏离通常的方式（上进下出），都会偏离标准曲线。

施拉普曼（Schlapmann）[54] 在较新的测试条件下对第一种情况的影响值做了试验，并已表述在 VDI6030 中，亦可参见图 4.1.6-34～图 4.1.6-36。

对于其他两种情况即第（2）和第（3）的影响，把散热器内复杂的混合过程假设为一个非常简单的模型，则可通过计算得到[55]：假设通过散热器内混合后的最高温度 $\theta_{V,eff}$ 低于其进口温度 θ_V 并且最低温度相当于出口温度 θ_R。如果热容量 $W = \dot{m} \cdot c_W$（c_W 为水的比热），从外部输入散热器的热流为 $W \cdot \theta_V$ 以及内部混合的热流为 $(b-1) \cdot W \cdot \theta_R$，那么，在散热器入口范围的总热流为 $b \cdot W \cdot \theta_{V,eff}$。因此，其有效的进口温度则为：

$$\theta_{V,eff} = \frac{\theta_V+(b-1)\theta_R}{b} \tag{4.1.6-54}$$

4.1 热量移交使用

按照文献[50]的大气压力修正系数[52] 表 4.1.6-2

散热器结构形式		热功率的辐射部分比例 S_p	不同散热器高度的大气压离修正指数 n_p	
			<400mm	≥400 mm
柱式散热器,垂直	厚度 $b ⩽ 110$ mm	0.30	0.40	0.50
	厚度 $b > 110$ mm	0.25	0.45	0.65
柱式散热器,水平	厚度 $b ⩽ 110$ mm	0.27	0.36	0.40
	厚度 $b > 110$ mm	0.25	0.40	0.45
柱式散热器,垂直,迎面表面封闭		0.25	0.55	0.65
带褶儿的柱式散热器		0.25	0.55	0.70
管式散热器		0.20	0.65	0.75
单排板式散热器,无散热翅片		0.50	0.40	0.50
单排板式散热器,一面带散热翅片(PK)				
	翅片间距 ⩽ 25 mm	0.35	0.60	0.70
	翅片间距 > 25 mm	0.35	0.55	0.60
单排板式散热器,双面带散热翅片(KPK)				
	翅片间距 ⩽ 25 mm	0.25	0.65	0.75
	翅片间距 > 25 mm	0.25	0.60	0.65
双排板式散热器,无散热翅片		0.35	0.40	0.55
双排板式散热器,一面带散热翅片或者内侧两面带散热翅片(PKP,PKKP)				
	翅片间距 ⩽ 25 mm	0.20	0.60	0.75
	翅片间距 > 25 mm	0.20	0.55	0.70
双排板式散热器,三面带散热翅片或者一板的内侧另一板的外侧各带一面散热翅片(PKKPK,PKPK)				
	翅片间距 ⩽ 25 mm	0.15	0.60	0.75
	翅片间距 > 25 mm	0.15	0.55	0.70
三排或多排板式散热器,无散热翅片		0.20	0.40	0.55
三排或多排板式散热器,带一面散热翅片				
	翅片间距 ⩽ 25 mm	0.15	0.55	0.70
	翅片间距 > 25 mm	0.15	0.50	0.65
三排或多排板式散热器,带多面散热翅片				
	翅片间距 ⩽ 25 mm	0.10	0.65	0.90
	翅片间距 > 25 mm	0.10	0.60	0.80
对流散热器,不带装饰罩板				
	2.5 mm < 翅片间距 < 4 mm	0.05		1.0
	翅片间距 > 4 mm	0.05		0.8
对流散热器,带装饰罩板 装饰罩板高度 < 400mm				
	2.5 mm < 翅片间距 < 4 mm	0.00		0.90
	翅片间距 > 4 mm	0.00		0.75
对流散热器,带装饰罩板 装饰罩板高度 < 400mm				
	2.5 mm < 翅片间距 < 4 mm	0.00		0.60
	翅片间距 > 4 mm	0.00		0.55

指数 n_p 几乎与过余温度 ΔT 无关。表中所列数据是在过余温度为 50K 的情况下给出的,但可适用于其他任何过余温度 ΔT。

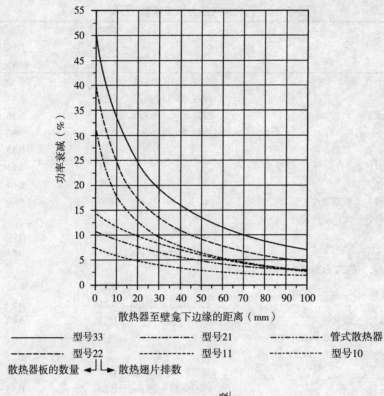

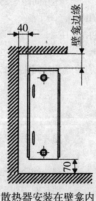

散热器安装在壁龛内

图 4.1.6-34 热功率的衰减与散热器至壁龛下边缘的距离之间的关系

注：该图适用于平面及管式散热器（参见 VDI6030）。

实验表明[53]，所谓混合系数 b 对于各种常用的连接方式已确定的散热器来说，可以假定为常数，而在很大程度上与热水流量无关。通过表面温度的测量，得到大多数常用的柱式及板式散热器的混合系数 $b = 1.25$，在马步式连接并且热水水平分配的情况下，其混合系数 b 大约在 7~8 之间。散热器的平均有效过余温度按经验可用对数温差来精确地表达（考虑到较小的热媒流量或者说较大的进出口温差）。

$$\Delta\theta_{\lg,\text{eff}} = \frac{\theta_{V,\text{eff}} - \theta_R}{\ln\dfrac{\theta_{V,\text{eff}} - \theta_L}{\theta_R - \theta_L}} = \frac{\theta_V - \theta_R}{b\ln\left[\dfrac{b-1}{b} + \dfrac{\Delta\theta_V}{b\Delta\theta_R}\right]} \qquad (4.1.6\text{-}55)$$

4.1 热量移交使用

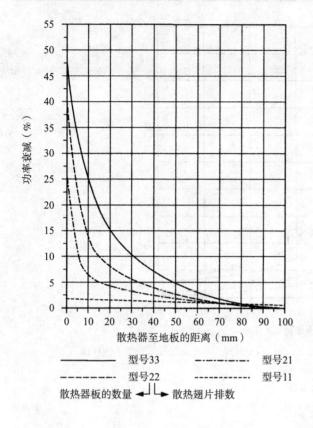
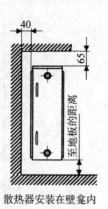

散热器安装在壁龛内

——— 型号33   – – – 型号21
- - - - 型号22   - - - - - 型号11

散热器板的数量 ⌐⌐ 散热翅片排数

图 4.1.6-35 热功率的衰减与一平面散热器至地板的距离之间的关系

热功率和上述对数过余温度之间的关系可同样像式（4.1.6-52）那样用一个指数方程来描述，当然，指数要用有细微变化的 n_{eff}（$\geq n$）。

$$\dot{Q} = C_{eff} \Delta\theta_{g,eff}^{n_{eff}} \quad (4.1.6-56)$$

现在可由式（4.1.6-54）~式（4.1.6-56）推导出相对热功率 $\dot{Q}/\dot{Q}_n$ 和进口过余温度 $\Delta\theta_V$ 以及出口过余温度 $\Delta\theta_R$ 之间的函数关系。

$$\left(\frac{\dot{Q}}{\dot{Q}_n}\right)^{\frac{1}{n_{eff}}} = \frac{b\Delta\theta_{lg,eff,n}}{\Delta\theta_V - \Delta\theta_R} \ln\left[\frac{b-1}{b} + \frac{\Delta\theta_V}{b\Delta\theta_R}\right] \quad (4.1.6-57)$$

在第 3 章应用的所谓散热器设计曲线图（见图 3.1-8）正是以该式为基础，它适用于混合系数 $b = 1.25$ 以及指数 $n_{eff} = 1.30$。当然，同样的设计曲线图也可用于指数偏离 1.30 的散热器，只是按下式修正：

$$\frac{\dot{Q}}{\dot{Q}_n} = \left(\frac{\dot{Q}}{\dot{Q}_n}\right)_{Diagr.}^{\frac{n_{eff}}{1.3}} \quad (4.1.6-58)$$

式（4.1.6-57）也可进一步推广应用到其他不同的连接方式的散热器功率比（比如从标准连接改变成马步式连接）。其中适当的做法就是只把标准热功率（在进口过余温度 $\Delta\theta_V = 55K$，出口过余温度 $\Delta\theta_R = 45K$ 的情况下）进行比较。把标准连接方式（同侧，上进下出）的各个值用 * 号标记：

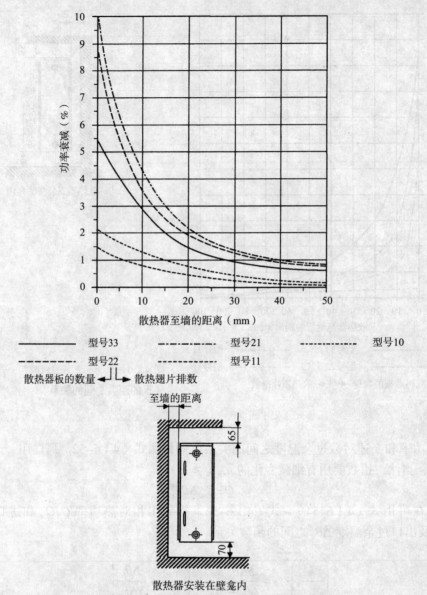

图 4.1.6-36 热功率的衰减与一平面散热器至墙的距离之间的关系

$$\left(\frac{\dot{Q}_n}{\dot{Q}^*_n}\right) = \left[\frac{b^* \ln\left[\frac{b^*-1}{b^*} + \frac{\frac{11}{9}}{b^*}\right]}{b \ln\left[\frac{b-1}{b} + \frac{\frac{11}{9}}{b}\right]}\right]^{neff} \quad (4.1.6-59)$$

DIN 4703 第 3 部分[56]对该热功率比引入了概念"功率衰减系数"。如果一个型号的散热器（同一结构类型和大小，依照 DIN EN 442[50]的概念），在标准连接方式下的标准热

4.1 热量移交使用

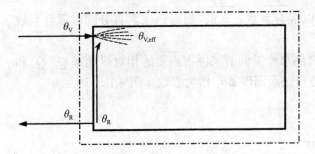

图 4.1.6–37 散热器内部回水与进水混合过程示意图。

功率为 $\dot{Q}_n^*$，在改变连接方式的情况下测得其标准热功率为 $\dot{Q}_n$，那么，则可用式（4.1.6–59）计算出混合系数 b。其中混合系数 b^* 或者由量测出的散热器表面温度亦即 θ_{eff} 并按式（4.1.6–54）计算出 b^*，或者采用经验，通常标准连接方式的混合系数 $b^* = 1.25$，或者也可以按 DIN 4703 第 3 部分[56] 给出的简化的混合系数 $b^* = 1$。图 4.1.6–38 描述了混合系数 b 与标准连接的混合系数 $b^* = 1.25$ 和 $b^* = 1$ 的功率衰减系数 $\dot{Q}_n / \dot{Q}_n^*$ 之间的关系。用以上述两种方式得到的混合系数 b 可以按式（4.1.6–57）（与式（4.1.6–57）一起）可以给出热功率对进出口过余温度的依赖关系。按照标准[56] 亦容许下列简化的做法：

（1）在标准连接方式的情况下，式（4.1.6–52）用测试得到的指数 n 和标准对数温差 49.83K 就足够了，按标准亦即：

$$\dot{Q} / \dot{Q}_n = (\Delta\theta / 49.83K)^n$$

（2）在马步式连接的情况下，应该用依照式（4.1.6–55）计算得出的有效对数温差和量测得到的指数 n 进行计算。然而，对热水水平分配和垂直通流的散热器（如图 4.1.6–23 所示，但马步式连接），应该用有效对数温差应为 $\Delta\theta^*_{V,eff} = 45.62K$ 和混合系数 $b^* = 8$；而对热水垂直分配和水平通流的散热器（如图 4.1.6–26 所示）应该用有效对数温差为 $\Delta\theta^*_{V,eff} = 45.50K$ 和混合系数 $b^* = 10$ 代入式（4.1.6–57）。

（3）在计算连接方式改变情况下的散热器功率衰减系数时，式（4.1.6–59）中的混合

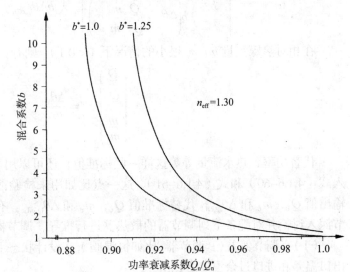

图 4.1.6–38 混合系数 b 和标准连接的混合系数 $b^* = 1.25$ 和 $b^* = 1$ 的功率衰减系数之间的关系

系数 $b^* = 1$,对热水水平分配的散热器以混合系数 $b = 8$,而对热水垂直分配以混合系数 $b = 10$ 代入方程。

用式(4.1.6-57)还同样能够给出对热水流量调节来说很重要的相对热功率 $\dot{Q}/\dot{Q}_n$ 和相对热媒流量 $\dot{m}/\dot{m}_n$ 之间的关系,其中进口过余温度 $\Delta\theta_V$ 作为参数(图 4.1.6-39):

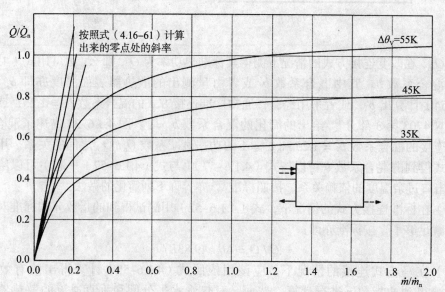

图 4.1.6-39　相对热功率 $\dot{Q}/\dot{Q}_n$ 和相对热媒流量 $\dot{m}/\dot{m}_n$ 之间的关系

注:其中进口过余温度 $\Delta\theta_V$ 作为参数(混合系数 b = 常数)。

$$\ln\left[\frac{b-1}{b} + \frac{\Delta\theta_V}{b\left(\Delta\theta_V - \frac{\dot{Q}}{\dot{Q}_n}\frac{\dot{m}_n}{\dot{m}}\sigma_n\right)}\right] = \left(\frac{\sigma_n}{b\Delta\theta_{lg,eff,n}}\right)\frac{\dot{m}_n}{\dot{m}}\left(\frac{\dot{Q}}{\dot{Q}_n}\right)^{1-\frac{1}{n_{eff}}} \quad (4.1.6\text{-}60)$$

在相对热媒流量 $\dot{m}/\dot{m}_n$ 很小的情况下(<0.1),则有:

$$\left(\frac{\frac{\dot{Q}}{\dot{Q}_n}}{\frac{\dot{m}}{\dot{m}_n}}\right)_{\dot{m}\to 0} = \frac{\Delta\theta_V}{\sigma_n} \quad (4.1.6\text{-}61)$$

代替功率、热水流量等等这样一些标准值,还可以用其他的输出值组合作为基准值带入式(4.1.6-60)和式(4.1.6-61)。这一点比如用来检验散热器的调节作用是必需的,用输出值 $\dot{Q}_0$,$\dot{m}_0$ 和 $\Delta\theta_{lg,eff,0}$ 代替标准值 $\dot{Q}_n$,$\dot{m}_n$ 和 $\Delta\theta_{lg,eff,n}$。有关这方面的问题,将在第 5.3.2 节深入讨论并对配备下列调节器的散热器进行推导,调节器为:

(1)有调节偏差(P 调节器,比如恒温阀),在设计状态下应具有尽可能大的 $\sigma_0/\Delta\theta_{V,0}$(进出口温差和进口过余温度之比);

（2）无调节偏差（PI调节器），仅仅需要考虑限制热水流量 $\dot{m}_0$（参见第4.2.5和4.2.6节）。

进出口温差和进口过余温度之比 $\sigma_0/\Delta\theta_{V,0}$ 实际上是冷却系数 Φ（参见第5.3.2章）。如果对设计状况 $\sigma_0/\Delta\theta_{V,0}$ 引进一个极限值 $\Phi_{\lim}$（比如，$\Phi_{\lim}=1/3$，它比通常使用的比例 20/70 更合适），那么，作为设计条件

$$\sigma_0 \geq \Phi_{\lim} \cdot \Delta\theta_{V,0} \qquad (4.1.6-62)$$

应该得到保证。因为在进行设计计算时，往往以平均过余温度 $\Delta\theta_H$ 为出发点，而且在确定进出口过余温度时，把 $\Delta\theta_H$ 看作一个算术平均值已足够精确，这样，就有 $\Delta\theta_{V,0} = \Delta\theta_H + \sigma_0/2$。现在由式（4.1.6-62）可得到规则：

$$\sigma_0 \geq \frac{\Delta\theta_H}{1/\Phi_{\lim}-1/2} \qquad (4.1.6-63)$$

让式中的 $\Phi_{\lim}=1/3$，则有

$$\sigma_0 \geq \frac{2}{5}\Delta\theta_H \qquad (4.1.6-64)$$

作为一项规则，在VDI 6030中给出了要求的最小进出口温差和过余温度 $\Delta\theta_H$ 之间的关系并在第3章中已经应用（图3.1-7）。作为例子，式（4.1.6-62）提供了在散热器设计曲线图（见图4.1.6-40）中划出的限定直线（虚线）。$\Delta\theta_{R,\max}=\Delta\theta_V(1-\Phi_{\lim})=\Delta\theta_V\cdot 2/3$，其中 $\Phi_{\lim}=1/3$。在选择给定参数时，不允许超出限定直线之上。

图4.1.6-40还举例就两个主要应用情况说明计算过程如何进行：

（1）在设计情况下给出进口过余温度 $\Delta\theta_{V,0}$。再用设计热功率 $\dot{Q}_0$ 和已选出的散热器的标准热功率 $\dot{Q}_n$ 计算出功率比 $\dot{Q}_0/\dot{Q}_n$，由进口过余温度 $\Delta\theta_{V,0}$ 线和功率比 $\dot{Q}_0/\dot{Q}_n$ 线的交点读出出口过余温度 $\Delta\theta_R$。

（2）在复核情况下，$\Delta\theta_V$ 以及 $\Delta\theta_R$ 已测得，从产品说明书上查出现有的散热器的标

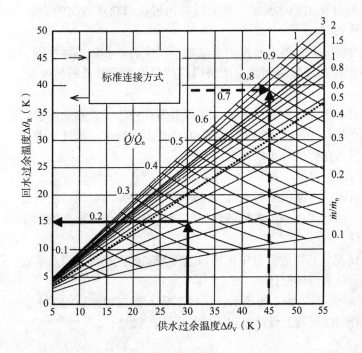

图4.1.6-40 散热器设计曲线图的应用（指数 $n=1.3$ 以及混合系数 $b=1.25$）：

设计情况：$\Delta\theta_{V,0}=30K$，$\dot{Q}_0/\dot{Q}_N=0.31$

结果：$\Delta\theta_R=15K$。

复核情况：$\Delta\theta_V=45K$，$\Delta\theta_R=39K$，$\dot{Q}_n=1200W$

结果：$\dot{Q}_0/\dot{Q}_n=0.8$，$\dot{Q}=960W$，$\dot{m}=137.8 kg/h$

准热功率 $\dot{Q}_n$。通过 $\Delta\theta_V$ 以及 $\Delta\theta_R$ 两直线的交点，在热功率曲线上读出功率比 $\dot{Q}/\dot{Q}_n$。用现有的散热器的标准热功率 $\dot{Q}_n$ 可计算出在测量期间散热器散发的热功率 $\dot{Q}$ 并由此用下式

$$\dot{m} = \frac{\dot{Q}}{\sigma \cdot c_w} \quad (4.1.6-65)$$

计算出其热水流量。

散热器的测试

为了达到统一评估室内散热器热功率的目的，因此，把散热器的测试条件和测试方法标准化了。这里最重要的是定义散热器测试的热环境。当初与国外的测试实验室采用封闭的测试台不同，在德语区是应用具有一定优点的开放式测试室[52]进行检测。对此最初的方案是里彻尔（Rietschel）[57]于1887年提出的，O·克里舍尔（O. Krischer）和W·赖斯（W. Raiβ）首先提出了建立标准的建议。把开放式测试室建在一个很大的大厅内，测试的散热器所释放出的热功率不会影响大厅内的热环境条件。

在欧洲测试标准 DIN EN 442[51]问世以后，测试都在一个封闭的检测室进行。散热器所释放出的热功率必须通过测试室周围的水冷壁排走，这就意味着，测试室围护结构表面温度要随着待测散热器的热功率大小而改变。为统一欧洲散热器检测行业，建立的所谓参照测试台都有一个格式完全统一的封闭的水冷壁测试室。

封闭检测室内的基准点的空气温度被控制恒定在大约20℃（壁面温度相应地改变）。如果散热器的热功率不是太大（小于2kW），在基准点高度固定为0.75m情况下，早先在开放测试室测得的与今天在封闭检测室测得的热功率大致相同（在有足够实测经验的试验台其偏差不到4%，在参照试验台其偏差低于1%）。

水侧的热功率可用称量方法或电气方法两种方法进行测量。

在称量法（见图4.1.6-41）的情况下，让流经散热器的热水在出口处、在一定的时间间隔内流入一个容器并称量，从而计算出热水流量；同时计算出进出口热水之间的焓差。再由这两个数值确定出散热器的热功率。

在电气法（见图4.1.6-42）的情况下，热水通过一个电加热的产热器和散热器在同一个循环中流动。从输入的电功率中扣除在短路测试中所获得的产热设备和管道的热损失，这样就确定了散热器的热功率。

由于要做到各种产品的可比性，要求上面提及的测试结果具有高精度（在参照试验台的情况下，其误差小于1%）；而在设计中根本不会有人去关心这样高的精度。因此，前面所述及的气压对热功率的影响也只是在测试时予以考虑。

散热器的设计

在3.1节已举例讨论了采暖系统的方案，从而也部分地述及了有关室内散热器的设计问题。对此本节会深入加以讨论，而且要进一步解释清楚如何从传统的设计方法拓展到在VDI 6030中所建议的新的设计方法。

传统的做法是完全基于热工情况，通过配备有中央出口温度控制的产热设备以及要安装的散热器应满足室内的标准热负荷来指导设计：

（1）当时产热设备基本上能提供至少90℃的热水，采暖工程人员在如此高的供水温度情况下也还没有关注到节能或舒适性问题，设计过程通常按下述的做法：

4.1 热量移交使用

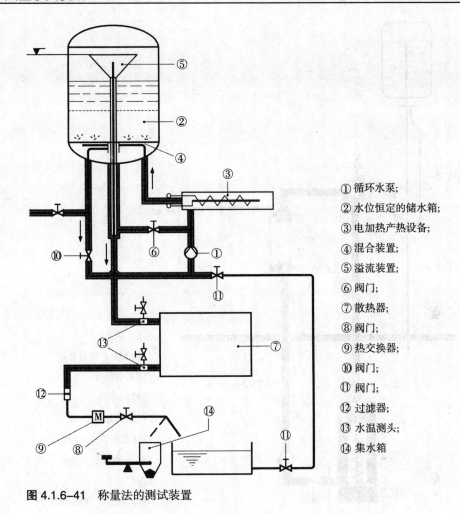

图 4.1.6-41 称量法的测试装置

① 循环水泵；
② 水位恒定的储水箱；
③ 电加热产热设备；
④ 混合装置；
⑤ 溢流装置；
⑥ 阀门；
⑦ 散热器；
⑧ 阀门；
⑨ 热交换器；
⑩ 阀门；
⑪ 阀门；
⑫ 过滤器；
⑬ 水温测头；
⑭ 集水箱

1）计算"标准热需求 $\dot{Q}_h$"[15]；
2）要求的散热器的标准热功率（当时是在散热器进口温度 $\theta_V = 90℃$，出口温度 $\theta_R = 70℃$以及空气温度 $\theta_L = 20℃$的边界条件下）等于标准热负荷（$\dot{Q}_n = \dot{Q}_h$）；
3）从散热器产品目录中选择型号（一个型号系列很少型号，但是划分极细，大多数是按柱片，以长度分等）；
4）由标准进出口温差为 20 K，从产品目录中查取热水流量。

（2）即使在当时做进出口温度为 90/70℃设计的时候，其中也有产热设备偏离此边界条件，有远远超过 90℃ 的高温热水（比如在远程热源情况下为 110℃）。只是产品目录中所给出的数值得按式（4.1.6-56）进行换算，其余做法如前所述。

（3）随着按国家规定要求，已广泛引入所谓的低温产热设备，即其最高运行温度不得超过 75℃，那么等式"$\dot{Q}_n = \dot{Q}_h$"无论如何是不成立了；现在的散热器产品目录已包含了若

---

[15] 直到 1993 年用符号 $\dot{Q}_h$ 来表示标准热需求，之后用 $\dot{Q}_N$，并且进一步研发了计算方法（$\dot{Q}_N < \dot{Q}_h$）。今天的概念是标准热负荷。

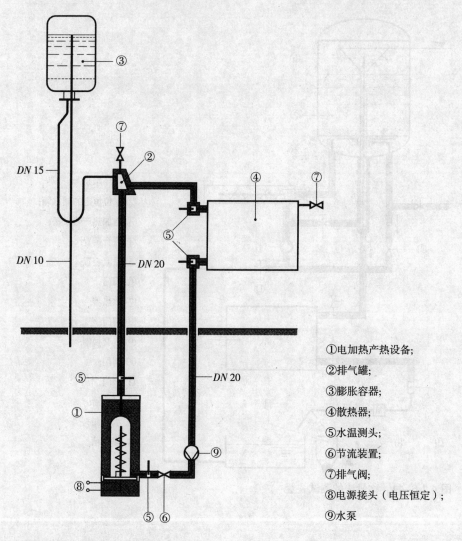

①电加热产热设备；
②排气罐；
③膨胀容器；
④散热器；
⑤水温测头；
⑥节流装置；
⑦排气阀；
⑧电源接头（电压恒定）；
⑨水泵

图 4.1.6–42 电气方法的测试装置

干个温度对，例如 70/60 ℃，70/55 ℃ 还有 55/45 ℃。这些较新的方法有些地方仍然还是和传统的有联系：

1）计算标准热负荷 $\dot{Q}_N$；

2）按 DIN 4701 第 3 部分计算散热器的设计热功率 $\dot{Q}_H = (1+x) \cdot \dot{Q}_N$（如果产热设备的出口温度不能提高的话，式中 $x = 0.15$）；

3）给出温度对 θ_V^*/θ_R^*（*表示来自产品目录）；

4）从散热器产品目录中选择型号（与按柱片分级相比，一个型号系列的大多数型号都是粗略的按长度分级），产品目录中的 $\dot{Q}^*$ 与温度对 θ_V^*/θ_R^* 相匹配；

5）运用式（4.1.6–56），但以下面的形式来计算散热器的实际出口温度 θ_R，$\theta_R < \theta_R^*$：

$$\Delta\theta_{lg} = \Delta\theta_{lg}^* \left(\frac{\dot{Q}_H}{\dot{Q}^*}\right)^{\frac{1}{n}}$$

4.1 热量移交使用

以及

$$\Delta\theta_R \approx 2\Delta\theta^*_{\lg}\left(\frac{\dot{Q}_H}{\dot{Q}^*}\right)^{\frac{1}{n}} - \Delta\theta^*_V \qquad (4.1.6\text{-}66)$$

6）在实际的进出口温差 $\sigma = \Delta\theta^*_V - \Delta\theta_R$ 的情况下所需要的热水流量用式（4.1.6–65）来确定，亦即

$$\dot{m}_H = \frac{\dot{Q}_H}{\sigma c_W}$$

由于安装条件散热器向房间"冷"壁面辐射而造成的热损失没有包含在设计热功率 $\dot{Q}_H$ 里；在现在墙壁保温性能良好的情况下，它们在总体计算里也可忽略不计。

（4）很多时候，有实际经验的人省略了第 5）计算步骤，而是把产品目录中给出的进出口温差 $\sigma^* = \theta^*_V - \theta^*_R$ 直接代入式(4.1.6–65)。当然，求得的热水流量在流量比 σ/σ^* 中会过大。为此举例说明。

例 1

设计热功率 $\dot{Q}_H = 1000W$。从产品目录表中查出最接近此功率的是在进口温度 $\theta^*_V = 55℃$ 和出口温度 $\theta^*_R = 45℃$ 时，散热器的热功率为 $\dot{Q}^* = 1100W$。从式（4.1.6–66）可得到实际的出口温度以及实际的进出口温差：

$$\sigma = 2\left[\Delta\theta^*_V - \Delta\theta^*_{\lg}\left(\frac{\dot{Q}_H}{\dot{Q}^*}\right)^{\frac{1}{n}}\right] = 2\left[35K - 29.72K\left(\frac{10}{11}\right)^{\frac{1}{1.3}}\right] = 14.8K$$

产品目录表中的热水流量差不多大了 48%。

以刚刚所举的例子为背景，就会产生这么一个问题，是否通常的散热器目录根本不能减轻计算工作，尽管其中列出了许多相应于固定的进出口温度的热功率表，并且是否可能会诱导设计错误。这就是说，只要列表给出一个型号系列不同型号的以长度为基准的标准热功率以及可提供的长度系列，也许就足够了。但无论如何都有必要换算到实际的设计条件。如果用一个简化了的"标准热功率目录"，同样只是基于热工情况来指导设计，那么，采用以下步骤：

（1）计算标准热负荷 $\dot{Q}_N$；

（2）计算如前所述的 $\dot{Q}_H$；

（3）给出进口过余温度 $\Delta\theta_{V,0}$（例如，与产热设备匹配）；

（4）按式（4.1.6–64）或从图 3.1–7 得到（$\Delta\theta_{V,0} - \sigma_0$），从散热器设计曲线图（例如图 3.1–8 或者 VDI 6030）查出热功率比 $\dot{Q}_H/\dot{Q}_n$ 并计算出暂时的 $\dot{Q}_n$；

（5）由"标准热功率目录"选择散热器型号；用查出的 $\dot{Q}^*_n \geq \dot{Q}_n$ 得到最后真正的 $\dot{Q}_H/\dot{Q}^*_n$，然后再从散热器设计曲线图查出出口过余温度 $\Delta\theta_R$。

（6）用式（4.1.6–65）来确定热水流量。

刚才所表明的方法步骤，对于依照 VDI 6030 的要求等级 1 也是适用的。这也就像传统的做法一样，仅仅是满足标准热负荷的要求，也就是说，在按照 DIN 4701 的设计条件下，在所谓按 VDI 6030 定义的有要求区域内的室温不得低于额定值。至于散热器的布置（在室内的位置）和大小（迎面面积）是可自由选择的。只是在设定进口温度时，按照 VDI 6030 应该注意其上下限："源于心理因素的考虑（散热器在运行时，其表面必须让人摸起

来有热的感觉，否则会联想到"没有供热"），最低进口温度 $\theta_{V,min}$ = 45℃。由于节能和安全方面（意外事故如儿童身体接触散热器而烫伤）的原因，其上限定在 $\theta_{V,max}$ = 60℃。关于预热升温功率储备的考虑，可以把最大进口温度 $\theta_{V,max}$ 短时间提高到 70℃"。

在第 1 和第 2 章已经阐述过，现在对一个采暖系统的要求远远超出了仅仅能简单地满足标准热负荷。在 3.1 节中的采暖设备方案的例子表明，如何把各项要求转换成相应的采暖设备的功能。随着引进要求的概念诸如"有要求区域"和要求等级，准则 VDI 6030 连同一个设计责任书范本（表 3.1-2）提供了设计基础。要求等级 1 只是满足简单的需求。在要求等级 2 的情况下，通过室内散热器合适的布置，不允许再有辐射赤字影响设定的有要求区域。换言之，采暖设备除了满足热负荷外，还必须具备补偿由室内某一"冷"壁面带来的辐射赤字的功能（参见第 1 章）。而等级 3 则要求排除所有在 VDI 6030 中列举（定义）的舒适性赤字。与要求等级 2 相比，特别是不允许有"干扰气流到达设定的有要求区域"而且保证"散热器因其长度和布置可阻止下降冷气流（散热器的长度 = 窗户的宽度）"。如果一个表面的温度低于室内的设计温度 $\theta_{i,A}$ 则定义为"冷"围护结构壁面（参见 4.1.2 节）；但设计中考虑的"冷"壁面是其表面温度与室内温度差为 $\theta_{i,A} - \theta_U > 4$ K。过冷温度定义为：

$$\Delta\theta_U = k_U \frac{1}{\alpha_j}(\theta_{i,A} - \theta_a) \tag{4.1.6-67}$$

式中 k_U——"冷"围护结构壁面 AU 的传热系数；

α_i——$1/\alpha_i = 0.13$ m²·K/W（依照 DIN 4701 第 1 部分）。

为了证明辐射赤字被消除，按第 1 卷方程 G1-21，简单地假定，辐射热交换可以用一个线性关系来描述，而且散热器表面和"冷"表面的辐射换热系数 α_R 是相等的（参见第 4.1.2 节和图 4.1.2-10）。所需的一个或多个散热器表面的过余温度 $\Delta\theta_H$，在其迎面尺寸 L_{HK}（长度）和 H_{HK}（高）已知的情况下，由下式确定：

$$\Delta\theta_H = \theta_H - \theta_i \geq \frac{A_U \Delta\theta_U}{\Sigma L_{HK} H_{HK}} \tag{4.1.6-68}$$

若有多个面"冷"表面 j 和多个散热器表面 k，则：

$$\Delta\theta_H = \frac{\Sigma(A_{U,j} \cdot \Delta\theta_{U,j})}{\Sigma(L_{HK,k} \cdot H_{HK,k})} \tag{4.1.6-69}$$

当散热器具有最大过余温度 $\Delta\theta_{Hmax}$ 时，引入到 VDI 6030 中的最小进出口温差 σ_{min} 应从图 3.1-7 中查出，并选择设计的进出口温差 $\sigma_{Ausl} \geq \sigma_{min}$，这样，进口过余温度可由下式计算：

$$\Delta\theta_V = \Delta\theta_{H,max} + \frac{\sigma_{Ausl}}{2} \tag{4.1.6-70}$$

制造一个足够大的进出口温差会带来诸多优点：水流量减少（分配系统中的电能消耗会小一些），缓冲蓄热器会得到充分利用，而且较低的回水温度会给先进的产热设备（例如冷凝锅炉、热泵）进入更有利的运行范围；更主要的是散热器的调节能力得到改善，因为调节能力随着冷却系数 $\sigma_{Ausl}/\Delta\theta_{V,Ausl}$（参见第 5.3.2.2 节）而增加。准则 VDI 6030 根据以供回水温度 90/70℃ 的长期设计经验制定了最小进出口温差，这相当于冷却系数 $\sigma_{Ausl}/\Delta\theta_{V,Ausl} = 20/70 = 1/3.5$。为了相对于老的实际经验能做得更好一些，规定了 $\sigma_{Ausl}/\Delta\theta_{V,Ausl} = 1/3$。由此得到了图 3.1-7 描述的最小进出口温差和平均过余温度的关系 $\sigma_{min} = 2/5\Delta\theta_H$。

4.1 热量移交使用

在要求等级 2 或 3 给定的情况下（据 VDI 6030，参见上文），通常在设计责任书内所收集到的数据的基础上，应按如下步骤逐个详细进行：

（1）确定室内散热器的安装位置以及迎面尺寸（L_{HK}（长度）和 H_{HK}（高度））：

1）在要求等级 2 的情况下，散热器安装在"冷"围护结构壁面（窗户）附近，或在要求等级 3 的情况下，散热器安装在窗户下面。

2）考虑到美观要求，按照室内实际情况确定散热器的有效辐射面积 $L_{HK} \cdot H_{HK}$（等级 2）或使散热器的长度与窗户的宽度看齐（$L_{HK} \geq L_{Fe}$）以及散热器高度按现有的可用空间来选择（等级 3）。

（2）计算要求的散热器最小过余温度 $\Delta\theta_{H,min}$

1）依照式（4.1.6-67）计算"冷"围护结构壁面的过冷温度；

2）依照式（4.1.6-68）或（4.1.6-69）计算散热器的最小过余温度 $\Delta\theta_{H,min}$。

（3）由图 3.1-7 查出最小设计进出口温差 σ_{min}。

（4）散热器的进口过余温度 $\Delta\theta_V$ 按式（4.1.6-70），用最大的热水过余温度 $\Delta\theta_{Hmax}$ 来选择，则散热器的出口过余温度 $\Delta\theta_R = \Delta\theta_V - \sigma_{min}$ 计算求得。

（5）确定要求的散热器标准热功率：

1）由散热器设计曲线图（图 3.1-8）查出要求的热功率比 $(\dot{Q}/\dot{Q}_n)_{erf}$；

2）计算要求的散热器标准热功率 $\dot{Q}_{n,erf} = \dot{Q}_H/(\dot{Q}/\dot{Q}_n)_{erf}$（安装的散热器的标准热功率不允许超过该值，因为否则的话，要求的散热器最小过余温度 $\Delta\theta_{H,min}$ 不能得到保证[⑩]）。

（6）选择有可能供货的散热器尺寸，亦即长度 L_{HK} 和高度 H_{HK} 及其标准热功率 $\dot{Q}_n$（$\leq \dot{Q}_{n,erf}$），并且

1）在实际选择的散热器长度 L_{HK} 和高度 H_{HK} 与理论计算出的尺寸有出入的情况下，按步骤（2）、（3）及（4）重新计算（供水温度提升有 1℃ 或 2℃ 的余地就可以了）；

2）计算实际的热功率比 $(\dot{Q}_H/\dot{Q}_n)_{ist}$；

3）再在散热器设计曲线图（图 3.1-8）中通过已知的进口过余温度 $\Delta\theta_V$ 查出各个相应的出口过余温度 $\Delta\theta_R$ 并计算出进出口温差 σ_j。

（7）按式（4.1.6-65）计算热水流量。

例 2

为已处在方案阶段（初步设计）的一个学生宿舍楼内的一个房间设计预先给定的散热器。在方案阶段设计责任书（表 4.1.6-3）已拟定。此外，由设计中得知房间的尺寸（宽 2.6m，进深 5m，层高 2.4m）以及一个玻璃门和窗户的尺寸。玻璃门洞的宽为 0.85m，高 2m；窗户的宽和高均为 0.85m。已知窗户和玻璃门的传热系数为 $k_{Fe} = 1.4$ W/(m²·K)。有要求区域希望是尽可能地大，至少延伸到距离外墙 1m。项目委托方和建筑方均认为达到要求等级 2 就够了，也就是说，只要求排除辐射赤字，由玻璃门和窗户所引起的下降冷气流还可以忍受，但它也只能在玻璃门前起干扰作用，因为，在靠侧内墙、窗户前面统一摆放一写字台，其侧面到地板是封死的。因此，在方案阶段就已经决定，把散热器布置在靠玻璃门和窗户之间 0.4m 宽的外墙。

七个设计步骤得到如下结果：

[⑩] 与要求等级 1 不同，在给定的要求等级 2 和 3 的情况下，产品目录的功率。$\dot{Q}_n \leq \dot{Q}_{n,erf}$

热水采暖系统的设计责任书（例题）

表 4.1.6-3 采暖房间说明书

项目： 学生宿舍
建筑物： 学生宿舍楼，街道…，城市…

房间簿记

楼层	房间标记 种类	使用 采暖时间 起 – 至 钟点	标准热负荷① (W)	设计规定值 通风 种类② 机械/自然	室内热负荷③ 高/低	室内温度 $\theta_{i,a}$ (℃)	降温运行 θ_{Absenk} (℃)	其他规定值 有要求区域④ (m)	要求等级 ΔQ_{RH}	预热升温 功率储备⑤ (W)	额外用途 耗费	系数 $e_{i,max}$ —
第3层	x 客厅/睡房	7 – 22	379	自然	高 (≈ 0.4)	20	16	最小	2	—	—	<1.2

① 依照 DIN4701 或 DIN pr EN 12831。
② 在机械通风情况下，需要额外的数据（人数、设备功率、运行时间、同时使用系数）确定送风量，否则只是给出机械或自然。
③ 高和低的界限：室内负荷/标准热负荷 ≥ 0.2。
④ 距离"冷"壁面的距离，单位为米。
⑤ 参照 DIN pr EN 12831 最小储备能力。
⑥ 依照 VDI2067 第 20 部分。

4.1 热量移交使用

（1）位于玻璃门和窗户之间的散热器的高度 H_{HK} 为 1.8m（即离地面 0.2m），长 L_{HK} 为 0.3m（略少于 0.4m，以便于安装）。散热器的高度已确定，但长度则依据可能供货的散热器尺寸而定。

（2）"冷"围护结构壁面的过冷温度（此处为窗户）按式（4.1.6-67）计算：

$$\Delta\theta_U = 1.4W/(m^2 \cdot K) \times 0.13m^2 \cdot K/W \times (20K+14K) = 6.2K$$

要求的散热器最小过余温度为：

$$\Delta\theta_{H,max} = \frac{2.42m^2 \times 6.2K}{0.3m \times 1.8m} = 27.8K$$

（3）设计的最小进出口温差可在散热器过余温度大约为 28K 情况下，由图 3.1-7 查出 σ_{min} = 11.2K（或按式（4.1.6-64 计算）。

（4）在把热水过余温度取整为 28K 情况下，由式（4.1.6-70）得到进口过余温度，也同样取整，$\Delta\theta_V$ = 34K，出口过余温度 $\Delta\theta_R$ = 22K。

（5）现在可用这两个过余温度从散热器设计曲线图（图 3.1-8）查出要求的热功率比 $\dot{Q}/\dot{Q}_n$ 为 0.45。而且散热器设计热功率 $\dot{Q}_H$ 可以与标准热负荷 $\dot{Q}_N$ 相等，因为，在 45℃ 这样较低的进口温度情况下，预热升温功率储备通过提升进口温度很容易得以实现。要求的最大的散热器标准热功率 $\dot{Q}_{n,erf}$ 为：

$$\dot{Q}_{n,erf} = \frac{\dot{Q}_N}{\left(\frac{\dot{Q}}{\dot{Q}_n}\right)_{erf}} = \frac{379W}{0.45} = 842W$$

（6）在选择散热器时应注意，长度很小的散热器其长度划分要足够细。对此，柱式散热器最为合适。因而，选出了一个高为 1.8m，宽为 0.28m 的管式散热器（表 4.1.6-4）。该散热器的标准热功率为 824W，此处是有意识地选择其标准热功率小于在第（5）步中所求得的标准热功率，目的是使散热器通过一个小小的温度提升就能适合现有的条件，而没有使需要的平均过余温度低于先前计算得出来的散热器过余温度（表 4.1.6-4）。在所确定的散热器尺寸情况下，现在的过余温度 $\Delta\theta_H$ = 29.8K，从而使得最小的进出口温差 σ_{min} = 11.9K 以及新的进口过余温度 $\Delta\theta_V$ = 36K。出口过余温度会保持不变即 $\Delta\theta_R$ = 22K。接着，从散热器的设计曲线图查出功率比 ($\dot{Q}_N/\dot{Q}_n$) = 0.46。

管式散热器选择（例题） 表 4.1.6-4

高度 (m)	柱片数 —	柱距 (mm)	长度 (m)	$\Delta\theta_{H,min}$ (K)	$\dot{Q}_{n,erf}$ (W)	$\dot{Q}_{n,ist}$ (W)	注释
1,80	—	—	0.30	28.0	842	—	期望尺寸
1,80	5	46	0.230	36.3	592	860	水温需要降低很快
1,80	6	46	0.276	30.2	758	1032	水温需要降低很快
1,80	8	35	0.280	29.8	≈ 824	824	仅略微超过要求的过余温度

（7）用进出口温差 $\sigma = 14K$ 可按式（4.1.6-65）计算出热水流量。

$$\dot{m} = \frac{379W \times 3600}{4180J/(kg \cdot k) \cdot 14K} = 23.3 kg/h$$

采用该例中所选择的散热器，则会：

（1）满足标准热负荷；

（2）消除辐射赤字（该散热器的标准热功率略微低于额定值，这样只产生微弱的辐射过剩，但不会造成房间过热）；

（3）系统能耗也在给定的耗能额定值即最大的耗费系数 $e_1 = 1.2$ 以下；根据 VDI 2067 第 20 部分，年平均相对热负荷是 $\beta_Q = 0.15$，因此，$1.15 < e_1 < 1.2$（参见第 8.3 节）。如果房间采暖采用 PI 调节器，那么，耗费系数可达到 $e_1 = 1.1$，而且散热器连接支管有可能用管径公称尺寸为 $DN\,8 \times 1$ 的软铜管或软钢管。只是进出口温差应该略微降至 $\sigma = 10\,K$ 并把进口过余温度降到 $\Delta\theta_V = 35K$。

参考文献

[1] DIN 4701: Regeln für die Berechnung des Wärmebedarfs von Gebäuden, Teil 3: Auslegung der Raumheizeinrichtungen. Ausgabe August 1989.
[2] DIN EN 442: Radiatoren und Konvektoren, Teil 2: Prüfverfahren und Leistungsangaben. Ausgabe Februar 1997.
[3] DIN 1946: Raumlufttechnik, Teil 1: Terminologie und graphische Symbole. Ausgabe Oktober 1988.
[4] VDI 2078, Berechnung der Kühllast klimatisierter Räume. Ausgabe Juli 1996.
[5] VDI 2067, Wirtschaftlichkeit gebäudetechnischer Anlagen, Bl. 10: Energiebedarf beheizter und klimatisierter Gebäude. Entwurf Juni 1998; Blatt 11: Rechenverfahren zum Energiebedarf beheizter und klimatisierter Gebäude. Entwurf Juni 1998.
[6] Biegert, B.: Theoretische und experimentelle Untersuchung der Luftbewegung an wärmeabgebenden Körpern, Diplomarbeit Universität Stuttgart 1990.
[7] Hesslinger, S. und Schlapmann, D.: Wärmeübertragung an einer horizontaler Fläche bei Wärmedurchgang von unten nach oben. Nicht veröffentliche Forschungsarbeit IKE, Abt. HLK, Universität Stuttgart, März 1977.
[8] DIN 18895: Feuerstätten für feste Brennstoffe zum Betrieb mit offenem Feuerraum (offene Kamine). Teil 1: Anforderungen, Aufstellungen und Betrieb. Ausgabe August 1990.
[9] DIN 18895: Feuerstätten für feste Brennstoffe zum Betrieb mit offenem Feuerraum (offene Kamine). Teil 2: Prüfung und Registrierung. Ausgabe August 1990.
[10] DIN 18891: Kaminöfen für feste Brennstoffe. Ausgabe August 1984.
[11] DIN 18890: Dauerbrandöfen für feste Brandstoffe. Teil 1: Verfeuerung von Kohleprodukten Anforderungen, Prüfungen, Kennzeichnung, Ausgabe Entwurf September 1990; Teil 2: Verfeuerung von Scheitholz, Anforderungen, Prüfung, Kennzeichnung. Ausgabe Entwurf Oktober 1990.
[12] DIN 18893: Raumheizvermögen von Einzelfeuerstätten, Näherungsverfahren zur Ermittlung der Feuerstättengröße. Ausgabe August 1987.
[13] DIN EN 1: Ölheizöfen mit Verdampfungsbrennern und Schornsteinanschluss. Ausgabe August 1990
[14] DIN 4736: Ölversorgungsanlagen für Ölbrenner. Ausgabe April 1991
[15] DIN 18160: Hausschornsteine. Ausgabe Februar 1987.
[16] Muster-Feuerungsverordnung von 1980.
[17] Schüle, W. und Fauth, U.: Untersuchungen an Hausschornsteinen. HLH 13 (1962) Nr. 5, S. 133–146.
[18] DIN 3364: Gasgeräte Raumheizer, Teil1: Begriffe, Anforderungen, Kennzeichnung, Prüfung (Änderung 1). Ausgabe Entwurf April 1992.
[19] DVGW Arbeitsblatt D 260.
[20] DIN EN 125: Flammenüberwachungseinrichtungen für Gasgeräte, Thermoelektrische Zündsicherungen. Ausgabe September 1991.

[21] DIN 3258: Flammenüberwachung an Gasgeräten, Teil 2: Automatische Zündsicherung, Sicherheitstechnische Anforderungen und Prüfung. Ausgabe Juli 1988.
[22] Borstelmann, P. und Rohne, P.: Handbuch der elektrischen Raumheizung. Hüthig Buch Verlag Heidelberg, 7., überarbeitete Auflage 1993.
[23] DIN 44576: Elektrische Raumheizung, Fußboden-Speicherheizung; Teil 1: Begriffe; Teil 2: Prüfungen; Teil 3: Anforderungen; Teil 4: Bemessung für Räume, Ausgabe März 1987.
[24] Dipper, Jörg: Der Energieaufwand der Nutzenübergabe bei Einzelheizgeräten. Diss. Universität Stuttgart, 2002 (LHR-Mittlg. Nr. 9)
[25] DIN 18892: Dauerbrand-Heizeinsätze für feste Brennstoffe; Teil 1: Zur bevorzugten Verfeuerung von Kohle, Ausgabe April 1985; Teil 2: Heizeinsätze zur bevorzugten Verfeuerung von Holz mit verminderten Dauerbrandeigenschaften, Ausgabe Oktober 1989. Neue Ausgabe Mai 2000: Kachelofen- und/oder Putzofen-Heizgeräte für feste Brennstoffe
[26] DIN 44570: Elektrische Raumheizung, Speicherheizgeräte mit nicht steuerbarer Wärmeabgabe; Teil 1: Begriffe; Teil 2: Prüfung; Teil 3: Anforderungen, Ausgabe September 1976; Teil 4: Bemessungen für Räume, Ausgabe Oktober 1977:
[27] DIN 44572: Elektrische Raumheizgeräte, Speicherheizgeräte mit steuerbarer Wärmeabgabe; Teil 1: Einleitung und Begriffe; Teil 2: Anforderungen; Teil 3: Prüfungen; Teil 4: Bemessungen für Räume; Teil 5 Messverfahren zur Ermittlung des Wärmeinhaltes (Kolorimeter), Ausgabe August 1989.
[28] DIN 44574: Elektrische Raumheizung, Aufladesteuerung für Speicherheizung; Teil 1: Begriffe; Teil 2: Prüfungen von Aufladesteuerungen von Speicherheizgeräten mit thermomechanischem Aufladeregler; Teil 3: Prüfungen von Aufladesteuerungen von Speicherheizungseinheiten mit elektronischem Aufladeregler; Teil 5: Anforderungen an Aufladesteuerungen von Speicherheizungseinheiten mit elektronischem Aufladeregler, Ausgabe März 1985.
[29] DIN 1946: Raumlufttechnik; Teil 2: Gesundheitstechnische Anforderungen (VDI-Lüftungsregeln), Ausgabe Januar 1994.
[30] VDI 2081: Geräuscherzeugung und Lärmminderung in Raumlufttechnischen Anlagen, Ausgabe März 1983.
[31] DIN 4794: Ortsfremde Warmlufterzeugung; Teil 1: mit und ohne Wärmetauscher, allgemeine und lufttechnische Anforderungen, Prüfung; Teil 2: Ölbefeuerte Warmlufterzeuger, Anforderungen; Teil 3: Gasbefeuerte Warmlufterzeuger mit Wärmetauscher, Anforderungen, Prüfung, Ausgabe Dezember 1989; Teil 5: Allgemeine und sicherheitstechnische Grundsätze, Aufstellung, Betrieb, Ausgabe Juni 1980.
[32] Arbeitsstättenrichtlinie ASR 5 Lüftung (10. 1979).
Gefahrstoffverordnung vom 26.08.1986.
[33] DIN 4794: Ortsfeste Warmlufterzeuger; Teil 7: Gasbefeuerte Warmlufterzeuger ohne Wärmeaustauscher; Sicherheitstechnische Anforderungen, Prüfung, Ausgabe Januar 1980.
[34] DIN 3372: Gasgeräte-Heizstrahler mit Brenner ohne Gebläse. Teil 1: Glühstrahler, Ausgabe Entwurf Januar 1988; Teil 6: Gasgeräte-Heizstrahler, Dunkelstrahler mit Brenner und Gebläse, Ausgabe Dezember 1988.
[35] DIN 18560: Estrich im Bauwesen; Teil 2: Estriche und Heizestriche auf Dämmschichten (schwimmende Estriche), Ausgabe April 2004.
[36] Schlapmann, D.: Konvektiver Wärmeübergang an beheizten Fußböden, Diss. Uni Stuttgart 1982.
[37] DIN EN 1264: Fußboden-Heizung, Systeme und Komponenten; Teil 1: Definitionen und Symbole, Ausgabe November 1997.
[38] Konzelmann, M. und Zöller, G.: Wärmetechnische Prüfungen von Fußbodenheizungen. HLH Bd. 33 (1982) Nr. 4, S. 136–142.
[39] DIN EN 2264: Fußboden-Heizung, Systeme und Komponenten; Teil 2: Bestimmung der Wärmeleistung, Ausgabe November 1997.
[40] Kast, W., Klan, H. und Bohle, J.: Wärmeleistung von Fußbodenheizungen. HLH Bd. 37 (1986) Nr. 4, S. 175–182 und Nr. 10, S. 497–502.
[41] DIN EN 1264: Fußboden-Heizung, Systeme und Komponenten; Teil 3: Auslegung, Ausgabe November 1997.
[42] Jakob, M.: Trans. Amer. Soc. mech. Engrs. 68 (1946), S. 189/194.
[43] Kast, W., Krischer, O., Reinicke, H. und Wintermantel, K.: Konvektive Wärme- und Stoffübertragung, Springer Verlag Berlin, Heidelberg, New York 1974.

[44] Kast, W., Klan, H. und Rosenberg, J.: Leistungen von Heiz- und Kühlflächen. HLH Bd. 45 (1994) Nr. 6, S. 278–281.
[45] Chrenko, F. A.: Heated Ceilings and Comfort, Jour. of the Inst. of Heat. a. Vent Eng.; London 20 (1953), No. 209, S. 375–396 und 21 (1953), No. 215, S. 145–154.
[46] Kollmar, A.: Welche Deckentemperatur ist bei der Strahlungsheizung zulässig? G.I. Heft. 1/2 (75. Jahrg. 1954) S. 22–29.
[47] Glück, B.: Grenzen der Deckenheizung – Optimale Heizflächengestaltung, HLH Bd. 45 (1994), Nr. 6, S. 293–298.
[48] DIN V 4706: Deckenstrahlplatten, Teil 1: Prüfregeln, Ausgabe Juni 1993; Teil 2: Wärmetechnische Umrechnung, Ausgabe August 1995. Neue Ausgabe August 2003: DIN EN 14037, Teil 1: Deckenstrahlplatten für Wasser mit einer Temperatur unter 120 °C. Technische Spezifikationen und Anforderungen, Teil 2: Prüfverfahren für Wärmeleistungen.
[49] DIN EN 442: Radiatoren, Konvektoren und ähnliche Heizkörper, Prüfung und Leistungsangabe, Ausgabe Februar 1997.
[50] Bitter, H., Mangelsdorf, R.: Wärmeleistung einer deckenstrahlplatte unter Prüfstands- und Praxisbedingungen. HLK-Brief Nr. 5, Dez. 1993, Verein der Förderer der Forsch. HLK Stuttgart e.V.
[51] DIN 4704: Prüfung von Raumheizkörpern, Ausgabe September 1988.
[52] Sauter, H.: Maßgebende Stoffwerttemperaturen und Einfluß des Luftdrucks bei freier Konvektion, Diss. Uni. Stuttgart 1993.
[53] Schlapmann, D.: Einfluß der Einbauanordnung, Anschlußart und Betriebsbedingungen auf die Wärmeabgabe von Heizkörpern. Forschungsvorhaben Nr. 3049 der AIF – DFBO, unveröffentlicher Bericht.
[54] Bach, H.: Die Wärmeabgabe von Raumheizkörpern bei extrem kleinen Heizmittelströmen. HLH Bd. 34 (1983), Nr. 8, S. 336–337.
[55] DIN 4703, T 3 E Raumheizkörper, Umrechnung der Normwärmeleistung, Ausgabe Mai 1999.
[56] Esdorn, H. et al.: 100 Jahre Hermann-Rietschel-Institut für Heizungs- und Klimatechnik, 1995.
[57] Krischer, O. und Raiß, W.: Richtlinien für die Prüfung von Raumheizkörpern. G.I. Heft 11 (83. Jahrg. 1962) S. 329–332.

4.2 热量分配

4.2.1 引言

从把热量生产与热量移交使用分开,并把它完全从人员逗留区域撤出去并集中布置在建筑物的某一个地方这么一个愿望出发,就产生了一个中间连接系统,在该系统中,热媒(热量载体)把热量从热量生产设备传递到热量移交部分。因为一个产热设备几乎总是供多个热量移交使用部分,所以从不把它称之为一个连接系统,而是称之为热量分配或分配系统(VDI 2073[1])。除了安全性提高,即已经做到把明火从人员逗留区域撤出区以外,把热量生产和热量移交部分分离开来还有如下一些其他优点:

(1)由于一个产热设备可任意供许多热量移交系统使用,这样则能够减少燃烧点和烟囱的数量,从而也降低了产热设备运行操作方面的浪费。

(2)无需再给住宅内运进燃料和运出炉灰。

(3)热量移交部分和产热系统设备能够互不依赖地进行优化。由此可以在热量移交部分更多地注重舒适性,同时也能考虑降低能源消耗;在热量生产部分则尽可能做到较好地充分利用燃料,大大减少对环境的污染,而且有可能开发利用合理能源(如远程热源、热泵、太阳能集热器等)。

其缺点是额外需要一个分配系统,增加了运载热媒所需要的能量,进一步还有能量的损失问题以及也许为确定各个热量移交部分的采暖费用而造成的其他费用(参见第7章)。

正如在1.2节中所述及的,对于分配系统的设计、研发以及评估来说,把额定功能汇编起来是很有好处的,那么,只要从表1.2-2~表1.2-4所列举的整个采暖设备的功能中删除那些直接对热量移交使用发挥作用和适用于热量生产部分的功能。但此外还有一些功能,即用这些功能可以把一个分配系统与其他分配系统进行详细的评估比较,当然,这些功能不包括由于技术上的基本要求而必备的并因此每个分配系统都应具备的诸如耐压、密封、自身稳定性、耐腐蚀性、膨胀补偿的可能性、分离空气的可能性和和防止氧气渗透等功能。表4.2.1-1概述了VDI 2073[1]介绍的额定功能。

从热量移交使用和生产分离的主要原因以及由此衍生出来的必需要有一个分配系统可推断出一个特别的固定要求:总的来说,就是保证每一个热量移交使用或生产系统所要求的各项功能都必须有可能实现。

那些因边界条件而不同的有限制要求对于一个分配系统的设计来说却是决定性的。一个分配系统的制造成本及占地需求通常是规定了的限定值;通过热绝缘的规定同样也限定了其热损失。

在具有期望特征功能的情况下,在做对比评估时,各种可达到的实现率决定其等级顺序。而且,也要考虑到分配系统以不同方式对热量移交使用和生产中的功能发挥作用,这主要是调节功能方面,这与功能优化的能力也联系在一起。进一步还期望,在做分配系统设计时,力求把热媒循环所需要的能量消耗降到最低。最后,根据分配系统的选择能使用不同的热量计费分配系统。此外,从经济角度来看,所达到的总体优化也是一个比较尺度。

一个分配系统至少有一个封闭的循环系统组成，在该循环系统中热媒从热量生产设备到移交使用部分，然后再循环回来（图 4.2.1-1，图例参见表 4.2.1-2 和 表 4.2.1-3）。在这样一个称之为水力循环的系统中，各处的水流量保持不变。由于一般总是一个或少量的热量生产设备（用一个锅炉来表示）给多个热量移交使用系统（散热器（板），换热器或其他热用户）（所有热用户均用如图 4.2.1-2 所示的两个同心圆表示）供热，那么，就分段地覆盖了多个水力循环系统。在这种情况下，总的水流量为各单独水力循环系统水流量之和，而这个覆盖区段可能分为多个支线（图 4.2.1-2）。覆盖所有分配循环系统的管路范围被称为主分配系统，它在供水端有一个分配器，在回水端有一个集水器。

分配系统额定功能一览表　　　　　　　　　　　　　　　　表 4.2.1-1

	分配系统额定功能	
	主要功能	子功能
固定要求	分配热媒流量	
	维持热媒温度	
	具有调节功能	室温调节
	（用于热量移交和生产系统）	（代替热量移交系统）
		维持一定的回水温度
		（用于热量生产系统）
		降低散热器进口温度
		（间歇性，区域性）
		保持热量移交或生产循环系统中的热水流量恒定（例如安全功能）
	支持热量移交和生产系统的功能	
有极制要求	限制制造成本	
	限制占地需求	
	限制能量消耗	
期望要求	支持热量移交和生产系统功能	通过调节供水温度来支持室温调节
		给热量生产设备维持一定的回水温度
	尽可能使功能优化	
	（热量移交和生产系统）	
	尽可能少的制造成本	
	尽可能少的能量消耗（水泵）	
	能做到使用能耗费用分配系统	

为了改善分配系统，或者说为了能够实现、支持甚至优化热量移交使用和生产系统中确定的功能，可在热量移交使用部分或热量生产部分（或两个部分同时）再增加循环：热量移交使用循环（热用户循环），热量生产循环（图 4.2.1-3）。这些循环可直接连接（它们具有相同的在连接处混合的热媒）或间接地通过一个换热器（在这种情况下热媒可能不相同或具有不同的压力）。对分配系统常常应用"水力网络"这个概念，严格来说，它只适用于直接联接的系统（图 4.2.1-3）。

4.2 热量分配

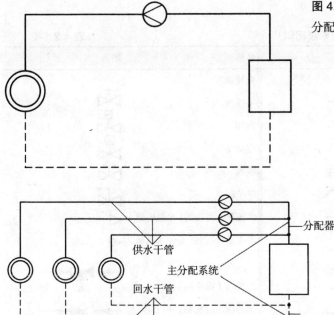

图 4.2.1-1 仅有一个分配循环的简单水力分配系统

图 4.2.1-2 有多个分配循环的简单水力分配系统

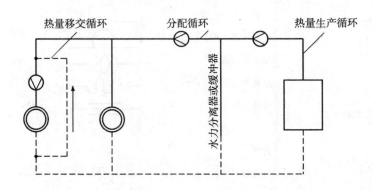

图 4.2.1-3 具有热量移交循环、分配循环和热量生产循环的水力管网（只有热媒为液体的情况）

因为热量移交使用循环属于热量移交使用系统，与此类似，热量生产循环属于热量生产系统（它们对各自的功能起着决定性的影响）。那么，分配系统的边界就位于这两个循环的连接处。在直接连接的情况下，它们又可能反过来影响各自的分配系统（"啮合"）。为了解决热量生产循环和分配循环之间的水力分离问题，往往使用专门的分离器，即所谓的"水力转辙器"。这种分离器可以垂直布置，也可以用作为缓冲蓄热器。

在热量生产系统里，例如远程热网系统的情况，可能有两个以上的循环相互连接。如果对热媒温度有不同的要求，在分配系统中也同样可能有一个以上的循环回路。

在有多个独立运行的热用户或热用户团体扩展的分配系统（远程区域热网，工厂热网）的情况下，有时候出于安全原因，或为了能简单地进行维修，区域性地把各个供水和回水相互连接起来（"啮合"，参见图4.2.1-4）。以今天对水泵的控制调节水平，所要求的运行压力，都能得到保证，在正常运行中的横向连接保持封闭。从节能方面讲，这将避免提高回水温度，从而减少分配系统能耗。

第4章 热量的移交，分配和生产系统

分配系统图例[1, 2]　　　　　　　　　　　　　　　　　　表 4.2.1-2

名称	图例	名称	图例
管道：		截流装置	
水管（通用）	——	手柄阀	
加热或冷却的水管	═ ═ ═	磁阀	
保温水管	▬▬▬	电动阀	
保温的加热或冷却的水管	▬ ▬ ▬	膜阀	
软管	～～～	浮子阀	
带连接或不带连接的交叉管道	─•─┼─	水流量不可变的（水总流量）	
分岔处	┬	水流量可变的（部分水流量）	
连接：			
法兰盘连接	─‖─	三通阀（混合阀）	
套筒连接	─┤├─	三通阀（分配器，不容许当一般阀门用）	
螺栓连接，带或不带搭接螺母		补偿器：	
焊接	─•─	U 形弯头补偿器	⊓
截流装置：		里拉（弧）形补偿器	
截流闸阀	⋈	膨胀补偿器	
水龙头（直通）	⋈	皮囊补偿器	
水龙头（角形）		滑动套筒	
截流（气）阀			
截流（水）阀		附件：	
角阀		分离器	
重力安全阀		除污器	
弹簧安全阀		雨罩	
减压阀		下水漏斗	
止回装置，（通用）			
止回（气）阀		管道固定件：	
止回（水）阀		固定点	⋈
可截流的止回（水）阀		滑动支座（轴承）	═
节流（气）阀			

4.2 热量分配

常用的分配系统和采暖工程图例 [1, 2, 3]　　　　表 4.2.1-3

名称	图例	名称	图例
蒸气管道		冷凝水分离器	
冷凝水管道		调节阀	
采暖供水		控制阀	
采暖回水		止回阀	
空气管道		节流(气)阀	
锅炉		截流阀	
蓄热器		带放空的截流阀	
散热器		截流闸阀	
换热器,(通用)		减压阀	
换热器,(壳管)		重力安全阀	
带蓄热器的换热器		弹簧安全阀	
		水位管	
壁挂式空气加热器 a 回风 b 新风		加气阀	
		送排气点	
容器:		测压点	
开放式		测温点	
封闭式		泵	
压力容器		热用户	
水分离器			

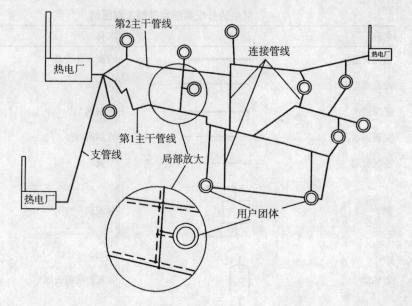

图 4.2.1-4 一个简化了的具有三个供能单位的远程区域热网之间的啮合

注：在运行中没有截流的联接管道的老的做法（摘自文献[4]）。

在不同的循环中的热媒选择是通过从各自的额定功能推导出来的要求预先确定的。如果热量生产和热量移交使用所用的热媒不同，显然，其目的是在这两个范围内为了优化各自功能，建立相应的加热循环并通过换热器予以衔接。

一般来说，考虑采用的热媒有水、水蒸气、制冷剂蒸气、热油及空气。

在第 2 章已说明了为什么加热了的（或冷却了的）空气（即使它通过风道分配到若干个房间）不是属于分配系统，而是属于热量移交系统，因为它不适合作为分配介质，除非它是在一个封闭的风道系统内循环而不送到人员逗留区域。例如，这一点可在某些电组合蓄热器情况下实现，因为在这种蓄热器里，空气在循环过程中把蓄热器芯内的热量输送到一个气-水换热器。在这种情况下，空气是热量生产循环里的热媒。因此，它属于热量生产系统，而实际上不属于热量分配系统（在这种情况下应是水）。还有，由太阳能集热器加热的空气也不是分配介质，太阳能集热器的吸收表面同时也是热量生产和热量移交使用的表面（热量移交使用系统边界面也就是太阳能集热器的吸收表面）。

使用制冷剂蒸气作为热媒时，通常一个热泵的风冷式冷凝器表面是热量移交使用系统的边界面，并且制冷剂蒸气属于热量生产循环（热泵循环）。只有当冷凝器用水冷却时，才会有一个分配系统。由于耗费大，除制冷机或热泵之外，一般不再使用制冷剂蒸气。因此，分配系统所用的热媒仍然是水、水蒸气和热油。

用水作为热媒可以最简单地实现绝大多数的额定功能。从安全要求（参见第 4.3.7 节）的角度把温度为 100 ℃ 的水称之为热水❶，超过 100 ℃ 的水称之为过热水。有关定义可查阅 DIN 4751 第 1 到第 3 部分以及 DIN 4752，参见表 4.3.7-1。如果分配管网的水温有可能降至 0 ℃ 以下，则必须在水中添加防冻剂。防冻剂溶液不仅降低水的冰点，而且也改变了水的所有其他物性，诸如密度、比热、黏度和导热系数。

与水不同的是，在蒸汽作为热媒时，使设计的自由空间就大大地受到限制。按照蒸汽锅炉规范（表 4.3.7-1），我们可以区分为低压蒸汽（工作压力为 2bar）、高压蒸汽（工作

---

❶ 这里的"热水"概念应不是用于加热饮用水。

压力超过 2bar）和负压蒸汽（工作压力在 0.2~1.1bar 之间）。在低压蒸汽和高压蒸汽的情况下，热媒温度至少 100 ℃并保持恒定；在负压蒸汽的情况下，热媒温度可能较低而且也可能发生变化。

由于热油的成本高，只是考虑用在工作温度超过 100 ℃的场合，如某些加热、干燥以及烹饪工序，相对于蒸汽和高温水，主要利用其优点，就是它的工作压力能够不高于正常大气压。另外，与蒸汽比较，热油和水差不多有较大的设计自由空间，当然，采用热油作热媒也有其缺点，热油比较昂贵、易燃、有时候还会损害健康、容易老化以及有时会产生气味，并且要求有加油和排空的装置。

下面将分别描述用于不同热媒的分配系统（参见在第 2 章所介绍的系统一览），首先从允许有最小设计自由空间的热媒开始。

4.2.2 热量分配系统

4.2.2.1 蒸汽系统

4.2.2.1.1 概述

蒸汽，或更确切地说是水蒸气，直到 20 世纪中叶在中央采暖系统中都是作为热媒而广泛地应用，以至我们的祖父母把中央采暖当成蒸汽采暖的同义词。在北美，迄今在大型建筑物内仍然经常使用蒸汽采暖，而在欧洲，则仅剩一些陈旧的设备。

在刚刚采用中央采暖系统期间（19 世纪末和 20 世纪初），与水比较，蒸汽有着非常明显的优势：在膨胀分配系统里没有循环泵也可以运行；尤其是与重力循环采暖系统相比，蒸汽采暖具有明显较小的惯性和很小的被冻结危险；而且当时设备成本也比较低。随着泵—热水采暖系统的应用以及建筑物保温性能的提高，蒸汽采暖渐渐失去了它的优势并凸显了其缺点：

（1）室内散热器的表面温度都远远高于今天当作为最高值的 60 ℃（仅在不靠近的散热器（板）（翅片管加热器）才可能有较高的表面温度）。用负压蒸汽采暖的话，可能刚好达到所限定的表面温度，但调节控制几乎是不可能的。

（2）由于在封闭的蒸汽采暖系统以及散热器关闭的情况下，空气也有可能空气渗入到分配系统，与今天普遍采用的封闭的热水采暖系统相比，蒸汽采暖系统受腐蚀的危险性要高得多（尤其是蒸汽冷凝水管道）。

（3）绝大多数畅销的散热器已不再适用于蒸汽采暖系统。作为例外可以说只有：铸铁散热器、顶棚采暖辐射板和翅片管空气加热器（参见第 4.1.5 节）。

（4）主要在生产蒸汽设备方面的运行操作耗费大（锅炉用水的水处理）。

（5）由于蒸汽采暖系统的控制调节能力有限以及分配系统内的温度较高，与现今先进的热水采暖系统相比，蒸汽采暖系统能量需求过高。

因此，只有当工艺或生产工序需要蒸汽以及可以不必为舒适性要求不高的人员逗留的房间再额外增加一个热水采暖系统，那么，在新设备中才会采用蒸汽作为热媒；但通常还可以仅因为考虑节能的情况设计一个单独的热水采暖系统，或出于经济的理由设计一个与一热交换器连接的热水采暖系统。

蒸汽采暖系统的优点基本上是因为水蒸气的蒸发热（焓）值高（表 4.2.2–1[5]），这样就有可能用很少的输送能耗来传递较高的热流密度：

$$\frac{\dot{Q}}{A_R} = r w_D \rho_D \qquad (4.2.2-1)$$

式中　r——蒸发热；

　　　w_D——密度 ρ_D 的蒸汽在管道横截面 A_R 中的流速。

因为蒸汽的密度远不到水的密度的 1/1000，为达到在管道中与热媒水有差不多大的压降，那么，蒸汽的速度可以是水流速的 40~50 倍（参见原著第 1 卷，J 部分）。在热用户处散热时，蒸汽体积相应于密度的比例减少为冷凝水的体积，并在最简单的情况下，冷凝水从位置更高一些的热用户流向布置在蒸汽锅炉上方的给水箱，仅由此保持的压差就足以能够把蒸气输送到热用户。所需的输送能量则是由输入蒸汽锅炉的热量提供。为了使蒸汽在管网中能按期望值进行分配，某种程度上可以这么说，这也由各个热用户自行解决：抽吸需要的蒸汽量多少要视蒸汽在热用户处的冷凝情况。蒸汽管道的热量损失也是以相同的方式来弥补（除非所使用的蒸汽为过热蒸汽），也因此会在管道内出现冷凝水。为了让冷凝水沿着蒸汽流动的方向一起在管道内流动，蒸汽管道在水平走向时下降倾斜敷设（陡度大约为 1∶100~1∶200），并且必须在低处排水。在距离较长的情况下，管道敷设成锯齿状（图 4.2.2-1）。如果有大量的冷凝水积聚在管道内，那么可能会形成水塞，这些水塞会以和蒸汽一样的速度在管道内向前移动（25m/s 的速度就相当于 90km/h！）。在上坡地带敷设管道时应该掌握让垂直的过渡段相应地更高一些（图 4.2.2-2）。蒸汽管道的分岔管应布置在管道的上侧（图 4.2.2-3），而管道的收缩段则必须在管道的底部形成且没有阶梯（图 4.2.2-4）。在垂直向上的管道内不可避免会有冷凝水逆着蒸汽的方向向下流动。对此，它们要自行（如同热用户）排水。在管网压差很小时，在排水处和冷凝水管道之间加一个冷凝水水封就足够了（图 4.2.2-5），以便不让蒸汽进入冷凝水管道。否则的话，按 DIN EN 26704[6] 应安装冷凝水导水管。

饱和状态下水的物性值 [5]					表 4.2.2-1
θ (℃)	p (bar)	ρ' (kg/m³)	ρ'' (kg/m³)	η'' [10⁻⁶kg/(m·s)]	r (kJ/kg)
0.01	0.006117	999.78	0.004855	9.216	2500.5
10	0.012281	999.69	0.009405	9.461	2476.9
20	0.023388	998.19	0.01731	9.727	2453.3
30	0.042455	995.61	0.03040	10.01	2429.7
40	0.073814	992.17	0.05121	10.31	2405.9
50	0.12344	987.99	0.08308	10.62	2381.9
60	0.19932	983.16	0.13030	10.93	2357.6
70	0.31176	977.75	0.19823	10.26	2333.1
80	0.47373	971.79	0.29336	11.59	2308.1
90	0.70117	965.33	0.42343	11.93	2282.7
100	1.0132	958.39	0.59750	12.27	2256.7

4.2 热量分配

续表

θ (℃)	p (bar)	ρ' (kg/m³)	ρ'' (kg/m³)	η'' [10⁻⁶kg/(m·s)]	r (kJ/kg)
110	1.4324	951.00	0.82601	12.61	2229.9
120	1.9848	943.16	1.1208	12.96	2202.4
130	2.7002	934.88	1.4954	13.30	2174.0
140	3.6119	926.18	1.9647	13.65	2144.6
150	4.7572	917.06	2.5454	13.99	2114.1
160	6.1766	907.50	3.2564	14.34	2082.3
170	7.9147	897.51	4.1181	14.68	2049.2
180	10.019	887.06	5.1530	15.02	2014.5
190	12.542	876.15	6.3896	15.37	1978.2
200	15.536	864.74	7.8542	15.71	1940.1
210	19.062	852.82	9.5807	16.06	1900.0
220	23.178	840.34	11.607	16.41	1857.8
230	27.951	827.25	13.976	16.76	1813.1
240	33.447	813.52	16.739	17.12	1765.7
250	39.736	799.07	19.956	17.49	1715.4
260	46.894	783.83	23.700	17.88	1661.9
270	54.999	767.68	28.061	18.27	1604.6
280	64.132	750.52	33.152	18.70	1543.1

注：θ：摄氏温度；p：压力；ρ：密度；η：动力黏度；r：蒸发热；'：饱和液 "：饱和蒸汽

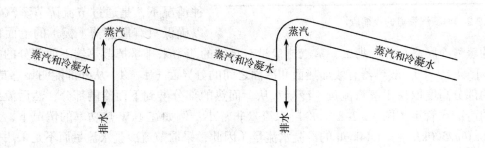

图 4.2.2-1　在距离较长的情况下蒸汽管道敷设成锯齿状的示意图

注：在蒸汽和冷凝水流动方向相同时陡度大约为 1∶1000，否则为 1∶50。

为避免整个分配系统（尤其是冷凝水管道）受到腐蚀，应避免氧气（空气）进入管道。即使是低压和高压系统，在停止输送蒸汽之后，会产生一个负压，这样，尽管在封闭的系统中，空气也有可能通过不密封的地方被吸入管道。在设备进行试车时(以及在正式运行中)必须有一个可靠的排风系统。虽然空气比蒸汽重，但它并不总是集聚在换热器、散热器或

第4章 热量的移交，分配和生产系统

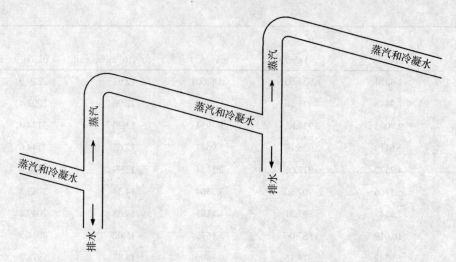

图 4.2.2-2 在上坡地带蒸汽管道垂直过渡段管道敷设的示意图（陡度参见图 4.2.2-1）

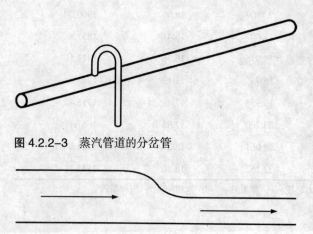

图 4.2.2-3 蒸汽管道的分岔管

图 4.2.2-4 蒸汽管道的收缩段

管道的底部。由于蒸汽的送入，空气往往被排挤开。图 4.2.2-6 举例描述了一个蒸汽采暖系统的排风装置。

尽管有腐蚀的危险，空气在蒸汽采暖系统里还是有意识地用来控制（更精确地说是调节）其散热量（通常调节过程不是自动的）。对此，只有低压蒸汽采暖系统适用，为此目的，该系统设计为一个开放的系统（封闭的低压蒸汽采暖系统无法得以实现）。在这种情况下，是通过节流调节蒸汽流量以确保只有散热器（板）的上面部分用的蒸气冷凝来加热。那么，蒸汽流量没有足够的能力来排挤掉散热器下面部分的空气垫（图 4.2.2-7）。散热器有效加热面和冷面之间的分界面（$A-A$）从外部能明显感觉到，冷的部分高度取决于蒸汽流量。冷凝水从上面热的部分淋到下面冷的部分，然后流到开放的冷凝水管道（图 4.2.2-8）。冷凝水流量非常小：例如在 1kW 热功率的情况下，只有 3600kJ/h/2500kJ/kg = 1.44kg/h 的冷凝水流量（因此，采取节流冷凝水流量而不是采用空气垫来调节散热量，理论上是一个可以想象的选择，但是不切实际的）。

4.2.2.1.2 高压蒸汽系统

如果使用压力超过 2bar（亦即温度超过 120℃）的蒸汽，与其他压力范围（低压和负压）的蒸汽相比，室内散热器（板）设计的自由度是最小的。在此情况下只能采用光管、翅片管或空气加热器，而且确保人员不会与这些散热器表面接触。为了保证能无障碍运行，必须按照 DIN EN 26704[6] 给各个热用户安装冷凝水导水管，最好是每个用户都应该有自己的冷凝水导水管。如果把多个热用户联合在一起使用，就可能会有个别热用户被"淹没"的危险。

4.2 热量分配

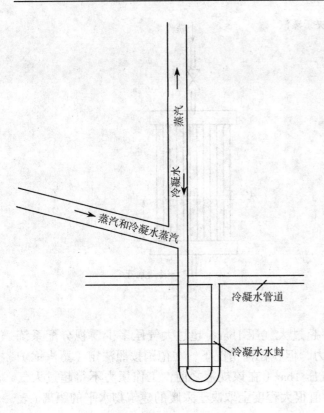

图 4.2.2-5 排水处和冷凝水管道之间的水封

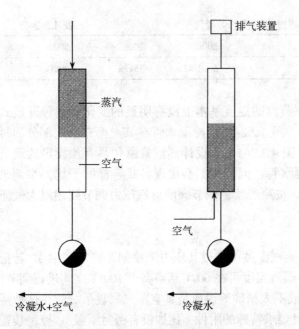

图 4.2.2-6 蒸汽采暖系统内的空气排放（举例）

由于高压蒸汽系统的诸多缺点：与严格的建筑监管规范挂钩的维护费用增加，设备现代化程度低，可控性能差，繁琐的冷凝水排放问题以及热量损失大。因而，现在已不再考虑采用高压蒸汽系统来采暖。

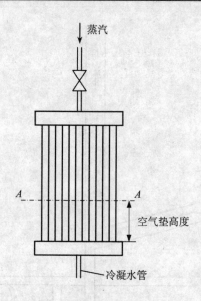

图 4.2.2-7 低压蒸汽采暖系统的热功率取决于蒸汽流量以及相应的空气垫的高度

4.2.2.1.3 低压蒸汽系统

低压蒸汽系统的最大蒸汽压力不超过大气压 1bar，超过大气压多少要视分配系统压降的大小，以便能够克服系统的阻力，但在任何情况下，在德国按照法定（蒸汽锅炉的规范，表 4.3.7-1）都不得超过大气压 1bar（在该规范之前，工作压力不得超过大气压 0.5bar）。有必要超过大气压的参考值很大程度上取决于采暖的建筑物水平的距离（表 4.2.2-2）。

蒸汽压力有必要超过大气压的参考值			表 4.2.2-2
水平的距离到	200m	300m	500m
工作压力超过大气压的大小（1bar = 100kPa）	5 ~ 10kPa	15kPa	20kPa

在这种情况下，蒸汽压力的改变，蒸汽的温度基本上没有明显的变化。这种开放式管网的调节已在第 4.2.2.1.1 节叙述过了（图 4.2.2-7）。冷凝水管在其上面充空气部分通过一个排风装置与大气相连（图 4.2.2-8~ 图 4.2.2-10）。设计蒸汽管道和具有预设定的调节阀的尺寸必须保证不能有蒸汽进入冷凝水管，因为否则会出现各式各样的干扰，举例来说，发出"哒哒哒"的噪声（"汽击"）。按照经验，调节阀前蒸汽压力调节到超出大气压约 2kPa。

4.2.2.1.4 负压蒸汽系统

在蒸汽压力低于大气压的情况下，蒸汽温度可通过其压力来控制（表 4.2.2-1）。若把蒸汽压力控制在 0.2~1.1bar 之间，那么，蒸汽温度可在 60℃到略高于 100℃之间进行调节。因此，人们称之为负压蒸汽采暖系统，或不太精确地说成是真空蒸汽采暖系统。在这种情况下，分配系统必须做得非常密封，并且要求特殊的附件（比如没有密封压盖）、控制装置及真空泵等。这样，相对于低压蒸汽采暖系统，这种系统就昂贵得多。也并不具有明显高的抗腐蚀能力；而且虽然其热媒温度与其他蒸汽采暖系统比较起来相对较低，但和热水采暖系统相比仍然还是太高，负压蒸汽系统的另一个不利之处是其维修费用大。因而，在中欧，也就是从学术方面还对这种采暖系统感兴趣（但这种采暖系统在美国却得到广泛的应用）。

4.2 热量分配

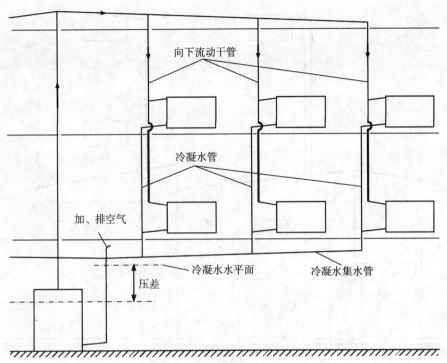

图 4.2.2-8 上分式低压蒸汽采暖系统干管管路示意图

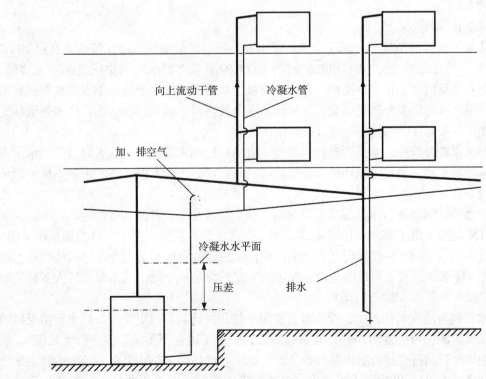

图 4.2.2-9 下分式低压蒸汽采暖系统干管管路示意图（冷凝水管高置）

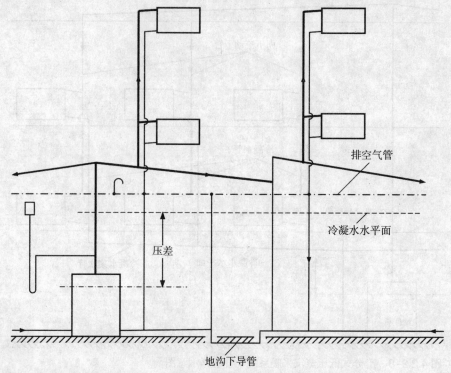

图 4.2.2-10　下分式低压蒸汽采暖系统干管管路示意图(冷凝水管低放)

4.2.2.2　热水系统
4.2.2.2.1　概述

在水作为热媒的情况下，从安全的角度出发，把它区分为热水即其最高温度到100℃（DIN 4751，另参见表 3.3.7-1）和温度超过 100℃的高温水。水在锅炉或换热器里加热，经主分配系统及供水干管到热用户，在用户处被冷却后再经回水干管和集水器重新回到出发点。热用户可能由多个热量移交装置组成（室内散热器（板）、换热器），这些热量移交装置可能还具备有自己的循环（直接或间接连接）。

在热水采暖系统中，水或者通过密度差（进出口之间水的温差）或者通过一个水泵来进行循环。前者称之为重力循环热水采暖系统，后者则称之为泵循环热水采暖系统（参见第 4.2.2.2.2 节）。

由于水的管网在运行中其温度是变化的，那么应该考虑到膨胀的可能性。以前，分配系统是开放式的（图 4.2.2-14 和图 4.2.2-15），在系统的最高点安装了开放的膨胀箱（DIN 4751 第 1 部分，表 4.3.7-1）。现在实际上已不再采用这种做法了，因为这样氧气会进入水里，整个采暖系统就有被腐蚀的危险。先进的分配系统是一个封闭式系统并且大多数装有隔膜膨胀器（参见第 4.2.2.2.5 节）。

热水管网与蒸汽管网相比，操作方面要简单些，并且运行也更安全。热水管网受腐蚀的危险以及泄漏的可能性较小些，而且容易做到平衡（通常不要求事先进行水处理）。最主要的是热水管网可直接与室内散热器（面）连接，这是因为热水采暖系统的运行温度明显低于 90℃，它们不仅适合于锅炉出口温度的集中控制，而且也适合于分散的热量移交

4.2 热量分配

系统的调节。唯一的缺点是热水管网有冻裂的危险，但在今天保温措施已大大提高了的情况下，只有出现极端天气情况才会有所担心。

4.2.2.2.2 循环方式

在分配循环里，水是以两种方式：或仅仅由供回水之间的密度差，或由水泵（通常与密度差一起）进行循环。

依照浮力的原则，密度较小的供水段的热水，向上流到室内散热器（面），经散热器冷却后的水，密度较大，然后再回流到热量生产设备（锅炉），把这种采暖系统称之为重力循环热水采暖系统。由于其缺点多，比如可控性差，管道截面积大以及管道布置受限制，现在几乎不再采用这种采暖系统。只有那些不依赖于循环泵而维持采暖系统运行的地方（例如，用于位于内区的潮湿房间的"夏季支线"），该系统才还会投入使用。

重力循环热水采暖系统所存在的缺点却正是泵循环热水采暖系统的优点。应该强调指出，只有采用这种泵循环才能做到所期望的热量移交使用、分配以及生产部分各自独立的优化。例如，只有采用泵循环，要求把热量移交使用部分按房间在技术上简单地进行调节，才有可能。

泵循环的缺点则是有赖于电源供应，当然，这一点也适用于所有现代的热量生产设备，以及持续的电能消耗（但只是对那些不能调节控制的泵而言），并在干式转子的情况下还需要定时的维修（参见第 4.2.3.3 节）。

4.2.2.2.3 分配系统

为了达到表 4.2.1-1 所表述的额定功能，从下述三个方面来研究分配系统是有意义的：
（1）水力学方面；
（2）管道连接和控制方面；
（3）地形学方面。

在水力学方面考虑的是封闭的管网，首先把系统划分成单个循环（图 4.2.1-2 和图 4.2.1-3），并进一步再划分为各个具有相同水流量、流速和管径的子分段，以便计算速度和压差之间的关系。

如果有两个以上的热用户应连接到子分配系统上，那么，管道连接和控制方面的问题就具有其重要性。对此有三种基本管路连接图（图 4.2.1-11）：或者把热用户串联连接并且其进出口与供水干管连接，该系统称之为单管系统 [图 4.2.1-11（c）]。或者热用户是并联联接，它们的进出口都是分别连接到供水干管和回水干管上，该系统则称之为双管系统 [图 4.2.2-11（a）和（b）]。

在双管系统情况下，对所有的用户来说，进口温度几乎是一样的，而在单管系统情况下，进口温度则沿供水干管流动方向随着前面用户的需求而递减。分配主干管总是各有一个供水管和一个回水管组成。

双管系统有两种铺管方式：普通的 [图 4.2.2-11（a）] 和按蒂歇尔曼方式 [图 4.2.2-11（b）]。在普通方式铺管的情况下，回水流动方向总是与供水方向相反；而按蒂歇尔曼铺管方式，二者流动方向一致。与普通的铺管方式相比，蒂歇尔曼铺管方式能达到像单管系统那样，即对于任一用户来说，供回水流动路径的长度总和是相同的（忽略各散热器连接支管长度的区别）。

在按蒂歇尔曼铺管方式的双管系统以及单管系统的情况下，环形铺管具有特别的优

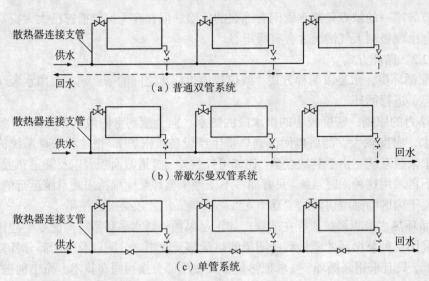

图 4.2.2-11 管道连接和敷设的基本管路图

点：进出口水管可以直接汇合到干管、主分配器或热量生产设备上。如果因为热用户一个接着一个，例如布置在一个延伸很长的建筑物内而不能实行环形铺管的话，那么，就必须把回水接到一个额外的管道上，再返回热量生产设备、主分配器或干管。

如果把通往每个热用户的进出口段的压降都包括进来，并且把它同热水必须流经的各个路径关联起来，那么，可得到三个不同的所谓的路径—压差曲线图（见图 4.2.2-12）。由此可以看到，普通方式铺管的双管系统在每个热用户的压差随着路程而减少。因此，在整个管网中有一个热用户，仅由于其布置位置在管网中的压差最小，这里把它被称之为管网中的"最不利点"。

在按蒂歇尔曼铺管方式的双管系统（图 4.2.2-12，中图）的情况下基本上不存在一个由于其在管网中布置的位置而压差最小的热用户。若管网尺寸设计正确，对于所有的热用户来说，条件是相同的，因此，压差也一样。所以，路径–压差曲线图是全等的（图 4.2.2-12，中图）。

在单管系统（图 4.2.2-12，下图曲线）的情况下，每个热用户的压差取决于旁通管的压降。因此原则上讲，其压差也保持相等（图 4.2.2-12，下图）。

特别是在双管系统的情况下，在非稳态运行时，用户之间可能相互影响，由此，会使压差发生变化，而且与管网连在一起的热量生产设备也会受到波及。如果在整个管网中只有一台循环泵，那么相互之间的影响最大。由于压力的变化，热量移交使用部分及热量生产部分的调节可能受到明显的影响。基本上只是在大的分配系统、且热用户的差别又很大的情况下才会出现这种问题（亦即一般不会发生在住宅楼的情况）。通常解决调节技术方面的问题是在热用户之前或之后安装一个三通调节阀（参见第 4.2.3.3.2 节）以及进出口之间短接（图 4.2.2-13 是带分配功能的，图 4.2.2-25 是带混合功能的）。这种循环回路的缺点是提高了回水温度。准则 VDI 2703[5] 和克纳贝（Knabe）[7] 对此给出了详细的说明。

如果热用户和热量生产设备部分有自己的水力回路的话，那么，上述的这些问题可以从能量科学以及控制技术方面来很好地解决（参见第 4.2.2.2.4 节）。

4.2 热量分配

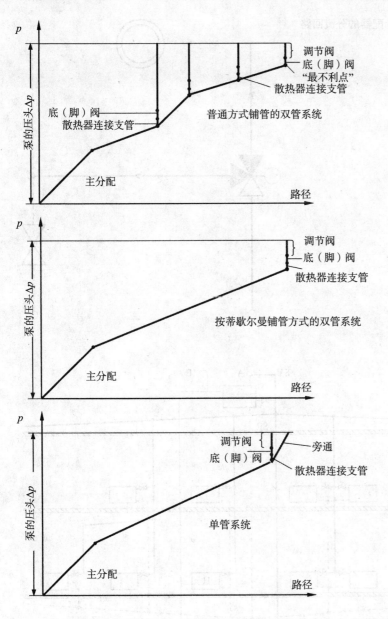

图 4.2.2-12 在图 4.2.2-11 中描述的管道连接的路径－压差曲线图（包括供回水段）

从地形学方面的考虑，把分配系统首先大致分为主分配和子分配系统。

连接若干子分配循环的主分配（图 4.2.1-2）能适应建筑物形状（平面图）。原则上，作为分配器的供水以及作为集水器的回水可以分开布置。这一点尤其是在"上分式"系统的重力循环热水采暖情况下（图 4.2.2-14）与"下分式"系统（图 4.2.2-15）比较起来有着明显的优点：因为上升管内较强的浮力，系统启动得比较快。缺点主要是在阁楼地面部分的热损失比较大。因为下分式系统的制造成本较低（前提当然是热量生产设备布置在建筑物的底部），所以，泵循环热水采暖系统主要采用下分式系统，这里不会出现采暖系统启动比较慢的缺点。

主分配常常以紧凑的形式布置在中央采暖室内（尤其是在小型建筑物的情况下），子分配系统用来适应建筑物形状（图 4.2.2-17）。

图 4.2.2-13 三通调节阀作为分配器的分流回路
（详见第 4.2.3.3.2 节）

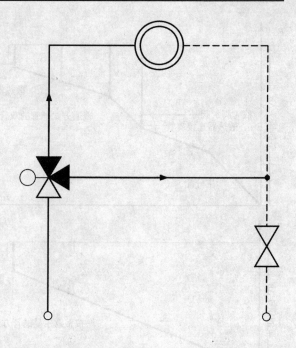

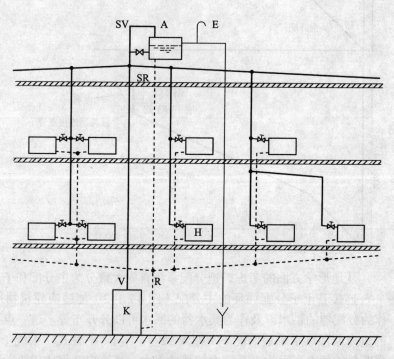

图 4.2.2-14 上分式双管系统的重力循环热水采暖（开放式膨胀水箱 A 位于顶部）

注：下图：开口膨胀水箱位于同一楼层，缩写字母含义见图 4.2.2-15。

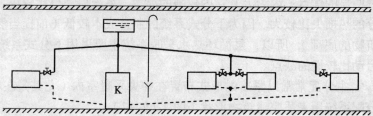

4.2 热量分配

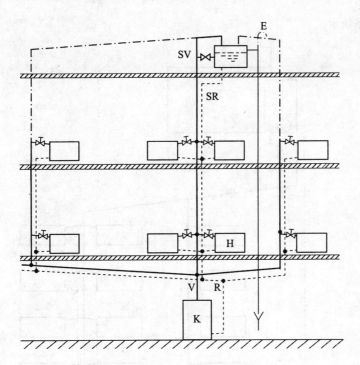

图 4.2.2-15 下分式双管系统的重力循环热水采暖（开放式膨胀水箱 A 位于顶部）

K—锅炉；
SV—安全供水；
SR—安全回水；
E—排空气阀；
H—散热器；
V—供水；
R—回水（见图 4.2.2-14 的缩写字母）

　　在中央采暖位于阁楼（锅炉布置在阁楼地板上）的情况下，只能用泵循环热水采暖系统，那么，显而易见采用上分式系统较为合适（图 4.2.2-16）。

　　今天，特别是在小型建筑物的情况下，主分配大多采用中央垂直布置，以尽量减少热损失（图 4.2.2-18~ 图 4.2.2-22）。

　　下面将以图示来介绍基本的分配系统方案。这里主要以一个独家居住的两层小楼作为例子，较大的建筑物可以相应地通过与建筑平面图匹配得到主分配（或供水–主分配）系统。

　　图 4.2.2-17 示意了一个下分式、垂直干管位于外墙内的双管采暖系统。麻烦一些也可以考虑用蒂歇尔曼铺管方式的上分式系统。由于较大的热损失，两者现在都不再采用。在如此小的工程项目情况下，蒂歇尔曼铺管方式因其额外的消耗也不予考虑。

　　现在通常都采用中央垂直布置的主分配，如下面示意图予以一一介绍：

　　图 4.2.2-18 描述的是水平子分配，环形布管。管道埋设在水泥地面的隔声层下或墙边的踢脚板内，墙需要穿洞。

　　在图 4.2.2-19 中描述的也同样是水平布管，但干管敷设在中央，很大程度上墙有可能避免穿洞。

　　图 4.2.2-20　示意了按蒂歇尔曼方式的环形布管，墙穿洞问题也是难以避免的。

　　在图 4.2.2-21 中，每层楼都安装了分配器并且每一个散热器分别连接在供回水干管上。因而，会达到水压分布良好、总压降小的效果。当然，材料消耗也有所增加。这种敷设方式由于其分配方面的优点以及其总成本增加不多而越来越多地得到应用。

　　图 4.2.2-22 描述了用于一个独户家庭居住的单管采暖系统的管道布局。现今通常有两种连接方式：用一段短接管或一个特殊的阀门。大多数使用后者。那么，由于使用特殊阀门而提高了成本，单管系统因管材消耗少的成本优势就有所削弱。

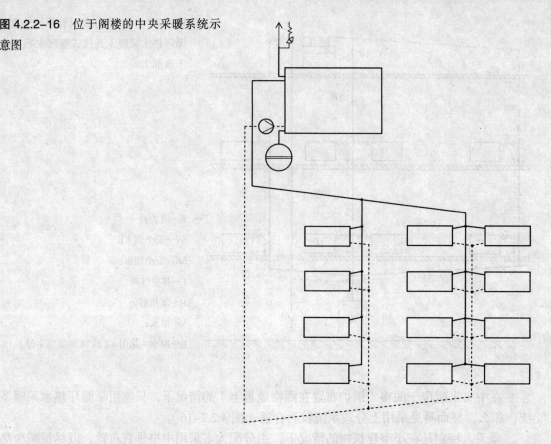

图 4.2.2-16 位于阁楼的中央采暖系统示意图

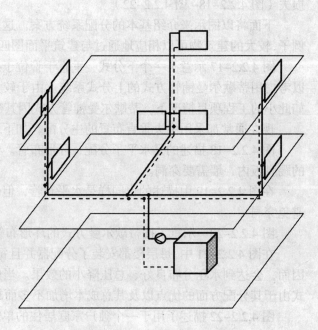

图 4.2.2-17 下分式并且干管分散的双管系统

4.2 热量分配

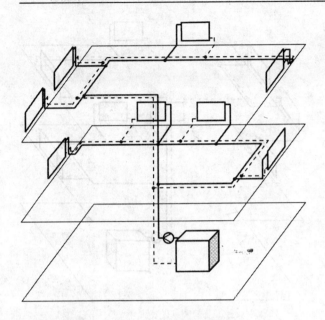

图 4.2.2-18 按楼层水平分配以及环形布管的双管系统

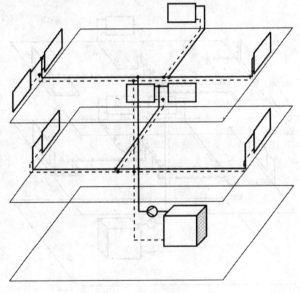

图 4.2.2-19 水平布管及分配干管位于中央的双管系统

图 4.2.2-23 描述的是一个用于多层建筑物的上分式单管采暖系统。一般单管采暖系统的缺点是循环泵的能耗高，而且因为各个热用户的进口温度不同以及进出口温差小导致控制方面的困难（参见第 5 章）。单管系统只是有条件地适用于低温采暖系统，但在任何情况下都不适合于使用冷凝锅炉的采暖系统，因为它不能保证有一个足够低的回水温度（进出口温差必须选得足够小，以便与干管联接的散热器不至于太大，请参阅第 4.2.4 节）。

为了根据希尔施贝格（Hirschberg）的建议[8]简化管网的计算，按地形细分子分配系统是很有好处的（见图 4.2.2-24）。连同主分配一起基本上可以按其性质特征定义出四种类型的管道：

A – 散热器连接支管把管网和散热器连接起来。地理位置是任意的（水平或垂直的）。

G – 楼层管道包括在一个楼层里的散热器连接支管。它们主要是水平敷设，大多是在

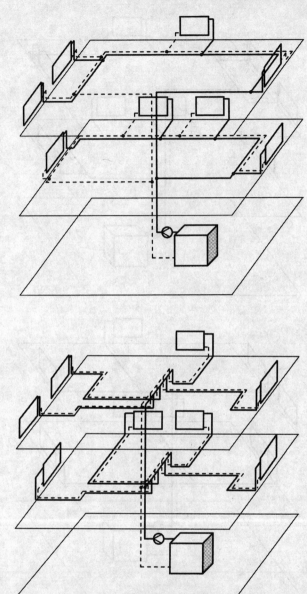

图 4.2.2-20 按蒂歇尔曼方式、水平布管的双管系统

图 4.2.2-21 水平布管以及按楼层布置分配器的双管采暖系统

地面上（并因此管道无需特别的自身稳定；管道一般由铜、软钢、塑料制成）。按图 4.2.2-21 的分配系统，楼层管道是不必要的。

S－干管不仅连接散热器连接支管，而且还连接楼层管道。干管基本上是垂直走向。在简单的分配系统中，亦即如果只有一根干管的话（图 4.2.2-18~图 4.2.2-22），那么，该干管也就是主分配系统。

V－分配管道（主分配）组成自身的管网范围，并与大多是垂直走向的干管连接。分配管道类似于楼层管道，主要是水平走向。

举例描述的双管采暖系统结构同样也可用于按蒂歇尔曼铺管方式的系统以及单管采暖系统。

4.2 热量分配

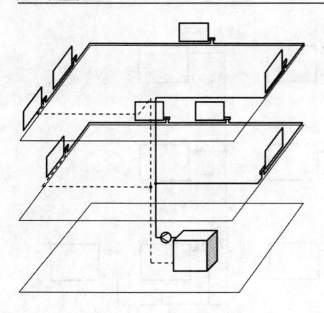

图 4.2.2-22 水平分配的单管采暖系统（单管调节阀详见第 4.2.3.3.2 章和图 4.2.3-16）

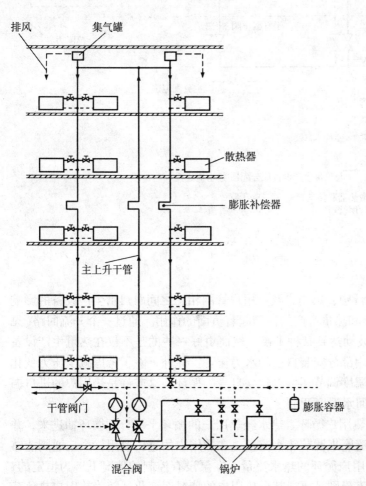

图 4.2.2-23 上分式垂直单管采暖系统示意图

图 4.2.2-24 具有主分配部分、干管部分以及其他类型管道的分配系统 [摘自希尔施贝格（Hirschberg）[8]]

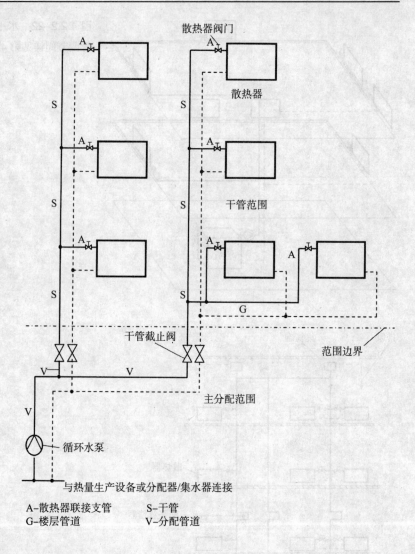

A—散热器联接支管　　　S—干管
G—楼层管道　　　　　　V—分配管道

4.2.2.2.2.4 热量移交和热量生产循环

正如已述及的，在采暖运行中，热用户及热用户管网相互之间对热量生产设备的影响而造成的压力变化，对热量移交和热量生产的控制起着负面的作用。通过一个分流回路（见图4.2.2-13）可以做到使压力波动达到某种平衡。然而更好一些的是不仅在热量生产设备部分而且特别是在热量移交使用部分安装自己的水力循环。此外，除了考虑减少压力变化的依赖性，一个与管网无关的温度调节还可以建立自身的循环，这或许是热用户的进口温度调节或者是热量生产设备的回水温度调节。

图 4.2.2-25 描述的是一个热用户循环。热水经热用户的循环泵从分配循环抽进来，并且在热用户的出口段用一个截流阀来调节热水流量。在热用户的进口段用一个三通阀能够调节其所需的进口温度。在热用户循环的热水流量（在泵没有控制的情况下）为恒定的，与其不同，在分配循环中热水流量则是要视其余热用户的情况而变化。随着热用户热负荷的降低，进出口温差也相应地减小。

4.2 热量分配

对于热量生产设备循环可举出三个例子：

（1）一台锅炉配一台不加控制的混合泵；

（2）一台锅炉带缓冲蓄热器，供水温度受控；

（3）冷凝锅炉带缓冲蓄热器。

现在先进的锅炉的水容量通常都很小，那么，这就要求通过锅炉的水有一个最小体积流量。对此，图4.2.2-26示意了最简单的回路。泵和燃烧器运行时间几乎相同。为了尽快达到要求的锅炉温度，泵的启动略微滞后，之后空转，以便避免额外的过热。需要指出的是，这里没有给出热量生产设备循环与分配循环的水力分离。

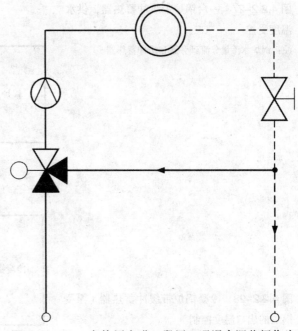

图 4.2.2-25 在热用户进口段用三通混合调节阀作为混合回路

注：与图4.2.2-13比较，这里一般只可能有一个阀门。

图4.2.2-27描述了第二个例子，亦即一台回水温度比较低的锅炉（"低温锅炉"）。锅炉循环水泵和燃烧器组合运行情况类似于第一个例子。缓冲蓄热器和分配循环的进口温度通过一恒温阀来控制（恒温阀设置一个最小值，并随着锅炉出口温度的升高而开启）。锅炉循环和分配循环的水力回路是分开的，这种回路有许多优点：

（1）减小燃烧器的开关频率；

（2）提高功率峰值；

（3）消除停机时间，例如电动锅炉或热泵的情况；

（4）在远程热源采暖的情况下降低连接功率；

（5）非稳态燃烧的锅炉（用固体燃料）。

第三个例子是冷凝锅炉带缓冲蓄热器（见图4.2.2-28），同样通过缓冲蓄热器把锅炉循环和分配循环的水力回路分开。因为与第二个例不同的是这里没有旁通，所以回水温度会尽可能的低。另外，锅炉的循环水泵按锅炉的出口温度来控制，以保证缓冲蓄热器和采暖设备有足够高的供水温度。

VDI 2073[1]和第4.3节对各种水力回路连接的可能性有进一步的描述。

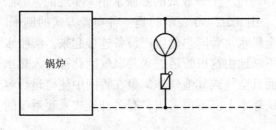

图 4.2.2-26 一台锅炉配一台不加控制的混合泵

图 4.2.2-27 一台锅炉带缓冲蓄热器，供水温度受控
注：锅炉水流量分流到旁通和缓冲蓄热器。

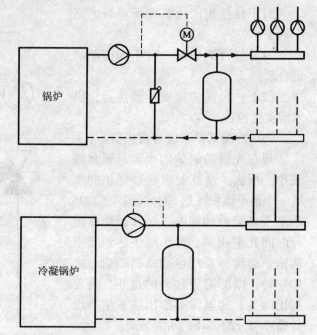

图 4.2.2-28 冷凝锅炉带缓冲蓄热器（泵受锅炉的出口温度控制）

4.2.2.2.5 膨胀、排（空）气和放空

一个连接热量移交使用和生产的热水分配系统，其无故障运行的前提条件为：

（1）热媒即水，从系统充水时的大约 10 ℃ 升温到最大允许的出口温度，对此设备要有足够大的膨胀空间，而不至于可能给整个系统造成危险；

（2）设备能排放空气；

（3）设备能部分或全部放空（水）。

水在高于 4℃ 时随着温度升高而膨胀（图 4.2.2-29）。实际上水是不可压缩的液体，在一个封闭的没有膨胀可能的容器内随着温度上升会产生很高的压力，这可能会导致设备的某个部件，一般是热量生产设备破裂。因此，水在升温时允许其膨胀的装置也属于安全设备。DIN 4751 就这方面的问题已做出了相应的规定（详见第 4.3.7 章和表 4.3.7-1）。

水在冷却及其容积相应减小的情况下，由此产生的亏损和任何可能的渗漏损失都可以从蓄热器得到补偿。

此外，在水系统中必须保持一定的最小超压（超过大气压），以避免泵的气蚀和空气渗入。

在固体燃料锅炉情况下，需要有一定水的储备余量用于超负载的情况，这样能够用蒸汽排走过剩的功率。

所有上述这些功能在老的采暖设备中都是通过一个开放式的膨胀水箱来实现的，膨胀水箱布置在距离热量生产设备足够高的位置。图 4.2.2-30 表示的是一种布置方式的例子。该膨胀水箱通过一个安全回水水管和一个安全供水水管同热量生产设备连接起来。膨胀水箱的第三根管是与周围大气相通，空气总能不断地由这根管道进入并氧气因此被吸入热水管网。其结果是采暖系统容易受到腐蚀损坏而且空气或其他气体集聚在管网中使得运行容易产生故障。因此，现在开放式热水采暖系统基本上已不再采用。有关开放式采暖系统的

4.2 热量分配

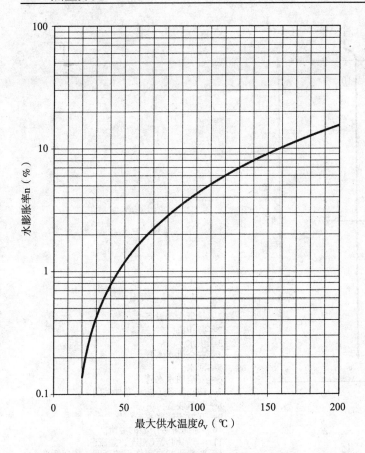

图 4.2.2-29 水膨胀率 n 取决于最大供水温度,起始值为充水时的 10 ℃(新鲜水的温度)的密度[10]

细节请参阅 DIN 4751 第一部分(表 4.3.7-1)。

在先进采暖系统中都采用封闭的膨胀水箱。有关其概念、法律规定、检测和标识已在 DIN 4807 第 1 部分中表述以及进一步的细节则参见第 2 部分[9]。封闭的膨胀水箱有带隔膜和不带隔膜两种,在膨胀水箱中隔膜把气体空间和水的空间分隔开。隔膜有翻卷隔膜(见图 4.2.2-31)和气泡隔膜(见图 4.2.2-32)之分。气泡隔膜可以用气体或水充填。膨胀水箱里的气体大多是氮气,在生产膨胀水箱时以要求的压力充填进去并且维持不变。膨胀水箱用这充填的气体独立地维持着热水管网的压力。

有的封闭式膨胀水箱也在安装现场才充填气体,并维持要求的压力。

对于不带隔膜的封闭式膨胀水箱,为了保持压力,是在负压情况下输入氮气(气压-容积流量控制)。因为腐蚀的问题,有可能的话应该避免有用现的压缩空气来保持压力。

在大型设备的情况下,也有水控制的系统:把处理过并脱气的水,用压力调节转速的压力控制泵输入系统。管网的压力用一个溢流阀来调节。

在区域(远程热源)采暖管网情况下,也有用蒸汽来保持压力恒定。当然这时膨胀水箱里的水必须加热至沸点温度。

DIN 4807 第 2 部分[9]规范了膨胀水箱的计算:可由整个系统的水的容积 V_A,用图 4.2.2-29 中所给的水的膨胀率 n 计算出膨胀容积 V_e。

$$V_e = n \frac{V_A}{100}$$

(4.2.2-2)

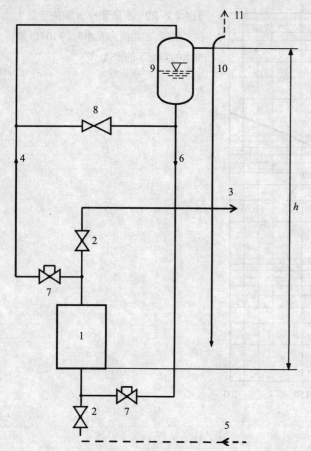

图 4.2.2-30 配备开放式膨胀水箱的采暖系统，参阅 DIN 4751 第一部分

1—热量生产设备;
2—截止阀;
3—供水;
4—安全供水水管;
5—回水;
6—安全回水水管;
7—截止装置（防止意外关闭）;
8—节流装置;
9—开放式膨胀水箱;
10—通向采暖中心的溢流;
11—与周围大气相连，溢流;
h—对静压起决定作用的高度（依据标准）;

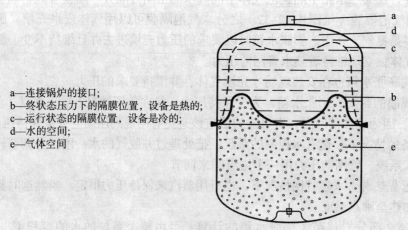

a—连接锅炉的接口;
b—终状态压力下的隔膜位置，设备是热的;
c—运行状态的隔膜位置，设备是冷的;
d—水的空间;
e—气体空间

图 4.2.2-31 带隔膜和气垫的封闭式膨胀水箱

注：用于总功率至 350kW 及静压小于 1.5bar 的采暖系统。

4.2 热量分配

封闭式膨胀水箱的公称容积在不带隔膜时至少为：

$$V_{n,\,min} = 3V_e \quad (4.2.2-3)$$

以及在带隔膜并且保持自身压力时为

$$V_{n,\,min} = 1.5(V_e + V_v) \quad (4.2.2-4)$$

其中 V_V 是在膨胀水箱处于最低温度时应蓄存的水的容积，对于公称容积到 15L 的膨胀水箱，它必须至少为公称容积的 20%，对于较大的膨胀水箱则至少有系统水的总容量 V_A 的 0.5%（但最小值为 3L）。

对于隔膜—压力膨胀水箱，用下式来计算其名称容积：

$$V_{n,\,min} = (V_e + V_v)\frac{p_e + 1}{p_e + p_0} \quad (4.2.2-5)$$

式中　p_0——初始压力；
　　　p_e——终态压力。进一步细节参阅 DIN 4807 第 1 部分和第 2 部分[9]。

水系统中的空气会产生流动的噪声，也会造成分配系统的腐蚀和运行故障。因此，不仅在管网第一次充水以及后来的补水时，而且在运行中也必须仔细地排放空气。

那么，空气如何能够进入一个已经充水的管网？

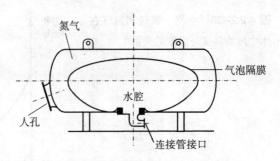

卧式膨胀水箱（随着设备温度升高压力增加）

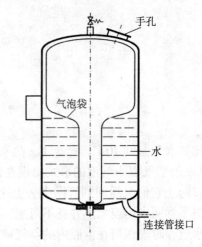

通过一补偿器保持膨胀水箱压力恒定的膨胀水箱

图 4.2.2-32　带可更换的气泡隔膜的压力膨胀水箱
注：用于总功率大于 350kW 或者静压大于 1.5bar 的采暖系统。

（1）当给一个系统充水时，空气被水排挤向上；通过一个集中和分散的排风设施把空气排走。在所有向上的封闭空腔内，如在散热器内或阀门附件的前面，即使在水平敷设但陡度不够大的管道内都会集存空气。

（2）水本身就吸收有空气。

（3）由于管道内的压力低于周围大气压（水泵布置不恰当，没能维持足够高的压力），空气可能从不密封处进入分配系统。

如果空气与水接触会溶解到水中，直到达到某一个饱和度。当空气压力为 1bar 时，1kg 温度为 10℃ 的水能吸收 29mg 的空气（图 4.2.2-33）。因为空气本身是混合气体，基本上由氧气和氮气组成，相应地水也含有这些成分。如图 4.2.2-23 所示，其溶解度随着温度变化很大。此外，依照亨利（Henry）定律，溶解度与各有关成分的分压力成线性的比例关系。如果一个管网内的压力为 2bar，亦即如图 4.2.2-33 所示的 2 倍，那么，1kg 温度为 10℃ 的水则能吸收 58mg 的空气（在该压力下管网内的空气泡大约是在 1bar 情况下的一半大）。

通常情况下，一个系统充的都是新鲜水。如果水温为 10℃，那么每千克水里空气的含量为 29mg。再如果充水系统的压力为 2bar，那么在这期间加热到 20℃ 时的 1kg 水就会吸收 23mg×2 = 46mg 的空气；滞留在空腔内的空气会部分或全部被吸收。在锅炉试运行

图 4.2.2-33 空气、氧气和氮气在水中的溶解度与温度的关系 [11]

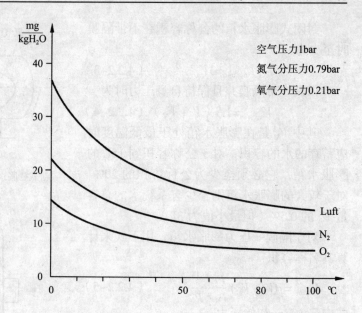

时，比如水升温到 70℃，那么 1kg 热水就只有 13mg×2 = 26mg 的空气。因此，每千克水中 20mg 的空气以小气泡的形式出现在锅炉里，这些小气泡必须尽量在锅炉范围内分离排出，以防止它们又返回到管网中。上述极限情况的数值只出现在第一启动时间内，之后，水在整个管网中迅速加热并且不可能再吸收这么多的空气。然而，随着时间的推移，所有在充水过程时尚残留在空腔内的空气被吸收。如果要避免因管网不能保持足够高的压力而导致空气通过不密封处渗漏进来以及因漏水而补充新水，那么，犹如相应于锅炉温度和压力，在热水中的空气浓度会自行调整。

此前只是述及了空气。事实上，由于电化学反应，在水里有氢气和二氧化碳的混合物（在启动过程中还有氮气），氧气起着氧化作用。

排放空气过程分两个步骤进行：
（1）气泡分离；
（2）导放空气。

水在加热时生成的小空气泡或气体泡跟着水流流动，只能在流速较小的范围内上升并集聚成更大的气泡。通过撞击板或旋流可以加强气泡分离，在旋流过程中分量较重的水向外离心分离而气泡在旋涡核心聚集并上升。另一种可能性是，在流动平稳部分安排一个非常凹凸不平的表面，比如金属网格，小气泡通过附着力累积在网格处。这两种可能性都要用特殊的分离附件。

从空气分离器的上部集气罐可以用最简单的方式法通过一个排气塞或一个排气阀用手把空气导放掉。这种排气方法只是有针对性地用在那些不需要经常排气的地方。如今通常大多采用自动排气阀。

自动排气阀或者在阀芯里放置一种能泡胀的薄片，其在潮湿时起密封作用，在干燥时让空气逃逸，或者有一个如图 4.2.2-34 所示的浮子。

所有的排气装置，同样也是进气装置，在系统放空时应该打开。

在设计水分配系统时，不仅应该考虑到按预期的目标进行运行，而且也应该考虑到

4.2 热量分配

尽可能简单地做到停止运行，以便系统的维修或改装，甚至因为某一安全措施，如果在一定的时间内由于防冻的原因，系统必须放空。

在许多情况下，有意识地不是把整个管网系统放空。因此，所有的热量移交装置（散热器、换热器等）都在回水段安装一个截止阀。此外，在每一个干管上，循环水泵和电动机驱动的调节机构也都安装上截止阀。装在干管上的截止阀通常还再补充配备一个放空的短管。较小的系统可以通过螺栓来放空。

4.2.2.3 热油系统

与高压的蒸汽或高温水系统相比较，在第 4.2.1 节中已经阐述了热油系统的特殊性。原则上，热油分配系统和水分配系统结构相同。不过，由于热油一般设计用于温度明显超过 100℃ 的场合，因此通常不可能把

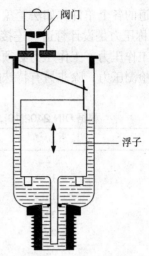

图 4.2.2-34 浮子排气装置的原理图

热油用作建筑物采暖的热媒，基本上只把它用在工艺过程要求的领域。因而，它只适合用泵来进行循环并且按双管系统的原理来连接，普通的双管系统或蒂歇尔曼双管系统。按照在热用户部分或热量生产部分的调节任务，在这种情况下有一个简单的分配系统就足够了，或者再要求附加热量移交循环和热量生产循环。特别应该注意的是热油有很强的热膨胀性（温度每升高 100℃，容积约增加 10%），此时用开放式的膨胀油箱是合适的。

4.2.3 系统部件

4.2.3.1 概况

分配系统的基本部件是管道，用管道把分在不同房间的设备部分，如热量移交和生产部分，相互连接起来。属于管道部分的还有柔性管道（塑胶管）、管道连接件、固定支架和膨胀补偿器，此外，管道的热绝缘也属于这个范围。

水龙头、闸阀、风阀、阀门之类的附件都是热量分配系统的功能部件。

水泵是作为分配系统中的驱动装置。

下面仅就水力管网中的部件进行深入的讨论。蒸汽管网以及热油管网的特殊性将在与其相关的章节里阐述。

4.2.3.2 管道及其附件

4.2.3.2.1 管道，软管

传统上分配系统管道的材料是钢（未镀锌！）。随着不断引进新的连接技术，也越来越多地采用所谓的"软钢"材料，进一步还有铜、塑料以及复合材料（如塑料/铝/塑料）。管道的直径和壁厚已标准化。最具特征的概念是公称尺寸 DN（diamètre normalisèe）和公称压力 PN（pression normalisèe）。其他还有概念如工作压力 PB 和检测压力 PP。

公称尺寸的分级和公称压力（表 4.2.3-1 和表 4.2.3-2）一样已标准化。公称尺寸仅大约相当于管道的内径，以毫米为单位。由于制造的原因，在管道有同样公称尺寸的情况下，其外径保持相同，实际上改变的是管道的内径，即管道的截面随壁厚而变化。公称尺寸标

志出管道的各个单件，如法兰盘、螺栓、阀门附件等相互之间的匹配。

公称压力是设计管道、连接部件、阀门附件等考虑的压力。然而，设计管道强度的关键还是工作压力，工作压力必须小于公称压力（这已在专门的标准里加以规定；同样这也适用于检测压力，除非另有特殊的规范，一般检测压力约是公称压力的1.5倍）。

根据 DIN 2402[10]，公称尺寸的分级，单位为毫米（mm）　　　　表 4.2.3-1

DN	DN	DN	DN
3	12	40	150
4	15	50	200
5	16	65	250
6	20	80	300
8	25	100	350
10	32	125	400

根据 DIN 2401，第一部分[11]，公称压力的分级，单位为巴（bar）　　表 4.2.3-2

PN	PN	PN
—	1	10
—	—	12.5
—	1.6	16
—	2	20
—	2.5	25
—	3.2	32
—	4	40
0.5	5	50
—	6	63
—	8	80

钢管有：

（1）依照 DIN 2440[12]，中等重型螺纹管，主要是用于公称尺寸范围为 10～40（3/8″到 1$\frac{1}{2}$″，表 4.2.3-3）；

（2）依照 DIN 2441[13]，用于高压的重型螺纹管；

（3）依照 DIN 2448[14]（表 4.2.3-4），无缝钢管，主要用于公称尺寸范围为 40～300；

（4）依照 DIN 2458[15]（表 4.2.3-5），焊接钢管同样用于大的公称尺寸。

还有所谓的带塑料套的软钢管，主要是与上述钢管连接被用来作为楼层管道以及散热器连接支管（见表 4.2.3-6）。它们具有像铜管一样的公称尺寸，而从水力学的观点看也有同样低的粗糙度。

铜管应用的领域类似于软钢管，但也有用较大直径的管道（表 4.2.3-7）。

塑料管道不仅用于地板采暖系统，而且还越来越多地在热分配部分用于连接支管和楼层管道。适用于采暖系统的塑料管材是聚烯烃（聚乙烯、聚丙烯和聚丁烯）。更主要的是因为要求封阻氧气进入管内，更广泛应用的是聚乙烯（PEX）管。而且作为保护措施，这

4.2 热量分配

续表

种管道还有塑料封套（表4.2.3-8）。但与软钢和铜管相比，由于有折断的危险，因而它们的最小尺寸被限制到 DN 12 × 2。

塑料管（摘自 DIN8073[18]） 表 4.2.3-8

d_a (mm)	s (mm)	d_i (mm)	A_i (cm²)	水容量 (dm³/m)	最小弯曲半径 (mm)
12	2	8	0.053	0.05	60
14	2	10	0.785	0.079	70
16	2	12	1.131	0.113	80
18	2	14	1.539	0.153	90
20	2	16	2.011	0.201	100
密度			938kg/m³		
导热系数			0.35W/(m·K)		
线性膨胀系数			20℃时为 $1.4 \times 10^{-4} K^{-1}$		
			100℃时为 $2.05 \times 10^{-4} K^{-1}$		
最大工作压力			6bar		
最大工作温度			90℃。		

作为新颖的管道，应该述及的是内外有塑料涂层的金属管道（通常是铝管，"复合材料"）。按照复合工艺，它们具有像软钢管、铜管和塑料管一样的优点，并且能完全阻止氧气的扩散渗透。

对有些管线连接处要求用柔性的管道（软管）。金属软管由精密管道（铜合金、不锈钢）制成，并且滚压成像螺纹一样的凹槽，其槽深和槽距也不尽相同。常用的还有橡胶软管，橡胶软管带由钢丝或铜丝制成的、起保护作用的编织丝套（蛇皮管）。

4.2.3.2.2 管道连接

管道连接分固定的和可拆卸的。固定的连接是指不损坏它就无法拆开的连接，一般通过：螺纹、焊接、钎（软）焊（只有在铜管的情况下）、粘接（只有在塑料管的情况下）、压紧接头的连接都属于固定的。

可拆卸的连接有采用以下连接方法：

（1）螺栓；
（2）法兰盘；
（3）制动接头或制动圈；
（4）锥形环螺栓；
（5）钎（软）焊圈螺栓（在铜管的情况下）。

可拆卸的连接只用于连接系统设备，如散热器、换热器、锅炉、水泵、阀门等。而在实际的管网中一般不采用可拆卸的连接，因为根据经验，这些连接头的地方容易漏水，有时候在一定程度上很难解决这个问题。

众所周知，最古老的管道连接是螺纹连接。而如今，实际上只有在维修时还能用得到。管螺纹的密封是用聚四氟乙烯带缠裹（以前一般都用麻，现在有时还用）。直管道的连接、

表 4.2.3-3 依照 DIN 2440[12]，中等重型螺纹管（焊接或无缝钢管）

公称尺寸 DN (mm)	配属的接头 DN (英寸)	钢管 外径 d_a (mm)	外表面积 A_0 (m²/m)	壁厚 s (mm)	内径 d_i (mm)	净截面积 A_i (cm²)	水容量 V (dm³/m)	光管重量 M (kg/m)	带套筒的管子重量 (kg/m)	管螺纹 惠式管螺纹	理论螺纹直径 d_{GW} (mm)	每英寸螺纹数 (1/英寸)	实用螺纹长度 l_{GW} (max.mm)	螺纹 dGW 到管端的距离 a (max.mm)	配属的套筒 按 DIN 2986 外径 d_{Mu} (min.mm)	长度 l_{Mu} (min.mm)
6	1/8	10.2	0.0320	2.0	6.2	0.302	0.030	0.407	0.410	R 1/8	9.728	28	7.4	4.9	14.0	17
8	1/4	13.5	0.0424	2.35	8.8	0.608	0.061	0.650	0.654	R 1/4	13.157	19	11.0	7.3	18.5	25
10	3/8	17.2	0.0540	2.35	12.5	1.227	0.123	0.852	0.858	R 3/8	16.662	19	11.4	7.7	21.3	26
15	1/2	21.3	0.0669	2.65	16.0	2.011	0.201	1.22	1.23	R 1/2	20.955	14	15.0	10.0	26.4	34
20	3/4	26.9	0.0854	2.65	21.6	3.664	0.366	1.58	1.59	R 3/4	26.441	14	16.3	11.3	31.8	36
25	1	33.7	0.1059	3.25	27.2	5.811	0.581	2.44	2.46	R 1/	33.249	11	19.1	12.7	39.5	43
32	1 1/4	42.4	0.1332	3.25	36.9	10.122	1.012	3.14	3.17	R 1 1/4	41.910	11	21.4	15.0	48.3	48
40	1 1/2	48.3	0.1517	3.25	41.8	13.723	1.372	3.61	3.65	R 1 1/2	47.803	11	21.4	15.0	54.5	48
50	2	60.3	0.1984	3.65	53.0	22.069	2.207	5.10	5.17	R 2	59.614	11	25.7	18.2	66.3	56
65	2 1/2	76.1	0.2391	3.65	68.8	37.176	3.718	6.51	6.63	R 2 1/2	75.184	11	30.2	21.0	82	65
80	3	88.9	0.2793	4.05	80.8	51.276	5.128	8.47	8.64	R 3	87.884	11	33.3	24.1	95	71
100	4	114.3	0.3591	4.5	105.3	87.086	8.709	12.1	12.4	R 4	113.03	11	39.3	28.9	122	83
125	5	139.7	0.4389	4.85	130.0	132.733	13.273	16.2	16.7	R 5	138.43	11	43.6	32.1	147	92
150	6	165.1	0.5187	4.85	155.4	189.668	18.967	19.2	19.8	R 6	163.83	11	43.6	32.1	174	92

4.2 热量分配

无缝钢管　　　　　　　　　　　　　　　表 4.2.3-4

公称尺寸 DN (mm)	外径 d_a 系列1 (mm)	系列2 (mm)	系列3 (mm)	外表面积 A_0 (m²/m)	正常壁厚 s (mm)	内径 d_i (mm)	净截面积 A_i (cm²)	水容量 $\dot{V}$ (dm³/m)	重量 M (kg/m)
6	10.2	—	—	0.0320	1.6	7.0	0.385	0.039	0.339
8	13.5	—	—	0.0424	1.8	9.9	0.770	0.077	0.519
	—	16	—	0.0530	1.8	12.4	1.207	0.121	0.630
10	17.2	—	—	0.0540	1.8	13.6	1.453	0.145	0.684
	—	19	—	0.0597	2.0	15.0	1.767	0.177	0.838
	—	20	—	0.0628	2.0	16.0	2.011	0.201	0.888
15	21.3	—	—	0.0669	2.0	17.3	2.351	0.235	0.952
	—	25	—	0.0785	2.0	21.0	3.464	0.346	1.13
	—	—	25.4	0.0798	2.0	21.4	3.597	0.360	1.15
20	36.9	—	—	0.0845	2.3	22.3	3.906	0.391	1.40
	—	—	30	0.0942	2.6	24.8	4.831	0.483	1.76
	—	31.8	—	0.0999	2.6	26.6	5.557	0.556	1.87
25	33.7	—	—	0.1059	2.6	28.5	6.379	0.638	1.99
	—	38	—	0.1194	2.6	32.8	8.450	0.845	2.27
32	42.4	—	—	0.1332	2.6	37.3	10.87	1.087	2.55
	—	—	44.5	0.1398	2.6	39.3	12.13	1.213	2.69
40	48.3	—	—	0.1517	2.6	43.1	14.59	1.459	2.93
	—	51	—	0.1602	2.6	45.8	16.47	1.647	3.10
	—	—	54	0.1696	2.6	48.8	18.71	1.871	3.30
	—	57	—	0.1791	2.9	51.2	20.59	2.059	3.87
50	60.3	—	—	0.1984	2.9	54.5	23.33	2.333	4.11
	—	63.5	—	0.1995	2.9	57.7	26.15	2.615	4.33
	—	70	—	0.2199	2.9	64.2	32.37	3.237	4.80
	—	—	73	0.2293	2.9	67.2	35.47	3.547	5.01
65	76.1	—	—	0.2391	2.9	70.3	38.82	3.882	5.24
	—	—	82.5	0.2592	3.2	76.1	45.48	4.548	6.26
80	88.9	—	—	0.2793	3.2	82.5	53.46	5.346	6.76
	—	101.6	—	0.3192	3.6	94.4	69.99	6.999	8.70
	—	—	108	0.3393	3.6	100.8	79.80	7.980	9.27
100	114.3	—	—	0.3591	3.6	107.1	90.09	9.009	9.83
	—	127	—	0.3990	4.0	119.0	111.2	11.12	12.1
	—	133	—	0.4178	4.0	125.0	122.7	12.27	12.7
125	139.7	—	—	0.4389	4.0	131.7	136.2	13.62	13.4
	—	—	152.4	0.4788	4.5	143.4	161.5	16.15	16.4
	—	—	159	0.4995	4.5	150.0	176.7	17.67	17.1
150	168.3	—	—	0.5287	4.5	159.3	199.03	19.93	18.2
	—	—	177.8	0.5617	5.0	167.8	221.1	22.11	21.3
	—	—	193.7	0.6085	5.6	182.5	261.6	26.16	26.0
200	219.1	—	—	0.6883	6.3	206.5	334.9	33.49	33.1
	—	—	244.5	0.7681	6.3	231.9	422.4	42.24	37.0
250	273	—	—	0.8577	6.3	260.4	532.6	53.26	41.4
300	323.9	—	—	1.0176	7.1	309.7	753.3	75.33	55.6

注：摘自 DIN2448（已撤回）和 DIN2440[12][14]。自 2003 年 3 月生效的 DIN EN 10220 包含了范围广泛的直径和壁厚，并不再强调正常壁厚。

焊接钢管　　　　　　　　　　　　　　　　　　　　　　表 4.2.3-5

公称尺寸 DN (mm)	外径 d_a 系列1 (mm)	系列2 (mm)	系列3 (mm)	外表面积 A_0 (m²/m)	正常壁厚 s (mm)	内径 d_i (mm)	净截面积 A_i (cm²)	水容量 $\dot{V}$ (dm³/m)	重量 M (kg/m)
6	10.2	—	—	0.0320	1.6	7.0	0.385	0.039	0.339
8	13.5	—	—	0.0424	1.8	9.9	0.770	0.077	0.519
	—	16	—	0.0530	1.8	12.4	1.207	0.121	0.630
10	17.2	—	—	0.0540	1.8	13.6	1.453	0.145	0.684
	—	19	—	0.0594	2.0	15.0	1.767	0.177	0.838
	—	20	—	0.0628	2.0	16.0	2.011	0.201	0.888
15	21.3	—	—	0.0669	2.0	17.3	2.351	0.235	0.952
	—	25	—	0.0785	2.0	21.0	3.464	0.346	1.13
	—	—	25.4	0.0798	2.0	21.4	3.597	0.360	1.15
20	26.9	—	—	0.0845	2.0	22.9	4.119	0.412	1.23
	—	—	30	0.0942	2.0	26.0	5.310	0.531	1.38
	—	31.8	—	0.0999	2.0	27.8	6.070	0.607	1.47
25	33.7	—	—	0.1059	2.0	29.7	6.928	0.693	1.56
	—	38	—	0.1194	2.3	33.4	8.762	0.876	2.02
32	42.4	—	—	0.1332	2.3	37.8	11.22	1.122	2.27
	—	—	44.5	0.1398	2.3	39.9	12.50	1.250	2.39
40	48.3	—	—	0.1517	2.3	43.7	15.00	1.500	2.61
	—	51	—	0.1602	2.3	46.4	16.91	1.691	2.76
	—	—	54	0.1696	2.3	49.4	19.17	1.917	2.93
	—	57	—	0.1791	2.3	52.4	21.57	2.157	3.1
50	60.3	—	—	0.1984	2.3	55.7	24.37	2.437	3.29
	—	63.5	—	0.1995	2.3	58.9	27.25	2.725	3.47
	—	70	—	0.2199	2.6	64.8	32.98	3.298	4.32
	—	—	73	0.2293	2.6	67.8	36.10	3.610	4.51
65	76.1	—	—	0.2391	2.6	70.9	39.48	3.948	4.71
	—	—	82.5	0.2592	2.6	77.3	46.92	4.692	5.12
80	88.9	—	—	0.2793	2.9	83.1	54.24	5.424	6.15
	—	101.6	—	0.3192	2.9	95.8	72.08	7.208	7.06
	—	—	108	0.3393	2.9	102.2	82.03	8.203	7.52
100	114.3	—	—	0.3591	3.2	107.9	91.44	9.144	8.77
	—	127	—	0.3990	3.2	120.6	114.2	11.42	9.77
	—	133	—	0.4178	3.6	125.8	124.3	12.43	11.5
125	139.7	—	—	0.4389	3.6	132.5	137.9	13.79	12.1
	—	—	152.4	0.4788	4.0	144.4	163.8	16.38	14.6
	—	—	159	0.4995	4.0	151.0	179.1	17.91	15.3
150	168.3	—	—	0.5287	4.0	160.3	201.8	20.18	16.2
	—	—	177.8	0.5617	4.5	168.8	223.8	22.38	19.2
	—	—	193.7	0.6085	4.5	184.7	267.9	26.79	21.0
200	219.1	—	—	0.6883	4.5	210.1	346.7	34.67	23.8
	—	—	244.5	0.7681	5.0	234.5	431.9	43.19	29.5
250	273	—	—	0.8577	5.0	263.0	543.3	54.33	33.0
300	323.9	—	—	1.0176	5.6	312.7	768.0	76.80	44.0
350	355.6	—	—	1.1172	5.6	344.4	931.6	93.16	48.3
400	406.4	—	—	1.2755	6.3	393.4	1215	121.5	62.2
450	457	—	—	1.4357	6.3	444.4	1551	155.1	70.0
500	508	—	—	1.5959	6.3	495.4	1928	192.8	77.9
600	610	—	—	1.916	6.3	597.4	2803	280.3	93.8
	—	—	660	2.073	7.1	645.8	3276	327.6	114
700	711	—	—	2.233	7.1	696.8	3813	381.3	123
	—	762	—	2.394	8.0	746.0	4371	437.1	149

注：摘自 DIN2458[15]（已撤回，DIN EN 10220 生效，参见表 4.2.3-4）。

4.2 热量分配

表 4.2.3-6 带塑料保温套的软钢管（精密焊管）

公称尺寸 DN (mm)	钢管外径 d_a (mm)	允许偏差 (±mm)	外表面积 A^0 (m²/m)	壁厚 s (mm)	允许偏差 (±mm)	内径 d_i (mm)	净截面积 A_i (cm²)	水容量 V (dm³/m)	保温套层厚 s_{iso} (mm)	外径 d_{iso} (mm)	外表面积 A_{iso} (m²/m)	总重量 M (kg/m)
			约			约			约	约	约	约
8	10	0.10	0.0314	1.0*	0.07	8	0.0503	0.050	2.0	14	0.0440	0.267
				1.2	0.09	7.6	0.454	0.045	2.0	14	0.0440	0.305
10	12	0.08	0.0377	1.0*	0.07	10	0.785	0.079	2.0	16	0.0503	0.324
				1.2	0.09	9.6	0.724	0.072	2.0	16	0.0503	0.373
12	15	0.08	0.471	1.0*	0.07	13	1.327	0.133	2.0	19	0.0597	0.409
				1.2	0.09	12.6	1.247	0.125	2.0	19	0.0597	0.472
15	16	0.08	0.0503	1.0*	0.07	14	1.539	0.154	2.0	20	0.0628	0.440
				1.2	0.09	13.6	1.453	0.145	2.0	20	0.0628	0.508
16	18	0.08	0.0565	1.0*	0.07	16	2.011	0.201	2.0	22	0.0691	0.495
				1.2	0.09	15.6	1.911	0.191	2.0	22	0.0691	0.573
20	22	0.08	0.0691	1.5	0.11	19	2.835	0.284	2.5	27	0.0848	0.874
25	28	0.08	0.0880	1.5	0.11	25	4.909	0.491	3.0	34	0.1068	1.155
32	35	0.15	0.1100	1.5	0.11	32	8.042	0.804	3.0	41	0.1288	1.454

注：常见的尺寸摘自 DIN2393[16]（已撤回，现 DIN EN 10305 第 2 部分生效）。用 * 标注的壁厚适用于环形管，其他（不带 * 号）的适用于条形变形管，且一般长度到 6m。

铜管（无缝拉制） 表 4.2.3-7

连接方法	公称尺寸 DN (mm)	外径 d_a (mm)	允许偏差 (±mm)	外表面积 A_0 (m²/m)	壁厚 s (mm)	允许偏差 (±mm)	内径 d_i (mm)	净截面积 A_i (cm²)	水容量 V (dm³/m)	重量 M kg/m
	4	6	0.045	0.0188	0.8	0.11	4.4	0.152	0.015	0.117
					1.0	0.13	4	0.126	0.013	0.140
	6	8	0.045	0.0251	0.8	0.11	6.4	0.322	0.032	0.162
					1.0	0.13	6	0.283	0.028	0.196
	8	10	0.045	0.0314	0.8	0.11	8.4	0.554	0.055	0.206
					1.0	0.13	8	0.503	0.050	0.252
	10	12	0.045	0.0377	0.8	0.11	10.4	0.849	0.085	0.251
					1.0	0.13	10	0.785	0.079	0.309
	12	15	0.045	0.0471	0.8	0.12	13.4	1.410	0.141	0.319
					1.0	0.14	13	1.327	0.133	0.393
					1.5	0.19	12	1.131	0.113	0.568
	16	18	0.045	0.0565	1.0	0.14	16	2.011	0.201	0.477
					1.5	0.19	15	1.767	0.177	0.694
用于细管钎焊连接	20	22	0.055	0.0691	1.0	0.15	20	3.142	0.314	0.589
					1.5	0.21	19	2.835	0.284	0.863
	25	28	0.055	0.0880	1.0	0.15	26	5.309	0.531	0.757
					1.5	0.21	25	4.909	0.491	1.115
	32	35	0.07	0.1100	1.5	0.23	32	8.042	0.884	1.406
	40	42	0.07	0.1319	1.5	0.23	39	11.95	1.195	1.70
					2.0	0.28	38	11.34	1.134	2.24
	50	54	0.07	0.1696	1.5	0.25	51	20.34	2.043	2.20
					2.0	0.32	50	19.64	1.964	2.91
	-	64	0.08	0.2011	2.0	0.32	60	28.27	2.83	3.47
	65	76.1	0.08	0.2391	2.0	0.32	72.1	40.83	4.08	4.14
					2.5	0.40	71.1	39.71	3.97	5.14
	80	88.9	0.10	0.2793	2.0	0.32	84.9	56.61	5.66	4.87
					2.5	0.40	83.9	55.29	5.53	6.05
	100	108	0.12	0.3393	2.5	0.40	103	83.32	8.33	7.38
					3.0	0.50	102	81.71	8.17	8.81
只用于其他连接方法	125	133	1.0	0.4178	3.0	0.5	127	126.7	12.7	10.9
	150	159	1.0	0.4995	3.0	0.5	153	183.9	18.4	13.1
	200	219	1.5	0.6880	3.0	0.5	213	356.3	35.6	18.1
	250	267	1.5	0.8388	3.0	0.5	261	535.0	53.5	22.1

注：摘自 DIN1786[17]（已撤回，现 DIN EN 1057 生效）。

4.2 热量分配

横截面变化、分岔和方向的变化（角），都有可能用现成的铸铁的或钢制的螺纹管型件即所谓的接头来实现。

现在，焊接已广泛地取代了螺纹连接。其优点在于使管网的密封性能更可靠，并部分地避免使用那些各种各样较贵的管接头型件。在管道方面，可以焊接各种弯头来实现方向的变化，包括分岔和横截面改变都不需要特殊的管接头型件。同时，不用管接头型件也将使保温变得大大简单并且降低成本以及减少了热损失。

钎（软）焊连接通常用于铜管接头。管接头和管子之间的缝隙在 0.05～0.2mm 之间，对于液体焊料来说起一个毛细管的作用。

对于软钢、铜和塑料管的不可拆卸的连接，越来越多地采用压紧接头附件，里面装入密封圈（O形密封圈），压紧过程是用一个特制的钳子来完成的（有多种方法，参见图4.2.3-1）。

可拆卸连接非常普遍的是螺栓连接，尤其是对阀门等附件和系统部件的连接。其密封一般用平的和锥形的密封表面（实例参见图 4.2.3-2）。

如果螺栓连接因尺寸（超过 $1\frac{1}{2}''$）不再合适的话，那么，可采用法兰盘连接，如今法兰盘基本上只是用于可拆卸的管道与附件及设备的连接，主要也是用符合标准 DIN 2631 的预焊的法兰盘。

对于连接可拆卸的软钢管和塑料管，越来越多地采用制动圈或开口环螺栓连接（图4.2.3-3）。

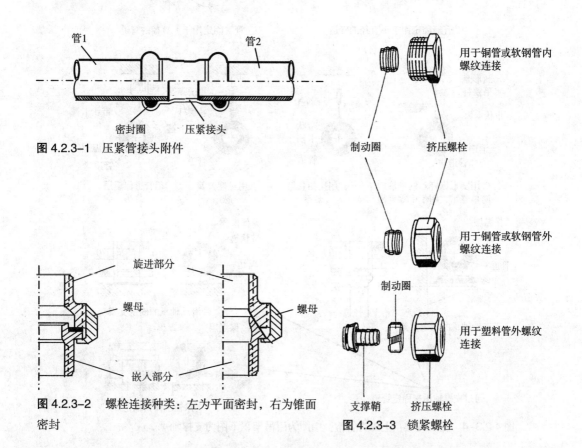

图 4.2.3-1　压紧管接头附件

图 4.2.3-2　螺栓连接种类：左为平面密封，右为锥面密封

图 4.2.3-3　锁紧螺栓

4.2.3.2.3 管道支架（座）

在固定管道时应该考虑到，当温度变化时管道会发生膨胀（亦请参阅下一段）并且让这种膨胀不至于造成令人烦恼的噪声。因此，总是应在支架（座）（也许墙壁或顶棚缺口）和管子之间架上消声层。例外的情况是作为管道固定点的支撑轴承，或者，如果支架是活动布置的（悬摆或滚动轴承）情况，参见图 4.2.3-4 所示的例子。

就估算而言，把膨胀与温度变化看成线性关系，在温升为 100℃时，每米钢管约伸长 1.2mm，铜管大约是其 1.6 倍，而塑料管（差异很大，详见表格）则到 6 倍以上。在设计管道敷设时应该考虑到该长度的变化。

如果管道长度的变化由分配系统本身的弹性吸收，则称为自由膨胀补偿，因为管道的走向本来就迫使方向改变。在直管段膨胀的情况下，角状连接的管道的边就自身弯曲。管道的边越长以及管子的直径越小，其吸收的膨胀就越大。如果确保管道不会通过支架阻止

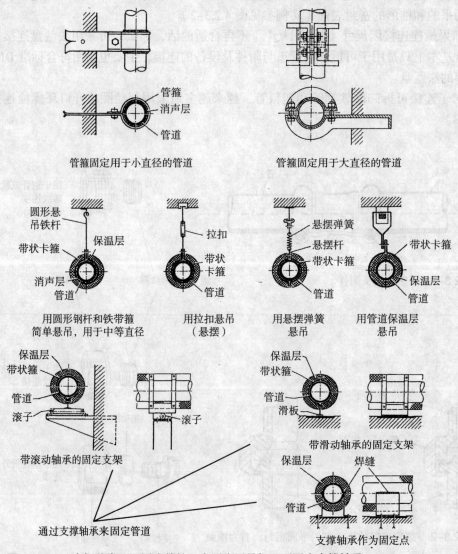

图 4.2.3-4　支架种类：上图为管箍，中图为用吊架，下图为支撑轴承

4.2 热量分配

自由膨胀以及迁移，那么，管道拐弯多也增加系统的弹性。

普通中央采暖系统的干管几乎总是有可能通过合适的管道走向来吸收其长度的变化。有时候，两点之间不用直线连接，宁肯绕些弯路，以便好布置管道的膨胀边。特别要关注的是分岔的地方，它们随着移动，所以，要求连接支管也随着弯曲。由于今天很少把散热器直接连接到干管上，而且楼层管道足够的长以及多处转弯，这样不会再发生以前所出现的问题。不过建议，一个多层楼房的干管，在其一半高的地方固定住，以便向上和向上膨胀保持在一定限度内（在更高些的建筑物情况下，则要求有一个以上的固定点）。

如果一个系统没有可能做到自由膨胀，那么，应该安装膨胀补偿器。特别是对比较长的直管段和较大公称尺寸的情况。最简单和最可靠的结构类型是双边呈 U 形，有弹性作用

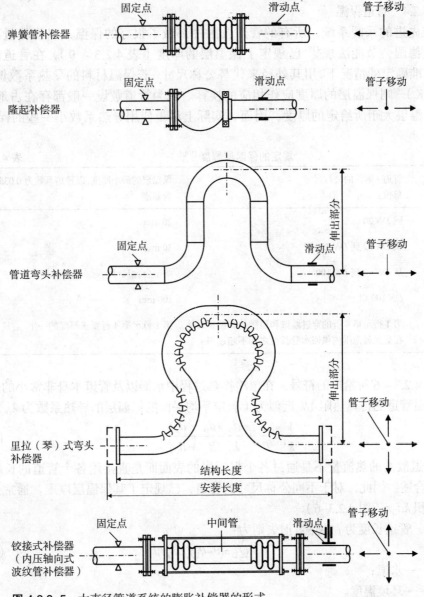

图 4.2.3-5 大直径管道系统的膨胀补偿器的形式

的且比较贵的是里拉（琴）形，在这种情况下，除了使用光管也有使用皱纹管或波纹管。弹簧管膨胀补偿器和隆起膨胀补偿器适用于直径小的管道，在大直径管道的情况下，需要用铰接式补偿器（图4.2.3-5）。铰接式补偿器在管道敷设方面要求改变方向。作为弹性的一段中间管道，或是金属软管或是钢的波纹管，正如它们用在已述及到的弹簧管膨胀补偿器和隆起膨胀补偿器（轴向膨胀补偿器）。与管子伸出部分相比膨胀吸收性大，固定点负荷很小，因为由于内部压力而有效转换的力由侧向的装在铰接中的锚杆吸收。而轴向膨胀补偿器的情况正相反，因为除了弹簧的力，还有由于内部压力而转换的力都作用到固定点上，因而固定点负荷大。基于这个原因，它们只是适用于大约大于 DN150 的管道，因为具有低阻力矩的较小公称尺寸的管道在较大的诸力作用下会折断。针对这些要求，应对轴向膨胀补偿器加以保护。因此，它们是在一侧做成固定点，而另一侧装上轴向的导向轴承。

4.2.3.2.4 管道保温

现在先进的采暖系统，所有的管道及附件都做了很好的保温，以便尽量减少热量损失。在德国，节能法规[19]已规定了保温层的厚度（表4.2.3-9）。在管道的公称尺寸没由标准确定的情况下，用其外径来代替公称尺寸。若保温材料的导热系数偏离 0.035 W/(m·K)，则保温层的厚度应作相应的换算。因为管道敷设一般都存在占地的问题，应避免保温层大于所给定的厚度，因而，实际上尽量使用导热系数小一些的保温材料。

规定的保温层厚度[19]　　　　　　　表 4.2.3-9

行	管道/附件的公称尺寸 单位：mm	保温层的最小厚度，以导热系数为 0.035W/(m·K) 为基准
1	到 DN 20	20 mm
2	从 DN 22 到 DN 35	30 mm
3	从 DN 40 到 DN 100	等于公称尺寸
4	DN 100 以上	100 mm
5	第1行至第4行的穿过墙壁和顶棚的管道和附件，第1行至第4行要求厚度的一半 在交叉处范围内供回水管长度之和不超过 8m	

用图 4.2.3-6 所给出的符号，在忽略换热过程中水侧以及管道本身非常小的热阻的情况下，保温管道的传热热阻 $1/k$ 近似为（假定平均平面的保温层的导热系数为 λ_D）：

$$\frac{1}{k} = \frac{1}{\alpha} + \frac{d_D}{\lambda_D} \frac{(d_D - d_a)}{(d_D + d_a)} \quad (4.2.3-1)$$

由管道散发的热流量不是通过各个保温层的表面而是直接用各个管道的长度来计算显然较为合适。因此，对于不同公称尺寸的管道，已规定了其保温层厚度，通常是计算可确定的乘积 $kd_D\pi$（图 4.2.3-6）。

因此，管道长度为 l 的热量损失则为：

$$\dot{Q}_D = (\theta - \theta_U)(kd_D\pi)l \quad (4.2.3-2)$$

式中　θ ——水温；

　　　θ_U ——环境温度。

4.2 热量分配

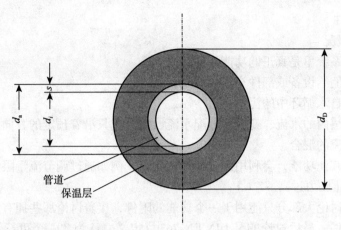

图 4.2.3-6 保温管道的公称的符号

管道附件和固定件的热损失可近似地以管道当量长度来表示（表 4.2.3-10）。

适用于管道附件和固定件热损失的保温管道的当量长度（热水温度为 50℃） 表 4.2.3-10

安装附件	公称尺寸 单位：mm	管道当量长度 单位：m
管道悬吊	—	0.15
一对法兰盘		
- 未保温	25	1.1
	50	1.2
	100	1.4
	200	1.8
	300	2.5
- 加保温套	25	0.2
	50	0.3
	100	0.5
	200	0.9
	300	1.5
阀门级闸板阀		
- 未保温	25	3.0
	50	3.4
	100	4.0
	200	4.8
	300	5.9
- 加保温套	25	0.5
	50	0.7
	100	1.2
	200	1.9
	300	3.0

4.2.3.3 附件

4.2.3.3.1 概况

附件在分配系统里是真正的功能元件：

（1）通过它们给设备或部件充水或放空；

（2）捕获来自水循环中的污物；

（3）调节管道内的水流、变向、分配水流、截流或只沿着预定的方向流动；

（4）两股水流的混合。

为了能履行其他功能，会利用部分列举的功能，例如通过调节流量限制回水温度或通过自动排风阀防止压力过高。

我们首先来讨论大部分只能用于一个功能的附件，接着讨论那些拥有多种功能适用于调节和控制的附件。最后讨论的是 DIN EN 763[20] 定义、认为"一个可行使开关和位置调节功能的管道部分"。

作为安装附件，除污器只有一个功能，那就是把水循环中悬浮的污物及粗纤维之类的东西收集起来，以便保护安装在后面的附件或设备（泵、换热器等）。图 4.2.3 – 7 描述了一个除污器的原理构造。

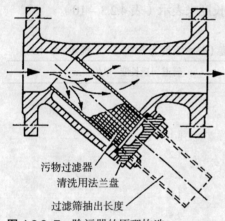

图 4.2.3–7 除污器的原理构造

（污物过滤器；清洗用法兰盘；过滤筛抽出长度）

众所周知，具有水力学方面功能的附件有：水龙头、蝶阀、闸阀、阀门等。所有这些阀门都可截断管道里的水流。因此，作为一个基本元件，它们都有一个可以关闭截流断面的闭锁装置（阀芯）。如图 4.2.3 – 8 所示，区别上述附件基本构造的关键是其闭锁装置（阀芯）的动作方式和在截流断面的流动密封。从基本构造来说，还有很多变化的可能性，有鉴于此，还另给它们额外命名。闭锁装置（阀芯）以及外壳的形状会变化并且作为位置调节或开关附件的功能也会变化。大部分功能的变化是能够用阀门来实现的，因此，它将在最后予以讨论，还包括不同的外壳形状。

水龙头除了应用在生活资料领域或实验室，在采暖系统中只有一个截流的功能。举例来说，把它安装在循环水泵的前后，散热器或换热器等的回水段。它们可用作充水或放空的水龙头，也可当作一个排风阀用。其闭锁装置（阀芯）可能是锥形、圆柱形或球形。随着引进聚四氟乙烯作为截流断面密封圈的材料以及闭锁装置（阀芯）的涂层，球阀已几乎得到普遍使用（图 4.2.3 – 9），这种产品也可具有流量调节的功能。与其他阀门相比，球阀的优点是其截流断面可以保持和相连接的管道的截面大小相同（最小可能的流动阻力），往往也不振动。采用圆柱形闭锁装置（阀芯）的三通或四通阀作为具有分配或混合功能的调节装置同样得到广泛的应用。

闸阀同样主要有截流的功能。闸阀的截流断面和管道的截面只是有细微的差别。因此，如同水龙头一样，闸阀的流动阻力也很小。闸阀通常用在管道的公称尺寸大于 DN 80 的情况。其闭锁装置（闸板）可做成楔形（"楔形闸阀叶片"）、板状（"平行闸阀叶片"）或活塞式（图 4.2.3 – 10）。如图所示，如果阀门开启提升螺纹连在闸阀叶片内（暗杆），阀杆

4.2 热量分配

闭锁装置的动作方式	垂直于流向、绕轴转动		直线动作	
截流断面的流动	穿过闭锁装置	绕着闭锁装置	垂直于闭锁装置动作方向	沿着闭锁装置动作方向
基本构造及图例	水龙头 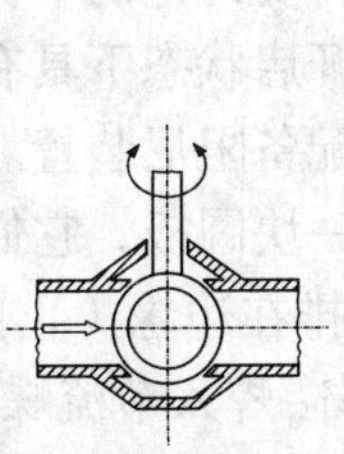	蝶阀 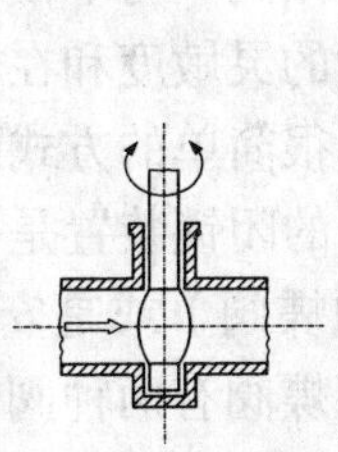	闸阀 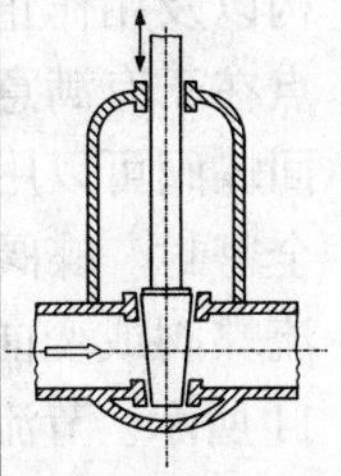	阀门 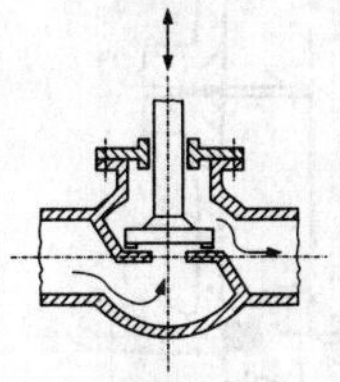

图 4.2.3-8　参照 DIN EN 763[10]，阀门的基本构造及其定义

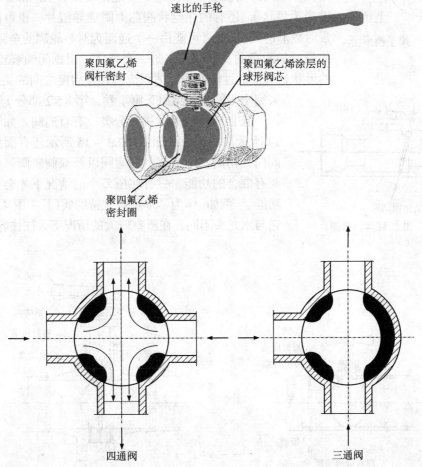

图 4.2.3-9　直通球阀示意图（上图），下图为多路球阀示意图

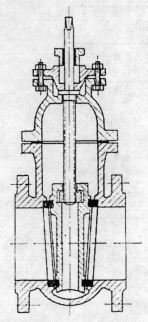

图 4.2.3–10 扁平楔形闸阀的原理图

在转动时有可能在其高程位置保持不变。还有一种做法就是开启提升螺纹做在闸阀阀体外（明杆），在这种情况下，阀杆在开启时提升，以便从外部可识别开启位置。

蝶阀在热水采暖系统中作为截流、节流和改变流动方向机构以及用作止回阀。与下面将要讨论的节流和止回阀相比，其优点在于有满意的灵敏度和在开启状态下具有很低的流动阻力。止回蝶阀可以用很简单的方式配备阻尼装置。但用蝶阀很难做到完全密封。蝶阀的闭锁装置是一块圆板，它们或是安排在中心（节流蝶阀或变向蝶阀）或是安排在边缘（止回蝶阀），如图 4.2.3–11 所示。节流蝶阀有两种阀体：焊入节流蝶阀和环形节流蝶阀（图 4.2.3–12）。四通混合阀可实现变向功能（图 4.2.3–13）。

正如所述，阀门可以执行各种附件所具有的大部分功能。由于在截流断面有流动方向的变化，这种阀门的流动阻力也因此最大。阀门的闭锁装置（阀芯）可能是板式（图 4.2.3–13）或圆锥形（盘状），还有的在盘状阀芯上附加导流片，也可能是圆柱带对数形的入口，或者可能由一个迎面为对数轮廓的全圆锥构成，或最后如示意的止回阀那样是一个球体。根据闭锁装置（阀芯）的形状，阀门的性能曲线（体积流量和开启度之间的关系）看起来完全不同（参见原著第 1 卷，第 K5.2 部分）。

按照阀体的形状进行分类，有直通阀，如图 4.2.3–14 所示，在进一步如图 4.2.3–15 所示还有阀座斜置的阀门、角阀、十字阀、三通阀以及双阀座阀。一般三通阀有混合的功能。只有在压差小的情况下才会产生分配功能。例如，作为"单管系统特殊阀门"（图 4.2.3–16），它与水龙头不同，在压差较大的情况下，往往容易振动。

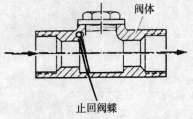

图 4.2.3–11 止回蝶阀示意图

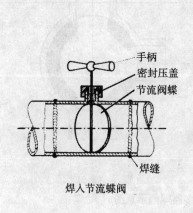

焊入节流蝶阀

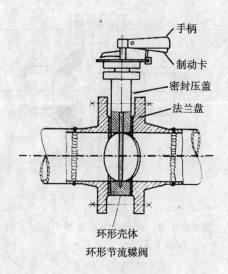

环形节流蝶阀

图 4.2.3–12 节流蝶阀原理图

4.2 热量分配

阀门也可根据其闭锁装置（阀芯）的动作方式加以区别（见图 4.2.3-8）。在最简单的水龙头的情况下，简单的手动调节在小尺寸时用旋柄，在较大的尺寸时用手柄。有时蝶阀也用手柄。在这两种情况下，90°来回动作就够了。对闸阀和阀门的情况则要求用手轮。如果阀门被作为调节的目的调节装置，则又区别为有无辅助能源驱动。举例来说，一般常用的恒温阀，就具有一种没有辅助能源的驱动器，用汽态、液态或膨胀物质充填的膨胀容器驱使阀杆运动。在使用辅助能源的情况下，调节装置通过一个带传动机构的电动机或用压缩空气气动来动作。在只是简单地需要开关功能的情况下，还有使用电磁装置。再进一步，就是熟知的热电驱动装置（如同恒温阀的膨胀容器，但用电来加热）。

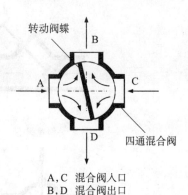

A,C 混合阀入口
B,D 混合阀出口

图 4.2.3-13 带转动蝶阀的四通混合阀的原理图

4.2.3.3.2 选择标准

选择附件首先考虑的是功能特征。

截流附件可以是水龙头、闸阀、蝶阀或阀门。广泛使用的是水龙头（球阀），闸阀一半用于较大的公称尺寸。

节流附件则大多数是阀门，它们是分配系统中最重要的功能元件：用它们可调节所期望的分配流量并通过控制在运行中把这个流量保持住。因此，在大多数情况下要求阀门在其流动性能方面（阀门曲线，参见原著第 1 卷，第 K5.2 部分）适应当时的局部条件，以便它能够尽可能最好地进行调节。对此，重要的是整个热量移交系统（比如带阀门的换热器）的特征曲线。在这种情况下，最简单的方法就是所谓的限制开启度：改变安置在阀门上部的闭锁装置（阀芯）（阀锥与阀杆）到截流断面的距离（图 4.2.3-17），而阀门

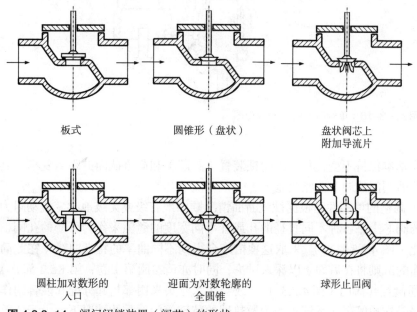

板式　　　　　圆锥形（盘状）　　盘状阀芯上附加导流片

圆柱加对数形的入口　　迎面为对数轮廓的全圆锥　　球形止回阀

图 4.2.3-14 阀门闭锁装置（阀芯）的形状

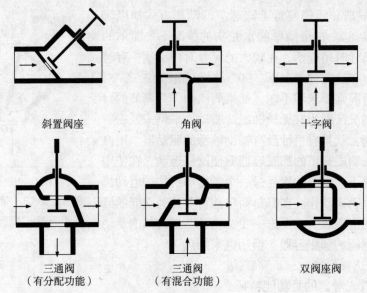

图 4.2.3-15 阀门阀体性状及原理图

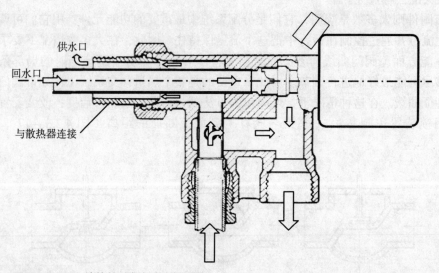

图 4.2.3-16 单管特殊阀门的原理图

的特征曲线基本保持不变，只是因闭锁装置（阀芯）和截流截面的距离变窄，其工作范围变小了（从而阀门的调节性能变差了）。

第二个调整的可能性是根据截流断面情况顺序地有级或无级地改变流动阻力。通常是在可旋转的阀芯上钻各种不同直径的孔或开不同宽度的缝隙来作为可变的孔阑，达到流动阻力的变化（图 4.2.3-17）。采取这项措施会得到不同曲率的特征曲线（在此简略提及的水力学方面的准则将在后面予以深入讨论，同时亦请参阅第 1 卷，第 K5.2 部分）。

把三通阀当作阀门（图 4.2.3-15）或当作水龙头来用都是起分配和混合的作用。作为分配阀门多是在单管采暖系统中作为散热器的特殊阀门。在此情况下，由于压差小，其斜

4.2 热量分配

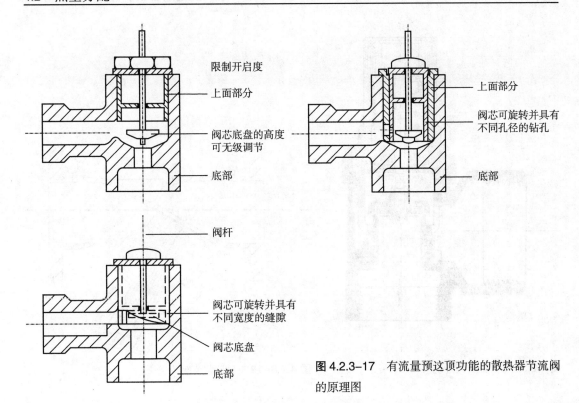

图 4.2.3-17 有流量预这顶功能的散热器节流阀的原理图

坡使得不会产生振动的问题。不过，一般用于分配功能的三通阀都做成水龙头式样。三通混合阀作为一个调节机构用于控制进口温度同样也主要制作成三通水龙头式样。

四通阀大多数亦是做成水龙头式样，闭锁装置（阀芯）为圆柱形（图 4.2.3 - 9），很少用蝶阀式样（图 4.2.3 - 13）。它们被用于双重功能，控制进口温度以及提高锅炉的回水温度，以避免其低于烟气的露点温度。由于今天锅炉烟气侧以另外的一种方式来保证足够高的表面温度，或者希望有较低的温度值（冷凝锅炉），因而，使用四通阀已经逐渐减少。

安全阀的功能是用来限定压力。如果系统压力超过预设定值，阀门就会自动打开封闭的分配系统。其阀芯底盘或是受弹簧负载或是受重力负载（图 4.2.3 - 18）。安全阀的概念和定义已在 DIN 3320[21] 中加以确定。

止回阀是确保水只沿着某一确定的方向流动（见图 4.2.3-14）。其闭锁装置（阀芯）可以是球体或盘状。在后一种情况下，也可做成受弹簧负载；如果不是，阀门必须水平安装在系统中。比较简单的一种止回阀就是止回蝶阀（图 4.2.3-11）。

干管调节阀能以简单的方式把热媒流量按期望分配到不同的干管中。因此，它们尤其是配备有与压力测量装置连接的接口（图 4.2.3-19）并且大部分做成斜阀座阀门。干管调节阀也可以用于干管截流，通常还另有一个放空水龙头。

所谓的"底阀"或截流阀和溢流阀承担其他一些功能。前者现在几乎不再使用，因为对于同样的功能，使用球阀应该更便宜些（散热器回流截流）。此外，如果在系统中安装了可控制的循环泵（这一点从节能角度讲应优先考虑），那么，溢流阀已没有必要了，因

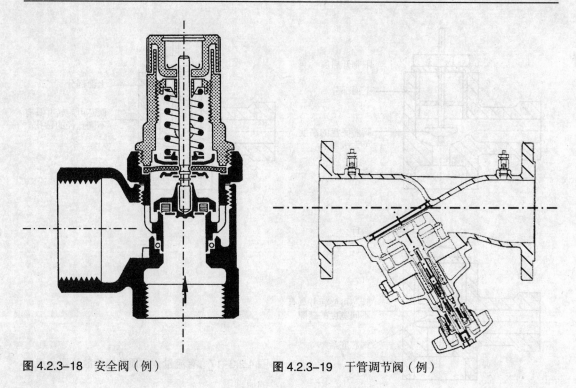

图 4.2.3-18 安全阀（例）　　图 4.2.3-19 干管调节阀（例）

为它的功能只是为了保持安装了恒温阀的系统中的压力和流量不变。

选择阀门的机械性能方面的标准，除了上面已经提及到的公称尺寸、公称压力和允许的压差以外，特别是对于恒温阀的检测，DIN EN 215[22] 规定了如下性能指标：

（1）用防护盖机械锁紧的阀门的密封性；
（2）阀杆的密封性；
（3）阀门的抗弯性能；
（4）恒温器（俗称恒温阀阀头）的抗扭性能；
（5）恒温器（阀头）的抗弯性能。

下面讨论的水力学方面和设备技术方面的选择标准只是涉及到阀门，其内容只是大体上适用于其他附件。

一个阀门的水力学方面的性能，是在实验台上在阀门进出口之间压差完全恒定的情况下测定的。由此得到流量和阀门开启度之间的关系，对于恒温阀来说则相应的是流量和敏感温度（控制值）之间的关系。在实验室条件下给定的阀门两端恒定的压差，对安装在系统中的阀门而言，实际上是不存在的。因此，压力变化的影响应该作为设备技术方面的选择标准加以考虑。此外，还要指出的是，安装在散热器或换热器上的阀门，不是阀门本身单独的功能，而是阀门以及与其相连接的装置共同对整个热量移交系统的调节特性起决定性的作用，因此正确选择合适的调节装置是至关重要的。

水力学方面的性能

阀门的流量特性是按照 VDI/VDE 2173[23] 的规则来确定的。这些在第 1 卷，第 K 部分，第 5.2.1 节已有阐述。依此，作为流量特征值的 k_v 值由下式来确定：

4.2 热量分配

$$\dot{V} = k_v \sqrt{\frac{\Delta p_v}{\Delta p_{v0}} \frac{\rho_0}{\rho}} \qquad (4.2.3-3)$$

此式相当于第 1 卷中的式（K5–2）。

式中　$\dot{V}$——体积流量，m³/h；

　　　Δp_v——阀门的压差，bar；

　　　Δp_{v0}——基准压差，$\Delta p_{v0} = 1 \text{bar}$；

　　　ρ——密度，kg/m³；

　　　ρ_0——基准密度，$\rho_0 = 1000 \text{kg/m}^3$。

k_v 值和阀门开启度之间的关系曲线作为特征曲线。

与通常使用的阀门相比，在采暖工程中的阀门主要都是用于压力较低和压差较小的场合。因此，在一般情况下，用 k_v 值来描述可直接应用的流量值都不是很理想。因而，采用另外的特征值来表述，尤其是对散热器的恒温阀，这一点也已达成国际上的一致共识（参见 DIN EN 215[22]）。那么，作为特征曲线，是通过阀门的质量流量与用作为控制值的感温包温度之间的关系来表达。而感温包温度与阀门开启度之间有固定的关系，因此，以这种方式描述的特征曲线，实际上反映的也是通常的 k_v 值和阀门开启度之间的关系曲线（图 4.2.3–20）。恒温阀的特征曲线是在阀门两端的压差恒定为 10kPa（0.1bar）的条件下测得的。所有的特征值也都适用于该压差。随着压差（运行条件）的变化，根据式（4.2.3–3）特征曲线的斜率也发生变化，而对恒温阀来说又有另外的影响因素，其闭锁装置（阀芯）（阀芯底盘）不是固定的而是弹性安置的。这样它就给阀门两端变化的压差带来不同程度的影响，由此，发生特征曲线推移。所谓的温度点 S 是理论上线性的特征曲线和横坐标的交点，它是从不同的特征曲线获取特征值的出发点，不同的特征曲线是由恒温器（阀头）的不同的调节位置得到的❷。对于具有开启度限定或流量预设定可能性的阀门来说，还有其他变化的可能性。但对于所有的调节位置来说，每一个调节位置都有一个开和关的曲线。由于存在阀门与水接触的部件的密封部分以及恒温器（阀头）内固定部件与运动部件接触面，由此产生的摩擦力形成了阀门开关曲线之间的差别，亦即阀门在反方向运动时其特征曲线会推移，所造成的开关曲线之间的距离称为滞后现象（图 4.2.3–20）。

为了表明在各种调节位置下得出的特征曲线对，确定了一个由测量得出的特征流量：特征流量 $\dot{m}_S$（在 DIN EN 215 中为 q_{mS}）是在开曲线（阀门两端的压差为 10kPa 时测得）上 $(S-2)K$ 的 a 点或者 b 点（图 4.2.3–20）得出的流量。那么，如此确定的质量流量（单位为 kg/h）反映各个恒温阀任一开曲线的特征，但不是无条件的表征阀门本身的特征。因而对此给出了一个所谓的标称流量 $\dot{m}_N$（q_{mN}），这个流量即相当于恒温器（阀头）在中间调节位置时测出的特征流量。如果涉及的阀门具有预设定流量的可能性，其标称流量应为阀门在最大预设定的位置测得的流量（恒温器在中间调节位置）。标称流量不能任意选择，它必须以一定的方式位于在恒温器（阀头）最高调节位置时和最低调节位置时测得的两个特征流量之间（图 4.2.3–21）。

对于特征曲线的斜率（可由标称流量推导出来）也有一个要求：首先必须得到在敏

---

❷ 此项在 DIN EN 215 中有关恒温阀检测的协定，限制在具有线性特征曲线的阀门；并不适用调节技术方面有优势的具有一个所谓等百分比的特征曲线（水流量恒定变化而不取决于阀门开启度）的阀门。

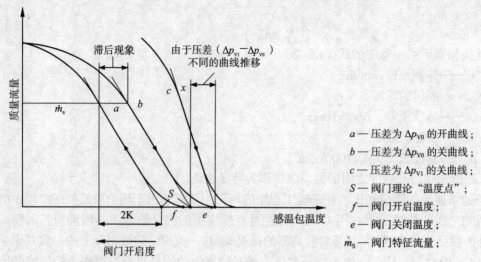

- a —— 压差为 Δp_{V0} 的开曲线;
- b —— 压差为 Δp_{V0} 的关曲线;
- c —— 压差为 Δp_{V1} 的关曲线;
- S —— 阀门理论"温度点";
- f —— 阀门开启温度;
- e —— 阀门关闭温度;
- $\dot{m}_S$ —— 阀门特征流量;

图 4.2.3-20　按照 DIN EN 215[22]，恒温阀在两种不同压差 Δp_{V0} 和 Δp_{V1} 情况下的特征曲线

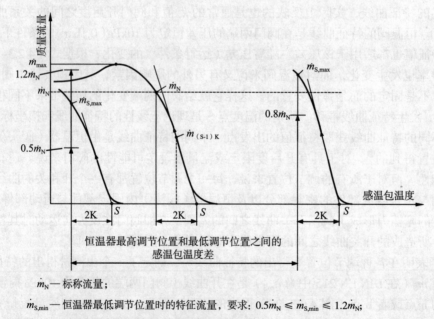

- $\dot{m}_N$ —— 标称流量;
- $\dot{m}_{S,min}$ —— 恒温器最低调节位置时的特征流量，要求: $0.5\dot{m}_N \leqslant \dot{m}_{S,min} \leqslant 1.2\dot{m}_N$;
- $\dot{m}_{S,max}$ —— 恒温器最高调节位置时的特征流量，要求: $\dot{m}_{S,max} \geqslant 0.8\dot{m}_N$;
- $\dot{m}_{(S-1)K}$ —— 敏感温度为 $(S-1)$ K 时的流量，要求: $\dot{m}_{(S-1)K} \leqslant 0.7\dot{m}_N$;

图 4.2.3-21　压差为 10kPa 时恒温阀的开曲线

感温度为 $(S-1)$ K 时的流量，其流量应低于标称流量的 70%。进一步的要求是在标称流量时的滞后现象不得超过 1K。同样，如果阀门两端的压差提高 6 倍所测得的特征曲线的温度点 S 也不应向右移动多于 1K。其他在 DIN EN 215 中规定的测试要求在这里不再一一赘述。

为一个分配系统选择阀门，一般是按从标准实验台测得的水力学方面的性能，但如上文所述，仅此一点还是不足够的。阀门在一个系统中的工作状况远远有别于在实验台

4.2 热量分配

上的工作状况，因为在一个系统中，根据管网中的边界条件，阀门两端的压差在阀门开启或关闭过程中可能是变化的。有关这一点可通过简化的想法来解释清楚：第一个简化是，在研究的管网中只通过一个阀门来进行调节，作为第二个简化是在研究的流动循环中有效的输送压力 Δp_{ges} 保持不变。在流动循环中的沿程阻力可看作为串联阻力（类似于电气工程）（图 4.2.3-22），其中管道的阻力 R_L 作为常数，而阀门的阻力 R_V 看成是变化的。这里先给出通常的计算方法，如式（4.2.3-4），有关这方面的内容将在第 4.2.6 节作进一步的描述：

$$\Delta p = R\dot{V}^2 \quad (4.2.3-4)$$

因为是串联，管道里的体积流量和研究的阀门里的流量是一样的，所以管道和阀门压降值为：

$$\Delta p_L = R_L \dot{V}^2 \quad (4.2.3-5)$$

$$\Delta p_V = R_V \dot{V}^2 = R_V \left(\frac{\dot{m}}{\rho}\right)^2 \quad (4.2.3-6)$$

由于在研究的流动循坏中总压力降不应改变（图 4.2.3-23），那么阻力之和必须保持不变：

$$\Delta p_{ges} = (R_L + R_L)\dot{V}^2 \quad (4.2.3-7)$$

设计状况下开启（这并不是必须相当于在检测时所要求的全开启）的阀门的压力降 $\Delta p_{V,B}$ 为：

$$\Delta p_{V,B} = R_{V,B}\dot{V}^2_B = R_{V,B}\left(\frac{\dot{m}_B}{\rho}\right)^2 \quad (4.2.3-8)$$

式中出现的可能是体积流量 $\dot{V}_B$，也可能是质量流量 $\dot{m}_B$。

在图 4.2.3-23 中示意的运行范围内，质量流量的变化情况如下：

$$\frac{\dot{m}}{\dot{m}_B} = \sqrt{\frac{R_L + R_{V,B}}{R_L + R_V}} = \sqrt{\frac{\dfrac{R_L}{R_{V,B}} + 1}{\dfrac{R_L}{R_{V,B}} + \dfrac{R_V}{R_{V,B}}}} \quad (4.2.3-9)$$

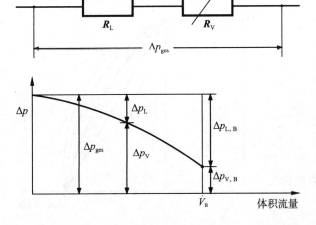

图 4.2.3-22 串联的水力阻力

图 4.2.3-23 管道和阀门的压力降随体积流量变化示意图，阀门开启直至设计状态 B

在设计状态点 B，存在如下的压差关系

$$I = \frac{\Delta p_{L,B}}{\Delta p_{ges}} + \frac{\Delta p_{V,B}}{\Delta p_{ges}} \tag{4.2.3-10}$$

当阀门全关闭时，总压差是落在阀门上（$\Delta p_{ges} = \Delta p_{V,0}$）。在设计状况下开启的阀门上的压差与阀门全关闭时的压差之比称为阀门阀权度。

$$\frac{\Delta p_{V,B}}{\Delta p_{V,0}} = a_V \tag{4.2.3-11}$$

那么，在设计状况下的管道压力降，利用式（4.2.3-10）就可表达为：

$$\Delta p_{L,B} = (1 - a_V)\Delta p_{V,0} \tag{4.2.3-12}$$

再利用式（4.2.3-5）～式（4.2.3-8）得出：

$$\frac{R_L}{R_{V,B}} = \frac{\Delta p_{L,B}}{\Delta p_{V,B}} = \frac{1 - a_V}{a_V} \tag{4.2.3-13}$$

因此，式（4.2.3-9）就有如下形式：

$$\frac{\dot{m}}{\dot{m}_B} = \frac{1}{\sqrt{1 + a_V\left(\dfrac{R_V}{R_{V,B}} - 1\right)}} \tag{4.2.3-14}$$

阀门的阻力 R_V 与 kV 值之间的关系为：

$$R_V \propto \frac{1}{K_V^2} \tag{4.2.3-15}$$

因而，在第 1 卷，第 K 部分，第 5.2.1 节给出的适用于质量流量公式（K5-6）为：

$$\frac{\dot{m}}{\dot{m}_B} = \frac{1}{\sqrt{1 + a_V\left(\left(\dfrac{k_{V,B}}{k_V}\right)^2 - 1\right)}} \tag{4.2.3-16}$$

设计状况下的阀门 k_V 值，与在检测时确定的 k_{vs} 值不必等同（正如已提及到的，在恒温阀检测时，根本不去测量该值）。一个阀门的理想的线性特征曲线，在阀门阀权度影响下，按图 4.2.3-24 所示发生变化。

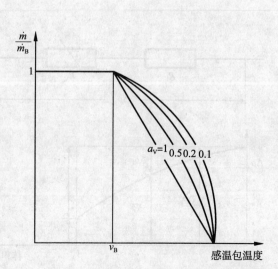

图 4.2.3-24 在不同阀门阀权度情况下，热媒流量与感温包温度之间的关系

4.2 热量分配

相对于图 4.2.3 – 24，在把循环环路中的阻力详细分类的情况下，环路的压力变化过程是能够估计到的，例如图 4.2.3 – 25 所示的一个双管采暖系统。此例与一个单管系统或按蒂歇尔曼连接方式的双管系统不同，它有一个在最不利的地方安装的散热器（"最不利点"，请参阅图 4.2.3-12）。其余的用户（大多数在干管的开始段）在热媒供应方面都很有利。为了使这些用户的热媒流量达到额定值，必须给它们增加不同大小的平衡阻力。有些阀门具有流量预设定的可能性，以便其能够应用在更广泛的流量范围内，这种流量预设定往往是串联或并联于附加阻力。这里已把这种阀门画在图中（在检测这些阀门时所测得得压差是 Δp_V 与 $\Delta p_{V,V}$ 的和，即 $\Delta p_V + \Delta p_{V,V}$）。如果把对于设计来说关键的即安装在最不利处的阀门关闭，那么，就不会再有水流流经散热器连接支管、散热器以及预设定的阻力：此时阀门的压差为 $\Delta p_{V,0}$。此外，在循环泵没有控制的情况下应该还要考虑到，由于泵的特征曲线，其扬程是随着水流量的减少而增加。从图 4.2.3-25 可以看出，除了变化的流阻，所有固定的流阻在所考察的阀门的调节部分都恶化了其阀门阀权度 [式（4.2.3-11）]。阀门阀权度越接近于 1，那么，水流量在阀门的工作范围内就越均匀地变化。因此，选择和设计一个阀门必须考虑有一个最小的阻力。因为在此不能顾及各式各样的分配系统中不同的水力状况，在调节中把这个最小阻力作为一个固定值，但对它不能没有任何限制（除了小系统）。因此，把阀门阀权度作为一个确定尺寸大小的准则，并且为了考虑调节技术的要求，比如对于散热器的恒温阀来说，协定阀权度的最小值为 0.4。有关细节将在与水力平衡计算有关的第 4.2.5 节中加以讨论。

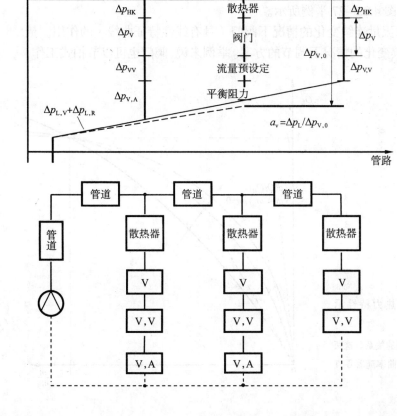

图 4.2.3–25 带三个散热器 HK 的双管采暖系统

注：上图为压力变化过程，下图为系统图例，配备有包括流量预设定 V,V 的阀门 V，以及平衡阻力 V,A；把管道的进出口阻力 $\Delta p_{L,V}$ 和 $\Delta p_{L,R}$ 放在一起。

如果随着选出一个阀门并规定加在阀门两端的压差足够高，输入的热媒流量首先只力求尽可能地均匀，那么，这从调节技术方面来说还是不够的，因为考虑到热用户的热功率，希望被调节对象尽可能全部是一个线性的传递特性。这就是说，还需要再考虑输入热媒的散热器或换热器的热力特性。该热力特性是通过热功率和热水流量之间的函数关系加以描述的，如图4.2.3–26所示。二者皆以各自的设计值（B）为基准。$\dot{Q}/\dot{Q}_B$ 和 $\dot{m}/\dot{m}_B$ 之间的关系对散热器和换热器基本上是相同的。关键的一个参数是函数在零点的斜率，在换热器情况下其斜率为：

$$\left(\frac{\dfrac{d\dot{Q}}{\dot{Q}_B}}{\dfrac{d\dot{m}_1}{\dot{m}_{1B}}} \right)_{m=0} = \frac{(\theta_{11}-\theta_{21})_B}{(\theta_{11}-\theta_{21})_B} = \frac{(\theta_{11}-\theta_{21})_B}{\sigma_B} \quad (4.2.3-17)$$

（式中第一个下标：1表示热流体，2表示冷流体；第二个下标：1表示进口，2表示出口）以及对散热器而言，则有：

$$\left(\frac{\dfrac{d\dot{Q}}{\dot{Q}_B}}{\dfrac{d\dot{m}_1}{\dot{m}_{1B}}} \right)_{m=0} = \frac{\Delta\theta_{V,B}}{\sigma_B} \quad (4.2.3-18)$$

为了获得整个被调节对象热功率和质量流量之间的总关系，必须把通过阀门阀权度按照式（4.2.3–14）"变形"的特征曲线和根据式（4.2.3–18）得到的热力特征曲线相互结合起来。然后得到总的特征曲线，如图4.2.3–27举例所示。

前面讨论的仅仅是在水流量连续变化的情况下阀门（具有线性特征曲线）的作用。最近，还提出了在水流量非连续变化的情况下调节的方案。举例来说，阀门也可以节拍式工作，

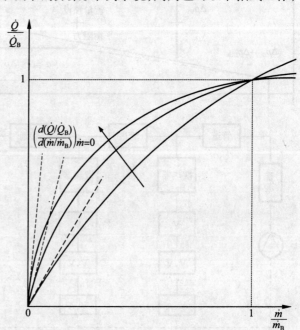

图4.2.3–26 散热器或换热器热力特性示意图

注：它描述了热功率和热媒流量之间的关系。这两者皆以各自的设计值（B）为基准。曲率随着零点斜率而增加。

4.2 热量分配

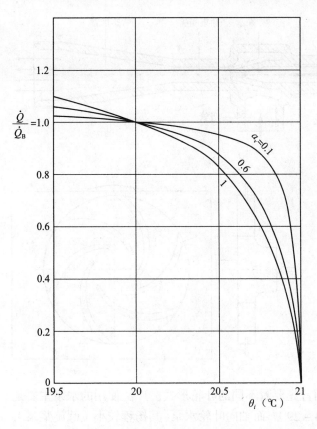

图 4.2.3-27 不同阀门阀权度 a_V 情况下的散热器热功率和室温之间的关系（由图 4.2.3-24 和图 4.2.3-26 举例推导出来）

以至其工作状态只可能是"开"和"关"。基于把循环阻力减到最小，这样做有一个重要的优点：因为阀门没有节流调节，在阀门关闭时的压差增加也就不会影响调节品质。因此，在这种情况下可以取消对最低阀门阀权度的要求，如果通过阀门的节拍脉冲速率来产生"平衡"，也还可以省略部分平衡阻力（图 4.2.3-25）。

4.2.3.4 水泵

4.2.3.4.1 结构形式

用在水管管网中水泵的结构形式，基本上可以按照其工作原理及其构造特征来进行分类。

按照工作原理可以区分为：

（1）离心泵，它是通过改变速度的大小和方向来传递叶轮叶片上能量的流体机械。由于动量的改变，离心泵总压头的增加与泵转速的平方成正比。

（2）挤压泵（如活塞泵或齿轮泵），它是通过其工作空腔容积的周期性变化来输送水量，该工作空腔是用隔离元件把吸入管道和压出管道分开。挤压泵总压头的增加与泵的转速无关。

（3）在喷射泵的情况下，从喷嘴里喷出的驱动射流把来自吸管的水诱导出来并通过一个捕集喷嘴把两股混合的水流输送到一个扩散管，在扩散管内随着速度的降低，产生一个较高的压力（图 4.2.3-28）。

在采暖系统中的水循环主要采用离心泵作为压力控制泵，活塞泵用于维持压力（高温水管网，远程热源热网），喷射泵在次级循环中与一中央离心泵相连，用于控制的目的，举例来说，用在远程热源热网。

图 4.2.3-28　喷射水泵原理图

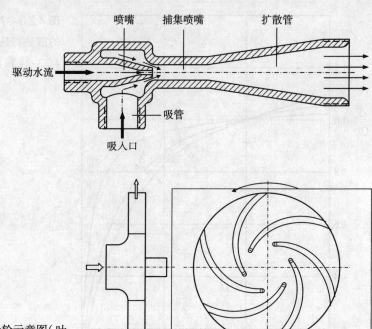

图 4.2.3-29　循环水泵的径向叶轮示意图（叶片向后弯曲）

　　按构造特征分类时，在离心泵方面首先要看不同的叶轮形式。广泛使用的水泵主要是用径向叶轮，叶片向后弯曲（见图 4.2.3-29）。而轴向叶轮水泵，其扬程较小（螺旋桨泵），它们有时用在热量生产循环中。叶轮一般由塑料、铸铁或不锈钢板制成。

　　从壳体方面讲，在螺旋壳体情况下（通常由灰口铸铁做成），吸入管和压出管大多数是在一条直线上（"直列式泵"，见图 4.2.3-30），较大型的水泵的吸入管和压出管则是相互垂直的（见图 4.2.3-31）。由于运行安全和功率储备的考虑，也有把直列式泵做成双联泵形式，即在一个具有吸入管和压出管的壳体里布置了两台泵，在压缩侧用一个转换活门将各自分开，但也可以平行运行（见图 4.2.3-32）。

　　另一种结构上的差异是轴的安装方式。大多数泵是用水平的轴安装到管道里。比较大的泵是固定在一个基础上（在功率较小的情况下，大约到 5kW，固定泵的壳体，在功率大的情况下，则固定电动机，例如图 4.2.3-31）。而垂直安装的话则需要昂贵的轴承。

　　还有一个重要的区别是驱动电动机的安装形式，一般称之为湿式转子电动机及干式转子电动机。

　　湿式转子电动机的转子和轴承像水泵的叶轮一样浸在水中。定子绕组是通过由未磁化的铬镍钢制成的壳管或密封罐（壳管状电动机）保持干燥，不需要轴封。管轴承由水润滑；从而用湿式转子电动机驱动的水泵几乎无需维护，亦同乎没有噪声。无论是对水或空气其密封性能都很好（图 4.2.3-33）。

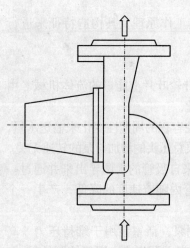

图 4.2.3-30　直列式泵示意图（吸入管和压出管在一条直线上）

4.2 热量分配

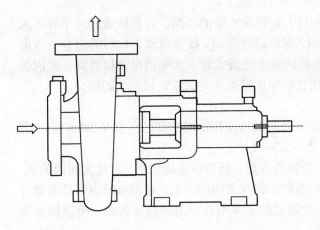

图 4.2.3-31 吸入管和压出管相互垂直的离心泵示意图

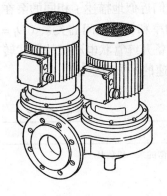
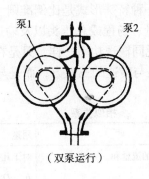

（双泵运行）

图 4.2.3-32 直列式双联泵示意图

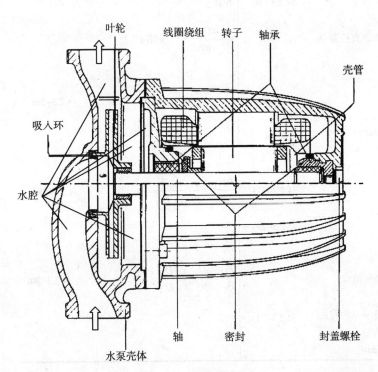

图 4.2.3-33 湿式转子水泵示意图（例）

干式转子水泵的电动机（图 4.2.3 – 31）安装在水腔的外面，并且轴通过一个导环来密封。对此，可以考虑用陶瓷/陶瓷或碳/陶瓷或硬金属/硬金属作为材料的组合（以前为密封压盖）。干式转子水泵的驱动电动机的效率比湿式转子水泵的电动机要高，是因为其磁场较少受到削弱。因此，它们多应用在功率比较大（约 2.5kW 以上）的场合。

4.2.3.4.2 特征值

有关泵的选择、设计和评价的关键值以及对此所应用的概念都已在 DIN 24260 第 1 部分[24]中作了规定。相关内容都综合列在表 4.2.3–11 中。

为了建立特征值如：一个确定的水泵的输送流量、扬程或输送功率与转速之间的关系；在具有直径特征的几何相似的泵的同样的参数，相互之间的关系，相似特征值则是非常有用的（表 4.2.3–12），借助于这些对于一个确定的水泵可以给出其特征曲线，而该特征曲线与转速、流体的密度以及泵的大小无关。

相似性关系（相似准则）的一种特殊形式是比例准则。它们近似地描述了相同的泵在同样输送介质的情况下，输送流量、扬程或总压头以及输送功率和转速之间的关系（$D_I = D_{II}$，$\rho_I = \rho_{II}$）。一般来说，功率消耗同输送功率一样，只是在配备开缝管状电动机的湿式转子水泵的情况下，其功率消耗不是与转速的三次方，而是与转速的平方成正比。

相似关系 表 4.2.3–12

特征值	注释	说明	用途
φ	流量系数	决定性的经线流速 v_{2m} 的流量和叶片出口的圆周速度 u_2 之比 $$\varphi = \frac{v_{2m}}{u_2} = \frac{\dot{V}}{A_2 u_2} \quad (4.2.3\text{–}24)$$ 以及对于宽度为 b 及直径为 D_2 的径向叶轮 $$\varphi = \frac{\dot{V}}{\pi D_2 b u_2} \quad (4.2.3\text{–}25)$$	对于几何相似的泵 I 和泵 II $$\frac{b_I}{b_{II}} = \frac{D_I}{D_{II}}$$ 并且 $$u_2 = \frac{\pi D_2 n}{60}$$ 则有： $$\frac{\dot{V}_I}{\dot{V}_{II}} = \frac{n_I D_I^3}{n_{II} D_{II}^3} \quad (4.2.3\text{–}26)$$
ψ	压力系数	总压差与速度为 u_2 的动压之比 $$\psi = 2\frac{gH}{u_2^2} = \frac{\Delta p_t}{\frac{\rho}{2}u_2^2} \quad (4.2.3\text{–}27)$$	$$\frac{\Delta p_{t,I}}{\Delta p_{t,II}} = \frac{\rho_I}{\rho_{II}} \cdot \frac{n_I^2}{n_{II}^2} \cdot \frac{D_I^2}{D_{II}^2} \quad (4.2.3\text{–}28)$$
λ	功率系数	$\lambda = \varphi \psi \quad (4.2.3\text{–}29)$	$$\frac{P_I}{P_{II}} = \frac{\rho_I}{\rho_{II}} \cdot \frac{n_I^3}{n_{II}^3} \cdot \frac{D_I^5}{D_{II}^5} \quad (4.2.3\text{–}30)$$
n_q	比转速	叶轮形状影响的特征值 $$n_q = \frac{n \dot{V}^{1/2}}{60 H^{3/4}} \left(\frac{9.81}{g}\right)^{3/4} \quad (4.2.3\text{–}31)$$ 式中 n 的单位：r/min	

4.2 热量分配

表 4.2.3-11 按照 DIN 24260 第 1 部分[24]，有关泵的选择、设计和评价的关键值以及对此所应用的概念

特征值	单位	注释	说明	方程
$\dot{V}$	m³/s	输送流量	由泵输送的体积流量	
H	m	扬程	由泵传递给流体的能量，以流体的重力为基准，单位为 Nm/N = m。它与总压差 Δp_t 相关联，其关系式为 $\Delta p_t = H\rho g$	(4.2.3-19)
H_H	m	维持压头 (最低进口压头)	安全考量，防止气蚀；相当于在 ISO2548[15] 中规定的 $NPSH$（Net Positiv Suction Head）值 $NPSH = (p_{\text{tot,s}} - p_D)/(\rho g)$ 设备的维持压头必须大于水泵生产厂家所给的 $NPSH$ 值	(4.2.3-20)
P	W	输送功率	传递给流体的有用功 $P = \dot{V} H \rho g = \dot{V} \Delta p_t$	(4.2.3-21)
P_m	W	功率需求	泵的轴吸收的机械功率 $P_\text{m} = P/\eta$	(4.2.3-22)
P_el	W	吸收功率	电驱动装置吸收的功率 $P_\text{el} = P_\text{m}/\eta_\text{el}$	(4.2.3-23)
η	—	泵的效率		
η_el	—	电动机的效率		
n	r/min	泵的转速		

借助于相似准则,还能考虑到与水不同的其他液体密度的影响。但在流体介质变化时还要考虑其黏度对叶片通道内流动的影响(雷诺数的影响)。关于密度的影响,主要是会改变其扬程和效率。同样,黏度的影响亦然,例如在流体介质为乙二醇-水混合物或盐水时,由于它们的黏度较高,用水运行相比,其扬程和效率都下降,相应地其功率消耗也上升。

4.2.3.4.3 特征曲线

泵的特征曲线描述了其特征值扬程(总压头)、输送功率、NPSH值(最低进口压头)以及泵的效率同输送流量之间的关系(图4.2.3-34)。常常选择用无量纲来表达,即所有的特征值都以其在最大效率 η_{max} 时的值为基准(图4.2.3-35)。转速的影响(见图4.2.3-36)或不同的叶轮直径的影响(见图4.2.3-37)也可以类似地加以描述。借助于相似特征值有可能对所有的参数加以综合描述(见表4.2.3-12)。

图4.2.3-38和图4.2.3-39举例说明了用两台相同的水泵在并联或串联运行时所产生的特征曲线。

管网中一台或多台泵运行工况点是泵的特征曲线与管网特征曲线的交点(图4.2.3-40,上图)。管网的特征曲线近似地是一个抛物线,抛物线的陡度则根据热负荷(阀门的节流调节)的大小而不同。为了更清楚地说明问题,把上述特征曲线用对数坐标来描述(图

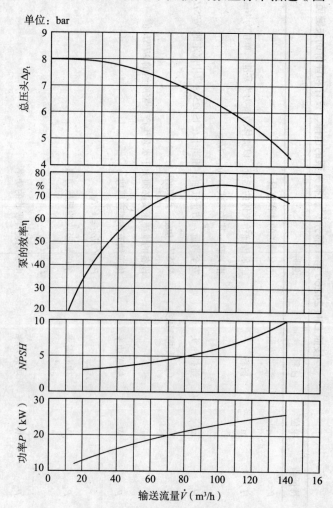

图4.2.3-34 一径向叶轮离心泵的特征曲线

注:比转速 $n_q \approx 20/60\text{r/min}$(公式及符号说明详见表4.2.3-11和表4.2.3-12;在给出数字 n_q 时,通常不必用60s/min来换算)。

4.2 热量分配

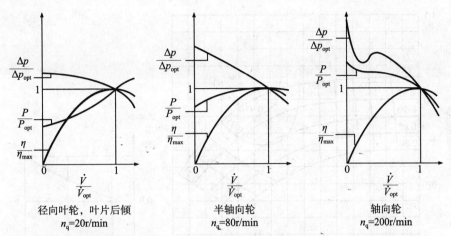

径向叶轮，叶片后倾　　　　半轴向轮　　　　　　轴向轮
$n_q=20$r/min　　　　　　$n_q=80$r/min　　　　$n_q=200$r/min

图 4.2.3-35 定性地描述了几种基本形式的离心泵在不同比转速 n_q 时的特征曲线

注：图中采用比例值形式，基准值则为相应于在最大效率 η_{max} 时最佳点的值 [摘自文献 [25]；公式和注释见表 4.2.3-11 和 表 4.2.3-12；图中 n_q 的单位为 r/min，未按式 (4.2.3-31) 换算]。

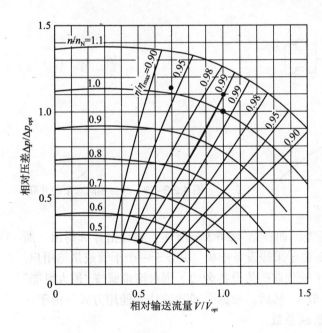

图 4.2.3-36 一用转速调节的离心泵的特征曲线族（实测）

注：比转速 $n_q = 20$r/min。图中采用比例值形式表达，基准值则为相应于在最大效率 η_{max} 时最佳点 $n/n_N = 1$ 时的值 [摘自文献 [25]；由于效率在低转速时恶化，η_{max} 曲线偏离了 $\Delta p \sim \dot{V}$ 抛物线，公式和注释见表 4.2.3-11 和 表 4.2.3-12；图中 n_q 的单位为 r/min，没有按式 (4.2.3-31) 换算]。

4.2.3-40，下图）尤为合适。那么，管网特征曲线则视阀门的节流情况在坐标中为平行的直线（在泵的特征曲线族中的效率曲线在基本的运行范围内也同样会视为平行直线）。

4.2.3.4.4 采暖系统中的水泵及其控制与调节

一般来说，选择水泵，应使其在管网中的大部分运行时间内都处在最佳效率附近运行。由于采暖系统运行是充满变数并且输送的流量几乎总是小于设计流量，因此，选择泵应考虑其设计运行工况点（参见图 4.2.3-40 和第 4.2.6 节）位于最佳效率的右边、泵的特征曲线上后边 1/3 处。

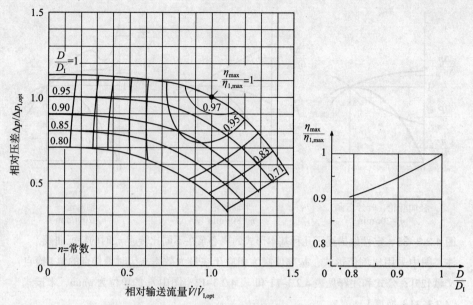

图 4.2.3-37　不同叶轮直径但几何相似的水泵在转速恒定时的特征曲线

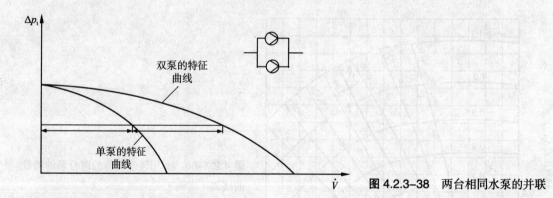

图 4.2.3-38　两台相同水泵的并联

确定泵的尺寸大小的基础是其总压差,如在第 4.2.6.3 节所述,它可由计算得出。所需体积流量则取决于泵投入使用的情况,位于采暖设备中央,服务于一个干管或是热用户。

如果水泵给一个中央分配系统供水(安装在产热设备旁边),则水流量就按"最大可能"的产热功率 $\dot{Q}_{max}$ 进行调整(参见第 4.3 节)。然后,根据采暖建筑物的使用方式,由于存在热负荷非同步的概率,考虑引入一个折减系数:

$$\dot{Q}_{max} = f_Q \dot{Q}_{N,Gebäude} \tag{4.2.3-32}$$

折减系数取决于建筑物的使用情况,因此根据经验来估计,比如住宅楼的折减系数 $f_Q = 0.8$,学校或办公楼为 0.9,医院则为 1.0。

利用水的进出口温差 σ 可求得泵所需要输送的流量:

$$\dot{V} = \frac{\dot{Q}_{max}}{\rho_w c_w \sigma} \tag{4.2.3-33}$$

用于干管的泵可以相同的方式进行计算,不同的只是这里不再用建筑物热负荷 $\dot{Q}_{N,G} \leq \sum \dot{Q}_N$,而是用干管的热负荷与依赖于使用情况的折减系数相乘。在循环水泵直接安装在热

4.2 热量分配

用户处的情况下,则热负荷用各自的没有折减系数时的标准热负荷 $\dot{Q}_N$。

一般来说,水泵按其大小分级不是那么细,因而其特征曲线是通过精确地计算的运行工况点(Δp_t, $\dot{V}$)的轨迹形成的。在有疑问的情况下,一台泵的大小应该宁可选得勉强一些也不要太大。但由此而带来的(事后大多数都可容易排除的)微小风险,却在实际中常常由于缺乏认真考虑而担心,以至一般所选的水泵的输送热媒流量都太大(平均约超过计算流量 3 倍之多![26])。这就导致本可避免的多余的能量消耗、噪声的问题和干扰了设备功能的发挥。此外,除了缺乏考虑,仔细认真的设计也可能会导致水泵的尺寸设计错误(大多数都是过大);除了计算和调整的允许误差,对此主要原因是后来管网的变化。

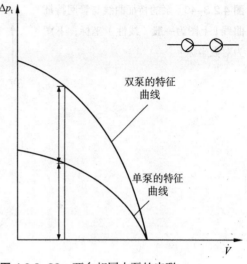

图 4.2.3-39　两台相同水泵的串联

修正措施有:
(1)调节热媒流量;
(2)设旁通回路;
(3)调整叶轮直径;
(4)转换转速;
(5)调节转速。

以前常常实际应用的调节热媒流量以及旁通的可能性,今天因为避免多余的能量消耗已不再采用。通过流量节流,管网的特征曲线推移,使得与泵的特征曲线的交点落在所期望的热媒流量上。工作状态点从点 A 移至 B′(图 4.2.3-41)。对于运行工况点 B 来说,其需要的输送功率只是相当于由 $\dot{V}_b$ 和 $\Delta p_{t,b}$ 为边长组成的矩形面积。在节流情况下,则需要更大一些的输送功率,亦即,其矩形直到如图 4.2.3-41 所示的 B′ 点。那么更差的是用旁通回路,在这种情况下所输送的流量的一部分直接从压出端引入吸入端。此时的工作点位于 B″ 点。

从节能方面来看基本上有利的是选择一个合适的叶轮直径小一些的水泵(图 4.2.3-37)。由此,泵的特征曲线将处在运行工况点附近。当然,这种情况可调整的自由空间不是很大。

通过转速转换能够达到类似的效果。作为转速转换的可能性,从制造厂家那儿来说有所谓的绕组、变极、电容以及其他类似作用的转换。

第五个调整的可能性是选择一个转速可调的水泵,这无疑是最节能的。此外,它还有这样的优点,即在系统运行中的水泵能够适应不断变化的热负荷(在 60% 的运行时间内,其负荷是小于 30%,参见第 5 章)。在大型系统中,除了调节外,还通过泵组内一部分泵的开启和关闭以及转速档的切换(变极调速),有可能使泵粗略地适应负荷变化。

如图 4.2.3-42 所示[17],运行状态是由室内单独调节器产生的,一般室内单独调节器

图 4.2.3-40 泵的特征曲线与管网特征曲线 [上图为一般（线性）坐标，下图为对数坐标]

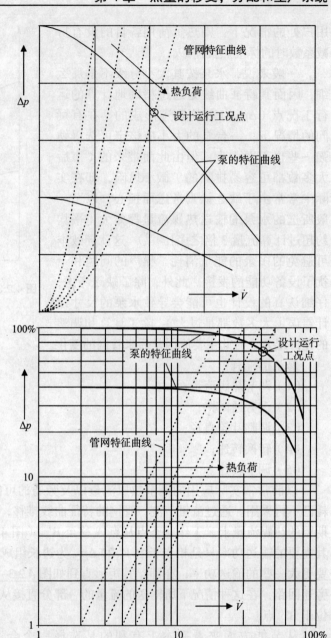

主要是用恒温阀来调节流量，有关更多的细节将在第 5 章予以深入讨论。在各种运行状态都位于随着流量而增加的限定直线之下的前提条件是，在小的用户调节阀情况下，没有超过满足于设计流量所设计的压差并且至少在一个阀门处刚好达到该压差（因此，无论如何都不要怀疑各自的调节条件，但避免了不必要的压力增加）。理想化的运行目标，是用调节来达到限定直线。相对于没有控制的水泵，那么把泵的压差控制到恒定值已是跨出重要的一步，这一点可以通过改变转速来实现。对此，主要的可能性有：

（1）改变电压；
（2）改变电动机电流的频率。

4.2 热量分配

可以通过绕组转换或变极转换（并非无级）、相位边际控制方法（"高速脉冲"降低电压）、电网半周期的关停和接通或者这些方法的组合来降低有效的电压值。还可通过变频器来改变用于电动机的电源频率，例如广泛应用的脉冲调制变频器。

调节控制装置正越来越多地和水泵电机做成一个整体。在先进的系统中，控制装置还具有和建筑物控制系统通信的能力。

控制参数通常不只是要保持恒定的压差（它可能随着流量的增加而升高）；控制参数也可能是水温或室内温度。

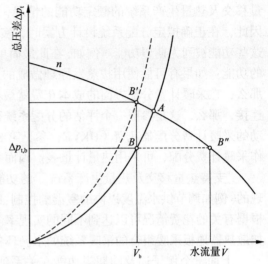

图 4.2.3-41 调整泵的工作状态点

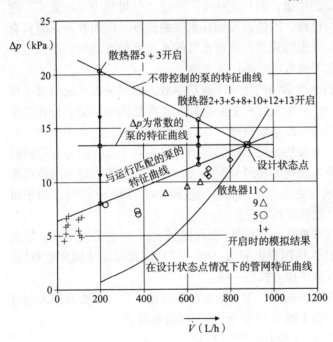

图 4.2.3-42 一采暖系统运行状态示意图

注：系统中热水流量通过室内单独调节器改变（模拟结果为一安装了 13 个散热器的独户家庭住宅楼），其中一台水泵通过控制保持 $\Delta P =$ 常量以及另一台水泵与运行特征曲线相匹配。[27]

4.2.4 分配系统的评价（水系统）

在评价分配系统时应该还要用到在第 1.2 节和 3.2 节所介绍的数值分析的方法。依此可以提出一个原则上如表 1.2-1 以及表 3.2-5 所给出的评价示意图。

作为第一步，必须检查在表 4.2.1-1 中所给出的固定要求的额定功能是否已得到满足，这里只需要确定是或不是。第二步是要审查同极限要求相关的功能。在一般情况下，制造成本、占地大小以及能量损失并没有直接作为限定值规定出来。对上述三个值起关键作用的管道直径粗略地按设计水流量进行分级处理，对热绝缘的要求已有相关的规定[19]。

从对固定要求和极限要求确定的额定功能出发，在考虑到建筑物的形状和功能以及热量移交及热量生产系统的额定功能的情况，得出分配系统的设计草案（参见第4.2.5节）。因此，在正确拟定分配系统设计方案时，实际上已开始用确定其功能实现率来进行评估，这些功能被列为期望功能。例如，在此最简单的是应该涉及到"有可能实现采暖计费分配"的功能：如果有可能使用按蒸发原理做成的采暖计费分配器（HKVV，参见第8.2.1.2章），那么，在采暖计费分配方面的成本花费就最小。假如作为热用户的散热器是采用双管系统连接，那么，这是参照一个评估的分配系统得出的。而在单管系统时，比如要求用电能驱动的采暖计费分配器花费（HKVE，参见第8.2.1.3节）就比较大一些。如果以住宅为单位作采暖计费分配，可采用热量计量表。因而，可以为该功能引入一个分级评估。

"支持热量移交及热量生产系统"的功能，通常是通过在分配系统里的控制装置来实现的（例如调节供水温度以协助室温的控制，回水温度限定器服务于"冷凝热值充分利用"）。根据有关的花费情况可以达到不同的实现率。沿着同一个方向，"有可能做到功能优化"（例如散热器地板采暖组合的采暖系统的水循环各自分开调节）。

上面三个例子述及的期望功能在关系到确定分配系统布置和管道尺寸方面只有一个无关紧要的影响，亦即只占一个轻微的比重，而与此相反，功能"尽量减少能源需求"则基本影响到管道连接和敷设的方式、设计、附件以及循环水泵的选择，因而在评估时具有很高的比重。由于对能量需求而言，考虑的只是在采用水泵的水力循环系统中，那么重力循环热水采暖系统和蒸汽采暖系统在下列考虑时不包括在内。

在能源转换过程中，作为评估的标准常用的是效率或功率数。而对分配系统而言不存在一个可比的标准。如果仅仅考虑一个分配系统的主要功能，亦即把热量移交部分和热生产部分从空间上分开，那么，在理想的分配系统情况下，对分配本身而言，它不会产生能量需求。显而易见，不可能由这样一个理想分配系统制定出明智的用于实际的分配管网的设计规范，比较恰当的是，创造一个理想化的参照分配系统，在这个系统中每个用户都维持其设计水流量，不存在可以避免的能量损失（例如，通过额外的节流）；同时，对于每个热用户来说，基于其自身的状况，能耗保持不变。

理想化的参照分配系统应该具有如同进行评估的实际分配系统一样的管网结构，以及如同普通设计确定的管道尺寸。而且，热用户也应该一模一样且按实际系统同样地布局。这样，水的流程（管道长度）相同而且连接方式也一样。

参照分配系统是理想化的，倘若排除所有可避免的会产生流体力学方面能量损失的过程（所谓的"耗散过程"）（参见原著第1卷第J2部分），因而由此就有：

（1）在局部阻力上没有冲量的变化，（没有局部损失）；
（2）没有用于流量分配的节流过程，取而代之的是；
（3）理想化的循环水泵（效率为1，可理想化地进行调节，可适用于任何一个大小规格）。

要求避免节流过程，可以采用理想化的循环水泵来实现，如果考察的分配干管中的每一个热用户都有一个自己的水泵的话，该水泵具有用于所属的水力循环的摩擦功率为：

$$P_i = \Delta p_i \Delta \dot{V}_i \qquad (4.2.4-1)$$

（一台功率为 P_i、扬程为 Δp_i 以及输送流量为 $\dot{V}_i$ 的理想化的水泵分派到水力循环长度为 L_i 的热用户 i。）

假如在整个所考察的系统中的压力降 $R_L = \Delta p/L$ 保持相同，那么，对于每个在理想化的分配系统中的热用户都看作有同样能耗的条件就可以认为实现了。这一点只有采用与水

4.2 热量分配

流量精确适应的（亦即无级变化）管径才能做到。此外，如对每一个热用户的进出口温差 $\sigma = \sigma_0$ 也都一样（同样的供热能耗！），则作为泵的功率与热功率之比的相对能耗只取决于事先所给的水力循环管路长度 L_i：

泵的功率 $\qquad\qquad\qquad P = R_L L_i \dot{V}_i \qquad\qquad$ （4.2.4–2）

热功率 $\qquad\qquad\qquad \dot{Q}_i = \rho \dot{V}_i c_p \sigma_0 \qquad\qquad$ （4.2.4–3）

因此，得出热用户 i 的相对能耗：

$$\frac{P_i}{\dot{Q}_i} = \frac{R_L}{\rho c_p \sigma_0} L_i \qquad\qquad （4.2.4–4）$$

图 4.2.4–1 和图 4.2.4–2 描述了双管系统及单管系统的参照分配系统（严格地讲，每个干管）结构，图 4.2.4–3 则给出了其压力变化过程。正如前面图中所示，给每一个热用户（此处即为散热器）都安装上一个理想的水泵（与管网系统评价相关联，把理想水泵归属到分配系统，而不是属于热用户）。仅仅在单管系统的情况下，才需要另外再安装一台中央理想水泵。那么安装在热用户旁的水泵只需要克服在散热器连接支管中从热用户前的分支管道到热用户后的合流管道这一段的水阻力。

在普通双管系统中，每个热用户的循环管路 L_i 都是不一样的，并且随着与产热设备距离的增加而扩大，而与此不同的是，如果忽略散热器连接支管长度 $L_{an,i}$ 的差别，在蒂歇尔曼双管系统以及单管系统的情况下，循环管路长度 L_i 则都是一样的，亦即 $L_i = L_{gem} + L_{an,i}$。相应地，在散热器连接支管长度 $L_{an,i}$ 为常数的情况下，无论是在普通双管系统中，

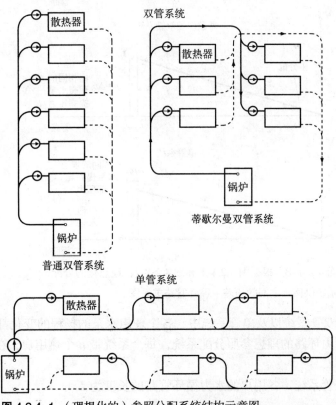

图 4.2.4–1 （理想化的）参照分配系统结构示意图

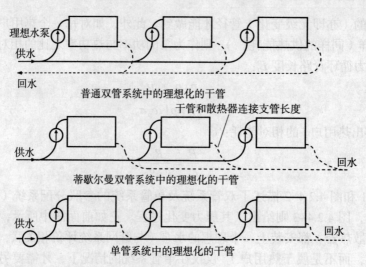

图 4.2.4-2 理想化的干管系统

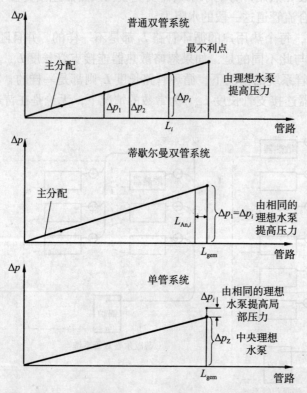

图 4.2.4-3 根据图 4.2.4-1 和图 4.2.4-2，理想化的分配系统供回水之间的压差 – 循环管路关系图

还是在蒂歇尔曼双管系统以及单管系统中，各个理想水泵的扬程的变化都是相同的。

三种不同水力环路的理想参照分配系统，每个系统带 n 个热用户，在水力方面所需的总功率分别为：

（1）普通双管系统（各用户的水力循环管路的长度为 L_i）：

$$P_{\text{ges}} = R_{\text{L}} \sum_{i=1}^{n}(L_i \dot{V}_i) \qquad (4.2.4-5)$$

4.2 热量分配

(2) 蒂歇尔曼双管系统（水力循环管路的总长度为 L_{gem}，干管和散热器联接支管长度为 $L_{an,i}$）：

$$P_{ges} = \left[L_{gem} \sum_{i=1}^{n} \dot{V}_i + \sum_{i=1}^{n} L_{An,i} \dot{V}_i \right]$$

$$P_{ges} = \left[L_{gem} \dot{V}_{ges} + \sum_{i=1}^{n} L_{An,i} \dot{V}_i \right] \tag{4.2.4-6}$$

(3) 单管系统（散热器连接支管超过旁通单管长度部分为 ΔL_i）：

$$P_{ges} = R_L \left[L_{gem} \dot{V}_{ges} + \sum_{i=1}^{n} \Delta L_i \dot{V}_i \right] \tag{4.2.4-7}$$

在散热器连接支管的长度相同或者说长度增量 $\Delta L_i = \Delta L$ 的情况下，上述两个用于蒂歇尔曼双管系统及单管系统的方程可简化为：

$$P_{ges} = R_L (L_{gem} + L_{An}) \dot{V}_{ges} \tag{4.2.4-8}$$

或

$$P_{ges} = R_L (L_{gem} + \Delta L) \dot{V}_{ges} \tag{4.2.4-9}$$

上述所有的考虑都是适用于一个干管带 n 个热用户。在分配系统带两个以上干管的情况下，在热量生产范围内的水力方面的功率只是包括了各个干管的水流量。如果需要把多个干管一起来进行考查，那么，可以把其水力方面的功率 [式 (4.2.4-5) ~ 式 (4.2.4-9)] 累加或各自进行考虑。

在理想的参照分配系统中的统一压降 R_L 是由评估的分配系统推导出来的。其前提条件是，实际系统的管道公称尺寸是（按照表 4.2.5-2 ~ 表 4.2.5-4）正规确定的。对此从现有的管网计算（第 4.2.6.2 节）得知，所考察的带 m 个分支管段 j 及相应的水流量为 $\dot{V}_j$ 的干管的摩擦功率：

$$P_{ges} = \sum_{j=1}^{m} (R_{L,j} L_j \dot{V}_j) \tag{4.2.4-10}$$

它应等同于带 n 个热用户 i 的理想分配系统按式 (4.2.4-5) ~ 式 (4.2.4-9) 计算出来的摩擦功率。例如由式 (4.2.4-5) 得到：

$$R_L = \frac{\sum_{j=1}^{m} (R_{L,j} L_j \dot{V}_j)}{\sum_{j=1}^{m} (L_j \dot{V}_j)} \tag{4.2.4-11}$$

用式 (4.2.4-10) 计算出来的总功率 P_{ges} 也可理解为在一个分配系统中理想水泵的功率的总和，而在该系统里的管道是按实际公称尺寸分级的（但没有局部阻力 Z_j 和阀门）。因此，管道摩擦阻力和局部阻力（不包括调节阀）的相对耗费为：

$$e_z = \frac{\sum_{j=1}^{m} (R_{L,j} L_j + Z_j) \dot{V}_j}{P_{ges}} \tag{4.2.4-12}$$

现在在评估的第二步里应该更进一步突出节流装置或调节阀的消耗，这些装置在中央水循环以及停止局部供水的情况下，用来调节出理想的分配是必要的。对此，又要返回到管网计算（参见第 4.2.6.2 节）。在具有最大阻力的水力循环（"最不利点"，参图 4.2.2-12）中来确定压降就足够了。如果该循环（一个热用户）有 m 个分支管段 j 以及附带的阀门的

压降为 Δp_V,那么,在双管系统情况下,一个或多几个干管的相对耗费为:

$$e_{Z,V} = \frac{\dot{V}_{ges}\left[\Delta p_V + \sum_{j=1}^{m}(R_{L,j}L_j+Z_j)\right]}{P_{ges}} \quad (4.2.4-13)$$

对具有 n 个热用户 i 以及所考察的循环有 m 个分支管段的单管系统来说,由于阀门为串联(图 4.2.2-12),尤其是在热用户较多的情况下,其相对耗费要大于双管系统:

$$e_{Z,V} = \frac{\dot{V}_{ges}\left[\sum_{i=1}^{n}\Delta P_{V,i} + \sum_{j=1}^{m}(R_{L,j}L_j+Z_j)\right]}{P_{ges}} \quad (4.2.4-14)$$

在用上面推导出来的耗费系数 e_Z 和 $e_{Z,V}$ 进行评估时,具有局部理想的水泵,但管道是按实际公称尺寸分级的参照系统可以说只是一个"部分理想的"(有摩擦,但没有局部损失)的系统。那么,由此可以得到与一个结构上相同的"部分实际的"系统的比较值。但对于某一确定的分配目标来说,究竟各自的能耗有多大,在比较各种布管或连接方式或具有不同压降 R_L 的分配系统时,很难做到正确的评价。

对此,采用用于单个热用户的式(4.2.4-4)得到的理想水泵的功率 Pi 以热功率 $\dot{Q}_i$ 为基准的相对能耗值是很合适的。把它用到一个具有 n 个用户的干管上,作为一个理想化的分配系统的平均值则有:

(1)普通双管系统[由式(4.2.4-5)]:

$$\frac{\sum_{i=1}^{n}\frac{P_i}{\dot{Q}_i}}{n} = \frac{R_L}{\rho c_p \sigma_0}\frac{\sum_{i=1}^{n}L_i}{n} \quad (4.2.4-15)$$

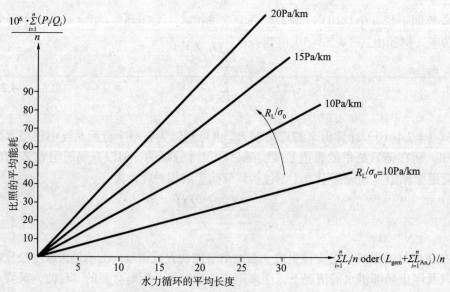

图 4.2.4-4 依照式(4.2.4-15)~式(4.2.4-17)得出的以热功率为基准值的平均能耗与水力循环的平均长度之间的关系(参数为 R_L/σ_0)

4.2 热量分配

（2）蒂歇尔曼双管系统［由式（4.2.4-6）］：

$$\frac{\sum_{i=1}^{n}\frac{P_i}{\dot{Q}_i}}{n} = \frac{R_{\mathrm{L}}}{\rho c_{\mathrm{p}}\sigma_0} \frac{L_{\mathrm{gem}}+\sum_{i=1}^{n}L_{\mathrm{An},i}}{n} \tag{4.2.4-16}$$

（3）单管系统［由式（4.2.4-6）］：

$$\frac{\sum_{i=1}^{n}\frac{P_i}{\dot{Q}_i}}{n} = \frac{R_{\mathrm{L}}}{\rho c_{\mathrm{p}}\sigma_0} \frac{L_{\mathrm{gem}}+\sum_{i=1}^{n}\Delta L_i}{n} \tag{4.2.4-17}$$

在图 4.2.4-4 中，是把以热功率为基准值的理想化的分配系统的平均能耗值与所有水力循环的平均长度关联起来。其参数为总括了对分配系统提出要求的比例值 R_{L}/σ_0。普通双管系统，其水力循环的平均长度随着管网的扩展而增加，与此不同的是，在蒂歇尔曼双管系统和单管系统的情况下，其水力循环的平均长度大抵保持不变并且明显要小得多。相应比照的平均能耗值亦如是状况。

而实际管网里这个关系是在发生变化的：普通双管系统和蒂歇尔曼双管系统之间的能耗的差别在扩大，在起先能耗方面还比较有利的单管系统和普通双管系统之间的能耗比也因为明显较高的局部阻力以及较小的进出口温差发生了逆转。

在第 4.2.6.4.2 节的计算例题中，将介绍和验证上述提及的评价方法。

从考察理想化的参照分配系统出发，除了能得到评估的可能性，还进一步认识到，用循环泵代替通常用于分配系统所要求的节流调节装置，从节能方面来说是有利的。其中当然还要注意到水泵的实际效率及其最小可能的尺寸。在热用户或热用户群的设计热媒流量大于 4000kg/h 的情况下，在热用户循环中安装控制水泵或许是值得的。

4.2.5 分配系统的方案（热水系统）

在设计一个分配系统之前，首先要考虑采暖房间热量移交部分的方案，而且与热量移交部分相关联的采暖设备功能的讨论也应大致完成。因此，下属诸点亦已先行予以澄清：
（1）采暖房间的标准热负荷；
（2）具有相关调节控制要求的采暖运行；
（3）室内散热器（板）或其他换热装置的类型和布置；
（4）热媒及所要求的温度；
（5）至各热用户的热媒流量。

如已在 3.2 节举例表明的那样，从设计整体采暖系统出发，应进一步知道什么类型的产热设备，但至少有哪些可供考虑。有关此事，往往是在建筑设计方案阶段就已经做出了决定。因而，甚至给出了产热设备安放的位置。

为设计实际的分配系统管网，应列出与项目有关的专门的额定功能清单。表 4.2.4-1 已举例列出了可以想象得出的功能清单。而对于管网设计来说，起决定性作用的是固定要求的功能或有限制条件要求的功能。因此，比如说采暖系统直接连接到远程热源热网上，就会对所使用的管道提出特殊的耐压要求，从而要选择合适的管材。另一个例子是在较大的建筑物内敷设管道，由于建筑物本身有足够高的稳定性，使得在顶棚下自由悬挂主分配管道以及布置干管就更为容易。同样，那些由基本的技术要求所列举出来的功能如"保证密封"，"防止氧气渗入"以及由此而提出的相关功能"防止腐蚀"，在非技术人员看来是不言而喻的事情，但是在实际安装好的设备中并不是都能完全得到保障的。因此，"排除空气"的功能就必须不仅仅是在管网试运行时才提出来。以前用的基本上都是粗笨的铸铁散热器，与此相比，现在使用的主要是钢制散热器或与铝或铜的组合材料散热器，因而今天的分配管网一般都做成封闭式的。严格地避免氧气进入系统，是不再使用低压蒸汽作为热媒的一个主要的原因。即使使用塑料管道也需小心，虽然今天主要使用的塑料管都已采用了可靠的防氧气扩散涂层，但也要防止有氧气扩散进入管道的危险。

从表 4.2.1-1 列出的额定功能（已在第 4.2.1 节做了评述），即"承担控制任务"，"支持热量移交和生产部分的功能"以及"有可能使功能优化"等是决定系统连接种类（双管系统或单管系统）及管道敷设方式（普通双管系统或蒂歇尔曼双管系统）的功能。比如，若由一个干管供热的热用户具有很大程度上统一的采暖运行工况，在相应的地形条件下，单管系统就可能有优势。但如果运行工况不同，且应该避免相互之间的影响，则可优先考虑采用双管系统。同样，如果用户拥有一个自己的用户循环用以调节供水温度，那么，这一点也适用。再如果房间的现实条件允许环形铺管并也能因此避免流动路径延长（以及多消耗管道），那么，功能"分配热媒流量"可借助于蒂歇尔曼铺管方式，在没有其他必要的节流阻力情况下就能实现。

从举例讨论额定功能看出，在没有任何计算的情况下，仅由此就可推导出用于设计一个分配系统的一些重要的决策：

（1）确定水力循环的系统结构（分配器循环，可能情况下还有热用户部分循环；在设计热量生产部分时通过产热设备循环来决定）；

（2）系统连接方式（双管系统或单管系统）；

（3）管道敷设方式（普通双管系统或蒂歇尔曼双管系统）；

（4）其他的决策是根据室内散热器（板）的选择，建筑结构的状况或国家的法规（节能法规）；

（5）散热器连接支管的连接（与楼层管道联接，与中央分配器连接）；

（6）楼层管道的布置方式（环形、星形；在下一层自由布置，布置在阁楼内悬置在顶棚下或高架的地板下面，踢脚板或在水泥地面下的隔声层内）；

（7）干管数量及敷设；

（8）主分配的布置（下分、上分或如果没有干管采用中央布置）；

（9）确定管材及管径（根据 VDI 2073 按热媒流量进行分级）；

（10）布置循环水泵（用于单独（大的）热用户，用于特殊的热用户循环，用于主分配中各单个的干管）；

（11）在泵的情况下，检查其维持压头（最低进口压力），在适当情况下，制造设备零点时所必需的压力。

因为在重力循环采暖系统情况下，代替循环水泵起作用的压差除了取决于水的密度差以外，还与高度差（参见第 4.2.6 节）亦即所布置的管道垂直高度有关，因此既需要考虑质量流量和管径的匹配又要考虑高度与总长度之比（$h/\Sigma L$）（表 4.2.5-1 和第 4.2.6 节）。重力循环采暖系统只考虑采用普通双管系统。

4.2 热量分配

在泵循环的热水采暖系统情况下，管道的公称尺寸依赖于摘自 VDI 2073 的表列的质量流量（表4.2.5-2）[3]。此表适用于钢管（DIN 2440 的中等螺纹管）。与此类似，表4.2.5-3 适用于铜管和软钢管；而表4.2.5-3 适用于塑料管。表中所给出的各项推荐值是出自经济方面的考虑：比较大的管径在较小的输送功率需求时有可能使得热水分配得更好，但它要多耗费材料以及多占用空间；而管径较小时会增加输送功率需求。除了经济方面的考虑，还可能有其他的因素也影响管径的选择，比如，出于美观的考虑，散热器连接支管的直径必须与室内散热器相匹配并且它们也必须足够坚固以抗外力干扰；自由悬挂的管道应具有按 DIN 15 所给定的最小公称尺寸，以至其不会下垂。完全一般性地还要注意到分配系统管道占地的问题（表4.2.5-1~表4.2.5-4）。最后，安装时的组织问题也会起一定作用。例如，如果所有楼层管道都具有相同的直径，组织安装可能会简单些。

对于分配系统的设计来说，选择和安排平衡阻力也是很重要的。基本上，所要求的平衡阻力可通过下列一项或多项措施来实现：

（1）确定管道尺寸（参见上文所述）；

（2）加装手调阀门（分散地安装在热用户或安装在干管起始端）；

（3）选择具有不同流量特征曲线的或额外有流量预设定可能性的调节阀（参见第4.2.3.3.2节）。

正如前所述，第（1）项措施主要由于实用性的原因不予考虑。采用第（2）项措施会因为阀门阀权度问题而恶化调节品质。但基本上把平衡阻力分散布置在各个热用户处而不是以干管调节阀的形式集中地用于热用户群会更好些。在部分负荷情况下，集中调节会导致调节阀上的压差大大增加。

在调节质量流量情况下，从调节技术的观点来看，显然应该优先选择具有不同流量特征曲线的阀门［措施（3）］，因其总是以最大的阀门阀权度进行工作。

为避免干管调节阀的缺点，给每个干管配置各自的循环泵以及把主分配设计成无压差（利用产热设备循环，"水力柔性"，缓冲蓄热器，参见第4.2.2.4节和第4.3.3.2.3节）。

在决定是否给单个用户配备可调节的水泵而非节流阀或建立特殊的用户循环时，必须考虑到最小热媒流量（例如，4000kg/h，相对于中央循环水泵，效率恶化了的小型"霍尔泵（Holpumpe）"的能耗不得超过节流阀的能耗！）。

表 4.2.5-1

重力循环采暖系统，进出口温差 $\sigma = 20\,\text{K}$，局部阻力与系统总的压力损失的比例为 $a_Z = 0.33$。计算公式为

$$R_L \cdot \sum L = (1 - a_Z) \cdot g \cdot (\rho_R - \rho_V) \cdot \Delta h$$

钢管	适用于不同高度和系统总长度比 $h/\sum L$ 的质量流量 [kg/h]		
公称尺寸	$\Delta h/\sum L = 0.1$	$\Delta h/\sum L = 0.3$	$\Delta h/\sum L = 1.0$
10	24	43	90
15	47	93	175
20	108	209	400
25	202	380	720
32	430	810	1500

---

[3] 通过确定公称尺寸按插值迭代计算得出的所需要的水力平衡（参见第4.2.6节）（例如，还有降负荷运行工况），在目前高技术水平的阀门和泵的情况下可以不需要。

中等螺纹管（摘自 DIN 2440） 表 4.2.5-2

钢管公称尺寸	散热器连接支管和楼层管道			干管和主分配管道		
	质量流量（kg/h）	压降（Pa/m）	流速（m/s）	质量流量（kg/h）	压降（Pa/m）	流速（m/s）
10	140	150	0.32			
15	280	156	0.39	320	199	0.45
20	580	135	0.45	750	217	0.58
25	1100	142	0.54	1300	197	0.63
32	2200	128	0.62	2800	196	0.78
40	3000	107	0.63	4100	194	0.84
50	5500	113	0.70	7200	170	0.93
65	10000	86	0.76	12500	130	0.95
80	15000	82	0.83	20000	143	1.10

铜管及软钢管 表 4.2.5-3

铜管及软钢管公称尺寸	散热器连接支管和楼层管道			干管和主分配管道		
	质量流量（kg/h）	压降（Pa/m）	流速（m/s）	质量流量（kg/h）	压降（Pa/m）	流速（m/s）
8 × 1	20	150	0.20			
10 × 1	45	130	0.25			
12 × 1	80	140	0.28			
15 × 1	165	145	0.35			
18 × 1	290	145	0.40			
22 × 1	560	150	0.50	700	220	0.62
28 × 1.2	1100	151	0.59	1260	200	0.68
35 × 1.5	2000	149	0.69	2300	195	0.79
42 × 1.5	3200	150	0.74	4000	210	0.93
54 × 2	6300	150	0.89	8000	212	1.13

塑料管 表 4.2.5-4

塑料管公称尺寸	连接散热器的支管和楼层管道		
	质量流量（kg/h）	压降（Pa/m）	流速（m/s）
12 × 2	45	160	0.25
14 × 2	80	150	0.28
16 × 2	140	166	0.34
17 × 2	165	151	0.35
18 × 2	200	149	0.36
20 × 2	290	151	0.40
25 × 2.3	560	150	0.48

4.2.6 分配系统的计算

4.2.6.1 运作方法

一个按照第 4.2.5 节设计的分配系统，其结构和大小也因此明确，它的最重要的固定要求功能中的一个功能还没有确证："分配热媒流量"。只有正确地选择大小合适的附件（阀门）和泵（重力循环采暖系统则只是附件（阀门）），才能做到这一点。计算确定的并在安装好的设备中调节到所期望的水力阻力值称为水力平衡，其目的在于要把用于流量分配的水泵的能耗保持在尽可能低的限度。那么究竟能达到多低，这可以按第 4.2.4 节进行评估。引入的这些想法虽然都是集中在水泵热水采暖系统方面，但同样也适用于重力循环采暖系统以及用其他热媒如蒸汽和热油的采暖系统。

一般对在已经设计好的管网中给定的热媒流量的分配可以计算各局部的压降值并且对所期望的流量分配来说，确定需要加在调节阀上的额外压差。最后，用这些数据来选择循环水泵的数量和大小。其中，运作过程根据系统连接类型（单管系统或双管系统）以及铺管方式（普通双管系统或蒂歇尔曼双管系统）而有所不同。

如第 4.2.2.2.3 节所述，在普通双管系统的情况下，热用户可用的压差是根据其与主分配管道的距离远近而不同。在该系统中总是有一个用户（通常是在最长干管的终端）位于最不利的情况（即所谓的"最不利点"）。管网的总压降描述的是水力循环本身的压降包括给该循环配置的调节阀的压降，循环水泵恰好需要提高相应的压力。那么，起决定作用的是阀门在最不利点的设计。对此，施特里贝尔（Striebel）[28]建议并由 VDI2073 推荐，压降 Δp_V 确定为

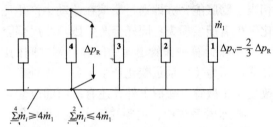

图 4.2.6-1 举例说明如何通过 Δp_R 亦即在流量变化 $\sum \dot m \leq 4\dot m_1$ 的分干管中之压降确定在分支循环中阀门 1 的最小阻力 Δp_V

注：依据 VDI2073，该分支循环具有最大水力阻力。

同属于该干管的分支循环压降 Δp_R 的 2/3，此处干管中的质量流量小于 4 倍待节流部分的质量流量（图 4.2.6-1）。正因为如此，从调节技术方面来说，最小阀门阀权度必须要 $a_V = 0.4$。考虑到阀门阀权度 a_V 的定义公式（4.2.3-11），$\Delta p_{V,0}$ 是在阀门关闭情况下的压差，它不能用简单的方式计算得到，常常所代用的压差值是整个干管循环的总压差或水泵扬程为零时的压差，这些值较之于 $\Delta p_{V,0}$ 都过大。如果把所建议的干管截面处的 $\Delta p_{L,B} = \Delta p_R + \Delta p_{V,B}$ 引入到式（4.2.3-13）中作为其管道压降 $\Delta p_{L,B}$，那么，就得到一个"替代"阀门阀权度 a_V^*，该阀门阀权度同样至少为 0.4。由此则有：

$$\Delta p_{V,B} = \left[\frac{0.4}{(1-0.4)}\right]\Delta p_R = \frac{2}{3}\Delta p_R \qquad (4.2.6-1)$$

在散热器少于 10 个的小系统情况下，在起决定作用的阀门上的最小压降可确定为 2000Pa 在重力循环采暖系统中不会考虑如此高的最小压降值。对重力循环采暖系统来说，在确定了管道尺寸后，应安装合适的专门用于该系统的阀门（采用特别大的 kV 值）。

如在第 4.2.2.2.3 节所表明的那样，在单管系统或蒂歇尔曼双管系统的情况下，原则

上对各个热用户都没有区别（在单管采暖系统可能会造成一个"人为的"差别）。在这种情况下，必须计算整个干管的压降。热用户调节阀上保持大致相等的压降，阀门的选择取决于哪种调节阀可用于具有最大热媒流量的热用户。应该在现有的阀门产品目录中选择具有最大 kV 值的那种调节阀（参见第 4.2.3.2 节）。在单管系统中建议选用尽可能小的 Δp_V 的阀门；在蒂歇尔曼双管系统中，若设备不多于 10 个散热器（或类似），则阀门应设置 $\Delta p_V = 1500$Pa，在系统较大的情况下，起决定作用的是以散热器的数量为基准的干管中的总压降。

为进行管网计算，把各个水力循环分开考虑（参见第 4.2.2.2.1 节和第 4.2.2.2.4 节）。

4.2.6.2 阻力计算

4.2.6.2.1 概述

这里所涉及到的流体力学的基础知识在第 1 卷第 J2 章已有详细论述。有关管网计算的思路本章只是做综合性的复述。在流体（也可能是气体或蒸汽，简括为流体）的流动过程中，总会出现一个通过与管壁摩擦而产生的与流动方向相反的阻力，要克服这个阻力，需要消耗来自流体流动的能量：摩擦能。在一个圆形管道里，在稳态流动状况下，摩擦能相当于膨胀能，亦即通过摩擦在流动中产生压降。但流动速度大小和方向的变化（动量变化）也有能量损失：同样会产生压降（局部阻力）。

为了计算一段管道初始段和终端之间的压差，有意识地把直管段的压降（管道摩擦）和局部阻力（由动量变化产生）分开来处理。除了节流装置（比如阀门）和管道横截面的改变（扩散管、碰撞）外，还有流向的改变（例如弯头、分流、并流）。

在水管系统中，主要的压降部分是由管道的摩擦造成的，而在蒸汽管道和风道中，则是局部阻力起主要作用。

因为在一个管网系统中流动截面可能变化以及由此可能引起的流速和管道位置也发生改变，因此必须找出管道中压力、流速、压降和通过水泵输入的"流体力学的"能量之间的关系。为了考虑沿着一个流线的能量平衡，能量以体积流量为基准，把静压 $p_s = p$，动压：

$$p_d = \frac{\rho}{2} v^2 \tag{4.2.6-2}$$

位能

$$p_L = \rho g z \tag{4.2.6-3}$$

相互之间关联起来。其中，ρ 为密度，g 为自由落体加速度，z 为坐标高度，v 则为在质量流量为 $\dot{m}$ 时的横截面 A 处的平均流速[1]：

$$v = \bar{v} = \frac{\dot{m}}{\rho A} \tag{4.2.6-4}$$

对于实际应用来说，把伯努利能量方程（第 1 卷，方程 J1-34a）在位置 1 和 2 之间扩展一项"计算的能量损失" $\Delta \bar{p}_{1 \to 2}$，则有：

$$p_t = p_{s1} + p_{d1} + p_{L1} = p_{s2} + p_{d2} + p_{L2} + \Delta \bar{p}_{1 \to 2} \quad \text{（第 1 卷，方程 J2-4）}$$

把 $p_s + p_d + p_L$ 看作总压力 p_t。对于一个水泵来说，$z_1 = z_2$，亦即 $p_{L1} = p_{L2}$，Δp_t（总压头或扬程）就相当于输入的"流体力学的"能量（第 1 卷第 J2.2.4 章）。

---

[1] 作为简化的假设

4.2 热量分配

在一个封闭的管网系统中，感兴趣的不仅是沿着一个流线的压力变化过程，还必须考虑到管道内的绝对压力 p 是否下降到管道所在周围环境的大气压力 p_{amb} 之下（考虑到空气渗透的危险）或者水泵的最低进口压力是否足够。在水流经 z_1 的地方，其水柱高度为 $h_1 = z_0 - z_1$（最高位置为 z_0），参照第 1 卷中式（J1-25），在 z_1 处的局部水压为：

$$p_1 = p_{amb} + \rho g h_1 + \Delta p_{\ddot{u}} + p_{s1} \qquad (4.2.6-5)$$

式中，$\Delta p_{\ddot{u}}$ 为出于安全考虑而配置的膨胀容器产生的压力。对于比较大的或复杂的分配系统，有时可能采用两个以上的水泵，其压力分布常常不容易一目了然。在这种情况下，首先绘制一个管路–压差曲线图，如图 4.2.6-3 所示，它描述了图 4.2.6-2 所示系统的管路–压差变化过程。与图 4.2.2-12 不同之处是把进口段和出 t 口端分开表达。现在如果把该管路–压差曲线图移至高于大气压 $\Delta p_{\ddot{u}}$ 的设备零点（用于维持压力的装置，例如膨胀容器的连接点，）处，并且根据式（4.2.6-5）累加分配系统所有各点的位能，那么，就得到了该

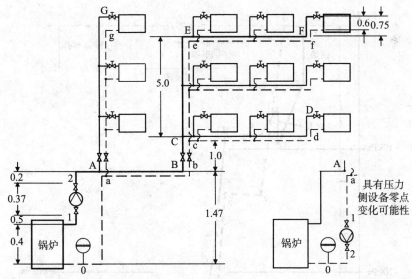

图 4.2.6-2 图 4.2.6-3 的管路–压差曲线图以及图 4.2.6-4(a)和图 4.2.6-4(b) 的管路–压力曲线图的分配系统示意图（例）

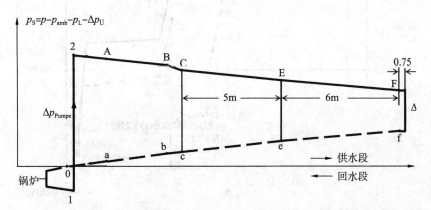

图 4.2.6-3 图 4.2.6-2 分配系统中循环 1-2-F-f-1 的管路–压差曲线图

分配系统的管路-压力曲线图[图4.2.6-4(a)]。究竟应该在设备零点调节到多高的压力(该点不会受水泵运行的影响而几乎保持同样的压力),取决于:

(1)设备的地理位置高度(亦即 p_{amb});
(2)在最高运行温度时的蒸汽压力;
(3)由水泵制造厂家规定的最低进口压力或所涉及的水泵的 NPSH 值;
(4)设备零点的位置。

设备零点处的压力至少应该保持这么高:就是保证分配系统中没有任何一处的压力会低于环境大气压力 p_{amb},并且还要大于在最大可能运行温度时的饱和蒸汽压力。该处的压力还必须要高于水泵的 NPSH 值,以防止气蚀。

如图 4.2.6-2 的左图所示,若中央循环水泵以另外的方式布置在具有压力侧设备零点的温度较低的回水段,那么,在整个分配系统中,绝对压力移至低于水泵压头的较低值[图4.2.6-4(b)]。在可能的情况下,安全压力 $\Delta p_{ü}$ 必须相应地有所提高。

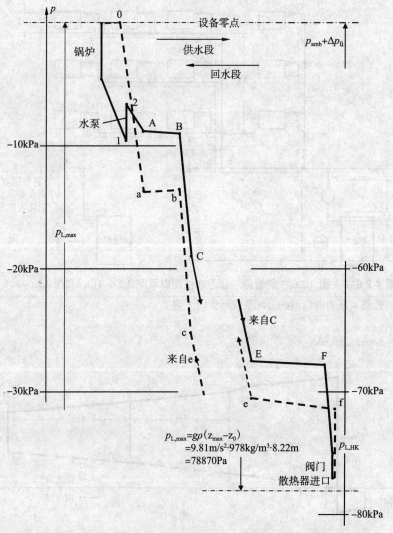

图 4.2.6-4(a) 依照图 4.2.6-2 中循环 1-2-F-f-1 的管路-压力曲线图

4.2 热量分配

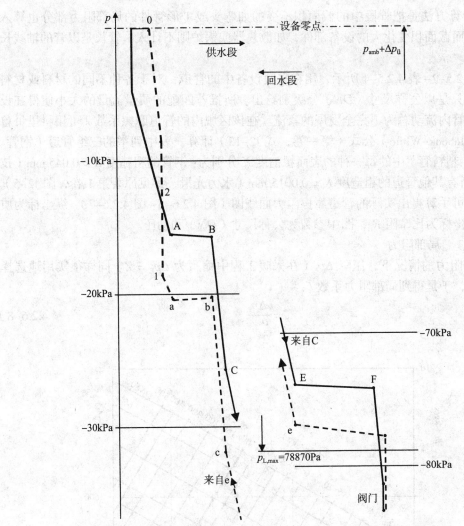

图 4.2.6-4（b） 依照图 4.2.6-2 中循环 1-2-F-f-1 的管路－压力曲线图，但是中央循环水泵布置在具有压力侧设备零点的温度较低的回水段

4.2.6.2.2 管道摩擦阻力

如果流体流过一段截面保持不变的直管，那么，由于在流动发展区内，亦即进口段之后，流体和壁面之间的摩擦，总的压力沿管的长度呈线性关系减少。如果压降以管长为基准，那么，就得到所谓的比摩阻 R_L：

$$R_L = \frac{\lambda}{D} \frac{\rho}{2} v^2 \qquad (4.2.6-6)$$

管道的摩擦系数 λ 取决于热媒流动状况（雷诺数）和管壁的表面性质（粗糙参数 K/D）。比照迄今的实际经验[30]，水力压降亦沿用电工学里引入的阻力 R，加上下标 L，有关详细内容请参看第 1 卷，第 J2.3.4 章。

一段管长为 L 的压降为：

$$\Delta p_R = R_L l \qquad (4.2.6-7)$$

阻力计算方法是把管段中的截面积不变的如弯头或T形管件的局部阻力部分也算入管长内。然而截面积变化大的设备部件，如散热器或锅炉则不计入。管长是以管的轴线长度来计量的。

如表4.2.5-2~表4.2.5-4所示，用在采暖设备中的管道，对于各种不同的材料或材料组合来说，只是以公称尺寸（DN）分级别给出。所推荐匹配的质量流量的大小使得在设计状况下的管内流动总为不完全发展的紊流。在该区域内的管道摩擦系数λ可用科里贝鲁克－魏（Colebook-White）公式（第一卷，式J2-13）计算。表中列举的三组管道（钢管、铜和软钢管、塑料管）中的每一种的表面粗糙度K分别为：钢管的粗糙度$K=0.045$ mm（技术光滑），所有其他管道的粗造度$K=0.0015$ mm（水力光滑，参见原著第1卷，图J2-5）。用这些数据可手算得出实际的管道摩擦阻力曲线图（图4.2.6-5~图4.2.6-7）。纵坐标为质量流量，横坐标为比摩阻R_L，图中参数为公称尺寸（DN）和动压。

4.2.6.2.3 局部阻力

在局部阻力的情况下，压降Δp_E（在采暖工程中缩写为$\Delta p_E = Z$）同样很实用地选择动压为基准，于是得到局部阻力系数ζ：

$$\zeta = \frac{\Delta p_E}{\frac{\rho}{2}v^2} \quad (4.2.6-8)$$

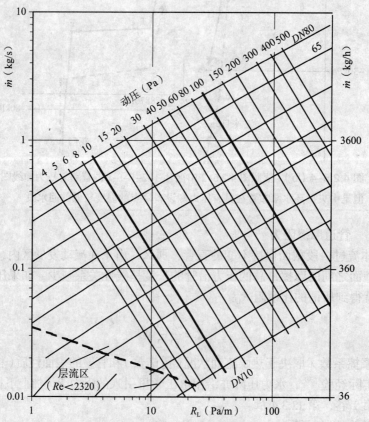

图4.2.6-5 钢管的摩擦阻力曲线图（中等螺纹管，摘自DIN 2440，粗造度$K=0.045$ mm）

4.2 热量分配

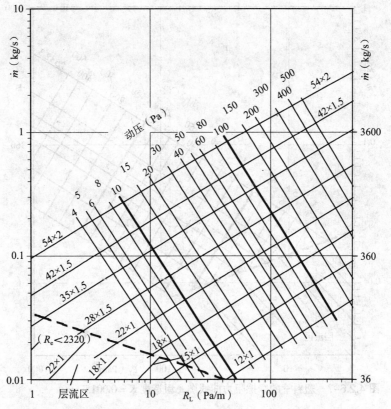

图 4.2.6-6　铜管的摩擦阻力曲线图（粗造度 $K = 0.0015$ mm）

把它换算到另外一个局部阻力（例如，在 T 形管件情况下）的横截面中的动压，则其局部阻力系数 ζ^* 按下式计算

$$\zeta^* = \zeta \left(\frac{v}{v^*}\right)^2 \qquad (4.2.6-9)$$

在流体力学中，比如在分流情况下，会给出总流的局部阻力系数。但对于管网系统计算来说，这样形成的局部阻力系数还不能直接应用，因为更实用的情况是应计算一段支管道的阻力。根据定义，即沿着这段管道，管道的内径及水流量，还包括动压保持相同。因此，在管道内只能有流动方向的改变，比如通过附件，但不能有分岔流动（供水段分流，回水段汇流）。因而，我们选择一个支流的流速作为基准流速来确定分流情况的阻力系数，因为这样一段管道的阻力系数就可以累加到一个值。那么，按这种做法就是每一段管道都以供水段的分流开始，以回水段的汇流结束（图 4.2.6-8）。其优点是，在管径后续改动的情况下，用总的流动阻力系数还可以接着计算。

对于一个具体的分配系统起主要作用的调节阀，尤其是恒温阀（参见第 4.2.3.2 节），也属于局部阻力。阀门的热媒流量和压降之间的关系，除了用式（4.2.6-8）描述的局部阻力的情况下，已述及的关系式

$$\dot{V} = \frac{\dot{m}_\mathrm{H}}{\rho} = k_\mathrm{V} \sqrt{\frac{\Delta p_\mathrm{V}}{\Delta p_\mathrm{V,0}} \frac{\rho_0}{\rho}}$$

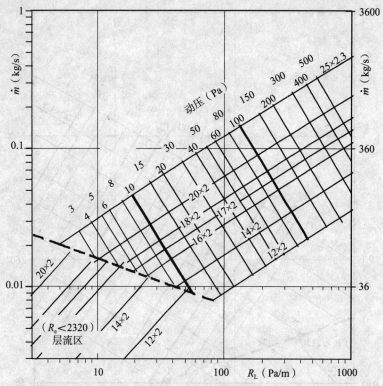

图 4.2.6-7 塑料管的摩擦阻力曲线图（粗糙度 $K = 0.0015$ mm）

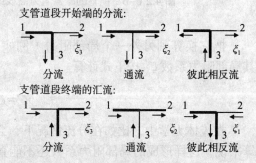

图 4.2.6-8 以 T 形管件为例，选择动压的基准流速

仍一般性地适用。

k_v 值给出了阀门在某一确定的开启度，压差为 1bar 时，以 m³/s 为单位的热媒流量（图 4.2.6-9）。该值在阀门完全开启时则以 k_{vs} 值来表示（第 1 卷，第 K5.2.1 章）。从测试得出的特征曲线图可推导出设计曲线。图 4.2.6-10 举例描述了由施特里贝尔（Striebel）[29]研发的设计曲线。

4.2.6.3 系统总压差，浮升压力

为了确定在各个所关注的水力循环（分配循环、热量移交循环和热量生产循环）中循环水泵的大小，则必须计算水泵进出口之间的总压差 Δp_t（扬程），它与由于热媒进出口的密度不同而形成的压差 $\Delta p_{\Delta \rho}$ 之和必须等于循环系统所有压降值之和，即：

$$\Delta p_t + \Delta p_{\Delta \rho} = \sum (\Delta p_R + \Delta p_E) \qquad (4.2.6-10)$$

4.2 热量分配

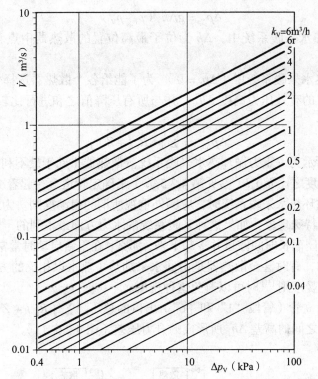

图 4.2.6-9 不同 k_v 值情况下的水流量取决于散热器阀门的压差

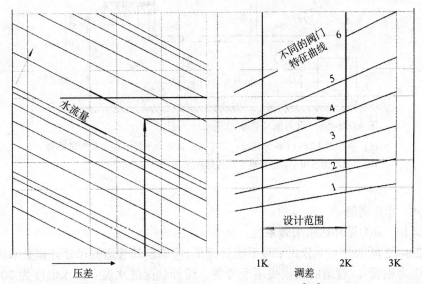

图 4.2.6-10 散热器恒温阀的设计曲线图（仅定性描述）[29]

或者采用在采暖工程中常用的符号沿程阻力 $R_L l$ 和局部阻力 Z 来表达：

$$\Delta p_t + \Delta p_{\Delta \rho} = \sum (R_L l + Z) \quad (4.2.6-11)$$

其中，由于热媒进出口的密度不同而形成的压差为：

$$\Delta p_{\Delta\rho} = g\Delta h\,(\rho_R - \rho_V) \qquad (4.2.6\text{-}12)$$

在水泵循环热水采暖系统中,Δh 为位于最高位置的散热器中点和锅炉中点之间的高差。

在重力循环热水采暖系统中($\Delta p_t = 0$),为了能给各个散热器选择合适的调节阀,必须计算每个散热器的有效压力高度 $\Delta h_{\Delta\rho,\,i}$ 并与所有压降值之和进行比较。在这种情况下,对于散热器 i 则有:

$$\Delta p_{\Delta\rho,\,i} = \sum\left[(R_L l + Z)\right] \qquad (4.2.6\text{-}13)$$

图 4.2.6-11 所示为一重力循环热水采暖系统。散热器 1 处于最不利位置,该散热器对于通过高度与总长度之比 $h/\sum l$(参见第 4.2.5 节)来确定管道直径起着决定性作用。

在计算重力循环热水采暖系统时,应额外重视所谓的启动准则。为此,要考虑重力循环热水采暖系统的特殊现象:如果这种采暖系统的水力方面最不利的干管由于与其连接的所有散热器全部关闭而长时间停运并冷却下来,那么,在重新启动时常常会出现循环故障。由于该干管是冷的,有时甚至散热器是由回水来加热(热水以相反的方向循环流动)。在考虑到所谓蒂歇尔曼准则[31]时可以避免这种现象。

从锅炉到最后立管(管段"1"和"6")出口的总压降 $\sum(R_L l + Z)$ 绝不能大于锅炉中点和主分配干管之间的高差 Δh_T 所形成的升力压差(图 4.2.6-11)。

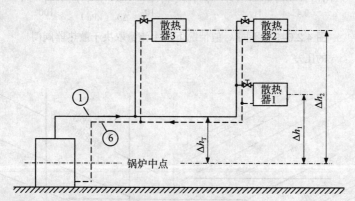

图 4.2.6-11 重力循环热水采暖系统示意图

注:参照图 4.2.6-11 所示问题;高差 Δh_1 属于处于最不利位置的散热器 HK_1,Δh_T 为适用于蒂歇尔曼准则的高差。

4.2.6.4 计算例题

4.2.6.4.1 重力循环热水采暖系统

图 4.2.6-12 所示为一下分式采暖系统管路图,应确定其管道的尺寸并建立水力平衡(使用的管道应为钢管)。管道的热损失不予考虑,设计状况的水温:供水温度为 70℃,回水温度为 50℃。

(1)准备阶段:划分支管管段;记入相关的热功率。

(2)暂时计算:局部阻力之和 $\sum Z$ 占总的压力损失的份额估计为 $a_Z = 0.33$。因此,按式(4.2.6-13),摩擦阻力部分为:$(1+a_Z)\Delta p_{\Delta\rho} = \sum(R_L l)$。

散热器 1 的循环;支管段 1 到 6(该循环为最不利循环):

4.2 热量分配

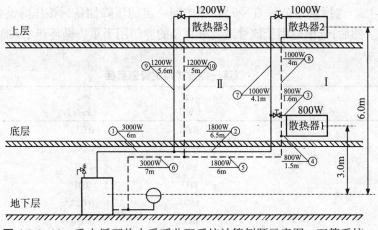

图 4.2.6–12 重力循环热水采暖分配系统计算例题示意图,双管系统,下分

1) 按式(4.2.6–12),其有效压力为 $\Delta h_1 = 3\text{m}$: $\Delta p_{\Delta\rho} = 9.81\text{m/s}^2 \times 3\text{m} \times (988.1 - 977.7)\text{kg/m}^3$; $\Delta p_{\Delta\rho} = 306\text{ Pa}$

2) 支管段 1 到 6 的摩擦阻力:$(1 - 0.33) \times \Delta p_{\Delta\rho} = 0.67 \times 306\text{ Pa} = 205\text{ Pa}$;

3) 该支管段的总长度:28.6 m;

4) 比摩阻:$R_L = 205\text{ Pa} / 28.6\text{m} = 7.2\text{ Pa/m}$。

散热器 2 的循环,(支管段 1,2,5 到 8):

1) 其有效压力为 $\Delta h_2 = 6\text{m}$(参见上文):$\Delta p_{\Delta\rho} = 612\text{ Pa}$;

2) 上述支管段的摩擦阻力:$0.67 \times \Delta p_{\Delta\rho} = 0.67 \times 612\text{Pa} = 410\text{ Pa}$;

3) 其中与散热器 1 共有的支管段 1,2,5 和 6,其总长度为 25.5m,压降为:$25.5\text{m} \times 7.2\text{ Pa/m} = 184\text{ Pa}$;

4) 余下的支管段 7 和 8 的摩擦阻力为:410 Pa – 184 Pa = 226 Pa;

5) 支管段 7 和 8 的总长度:8.1m;

6) 比摩阻:$R_L = 226\text{ Pa} / 8.1\text{m} = 27.9\text{ Pa/m}$。

散热器 3 的循环,(支管段 1,6,9 和 10):

1) 其有效压力为 $\Delta h_3 = 6\text{m}$(参见上文):$\Delta p_{\Delta\rho} = 612\text{ Pa}$;

2) 上述支管段的摩擦阻力:$0.67 \times \Delta p_{\Delta\rho} = 0.67 \times 612\text{ Pa} = 410\text{ Pa}$;

3) 其中共有的支管段 1 和 6,其总长度为 13 m,压降为:$13\text{m} \times 7.2\text{ Pa/m} = 94\text{ Pa}$;

4) 余下的支管段 9 和 10 的摩擦阻力为:410 Pa – 944 Pa = 316 Pa;

5) 支管段 9 和 10 的总长度:10.6 m;

6) 比摩擦阻力:$R_L = 316\text{ Pa} / 10.6\text{ m} = 29.8\text{ Pa/m}$。

(3) 以两种方式确定管径:

1) 由下式计算质量流量和体积流量:

$$\dot{m}_W = \frac{\dot{Q}}{c_{pW} \cdot \sigma}$$

从暂时计算和管道摩擦阻力曲线图 4.2.6–5 得到的最大压降,查出要求的管道公称直径

DN（表4.2.6–1）。选择管道公称直径时要考虑到一定的压降储备，该压降储备可以全部消耗在调节阀上。然后，选出适用于该管道公称直径的专门用于重力循环热水采暖系统的阀门。

以第一种方式确定管道直径　　　　　　　　　　　　　　　表4.2.6-1

支管段	R_L（最大）(Pa/m)	$\dot{Q}$ (W)	$\dot{m}_w$ (kg/s)	DN (mm)
1		3000	0.036	25
2		1800	0.022	20
3	7.2	800	0.01	15
4		800	0.01	15
5		1800	0.022	20
6		3000	0.036	25
7	27.9	1000	0.012	10
8		1000	0.012	10
9	29.8	1200	0.014	10
10		1200	0.014	10

2) 首先在假定管道摩擦系数 $\lambda = 0.04$ 以及按暂时计算得出的比摩阻 R_L 计算每个支管段的管道直径。

$$\dot{V}_w = \frac{\dot{m}_w}{\rho_w} = \frac{\dot{Q}_w}{c_{pW} \cdot \sigma \cdot \rho_w}$$

$$v_w = \frac{\dot{V}_w}{A} = \frac{\dot{Q}_w}{\frac{\pi}{4} \cdot D^2 \cdot c_{pW} \cdot \sigma}$$

$$R_L = \left(\frac{\lambda}{D}\right) \cdot \left(\frac{\rho_w}{2}\right) \cdot v_w^2$$

$$D = D_{gerechnet} = \sqrt[5]{\frac{8 \cdot \lambda \cdot \dot{Q}^2}{\pi^2 \cdot c_{pW}^2 \cdot \rho_w \cdot R_L \cdot \sigma^2}}$$

用已知的热功率、进出口温差 $\sigma = 20$ K、暂时得出的比摩阻 R_L 和假定管道摩擦系数 $\lambda = 0.04$（大多数情况下在 0.02~0.04 之间）进行计算。由计算得出的直径 $D_{gerechnet}$ 选择下一个最接近的公称直径 DN 作为管道的选择直径 $D_{gewählt}$（参见表4.2.6-2）。

以第二种方式确定管道直径，第一步计算过程　　　　　　　　表4.2.6-2

支管段	R_L（最大）(Pa/m)	$\dot{Q}$ (W)	$D_{gerechnet}$ (mm)	DN (mm)	$D_{gewählt}$（暂时）(mm)
1	7.2	3000	22.6	25	27.2
2		1800	18.4	20	21.6

4.2 热量分配

续表

支管段	R_L（最大）（Pa/m）	$\dot{Q}$（W）	$D_{gerechnet}$（mm）	DN（mm）	$D_{gewält}$（暂时）（mm）
3	7.2	800	13.3	15	16.0
4		800	13.3	15	16.0
5		1800	18.4	20	21.6
6		3000	22.6	25	27.2
7	27.9	1000	11.1	10	12.5
8		1000	11.1	10	12.5
9	29.8	1200	11.8	10	12.5
10		1200	11.8	10	12.5

然后计算直径为 $D_{gewählt}$ 时的流速 v_W 及相应的雷诺数 Re（表 4.2.6-3（a）中的第 f 列）。再由计算出来的雷诺数 R_e 和相对管壁粗糙度 $K/D_{gewählt}$（钢管的 $K = 0.045$mm）在莫迪曲线图（参见原著第 1 卷，图 J2-4）中查出摩擦系数 λ。接着，依照式（4.2.6-5），用已知值：管道摩擦系数 λ、管径 $D_{gewählt}$ 和流速 v_W 对暂时的比摩阻 R_L 进行复算，并确定其实际值（参见表 4.2.6-3（a）和表 4.2.6-3（b）中的第 g 列）。同样确定的还有局部阻力 Z（第 k 列）。相应的局部阻力系数 ζ 值列在表 4.2.6-3（c）中。由于采用暂时假定的管径（第 e 列），用于散热器 1 流动循环的有效压差 $\Delta p_{\Delta \rho}$ = 306 Pa 尚未用尽，那么，支管段 2、3、4 和 5 的管径在公称直径上降一级（15 或 10 mm）（参见第 l 列）并计算增加的压降（第 o 列和第 q 列）。表 4.2.6-3（c）和表 4.2.6-3（d）列出了与局部阻力 Z（第 q 列）相关的局部阻力系数 ζ 和 Σ ζ。在散热器 1 的流动循环中，现在已用完 306 Pa 的 297 Pa，因而在给定的计算误差情况下，得出的管径已足够精确。在散热器 2 和散热器 3 的循环中，因为管径已不能再减小，那么还保留的较大的压差盈余则需通过适当的散热器调节阀的流量预调设定来解决。

（4）检验启动准则：

运用蒂歇尔曼准则（参见第 4.2.6.3 节），供水水管的干管 1 的水平出口处于锅炉中点之间的距离 Δh_T = 1.5 m，该处有效的压差则为：

$$\Delta p_{\Delta \rho} = 9.81 \text{m/s}^2 \times 1.5 \text{m} \times (988.1-977.7) \text{kg/m}^3 = 153 \text{ Pa}$$

在支管段 1 和 6（包括锅炉）中消耗掉的压差为：

$$\Sigma (R_L \cdot l) + \Sigma Z = (16+5+19+3) = 43 \text{ Pa}$$

因此，可供使用的有效压差高于压降，两根干管在暂时关闭后也会重新启动。

以第二种方式确定管道直径，散热器 1 循环的第 1 和第 2 复算　　表 4.2.6-3（a）

支管段	由管路设计			复算										差别	
	热功率	热媒流量	支管段长度	标称尺寸	暂时计算的管径					修改后的管径						
NO.	$\dot{Q}$	$\dot{V}$	l	DN	V_W	R_L	$R_L \cdot l$	Σζ	Z	DN	v_W	R_L	$R_L \cdot l$	Σζ	Z	o-h	q-k
-	(W)	(m³/h)	(m)	(m)	(m/s)	(Pa/m)	(Pa)	-	(Pa)	(mm)	(m/s)	(Pa/m)	(Pa)	-	(Pa)	(Pa)	(Pa)

续表

a	b	c	d	e	f	g	h	i	k	l	m	n	o	p	q	r	s

散热器 1 的循环

有效压差：$\Delta p_{\Delta\rho} = 306$ Pa，比摩阻 $R_L = 7.2$ Pa/m

a	b	c	d	e	f	g	h	i	k	l	m	n	o	p	q	r	s
1	3000	0.131	6.0	25	0.06	2.7	16	2.8	5	—	—	—	—	—	—	—	—
2	1800	0.079	6.5	20	0.06	3.8	25	0.4	1	15	0.109	14.5	94	1.7	10	69	9
3	800	0.035	1.6	15	0.048	2.8	5	7.5	9	10	0.08	7.4	12	7.8	25	7	16
4	800	0.035	1.5	15	0.048	2.8	4	2.0	2	10	0.08	7.4	11	1.6	5	7	3
5	1800	0.079	6.0	20	0.06	3.8	23	1.1	2	15	0.109	14.5	87	1.3	8	64	6
6	3000	0.131	7.0	25	0.06	2.7	19	1.6	3	—	—	—	—	—	—	—	—

$\sum (R_L \cdot l) + \sum Z = 92$ Pa + 22 Pa = 114 Pa $\overline{181\text{ Pa}}$

修改后的支管段 2 到 5   + 181 Pa

因此，散热器 1 的 $\sum (R_L \cdot l) + \sum Z = 295$ Pa < 306 Pa

以第二种方式确定管道直径，散热器 2 和 3 循环的第 1 复算   表 4.2.6-3（b）

由管路设计					复算										差别	
支管段	热功率	热媒流量	支管段长度	标称尺寸	暂时计算的管径					修改后的管径						
NO.	$\dot{Q}$	$\dot{V}$	l	DN	v_w	R_L	$R_L \cdot l$	$\sum \zeta$	Z	DN	v_w	R_L	$R_L \cdot l$	$\sum \zeta$	Z	o-h	q-k
-	(W)	(m³/h)	(m)	(m)	(m/s)	(Pa/m)	(Pa)	-	(Pa)	(mm)	(m/s)	(Pa/m)	(Pa)	-	(Pa)	(Pa)	(Pa)
a	b	c	d	e	f	g	h	i	k	l	m	n	o	p	q	r	s

散热器 2 循环

有效压差：$\Delta p_{\Delta\rho} = 612$ Pa，比摩阻 $R_L = 27.9$ Pa/m

在支管段中消耗尽的压头				1 + 2:	110	—	17										
				5 + 6:	106	—	11										
7	1000	0.044	4.0	10	0.1	19.3	80	5.2	26	—	—	—	—	—	—	—	—
8	1000	0.044	4.0	10	0.1	19.3	77	2.0	10	—	—	—	—	—	—	—	—

$\sum (R_L \cdot l) + \sum Z = 373$ Pa + 64 Pa = 437 Pa < 612 Pa

散热器 3 循环

有效压差：$\Delta p_{\Delta\rho} = 612$ Pa，比摩阻 $R_L = 29.8$ Pa/m

在支管段中消耗尽的压头				1:	16	—	7										
				6:	19	—	3										
9	1200	0.0525	5.6	10	0.12	26.0	146	6.3	44	—	—	—	—	—	—	—	—
10	1200	0.0525	5.0	10	0.12	26.0	130	2.1	15	—	—	—	—	—	—	—	—

$\sum (R_L \cdot l) + \sum Z = 311$ Pa + 69 Pa = 380 Pa < 612 Pa

4.2 热量分配

相应于表 4.2.6-3（a）和表 4.2.6-3（b）中第 i 列，散热器 1 循环的 $\Sigma\zeta$　　表 4.2.6-3（c）

支管段	数量	名称	r/D	v_2/v_1	$\dot{m}_1/\dot{m}_2$	D_1/D_2	ζ
a	b	c	d	e	f	g	h
散热器 1 循环							
1	1 1	锅炉 弯头	— 3	—	—	—	2.5 0.3
							$\Sigma\zeta_1 = 2.8$
2	1 1	T 形管件，分流 分流 弯头	— — 3	1.0 — —	— — —	0.8 — —	0.1 0.3
							$\Sigma\zeta_2 = 0.4$
3	1 1 1 1	T 形管件，分流 分流 弯头 散热器角阀 散热器	— 1 — —	0.8 — — —	— — — —	— — — —	2.5 0.5 2.0 2.5
							$\Sigma\zeta_3 = 7.5$
4	1 1	弯头管件 T 形管件，汇流， 分流	—	—	0.44	0.74	0.5 1.5
							$\Sigma\zeta_4 = 2.0$
5	1 1	弯头 T 形管件，汇流， 通流	3 —	—	— 0.6	— < 1	0.3 0.8
							$\Sigma\zeta_5 = 1.1$
6	2 1	弯头 连接膨胀器的管件	—	—	0.44 —	0.6 0.74	0.6 1.0
							$\Sigma\zeta_6 = 1.6$

相应于表 4.2.6-3（a）和表 4.2.6-3（b）中第 i 列，散热器 2 和 3 循环的 $\Sigma\zeta$　　表 4.2.6-3（d）

支管段	数量	名称	r/D	v_2/v_1	$\dot{m}_1/\dot{m}_2$	D_1/D_2	ζ
a	b	c	d	e	f	g	h
散热器 2 循环							
7	1 1 1	T 形管件，分流 通流 弯头 散热器角阀 散热器	— 1 — —	0.92 — — —	— — — —	0.78 — — —	0.2 0.5 2.0 2.5
							$\Sigma\zeta_7 = 5.2$
8	1 1 1	弯头管件 弯头 T 形管件，汇流 通流	— 1 —	—	— — 0.55	— — < 1	0.5 0.5 1.0
							$\Sigma\zeta_8 = 2.0$

续表

支管段	数量	名称	r/D	v_2/v_1	$\dot{m}_1/\dot{m}_2$	D_1/D_2	ζ
a	b	c	d	e	f	g	h
散热器3循环							
9	1 1 1 1	T形管件，分岔， 分流 弯头 散热器角阀 散热器	— — — —	2.0 — — —	— — — —	— — — —	1.3 0.5 2.0 2.5
							$\sum\zeta_9 = 6.3$
10	1 1	弯头管件 弯头 T形管件，汇流， 分流	— 1 —	— — —	— — 0.4	— — 0.46	0.5 0.5 1.1
							$\sum\zeta_{10} = 2.1$

相应于表 4.2.6-3.1 和表 4.2.6-3.2 中第 i 列，子管段 2，3，4 和 5 的
管径减小之后的散热器 1 循环的 $\sum\zeta$ 表 4.2.6-3（e）

支管段	数量	名称	r/D	v_2/v_1	$\dot{m}_1/\dot{m}_2$	D_1/D_2	z
a	b	c	d	e	f	g	h
2	1 1	T形管件，分岔， 分流，DN15 弯头，DN15	— 1	1.82 —	— —	0.59 —	1.2 0.5
							$\sum\zeta_2 = 1.7$
3	1 1 1 1	T形管件，分岔， 分流，DN10 弯头，DN10 散热器角阀，DN10 散热器	— 1 — —	0.73 — — —	— — — —	— — — —	2.8 0.5 2.0 2.5
							$\sum\zeta_3 = 7.8$
4	1 1	弯头管件 T形管件，汇流，分流， 所有标称尺寸皆为DN10	— —	— —	— 0.44	— 0.58	0.5 1.1
							$\sum\zeta_4 = 1.6$
5	1	弯头 T形管件，汇流，通流， 所有标称尺寸皆为DN15	— 1	— —	— 0.6	— <1	0.5 0.8
							$\sum\zeta_5 = 1.3$

4.2.6.4.2 水泵循环热水采暖系统

以某一独户住宅的采暖系统为例，来说明对一个水泵循环的分配系统如何进行计算。由第 4.2.5 节所给的规则得出的分配系统方案确定了系统结构，中央循环水泵的布置，所选择的管材以及管径（图 4.2.6-13）。而且散热器（板）的设计数据以散热器的功率和水

4.2 热量分配

流量给出来（表4.2.6-4）。根据舒适性的要求，确定供水温度统一为55℃；不同的是回水温度在38~40℃之间，平均温度略超过39℃（考虑了在各种水流量情况下的不同回水温度）。为了在分配系统中产生水力平衡，应计算具有最大阻力的分支来循环中的压降并应确定调节阀上最小的压降，第二步是确定水泵的扬程。

图4.2.6-13 所示采暖设备的散热器设计数据　　表4.2.6-4

散热器		标准热负荷 $\dot{Q}_N$	水流量 $\dot{m}$
序号	名称	W	kg/s
U4	业余爱好室	1350	0.020
01	客厅	1900	0.028
02	饭厅	1100	0.016
03	儿童室	810	0.012
04	儿童室	540	0.0076
05	卧室	940	0.0141
06	浴室	720	0.0108
07	厨房	600	0.00897
08	厕所	180	0.0029
09	门厅	1200	0.0191

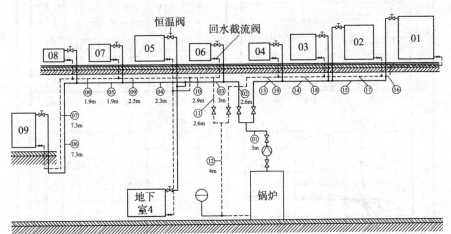

图4.2.6-13　水泵循环热水采暖分配系统计算例题（第4.2.6.4.2节）的管路示意图

具有最大阻力的水力循环是门厅内的散热器09（系统的左边干管，参见图4.2.6-13）。该水力循环的支管段及相应的水流量列举在表4.2.6-5中。由分配系统的设计方案，确定采用铜管。因此，管道的尺寸可从表4.2.5-3中查出。由分配系统的设计方案还进一步给出了管道的长度。那么，由水流量和管道尺寸可以从图4.2.6-6所示的管道摩擦曲线图一

方面可查出比摩阻 R_L（视为平均水温），另一方面能查出动压 p_d。比摩阻和管长相乘算出支管段的摩擦阻力，而局部阻力的阻力系数必须分别求出：表 4.2.6-6 给出了各支管段的局部阻力系数。支管段表明的是管截面不变和水流量恒定，亦即动压 p_d 为常数。在进口段分流和在回水段汇流的情况下，各支管段的动压适用于其局部阻力损失系数。一般来说，这涉及到的是在具有分流和通流的进口段中 90° 的 T 形管件，起始段具有分流和彼此相反流的分配水箱以及在具有汇流和通流的回水段中 T 形管件及用于汇流和彼此相反流的集水箱。局部阻力损失系数可从图 4.2.6-14 查阅。

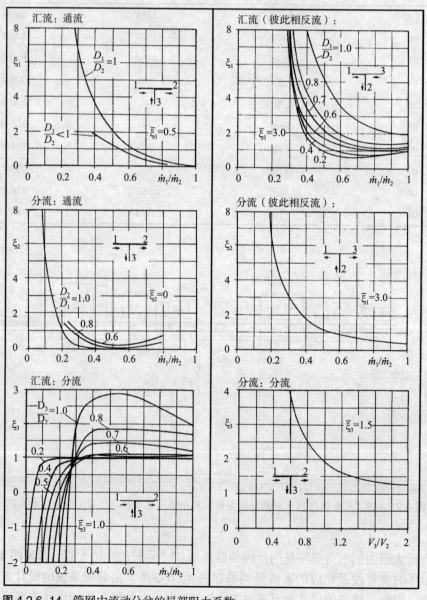

图 4.2.6-14 管网中流动分岔的局部阻力系数

注：T 形管件：90°；参见图 4.2.6-8。对于阻力估算来说，可采用平均 $\bar{\zeta}$ 值。

4.2 热量分配

图 4.2.6-13 所示采暖系统的左边干管的支管段设计数据　　表 4.2.6-5

支管段 序号	水流量 $\dot{m}$ (kg/s)	$\dot{V}$ (m³/h)	d_a (mm)	L (m)	p_d (Pa)	R_L (Pa/m)	$R_L \cdot L$ (Pa)	$\Sigma \zeta$	Z (Pa)	$R_L \cdot L + Z$ (Pa)
01	0.140	0.506	22	3.0	99	120	360	4.15	411	771
02	0.076	0.274	18	2.6	72	160	416	2.7	194.4	610
03	0.065	0.235	18	3.0	54	115	345	0.2	10.8	356
04	0.031	0.112	15	2.3	28	82	189	0.35	9.8	199
05	0.022	0.079	12	1.9	40	304	304	0.2	8	312
06	0.019	0.069	12	7.3	30	120	876	7.4	222	1097
07	0.019	0.069	12	7.3	30	120	876	7.5	227	1102
08	0.022	0.079	12	1.9	40	160	304	0.2	8	312
09	0.031	0.112	15	2.5	28	82	205	0.4	11.2	216
10	0.065	0.235	18	2.9	54	115	334	0.2	10.8	345
11	0.076	0.274	18	2.6	72	160	416	5.05	363.6	780
12	0.140	0.506	22	4.0	99	120	480	2.35	233	713

计算出的局部阻力损失系数 $\Sigma \zeta$ 记录在表 4.2.6-5 中，把它们与动压 p_d 相乘就得到局部阻力 Z。这里，所有摩擦阻力和局部阻力之总和为 6813 Pa。

为保证足够的阀门阀权度，根据 VDI2073，散热器 09 的调节阀上的压降应为干管某一截面压降的 2/3，在该截面处的水流量小于散热器 09 的水流量的 4 倍（图 4.2.6-1）。在该例情况下（图 4.2.6-13），这正是包含管段 03~10 的分干管的压降：$\Delta p_r = 3939$ Pa。因此，该阀门的压降必须为 2626 Pa。由于该例讨论的是一个仅有 10 个散热器的小系统，为简化起见，阀门的压降可取整为 2000 Pa。那么，阀门阀权度当然会略小于 0.4，但是由于上述的散热器 09 布置在门厅内，不会导致明显的能量损失（这之所以也适用，是因为给该散热器设计了一个相比之下较大的进出口温差）。在较大的阀门压降的情况下，计算得到的总压降为 9641Pa。对于水泵设计来说，这个压差是决定性的。一般把它称为水泵的扬程，并且用多少米水柱来表达。也就是说，在本例情况下其扬程大约有 1mH$_2$O 就足够了。而输送的水量大约有 0.5m³/h 也同样够用了，在假定同时使用系数为 80% 的情况下，甚至只需要 0.4m³/h。首选应该是具有上升特征曲线且可转速调节的水泵。

现在可以回过来再对例中所涉及的采暖系统左边干管余下的水力循环进行补充计算，这些循环各包含了散热器 08，07，06 以及 05 加上 U4，类似地，计算出每根散热器连接支管的摩擦阻力和局部阻力。那么，从与总压力 9641 Pa 的差额中得到各个相应的调节阀的压差。同样，对系统右边干管也以相同的方式和步骤进行地计算。

子管段的局部阻力系数 ζ（图 4.2.6-13） 表 4.2.6-6

支管段	数量	阻力计算	$\dfrac{\dot{m}_1}{\dot{m}_2}$	$\dfrac{\dot{v}_2}{\dot{v}_1}$	$\dfrac{D_1}{D_2}, \dfrac{D_2}{D_1}$	ζ	$n \cdot \zeta$
06 和 07	1	T形管件，分流，通流	—	0.87	1	0	0
	10	弯头 r/d = 2				0.35	3.5
	1	散热器					2.5
	1	回水截流阀					8.7
	1	T形管件，汇流，通流	0.87	—	1		0.2
							14.9
05	1	T形管件，分流，通流	—	1.17	0.78		0
08	1	T形管件，汇流，通流	0.715		0.78		0.3
04	1	T形管件，分流，通流		0.69	0.83		0.35
09	1	T形管件，汇流，通流	0.475		0.83		1.2
03	1	T形管件，分流，通流	—	0.86	1		0
10	1	T形管件，汇流，通流	0.54	—	1		5
02	2	弯头 r/d = 2					0.7
	1	截止闸阀					0.3
	1	分配水箱（分流，彼此相反流）	—	0.675	1.25	0.35	2.5
							3.5
11	1	弯头					0.35
	1	截止闸阀					0.3
	1	集水箱（汇流，彼此相反流）	0.54		0.25		2.2
							2.85
01	3	弯头				0.35	1.05
	2	截止闸阀				0.3	0.60
	1	锅炉，局部阻力 Z = 1000Pa					—
							1.65
12	1	弯头	1				0.35
	1	T形管件					2.00
							2.35

对于分配系统能耗方面的评估，运用在第 4.2.4 节中提出的方法并且只是简单地考虑左边的干管。其消耗在摩擦阻力上的功率 P_{ges} 可用式（4.2.4-10）来计算。该干管有在表 4.2.6-5 中列举的支管段 j = 01~12 以及在表 4.2.6-7 中列出的连接散热器 U4 和 05~08 的支管道，在考虑相关的水流量时，应该指出的是，在支管段 01 和 12 情况下，只需代入对于左边干管能耗方面起决定作用的流量值即 0.076kg/s。于是得到：

$$P_{ges} = \sum_{j=1}^{m}(R_{L,j}L_j\dot{V}_j) = (0.220 + 0.027)\text{W} = 0.247\text{W}$$

第一项 0.220W 是消耗在具有最大水力阻力的分支循环摩擦阻力上的功率（"最不利点"），第二项是消耗在散热器连接支管上的功率。总的功率消耗 P_{ges} 亦应理解为在该分配干管中采用实际分等的公称尺寸情况下理想泵功率的总和，但如果在系统中到处都是相同的比摩阻 R_L，那么同样也可理解为一个具有合适管径的理想系统的总功率消耗。假如用户 i 管路－水流量的乘积之和为

4.2 热量分配

$$\sum_{i=1}^{n}(L_i \dot{V}_i) = 2.059 \cdot 10^{-3} \text{m}^4/\text{s}$$

利用式（4.2.4-11），用总的功率消耗 P_{ges} 除以上式，就得到上述的比摩阻 R_L。那么，适用于对比考虑的统一比摩阻为：

$$R_L = \frac{0.247\text{W}}{2.059 \cdot 10^{-3} \text{m}^4/\text{s}} = 120\text{Pa/m}$$

联接散热器的管道　　　　　　　　　表 4.2.6–7

散热器	公称尺寸 DN	长度（m）	
01	15×1	6.5	右边干管
02	12×1	1.0	
03	10×1	5.2	
04	10×1	12.4	
U4	12×1	6.7	左边干管
05	12×1	4.0	
06	10×1	2.1	
07	10×1	2.1	
08	8×1	2.3	
09	12×1	14.6	

用于克服摩擦阻力和局部阻力（不包括调节阀）的相对能耗可用式（4.2.4-11）求得，即为：

$$e_z = \frac{0.247\text{W} + 0.169\text{W}}{0.247\text{W}} = 1.68$$

分子上的第二项为用于克局部阻力的功率消耗。

在第二步评估中，是要进一步得出在调节阀上的能量消耗。在此只要把"最不利循环"中的压降和所考察的干管里总的水流量代入式（4.2.4-13）就可以了。

$$e_{z,v} = \frac{0.0759 \times 10^{-3} \text{m}^3/\text{s} \times 10641\text{Pa}}{0.247\text{W}} = 3.27$$

分配系统需要的流量调节（调节阀），根据 $e_{z,v}/e_z - 1 = 1.95$ 则要多耗费 95% 的功率。

如果分配系统不是以普通方式敷设，而是按蒂歇尔曼方式敷设，那么 e_z 会略有减少，而 $e_{z,v}$ 则减少得很多，主要是因为按蒂歇尔曼方式敷设在调节阀上只需要一个明显小得多的压降即可。

最后，仍然感兴趣的是，与其他管道敷设及连接方式相比，对上述采暖系统来说，能耗差别有多大？

在上述普通双管系统情况下，所考察的带 6 个散热器的干管，其水力循环的平均长度为 $\sum L_i/n = 158\text{m}/6 = 26.4\text{m}$。以 $R_L/\sigma_0 = 135\text{Pa}/15\text{K} = 8.44\text{Pa/K}$ 可在图 4.2.4-4 中查出以热功率为基准的能耗值为 49×10^{-6}。

与先前尚不直观的数值相比，在蒂歇尔曼双管系统情况下，相应地相对能耗值仅为 7×10^{-6}；其水力循环的平均长度亦只有约 5.5m。

4.2.6.5 设备运行的计算机模拟方法

设计一个可能在不同的位置有不同流量的采暖系统的管网,在对这样的管网进行模拟计算时,类似于电工学里引入的电阻概念,是很实用的。早在1958年,贝克(Beck)和弗里德里希思(Friedrichs)已提出一项相应的建议[32],并且格拉姆铃(Grammling)[33,34],稍后又是罗斯(Roos)[35]以及卢梭(Russo)与史密斯(Smith)[36]对此着手了研究。起先格拉姆铃(Grammling)所研究的模拟方法只是应用于双管采暖系统,后来希尔施贝格(Hirschberg)[37]在此基础上把它扩展到所有的任意连接方式以及任意多循环水泵的热水采暖系统。

类似于欧姆定律,引入下式:

$$\Delta p = R \dot{V}^n \quad (4.2.6\text{--}14)$$

为了让水力阻力 R 和压降 Δp 的单位保持相同,那么,流量值 $\dot{V}$ 则必须是一个无量纲流量:

$$\dot{V} = \frac{\dot{V}_{real}}{\dot{V}_0} \quad (4.2.6\text{--}15)$$

式中实际体积流量 $\dot{V}_{real}$ 的单位为 L/s,统一的基准流量 $\dot{V}_0 = 1$ L/s(之所以选择 1 L/s,是为了使阻力值不至于太大)。在采暖管网中只有两种阻力:串联阻力和并联阻力。

对于串联阻力而言(图4.2.6-15),则有:

$$\dot{V}_1 = \dot{V}_2 = \cdots = \dot{V}_i = \dot{V}_k = \dot{V}_{ges} \quad (4.2.6\text{--}16)$$

以及

$$\Delta p_{ges} = \Delta p_1 + \Delta p_2 + \cdots + \Delta p_k = \sum_{i=1}^{k} \Delta p_i \quad (4.2.6\text{--}17)$$

一般在式(4.2.6-14)中的指数 n 是不尽相同的;因此,就有:

$$\Delta p_{ges} = \sum_{i=1}^{k}(R_i \dot{V}_{ges}^{n_i}) \quad (4.2.6\text{--}18)$$

但通常指数 n 的差别很小,可以近似地认为 $n_1 = n_2 = \cdots = n$,那么由式(4.2.6-17)能简单地推导出一个替代阻力:

$$R_{Ers} = \Delta p_{ges} \dot{V}_{ges}^{-n} = \sum_{i=1}^{k}(R_i) \quad (4.2.6\text{--}19)$$

在由 k 个水力阻力并联的情况下,每个阻力都有相同的压差(见图4.2.6-16),并且总的水流量为各流量相加之和。按照定义方程(4.2.6-14)得到通过支路 i 的流量为:

$$\dot{V}_i = \left[\frac{\Delta p_{ges}}{R_i}\right]^{\frac{1}{n}} \quad (4.2.6\text{--}20)$$

如果再假定各指数 n 相同即 $n = n_i$,那么,总的水流量为:

$$\dot{V}_{ges} = \sum_{i=1}^{k}(\dot{V}_i) = \Delta p^{\frac{1}{n}} \sum_{i=1}^{k}\left(\frac{1}{R_i}\right)^{\frac{1}{n}} \quad (4.2.6\text{--}21)$$

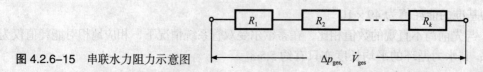

图 4.2.6-15 串联水力阻力示意图

4.2 热量分配

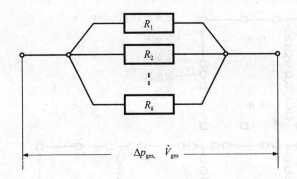

图 4.2.6-16 并联水力阻力示意图

则替代阻力为:

$$R_{\mathrm{Ers}} = \left[\sum_{i=1}^{k} (R_i)^{-\frac{1}{n}} \right]^{-n} \quad (4.2.6-22)$$

与在第 4.2.6.4 节中所介绍的方法相比较，对于系统的运行模拟来说，用类似于欧姆定律，按照式（4.2.6-14）引入的水力阻力，有很大的优点，即把多个局部阻力合并起来进行运行模拟，并因此使计算更加一目了然，而且计算工作量亦不是太大。这一点将在一个普通敷管方式的双管采暖系统的例子中予以说明。图 4.2.6-17 所示为一个有 6 个散热器的简单的分配系统。如果像电路图一样，把该管网中的每一个阻力，比如管道、弯头、T 形管件或阀门都用各自的阻力元件表示出来，那么，就得到如图 4.2.6-18 所描述的阻力划分网络图。该分配系统的主要简化就是把所有在一个支管段中的（或者用电气工程中网络理论的话来说，每两个结点之间）串联的阻力，用一个替代阻力来代表。这样，得到如图 4.2.6-19 所示的替代阻力示意图。

这样一个简化了的管网的阻力的数量，它有赖于散热器的数目 n_{H}，可以一般性地按下式给出:

$$i_{\mathrm{R}} = 3n_{\mathrm{H}} - 2 \quad (4.2.6-23)$$

在蒂歇尔曼敷管方式的双管系统（见图 4.2.6-20）以及单管采暖系统（见图 4.2.6-21）情况下，也可以类似地用这样的方式进行。

蒂歇尔曼双管系统管网的阻力的数量与普通双管采暖系统的一样式（4.2.6-25），而单管采暖系统管网的阻力的数量则为:

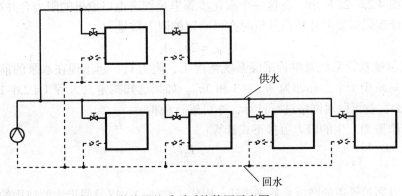

图 4.2.6-17 有 6 个散热器的采暖系统管网示意图

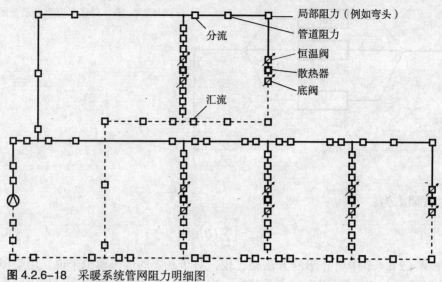

图 4.2.6-18 采暖系统管网阻力明细图

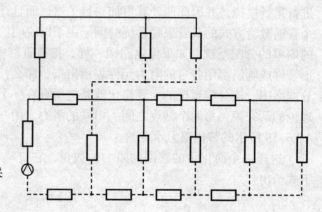

图 4.2.6-19 依照图 4.2.6-18，简化后的采暖管网阻力示意图

$$i_R = 3n_H + 1 \tag{4.2.6-24}$$

在普通双管采暖系统情况下，由于进出口之间的对称（前提条件是进出口管道平行敷设），有可能（而且因为串联也是必要的）作进一步的简化。于是，图 4.2.6-19 中的阻力分布演变成图 4.2.6-22 所示。在这一个简化步骤里是把进出口段里的阻力合并起来。普通双管采暖系统起码需要的并且在分析时亦可确定的阻力数量为：

$$i_{R,\,min} = 2n_H - 1 \tag{4.2.6-25}$$

在蒂歇尔曼双管系统及单管采暖系统情况下，阻力只一起出现在水泵的前后，这样，阻力的数量只减少 1 个，亦即为 $3n_H - 3$ 和 $3n_H$。如果已知按定义方程（4.2.6-14）形成的阻力 R，那么，就可以对网络进行计算，亦可进行模拟。

由壁面摩擦而产生的阻力可接下式计算：

$$R_R = \frac{R_l l}{\dot{V}^n} \tag{4.2.6-26}$$

阻力可以通过管道的摩擦系数来表达；用式（4.2.6-7）以及假定主要使用的都是圆管，

4.2 热量分配

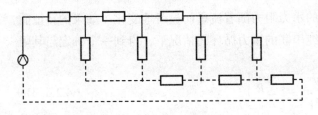

图 4.2.6-20 蒂歇尔曼双管系统管网阻力简化示意图

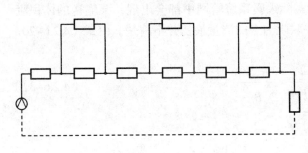

图 4.2.6-21 单管采暖系统管网阻力简化示意图

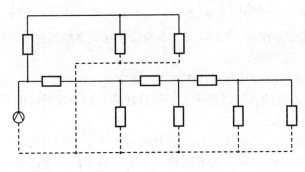

图 4.2.6-22 依照图 4.2.6-18，最大简化后的采暖系统阻力网络（替代阻力网络）示意图

则有：

$$R_{\mathrm{R}} = \frac{\lambda l}{D^5} \left[\left(\frac{4}{\pi}\right)^2 \frac{\rho}{2 \cdot 10^6} \dot{V}_0^2 \right] \dot{V}^{2-n} \quad (4.2.6\text{-}27)$$

依照前述约定，统一的基准流量为 $\dot{V}_0=1$ L/s。计算相对体积流量时应代入以 L/s 为单位的实际体积流量。

计算局部阻力损失时，较为合适的是应用流动截面 A 以及相关的阻力系数，则有：

$$R_{\mathrm{E}} = \zeta \left[\frac{\rho}{2 \cdot 10^6} \left(\frac{\dot{V}_0}{A}\right)^2 \right] \dot{V}^{2-n} \quad (4.2.6\text{-}28)$$

根据希尔施贝格（Hirschberg）[37]的建议，水泵及与此类似的因密度差而产生的升力效应，考虑为负的阻力值。参照第 4.2.6.3 节所用的符号，泵的阻力为：

$$R_{\mathrm{P}} = \frac{\Delta p_{\mathrm{t}}}{\dot{V}^n} \quad (4.2.6\text{-}29)$$

以及在一个高差为 Δh 的支管道段内的浮升阻力按下式计算：

$$R_{\Delta\rho} = \frac{\Delta p_{\Delta\rho}}{\dot{V}^n} = \frac{g\Delta h(\rho_{\mathrm{r}} - \rho_{\mathrm{v}})}{\dot{V}^n} \quad (4.2.6\text{-}30)$$

关键是，对于水力循环中的压差来说，无论如何都必须要使平衡方程式（4.2.6-19）

得到实现。应该指出的是,水泵和升力的水力阻力随着流量而显著地变化(如泵的特征曲线 $\Delta p_t = f(\dot{V})$ 的影响)。在计算一个为纯串联的水力循环的情况下,得到一个确定与其阻力相关联的流量调节的隐含方程:

$$\frac{\dot{V}^n}{f(\dot{V})} = \left[\sum_{i=1}^{k} R_i\right]^{-1} \tag{4.2.6-31}$$

在阻力为并联的情况下,这在任一实际采暖系统管网中都会出现,泵输送的体积流量只能迭代计算确定,因为分配到各个并联阻力上的流量最初并不清楚。由式(4.2.6-20)和式(4.2.6-21)得出体积流量的分配:

$$\frac{\dot{V}_i}{\dot{V}_{\text{ges}}} = \frac{R_i^{-\frac{1}{n}}}{\sum_{i=1}^{k} R_i^{-\frac{1}{n}}} \tag{4.2.6-32}$$

在这种情况下,则确定其流量的方程为:

$$\frac{\dot{V}_m}{f(\dot{V})} = \left[\sum_{i=1}^{k}(R_i)^{-\frac{1}{n}}\right]^{+n} \tag{4.2.6-33}$$

格拉姆铃(Grammling)[34]指出,阻力方程式(4.2.6-14)中的指数在大多数情况下,彼此差别很小,因而用 $n=2$ 可以有足够的精确性。

在一个水力管网中,其阻力大小往往并不清楚且通过计算亦不能确定。在这种情况下,正如格拉姆铃(Grammling)[34]表明的,类比的方法则提供了一种简捷的分析分配系统的可能性。

水力分配系统最简单、但并非寻常的情况是并联的两个阻力和一个供水管阻力串联(图4.2.6-23)。起初未知的阻力 R_1、R_2 和 R_3 能够从三个不同运行工况下测得的三个阻力 R_I、R_II 和 R_III 计算出来。三个不同运行工况是由三种界定的条件产生的:在阻力1和2上的阀门一个开,一个关或反之(运行工况Ⅰ和Ⅱ),或者两个阀门都开启(运行工况Ⅲ)。在第一种和第二种情况下,其总阻力分别为

$$R_\mathrm{I} = R_3 + R_1 \tag{4.2.6-34}$$

$$R_\mathrm{II} = R_3 + R_2 \tag{4.2.6-35}$$

在第三种情况下多一个并联,那么其总阻力则为:

$$R_\mathrm{III} = R_3 + \left(R_1^{-\frac{1}{n}} + R_2^{-\frac{1}{n}}\right)^{-n} \tag{4.2.6-36}$$

对于三个未知阻力 R_1、R_2 和 R_3,已有式(4.2.6-34)~式(4.2.6-36)三个确定方程可以求解。如果在式(4.2.6-36)中用实测得到的总阻力 R_I 和 R_II 取代阻力 R_1 和 R_2,那么供水管阻力 R_3 可在隐含方程中用实测值来表达:

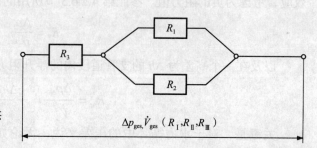

图 4.2.6-23 两个并联阻力与一个共有的供水管阻力示意图

$$R_{\text{III}} = R_3 + \left[(R_1 - R_3)^{-\frac{1}{x}} + (R_{\text{II}} - R_3)^{-\frac{1}{x}}\right]^{-n} \quad (4.2.6-37)$$

或者用通常的表达式:

$$(R_1 - R_3)^{-\frac{1}{x}} + (R_{\text{II}} - R_3)^{-\frac{1}{x}} (R_{\text{III}} - R_3)^{-\frac{1}{x}} = 0 \quad (4.2.6-38)$$

所说明的分析方法只适用于并联的且各自都能关闭的热用户,当然也可以是热用户群,只是这些热用户群应用根据式(4.2.6-22)计算出的替代阻力给出。该方法不适用于单管采暖系统,因为平行于用户的单管干管不能关闭。

图 4.2.6-24 表明了如何逐步分析一双管采暖系统管网。此处分析的每一个并联(Ⅰ,Ⅱ,Ⅲ,Ⅳ 和 Ⅴ)合并为一个替代阻力,然后和下一个未知的热用户再并联。上述合并的每一个并联还都包含了一个供水管分阻力。因而,通过减法应逐步得到在串联中的阻力:

$$R_{\text{ZU,j}} = R_{\text{ZU,ges,j}} - R_{\text{ZU,ges,i}} \quad (4.2.6-39)$$

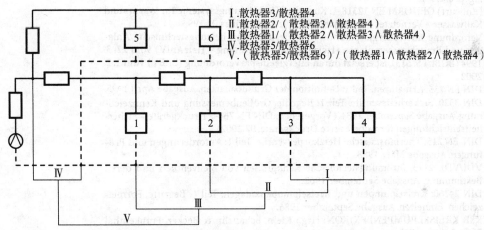

图 4.2.6-24 管网分析时处理的原理

参考文献

[1] VDI 2073: Hydraulische Schaltungen in Heiz- und Raumlufttechnischen Anlagen.
[2] DIN 2429, Teil 1: Rohrleitungen; Graphische Symbole für technische Zeichnungen; Allgemeines. Ausgabe Januar 1988.
[3] DIN 1946, Teil 1: Terminologie und graphische Symbole. Ausgabe Oktober 1988.
[4] Meerbeck, Bernhard: Nutzung der Kraft-Wärme-Kopplung zum Ausgleich elektrischer Leistungsschwankungen. Diss. Universität Stuttgart 2001
[5] VDI-Wärmeatlas: Berechnungsblätter für den Wärmeübergang, (Db7) Hrsg. VDI, 6. Auflage, Düsseldorf 1991.
[6] DIN EN 26704-1 Kondensatableiter, Klassifikation. 11.1991.
[7] Knabe, G.: Gebäudeautomation. Verlag Bauwesen, Berlin, München 1992.
[8] Hirschberg, Rainer: Rechnergestützte Planung heiz- und raumlufttechnischer Anlagen. Diss. Universität Stuttgart 1995.
[9] DIN 4751: Wasserheizungsanlagen. Teil 1: Offene und geschlossene physikalisch abgesicherte Wärmeerzeugungsanlagen mit Vorlauftemperaturen bis 120 °C, sicherheitstechische Ausrüstung; Teil 2: Geschlossene, thermostatisch abgesicherte Wärmeerzeugungsanlagen mit Vorlauftemperaturen bis 120 °C, Sicherheitstechnische Ausrüstung, Ausgabe Februar 1993. Ersetzt durch: DIN EN 12828 Heizungssysteme in Gebäuden – Planung von Warmwasser-Heizungsanlagen. 06.2003

[10] DIN 2402: Rohrleitungen; Nennweiten, Begriffe Stufung. 2.76. Zurückgezogen; ersetzt durch: DIN EN ISO 6708 Rohrleitungsteile – Definitionen und Auswahl von DN (Nennweite), 09.1995

[11] DIN 2401 T1: Rohrleitungen; innen- und außendruckbeanspruchte Bauteile; Druck- und Temperaturangaben; Begriffe, Nenndruckstufen 9.91. Zurückgezogen; ersetzt durch: DIN EN 13333 Rohrleitungsteile – Definitionen

[12] DIN 2440: Stahlrohre; Mittelschwere Gewinderohre 6.78

[13] DIN 2441: Stahlrohre; Schwere Gewinderohre 6.78

[14] DIN 2448: Nahtlose Stahlrohre; Maße, längenbezogene Massen. 2.81. Zurückgezogen; ersetzt durch: DIN EN 10220 Nahtlose und geschweißte Stahlrohre – Allgemeine Tabellen für Maße und längenbezogene Masse. 03.2003

[15] DIN 2458: Geschweißte Stahlrohre; Maße, längenbezogene Massen. 2.81. Zurückgezogen; ersetzt durch: DIN EN 10220

[16] DIN 2393 T1: Geschweißte Präzisionsstahlrohre besondere Maßgenauigkeit; Maße 7.81. Zurückgezogen; ersetzt durch: DIN EN 10305-2 Präzisionsstahlrohre – Technische Lieferbedingungen – Teil 2: Geschweißte und kaltgezogene Rohre. 02.2003

[17] DIN 1786: Installationsrohre aus Kupfer; nahtlos gezogen. 5.80. Zurückgezogen; ersetzt durch: DIN EN 1057 Kupfer und Kupferlegierungen – Nahtlose Rundrohre aus Kupfer für Wasser- und Gasleitungen für Sanitärinstallation und Heizungsanlagen. 05.1996

[18] (Entwurf) OENORM EN 12318-1: Kunststoff-Rohrleitungssysteme für Warm- und Kaltwasser – Vernetztes Polyethylen – Teil 1: Allgemeines 04.1996

[19] Verordnung über energiesparende Anforderungen an heizungstechnische Anlagen und Brauchwasseranlagen (Heizanlagen-Verordnung – HeizAnlV) vom 22. 3. 1994 (BGBl. I S. 613), ist ersetzt durch Energieeinsparverordnung (EnEV) vom 1. 2. 2002

[20] DIN EN 736: Armaturen. Teil 1: Definition der Grundbauarten, Ausgabe April 1995.

[21] DIN 3320: Sicherheitsventile. Teil 1: Begriffe, Größenbemessung und Kennzeichnung. Ausgabe September 1984. (Vorgesehen: DIN EN 764-7 Druckgeräte – Sicherheitseinrichtungen für unbefeuerte Druckgeräte. 07.2002)

[22] DIN-EN 215: Thermostatische Heizkörperventile. Teil 1: Anforderungen und Prüfungen. Ausgabe März 1988.

[23] VDI/VDE 2173: Strömungstechnische Kenngrößen von Stellventilen und deren Bestimmung. Ausgabe September 1962.

[24] DIN 24260: Kreiselpumpen und Kreiselpumpenanlagen. Teil 1: Begriffe, Formelzeichen, Einheiten. Ausgabe September 1986.

[25] KSB KREISELPUMPENLEXIKON, Hrg.: Klein, Schanzlin & Becker, Frankenthal Pfalz, 2. Aufl., 1980

[26] Bach, H.; Eisenmann G.: CO_2-Reduzierung durch Pumpensanierung, IKE Stuttgart 1991.

[27] Grammling, F.: Rohrnetzoptimierung durch Betriebssimulation. HLK-Brief 1. Stuttgart 1989.

[28] Striebel, D.: Hydraulischer Abgleich und Wärmestromerfassung in Heiznetzen. VDI Berichte Nr. 1010, 1992, S 103-113.

[29] Striebel, D.: Zum hydraulischenabgleich in Zweirohr-Netzen. HLK-Brief, Verein der Förderer der Forschung HLK, Stuttgart 12 1993.

[30] Rietschel/Raiß: Heiz- und Klimatechnik. 15 Auflage, Zweiter Band. Springer Verlag, Berlin, Heidelberg, New York 1970.

[31] Tichelmann, A,: Die Bewertung der in Warmwasserheizungssystemen tätigen Kräfte. Gesund.-Ing. Heft 34 (1911) S. 417/427.

[32] Beck, K. u. Friedrichs, K.H.: Erfahrungen mit dem elektrischen Analogierechner für die Wassernetzberechnung. GWF 99, 1071-1078, 1125-1130 (1958).

[33] Grammling, F.: Rechenmodell zur Simulation eines hydraulischen Netzwerks. Nichtveröffentliche Diplomarbeit, Universität Stuttgart, IKE Abt. HLK, November 1982.

[34] Grammling, F.: Rechnergestützte Analyse von Heizungsrohrnetzen. Diss., Universität Stuttgart, 1988.

[35] Roos, H.: Hydraulik der Wasserheizung. R Oldenbourg Verlag, München, Wien 1986.

[36] Russo, E.P. und Schmith, L.A.: Analyzing Piping Systems – A Simple Method of Calculating Flow Rates in Parallel-Systems. ASHRAE Journal, January 1996, S. 82-84.

[37] Hirschberg, R.: Rechnergestützte Planung heiz- und raumlufttechnischer Anlagen. Diss. Universität Stuttgart 1995.

4.3 热量生产

4.3.1 目的、可能性及评估

在最常见的采暖系统情况下,有可能需要把它细分成三个部分,即"热量移交,热量分配,热量生产",因此,分开研究和设计"热量生产"部分也是以列举适合于本范围的目标功能开始。它们可以由某一采暖系统全部期望的并已在第 1.2 章表 1.2-2 ~ 表 1.2-4 列的功能推导出来。大部分总功能及子功能属于热量移交范围,如"创造舒适性"或"达到美学的效果",另外一些功能仅通过范围的划分已经有所转换,如"在人员逗留区域避免明火或高温"。对于热量生产来说,可以想象出的额定功能已综合列在表 4.3.1-1 中。正如在第 1.2 节中述及的,不会预先对完整性提出要求;原则上,只能对一个具体的项目提出一个尽可能完整的明细表(参见第 3.2 节)。

热量生产的额定功能   表 4.3.1-1

	总功能	子功能
固定要求	满足功率需求 确保安全 保障可操作性	— 防止超压 热量生产设备自动运行
有限制要求	限制舒适性赤字 设备能耗需求降到最低 生产经济性 环境污染降到最低	限制噪声产生 保证至少有的最小使用率,遵守最高温度要求(烟气,远程热源的回水温度),保证最大压降,保证最少的控制要求 限制生产成本 遵守有害物质排放量的限定值
期望要求	设备能耗需求降到最低 成本降到最低 操作方便 改善运行工况 占地需求降到最少 做到有技术适应能力 环境污染降到最低程度	使用新能源(太阳能,沼气),利用可再生能源(热泵,废热利用) 把总成本降到最低(与资本投资、消耗、运行关联的) 建立需求检查(住宅范围的采暖设备有调节和监控) 开关频率降到最低 — 具有联合运行的可能性(与其他产热设备) 优化燃烧过程,利用再生能源(热泵,太阳能)

从固定要求中保留的一个功能即"满足功率需求"没有什么显著的特点,因为该功能必须要实现。与此相反的是在有限制要求和期望要求中,特别是涉及到功能如能耗、经济性和环境污染实现率,具有决定性的意义。这些实现率根据产热设备的种类有很大的差别。

从热力学来说 "热量生产"的概念并不正确,(热如同其他能量形式是不能生产的),它只是一个提取过程的专业术语,在这个提取过程中提供了一种用于采暖目的的使用能,即热量。这种提取过程并不总是亦只是包含了一个能源转换过程;例如像远程热源热网和建筑物采暖管网之间的换热站,它仅仅是起着一个能量传递的作用。

热量生产这个题目可以从以下两个方面来考虑:
(1) 如果把产热设备描述为一个建筑物或建筑群的采暖系统部件,那么,把着眼点

第 4 章 热量的移交，分配和生产系统

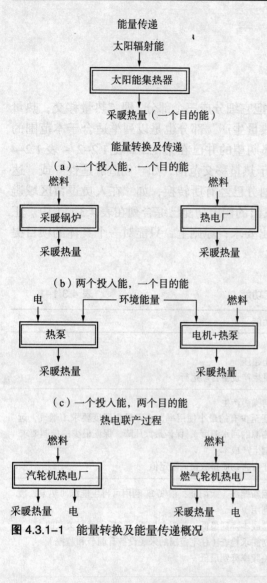

图 4.3.1-1 能量转换及能量传递概况

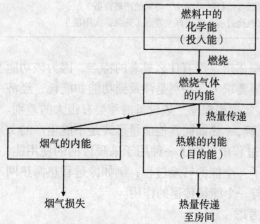

图 4.3.1-2 采暖锅炉内的能量转换

放在这个通常是限制在一个建筑物或建筑群的系统边界内使用的装置上，显然是合适的。从这个意义上讲，第 2 章的表 2.2-3 对热量生产设备已做了概述。下面本章亦如是分类。

（2）如果总体说来重点是要从能耗方面来评估热量生产部分，则有必要考虑从"热量生产"的源头延伸到把热量输送到一个采暖管网。因此，该系统的边界就可能会超出采暖的建筑物。对此，图 4.3.1-1 给出了很实用的分类。

有关表征热量生产方式的实现率，根据其过程的不同，在与能源和环境相关的功能方面是有很大区别的。因此，按照热量生产过程的方式来分类是恰当的，如图 4.3.1-1 所示。它给出了一个四种基本不同类型的热量生产概况。图中，"投入能"（如燃料，电、环境能源）以及"目的能"（如采暖热量、电）的数量额外地用来作为分级标志：

（1）在太阳能集热器情况下，输入的能量来自太阳辐射，它仅以热量的形式直达集热器的表面，并且传递给集热器内的热媒，在某些情况下也直接传递给空气（一个目的能）。

（2）在采暖锅炉的情况下，输入的能量起初与燃料的化学能有关，如图 4.3.1-2 所示，通过燃烧，转换成燃烧气体的内能并以热量形式传递给锅炉壁面，进而传递到热媒。其中一部分燃气的内能由烟气排放到周围环境而损失掉了（烟气损失）（一个投入能，一个目的能）。

（3）在热泵的情况下，输入两个投入能：环境能量和一个"高值的"能量，比如电能或燃料能（也可能是比较高温位的热量）。图 4.3.1-3 描述了其转换过程。它从低温位的、一般总是现有的环境能源（热源）开始，然后经过加热后的、刚好达到采暖所需温度的热媒的热量传递，提供了目的能采暖热量。在描述能量转换及能量传递的概况图（见图 4.3.1-1）中，简要说明了使用最广泛的两种

4.3 热量生产

形式,即用电力驱动和燃气机驱动的压缩式热泵(2个投入能,1个目的能)。

(4)在热电联产过程中,又如同采暖锅炉的情况,只有一个投入能(燃料中的化学能),但却有两个目的能,即有用功(动力,也就是说,大多数为电力)以及采暖热量。例子包括:汽轮机发电厂、燃气轮机发电厂以及最近正在研究的直接把燃料的化学能转换成电能和热量的燃料电池。图 4.3.1-4 是汽轮机发电厂(热电厂(HKW))和燃气轮机发电厂(BHKW)能量转换过程的示意图。目前燃料电池与应用相关为时尚早,因此,下面将不予讨论(1个投入能,2个目的能)。

图 4.3.1-1 所列举的各种热量生产,其涉及到能量需求、经济和环境污染方面的功能的实现率不仅在数量上,而且从原理上来说也不尽相同。

若热量生产只是与热传递相关,如太阳能集热器以及在热电联产情况下楼宇热交换站的子过程,可表达的是一个表征结构设计特点的"集热器效率"或楼宇换热站的换热器的"升温系数",但没有根据自然规律的能量转换的评估值。此处唯一感兴趣的是对于一定的热功率(换热器的情况)或在太阳能集热器情况下,一年"可收集的"能量来说,其经济性指标。对此,有所谓的覆盖率,或表达更恰当些,是其占要输给热量生产系统总能量的分额。

在以能量转换过程的热量生产的情况下,除了能给出大多和额定功率有关的经济性指标及表征结构设计特点的效率(连续运行)外,还可以给出一个年得到的能量和年消耗的能量的比率。如果赢得的目的能与消耗的投入能之比小于1,则该比率被称为利用率 v。如若能量转换过程只有一个投入能,例如采暖锅炉和热电联产过程的情况(图 4.3.1-1),那么,这一点总是适用。而热泵的情况则与此不同,其得到的能量与消耗的能量之比大于1,因此,把它称为"做功系数",用字母 β 表示(有时也用"制热系数"表示)。很明显,必须对这些比率加以区别。能量的比率描述的是利用率,而功率的比率则称为效率。这两

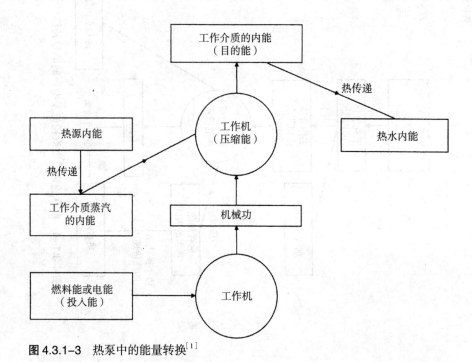

图 4.3.1-3 热泵中的能量转换[1]

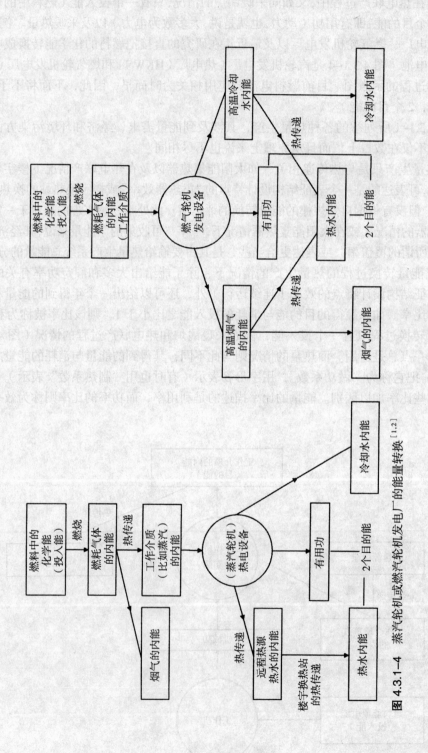

图 4.3.1-4 蒸汽轮机或燃汽轮机发电厂的能量转换[1,2]

4.3 热量生产

个参数的大小在同一个过程中随着过程的进程都可能有很大的差别。因此一般来说,效率都定义为稳定运行状态,而且只适合评估设备的结构设计;相反,利用率和做功系数则是用于评估涉及到能量需求、经济性和环境污染方面的功能。

对于计算工作来说,把各个消费量作为分子,而需求量作为分母,亦即利用率或做功系数的倒数是很有意义的。由此得到一个耗费系数❶ e,比如它描述了相对的燃料能量需求。

在热电联产过程中,有两个目的能(电、热),那么,它至少有两个利用率或耗费系数,根据要研究哪些目的能,有可能要额外地把两个目的能、甚至三个目的能相加起来。这里把目的能的比率称为电力特征系数 S。

图 4.3.1-5 ~ 图 4.3.1-7 概括了在以能量转换方式的热量生产设备中的评估参数。

在能量传递或能量转换时,温度或更精确地说,一个系统对另一个系统的过余温度起着决定性的作用。如果从考虑评估室温设定为 θ_i 的采暖房间内的热量移交开始,那么,正

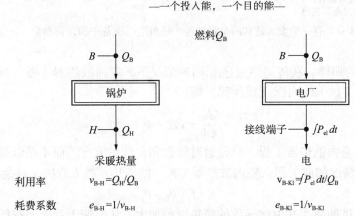

图 4.3.1-5 有一个投入能和一个目的能的热量生产设备中的评估参数(输入:燃料,输出:热能或电)

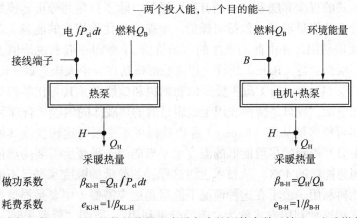

图 4.3.1-6 有两个投入能和一个目的能的热量生产设备中的评估参数(输入:电或燃料,输出:热能)

---

❶ 英文为:espenditure。

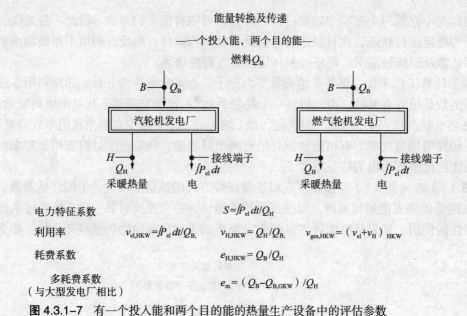

图 4.3.1-7 有一个投入能和两个目的能的热量生产设备中的评估参数

如第 4.1 节阐述的那样，在传递热流 $\dot{Q}_H$ 相同的情况下，室内散热器（板）对房间的过余温度与室内散热器（板）的面积 A 成反比，即：

$$\frac{\dot{Q}_H}{kA} = (\theta_H - \theta_i) \tag{4.3.1-1}$$

此外，如果室内散热器（板）只是通过辐射和自然对流方式而不是以强迫对流方式来换热的话，(一般情况如此),那么室内散热器（板）的传热系数 k 取决于过余温度 $(\theta_H-\theta_i)$：

$$K = f(\theta_H - \theta_i) \tag{4.3.1-2}$$

随着过余温度的减小并由此导致的换热面积加大，从而使工程上多花耗费以及也因此造成成本增加。仅仅出于这个原因，温度 θ_H 就是衡量散热系统内能价值的一个重要尺度。

但是，不仅在换热过程中，而且在工质的内能转换为机械能和电能的过程中，其可转换成其他能量形式的程度亦随着温度的升高而增加。除了只是部分可转换的内能外，还有不受限制的可转换的能量形式，包括机械能、电能或与化学相关的能量。这些能量形式是最能多样化地加以利用，并由此而产生的市场价值，（亦即一般来说价值）应非常小心谨慎地投入使用。根据兰特（Rant）建议，把这些都概括在一个大概念㶲（Exergy）内[3]。

对我们而言，㶲（Exergy）源主要是矿物燃料和核燃料，其与化学相关的或核能可以转换成机械能和电能，或只是转换成用于采暖目的的热载体的内能。合理利用㶲（Exergy）源可能就在于尽可能多地从㶲（Exergy）源内获得可不受限制地转换成其他形式的能量以及在转换过程中分开得到的尽可能低的温度水平只能用于采暖所需要的热量 – 迄今采暖能量仍然超过德国总能耗的 40%。从技术上讲这样，如此低的温度水平已不能再作他用或极费周折才有可能再利用。由于在这种情况下能量是适应需要（主要是根据温度水平）而投入使用的，那么把这种利用方式称为"能源合理利用"。所谓"低温采暖"[1]就是实施能源合理利用的一种可能性。

有目的地利用分离出来的位于尽可能最低温度水平上的热量在所有耦合挖掘能源（热

4.3 热量生产

泵)或耦合产生目的能(热电联产)的过程中都是可能的。只有在这种情况下才能做到用相对较少的高值也就是说比较昂贵的投入能(电力或燃料)来生产大量采暖能量。

这一点应以热泵(参见第4.3.5节)为例予以解释。因为对于能量形式的可转换能力来说,温度水平是一个决定性的参数值。那么,把环境能量与输入给采暖热量的㶲(Exergy)一起的转换过程沿着一个温度标尺表达出来(图4.3.1-8)。

压缩式热泵的转换过程是,在一个封闭的系统中(用压缩机)把适当压力下在常温时沸腾的物质(工质)的蒸汽压缩到一个较高的压力,紧接着以与该压力相关的高温把它进行冷凝。此时产生位于刚好足够用来作为采暖热量的温度水平的凝结热。之后液化了的工质在节流阀减压后又流向蒸发器,并且该过程重新开始。当在节流减压时会产生一部分蒸发。

如果蒸发器的表面温度 θ_0 低于环境温度 θ_U,那么,在蒸发器里可以只吸收环境能量。同理,若把凝结热传递给采暖用热水,则冷凝器表面温度 θ_C 必须高于采暖热水温度(θ_H)。

对于制冷剂蒸气的压缩来说,例如压缩式热泵由电力驱动,则需要用电能,而且蒸发器和冷凝器之间的温差越大,所需要的电能就越多。在图4.3.1-8所示的例子里,将冷凝温度由60℃降低到45℃,做功系数则由3增至3.7。在该图中做功系数是以一个线段比例出现的,在这两种情况下采暖热量 Q_H 保持不变,从而电能做功的能消不仅是相对地而且也绝对地随着热媒温度水平的降低而减少。

如果热泵不是由电动驱动,而是用燃气轮机驱动,那么,燃气轮机的余热也可以用作采暖热量,它由冷却器的全部和烟气的大部分的余热组成(图4.3.1-9中小的弯钩箭头表示在排气管中排走的余热)。

图4.3.1-9所示为燃气轮机驱动与电力驱动热泵的比较,这两种产热设备都提供相同

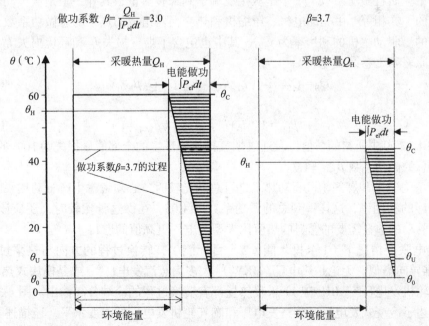

图 4.3.1-8 热泵工作过程(示意图)

注:横坐标方向为能量划分,纵坐标为温度标尺,并且把相同采暖热量情况下做功系数 β
为 3.0 和 3.7 的两种转换过程进行比较

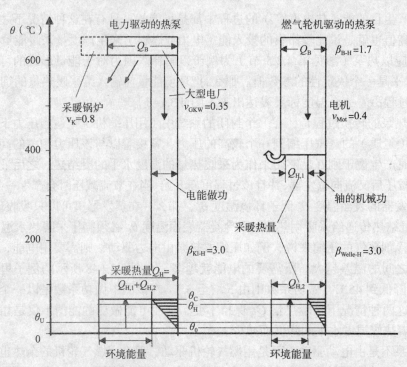

图 4.3.1-9 采暖锅炉与电动及燃气轮机驱动的热泵在能量方面的比较示意图
注：字符意义详见图 4.3.1-5 ～ 4.3.1-7

的采暖热量。而且做功系数（一个是从接线端子到采暖热量，其外一个是从传动轴到采暖热量计算的）亦相等。由驱动电机、压缩机和热交换器组成的热泵的总做功系数是从能量平衡求得的。驱动主机的利用率为 v_{Mot}；其中也包含了烟气损失 l_G 和环境损失 l_U（字符意义请参见原著第 1 卷第 H 章）。

$$Q_H = Q_B [1-(l_G+l_U)-v_{Mot}] + Q_B \beta_{W-H} v_{Mot} \quad (4.3.1-3)$$

或者

$$\beta_{BH} = 1 (l_G+l_U) + v_{Mot}(\beta_{W-H}-1) \quad (4.3.1-4)$$

用图 4.3.1-9 中所给的数值以及通过烟气排放到环境的全部能量损失为 10% 的情况下，计算得出总的做功系数 $\beta_{B-H}=1.7$。

在把电力驱动和燃气轮机驱动热泵进行总的比较时，必须考虑生产驱动热泵的能源的大型发电厂的利用率，这样得到总的做功系数为 1.05。在做这种比较时，还应该考虑到，燃气轮机驱动的热泵需要的燃料的热值比大型发电厂更高值的燃料。

在热电联产情况下（1 个投入能，2 个目标能）其转换过程的方向与热泵过程相反，但是，思维导向类似。无论是热电厂（HKW）（大多为蒸汽发电厂[2]）或是模块式热电厂（主要为燃气轮机发电厂[3]（BHKW））采暖热量都有转换过程的冷端分离输出。图 4.3.1-10 不仅并排描述了冷凝式发电厂、蒸汽发电厂和燃气轮机发电厂的温度水平，还描述了其能量

---

[2] 带蒸汽锅炉、汽轮机和发电机。

[3] 例如为带发电机的活塞式发动机（见第 4.3.6 节）。

4.3 热量生产

转换过程。冷凝式发电厂只生产电力,热电厂则提供采暖热量和电。其能量转换过程(图4.3.1-4)是从燃料中的化学能开始,通过燃烧转换成高温烟气的内能;再把热量传递给锅炉内的蒸汽;能量进一步由蒸汽的内能通过其压力能和流动能转变成涡轮机轴上的机械能,并最终转换为发电机出口的电能,经与发电厂接线端子连接的变电站把电输并入到电网。

涡轮机内的能量转换过程取决于开始和终端的温度高低:终端温度越低,所生产的电能就越多。在终端温度为30~40℃时,冷凝发电厂的余热就不能再用于采暖,它将通过水冷凝器或冷却塔排至周围环境。

与此相反,在热电厂(蒸汽发电厂)的情况下,在较高温度(比如100℃)时,就中止能量转换过程并获得"余热",该余热尚可出售用于采暖。当然,这一优点也是与损失一部分电力挂钩的,或者换句话说,在生产同样数量的电力时,则需要更多的燃料能量(常常也因为如此,与大型发电厂相比,在较小的热电厂的情况下,总能量转换过程的进程设计的简略一些,因此转换过程的效率亦较低,从图4.3.1-10中可看到热电厂(HKW)的能量转换过程的入口温度较低)。

在模块式热电厂(见图4.3.1-10,右图)的情况下,其通常为燃气轮机发电厂,看起来与其他(热)电厂有所区别。燃气轮机发电厂的工质是高温烟气,它们离开发动机时的温度大约在400℃,这样,来自发动机的冷却水就可以在没有损失的情况下直接分离出来用作采暖。

在这两种情况下,即蒸汽热电厂(HKW)和模块式(燃气轮机)热电厂(BHKW),在耦合过程中用于生产采暖热能多消耗的燃料能,是在两者提供相同数量发电量的前提条件下,在耦合过程中消耗比较多的燃料能量和只专门生产电能的大型发电厂而消耗少一些的燃料能量之间的差(下面,HKW代表了两种耦合过程)。

$$\Delta Q_B = Q_{B,HKW} - Q_{B,GKW} \qquad (4.3.1-5)$$

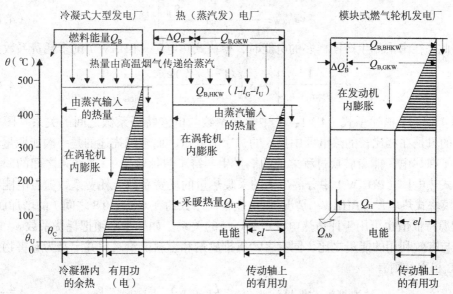

图 4.3.1-10 冷凝式大型发电厂(GKW)、热(蒸汽发)电厂(HKW)和模块式燃气轮机发电厂(BHKW)的能量转换过程(标识详见图4.3.1-5和图4.3.1-7)

以采暖热量为基准,参照图 4.3.1-7 得到热电厂的多耗费系数为:

$$e_\mathrm{m} = \frac{Q_\mathrm{B, HKW}}{Q_\mathrm{H}} - \frac{Q_\mathrm{B, GKW}}{Q_\mathrm{H}} = \frac{\Delta Q_\mathrm{B}}{Q_\mathrm{H}} \quad (4.3.1-6)$$

在大型发电厂的情况下,在观察的时间内,当传递耗费系数为 $e_\mathrm{Ü}$ 时自身生产的电能量($e_\mathrm{Ü} \cdot \int P_\mathrm{el} dt$)没有包括在其中,这里先引出一个电能耗费系数:

$$e_\mathrm{el, GKW} = \frac{Q_\mathrm{B, GKW}}{e_\mathrm{Ü} \int P_\mathrm{el} dt} \quad (4.3.1-7)$$

通过电能特征系数 $S = \int P_\mathrm{el} dt / Q_\mathrm{H}$ 把没有包括在内的电能与来自热电厂的采暖热量联系起来。大型发电厂里用于发电所需要的燃料能量再以采暖热量为基准,从而有:

$$S \cdot e_\mathrm{el, GKW} \cdot e_\mathrm{Ü} = \frac{Q_\mathrm{B, HKW}}{Q_\mathrm{H}} \quad (4.3.1-8)$$

因而,用于获取分离出来的采暖热能的热电厂的多耗费系数在考虑到和大型发电厂生产同样多的电能情况下为:

$$e_\mathrm{m} = e_\mathrm{H, HKW} - S \cdot e_\mathrm{el, GKW} \cdot e_\mathrm{Ü} \quad (4.3.1-9)$$

单独适用于热电厂(HKW)的耗费系数 $e_\mathrm{H, HKW}$ 亦可最简单地为模块式热电厂(BHKW)推导出来(参见第 4.3.6 节)。

若排放到周围环境的烟气热量损失为 l_G 和表面热量损失为 l_U 以及发电机的总利用率为 ν_Gen,那么,模块式热电厂(BHKW)(下标 HKW,参见图 4.3.1-10)的总能量平衡为:

$$Q_\mathrm{B, HKW}(1 - l_\mathrm{G} - l_\mathrm{U}) = Q_\mathrm{H} + \frac{\int P_\mathrm{el} dt}{\nu_\mathrm{Gen}} \quad (4.3.1-10)$$

在此情况下,假定用总利用率 ν_Gen 得到需求量,并且模块式热电厂(BHKW)能直接按用户所要求的电压提供电力(若把电能并入电网,还必须考虑到变压器的额外损失)。因此,单独适用于模块式热电厂(BHKW)的耗费系数为:

$$e_\mathrm{H, HKW} = \frac{1}{1 - l_\mathrm{G} l_\mathrm{U}} \left[1 + \frac{S}{\nu_\mathrm{Gen}} \right] \quad (4.3.1-11)$$

因此,在考虑到生产同样多的电能时,模块式热电厂(BHKW)的多耗费系数为:

$$e = \frac{1}{1 - l_\mathrm{G} - l_\mathrm{U}} \left[1 - S \left(\frac{(1 - l_\mathrm{G} - l_\mathrm{U}) e_\mathrm{Ü}}{\nu_\mathrm{el, GKW}} - \frac{1}{\nu_\mathrm{Gen}} \right) \right] \quad (4.3.1-12)$$

图 4.3.1-11 描述了式(4.3.1-9)中耗费系数与电能特征系数之间的关系。图中的实线考虑的只是在相比较的热电厂中投入的二次能源量,而虚线描述的是一次能源量,即同时考虑了在热电厂能量转换过程之前的能量生产链(包括输送)。各线条之间的差异则为在模块式热电厂(BHKW)中分离出来的采暖热量的耗费系数。耗费系数随着电能特征系数(在模块式热电厂(BHKW)情况下,电能特征系数约在 0.5 ~ 0.8 之间)的增加而减小。

能源特征值也可用于评估热电联产与环境的关系。如果是必须把耗费系数 e,亦即燃料能量与有效利用的能量之比,同有害物质排放量和燃料能量之比并定义为有害物质排放系数 EB 相乘,则有:

$$E_\mathrm{H, HKW} = E_\mathrm{H, HKW} e_\mathrm{H, HKW} - E_\mathrm{B, GKW} S \cdot e_\mathrm{el, GKW} \cdot e_\mathrm{ü} \quad (4.3.1-13)$$

对于蒸汽热电厂来说亦可以类似的方式进行评估。在此情况下,耗费系数(随着电能

4.3 热量生产

特征系数的增加而减小）有可能会低于1。

对于任意采暖系统的相互比较，应该注意确立各系统的边界相同。比如，若一远程采暖热源由一个模块式热电厂（BHKW）和峰荷锅炉组成的热量生产系统与一个就位于建筑物内的采暖锅炉进行比较，这意味着，对所有比较的系统来说，应该确保热量免费送到门口。因而，它需要考虑由采暖热源中心到热用户的热损失以及循环水泵的能耗。举例来说，如果峰荷锅炉的能量覆盖比例为 f_K 及其耗费系数为 e_K，那么，远程采暖热源的热量生产系统的总耗费系数则为：

$$e_{ges} = e(1-f_K) + e_K f_K + e_P \quad (4.3.1-14)$$

应以这个总耗费系数与位于建筑物内的采暖锅炉的耗费系数进行比较。对于有害物质排放的评估则应以如上所示的方式进行。

在随后的章节中将对表 2.2-3 所列举的热量生产系统逐一加以深入讨论。

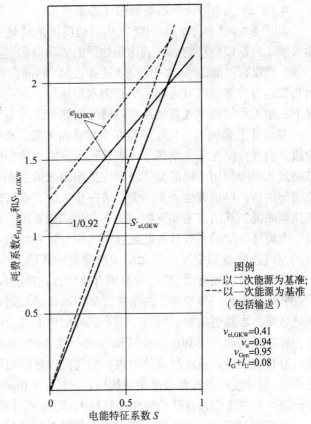

图 4.3.1-11 热电厂耗费系数与在不同的能源供应系统边界情况下的电能特征系数的关系

图例
—— 以二次能源为基准；
---- 以一次能源为基准（包括输送）

$v_{el,GKW}=0.41$
$v_u=0.94$
$v_{Gen}=0.95$
$l_G+l_U=0.08$

4.3.2 由热交换生产热量

4.3.2.1 太阳辐射

4.3.2.1.1 概述

由于能源短缺的紧迫感，自 20 世纪中期以来人们就在广泛地寻找各种方法来替代使用石化燃料的可能性，其中一种就是不仅直接地利用太阳能，而且间接地利用储存在环境（"生物燃料"、空气、土壤、水）中的太阳能。

有关太阳辐射过程已在第 1 卷、B 部分中第 2.2.1 章作了详细的阐述。

通过对建筑物采取措施，有针对性地把太阳辐射引入房间（"被动式太阳能利用"）；利用集热器把太阳辐射能量传递到某一热媒（这将在后面的章节里述及）；

可让太阳辐射能直接用于采暖目的。

如果除了燃烧石化燃料，在力求短的转换周期的情况下，即燃烧所谓的生物燃料（例如秸秆或木材），或者来自室外空气、土壤、地下水或江河湖水的环境能源经热泵把其温度提高到可用于采暖的温度水平（参见见第 4.3.5 节）则可间接地达到利用太阳能的目的。

4.3.2.1.2 太阳能集热器的结构类型

如图 4.3.1-1 所示,太阳能集热器是提供采暖热能的最简单的形式:来自太阳辐射的输入能量只是以热能的形式到达集热器的表面并传递给热媒,在某些情况下也直接传递给空气。热媒有可能是水、水和防冻剂(如乙烯)的混合物甚或热油(在温度超过100℃时)[4]。用热媒运行的集热器有时亦简单称为水集热器。在空气冷却的集热器("空气集热器")情况下,输入房间的空气直接在集热器内加热(因此空气并非热媒)。

从设计上来说,空气集热器在水集热器之前,在被动式太阳能利用之后的第一个研发阶段。空气直接在空气集热器内加热送入室内,这中间没有通过任何热媒来传递。然而与被动式太阳能利用不同的是这里吸收太阳辐射的表面的温度要高得多,因而如果不采取相应措施的话,热损失也会相当大。进一步来说,空气输送也需要消耗很多能量。对于空气集热器来说,其诸多主要问题中基本上是结构要求。在任何情况下,吸收器表面都必须覆盖一个玻璃保护层,并且由此通过空气来有效和均匀地冷却,同时应该尽量减少因要求较高的空气速度及期望迎面流动均匀所导致的压降。图 4.3.2-1 描述了四种基本结构形式:空气从吸收器后面流动,以一种简单有效的方式被吸收器的表面而不是透明的覆盖层加热。就这方面来说,一种改进了的结构就是用所谓的双通道流动和两层透明覆盖层可以加强其换热效果,当然也增加了阻力。用第三种结构形式会改善在吸收器表面的换热以及空气分配;在这种情况下(和第一种结构形式一样),空气不流经透明的覆盖层。第四种结构形式具有最佳效果,在这种集热器内;空气首先流经透明的覆盖层,然后再经能透过辐射的毛细场,最后经过吸收器表面而被加热。迪格尔(Digel)[5]给出了能透过辐射的毛细场(出于耐温性能的考虑,首选玻璃作为材料)、流进流出通道尺寸方面的最佳组合。

由空气过渡到以一个液态热媒作为集热器的冷却介质,解决了在空气集热器情况下结构上的麻烦,并且开辟了更多造型方面的设计机会。进一步来说,由于液体具有很高的单位容积的热容量,那么它就提供了把收集的能量很简单地储蓄起来的可能性。更为有利的是,相比之下在吸收器表面的换热系数也大约提高了100倍,此外,还能简单地达到均匀地冷却,而且用于热媒的输送能耗不到空气集热器的1%。

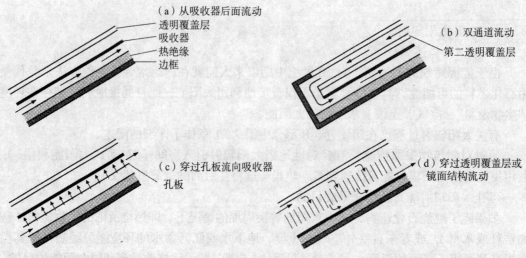

图 4.3.2-1 空气集热器情况下空气的不同流动形式

4.3 热量生产

水集热器也归入所谓的太阳能吸收器。因为水集热器既没有正面半透明的覆盖层,也没有背面的热绝缘层,属于一种最简单的产品。这种简单且价廉物美的吸收器适用于热媒温度低于40℃。它足以用来加热游泳池的水,也可以用作为热泵的热源。图 4.3.2-2 所示为大多数由涂成黑色的塑料材料制成的吸收器的截面图。可以各种不同形式敷设的成型的垫(如铺在屋顶或作为围墙栏杆),不仅直接吸收来自太阳,而且也间接吸收来自室外空气或雨水的环境热能。

实际上太阳能集热器具有一个正面半透明[1]的覆盖层和一个背面的热绝缘层。它们一般设计成平面集热器、真空集热器或热管集热器(图 4.3.2-3~ 图 4.3.2-5)。

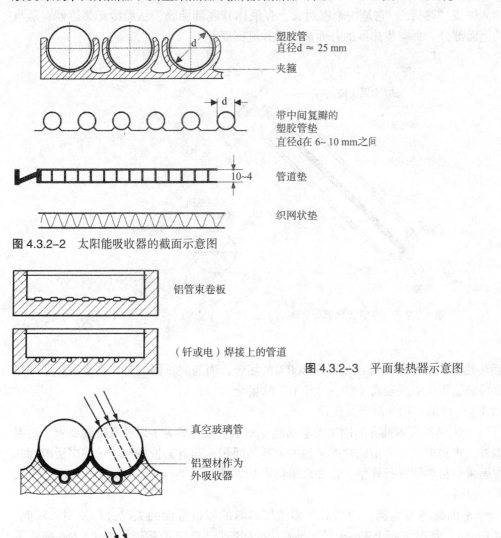

图 4.3.2-2 太阳能吸收器的截面示意图

图 4.3.2-3 平面集热器示意图

图 4.3.2-4 真空集热器示意图

---

[1] 光透明。

平面集热器最重要的部件是吸收器,因为只有少数几种塑料材料能适用于温度超过100℃的情况,所以吸收器通常是金属材料做的。吸收器表面通常用一种材料涂层,这种涂层材料具有选择性的辐射特性(在短波辐射光谱内有高的吸收率,而在长波辐射光谱内发射率低)。正面半透明的覆盖层通常为单层的,有时为双层的玻璃板。

为避免因对流和导热造成的热损失,在真空集热器情况下是把吸收器前的空间抽成真空,这个空间的管形举足轻重。该吸收器同样也有选择性的辐射表面,它可以安置在真空管外或考虑到最大限度地减少热损失,把它安置在真空管内(困难的是玻璃金属连接)。

热管集热器(图4.3.2-5)同样也是一种真空集热器,在该集热器情况下,是在吸收器表面插入一支"热管"。它是一个密封管,在液体其底部沸腾,从而冷却集热器;蒸汽在管子的上面部分、真空集热器的外面被冷凝并流回底部。

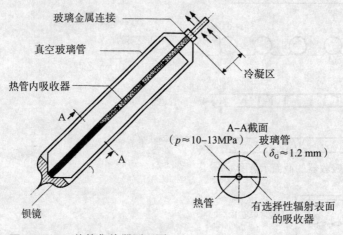

图4.3.2-5 热管集热器原理图

平面集热器一般用于热媒温度低于100℃的场合,而与之不同的是,真空集热器和热管集热器特别适用于温度较高(80~150℃)的场合。

4.3.2.1.3 评估、功率测定及设计

除了一个集热器应该拥有的固定要求功能(如承受天气影响)以及有限制要求(耐温性能)以外,将根据对于一定的功率来说所消耗的面积、购置的价格和输送热媒所消耗的能量等方面来对集热器进行评估,正如以单位面积为基准的年得能量,后者还取决于安装有集热器的设备。

以一个平面集热器为例,应当对太阳能集热器的能量方面的工况进行说明。对此,霍特尔(Hottel)和韦尔茨(Woerz)[3]早在1942年就已奠定了基础。图4.3.2-6描述了一个平面集热器的结构以及给出基本热流的概况。其概念及字母标志是由DIN和国际标准ISO[6,7]有区别地确定的,有一些并不适合在采暖工程中通常的约定。

对于非稳态运行而言,集热器的功率平衡为:

$$\dot{Q}_{ZU} = \dot{Q}_K + \dot{Q}_V + \frac{dQ_{Sp}}{dt}$$

(4.3.2-1)

4.3 热量生产

从太阳输入的热功率 $\dot{Q}_{zu}$ 由集热器的功率❺ $\dot{Q}_K$、热损失 $\dot{Q}_V$ 以及集热器的蓄热功率组成,其蓄热功率为:

$$\frac{dQ_{Sp}}{dt} = m_K \bar{c}_K \frac{d\theta_K}{dt} \tag{4.3.2-2}$$

式中:m_K——集热器质量;
　　　$\bar{c}_K$——平均比热;
　　　θ_K——集热器温度。

热损失可分为热力和光学损失两部分:

$$\dot{Q}_V = \dot{Q}_{V,th} + \dot{Q}_{V,opt} \tag{4.3.2-3}$$

为描述热力损失,这里引入一个冷却介质(液体)和周围环境之间的总传热系数 k;这样包括集热器正反两面的热损失则为:

$$\dot{Q}_{V,th} = A_{Ap} k (\bar{\theta}_{fl} - \theta_{amb}) \tag{4.3.2-4}$$

角标 fl 表示液体,amb 表示周围环境。引入的总传热系数一般适用于所谓的集热器敞口面积 A_{Ap}(见图 4.3.2-6)。

光学损失则由透明覆盖层的透射率 τ_G^* 及吸收器涂层的吸收率 α_A^* 来表达:

$$\dot{Q}_{V,opt} = \dot{Q}_{ZU}(1 - \tau_G^* \alpha_A^*) \tag{4.3.2-5}$$

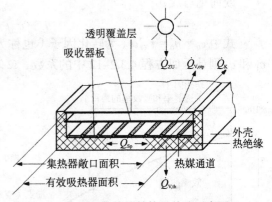

图 4.3.2-6　平面集热器结构及热流示意图

因而力求在太阳光谱(0.29 < λ < 2.5μm)中有高吸收率 α_A^*(有可能在 0.85 ~ 0.98 之间),而在热辐射范围(λ > 3μm)内的值较低(发射率有可能低于 0.20)。用一个有选择地起作用的涂层会达到期望的性能。

对于太阳辐射来说,覆盖层应具有高透射率 τ_G^*。正如式(4.3.2-5)所示,光学损失取决于透射率和吸收率的乘积,它是吸收器有效吸收太阳辐射的部分。

集热器的质量一般很小,因而其蓄热效应可以忽略不计。在这种情况下,下式可精确地(在稳态运行工况下更为精确)表达集热器功率:

$$\dot{Q}_K = \dot{Q}_{ZU} - \dot{Q}_{V,th} - \dot{Q}_{ZU}(1 - \tau_G^* \alpha_A^*) \tag{4.3.2-6}$$

$$\dot{Q}_K = \dot{Q}_{ZU} \tau_G^* \alpha_A^* - \dot{Q}_{V,th} \tag{4.3.2-7}$$

由太阳辐射能 E_G 得到的输入热功率为:

$$\dot{Q}_{zu} = E_G A_{Ap} \tag{4.3.2-8}$$

太阳辐射能由直射和散射组成(参见原著第一卷第 B3.6 部分),即:

$$E_G = E_{dir} + E_{diff} \tag{4.3.2-9}$$

按照 DIN 4757 第 4 部分[7],集热器的效率定义为集热器的平均功率和输入功率之比(前提条件是准静态运行)即:

---
❺ 容易与有用功率混淆,因为这里还包含了在并联的蓄热器内和连接系统的损失。

$$\eta = \frac{\dot{Q}_K}{\dot{Q}_{ZU}} \qquad (4.3.2-10)$$

由式 4.3.2-4 ~ 式 4.3.2-9 进一步推导出集热器的效率为:

$$\eta = (\tau_G^* a_A^*) - \frac{k(\bar{\theta}_{fl} - \theta_{amb})}{E_G} \qquad (4.3.2-11)$$

从集热器方面来说,其传热系数 k 取决于集热器的过余温度 ($\bar{\theta}_{fl} - \theta_{amb}$)。一般来说,传热系数和过余温度为一指数函数关系,这里近似地把它看成线性函数亦足够精确[7,8]:

$$k = c_1 + c_2(\bar{\theta}_{fl} - \theta_{amb}) \qquad (4.3.2-12)$$

代入式 (4.3.2-11),则有:

$$\eta = (\tau_A^* a_G^*) - \frac{c_1(\Delta\theta) + c_2(\Delta\theta)^2}{E_G} \qquad (4.3.2-13)$$

或简化写成:

$$\eta = c_0 - c_1 \Omega - c_2 E_G \Omega^2 \qquad (4.3.2-14)$$

式中 $c_0 = \eta_0 = \tau_G^* a_A^*$ 为转化因子(也称为集热器光学效率或透射率和吸收率的乘积),c_1 和 c_2 则是近似方程 4.3.2-12 中的系数,Ω 基本上是与集热器过余温度有关的运行变量。

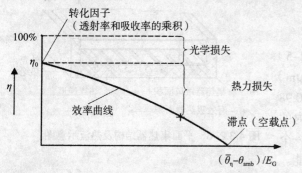

图 4.3.2-7 集热器效率曲线原理上的变化过程

图 4.3.2-7 描绘了集热器的效率曲线。若假定集热器的功率及随之而来的效率为 0,那么,效率曲线和横坐标的交点即所谓的"滞点"。

按照德国标准 DIN 4757 第 4 部分和国际标准 ISO9806-1[7,8],用两种不同的方式来确定各种集热器的功率及其相应的效率。表 4.3.2-1 描述了两种不同方法之间的区别。

太阳能集热器检测标准的比较　　表 4.3.2-1

按德国标准 DIN 4757 第 4 部分检测	按国际标准 ISO 9806 第 1 部分检测
• "室内测试":测试台位于建筑物内,模拟人工气候,已定义好的边界条件。	• "户外测试":测试台位于建筑物外,边界条件必须测试。
• 集热器的功率以其敞口面积为基准(图 4.3.2-6)。	• 集热器的功率以其吸收面积为基准(图 4.3.2-6)。
• 在人工模拟的风力状况下测试(0 m/s 或 4 m/s)。	• 在自然条件下的风力(最大为 2 m/s)以及附加人工模拟的风力状况下测试(最大到 6 m/s)。
• 通过给集热器水泵输送的热水测量其热损失。测出集热器进口和出口的能量值,从而得到"热损失"。	• 在实际运行状况下测出因辐射而造成的热损失。测试集热器内的水在进口和出口的能量值,从而得出"热损失"。

设计

对于采暖锅炉设计来说,建筑物的标准热负荷或者直接用于确定锅炉的大小或者至少作为参考值(参见第 4.3.3.2.2 节),而与此不同的是,选择太阳能集热器的面积则是参照

4.3 热量生产

其他标准。这里重要的是现有屋顶的大小和预定投资给太阳能产热系统（主要由集热器和在大小上与之相匹配的蓄热器组成）的限制金额。由于上述两个标准以及因为在设计状况下可提供的太阳能特别的低，因而通过太阳能产热系统所提供的热能始终只能占整个采暖系统输入能量的一部分。推算(不是设计！)太阳能产热系统的目的在于确定其"覆盖比例"。接着要进行经济核算，以便确定最合适的太阳能集热器面积，若用太阳能产热的总成本高于使用常规的产热设备（为满足峰荷是必备的）；对于太阳能产热系统投入的资本每年应付的息金和债款要与每年因利用太阳能而节省的燃料能的费用进行比较（参见原著第1卷，第M3部分）的话，那么，太阳能产热系统就没什么意义了。

在通过数值分析来决定作为采暖补充能源的太阳能产热系统（参见1.2节）是否有利时，必须把评价标准"尽量减少环境污染"这一条的加权系数 g（表1.2-1）比评价标准"实现经济性"加得更大。不同的太阳能产热系统之间的经济比较应该通过不同的实现率 w 来进行。其中在生态方面的评价标准考虑其"覆盖比例"实现率，在经济方面的评价标准则考虑太阳能产热系统的利用率。如果用 $Q_{B,a}$ 来表示采暖锅炉的年能量需求（即没有太阳能时对常规产热设备的年能量需求）以及用 $Q_{Sol,a}$ 表示由太阳能产热系统（包括蓄热器和连接系统）提供的有用能，那么，覆盖比例定义为：

$$f_{Sol} = \frac{Q_{Sol,a}}{Q_{B,a}} \tag{4.3.2-15}$$

以及太阳能产热系统的利用率为：

$$V_{Sol} = \frac{Q_{Sol,a}}{A_{Ap} \int E_G dt} \tag{4.3.2-16}$$

式中的分母为太阳全年投射到集热器的总功率 E_G 式（4.3.2-8）。

图4.3.2-8从原理上描述了太阳能产热系统的覆盖比例 f_{sol} 及其利用率 v_{sol} 与集热器面积（敞口面积）之间的关系。太阳能产热系统在生态方面的价值随着集热器面积的增加，其经济性却降低了。决定最大允许的集热器面积完全是依赖于太阳能产热系统的最高投资限制金额。

太阳能产热系统的覆盖比例及其利用率的实际大小，除了设备的位置外，基本上还受集热器的朝向和倾斜度以及所配置的蓄热器的大小影响（图4.3.2-9）。图4.3.2-10只是定性地描述了采集的太阳能得热量、集热器面积和蓄热器大小之间的关系。其他影响，诸如蓄热器的类型、集热器和蓄热器之间连接管道的长度及保温状况以及整个太阳能产热系统的控制方案都可能有着与蓄热器大小大致相同的影响，但一般都还无法确定其大小。

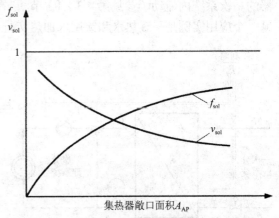

图4.3.2-8 太阳能产热系统的覆盖比例 f_{sol} 及其利用率 v_{sol} 与集热器敞口面积之间的关系

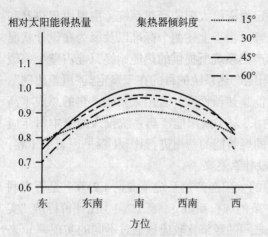

图 4.3.2-9 相对采集的太阳能得热量与集热器朝向和倾斜度之间的关系（举例说明）

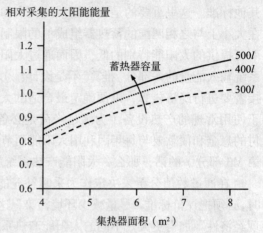

图 4.3.2-10 相对太阳能得热量与集热器面积以及蓄热器容量之间的关系（举例说明）

4.3.2.2 远程热源采暖（水-水换热器）

4.3.2.2.1 概述

一种非常简单的热能生产形式是把热量从另一个前置的分配系统（一次系统）取出来并把它传递到真正的与热量移交设备连接的分配系统（二次系统）。这种热能生产可以用最简单直接的方式来实现，即把一次系统的热媒与二次系统的混合，或者麻烦一些以间接的方式混合。最简单的情况下用在第 4.2.3.3 节中叙述过的混合阀就可以做到。在一些较为复杂的情况下，把热量通过一次系统的分隔壁板传递到二次系统（图 4.3.2-11）。以间接的方式传递热量的优点在于在各自分开的系统可以采用不同的热媒，而且彼此可以有不同的压力。以间接方式传热的隔板设备不仅用于远程热源采暖系统，在远程热网中一般是经特别处理过、且具有远高于真正分配系统若干个 bar 的压力的水进行循环，而且该隔板设备也应用在太阳能产热系统中，比如，在这种情况下防冻剂和水的混合物在包括了集热器的一次系统内流动（参见第 4.3.2.1.1 节），在二次系统内流动的则是通常的采暖用热水。另一个应用实例是采暖热水和饮用水加热实行严格分离的情况（参见第 6.2 节）。

最近把带隔板的换热装置（图 4.3.2-11）称为传热器[9]。但是，一般说来以及几十年来引入的语言使用习惯，还是叫换热器，所以在此应该依然保留这个常用的术语，况且该术语也非常类似于英文名称换热器（Heat Exchanger）并因而成为国际通用的术语，也因此收进了欧洲标准上角[10]。在更仔细的研究时，必须应用隔板换热器这个名称，因为与换热相关的但在这里不予考虑的还有蓄热换热器或再生换热器，在这些换热器里，热量是间接地通过蓄存的

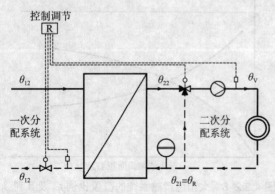

图 4.3.2-11 通过热交换器把一次系统（如远程热源）与二次系统（建筑物内分配系统）分隔开

4.3 热量生产

介质传递的。

在本章中将讨论用于远程热源热传递的水－水换热器。研究水－水换热器用于远程热源采暖的规律性和由此产生的结构形式以及设计规则也同样适用于例如像已经述及的太阳能集热器循环和采暖循环之间的换热器或用来加热饮用水的换热器。类似的研究，例如采暖锅炉及室内散热器的情况也可以利用到这些换热器的基础知识。

4.3.2.2.2 水－水热交换器的结构类型

在水－水换热器情况下，有两种表面形状：用来作为隔板的有管状和板状。这意味着，与两种流动流体 $\dot{m}_1$ 和 $\dot{m}_2$ 分别接触的表面积 A_1 及 A_2 大致相等。很少在一侧或两侧加翅片，因为它们除了节省结构体积外没有其他的优点。这一点可以用一局部的传热微分方程来证明，在这方面，第 1 卷第 G 部分的方程（G1-137）已给出了一般性的关系式：

$$\frac{1}{k \mathrm{d} A_1} = \frac{1}{\alpha_1 \mathrm{d} A_1} + \frac{1}{\alpha_2 \mathrm{d} A_2} + \frac{S}{\lambda \mathrm{d} A_w} \quad (4.3.2\text{-}17)$$

根据定义，传热系数 k 是对应于微元面积 dA_1，在热的一侧的换热系数为 α_1，在冷的一侧的换热系数为 α_2，一般为单层壁，其厚度为 s，导热系数为 λ。为了描述面积关系，面积 A_2 和 A_w 以 A_1 为基准，它们的比值姑且称为面积因子 f_2 和 f_w。假设表面积为准均匀的，那么就有：

$$\frac{1}{k} = \frac{1}{\alpha_1} + \frac{1}{\alpha_1 f_2} + \frac{S}{\lambda f_w} \quad (4.3.2\text{-}18)$$

上式右边的各项称为换热热阻或导热热阻。其相互的比例对如何有针对性地确定在哪一侧加翅片和选择壁体的材料是必不可少的。为了估计热阻状况，假定在热的一侧的换热系数 $\alpha_1 = 3000 \text{ W/(m}^2 \cdot \text{K)}$，在冷的一侧的换热系数 $\alpha_2 = \alpha_1$；壁体材料为不锈钢，其导热系数 $\lambda = 25 \text{ W/(m} \cdot \text{K)}$，厚度 $s = 0.5 \times 10^{-3} \text{m}$。假如暂时以 $f_2 = f_w = 1$ 代入式（4.3.2-18），那么得到：

$$\frac{1}{K} = \left[\frac{1}{3000} + \frac{1}{3000} + \frac{1}{3000}\right] = (0.666 + 0.02) \times 10^{-3} \text{ m}^2 \cdot \text{k/W}$$

由此可看出，在所给的壁厚仅为 0.5mm 的情况下，壁体的热阻只起了很次要的作用（即使与铜或铝材相比导热系数较低）。因而，不必过于注重 f_w 的精确性。此外还有壁面的形状，（弯曲的或平的），其影响也微不足道。

如果通过在一侧加翅片，比如现在把面积因子 f_2 提高到 10，并且任何其他参数都保持不变（通过加翅片使得传热恶化已在 f_2 中考虑到了），热阻 $1/k$ 仅仅从 $0.686 \times 10^{-3} \text{ K} \cdot \text{m}^2/\text{W}$ 减少到 $0.386 \times 10^{-3} \text{ K} \cdot \text{m}^2/\text{W}$，亦即降到 56.3%。

在两侧换热差别大的情况下，加翅片所起的作用也有很大的不同，如空气加热器，在此例情况下，换热系数为 α_2 假定为 $30 \text{W/(m}^2 \cdot \text{K)}$。若其他值与先前计算的例子相同，那么同样由方程 4.3.2-18 得到：

$$\frac{1}{K} = \left[\frac{1}{3000} + \frac{100}{3000} + \frac{1}{3000}\right] = (33.666 + 0.02) \times 10^{-3} \times \text{m}^2 \cdot \text{k/W}$$

从这里可以看出，改变水侧的换热热阻所起作用很小，壁体的热阻则可以忽略不计。如上例的情况，在空气侧加翅片把 f_2 提高到 10 的情况下，热阻 $1/k$ 从 $33.686 \times 10^{-3} \text{ K} \cdot \text{m}^2/\text{W}$ 减少到 $3.686 \times 10^{-3} \text{ K} \cdot \text{m}^2/\text{W}$，亦即降到 10.9%。按此例，空气加热器的体积会减小到原

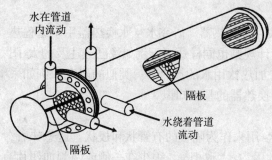

图 4.3.2-12 壳管换热器示意图

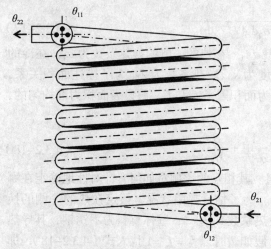

图 4.3.2-13 螺旋管换热器示意图

来的 10.9%，在水－水换热器情况下，其体积只减小到 56.3%，对这两种情况都是在冷的一侧比热的一侧多 10 倍的表面积。

管状隔板结构的热交换器主要是所谓的壳管换热器（见图 4.3.2-12）。高压高温热媒大多做成 U 形弯管，用电焊、钎焊或轧置（视管材而定）在一个管栅板内的管道，U 形管的两管之间加上一个隔板，以便两流体流动方向相反（逆流）。还有的是在换热器（前）水室加上一个中间隔板，把热流体的出入口分开。有的壳管换热器用的是直管，那么相应就需要两个管栅板，利用隔板可将管束分割成多个行程。只有一个管栅板的换热器容易打开和清洗（当然必须保证有足够的地方能将管束抽出来）。

同样还有一种管状隔板结构的热交换器，即所谓的螺旋管换热器，这种换热器是在一根套管内套上一根或几根管子，然后一起卷制成螺旋管（见图 4.3.2-13）。在饮用水蓄热加热器内安装的螺旋管同样也称为螺旋管换热器。在该管束中，热水在管内流动。与实际螺旋管换热器冷热两侧都是强迫对流的情况相反，在蓄热加热器内的冷侧是通过自然对流来进行热交换的（参见第 6.2.2 节）。

板式换热器的板状隔板表面压制成条纹，板的边缘可加密封垫密封，在中间部分通过板片的交替叠加产生一个不断变化的流动截面，并且板片可以相互支撑。最大多数的结构形式是把作为隔板的板片用两个活动盖板和定位螺栓紧固成一整体。在此情况下，换热器可以很容易地打开和清洗（因此广泛应用于奶制品、葡萄酒窖和啤酒酿造等行业）。还有一种非常简化的结构形式就是钎焊的板式换热器，无需密封垫，而且更紧凑、更便宜。尽管带密封垫的换热器的大小几乎可以在很大的范围内任意变化并且能适用于各种场合，然而还是有许多钎焊的具有固定板片数量的板式换热器得到应用。在这两种情况下，流动缝隙大小均可按质量流量比 $\dot{m}_1/\dot{m}_2$ 进行调整。除了图 4.3.2-14 所示的串接以外，还有并联连接的形式，以便提高流量和降低冷却度（参见第 3.2.2.3 章）。由于板式换热器相对而言结构紧凑、造价低廉，近几十年来在采暖工程中得到广泛应用。

一般来说，这里所描述的所有换热器，无论是管状隔板还是板状隔板结构的换热器，都可以这样或那样地进行串联组合。在这种情况下，即使是提供预制好的换热器型号，一般也不会限制设计的自由度。

4.3 热量生产

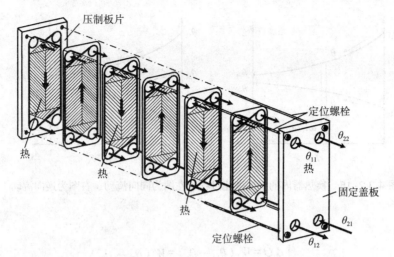

图 4.3.2–14　板式换热器结构示意图

4.3.2.2.3　评价、功率测定及设计

为了评价换热器，重要的是首先根据表 3.3.1-1 中所列举的额定功能，考虑换热器要满足所需求的热功率。就一个正确的设计而言也应该确保这一点。对于远程热源换热的情况还必须保证限定的最低回水温度，同时出于能耗和经济方面的原因，冷热两侧的阻力不得超过最大允许值。其他重要的额定功能就是限制其生产成本以及尽量减少占地面积。

由于换热器的换热功率不仅取决于其传热系数和换热表面积，亦即两者的乘积 kA_1，还取决于两侧流体的平均有效温差。因此，必须清楚换热器两侧的温度分布状况（下面会广泛地使用在 VDI2067 上角[11]中引进的概念和术语）。换热器中的温度变化过程受其结构、流体的流向以及两侧流体的热容流量 W_1 和 W_2，即流体的流量和该流体的比热 c 的乘积的影响。在换热系数也就是传热系数变化时，这些参数也影响着温度变化过程，下面将假设沿整个热交换表面的传热系数为常数。从温度的变化过程不仅能推导出用于设计的平均有效温差，而且从中还可得出用于一般设计公式的流体的升温或冷却与热容流量之比以及换热器热功率能力（Wärmeleistungsvermögen）kA 的依赖关系，用于一般设计公式。为了能够计算在运行条件改变时换热器的热力工况，也可以应用上述同样的公式。

在换热器内，流体的流动过程已经确定以及沿着热交换表面的传热系数恒定的情况下，其温度变化可以用一个简单的方式来计算。就换热器内流体的相互流动而言，一般主要可区分为两种流动形式，即同向流动和逆向流动，作为两者的中间形式是所谓的交叉流动。通过不同组合可能还会出现其他一些流动形式，如交叉逆向流动。在水－水换热器情况下，大多为纯粹的逆向流动。图 4.3.2-15 定性地给出了在两种主要流动形式下换热器内的温度变化过程，横坐标为其面积比例。为简单起见，首先推导出在同向流动换热器内的温度变化过程，在此情况下热侧的降温和冷侧的升温过程是沿同一个方向发展，因而则有：

$$d\dot{Q} = -W_1 d\theta_1 = W_2 d\theta_2 \qquad (4.3.2\text{--}19)$$

在微元面积 dA_x/A_1 上的换热为：

$$d\dot{Q} = K_{A1} \frac{dA_x}{A_1}(\theta_1 - \theta_2) \qquad (4.3.2\text{--}20)$$

对热平衡方程（4.3.2–19）从换热器的进口到位置 A_x/A_1 进行积分，则有：

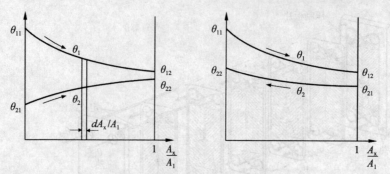

图 4.3.2-15 换热器内的温度变化过程（左图为同向流动；右图为逆向流动）

$$\int_0^{\frac{A_x}{A_1}} d\dot{Q} = W_1(\theta_{11} - \theta_1) = W_2(\theta_2 - \theta_{21}) \tag{4.3.2-21}$$

对传热方程（4.3.2-20）也进行同样地积分，有：

$$\int_0^{\frac{A_x}{A_1}} \frac{d\dot{Q}}{(\theta_1 - \theta_2)} = kA_1 \frac{A_x}{A_1} \tag{4.3.2-22}$$

如果把 $d\dot{Q}$ 和方程（4.3.2-21）右侧部分的温差 $\theta_1 - \theta_2$ 之间的函数关系推导出来，则可求解该积分方程。为得到该温差作为热侧温度 θ_1 的函数，把方程右侧的热平衡部分的左右两侧都加上 $W_2(\theta_{11} - \theta_1)$，则有：

$$(\theta_{11} - \theta_1)(W_1 + W_2) = W_2(\theta_2 - \theta_1 - \theta_{21} + \theta_{11})$$

经适当的变换可得出：

$$(\theta_1 - \theta_2) = (\theta_{11} - \theta_{21}) - \frac{W_1 + W_2}{W_2}(\theta_{11} - \theta_1) \tag{4.3.2-23}$$

现在对方程（4.3.2-23）按 $d\theta_1$ 进行微分，得：

$$\frac{d(\theta_1 - \theta_2)}{d\theta_1} = \frac{W_1 + W_2}{W_2}$$

并且把热平衡方程（4.3.2-19）中的 $d\theta_1$ 用上式代入，则：

$$d\dot{Q} = -\frac{W_1 W_2}{W_1 + W_2} d(\theta_1 - \theta_2)$$

因此，$d\dot{Q}$ 和温差 $\theta_1 - \theta_2$ 之间的函数关系被推导出来，从而积分方程（4.3.2-22）有如下的形式：

$$\int_0^{\frac{A_x}{A_1}} \frac{d(\theta_1 - \theta_2)}{(\theta_1 - \theta_2)} = -kA_1 \frac{A_x}{A_1} \frac{W_1 + W_2}{W_1 W_2}$$

积分后得到：

$$(\theta_1 - \theta_2) = (\theta_{11} - \theta_{21}) \exp\left[-kA_x\left(\frac{1}{W_1} + \frac{1}{W_2}\right)\right] \tag{4.3.2-24}$$

由于相同的温差 $\theta_1 - \theta_2$，让方程（4.3.2-23）和式（4.3.2-24）的右侧相等，得到温度

4.3 热量生产

θ_1 的变化过程:

$$(\theta_1 - \theta_2) \exp\left[-kA_x\left(\frac{1}{W_1} + \frac{1}{W_2}\right)\right] = (\theta_1 - \theta_2) - \frac{W_1 + W_2}{W_2}(\theta_1 - \theta_2)$$

经变换,其结果为:

$$(\theta_{11} - \theta_1) = (\theta_{11} - \theta_{21})\frac{W_1}{W_1 + W_2}\left(1 - \exp\left[-kA_x\left(\frac{1}{W_1} + \frac{1}{W_2}\right)\right]\right) \quad (4.3.2-25)$$

把热平衡方程 (4.3.2–21) 中 θ_1 换算到 θ_2 有:

$$(\theta_2 - \theta_{21}) = (\theta_{11} - \theta_{21})\frac{W_1}{W_1 + W_2}\left(1 - \exp\left[-kA_x\left(\frac{1}{W_1} + \frac{1}{W_2}\right)\right]\right) \quad (4.3.2-26)$$

由式 (4.3.2–24) 可推导出适用于整个换热器的关系式:

$$\frac{(\theta_{12} - \theta_{22})}{(\theta_{11} - \theta_{21})} = \exp\left[-kA_x\left(\frac{1}{W_1} + \frac{1}{W_2}\right)\right] \quad (4.3.2-27)$$

对于整个换热器来说,现在应引入一个平均有效温差 $\Delta\theta_m$,那么,对于总的换热功率而言,由定义则存在下面的关系:

$$\frac{\dot{Q}}{\Delta\theta_m} = kA_1 \quad (4.3.2-28)$$

现在式 (4.3.2–27) 中热功率能力 kA_1 可用 $\dot{Q}/\Delta\theta_m$ 代替并且借助于式 (4.3.2–21),有:

$$\frac{\dot{Q}}{W_1} = \theta_{11} - \theta_{12} \quad \text{以及} \quad \frac{\dot{Q}}{W_2} = \theta_{22} - \theta_{21} \quad (4.3.2-29)$$

可用温差来置换热容流量。平均过余温度等同于对数平均温差:

$$\Delta\theta_m = \Delta\theta_{lg} = \frac{(\theta_{11} - \theta_{21}) - (\theta_{12} - \theta_{22})}{\ln\frac{\theta_{11} - \theta_{21}}{\theta_{12} - \theta_{22}}} \quad (4.3.2-30)$$

在推导逆向流动换热器的公式时必须注意的是,若第二种流体的进出口温度还保持其符号,那么,第二种流体的进出口温度的符号则与其相反(见图 4.3.2–15)。这就意味着按式 (4.3.2–21),热平衡为:

$$W_1(\theta_1 - \theta_2) = -W_2(\theta_1 - \theta_2)$$

可以看出,只要在方程 4.3.2–21,4.3.2–25 与 4.3.2–26 中变更第二种流体的热容流量 W_2 前的符号,并且每个式中有 θ_{21} 的地方,必须用 θ_{22}(或反之)置换。

用这个规则,由式 (4.3.2–25) 可推导出在热的一侧的温度变化过程,得到:

$$\theta_{11} - \theta_1 = (\theta_{11} - \theta_{22})\frac{-W_2}{W_1 - W_2}\left(1 - \exp\left[-kA_x\left(\frac{1}{W_1} - \frac{1}{W_2}\right)\right]\right) \quad (4.3.2-31)$$

因此,在逆向流动换热器内的整个冷却过程为:

$\theta_{11} - \theta_{12} = (\theta_{11} - \theta_{21} + \theta_{21} - \theta_{22})$

$$\frac{W_2}{W_1 - W_2} \left(1 - \exp\left[-kA_x \left(\frac{1}{W_1} - \frac{1}{W_2}\right)\right] - 1\right) \tag{4.3.2-32}$$

借助于该方程，通过简单地变换可得到水－水换热器重要的参数，即所谓的冷却系数 Φ_1。表4.3.2-2给出了冷却系数公式以及其他所有用于逆向流动换热器的关系式。

逆向流动换热器计算公式一览表 表4.3.2-2

平均有效温差	$\Delta\theta_m = \Delta\theta_{lg} = \dfrac{(\theta_{11} - \theta_{22}) - (\theta_{12} - \theta_{21})}{\ln\dfrac{\theta_{11} - \theta_{22}}{\theta_{12} - \theta_{21}}}$	(4.3.2-33)
降温系数	$\Phi_1 = \dfrac{\theta_{11} - \theta_{22}}{\theta_{11} - \theta_{21}}$ $\Phi_1 = \dfrac{1 - e^{-x}}{1 - \dfrac{w_1}{w_2} e^{-x}}$ 式中 $x = \dfrac{kA_1}{W_1}\left(1 - \dfrac{W_1}{W_2}\right) = \dfrac{kA_1}{W_2}\left(\dfrac{W_2}{W_1} - 1\right)$	(4.3.2-34) (4.3.2-35)
升温系数	$\Phi_2 = \dfrac{\theta_{22} - \theta_{21}}{\theta_{11} - \theta_{21}}$	(4.3.2-36)
热容流量比	$\dfrac{W_1}{W_2} = \dfrac{\Phi_1}{\Phi_2} = \dfrac{(\theta_{22} - \theta_{21})}{(\theta_{11} - \theta_{12})}$	
换热器特征值	$K_1 = \dfrac{kA_1}{W_1}$ 热侧 $K_2 = \dfrac{kA_1}{W_2}$ 冷侧	

相对于其他换热器，在逆向流动换热器情况下，作为其特殊性还额外地应用所谓的接近度（Grädigkeit）的概念，这是出现在冷入口端的换热器内最小可能的温度差：

$$\Delta\theta_{\min} = \theta_{12} - \theta_{21} \tag{4.3.2-37}$$

如果把热侧的冷却 $\theta_{11} - \theta_{12}$ 用进出口温差 σ_1 来表示，那么，由计算冷却系数的式（4.3.2-25）再用表4.3.2-2所给的简化式，可推导出计算相对接近度的公式，即：

$$\frac{\Delta\theta_{\min}}{\sigma_1} = \frac{1 - \dfrac{W_1}{W_2}}{e^x - 1} = \frac{1 - \dfrac{\sigma_1}{\sigma_2}}{e^x - 1} \tag{4.3.2-38}$$

图 4.3.2-16 描述了相对接近度和换热器特征值 κ_1 之间的关系,其中热容流量比作为参数。对于经常出现的热网的供回水温差为 60～80 K 的情况,所需要的力求较小的接近度即 2～3 K 的换热器特征值可从表中查出。图 4.3.2-16 中第二坐标为相应的冷却系数,由冷却系数可以看出,从热网中分离出采暖热量的水-水换热器热有什么样的要求。图中给出的 2～3 K 的小接近度可用板式换热器达到,5～6 K 用螺旋管式换热器,而 5～7 K 的则用壳管式换热器。

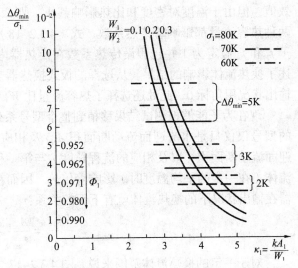

图 4.3.2-16 相对接近度 $\Delta\theta_{min}/\sigma_1$ 与换热器特征值 k_1 之间的关系(参数为热容流量比)

设计换热器的方法,根据:(1) 对于某一现有的特定情况(由所谓的热工数据来确定)下换热器元件(管,板)是否可自由安排,或(2)换热器是否已按型号单元给定出来并且是否可以核算,每个换热器能够达到多大的热功率,是有所区别的。

对用于远程热网的换热器,热网侧的进口温度 θ_{11} 总是已给定,而且降温温差 $\sigma_1 = (\theta_{11} - \theta_{12})$ 一般亦已给定。在较冷些的采暖一侧,从室内散热器(板)的计算得出其供回水温度,亦即用换热器进出口温度的字母表示:θ_{21} 和 θ_{22}。此外,采暖一侧的设计热功率及热水流量亦已知。如果想要出于节约的目的,不把换热器设计成用于所有标准热负荷总和的最大负荷值,而是设计成用于较小一些的热功率(负荷系数 $f_{FW} < 1$),在这种情况下考虑了可能的外部得热以及部分负荷运行,那么,除了减少负荷一项外,还必须注意换热器回水温度降低的问题(参见散热器设计曲线,图 4.1.6-40)。

一般来说,与设计方法无关的除了热工数据以外,还规定了在冷热两侧限定的压降值。也就是说,水流断面面积 A_{an1} 和 A_{an2}(在实际热交换面积之前的水流迎面流动范围内的自由断面)必须足够大并且选择其相互的比例也要在注意到换热器内水的流程的总长度 L_W 的情况下,设计的压降位于限定值以下。近似地(还必须考虑弯头转向等的局部压力损失)存在下面的比例关系:

$$\Delta p \sim L_{WT}\left(\frac{W}{A_{an}}\right)^p \qquad (4.3.2-39)$$

式中指数 p 由经验所知,并不等于 2.0,而是位于 1.7～1.9 之间,这表明流动具有一定程度的层流部分(参见原著第 1 卷,第 J2-4 部分)。除了热交换表面面积,还引入水流迎面流动面积。在一般情况下,换热器的基本元件(管,板),不论它是自由组合的换热器不是已定型的换热器型号,出于结构和经济的原因都考虑以固定的方式相互搭配。比如,管子和板只是以一定的间距装配。因此,由水流迎面流动断面和水流迎面流速确定所有其他在换热器表面的速度及随之而来的传热系数和阻力系数。

换热器的热功率能力(kA,正如压降),取决于热容流量。其实应该用速度来作为有效值，但由于温度对密度和比热影响甚小，那么有效值也可以用热容流量来表达。显然，两种热容流量都影响着传热系数，式（4.3.2-18）说明了其关系，用于计算时，把面积因子 f_2 和 f_w 假定为1并且假设传热系数在换热器内沿整个流程长度为常数。图 4.3.2-17 描述了换热流体影响的结果。从选择的板式换热器来看，其影响很小。通过在实验室确定的输出状况用角标0，此处还选择了热容流量比 W_1/W_2 作为参数。

现在为了能够把测试结果移植到整个型号系列，那么假定，一个产品系列的各种大小的型号仅仅只是水流迎面流动断面积 A_{an1} 及相应的流程长度 L_{WT1} 有所不同。第二种水流迎面流动断面积（以及相应的流程长度）与第一种有一个固定的比例关系，以致只有换热流体（在一定的平均温度时）影响着传热。因而在这种前提条件下，对于大小不同的换热器在输出状况下的换热流体就有下面的关系：

$$\frac{kA_1}{(kA_1)_0} = \frac{A_{an1}}{A_{an1,0}} \frac{L_{WT1}}{L_{WT1,0}} \quad (4.3.2-40)$$

对于一定的换热流体范围来说，图 4.3.2-17 中的曲线能够用指数函数方程来近似地描述，某一型号系列的换热器的热功率能力（kA，从一个已测试的型号出发），可通过下式表达：

$$\frac{kA_1}{(kA_1)_0} = \frac{A_{an1}}{A_{an1,0}} \frac{L_{WT1}}{L_{WT1,0}} \left(\frac{W_1}{W_2}\right)^{m_1} \left(\frac{W_2}{W_{2,0}}\right)^{m_2} \quad (4.3.2-41)$$

若用尺寸大小比例 Λ_{WT} 代替上述方程中的水流迎面流动断面面积和换热器长度，则有：

$$\Lambda_{WT} = \frac{A_{an1}}{A_{an1,0}} \frac{L_{WT1}}{L_{WT1,0}} \quad (4.3.2-42)$$

因此，换热器的特征值为：

$$\kappa_1 = \frac{kA_1}{W_1} = \left(\frac{kA_1}{W_1}\right)_0 \Lambda_{WT} \left(\frac{W_1}{W_2}\right)^{m_1-1} \left(\frac{W_2}{W_{2,0}}\right)^{m_2-1} \left(\frac{W_{1,0}}{W_{2,0}}\right) \quad (4.3.2-43)$$

以图 4.3.2-17 中的所举例题为例，图 4.3.2-18 描述了其特征值。

设计用于远程热源换热站的换热器最好应借助于一个例题来予以阐述，下面同时设想两种设计情况。以板式换热器为例，第一种情况是（在一个元件图表范围内）自由确定其尺寸，在第二种情况下是对现有的换热器计算其可能的冷却或升温状况。在两种情况下，远程热能供应商都要求热网热水在设计情况下由120℃冷却到50℃。由采暖系统得知，在系统的供水温度为55℃及回水温度为44℃时，它总的热功率为140 kW。

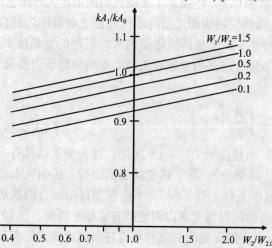

图 4.3.2-17 举例说明换热器的热功率能力 kA_1/kA_0 与热容流量 $W_2/W_{2,0}$ 之间的关系
注：其中参数为 W_1/W_2；横坐标为对数坐标。

4.3 热量生产

在第一种设计情况下（尺寸大小自由确定），确定板式换热器大小的边界条件为：远程热源热水由120降至48℃，采暖热水从44℃加热到60℃，通过与回水混合得到采暖管网所要求的55℃的热水。

在第二种设计情况下需要检验，用型号已确定的换热器，远程热源热水的回水温度究竟超过其限定值48℃多少。在两种情况下，在一次侧的压降都不得超过1.2 kPa以及在二次侧的压降不得超过1.8 kPa。

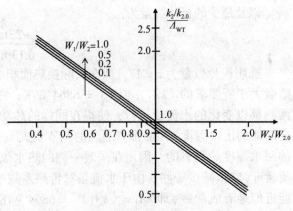

图 4.3.2-18 举例说明换热器的特征值 $k_2/k_{2,0}$ 和尺寸大小比例 Δ_{WT} 与热容流量 $W_2/W_{2,0}$ 之间的关系

注：热容流量比为 W_1/W_2 作为参数，见式（4.3.2-43）所示。

[例题1] 确定换热器的尺寸大小

热水在60℃时的焓为 $60K \times 4.185$ kJ/(kg·K) = 251.1 kJ/kg，在44℃时的焓为183.92 kJ/kg，其焓差则为67.18 kJ/kg，因而计算出热水流量为 $\dot{m}_2 = 140$kW/67.18 kJ/kg = 2.084kg/s。热容流量与温差成反比，即：

$$\frac{W_1}{W_2} = \frac{m_1 \bar{c}_{p1}}{m_2 \bar{c}_{p2}} = \frac{16K}{72K}$$

用精确计算的平均比热 $\bar{c}_{p1} = 4.199$ 及 $\bar{c}_{p2} = 4.286$ kJ/kg代入上式，得出质量流量比为：

$$\frac{m_1}{m_2} = \frac{16K \times 4.286\text{kJ/(kg·K)}}{72K \times 4.199\text{kJ/(kg·K)}} = 0.2268$$

由此计算出程热源热网的热水流量 $\dot{m}_1 = 0.4727$ kg/s。

依据式（4.3.2-30），对数平均温差为：

$$\Delta\theta_m = \frac{(60-4)K}{\ln\frac{60}{4}} = 20.68K$$

用式（4.3.2-28）可计算出热功率能力

$$kA_1 = \frac{140000W}{20.68K} = 6770\frac{W}{K}$$

这应该能很精确地做到，最简单的就是用螺栓固定的板式换热器（带密封垫的板片）来实现。

在前面计算出来的热水流量情况下，考虑用板片宽为325mm，高为815mm（板片厚度0.8mm，板距3.5mm）的型号。这样，换热器在有 z 块板时的换热面积为：

$$A_1 = 0.13m^2 (z-2)$$

在该元件型号情况下，传热系数（近似地认为与水流量无关）$k = 3520$W/(m²·K)。因此需要的最小换热面积为：

$$A_{min} = \frac{(kA_1)}{k} = \frac{6770W/K}{3520W/(m^2\cdot K)} = 1.923m^2$$

以及最少的板片数量为：

$$Z_{min} = \frac{1.923 \text{m}^2}{0.13 \text{m}^2} = 16.79$$

选用板片数量为 $z = 17$。那么实际换热面积 $A_1 = 1.95 \text{ m}^2$，这意味着，热功率能力 $(kA_1)^*$ 略微大于所要求的 (kA_1)：$(kA_1)^* = 6864$ W/K，亦即增加了 1.39%。现在该换热器可以在两侧都以变化的水流量运行，使得在同样的热功率情况下，以减少平均温差为目的而改变两侧的出口温度（两侧都有适当的调节装置）。从经济角度来看，仅仅降低远程热网侧的回水温度是划算的，因而在采暖一侧的热水流量和温度都保持不变，把热网侧的热水流量 $\dot{m}_1$ 略微减少一些。由于水流量对传热系数的影响不大，那么，热功率能力 $(kA_1)^*$ 能近似地看成常数，即 $kA_1 = (kA_1)^* = 6864$ W/K。因此，只考虑减少平均有效温差的就足够了：

$$\Delta \theta^*_m = \Delta \theta_m \frac{(kA_1)^*}{kA_1} = \frac{20.68 \text{K}}{1.0139} = 20.4 \text{K}$$

用式（4.3.2-33）以 $\theta_{11} - \theta_{22} = 60$K 可以精确地计算"接近度"$(\theta_{12} \sim \theta_{21})^*$：

$$1 = \frac{(\theta_{12} - \theta_{21})^*}{60 \text{K}} e^{\frac{60 \text{K}}{\Delta \theta^*_m}\left(1 - \frac{(\theta_{12} - \theta_{21})^*}{60 \text{K}}\right)}$$

得出接近度 $(\theta_{12} \sim \theta_{21})^* = 3.8$ K，从而 $\theta^*_{12} = 47.8$ ℃。在远程热网的热水从 120 ℃降到 47.8 ℃，亦即温降为 72.2 K 的情况下，热水流量略微减少到 $\dot{m}^*_1 = 0.4714$ kg/s。对此，由生产厂家的资料可以查出在一次侧的压降为 0.900 kPa 以及在二次侧的压降为 1.56 kPa。

进一步还可以确定出，宽为 325mm、高为 815mm 的换热器的长度为 340mm，其自重大约 126kg。

[例题 2] 设计核算已有型号的换热器

为了比较，应检验一台已经焊好的板式换热器在一次侧的温降能有多大。换热器的外形尺寸为：宽 238mm、高 387mm、长 79mm，重量为 14.3kg。换热器由 30 块板距为 0.4mm 的板片组成，其换热面积 $A_1 = 2.6 \text{ m}^2$ 以及热功率能力 $kA_1 = 7904$ W/K（如螺栓固定的板式换热器同样为常数）。那么，用平均有效温差 $\Delta \theta_m = 17.7$ K（明显地低于 20.7 K）就可传递所要求的热功率 140 kW。此处同样要降低回水温度 θ_{12} 并且相应地减少热网热水流量，以如同例一的方式进行计算，得到 $\theta^*_{12} = 46.3$ ℃，所需要的热水流量 $\dot{m}^*_1 = 0.4618$ kg/s。

该换热器的压降要高一些：$\Delta p_1 = 1.1$ kPa，$\Delta p_2 = 1.70$ kPa（根据公司的资料）。

两侧的压降都没有超过规定值，价格比为 1 ∶ 2.4，焊接的板式换热器便宜。

4.3.3 由燃料生产热量

4.3.3.1 燃烧及燃烧器

采暖热能主要来自燃烧过程，亦即燃料中与化学相关的能源，其首先转换成燃气的内能，然后以热量形式传递到锅炉炉壁，再进一步通过热媒（例如水）带到采暖的房间。这样一个复杂的能量转换及传递到锅炉炉壁的过程简单地称为燃烧。在最简单的明火燃烧的形式中也同样存在着直接的热传递。燃料氧化的化学过程，在采暖工程中应用的氧化剂仅仅是空气，在燃烧时它与热辐射和流动过程联系在一起，因此，燃烧的目的在于：①首先是使燃料完全氧化，然后主要是；②使燃料的能量尽可能多地转换成采暖热能；③在燃烧时尽可能少地生成有害物质并且；④在安全可靠的情况下，使燃烧过程本身在操作和维护方面花费较少。

根据不同的燃料（固体、液态或气态），其燃烧过程和燃烧技术装置是有区别的。因此，在液态和气态燃料的情况下，一般需要一台燃烧器，不断地把燃料以及通常还有助燃空气送进去，在用煤粉燃烧的大型蒸汽锅炉情况下，这种方式也同样适用于固体燃料，但在采暖锅炉中，大多有一个炉膛即可，而对于开放式壁炉来说，有一个炉灶就行了。

4.3.3.1.1 燃烧过程

为了便于理解炉膛和燃烧器结构多样性的原因，有必要弄清燃烧过程。首先应对气态燃料的燃烧过程进行阐述，然后延伸到其他燃料，再做必要的补充和更改。

气态燃料的燃烧有四种过程，即使它们往往是同时发生，但还可分开观察[12, 13, 14]：

（1）燃料和空气的混合；

（2）把反应配对加热到燃点温度；

（3）燃烧反应及能量转换；

（4）火焰和燃气的热量散发到炉膛围护结构表面。

混合：混合过程的目的在于把化合所需要的助燃空气中的氧分子数量带到燃料分子的周围，使其相互均匀地分布。天然气和空气可以在层流流动中通过扩散来混合（这一般发生在火焰本身当中）或在紊流流动中通过湍动混合及扩散来混合（这或者发生在火焰中，或者在火焰之前（预混火焰））。如果天然气和空气在火焰中混合并且这个过程因此而确定火焰的长度，则称为扩散火焰。而在预混火焰情况下，反应时间则是至关重要的。

点火：为了触发反应过程，必须在天然气和空气混合气体中局部地积蓄一定的能量密度[14]，即必须把混合气体加热到燃点温度（此外，点火温度本身是依赖于天然气和空气的混合物及其点火容量；因此，在标准中确定的值，只是帮助了解）。燃烧的开始阶段必须从外部输入点火能量，比如引火劈柴、辅助火苗或电弧光等。然后，火焰通过自身的辐射或炽热烟气的回流提供点火能量。点火过程以所谓的点火速度（火焰速度）迎着混合气体流动。在火焰稳定的情况下，火苗前锋是稳固的，即天然气和空气混合物的散发速度必须等于最大的点火速度。

燃烧反应：燃烧反应发生的空间范围，被称为火焰。火焰的形状是由混合过程决定的，而混合过程又取决于燃烧器的种类及炉膛的形状，进一步来说，取决于反应速度。燃烧计算（参见原著第1卷，第H部分）给出了各个反应过程的初始值和终值，但实际的反应包含了无数的中间反应，在这些中间反应过程中在极短的时间内产生了很多中间产物，特别是各种不同的原子团，和作为有害物质的一些其他的额外产物。反应过程可以通过分级输入空气或燃料量，通过燃气的回混，以及通过火焰的特别冷却，或安装起催化作用的表面加以影响；其目的是减少伴随在各种各样的反应中产生的有害物质（参见下文）。反应过程还可以改变到不再有火焰出现（"无焰氧化"）。因为参与反应的物质不可能达到理想的混合，但总力求有一个完全燃烧，因而输入的空气量必须过余。整个燃烧过程始终伴随着能量转换，所释放的化学键的能量作为热量产出，作为中间步骤（在反应时）所释放的能量起初以燃气的内能出现，然后才作为热量形式。

热量散发：热量是直接从反应过程和炽热烟气由辐射以及对流散发到火焰周围的围护结构表面。燃烧产物 CO_2 和 H_2O 在其典型的波带内非连续地辐射（波带辐射），在火焰中已有的或产生的固态物质，特别是炭黑的辐射为连续辐射，取决于其温度（温度辐射）。在火焰中也可以放置金属和陶瓷物体（管、棒之类），通过火焰主要由对流对其加热，再次之通过这些物体对炉膛围护结构表面的辐射来冷却火焰。火焰和烟气的散热状况影响着炉膛内的温度分布和流动形式，因此也影响着混合过程和火焰中的燃烧反应。

对于液体和固体燃料来说，必须在第一过程即混合过程之前，先对燃料预加工（破碎、预热），至少能使其部分蒸发或气化，以便氧气可以顺利渗入到剩余的燃料组织中。

燃油的情况或使之形成薄薄的一层（蒸发燃烧器，更确切地说是"分层燃烧器"）或用高压通过喷嘴喷射使之成为细小的油滴（喷射燃烧器）。由此造成燃油的表面扩大，然后输入能量（主要是热能），从而使其蒸发雾化；油雾（气态的碳氢化合物）再与周围含有氧气的气体混合。这样，燃烧过程可按前述的四个步骤（混合、点火、反应、热量散发）进行。此外，还会有一些剩余的燃料组织，把它们高温分解，然后如固体燃料那样继续燃烧。图 4.3.3-1 为一简化了的反应示意图。从液相形成焦炭是因为在油层（如在燃烧器口）或油滴的内部进行的蒸发过程，在蒸发时留下焦炭结构；在燃烧燃油时，蒸发是确定速度的子过程。

固体燃料的燃烧以燃料煤为例来阐述。在这方面，首先要做的也是破碎，直到磨成煤粉，然后再干燥。煤的燃烧可分为三个主要子过程：
（1）煤的高温分解；
（2）焦炭燃烧；
（3）挥发性物质燃烧。

图 4.3.3-2 描述了一个燃烧反应过程的概貌。在高温分解时生成焦炭和挥发性物质；后者用 C_xH_y 表示，并概括为从甲烷到焦油蒸气的各种不同的碳氢化合物。在图 4.3.3-2 中描绘的一个接一个的反应在实际中是平行进行的。

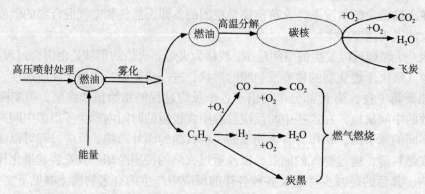

图 4.3.3-1 非常简化的燃油燃烧反应示意图[13]

4.3 热量生产

4.3.3.1.2 有害物质的生成

认识燃烧过程不仅对燃烧设备的技术设计或选择合适的燃烧器－炉膛－组合来说是重要的，而且也是为评估最大限度地减少有害物质的生成所采取的各个最佳战略的先决条件。根据生成的方式和地点，有害物质来自燃料成分；不完全燃烧；二次反应。

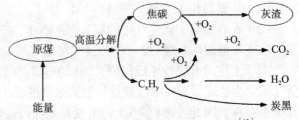

图 4.3.3-2 非常简化的煤的燃烧反应示意图[13]

表 4.3.3-1 为有害物质一览表。德国确定[16]的防护硫氧化物（SO_2）排放处于重要的地位，接着是防止一氧化碳（CO）、氮氧化物（NO_2）和有机化合物（C_xH_y）以及粉尘的排放。

烟气中有害物质一览表[12]（根据［4.3.3-1］）　　　　　表 4.3.3-1

来自燃料成分 （不包括 C、H、O）	来自不完全燃烧
硫氧化物（SO_2、SO_3）	碳氢化合物（C_xH_y）
硫有机化合物（SX）	多环芳香烃
氟氯化合物（HF、HCl、Cl_2）	醛
磷氧化物（P_2O_5）	有机酸
燃料氮氧化物（NO、NO_2）	酮
碱金属氧化物（Na_2O）	一氧化碳（CO）
金属和重金属	炭黑
	焦炭粒子
来自二次反应	
热氮氧化物（NO、NO_2）	

来自燃料成分的有害物质（比如 SO_2）可以通过改变燃料组成成分（只有在燃油情况下其花费尚能接受）以及通过燃烧后的各种措施（烟气的脱硫或除尘）来降低。与此不同的是，来自不完全燃烧和二次反应生成的有害物质则是通过设计一个合适的整个燃烧流程来限制，甚至根本避免生成有害物质。

在碳氢化合物不完全燃烧时，一氧化碳（CO）是通过缺氧（在部分范围内，低于化学反应所需要的氧气量的燃烧），燃料和氧气的不完全混合以及燃烧过程中参与反应物质的相互接触时间太短生成的。

后面两个生成有害物质的原因，通过设计一个合适的燃烧器及炉膛可以在很大程度上予以避免。

在燃烧过程中，氮氧化物大约95%以 NO，将近5%以 NO_2 以及极少部分以 N_2O（笑气）出现。NO 氧化成 NO_2 在温度低于 650℃时已开始，这种氧化反应基本上在大气中已进行。因此，避免氮氧化物形成的措施主要是考虑在 NO 生成方面。氮氧化物可以下面三种不同的方式生成：

(1) 从燃料相关的氮（"燃料 –NO"）；
(2) 在高温时，从空气中的氮 ["热 –NO"或"策尔多维奇 –NO"（Zeleovich-NO）]；
(3) 在低温时 ["瞬发 –NO"或"费尼莫尔 –NO"（Fenimore-NO）]。

对于上述所有三种生成机理，NO 的形成都随着温度而增长，特别是在热 –NO 生成的情况下尤为显著。燃料中以有机物形式结合的氮主要来自于煤炭和燃油；在特轻油中也会有少量存在。因此，燃料 –NO 的生成只是在以煤炭和重油为燃料的大型燃烧设备中起着明显的作用。

绝大部分有害物质的产生都是由于热 –NO。由于多种形成机理，氧原子 O 和 N_2 之间的反应确定其生成的速度，那么，在 1000℃时开始的氧气离解（由氧分子 O_2 衰变成两个氧原子 O）是至关重要的；温度超过 1300℃，氧气离解就非常快。如果空气中的氮气在这个温度范围内停留的时间足够长，相应地热 –NO 就会强烈地生成。因而，影响有害物质产生的影响值就是氧原子的浓度、温度、气体在燃烧室内的停留时间和反应时间。

与热 –NO 和燃料 –NO 生成相比较，瞬发 –NO 的生成实际上几乎不起作用。因此，对于采暖工程来说，没有必要精确地去考察这么一个非常复杂的生成过程。

有两种途径可以最大限度地减少氧化氮释放到周围环境中来：
(1) 根本措施就是尽量减少在燃烧过程中产生氮氧化物，它主要应用在采暖工程中。
(2) 作为次要的措施就是清除烟气中的氮氧化物 NO_x，这仅用于发动机燃烧和大型燃烧设备中。

根本措施包括：
(1) 分级输入空气或燃料量；
(2) 燃气的回混；
(3) 火焰的冷却，比如扩大火焰表面积或在火焰区域内加装耐热的炽热物体；
(4) 安装起催化作用的表面。

分级输入空气或燃料量的目的是要导致在主火焰（功率区）内进行低于化学反应所需要量的燃烧，从而产生较低的燃烧温度，同时也给一氧化氮的形成造成在反应动力学方面的不利条件。

在燃气的回混方面，有内部回混和外部回混之别。内部回混只能在燃油燃烧器的情况下实现：炽热烟气在燃烧器范围内再循环；由此，可首先让喷射的燃油预蒸发而因此缩短反应时间，然后，可降低氧气浓度和火焰温度。类似地，来自燃烧室的已经冷却了的烟气的再循环也能作用到火焰的根部。在这两种情况下，都是利用燃料 – 空气射流来诱导烟气。在外部回混情况下，排出的烟气大多从锅炉的末端或借助于助燃空气风机吸入或借助于一个在混合设备中的特殊风机吸入，喷射到火焰中，也因此达到了减少氧气含量和降低火焰温度的目的。外部回混也应用于固体燃料燃烧装置。用烟气再循环，尤其是在燃油情况下，同时也给火焰输入了水蒸气，已经证明，提高水蒸气的浓度可导致减少氮氧化物生成[12]。也必须指出的是，助燃空气中的水蒸气含量同样也影响着氮氧化物的生成。

正如多次提及。燃烧温度在生成热 –NO 方面起着特别重要的作用。因而，用一个显而易见的措施来做到火焰的冷却。这里不考虑回混的烟气对火焰冷却的作用，或未经预热的助燃空气更不会产生过高的燃烧温度，我们还可以通过下面的措施来冷却火焰：
(1) 降低围护结构表面温度；

（2）降低燃烧室的负载（均衡降低一些温度和增加围护结构表积）；

（3）扩大火焰表面积；

（4）在火焰区域内加装耐热的炉热物体，这些物体通过对流被加热并把火焰的热量通过辐射传递出去。

通过安装起催化作用的表面干预反应过程，从而，一方面促使氮氧化物减少，另一方面把能量释放延缓到不会产生太高的温度，而且看不见火焰。

未燃尽的碳氢化合物（C_xH_y）的生成亦如 CO 在燃料不完全燃烧时的情况，并且可采用同样的措施在很大程度上加以避免。它们基本上是在燃烧器启动和关机的阶段排放（图 4.3.3-3）。

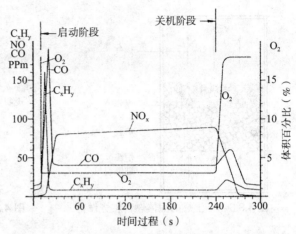

图 4.3.3-3 举例说明一个燃油燃烧器在启动和关机过程中 C_xH_y 的放射（注：摘自一份未发表的科研报告的测试结果）

在先进的燃烧设备情况下，影响有害物质（即氮氧化物）生成的各种可能的措施是作为主要的评估标准。对于固体燃料的燃烧设备来说，影响有害物质生成的可能性措施最少，而燃气燃烧器却有最多的可能性。按照迄今为止的做法，即先讨论部件（或设备选择）的可能性，因为这些东西对于最佳的设备设计来说，其自由度的数量最少，那么，就应该首先从固体燃料的燃烧设备开始讨论，接着是燃油燃烧器，最后阐述燃气燃烧器。

4.3.3.1.3 固体燃料的燃烧装置

在采暖工程中，有各种不同类型的固体燃料，如煤、焦炭、木材、泥炭、秸秆及类似的燃料。这些燃料可以用于单个房间火炉、蓄热炉、热水锅炉或蒸汽锅炉。在单个房间火炉的情况下，燃烧设备等同于火炉本身，然而与此不同的是，例如在大型蒸汽锅炉情况下，燃烧设备就只能用煤粉燃烧器。一般来说，固体燃料的燃烧设备由炉膛、炉箅及助燃空气和燃料装填装置构成，在使用煤粉燃烧器的大型燃烧设备中可以不需要炉箅。

在用炉箅燃烧时，炉箅上堆积燃料，那么，有上燃和下燃之别。

在上燃（也称为通燃）情况下，因为在下层释放的燃气与助燃空气一起必须穿过整个燃料堆（图 4.3.3-4），因而炉膛内堆积在炉箅上的全部燃料都烧得通红。在大多数情况下，由于燃烧过程中燃料输入不连续，会产生周期性的较高的燃烧温度，只有通过改变空气输入量来影响燃烧过程。

在下燃的情况下（见图 4.3.3-5），仅有部分的助燃空气通过炉箅（一次空气）。剩余的其他助燃空气从上部流入（二次空气）并且能让在底部吸入的 燃气和助燃空气混合物再燃烧。用这种分级送入助燃空气的方法会影响反应过程，从而达到生成较少有害物质的目的。此外，还能以一个比较低的空气过余量做到较好的充分燃烧。

在此，必须把各种不同的炉箅与助燃空气和燃料装填装置一起加以考虑。表 4.3.3-2[12]（包括示意图在内）简略地介绍了各种炉箅。落地炉箅和阶梯炉箅是固定的；浮动炉箅、拨动炉箅（前推炉箅和后推炉箅）以及下推炉箅是移动的。燃料或定期地通过手工（在大功率情况下，用抛撒装置）或连续地从填料室（填料井）滑动到炉箅上（阶梯炉箅、浮动

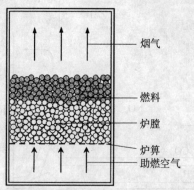
图 4.3.3-4 上燃的固体燃料燃烧设备

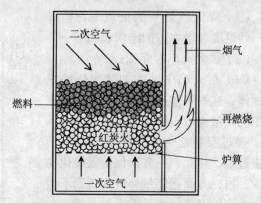
图 4.3.3-5 下燃的固体燃料燃烧设备

炉算示意描述[12]　　　　　　表 4.3.3-2

炉算种类	燃料输入	燃料移动	燃料种类
落地炉算	手装或抛撒装置	无	所有
阶梯炉算	填料井 vt	通过重力下阶梯	有较大颗粒和含水的燃料，例如，粗褐煤或泥炭 t
浮动炉算	填料井	带传送链的炉算	不烘干的煤，捣碎到 50mm
拨动炉算	填料井	借助于炉算元件和重力来回运动	所有
下推炉算	借助于来自填料井的螺旋或推动活塞	通过输送装置和重力	含天然气多的煤优先

（B：燃料，空气）

4.3 热量生产

炉箅、拨动炉箅）。在下推炉箅的情况下，一个螺旋或一个来回运动的活塞机构把燃料从填料井底部的装料口向上送到炉箅上。在小功率情况下，助燃空气由炉膛的负压吸入（自然抽吸）或者通过一台风机送入，由于通过强迫送风，能更好地把空气与燃气混合，因而在这种情况下，可以用较小的空气过余量就够了（相比之下，只用30%~50%过余量代替80%~100%）。在浮动炉箅情况下，通过分区送入空气，尤其能影响反应过程。

旋风层燃烧及煤粉燃烧不需要炉箅。这种燃烧只用于大型燃烧设备，并不仅可以分级送入空气，也可以分级输入燃料。此外，在旋风层燃烧情况下，还能够把石灰石（碳酸钙）或石灰（氢氧化钙）作为添加剂吹入，由此把在燃烧时生成的硫氧化物粘结在一起并随着灰烬排走。

4.3.3.1.4 燃油燃烧器

燃油燃烧器通常由以下几部分组成：
（1）燃油输送；
（2）空气输送；
（3）燃油预处理（预热、形成油层或喷成雾状、雾化蒸发）；
（4）燃料和空气的混合；
（5）调节和火焰监控。

燃油燃烧器主要是根据燃料的预处理来区分。如同固体燃料通过破碎来达到所要求的扩大其表面积的目的，同样，燃油也必须在燃烧之前或者形成薄薄的一层或喷成雾状，从而使得燃油容易雾化蒸发。因此，应该将其区分为"分层燃烧器"和喷雾燃烧器，而不是划分成蒸发燃烧器和喷雾燃烧器[17, 18]，因为这两种类型的燃烧器都是将燃料预处理到能使其雾化蒸发。

在分层燃烧器的情况下，所要求的薄薄的油层或者可在向上敞口的盆的底部或在一个水平放置的旋转的管的内壁上形成。

图4.3.3-6所示为一种流行的盆状燃烧器。在容器的底部形成的薄薄的一个油层通过火焰的反馈辐射而加热并蒸发。空气从侧面多处射入，从而使得油蒸气和空气能很好地混合，并且在最顶环上基本为蓝色火焰（也有三环的结构）。空气涌入燃烧盆，或由于炉膛的负压或借助于一台风机；燃烧盆用薄板围罩住，这样助燃空气在中间层可以均匀地分配到各个出风口。一般来说，用风机送入助燃空气较为合适，这样一则因烟囱抽吸的波动影响燃烧质量，二则有可能减少空气过余系数。

盆状燃烧器通常可控制其热功率，所要求输入的燃油量由油位控

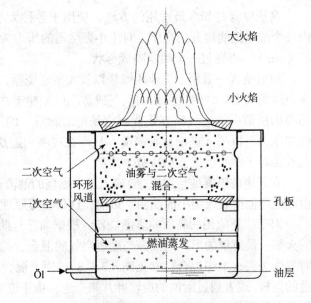

图 4.3.3-6 盆状燃烧器（分层原理）

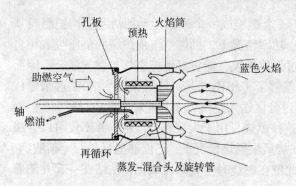

图 4.3.3-7　按照菲勒曼（Fuellemann）原理的旋转管燃烧器（分层原理）

制器来调节，油位控制器还履行着安全的职责，最小的位置大约在额定功率的1/5。新式的盆状燃烧器基本上全自动点火（例如，用电点火装置），老式的还用打火机手动点火[19]。

在旋转管（图 4.3.3-7）的情况下，燃油经一油管无压地流到旋转管的内侧。借助于风机把助燃空气送入，经一孔板轴向地通过该蒸发管，此时诱导来自火焰的炽热燃气。由此以及通过火焰的反馈辐射，蒸发管被加热。对于燃烧器冷启动的情况，蒸发管有电热线圈。而且如同盆状燃烧器，在这种情况下，油蒸气和空气亦在火焰之前混合。此外，还有炽热烟气的回流混合。其结果是水平向燃烧的蓝色火焰，排放烟气中含有较少的氮氧化物 NO_x、碳氢化物 C_xH_y 和一氧化碳 CO。

在喷雾燃烧器的情况下，燃油以各种不同的方式喷成细滴，然后和空气以及回流的炽热烟气混合，形成一种燃料雾。一般来说，喷雾燃烧器有一台输送助燃空气的鼓风机。原则上有四种不同的喷雾方法：

（1）旋转喷雾；

（2）高压喷雾；

（3）喷射喷雾；

（4）超声波喷雾。

旋转喷雾在采暖工程中实际上已不存在了，其传统的应用领域是电站或轮船锅炉。燃油几乎是无压地经一空心轴导向高速旋转的锥形喷雾杯，并从杯的边缘以薄薄的油膜喷洒出去。

高压喷雾是如今最常用的方法，应用于各种大小规模的燃烧器。燃油（通常都预热）由一个油泵把油提升到高压（对于小燃烧器的压力为 6～20（bar），大燃烧器则为 20～40 巴（bar）），再通过一个喷嘴喷成雾状。

喷射喷雾一般用于工业用燃烧以及大型燃烧器，多为烧重油和焦油。油以相对较低的压力送到喷嘴口，然后由压缩空气或蒸汽射流冲走并喷成雾状。有一种喷射喷雾是用于小功率的所谓压缩空气喷雾装置，它是把助燃空气的一部分（3%～5%），压缩到同燃油一样的压力，再喷入进油管至喷嘴，从而在喷嘴内造成很高的流速，产生较好的喷雾品质，尤其是对于燃油量低于 1.2kg/h 的情况。

在超声波喷雾的情况下，给输入用来燃烧的油流调制一个超声波频率范围（<20MHz），由此把燃油撕裂成细小的油滴。目前，这种喷雾原理尚未达到市场成熟的阶段。

对于广泛应用的高压喷雾燃烧器，根据油雾与助燃空气混合的情况，能产生各种不同的火焰：最简单的形式是油雾与助燃空气的混合、油滴的蒸发以及燃烧在空间和时间上同时发生（在火焰中混合，参见图 4.3.3-8）。用于混合所要求的空气射束的旋转通过一个带缝的挡板，或者通过附加的旋转叶片来产生。由于燃油在火焰中蒸发并同时也会形成飞炭，火焰会呈现黄白色。

4.3 热量生产

油蒸气的混合过程和的燃烧过程在空间上也可以分开,这一点如同具有预蒸发的分层燃烧器的情况。输入的助燃空气,能诱导喷嘴后的来自火焰或炉膛内的炽热燃气进行混合,然后该炽热的空气－烟气混合物再与油雾混合,并因此使燃油蒸发。作为例子,图 4.3.3-9 说明了这种预混燃烧器的原理[20]。通过烟气的回混和预蒸发而产

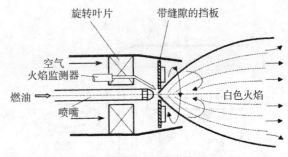

图 4.3.3-8 与火焰混合的油喷雾燃烧器

生的蓝色火焰,同样也可以由其他形式的燃烧器产生。这其中可以把混合筒做成文丘里管状喷嘴,或完全放弃混合筒,只是把来自炉膛的"冷"烟气混合进去。蓝色火焰的不足之处是其辐射部分较少,但这可由烧红的火焰管予以补偿:它通过对流加热并以温度辐射的方式把热量传递给燃烧室壁。由此,火焰也将额外地再次得到冷却(也就是说,不仅通过再循环的烟气来冷却)。可以说,蓝色火焰正是防止氮氧化物 NO_x 形成的一个主要措施。

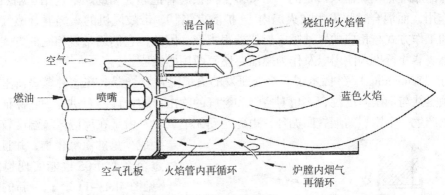

图 4.3.3-9 预混油喷雾燃烧器("火箭式燃烧器")

高压喷雾燃烧器的火焰通常是水平方向的;在燃烧器垂直安装时则主要是使火焰向下燃烧("俯置燃烧器")。

(燃烧)功率范围介于 1kg 燃油 /h 和 12kg/h,即 12～144kW 的喷雾燃烧器,仅以开关方式运行。对于功率较大的,也有带两个喷嘴或一个大的回流喷嘴的两段火燃烧器,在回流喷嘴情况下,若仅以部分负荷运行,输送到喷嘴的燃油则有一部分再回环。

有关燃烧器风机、油喷嘴、混合装置、油泵、点火装置及火焰监测的详细描述请参阅文献[19]。

4.3.3.1.5 燃气燃烧器

在燃烧气体燃料的情况下,不再需要进行燃料预处理及蒸发。燃烧过程则限制在对所有的燃料来说都同样要考虑的子过程:混合、点火、燃烧反应及热量传递(参见第 4.3.3.1.1 节)。燃气除了燃烧过程简单外,还有其有利的地方,那就是输送进管道内的且有一定压力的燃气,已经具备了与助燃空气混合所需的能量。

如同燃油喷雾燃烧器,燃气燃烧器也有火焰混合燃烧器和预混燃烧器之别。这两种类

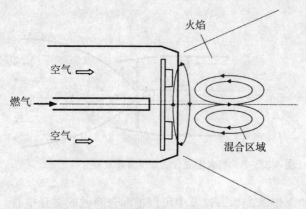

图 4.3.3-10 火焰混合燃气燃烧器（扩散火焰燃烧器），亦称为鼓风机燃气燃烧器

型的燃烧器均有带及不带助燃空气鼓风机。之所以这样来加以区别，主要是因为炉膛设计与此相关：火焰混合燃烧器的火焰长，并因此也需要适当长的炉膛；预混燃烧器的火焰一般较短，因而要求炉膛相对短一些和宽一些。

不带助燃空气鼓风机的火焰混合燃气燃烧器产生一种扩散火焰，并以灯光火焰燃烧器之名而著称，其火焰可与一支蜡烛的火焰相比较。这种类型的燃烧器一般不用于采暖工程。在采暖工程中，这种火焰混合的原理只用在带助燃空气鼓风机的燃烧器内。带鼓风机的燃烧器的结构和功能必须符合德国工业标准 DIN 4788 第二部分[21]。图 4.3.3-10 描述了这种燃烧器的原理。燃烧器入口处的一个或多个挡板起着把燃气和助燃空气相互剧烈和均匀混合的作用，而混合过程发生在火焰内（"扩散火焰"）。带鼓风机的火焰混合燃气燃烧器的外观和工作方式与相应的燃油喷雾燃烧器很类似，因此，它们通常以相同的方式，往往与燃油燃烧器并行投入使用以及作为燃油 - 燃气两用燃烧器。

维宁（Wuenning）[22] 揭示了一个新研发的火焰混合燃烧器。在这种燃烧器里，把助燃空气预热并与烟气高度混合。也对空气和燃气的吹出口的设计颇有讲究，它保证在燃烧器喷口处产生一个剧烈的烟气回循环，由此达到无焰氧化。由于在反应区域温度较低，只生成少量的氮氧化物，并且用空气过余系数 1.05 也能实现稳定燃烧（见图 4.3.3-11）。这种新的燃烧器迄今只应用于工业加热炉。

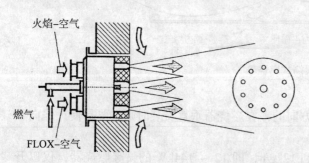

图 4.3.3-11 "FLOX"（无焰氧化）燃气燃烧器原理图

预混燃气燃烧器（亦称为喷射燃烧器），最初不带鼓风机，已于 20 世纪研制出来。其原理是按化学家邦森命名的，一旦它们投入运行，燃气由一个喷嘴喷入一喷管（文丘里管）并同时把助燃空气（一次空气）吸入该管（见图 4.3.3-12）。然后燃气和空气混合，混合气体在管状的容器（燃烧筒）内分配，混合气体通过狭缝流出，并在管外点火。用由此产生的火焰再吸入二次空气，形成主火焰（另外还有一个点火火苗）。为改善预混可在燃烧筒内额外的具有狭长窄

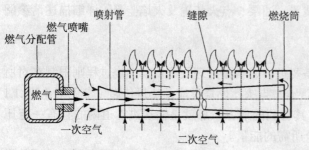

图 4.3.3-12 喷射燃气燃烧器原理图

4.3 热量生产

缝的管子把文丘里管包围起来，狭长窄缝最好朝下，为了避免天然气－空气混合气体在流出燃烧筒之前就被点燃，混合气体的出口速度不仅要足够高，其温度也要大大低于燃点温度。为此，燃烧筒的表面无论如何都要保持光亮，有时甚至还要以特殊的方式来冷却（例如用水）。尤其在全预混的燃烧器（没有二次空气）情况下，一定要注意保持天然气－空气混合气体足够的冷却。

与功率相关，一个燃气燃烧器根据喷射原理可有多个并排放置的燃烧筒。在部分预混燃烧器情况下，燃烧筒之间尚留有间隙，由此，二次空气可以达到火焰。在全预混燃烧器情况下，避免有间距且加大了燃烧筒的表面积（图 4.3.3–13）。不带鼓风机的喷射燃烧器的火焰一般向上。

如果通过鼓风机输入助燃空气，那么，还可以进一步改善预混过程。这种燃烧器为全预混并且具有最大的火焰表面，比如，混合气体通过一个半球状的表面流出。在混合室内安装了两个金属分配板（图 4.3.3–14）。由于有效的预混，天然气－空气混合气体可以以

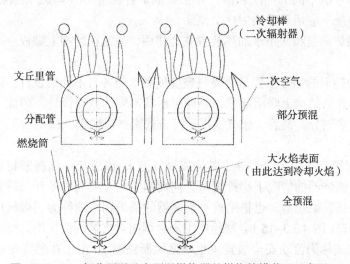

图 4.3.3–13　部分预混及全预混燃烧器的燃烧筒横截面示意图

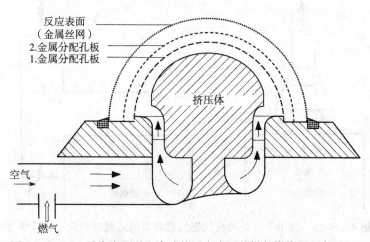

图 4.3.3–14　具有全预混和半球状反应表面的燃气燃烧器示意图

较低的流速流出来,它以最短的路径进行反应并由于在反应区域内有比较大的表面积,最高温度到1200℃,这种燃烧实际上是无焰的。那么,炉膛的深度也可以做得特别小,只要给燃烧器保留足够的位置就可以了。

在带鼓风机的全预混燃气燃烧器的情况下,火焰正面不仅可水平向而且可纵向排列。

所有燃气燃烧器,可至少在0.3~1之间的功率范围内进行调节。有关点火系统、火焰监测、电控装置及天然气供应设备等细节参阅文献[23],相关要求参阅德国工业标准DIN 3368中的各个部分[24]。

4.3.3.2 采暖锅炉

4.3.3.2.1 结构类型

通过燃烧把水加热或产生蒸汽的设备,通常称为锅炉。若锅炉用于采暖的目的,则又把它们称为采暖锅炉。在锅炉研发历程中,又引入了许多的概念为了界定,这些或是固定在标准里,或是以公司的命名而后变成了公有的财产,如:热水器、循环燃气热水器、壁挂炉等。尽管得考虑不同的标准和概念(采暖锅炉有标准DIN 4702以及热水器有标准DIN3368),下面将统一应用采暖锅炉这个概念。

大多数采暖锅炉都是和饮用水加热装置联合使用,通常在结构上做成一个整体(参见第6章)。

采暖锅炉结构类型的划分主要是看燃料燃烧侧和水侧各自不同的设计。两侧都可能按照材料及其加工形式从结构上联结起来,亦即可形状不同的独立设计。因此,也可按照材料种类及制造方式来划分。最后,还有根据运行方式来加以区别。

按燃烧侧划分

锅炉燃烧和烟气流动的空间部分(燃烧或烟气侧),或者与一烟囱密封连接,或者在不带鼓风机的燃气燃烧器的情况下用排烟短管向周围空气(大气)敞开。后者提及的燃烧器往往称为"大气压"燃烧器,也把用这种燃烧器的锅炉相应地称为"大气压"锅炉。借助于排烟短管的开口(图4.3.3-15)会避免产生来自烟囱对火焰的反作用,比如风力的影响。因此,这种连接方式称为流动安全装置(也叫通风断路器)。由于在燃气燃烧器情况下锅

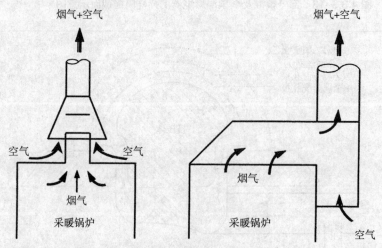

图4.3.3-15 使用不带鼓风机的燃气燃烧器的采暖锅炉流动安全装置(放在上面和做成一体)示意图

4.3 热量生产

炉的烟气侧也同样向周围空气敞开,由于锅炉高度的原因具有一个确定的升力("推举高度"),这个升力足够保证吸入必要的二次空气。因而,排烟短管属于锅炉的一部分,而不属于烟气排放系统[27]。

燃烧侧一般分成两个范围:炉膛和二次热交换器(功率比约为 3:1)。炉膛是指用于燃烧或燃烧器的环境部分,在这里,主要是通过辐射方式来传递热量。在二次热交换器里,以对流换热方式为主,烟气被继续冷却到锅炉出口温度(烟气排放温度)。

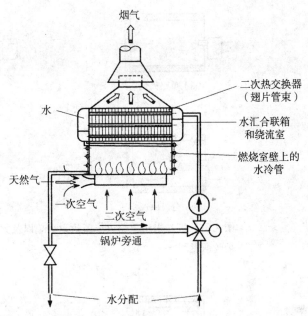

图 4.3.3–16 强制循环燃气锅炉(循环燃气热水器)中的部分预混燃气燃烧器(原理图)

炉膛形式要与燃料种类及燃烧方式相协调,因而,锅炉的结构类型通常也按燃料类型来划分。此外,还存在这样的锅炉类型,其燃烧室设计用于固体燃料,但是经适当的改建措施或添加带鼓风机的燃烧器可以改成烧油或烧天然气,称为转换燃烧锅炉。设计炉膛的规则有:燃烧固体燃料的燃烧室一般为立式(高度大于深度)图 4.3.3–4 和 4.3.3–5 以及表 4.3.3–2 已说明了这一点。立式炉膛亦常常用于不带鼓风机的燃油及燃气燃烧器。与燃烧固体燃料及燃油不同,预混燃气燃烧器(不带鼓风机)燃烧室的高度需要小于深度(见图 4.3.3–16)。

在带鼓风机的燃油和燃气燃烧器的情况下,火焰主要是水平向的,所以,炉膛为卧式。在这些燃烧器当中也有火焰可能是垂直向的,那么,这样的情况大多用俯置燃烧器来实现(火焰从上向下)并相应地采用立式炉膛。为保证不同厂家生产的燃烧器都能装入炉膛,建议按德国工业标准 DIN4702 第二部分所推荐的炉膛深度 L_F 和直径 D_F(内切圆)($L_F \approx 0.063 \dot{Q}_N^{0.5}$ 和 $DF \approx 0.084 \dot{Q}_N^{0.288}$,单位为 m,公称功率单位为 kW)。

根据烟气是否在炉膛后面尾部流出或是就在前面燃烧器范围内流出,会产生一个所谓的单路火焰或折返火焰;一个中间解决方案即用所谓的分流原理,亦多次得到实现(图 4.3.3–17)。

接着要进一步区分炉膛围护结构表面是否为水冷,还是用一个二次受热面包围着火焰,并且来自火焰的热量以温度辐射方式传递给锅炉表面。图 4.3.3–17 为水冷壁炉膛示意图。图 4.3.3–18 表明的是三个含有二次受热面的炉膛的例子。在采用折返火焰结构的情况下,燃烧筒底部也可以用耐火材料覆盖(若炉膛深度小于火焰长度,那么,耐火材料提高了温度并因此改善了燃烧)。也有设计成双层二次受热面的结构。在每种情况下都有把已经冷却的烟气回混到燃烧器出口处的优点。炽热的燃烧室会改善(特别是来自非发光火焰的热量)向锅炉壁的传热。此外,提高了对流方式换热,并且热流密度均匀度降低,其结果是导致燃烧室比较紧凑。

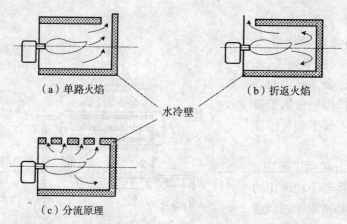

图 4.3.3-17 采用单路火焰或折返火焰以及分流原理的炉膛水冷壁炉膛示意图

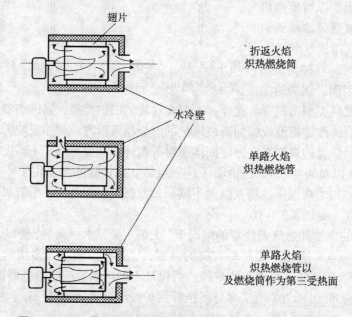

图 4.3.3-18 带二次受热面的炉膛

因为热量基本上以对流方式向二次受热面传递，而且由于流速低（大多数锅炉都没有抽气装置），换热系数相对较小，烟气侧的表面大部分都带翅片并在烟气通道内加装所谓的紊流器。这里除了产生紊流以外，主要是用来提高流速并同时兼作对流加热的二次受热面。二次受热面可直接安装在炉膛之上（单行程原理，参见图 4.3.3-16）或与炉膛平行安装，使得烟气二度沿燃烧室长度方向回流（双行程原理，参见图 4.3.3-19 上图）或再度增加一个行程流动（三行程原理，参见图 4.3.3-19 下图）。

按水侧划分

采暖锅炉水侧的主要区别应最好从传统的蒸汽锅炉技术的概念来描述。顺便提及，追溯到蒸汽采暖时代，几十年来，采暖锅炉和蒸汽锅炉的研发都是完全分开进行的。然而以功能为前提条件，仍会形成同样的基本思路：把它们区分为火焰管-烟管-锅炉和水管锅炉。

4.3 热量生产

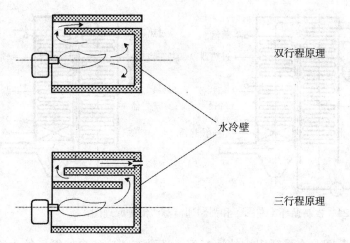

图 4.3.3-19　采用双行程或三行程原理的炉膛及二次受热面

火焰管－烟管－锅炉是所有锅炉的基本原型，并因此也有它自己的名称：历来一个锅炉就是一大锅。一个火焰管－烟管－锅炉实际上是一个大的封闭的水箱，为了提高效率，不是从其外部，而是从其内部通过装入的火焰管和烟管来加热（见图 4.3.3-20）。燃烧在火焰管内进行（亦称为燃烧室），烟管被用来作为二次受热面。所有受热面均由水包围；由于密度差，水在由锅炉形成的大的水腔内循环（因而又称为"大水腔锅炉"）。重要的是，燃烧侧的受热表面在没有与外界热交换的情况下，只是通过水的自然对流不断地得以冷却。这种水冷锅炉对于不能很快就熄灭的燃烧亦即基本上用固体燃料的燃烧是必不可少的。

在水管锅炉内，炉内的水不是自由地流向受热面，而是流到管内。这种锅炉的水含量远小于前述的火焰管－烟管－锅炉。对于这种结构类型的蒸汽锅炉，有所谓的自然循环[由于密度差，水在加热管内上升并且流入下降管（未加热的，再回到干管）]，强制循环（用泵来进行水循环）以及强制通流，即水不再流回。图 4.3.3-21 描述了强制循环和强制通流锅炉系统的原理简图，相应地图 4.3.3-16 表明了水循环流动的锅炉，图 4.3.3-26 给出了水

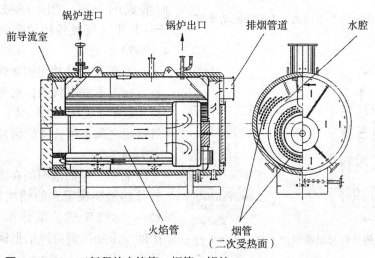

图 4.3.3-20　三行程的火焰管－烟管－锅炉

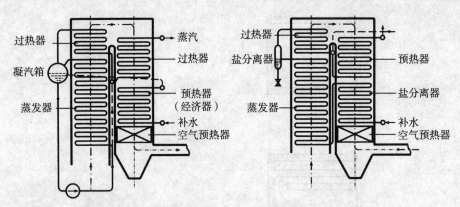

图 4.3.3-21　强制循环（左图）和强制通流蒸汽锅炉原理图

通流流动的锅炉草图。在采暖锅炉的情况下，还没有相应的自然循环的水管锅炉。

按照材料种类及制造方式划分

材料的种类及其加工确定了不同的结构形式。使用的材料有铸铁、钢、不锈钢、铝、铜以及新近才采用的陶瓷，常常也应用不同材料的组合。对于挑选材料而言，加工中的可能性及经验（生产能力）、所需要的强度或耐腐蚀性能是决定性的。由此得出三种基本锅炉类型：柱形结构、组合结构（借鉴于蒸汽锅炉的术语）、水管结构形式。

柱形结构锅炉主要用的是灰铸铁材料。这种锅炉是把烟气管－火焰管布置在水侧（在水侧主要为自然对流）。锅炉由一个正面柱片、一个或多个中间柱片以及一个终端柱片模块化组成，或甚至只由多个中间柱片和一个或两个终端柱片组成（图 4.3.3-22 和图 4.3.3-23）。烟气或垂直于柱片平面流经由各柱片串接而形成的通道（图 4.3.3-22），或平行于柱片平面流经各柱片之间的缝隙（图 4.3.3-23）。

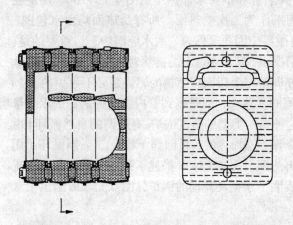

图 4.3.3-22　灰铸铁柱形结构锅炉（烟气流动垂直于柱片平面）

水侧各个柱片用钢制螺纹对接套管旋紧在上下固定壳内，从而把柱片相互连接起来（见图 4.3.3-24）。向外以及烟气通道之间采用特殊的耐高温的密封圈（图 4.3.3-25）。

名称功率的范围的在很大程度上由柱片的大小按很大的档次划分（比如，15～1200kW 热功率分 6 个档次），而中间功率档次则可以根据锅炉柱片的数量来形成。

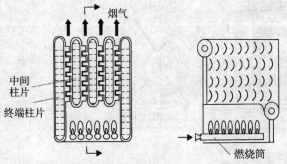

图 4.3.3-23　灰铸铁柱形结构锅炉（烟气流动平行于柱片平面）

4.3 热量生产

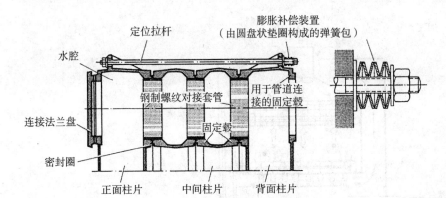

图 4.3.3-24 铸铁采暖锅炉的螺纹对接套管－固定毂连接

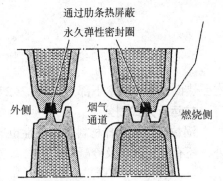

图 4.3.3-25 铸铁采暖锅炉柱片间的永久弹性密封圈

组合结构锅炉通常用钢作为材料，而且这种锅炉也是把火焰管－烟气管－基本结构形式布置在水侧。圆筒形的燃烧室或是水冷，如图 4.3.3-17（a）和 4.3.3 17（b）所示，或按图 4.3.3-18 所示在炉膛内加装一个炽热的燃烧管。加装这种炽热的燃烧管主要应用于中小型采暖锅炉（热功率约至 100kW）。水冷的圆筒形部分通常加肋，与炽热的燃烧管一起构成二次受热面。组合结构形式的锅炉也用立式炉膛，采用所谓的带鼓风机的俯置燃油或燃气燃烧器，火焰从上向下。除了燃烧器操作方便的优点外（容易做到无障碍），立式布置的受热面还有运行方面的好处：在受热面温度较低情况下烟气中冷凝的水蒸气与热烟气逆向流动并又重新蒸发。

在大型采暖锅炉（热功率超过 100kW）中，组合结构形式锅炉中的二次受热面以单行程或双行程的烟气管形式布置在水腔内（图 4.3.3-20）。

水管结构锅炉（可采用各种不同的材料）相对于蒸汽锅炉的情况有强制循环或强制通流形式。这种结构形式最初仅用于燃气加热的饮用水加热器，即所谓的燃气通流热水器，后来由此研发出燃气循环热水器（按燃气水暖专家的行话）。循环的概念是指热水在一个封闭的采暖系统内循环。事实上，按照 DIN 4702 第一部分[25] 的定义指的是一种结构特别紧凑的强制循环锅炉，如图 4.3.3-16 所示的原理图。如果该锅炉没有旁通，那么，这就是一个强迫通流锅炉（见图 4.3.3-26）。适合短的燃气火焰，炉膛非常低矮，而且由于烟气中的粉尘高度游离，强制通流的二次受热面的翅片间距也可以非常小（>3mm）。因为用于这种锅炉的燃气燃烧器大多数没有配置助燃空气鼓风机，通常这些锅炉也安装一个流动安全装置（见图 4.3.3-15）。由于非常小的水容量和紧凑的结构形式，这种类型的锅炉往往挂在墙上。然而，因其具有蓄热容量低的缺点（燃烧器启动频繁），这种锅炉可以通过与一缓冲蓄热器组合来解决这一问题。

替代由翅片管组成的二次受热面（往往以铜作为管材），也可用不锈钢为材料的板式换热器。除了已述及的燃气燃烧器要布置在下部及烟气向上流动的要求外，还有使用带鼓风机的全预混燃气燃烧器，这些燃烧器的火焰正面处于垂直状况或"超过燃烧头"并且二

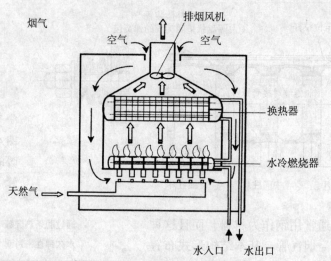

图 4.3.3-26 带全预混燃气燃烧器的强制通流采暖锅炉（原理图）

次受热面置于燃烧室下部（图 4.3.3-27）。

按运行方式划分

锅炉设计和选择材料的特殊性也取决于其运行模式。除了正常运行的锅炉（标准锅炉）外，还有低温锅炉及冷凝锅炉。水温超过 70 ℃ 的传统运行（"正常"），一直在致力于提高利用率，而这方面已经让位给更低温的运行。由德国要求的低温锅炉适用于这样一些锅炉，即如果锅炉的最高运行温度为 75 ℃ 以及锅炉出口温度取决于室外温度能控制到 40 ℃ 甚至更低一些，或如果锅炉具有恒定的运行温度（比如为 55 ℃ 更低一些）。在这种低温运行的情况下，存在一种危险，即有可能低于烟气中水蒸气的露点温度（图 4.3.3-28）。这样，氧化硫、氯化物或氮氧化物会被湿表面吸收并形成强酸。对于这一点可以采用两种方法来处理产生腐蚀的危险。或者是在烟气侧或水侧采取措施防止温度低于露点，或者使用抗腐蚀的材料。在烟气侧的措施是用双层受热面（"混合"受热面），用这种受热面可以得到一个远高于水温的温度；在水侧的措施是将锅炉供水

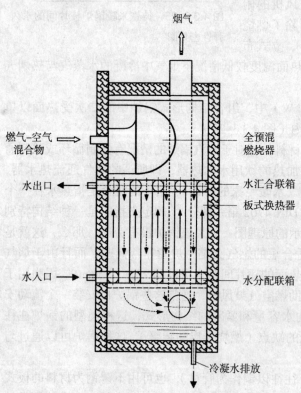

图 4.3.3-27　带板式换热器的壁挂式强制通流采暖锅炉
注：带鼓风机的全预混燃气燃烧器置于锅炉上面部分。

4.3 热量生产

与回水混合。材料方面的措施是加瓷釉涂层或类似方法（烧结陶瓷层）以及使用不锈钢材料。

对于低温锅炉而言，水蒸气只是在极端运行状况下才从烟气中凝结，而与此不同的是在冷凝锅炉，在整个运行过程中有意识地让烟气中水蒸气大量凝结。对此特别要求在二次受热面范围内使其表面温度要明显地低于烟气露点温度，并顺利排走产生的冷凝水。针对普遍的误解需要解释的是，较低的烟气温度本身并非唯一的所谓的冷凝锅炉运行的决定性因素，它同时更要考虑到二次受热面的表面温度。虽然使用冷凝运行增加耗费，比如冷凝水的排放以及防腐蚀，但由于相应地可大大提高能效，采用冷凝运行是值得的。因此，在德国工业标准 DIN 4702 第 6 部分和第 7 部分[18, 19]要求大大降低排气温度。对此，要么必须在锅炉内扩大二次受热面的面积，要么给锅炉再添加一个换热器（图 4.3.3–29）。

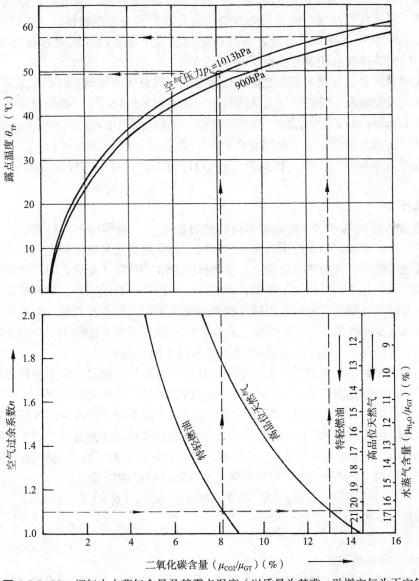

图 4.3.3–28 烟气中水蒸气含量及其露点温度（以质量为基准，助燃空气为干空气）

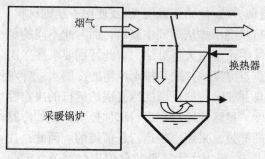

图 4.3.3-29 举例说明冷凝锅炉中的烟气换热器

4.3.3.2.2 评估,功率测定及设计

对锅炉进行评估是要看在表 4.3.1-1 中所总结的待评估的采暖锅炉的额定功能是否实现以及实现到什么程度。主要是出于安全和环境保护的原因,在采暖锅炉方面需要注意遵守许多标准,其中已引用的德国标准 DIN4702 第 1、第 6 以及第 7 部分[26][28, 29]中已一部分地被欧洲标准 DIN-EN303-1 和 303-2[30, 31]所取代。有关标准中规定的对锅炉结构方面的各种不同要求这里就不再一一复述,这些要求大多数为固定要求并且市场上所有销售的采暖锅炉都已经过结构样品试验确定;但反之,在有关能量需求、经济性及环境污染等功能方面却会有许多基本不同的特征。在这种情况下,除了在稳态运行状况下确定的性能,在动态运行状况下确定的性能更起着特殊的作用。因此,锅炉的调节控制也还是非常重要的。

应首先提及的是,在锅炉稳态燃烧运行状况下,也有输入不同的燃料流量或对燃烧固体燃料的锅炉来说输入不同的空气流量的问题。在动态运行状况下,燃料流量(或空气流量)是无级("调制")变化的,此外,在燃油和燃气的情况下,也有采用单级或多级燃烧的。热媒的出口温度或是保持恒定或是随着热功率的需求而变化("滑动运行")。在推导主要的评价参数即效率和利用率时,根据第 1 卷第 H2 部分的论述,并应用标准[25],[30]所确定的概念。

连续运行

把传递给热媒或蒸汽的热流量称为锅炉的热功率 $\dot{Q}_K$。根据输入燃料流量,锅炉的热功率在锅炉生产厂家确定功率范围内也不尽相同。其上限首先是按燃烧室的大小粗估,但精确地是通过排放的烟气温度限制规定。按照标准 DIN4702 第 1 部分,对于燃油和燃气的锅炉,排放的烟气温度不得超过 240 ℃;而对于燃烧固体燃料的锅炉,排放的烟气温度则限制在 300 ℃ 以下;制造厂家通常把排放的烟气温度限制值定得相当低。但由于烟气温度随着热功率的减少而降低,为保护烟囱,允许排放的烟气温度不能低于一个最小值(否则它有可能低于露点温度),这样,热功率范围不可过于向下调整。

在燃油和燃气锅炉的情况下,可产生一个具有不变的烟气温度和恒定的热媒温度的稳态运行状况。对于燃烧固体燃料且不连续装料的锅炉来说,其热功率在变化,并因此烟气和热媒的温度也随着时间而改变,如图 4.3.3-30 所示。因而对于燃油和燃气的锅炉能很容易定义由生产厂家确定的"标称功率 $\dot{Q}_N$"作为锅炉热功率范围的最高值,对于燃烧固体燃料且不连续装料(手工装料)的锅炉,其名称功率是按照图 4.3.3-30 得出的最高平均功率。

参照第 1 卷第 H2 部分,通过燃料和助燃空气输入锅炉的能量为:

$$\dot{Q}_Z = \dot{m}_B \left[H_u + \bar{c}_B (\theta_B - \theta_b) + \mu_L \bar{c}_{pL} (\theta_L - \theta_b) \right]$$

式中 角标 B——燃料;
     角标 L——空气;
     角标 b——基准状态。

通过标准由燃料产生的能量确定为热值 H_u[35],[40]。热值是以国际确定的参照温度 $\theta_b =$

4.3 热量生产

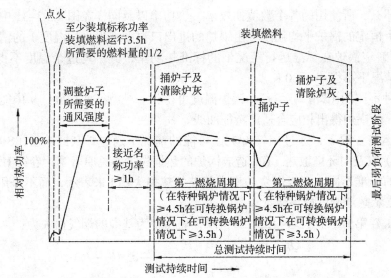

图 4.3.3-30 举例说明按照 DIN4702 第二部分[33]试验得出燃烧固体燃料的锅炉的相对热功率

25℃[34,35]为基准。

按照标准，由燃料输入能流部分称为燃烧功率：

$$\dot{Q}_B = \dot{m}_B H_u \quad (4.3.3-1)$$

由此得到锅炉的效率为：

$$\eta_K = \frac{\dot{Q}_K}{\dot{Q}_B} \quad (4.3.3-2)$$

准确地来说，相应于锅炉标称热功率 $\dot{Q}_{K,N}$，也有一个标称燃烧功率 $\dot{Q}_{B,N}$ 和锅炉标称效率：

$$\eta_{K,N} = \frac{\dot{Q}_{K,N}}{\dot{Q}_{B,N}} \quad (4.3.3-3)$$

做这种区分是必要的，如图 4.3.3-31 所示，因为锅炉效率是随着热功率的减少（稳态连续运行）而增加的。锅炉的热功率可降低到标称热功率以下，比如，在燃烧固体燃料的锅炉情况下，减少助燃空气流量，或在燃油锅炉情况下，油喷嘴使用较小的喷孔。相对燃烧功率与相对锅炉热功率存在如下的关系：

$$\frac{\dot{Q}_B}{\dot{Q}_{B,N}} = \frac{\dot{Q}_K}{\dot{Q}_{K,N}} \frac{\eta_{K,N}}{\eta_K} \quad (4.3.3-4)$$

由于一开始只考虑锅炉的稳态

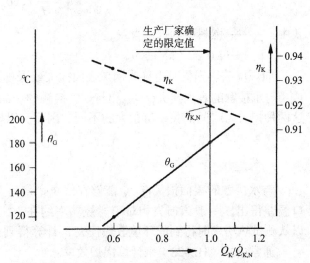

图 4.3.3-31 锅炉效率 η_K 和烟气温度 θ_G 与锅炉相对热功率之间的关系（锅炉平均温度 θ_W 恒定为 70℃）

运行状况，那么，所使用的各个数值如效率、热功率以及同样在图 4.3.3-31 中描述的值都是适用于一个恒定的锅炉平均温度（由锅炉的进出口温度得出平均温度）的情况。根据标准规定[33]，确定锅炉在标准运行工况下的标准热功率，其平均过余温度不得小于 50 K，在低温锅炉情况下不得小于 30 K。

对于多种不同的（"滑动运行"）锅炉温度可得到一个特征曲线族，从中能够对以滑动温度运行工况的锅炉得出相应合适的特征曲线。

在连续运行工况下，通过烟气（G）、可能的情况下通过炉灰或炉渣（S）、通过不完全燃烧（CO）以及向环境散热（U）造成锅炉的热损失（参见原著第 1 卷第 H2 部分）。略与有关锅炉的标准不同，把以燃烧功率为基准的热损失用 l 来表示，而不是用 q（国际上通常用 q 来表示热流密度或水流量）。

按照第 1 卷第 H2 部分式（H2-22），以燃烧功率为基准的烟气损失为：

$$l_G = \frac{\dot{Q}_G}{\dot{Q}_B} = \frac{\dot{m}_B \mu_G \bar{c}_{pG}(\theta_G - \theta_b)}{\dot{m}_B H_\mu} = \frac{\mu_G}{H_\mu} \bar{c}_{pG}(\theta_G - \theta_b)$$

式中 μ_G——以燃料量为基准的烟气量；

θ_G——烟气温度；

θ_b——适用于热值的标准基准温度（绝不能用助燃空气温度）。

依照式（H2-24）计算，以燃烧功率为基准的不完全燃烧热损失为：

$$l_{co} = \frac{V_{GT}}{H_\mu} y_{COT} H_{uCOn}$$

式中 V_{GT}——基准干烟气体积量；

H_{uCOn}——一氧化碳热值；

y_{COT}——体积份额。

依照式（H2-25）计算，以燃烧功率为基准通过炉灰或炉渣造成的热损失为：

$$l_S = \frac{\gamma_A}{H_\mu} \bar{c}_S(\theta_S - \theta_b)$$

式中 γ_A——燃料中的烟灰含量；

$\bar{c}_S$——1.0 kJ/（kg·K）。

向环境散热损失（也称为锅炉表面损失或误称为辐射损失）粗略地看起来有两部分组成：与水接触的表面损失 $\dot{Q}_{U,w}$ 和与烟气接触的表面损失 $\dot{Q}_{U,G}$。在锅炉非稳态运行状况下，这两种损失与时间的关系有很大的不同。因而，以燃烧功率为基准的环境散热损失如下：

$$l_U = \frac{\dot{Q}_{U,W} + \dot{Q}_{U,G}}{\dot{Q}_B} \tag{4.3.3-5}$$

与水接触的表面损失 $\dot{Q}_{U,w}$ 能够在停止燃烧后（烟气侧密封）由测定水流量及其进出口温差得出。一般该损失相对于燃烧功率约在 1% 左右。与烟气接触的表面损失 $\dot{Q}_{U,G}$ 可以从测试热功率时得到的环境散热损失 l_U 计算得到；其大致与上述值大小相当。

通常由式（H2-28）来计算锅炉效率：

$$\eta_k = 1 - l_G - l_{CO} - l_S - l_U$$

该方程是在燃料和助燃空气以基准温度 θ_b 的前提条件下适用。在运行中这两个温度

4.3 热量生产

与基准温度差别很小，在式（H2-7）中相对于热值来说，这两个温差可以忽略不计。在按规范描述的燃油和燃气锅炉情况下，可忽略通过不完全燃烧和通过炉渣（S）造成的热损失。因此，对于这种锅炉则有：

$$\eta_K = 1 - l_G - l_U \tag{4.3.3-6}$$

对于具有图 4.3.3-31 所示的效率特征曲线的锅炉，图 4.3.3-32 描述了其相对烟气热损失和相对环境散热损失。根据式（H2-22）烟气热损失随着烟气温度线性地下降。由于环境散热损失的绝对值在锅炉稳态运行工况下能近似地假定为常数，那么，相对环境散热损失则随着锅炉相对热功率的减少而增加：

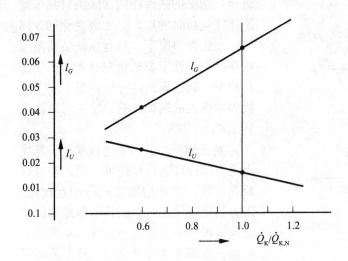

图 4.3.3-32 相对烟气热损失 l_G 和向环境散热损失 l_U 与锅炉相对热功率之间的关系（锅炉平均温度 θ_W 恒定为 70 ℃）

$$l_U = \frac{\dot{Q}_{U,W} + \dot{Q}_{U,G}}{\dot{Q}_{B,N}} \frac{\dot{Q}_{B,N}}{\dot{Q}_B} = \frac{\dot{Q}_{U,W} + \dot{Q}_{U,G}}{\dot{Q}_{B,N}} \frac{\dot{Q}_{K,N} \eta_K}{\dot{Q}_K \eta_{K,N}} \tag{4.3.3-7}$$

常常还谈及到"燃烧技术"方面的效率，因此对锅炉检测也有这一项要求，目的是给烟气热损失规定一个上限值：

$$\eta_F = 1 - l_G \tag{4.3.3-8}$$

部分负荷运行

在用效率评价一个锅炉时，基本上是以一个稳态的满负荷运行状况为依据。所谓满负荷可以采用在热功率范围内的一个功率，还可以低于标称功率的功率运行。在采暖运行中一般并不总是需要满负荷运行，往往以部分负荷 $\dot{Q}_H$ 就足够了。该部分负荷基本上是在燃烧侧进行调节（通过热媒温度来调节，其影响可能甚微）的。众所周知，燃烧有三个运行模式，或是以单级开关（开和关运行），多级开关（在一个较长的时间内保持一功率档连续运行）或者调制模式运行（最大范围是在 0.2～1 之间）。

在广泛采用的单级运行的情况下（图 4.3.3-33），燃油或燃气燃烧器在所谓的燃烧器运行时间 t_B 内，以燃烧功率 $\dot{Q}_B$ 或最大的燃烧功率 $\dot{Q}_{B,N}$ 满负荷运行。在关停运行中，为维持锅炉一定的温度，会产生一个额外的损失，即所谓的冷却损失 l_L：由于燃烧器连接处的不密封空气流经锅炉。在锅炉里因为在燃烧器启动前的所谓预冲洗也会造成额外的通风损失。

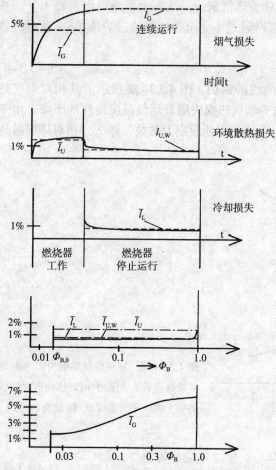

图 4.3.3-33 上图：开和关运行模式的平均相对损失 l_G，l_U 及 l_L 在一个开关周期内的变化过程（燃烧器运行时间系数 $\Phi_B = 0.3$），下图：平均相对损失和 Φ_B 之间的关系（上下两图均为结合一实例示意说明）

在多级运行情况下，冷却损失只有在燃烧器最小功率级别且在开和关运行时出现。在较高的负荷范围内，热功率是在不同功率级别内变化的，但不会产生冷却时间。因此，在该运行范围内，冷却损失可以用由连续运行试验，比如由图 4.3.3-31 得出的平均效率来计算。

在调制模式运行情况下，大约与多级运行情况的条件相同，区别只在于调制模式运行时的功率是无级变化的。同样，在这种情况下，只有在低负荷范围内在燃烧器处于熄火状态时才会产生冷却损失。调制模式运行特别是多用于燃烧固体燃料的锅炉，锅炉功率可以调低到 20%～30%。

对于锅炉的开和关运行来说，其优点是不像连续运行那样可以用功率进行相互比较，而是用能量进行相互比较，因为当燃烧停止时，还是不断地从锅炉提取采暖热量（在这个阶段，从形式上来说，效率是无限大的）。因为采暖锅炉通常都是以名称功率的 50% 以下的部分负荷运行，那么，用从连续运行得出的特征值来评价就会产生误导。

通常采暖热负荷的变化过程是由日平均温度计算出来的。因而，在采暖周期内应该观察一天的运行状况。基本上有四种不同的运行时间：

（1）待机状态时间 t_0，在此期间锅炉维持在一定的温度；
（2）采暖时间 t_H，在此期间从锅炉提取采暖热量；
（3）燃烧器运行时间 t_B，在此期间给锅炉输入一定的燃烧功率 $\dot{Q}_B$；
（4）锅炉停机时间 $1d - t_0$。

采暖时间包含在待机时间内。忽略日采暖时间开始时的启动阶段，燃烧器的运行间隔在采暖时间内基本上均匀地分配并且累加起来为燃烧器总的日运行时间。

在下面的考虑中将作这样的简化：没有锅炉待机时间，亦即 $t_0 = t_H$；各个热损失应作为平均值（图 4.3.3-33）来代入。平均值的大小不仅取决于燃烧器运行时间系数 Φ_B，亦即燃烧器运行时间与采暖时间之比 t_0/t_H，而且还取决于燃烧器的运行间隔本身的持续时间（或燃烧器启动的次数）。

把使用一方得到的能量与投入一方消耗的能量之比定义为利用率。在这里，利用率有

4.3 热量生产

些不同于第 1 卷第 H2 部分所描述的、实际上也常用的效率。由此,一方面可以避免与在数值上也有明显不同的效率混淆,并且另一方面积也避免角标重复。一个锅炉的日利用率可类似于式(4.3.3-6)简化地从各个损失中间接地计算出来:

$$V_{K,d} = 1 - (\bar{l}_G + \bar{l}_U) - \frac{t_H - t_B}{t_B}(\bar{l}_{U,W} + \bar{l}_U) \tag{4.3.3-9}$$

式中的第一部分可以看作为锅炉的平均效率:

$$\bar{\eta}_K = 1 - (\bar{l}_G + \bar{l}_U) \tag{4.3.3-10}$$

亦如各个热损失,它取决于燃烧器运行时间系数 Φ_B 和燃烧器的运行间隔本身的持续时间。

因而日利用率则可简化为:

$$V_{K,d} = \bar{\eta}_K - \left(\frac{1}{\Phi_B} - 1\right)(\bar{l}_{U,W} + \bar{l}_U) \tag{4.3.3-11}$$

由此得到的以燃烧器运行时间系数为函数的利用率特征曲线在运行时间系数为 $\Phi_{B,0}$($v_{K,d} = 0$)处与横坐标(图 4.3.3-34)相交。

$$\bar{\eta}_{K,0}\Phi_{B,0} = (1-\Phi_{B,0})(\bar{l}_{U,W} + \bar{l}_L)_0 \tag{4.3.3-12}$$

$$\Phi_{B,0} = \frac{(\bar{l}_{U,W} + \bar{l}_L)_0}{\eta_{K,0} - (\bar{l}_{U,W} + \bar{l}_L)_0} \tag{4.3.3-13}$$

在燃料和助燃空气以基准温度送入锅炉的前提条件下(比较式(H2-7)),燃烧器运行时间系数 $\Phi_{B,0}$ 与所谓的待机损失(在迄今为止的标准里是用 q_b 来表示的)是相同的。一般有:

$$\Phi_{B,0}\left(1 + \frac{\bar{c}_B(\theta_B - \theta_b)}{H_u} + \frac{\mu_L \bar{c}_{pL}(\theta_1 - \theta_b)}{H_u}\right) = l_0 \tag{4.3.3-14}$$

在多级或调制模式运行(但为连续运行)情况下,利用率应与例如来自图 4.3.3-31 连续运行工况的平均效率 $\bar{\eta}_K$ 相等:

$$v_{K,d} = \bar{\eta}_K \tag{4.3.3-15}$$

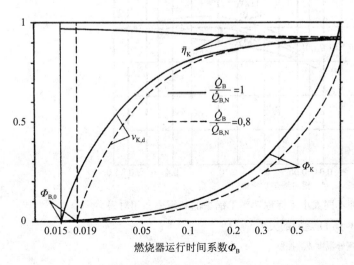

图 4.3.3-34 举例说明日利用率 $v_{K,d}$,平均锅炉效率 $\bar{\eta}_K$(式 4.3.3-10)和相对锅炉功率 Φ_K(式 4.3.3-16)在两种不同相对燃烧功率情况下与燃烧器运行时间系数 Φ_B 之间的关系

通常锅炉利用率取决于相对锅炉功率（或如人们所说的－锅炉负载率），那么用平均部分负荷$\bar{\dot Q}_H$并由定义方程得到相对锅炉功率Φ_K：

$$\Phi_K = \frac{\bar{\dot Q}_H}{\dot Q_{K,N}} \equiv \frac{Q_{H,d}}{t_H \dot Q_{K,N}} \quad (4.3.3-16)$$

日利用能量可借助于日利用率、燃烧功率和燃烧器运行时间来计算：

$$Q_{H,d} = v_{K,d} \dot Q_B t_B \quad (4.3.3-17)$$

再与式（4.3.3-3）所描述的标准效率一起，可以得到相对锅炉功率和燃烧器运行时间系数之间的关系：

$$\Phi_K = \frac{v_{K,d} \dot Q_B t_B}{\eta_{K,N} t_H \dot Q_{B,K}} = \frac{v_{K,d}}{\eta_{K,N}} \Phi_B \frac{\dot Q_B}{\dot Q_{B,N}} \quad (4.3.3-18)$$

燃烧功率比$\dot Q_B / \dot Q_{B,N}$表明了燃烧器调节的特征。相对锅炉功率随着锅炉利用率减小而趋于0，即使燃烧器运行时间系数还大于0（这也已在图4.3.3-34中给出）。

图4.3.3-35表明了利用率特征曲线与相对锅炉功率之间的关系。横坐标之所以选择为对数坐标，其优点在于比线性横坐标更能清楚地说明实际感兴趣的在相对锅炉功率较低时的运行范围。

从上述列举的方程可以推导出一个在某一时间段内，比如一天的燃料能量$Q_{B,d}$和锅炉利用的能量$Q_{H,d}$之间非常简单的关系；由此可得到燃料能量和锅炉利用的能量之间的线性关系，而且具有足够的精确度（图4.3.3-36）。

$$Q_{B,d} = Q_{H,d} \frac{1-\Phi_{B,0}}{\bar\eta_K \Phi_{B,0}(\bar\eta_{K,0}-\bar\eta_K)} + \frac{\dot Q_{K,N} \dot Q_B}{\eta_{K,N} \dot Q_{B,N}} \frac{\bar\eta_{K,0} \Phi_{B,0}}{[\bar\eta_K + \Phi_{B,0}(\bar\eta_{K,0}-\bar\eta_K)]} \quad (4.3.3-19)$$

上述有关开和关运行的研究得到的特征曲线和特征参数，起先只适用于某一确定的锅炉平均温度。若锅炉以滑动温度运行，可以从以锅炉温度为参数的特征曲线族推导出来（图4.3.3-35）。

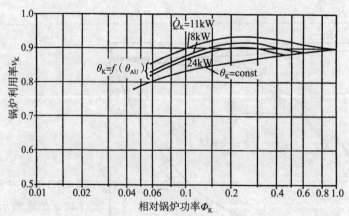

图4.3.3-35 三种不同大小（标称功率）锅炉的利用率和相对锅炉功率（式（4.3.3-16））之间的关系

注：锅炉温度θ_K受室外温度θ_{AU}控制

4.3 热量生产

冷凝热值运行

在冷凝锅炉运行情况下（参见第 4.3.3.2.1 节最后一段），还要额外考虑到由于从烟气里产生的凝结水而释放的凝结热。仅仅衡量排放的烟气温度并假定烟气已经湿饱和，这绝对是不够的。图 4.3.3-37 示意性地描述了在湿烟气 i—d 图上冷凝锅炉的烟气在冷凝区域内的变化过程。排放的烟气经过一个温度低于其露点的表面，向表面温度为 θ_0 的饱和点方向冷却。此时，烟气的含水量为：

$$x_{G,1} = \frac{\mu_{H_2O}}{\mu_{G,T}} \quad (4.3.3\text{-}20)$$

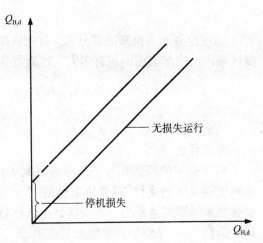

图 4.3.3-36 举例说明一天的燃料能量 $Q_{B,d}$ 和锅炉有用能量 $Q_{H,d}$ 之间的关系

（式中的字母参见原著第 1 卷第 H-2 部分）干燥到锅炉出口处的含水量 x_{G2}；产生的冷凝水流量 $\dot{m}_{H_2O}$ 为：

$$\dot{m}_{H_2O} = \dot{m}_{G,T}(x_{G,1}-x_{G,2}) = \dot{m}_B \mu_{G,T}(x_{G,1}-x_{G,2}) \quad (4.3.3\text{-}21)$$

因此，由蒸发的热焓计算出额外传递的热功率为：

$$\dot{Q}_{H_2O} = \dot{m}_B \mu_{G,T}(x_{G,1}-x_{G,2})r_0 \quad (4.3.3\text{-}22)$$

以燃烧功率为基准，增加的效率值如下：

$$l_{H_2O} = \frac{\mu_{G,T}(x_{G,1}-x_{G,2})r_0}{H_u} \quad (4.3.3\text{-}23)$$

由于通过定义引入的评估值能够超过 1，那么又引进了新概念采暖系数 η_H（参见原著第 1 卷第 H-2 部分）：

$$\eta_H = \eta_K + l_{H_2O} \quad (4.3.3\text{-}24)$$

基于式（4.3.3-11），对于开和关运行模式的利用率类似地可以有（并且相应地也适用于采用式（4.3.3-12）计算的多级或调制运行）：

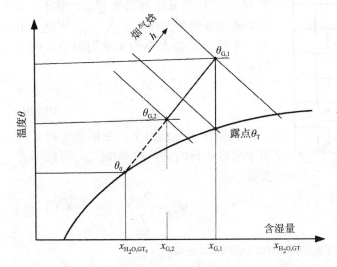

图 4.3.3-37 在湿烟气 i—d 图上冷凝锅炉的烟气在冷凝区域内的变化过程（示意图）

$$v_{H,d} = v_{K,d} + l_{H_2O} \qquad (4.3.3-25)$$

通过冷凝而多出来的部分 l_{H_2O} 首先取决于表面温度比露点温度低多少，然后要看在冷凝区域内的冷却表面面积有多大，这就意味着它是取决于其冷却系数 Φ_1：

$$l_{H_2O} = f\left((\theta_T - \theta_0), \Phi_1 = \frac{\theta_{G,1} - \theta_{G,2}}{\theta_{G,1} - \theta_0}\right) \qquad (4.3.3-26)$$

（图4.3.3-37）。

年度评价

对于锅炉的经济比较，若不考虑购买价格（"与资本关联的支付"），那么，所谓预测的与使用关联的支付❶就是决定性的[36]。这主要取决于在观察的采暖周期内的能量需求。观察的采暖周期通常为一年。这是由于热负荷和利用率在时间上相互关联（包括滑动锅炉温度运行），一个锅炉的年能量需求 $Q_{B,a}$ 可以从采暖设备的年能量需求 $Q_{H,a}$ 通过锅炉的年利用率 $v_{K,a}$ 计算出来。一般来说，年利用率是在时间为 t_{HP} 的采暖周期内日利用率积分的平均值：

$$v_{K,a} = \frac{1}{t_{HP}} \int_0^{t_{HP}} v_{K,d} dt \qquad (4.3.3-27)$$

因此，锅炉的年能量需求为：

$$Q_{B,a} = \frac{1}{v_{K,a}} Q_{Ha} \qquad (4.3.3-28)$$

通常不是日利用率关于时间的变化过程已知，而是热负荷随时间的变化过程已知。图4.3.3-38描述了中欧地区热负荷的典型变化过程，它是依据德国标准DIN 4702第8部分[37]的计算准则得出的。热负荷曲线下面的总面积可分成5个面积相等的矩形（相对热负荷为63%、48%、39%、30%和13%）。一般来说，锅炉热功率 $\dot{Q}_K$（往往与其标称功率 $\dot{Q}_{K,N}$ 相等）大于采暖设备的最大热负荷 $\dot{Q}_{H,max}$。因此，引入一个确定设备大小的无量纲因子（用于功率P）。

$$f_P = \frac{\dot{Q}_K}{\dot{Q}_{H,max}} \qquad (4.3.3-29)$$

利用该无量纲因子，在标准中确定的用于采暖运行的热负载率 $\Phi_{K,N,j}$ 可按下式换算：

$$\Phi_{K,j} = \frac{\Phi_{K,N,j}}{f_P} \qquad (4.3.3-30)$$

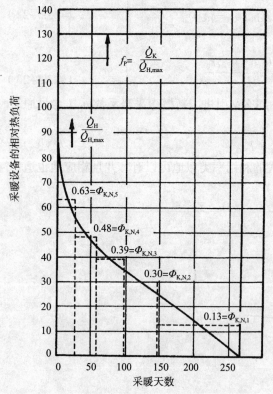

图4.3.3-38 中欧地区的相对热负荷（锅炉的负载率）随采暖时间的变化过程[37]

---

❶ 容易与有用功率混淆，因为这里还包含了在并联的蓄热器内和连接系统的损失。

4.3 热量生产

用上式计算出来的相对锅炉热功率,从用于待评价的锅炉的利用率特征曲线 $v_{K,d}=f(\Phi_K)$ 能够得到利用率,并由此按下面在 DIN 4702 第 8 部分中所给的公式计算年利用率:

$$v_{K,a} = \frac{5}{\sum_{j=1}^{5}\frac{1}{v_{K,d}}} \tag{4.3.3-31}$$

根据所引述的标准应得到一个在 $f_P = 1$ 时的标准利用率。它有助于锅炉在能耗方面的比较而又与设备无关。

热工/能量方面的评价

在评价锅炉时,应提出两个基本不同的问题:

(1) 换热性能如何(主要是锅炉结构的问题);

(2) 能量利用得如何或者说热损失是多小(主要是设备设计人员的问题);

锅炉换热性能与能耗性能不同,它可以最简单地在锅炉稳态运行(比如满负荷以及一定的锅炉温度)工况下来确定。为此要得知锅炉效率和测出排放的烟气温度。倘若效率直接由热功率和燃烧功率计算出来,那么,按式(H2-22)可确定相对烟气损失以及进一步用式(4.3.3-6)计算出环境散热损失。严格地说,锅炉效率仅适用于某一种确定的燃料。原则上,只是就一个约定的燃料给出锅炉效率(若是锅炉标称效率更好,明确无误),拿它来评价一个锅炉的换热性能也足够了。本来使用不同燃料(例如燃油或天然气)的锅炉效率区别甚微。但在任何情况下,依照规定锅炉效率只适用于某一锅炉运行工况,在该运行工况中没有水从烟气中凝结出来。为了得到一个统一的评价各种锅炉结构换热特性的标准,因而又必须选择一个统一合适的锅炉温度,锅炉效率亦正是在此温度下进行测试,使得在不常见的燃料情况下,该温度也不会低于烟气的露点温度。

当然,按照式(4.3.3-1)和式(4.3.3-2)进行功率比较的边界条件也可以这样修改,就是在方程中用冷凝热值 H_o 代替热值 H_u,乘积 $\dot{m}_B H_o$ 为新的燃烧功率并且用作为基准值。然而通过这种修改,却并不能得到更多的有关锅炉换热特性的数据;相反,对于同一个锅炉,根据不同的燃料却得到有明显区别的效率(尤其是对燃气来说,效率更低)。

对于从能耗方面评价一个采暖锅炉来说,必须从低负荷到满负荷以及在不同锅炉水温情况下的整个运行过程加以考虑。为此应确定日利用率(例如,按式(4.3.3-9))与燃烧器运行时间系数或相对热功率的关系,此外还有按式(4.3.3-13)或式(4.3.3-14)确定相对待机损失。由此,第二步能按方程 4.3.3-27 或 4.3.3-31 来计算年利用率。在冷凝式锅炉的情况下,还应按式(4.3.3-25)另外考虑凝结热。

功率测量

标准 DIN 4702 第 2 部分[33]规定了锅炉热功率和效率的测试方法。该标准不仅适用于热水锅炉,也适用于蒸汽锅炉。热功率或者可直接由锅炉或间接地通过热交换器来测量。图 4.3.3-39 示意性地描述了采用第一种测试方法的试验台,锅炉的水流量用称量的方法来确定,并由测得的进出口温差来计算热功率。在用间接方法测试时,把换热器连接到一个封闭系统中,通过换热器来冷却锅炉热水并测量换热器(就像此前测量锅炉热功率的方法)为此所需要的冷却功率。

锅炉效率或可以直接从锅炉功率和为此需要投入的燃烧功率按照式(4.3.3-2)或式(4.3.3-3)计算出来或者由各项热损失例如按式(4.3.3-6)间接地确定。应优先考虑采用第一种直接的方法。

依照标准 DIN 4702 第 2 部分，测试锅炉与测试散热器不同，它不是把通过测试确定的热功率作为检测结果，而是要证实，锅炉制造厂家预先给定的标称功率在标准规定的条件下是否能得到保证。

作为测定功率及确定效率的补充，标准 DIN 4702 还规定了烟气中有害物质排放量、热烟气测的密封性以及相对待机损失的测定［式（4.3.3-13）和式（4.3.3-14）］。

设计

设计的内容是选择用于采暖系统锅炉所需要的标称功率以及确定系统最高的进口温度。对此，节能法规（EnEV）[38]和建筑承包合同规范 VOB[39] 已包含了重要的条款。节能法规（EnEV）是参照 EG- 准则 92/42EWG[40]，在该准则中还包含有关标准锅炉、低温锅炉和冷凝锅炉的官方定义及相关的要求。有关规定的细则这里不再复述，尤其是因为它们不时都会有变动。简略地说，就是标准锅炉以及强制循环锅炉（水容量 < 0.13L/kW）的标称功率不得大于建筑物标准热负荷。例如用于饮用水加热追加的功率只允许在 20 kW 以下。而低温锅炉、冷凝锅炉以及多台锅炉系统在其设计中是相对自由的。

确定锅炉大小的参考值（不考虑所有的法规规定），在任何情况下都是建筑物的标准热负荷，但一般设计都超过该值，其结果是：

（1）会造成锅炉的额外花费；
（2）需要增加占地面积；
（3）燃烧器启动次数增加，从而在启动过程中加大有害物质的排放量；
（4）多级或调制燃烧在能量方面有益的运行工况范围，只是部分地得到了利用；
（5）由于缩短燃烧器运行时间，排烟系统没有得到充分预热，从而设备会受到损害；
（6）常常被用来作为主要论据而提及的会恶化年利用率的提示在先进锅炉的情况下不

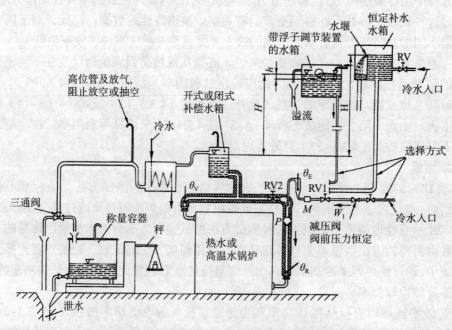

图 4.3.3-39　具有短路管段以及三种冷水补水方式的锅炉测试台[33]

再用得上（年利用率的减少已没有意义）。

锅炉选择过大往往是不可避免的，因为可供选择的锅炉标称功率一般大于按照新保温规定的建筑物的标准热负荷，由于饮用水加热的功率需求是必要的，进一步还有在室内散热器（板）的情况下，为了保证其热功率储备（参见第4.1.6.4节）。

因为常提到的观点即预热时间（例如经过夜间降温之后）保持尽可能的短，因此没有理由再增加锅炉的功率。通常用配备有定时器的控制装置可以及时启动采暖系统而并不影响在此启动开始时间已使用的少数几个房间的舒适性（而且增加的功率应只是传递给有相应的热功率储备的室内散热器（板））。

往往并不是建筑物的标准热负荷，而是从规定的用途出发，可预测的最大热负荷 $\dot{Q}_{H,max}$ 作为标准的设计功率，其最大热负荷与建筑物标准热负荷的关系为：

$$\dot{Q}_{H,max} = f_Q \dot{Q}_{N,G} \tag{4.3.3-32}$$

出于以下4个原因，式中负荷缩减系数 $f_Q < 1$：
（1）房间不是同时使用；
（2）内热源（人、照明、电器设备）；
（3）太阳入射；
（4）由于建筑物的蓄热效应，负荷的衰减和时间延迟。

在不采暖房间占比例较高的建筑物情况下，负荷缩减系数最低。因此，根据经验，它在住宅楼的情况下约为0.7，而在办公楼或学校的情况下约为0.9。均衡使用的建筑物，如医院或养老院的负荷缩减系数可为1.0。往往（当然仅限于锅炉，热泵或区域热网的用户热力站不属此列）由于上述的选择功率过大，在设计时根本没有机会去考虑负荷缩减系数，但是它却提供了一个很好的放弃可能因安全起见而需要附加值的理由。

如果在锅炉和用户之间并联一台缓冲蓄热器（参见第4.3.3.2.3节），功率选择过大会造成燃烧器启动次数增加，从而相应的有害物质排放量增加以及会影响排烟设备的缺点能在很大程度上得以避免。这样一种缓冲蓄热器对于调节任务和饮用水加热来说，也能起到功率储备的作用。

4.3.3.2.3 锅炉水力回路，缓冲蓄热器

在拟定锅炉水力回路方案时，事关如何把锅炉与分配系统连接，使得一方面热量移交使用部分和分配部分所要求的额定功能能够得到实现；另一方面能够实现锅炉本身的额定功能。

一般鉴于与分配系统的水力的连接，在锅炉方面要求为：
（1）出于节能和最近提出的安全方面考虑，分配系统的供水温度不超过一定的值（比如60℃）；
（2）锅炉的回水温度不得低于一定的值，以避免烟气侧的锅炉表面腐蚀（冷凝锅炉除外）；
（3）通过足够高的水流量防止锅炉局部过热；
（4）为减少热损失，尽量保持锅炉的平均水温处于低位；
（5）燃烧器运行时间尽可能延长（保证燃烧器启动次数少），以减少因开停造成的有害物质排放量；
（6）用于水泵的辅助能源消耗量减少到最低程度；

(7) 锅炉能兼顾饮用水加热的职能（为此目的要随时提供（间歇）足够高的供水温度）；

(8) 用锅炉的调节装置同时可调节采暖系统的供水温度，并且供水温度的波动保持在热量移交使用部分可接受的合理范围内；

所有这些要求都适用于单台或多台锅炉的系统。此外，在多台锅炉的情况下还要求：

(9) 为避免锅炉关停造成的热损失，水侧必须是可截止的（有关采暖及饮用水加热设备节能的规范（HeizAnlV）[38]）；

(10) 水流量应在每台锅炉中保持恒定而不受分配系统的影响（或更好一些，还与燃烧器匹配）。

从上面列举的要求可以看出，锅炉水力回路的问题是与锅炉以及采暖系统整体的调节控制密切相关的。

可以把上述对锅炉水力回路的一系列要求减少到两个基本要求：

(1) 在采暖循环中应制备一定的供水温度，与此同时也为热用户提供所需要的水流量；

(2) 锅炉温度必须保持在某一规定的范围内。为此要求在燃烧很旺的时候有足够大的水流量通过锅炉循环。

如果锅炉以最简单的方式与分配系统连接（参见第4.2.2.2.4节），那么，这两个基本要求至少在采暖系统稳态运行工况下必须得到满足。图4.3.3-40描述的只是一个简化的水力回路（下面将要给出的图例也是如此），实际上已删去了分配系统和锅炉所需要的截止阀和锅炉上的安全阀以及调节系统。在图4.3.3-40所示的简化的水力回路中，锅炉的进出水温度是与采暖管网中的供水和回水温度相等并且是不可调的。图中所示的（主）分配水泵同时提供流经锅炉所需要的以及向用户供应的水流量（原则上，重力循环系统可不需要泵运行）。这种水力回路的缺点是：锅炉运行时的所有温度波动都会影响到室内热量移交部分，并且按照节能法规 EnEV[38] "为了减少和停止依赖于室外温度或另一合适的控制变量和时间的热量输入" 规定的中央控制，只可能有限地通过调节锅炉温度才可做到。图4.3.3-41描述了改进后的水力回路。在这种情况下，提供给热用户的供水温度或者是中央控制（图4.3.3-41左图）或者是在干管处控制（图4.3.3-41右图）。锅炉的进水温度如图4.3.3-40所示与管网中的回水温度相等。但这并不意味着，锅炉内的最低温度也同样相当于回水温度：它可以通过回水与锅炉的出水（锅炉内部的）混合得到足够高的温度。只是冷凝锅炉要避免这样做，而且锅炉的最低温度保持得越低越好。

没有锅炉回水与供水内部混合或者其他用来提高烟气侧表面温度的结构方面措施的功率比较大的标准锅炉（≥100 kW），需要从外部提高锅炉的回水温度。对此，所需耗费不尽相同：这要看锅炉的回水温度是不可调节的还是可调节的，锅炉水流量是变化的还是固定在一个最小流量。在任何一种情况下，不同的锅炉回路都必须有一个自身的循环。

一个非常简单，但实际上已不再应用的回路是用一个所谓的四通阀连接的（图4.3.3-42，左图）。用这种回路可同时调节采暖循环的供水温度，而不是锅炉的回水

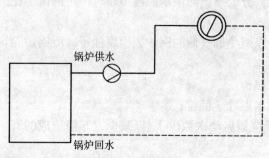

图 4.3.3-40　最简单的锅炉水力回路

4.3 热量生产

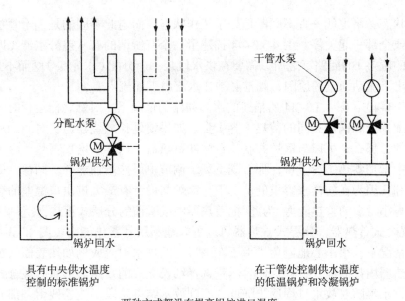

具有中央供水温度　　　　　　　在干管处控制供水温度
控制的标准锅炉　　　　　　　　的低温锅炉和冷凝锅炉

两种方式都没有提高锅炉进口温度

图 4.3.3-41　在标准锅炉和低温锅炉情况下，没有提高锅炉进口温度的
锅炉水力回路，冷凝锅炉不得提高进口温度

温度；而且锅炉的水流量与采暖循环中的水流量密切相关产生剧烈变化甚至还能降低到锅炉所要求的最小水流量以下。这个问题可以通过给锅炉循环添加一个带一小水泵（用于锅炉的小扬程和最小水流量）的旁通来防止（图 4.3.3-42，右图）。在这种回路中锅炉的回水温度同样也没有调节，锅炉的出水温度与分布系统的供水温度是一样的；要求的供水温度调节是由锅炉提供的。采暖循环中供水温度的调节可用一个三通混合阀完成，或是采用一个中央三通混合阀，如图 4.3.3-43 左图所示，或是在干管上采用多个三通混合阀和一个所谓的无压差分水器（图 4.3.3-43，右图），集水器和分水器是相通的。锅炉循环水泵必须不间断地运行并且输送的水流量高于各干管水泵输送的水流量的总和，以便达到所力求提高的回水温度。在这个回路中，锅炉循环和分配系统循环水力上是完全分开的。无压差分水器必须避免与冷凝锅炉或缓冲蓄热器连接，因为在这两种情况下，都力求回水温度尽可能地低。在这种回路中锅炉的回水温度也没有进行调节。

能够实现锅炉具有提高回水温度调节功能的自身循环是给锅炉设置一台循环泵，该泵输送的水量全部流经锅炉，并且或是在旁通管路回水段装置一个混合阀（图 4.3.3-44，左图）或是在供水段装置一个分配（水龙头）阀（图 4.3.3-44，右图）。只要采暖在运行以及锅

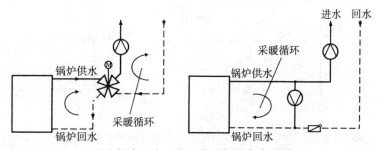

图 4.3.3-42　不具有提高回水温度调节的锅炉水力回路

炉处于待机状态，泵也就一直不间断地处于工作状态；而与此不同的是，干管水泵则可以按干管分别或全部一起关停。图4.3.3-44描述了一个有所谓的有压差分水器（即分水器和集水器之间的压差）的回路。之所以需要在供水段装一个分配（水龙头）阀而不是分配（调节）阀，是出于流动稳定的原因，阀锥必须让水流由下面流入。

在图4.3.3-40～图4.3.3-44所描述的水力回路的情况下，对燃烧器运行时间起决定性作用的是分配系统和锅炉共同的蓄热（容）量。如果要延长燃烧器运行时间，从而减少燃烧器启动次数，那么，可以与锅炉并联一台缓冲蓄热器，这样来增加蓄热（容）量。若是在分配管网中增加蓄热（容）量，那么既不利于调节也可能增加能耗。同样，提高锅炉的水容量也不利，因为在同样水容量的情况下，锅炉与设计有最大进出口温差的缓冲蓄热器相比具有明显小得多的蓄热能力。为此，把蓄热器做成所谓的分层式蓄热器（参见第4.3.5.4.2节）。比起混合式蓄热器，分层式蓄热器可以更好地利用其蓄热能力（图4.3.3-45）。在分层式蓄热器情况下，很小心地避免了由于在入口处的进水射流或例如热表面的热力作用而引起的在蓄热器内部的混合过程，而且尽量选择细长立式的蓄热器形状。混合式蓄热器在放水过程中，水温随着放水过程逐步降低，直到放水结束阶段仍然还残留一部分不能再用于采暖的热量（图4.3.3-45，下图），与此相反，分层式蓄热器在放水过程中几乎保持恒定的温度，并且蓄热器在充水时完全是用回水温度的水补水（图4.3.3-45，右图）。对于冷凝锅炉来说，这一点也很有利，若锅炉在运行，在蓄热器充载期间，回水就具有所期望的低温值。

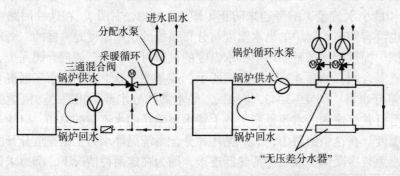

图4.3.3-43 带锅炉循环泵的锅炉水力回路，不具有回水温度调节

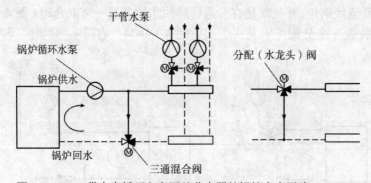

图4.3.3-44 带自身循环和有压差分水器的锅炉水力回路

注：左图为在回水管路中有三通混合阀，右图为在供水管路中有分配阀。

4.3 热量生产

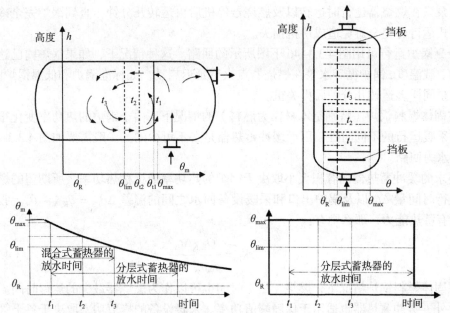

图 4.3.3-45 混合式蓄热器（左上）和分层式蓄热器（右上）在放水过程中随蓄热器高度（左上图）和时间（下图）的温度变化过程（使用的下限温度为 $\theta_{\lim}$）

如图 4.3.3-46 所示，缓冲蓄热器总是与锅炉并联，且连接在锅炉循环中（串联连接会由于因此造成的延迟使得管网的动态性能恶化）。在标准锅炉和低温锅炉情况下，蓄热器前应设置一个带止回阀的旁通管（图 4.3.3-46，上图）。在达到蓄热器额定充载温度之前，用来控制充水温度的调节阀一直关闭，达到额定充（水）载温度后，旁通管断流，给蓄热器充（水）载；而同时热水也可以流向分水器。该调节阀可以设计成直通式调节阀，布置在蓄热器进口端（旁通管中装一节流阀）或设计成三通分配阀（水龙头结构形式）。锅炉

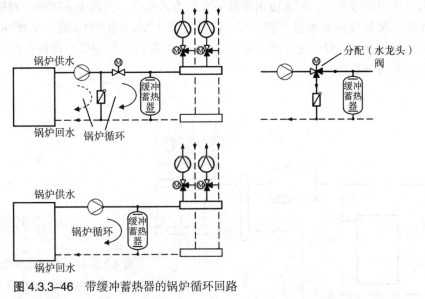

图 4.3.3-46 带缓冲蓄热器的锅炉循环回路

注：下图为冷凝锅炉运行（锅炉循环泵延迟接通）；对于热泵，参见图 4.2.5-16 和图 4.2.5-17

循环水泵只在燃烧器运行时运转以及燃烧器停机后再运转几分钟，直到锅炉完全冷却。以这种方式运行可完全避免造成待机损失。

冷凝锅炉运行可用图 4.3.3-46 下图所示的回路。这种情况下，如果锅炉内已达到额定充（水）载温度，锅炉循环水泵在燃烧器点火后延迟启动。如标准锅炉和低温锅炉的情况，循环水泵同样多运转几分钟后再关机。

在固体燃料锅炉（特别是木材作为燃料）的情况下，由于锅炉的热功率变化很大以及燃烧和采暖运行的不同时性，因而缓冲蓄热器是必不可少的。一般需要如图 4.3.3-46 上图所示的水力回路。

要求的缓冲蓄热器的容积大小取决于锅炉的热功率或标称热功率、所期望的燃烧器最少的运行时间量 Δt_B 以及锅炉出口和采暖设备回水之间的温差 $\Delta\theta_{PS} = \theta_{K,V} - \theta_R$。假定分配系统没有蓄热能力，那么则有：

$$V_{PS} = \frac{\dot{Q}_{K,N} \Delta t_B}{c_W \rho_W \Delta \theta_{PS}} \quad (4.3.3-33)$$

在固体燃料锅炉情况下，燃烧（尽）时间也可以作为燃烧器最少的运行时间。

此外，缓冲蓄热器也适用于保障峰值功率。采暖设备的峰值功率取决于各干管水泵最大流量之和：

$$f_p \dot{Q}_{max} = p_W c_W \sum \dot{V}_P (\theta_{K,V} - \theta_i) \quad (4.3.3-34)$$

在峰值负荷期间的室内升温阶段，回水温度与室温相同。峰值负荷时间至少为：

$$\Delta t_{Spitze} = \frac{V_{PS}}{\sum \dot{V}P} \quad (4.3.3-35)$$

如果热量制备由多台锅炉（例如燃气或燃油锅炉与一台固体燃料锅炉组合）构成，那么也先可使用所有用于单台锅炉设备的回路控制，但还须注意到前面提及的第（9）条和第（10）条要求。为了尽量减少消耗在泵上的辅助能，最好给每台锅炉配置一台水泵，并且在多于两台锅炉的情况下，回水段用蒂歇曼布管方式敷设。为避免采暖循环对锅炉循环不利的反作用，最好应在分水器之前连接一段补偿管（"水力软化"）或一个缓冲蓄热器。水泵可中央（见图 4.3.3-47）或分散（见图 4.3.3-48）布置。热量生产设备关机后的可截流问题已有相关明规范文规定。

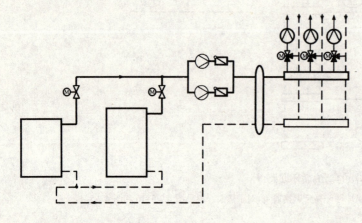

图 4.3.3-47 按规定带截止阀、中央设置循环水泵及补偿管（"水力软化"）或缓冲蓄热器的多台锅炉设备

4.3.3.2.4 锅炉房及烟囱

锅炉房是建筑内安装锅炉的地方，烟囱是用来把来自锅炉的烟气排至室外，锅炉房和烟囱作为建筑上不可缺少的东西，处于多个部门间的边缘领域，通过各种规章、条例、准则和标准予以处理。这些规范在德国各联邦州，甚至在一些区镇亦都部分地有所不同。还有一些特别的准则适用于一些大型的公共建筑项目。德国工程师协会的准则 VDI 2050 的附则[41]概述了锅炉房相关的主题。附则1[42]描述了建筑

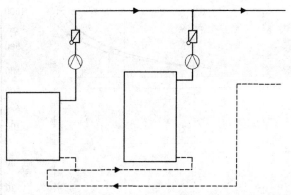

图 4.3.3-48 分散设置水泵的多台锅炉设备（在回路的蒂歇曼布管非强制性的，但必须保证水流可截止）

物内的、而附则2[43]则描述了独立的采暖中心的设计和施工。有关烟囱方面，标准 DIN 18160[44]给出了相关的设计、制造及要求。标准 DIN4705[45]则描述了很详细的相关计算。

对于锅炉（一般称为热量生产设备）的安装来说，有一些特别重要的地方应该予以注意：

（1）考虑提供足够的空间用于操作、维修和保养；

（2）容易做到燃料的输入、储放以及燃烧残留物的清除；

（3）锅炉与排烟设备的连接；

（4）助燃空气能顺利地流入，并且整个空间应有足够的通风；

（5）有接电以及上下水连接的可能；

（6）保证消防、防爆安全以及防振和消声，并且保证工作人员有顺利疏散的可能性。

此外，还必须到考虑到为采暖系统的其他一些中央设备留有一定的空间，诸如主水分配器、循环水泵、测量、控制调节装置或者用于中央饮用水加热的设备；也可能为此需要考虑安排特别的空间。

一般来说，标称功率在 50 kW 以下（在有些州规定在 35 kW 以下）的锅炉，不需要为其在规定的建筑实施内另设锅炉房。可以把它们安置在通常的居留房间内、地下室房间以及加工制造的房间内。但前提条件是保证助燃空气能顺利从室外流进来；规定室外空气入口面积至少为 $0.015 m^2$（也有一项为保证助燃空气的来源而规定需要的空间容积，这是以房间的门窗不密封为前提条件）。大多数情况下，采暖锅炉设置在一个特殊的锅炉房内。锅炉房优先考虑位于底层，以便容易安装一些笨重的部件。最常见的是锅炉房置于地下室，尽管在锅炉安装方面会困难些，但燃料输入比较简单。第三种的做法是把锅炉放置在顶层（"顶层中心"），但这只是燃料为液态或气态时才可行，这种方案应推荐在洪水易发地区使用。

VDI 2050 附则1对锅炉房在建筑方面规定了具体的要求。图 4.3.3-49 描述了锅炉房所需要的最小使用面积和最低高度。

对于大型锅炉（功率大约超过 1 MW）来说，有自己独立的锅炉房是有利的。VDI 2050 附则2概括了对建筑方面的要求。图 4.3.3-50 给出了锅炉房要求的建筑地面面积和建筑高度。

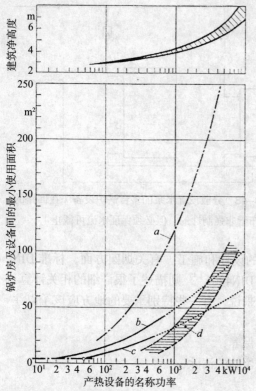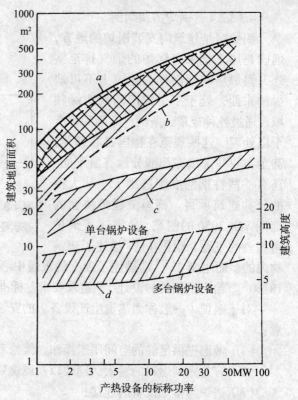

图 4.3.3–49 建筑物内锅炉房及设备间的最小使用面积和最低高度[42]

注：a 带热水加热的采暖中心（蓄热器分置）；b 多台锅炉的产热设备；c 单台锅炉的产热设备；d 用于水泵、仪器设备、热水分配器、集水器、操作台的机房

图 4.3.3–50 独立锅炉房的空间：建筑地面面积和建筑高度取决于产热设备的标称功率[43]

a 放置产热设备的房间；b 用于水泵、风机、仪器设备、热水分配器、集水器、操纵台、变压器、备用房间、工间、储藏室的机房；c 盥洗室、人员逗留室、值班室、更衣室、厕所；d 建筑高度

烟囱是排烟系统重要的一部分，在锅炉和烟囱之间还有连接的管道（在连接管道的较大的情况下，特别是如果管道为砌筑的，又称为烟道）。此外，排烟系统还包含有截流装置或二次空气装置、排烟风机（"抽烟管"）或冷凝水排水管。同样，排烟消声器也是排烟系统的一个组成部分。

一般来说，炉灶（不仅仅是锅炉）基本上都是连接到自身的烟囱上。抛开这一原则，如果采取适当的措施，每次只是一台炉灶运行，那么一个烟囱也可以连接到多台炉灶；但例外的是：固体或液体燃料的炉灶，每台的标称热功率最高为 20 kW 或燃气炉灶每台不超过 30 kW（假如不超过 3 台同时运行的话）。

豪斯拉登（Hausladen）[46] 在他的书中详细说明了烟囱的结构形式。烟囱可区别为单层、多层和耐湿的。后者则是装有特殊防潮的内衬如从内侧上釉的耐火管、玻璃管或不锈钢管。一种特殊的烟囱就是所谓的空气 – 烟气 – 烟囱，它具有第二个夹层，通过该夹层助燃空气可以流入与室内空气不相连的炉灶（这种烟囱具有日益增长的意义）。在这种情况下，可以连接多达 10 台炉灶（每楼层 2 台），每台炉灶的最大功率不超过 24 kW。

4.3 热量生产

在此前所有描述的烟囱中，烟囱里烟气和周围环境空气的密度差必须在锅炉连接处形成足够大的负压（抽力），以便克服排烟系统中所有的阻力并使得烟气可以自行排放到室外（"自然排烟"）。做到完全自然排烟的前提条件是，烟囱中的烟气不会降温太快太低，这意味着烟囱的热阻要足够高。烟囱的热阻可区分为三个组（表 4.3.3-3），还有一个没有列出的第四组适用于在降低要求情况下的钢制烟囱。在单层（Ⅲ）、双层（Ⅱ）和三层烟囱（Ⅰ）情况下，烟囱内壁的表面温度都不得低于烟气的露点温度。耐湿的烟囱（后面通风，内侧上釉）可以允许结露，但烟气必须保证自然排烟所需要的足够高的（为此考虑保温）温度。烟气温度无论如何都应超过 40 ℃。

烟囱热阻　　表 4.3.3-3

热阻 $1/\Lambda$	热阻分组
> 0.65 m²/K	Ⅰ
0.22 m²/K < $1/\Lambda$ < 0.64 m²/K	Ⅱ
0.12 m²/K < $1/\Lambda$ < 0.21 m²/K	Ⅲ

除了上述普通的烟囱外，还有带排烟风机的排烟系统（主要用于冷凝锅炉）。在这种情况下烟管内为正压。因而排烟管道必须特别密封且耐湿。与普通的烟囱相比，其横截面可以做得相对较小一些。

图 4.3.3-51 示意性地描述了一个带普通烟囱的自然排烟及正压的锅炉沿着燃烧器、锅炉连接段和烟囱整个流动路径的压力变化过程，图 4.3.3-52 描述的则是正压的冷凝锅炉和带排烟风机的流动路径的压力变化过程。图中标记的压差与标准 DIN4705 不同，是采用国际规定的以及在流体力学中惯用的概念和标识（第 1 卷，第 J2 部分）。在这两个图中，表明了在与锅炉房高度相关的不同环境压力下，压力变化过程与流动路径的关系。在这种前提条件下，高度 Δ_H 对环境压力的影响，只是从烟气进入烟囱的入口处才明显起来。如果忽略室外空气密度随烟囱高度的变化，按照第 1 卷第 B 部分所给的流体静力学的方程，可以计算出空气压力随着烟囱高度的变化关系：

$$\Delta p_g = -g\rho\Delta_H$$

如果为了直观地说明问题，采用在海平面上确定的干燥的大气压值 g_n = 9.80665 m/s², ρ_n = 1.2250 kg/m³, θ_n = 15 ℃，那么得到：

$$\Delta p_g \approx -12 \cdot \Delta H Pa$$

式中高度变化 ΔH 为单位为 m。在图 4.3.3-51 和图 4.3.3-52 中的 Δp_g (ΔH) – 直线用虚线表示。所描绘的压差适用于带鼓风机燃烧器的锅炉，在先进的锅炉情况下，鼓风机后的正压力约为 2000Pa。在自然排烟锅炉情况下，正压力 Δp_B 在燃烧器的混合装置内已耗尽。在燃烧器鼓风机前，通过空气调节阀和通常串接的消声器罩产生差不多同样大小的负压。在锅炉房内的最大负压规定为 $\Delta p_{L,HR}$ = 3 Pa，在鼓风机燃烧器情况下可忽略不计（在固体燃料炉灶及"大气压燃烧器"情况下当然不能忽略）。对于炉膛压力为正压的锅炉而言，会由于燃烧器的鼓风机在锅炉内增加额外的压降 Δp_K。图 4.3.3-53 给出了标准 DIN4702 为此规定的最大值。

在普通的烟囱，中由于烟囱内和周围环境的气体密度不同而产生的升力压差 $\Delta p_{\Delta p}$ 必

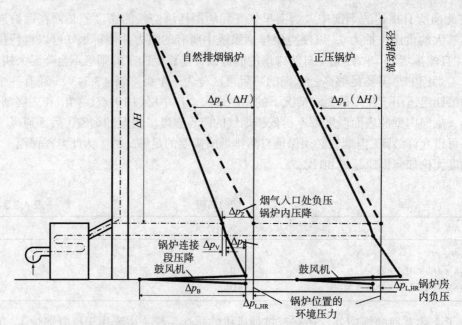

图 4.3.3-51 沿着燃烧器、锅炉连接段和烟囱整个流动路径的压力变化过程
注：（左图：自然排烟锅炉，右图：正压锅炉。）

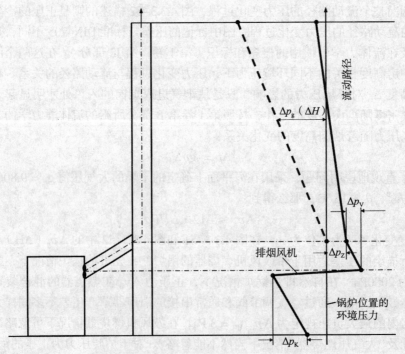

图 4.3.3-52 沿着燃烧器、锅炉连接段和烟囱整个流动路径的压力变化过程，烟气管道密封并带排烟风机（例如冷凝锅炉情况，标识如图 4.3.3-51 所示）

4.3 热量生产

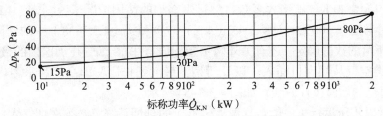

图 4.3.3-53 按照标准 DIN 4702 第 1 部分[25][4.3.3-14]，带鼓风机燃烧器的燃油和燃气锅炉内的压降

须足够大，以便能够克服烟囱内及连接段的阻力。对于炉膛压力为负压的锅炉（自然排烟锅炉）而言，还必须额外地顾及到锅炉中的压降以及在没有鼓风机燃烧时锅炉房的压降 $\Delta p_{L,HR}$：

$$\Delta p_{\Delta p} = \Delta H \cdot g \left(\rho_L - \bar{\rho}_G \right) \quad (4.3.3-36)$$

式中 $\bar{\rho}_G$——烟囱内烟气的平均密度；

ρ_L——周围空气的密度。

若烟囱内由于壁面摩擦产生的压降为 Δp_R，局部阻力为 Δp_E，在自然排烟锅炉情况下，必须有：

$$\Delta p_{\Delta p} \geqslant \sum \left(\Delta p_R + \Delta p_E \right) + \Delta p_K + \Delta p_V \quad (4.3.3-37)$$

以及燃烧为正压时，有：

$$\Delta p_{\Delta p} \geqslant \sum \left(\Delta p_R + \Delta p_E \right) + \Delta p_V \quad (4.3.3-38)$$

烟气入口处的负压为：

$$\Delta p_z \geqslant \Delta p_{\Delta p} - \sum \left(\Delta p_R + \Delta p_E \right) \quad (4.3.3-39)$$

正如在采暖工程中冷凝锅炉常用的排烟系统，其排烟管道是密封的，在此情况下，由于烟气和周围环境空气之间的密度差太小，需要一台排烟风机用来克服因烟囱内的摩擦阻力和局部阻力而造成的压降，通常配备这种烟囱的锅炉炉膛要保持正压。图 4.3.3-52 描述了该系统的压力变化过程。

标准 DIN4705[45] 详细叙述了与确定烟囱尺寸大小相关的燃烧工程方面的计算方法。计算是以锅炉产生的烟气的流量、温度及其所要求的输送压力、压降 Δp_K 为依据。

由以燃料耗量为基准的烟气量 μ_G，式（4.3.3-1）中的燃烧热功率 $\dot{Q}_B$ 以及式 4.3.3-3 中的标称效率可计算出烟气流量 $\dot{m}_G$：

$$\dot{m}_G = \frac{\dot{Q}_{K,N} \mu_G}{\eta_{K,N} H_u} \quad (4.3.3-40)$$

在新型结构的燃油燃气燃烧设备的情况下，对于初步估算来说，可确定以功率为基准的烟气流量为 $\dot{m}_G / \dot{Q}_{K,N} \approx 45.10^{-4} \text{kg}/(\text{skW})$（比如对燃油来说，$\mu_G = 16.2 \text{kg/kg}$，$H_u = 42\text{MJ/kg}$，$\mu_{K,N} = 0.9$）。

锅炉中的压降（"最大输送压力"）在标准 DIN4702 中已有规定（图 4.3.3-53）；同样，锅炉烟气的温度也间接地通过对效率的要求而确定下来。由于严格的节能法规，现今烟气温度只在一个围绕 160℃（连续运行工况）的很小的范围内变化。应该考虑到，在实际上大多数为开/关运行工况下，烟气的平均温度大约要低 30~40 K。此外，烟气在烟囱内估计大概还要降温20 K。就绝大多数自然排烟锅炉的使用情况来说，式（4.3.3-36）中的烟气密度可用温度在100℃时计算；式（4.3.3-37）和式（4.3.3-38）中的压降值可用第1卷第J2部分所给的数据确定。还有另外两个指标值得注意：烟气在烟囱内的最小速度为0.5 m/s（避免异类空气从烟囱口涌入）以及所谓"最大细长比"即高度和水力内径之比，从而得到一个简化的烟囱设计曲线，如图4.3.3-54所示。

对按设计以正压运行（一般烟气温度较低）的排烟系统，必须在烟气入口保证有足够大的正压，用以克服因烟囱内的摩擦阻力和局部阻力而造成的压降。详细细节可查阅标准DIN4705[45]。

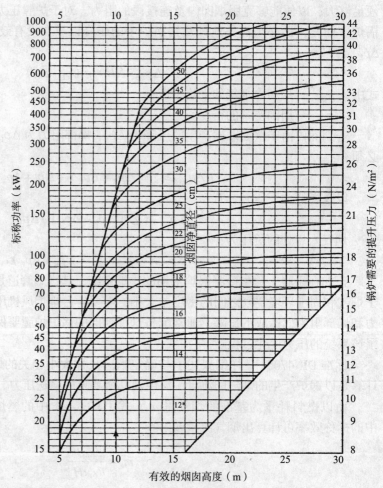

图4.3.3-54 烟囱尺寸大小与燃油燃气自然排烟锅炉标称功率之间的关系

注：锅炉出口的烟气温度在140~160℃之间

4.3.4 电能产热

电能采暖主要是在房间内直接用电加热或用电蓄热器加热（参见4.1.3.2.5节、4.1.3.3.2节和4.1.3.3.3节）。但也有电能集中产热设备，或用作直接加热（在小范围内）或用作为蓄热器加热。

在用电直接运行的电采暖锅炉情况下，有两种方法来加热水：电阻加热元件或电极。

用电阻加热元件的锅炉是按饮用水通流加热器的原理运行；而电极锅炉的情况是直接把水作为电阻。在低电压运行情况下，功率在 35～650 kW 之间；在中等电压情况下，功率则在 700～70 MW 之间[25]。

与中央电直接加热相比，应用更广的是电蓄热器加热。对此，现有两个已知的系统：水蓄热器或固体材料蓄热器。

水蓄热器（保温良好的热水蓄热器）或者是与电力锅炉组合使用，或者蓄热器本身就具有电热元件。

固体材料中央蓄热器用于热风采暖已在 4.1.3.4.3 节中阐述。固体材料中央蓄热器也可以用于热水采暖且具有相当的优势，其间通过耐温的风机让空气在蓄热器内循环，然后再把蓄热材料加热的空气送到一个内部通水的热交换器（空气作为热载体），把热量传递给水。与水蓄热器相比，可以把蓄热器的温度提得很高，从而使得其体积能做到更小。

中央电蓄热器主要是在电价低的时间充载，在电价高的时间放载。其与热水采暖组合的话，例如与分散式蓄热器不同，可以优化室内的热量移交部分，因而能减少总的能量需求（从热量移交到热量生产部分）。

4.3.5 热泵（由环境能源、电能或燃料生产热量）

4.3.5.1 概况

虽然从制冷技术来讲，热泵的物理原理百多年来已众所周知，而且技术成熟亦已很长时间，但用热泵来制备采暖热量仍属于合理利用能源的时新方法（参见原著第 1 卷，A10 部分）。对制冷设备来说，在用于连续制冷方面，很大程度上还没有可与其竞争的方法，与此不同的是，迄今用石化燃料燃烧产生的热量比用热泵制热便宜些而且还要简单些。不过现在在决定用何种制热设备时，不再仅仅是经济指标起作用。除了热电联产过程的余热（远程热源），热泵也提供了在采暖热量制备方面降低初级能源需求的特别好的可能性，而且还会大大减轻对环境的污染。

正如 4.3.1 节所述，在热泵情况下输入两个能源：环境能源（在环境中蓄存的太阳能）和一个"高位"能源如电能或燃料的热能（见图 4.3.1-3）。能量转换过程（见图 4.3.5-1）从可供使用的低位（低温级）环境能（热源）开始，经过加热后的工质（制冷剂）传热之后，提供目的能（采暖热能），并使其刚好达到用于采暖所需要的温度水平。工质的加热首先通过压缩机将其压缩到一个很高的压力，从而会达到一个很高的冷凝温度；为此，需要给压缩机投入机械驱动能（压缩式热泵）。代替机械驱动能还可以用较高温度级的热量作为第二投入能源（吸收式热泵）。

在压缩式热泵情况下，根据热功率的范围可采用不同的压缩机：

（1）0.09～200 kW 的往复式活塞压缩机，通常做成所谓的封闭的往复式活塞压缩机（功率约到 50 kW），压缩机和驱动装置在一个密封罩内；所谓的半封闭的往复式活塞压缩机（30～200 kW），为了易于检修，机罩是开放的，并且通过气缸关闭或转数等级是可调的。

（2）旋转式压缩机的功率约可到 500 kW，与活塞压缩机相比，其优点是在运行时振动小。旋转式压缩机可分为滚动式活塞压缩机（功率到 12 kW）、螺旋式压缩机（功率在 12～60 kW 之间，最新式的是涡旋压缩机）以及螺杆压缩机（功率在 100～500 kW 之间）。

压缩机在绝大多数情况下都是以电力驱动，只有在较大功率的情况下，才使用内燃机。当热功率小于 10 kW 时，只能选择电力驱动。因为使用寿命的问题，目前没有合适的内燃机可供使用，假设一个双元并联运行❶的热泵的使用寿命为 10 年，那么运转时间为 20000～30000h，按经验这就超过了小型内燃机使用寿命数倍，因此，更换内燃机的次数按上述运行时间也相应地增加。从而根本谈不上经济运行。

内燃机和电力驱动之间的根本区别，首先在于额外给热泵循环提供的热量可以利用冷却水、润滑油和烟气的余热。由此，就有可能把一开始只有 30%～35% 转换成机械能的燃料能源，90% 以上用于采暖目的。此外，受热泵限制的热媒供水温度还可通过后置的换热器把热媒温度进一步提高到 70℃甚高于 70℃。内燃机驱动的另外一个优点是相对容易做到通过转速改变来调节功率（目前也有对电力驱动进行转速调节）。这样可以在一定程度上使热泵的功率变化过程适应于采暖系统的热量需求，从而比较好地做到能量平衡。

对于大功率的热泵来说，除了用活塞发动机，也有的用燃气涡轮机（大多用于涡轮压缩机）。出于环保的原因，并且由于热泵主要是设计用于基本负荷运行，与柴油（或采暖用燃油）相比，天然气作为首选燃料。在吸收式热泵（更高温度级的热量）情况下，驱动能源或者来自燃烧过程或者是来自任一其他热力过程的余热。

每个热泵的主要换热器都是蒸发器和冷凝器（图 4.3.5-1 和图 4.3.5-8）。在蒸发器里，热源的热量传递给工质，使之蒸发。在水作为热源时（参见第 4.3.5.3 节），使用的是壳管式、同轴（螺旋板式）和板式换热器；在空气作为热源时，使用的是肋片管或翅片管换热器。这种类型的蒸发器一般是按所谓干式膨胀原理工作的：工质流经管道并逐渐蒸发。在第二种蒸发器即所谓的溢流蒸发器情况下，热源的水流经管道，然后工质在外壳空间沸腾。

在冷凝器里，热量是从工质传递给采暖热媒或直接传递给空气（热风采暖）。它所使用的换热器类型与蒸发器的相同。

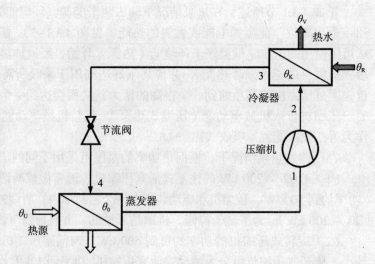

图 4.3.5-1　压缩式热泵示意图

---

❶ 见本章结尾。

4.3 热量生产

由于与采暖锅炉相比,热泵的投资成本要高得多,所以尽量做到让热泵在基本负荷范围内运行,以便使它能最大限度地出力。这意味着,除了热泵,还有采暖锅炉也要投入运行(并联或交替运行),把这种运行方式称为双元运行。如果热泵本身能独立地满足最大负荷,则称为一元运行方式。这种情况只有在最大负荷期间,热源具有足够高的温度时,才能经济地实现。

作为一种特殊的情况,就是所谓的单一能源运行,一般为电力驱动热泵,在高峰负荷期间,可通过电直接加热来满足负荷需要。如果给热泵配置了足够大的蓄热器,也可考虑用电蓄热器采暖(参见第 4.3.5.4.2 节)。

4.3.5.2 热泵工作原理

有关热泵循环过程的热力学基础知识已在第 1 卷 F2 和 F3 部分阐述。

压缩式热泵

对于评价可应用的制冷工质和热泵来说,最合适的自然是理想化的最简单形式(不含过冷和预热,图 4.3.5-2 和图 4.3.5-3)的制冷机循环过程。在 $T-S$ 图中,热量是以面积来表示的,与此不同,在 $p-h$ 图❶中,热量显而易见是以水平线段来表示的。因而,在此情况下,能很直观地得到对一个实际循环过程进行能量评价的重要参数。在蒸发器内产生的雾状制冷剂等熵地从点 1 压缩到点 2,然后再从点 2(等压)冷凝到点 3,接着把冷凝液从冷凝压力节流到蒸发压力。随着环境热量的输入,冷凝液 – 蒸气混合物从点 4 完全(等压)蒸发到点 1。

理论的功率系数(稳态过程的功率比)最好能从 $p-h$ 图(图 4.3.5-3)上的读数计算:

$$\varepsilon_{\text{th}} = \frac{h_2 - h_3}{h_2 - h_1} \qquad (4.3.5-1)$$

其中,把比容为 v_1 的制冷剂蒸气从压力 p_1 等熵地压缩到 p_2,绝热指数为 κ,则有:

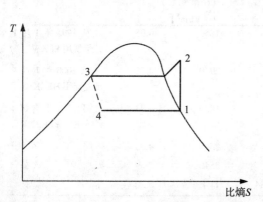

图 4.3.5-2 在 $T-S$ 图中的制冷蒸气压缩式热泵的理想比照过程

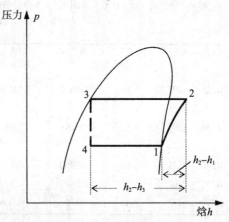

图 4.3.5-3 在 $p-h$ 图中的制冷蒸气压缩式热泵的理想比照过程

---

❶ p-坐标为对数坐标

$$h_2 - h_1 = \frac{k}{k-1} p_1 v_1 \left[\left(\frac{p_2}{p_2} \right)^{\frac{k}{k-1}} - 1 \right] \quad (4.3.5-2)$$

所谓容积制冷功率（更确切地说是以容积为基准的制冷剂冷却焓差）为：

$$q_{O,K} = \frac{h_1 - h_4}{v_1} \quad (4.3.5-3)$$

以及容积制热功率为：

$$q_{O,H} = \frac{h_2 - h_3}{v_1} = \frac{\varepsilon_{th}}{\varepsilon_{th} - 1} q_{O,K} \quad (4.3.5-4)$$

用上述两个概念可以对可应用的制冷剂[47]的热力学性能进行评估（表 4.3.5-1）。迄今在制冷和热泵技术中常用的氟-氯-碳-氢-全卤化物或部分卤化物（FCKW）作为化学工业的不可燃和无毒的安全制冷剂已于 20 世纪 30 年代开始使用，比如 R12 和 R22。但这些物质会导致破坏同温层的臭氧层。由此经国际协议或各国政府的决定，这些制冷剂已被禁止生产，必须用其他物质来代替。在过渡阶段，已研发了一系列的无氯的物质、氢氟碳化合物（HFKW），但长远来看也不会容许使用这些物质。此外，长期以来，人们已经知道有所谓的"天然的"制冷剂如丙烷（R290）或氨（R717），其优点是价格非常低廉，但是，两者皆易燃，而且氨水还有毒。因为它们作为天然物质都存在于我们的生物圈，它们是属于对环境没有危害的一类物质，既没有破坏臭氧层的危险也不会有或几乎不会有造成温室效应的危险。

实际上氨的毒性是有一定局限性的，因其刺激性气味，起着预警作用，使其毒性远低于危险品界限。因此，氨在大型制冷设备中可以说是一种相对安全的制冷剂。

VDI- 热学全书及相关公司资料举例列举的制冷剂物性参数　　　表 4.3.5-1

制冷剂	化学分子式	绝热指数 κ (0℃)	比容 v_1 (图 4.3.5-3)(m^3/kg)	蒸发压力 p_0 (0℃)(bar)	冷凝压力 p_K (50℃)(bar)	容积制冷功率 $q_{O,K}$ (0 和 50℃)(kJ/m^3)	理论制冷系数 ε_{th}	说明
R12	CF_2	1.15	0.0567	3.1	12.3	1850	4.95	从 1995 年 1 月 1 日起禁用 FCKW
R22	CHF_2Cl	1.19	0.0472	5.0	19.3	2960	4.88	从 2000 年 1 月 1 日起禁用 HFCKW
R134a	CH_2F-CF_3	1.12	0.686	2.93	13.2	1829	4.83	HFCW（不含氯）代替 R12 和 R22
R290	C_3H_8	1.10	0.0962	4.7	17.4	2568	4.93	丙烷
R717	NH_3	1.31	0.2897	4.3	20.3	3540	5.39	氨水
R718	H_2O	1.30	206.2	0.0061	0.1234	11.1	5.20	水

丙烷作为制冷剂特别适用于中小型制冷设备，在现有的技术情况下可以广泛地应用。其温度特性方面相当于制冷剂 R12；而相比之下，制冷剂充填的重量大约为 R22 的一半。出于这个原因，可燃性的问题是能够得到解决的。

4.3 热量生产

原则上，水也可用来作为制冷剂（R718）。但在考虑的温度范围内，压缩机、热交换器和管道的尺寸会大好几个数量级。图 4.3.5-1 示意性地描述了一个具有四个主要部件的压缩式热泵的结构：蒸发器和冷凝器两个换热器，它们如何设计很大程度上会影响到冷凝和蒸发之间的温差，压缩机，在确定其所需功率时亦应同时考虑其内部损失，以及节流阀。出于运行安全、控制调节和其他多种要求等原因，一个有实际运转能力的热泵还需要有一系列其他部件，但这些对理解热泵的功能并没有什么意义[48]。

不属于热泵本身的还有两个系统，但是，对设备总体设计来说，这两个系统却是至关重要的：即给蒸发器输入热量的热源系统以及热泵能向其释放出采暖热量 Q_H 的采暖系统。

评价热泵的参数是功率系数 ε_{eff}，它描述的是在稳态运行工况下所释放的采暖热功率 $\dot{Q}_H$ 和驱动设备吸收的功率 P 之比：

$$\varepsilon_{eff} = \frac{\dot{Q}_H}{P} \qquad (4.3.5-5)$$

式（4.3.5-1）引入的理论功率系数主要是用来评价制冷剂，通过改善循环过程例如通过制冷剂冷凝液的过冷和制冷剂蒸气的预热（"回热器预热"），可以把理论功率系数提高到理论过程功率系数 $\varepsilon_{th,p}$（图 4.3.5-4 中的过程状态点 1，2，3 和 4）。再由理论过程功率系数能够逐步确定有效功率系数。代替在理论过程中的等熵压缩过程（由点 1' 到点 2'），而是一个多变压缩过程（从点 1' 到点 2''）。由此额外增加的焓差可用所谓的指示效率 η_i（大约为 0.75）来确定：

$$\Delta h = (h_{2'} - h_{1'})\left(\frac{1}{\eta_i} - 1\right) \qquad (4.3.5-6)$$

此外，对于在压缩机内出现的机械摩擦损失，引入一个所谓的机械效率 η_m（≈ 0.85），以及最后还有一个考虑到驱动设备损失的效率（通常为电动马达，因此用 η_{el} 表示，该效率取决于电机的功率：在 1 kW 时，约为 0.82，在 4 kW 时，约为 0.84）。

因此，有效功率系数为：

$$\varepsilon_{eff} = \left(\varepsilon_{th,P} + \frac{1}{\eta_i} - 1\right)\eta_i\eta_m\eta_{el} \qquad (4.3.5-7)$$

如果要得到消耗的全部功率大小，还得同时考虑克服在蒸发器和冷凝器中压降所需要的功率；因而给出了一个总括性的概念性能系数（COP）。

再简单一些，有效功率系数可由容易计算的卡诺循环功率系数（参见原著第 1 卷，第 F1.5.4 章）：

$$\varepsilon_{Carnot} = \frac{T_K}{T_K - T_0} \qquad (4.3.5-8)$$

估算，粗略地得出：

$$\varepsilon_{eff} \approx 0.5\, \varepsilon_{Carnot} \qquad (4.3.5-9)$$

图 4.3.5-5 描述了在三种不同的冷凝温度情况下的有效功率系数与热源温度的关系。此外，

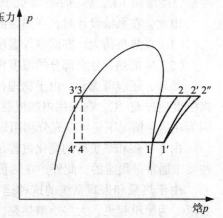

图 4.3.5-4　在 $p-h$ 图中的制冷蒸气压缩式热泵带过冷、预热和多变压缩的循环过程

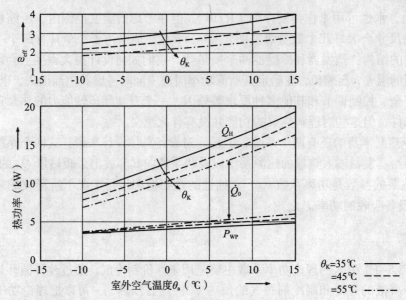

图 4.3.5-5　空气－水热泵的典型运行特性

注：在不同的冷凝温度情况下，有效功率系数 ε_{eff} 和热功率与热源温度的关系。

图中还加进了有关采暖热功率 $\dot{Q}_H$、向热源传递的热功率 $\dot{Q}_0$ 和驱动功率 P_{WP} 的曲线。这些曲线只是针对某一特定的使用相应的制冷剂的热泵案例。该图表明的是一典型的空气－水热泵运行特性，这里热源为室外空气；在冷凝器里采暖用热水被加热，参数为冷凝温度。因而，对于热泵运行特性一般有：

（1）热泵的采暖热功率随着蒸发和冷凝间的温差亦即热源和采暖热媒之间温差的减小而增加。同时，不仅有效功率系数而且驱动功率亦增加。

（2）在热源和采暖热媒之间的温差保持恒定的情况下，不仅采暖热功率而且驱动功率随着热源温度的升高而增加；其有效功率系数几乎不变。

（采暖热功率变化可估计为：若蒸发器的温度增加 1 K，热功率约提高 3%～4%；若冷凝温度增加 1 K，热功率约降低 1%～2%。）

由此，在系统设计时，在热泵的"冷"侧和"热"侧得出下列要求：

（1）在热负荷大，亦即室外温度低时，热源温度应尽可能高；

（2）应把热量移交部分的温度设计成尽可能地低。

此外，还应考虑到，由于物理技术方面的原因，今天还不可能用压缩式热泵使采暖热媒温度超过 60 ℃。在采用内燃机驱动的情况下，能够把 60 ℃ 这个界限再提高大约 10 K，因为在这种情况下还可以充分利用烟气和冷却水的余热（冷凝器后的再热）。

由于气候和热负荷的变化过程是逆向于热力学赋予的热泵运行特性，因此，要实现这些要求通常是很难的。此外，在热负荷大时，也要求热媒的温度提高。

由于热泵和采暖系统的这种运行特性，在设计热泵时，对功率调节提出非常特殊的要求。为简单起见，大多小型热泵（热功率到 20 kW）只是以开/关运行。转速调节现在还处于试验阶段（例如在旋转式压缩机，特别是涡旋压缩机情况下）。为了减少开/关次数和与此相关能保持运行持续时间较长，因而，一般给热泵并联配置缓冲蓄热器（参见第

4.3.5.4.2 节）。

吸收式热泵

吸收式热泵的循环过程可最简单地借助于卡诺循环过程来阐述（图 4.3.5-6）：给本来向左转方向且提供采暖热量 Q_H 的热泵循环过程串接第二个向右转方向的循环过程，向该循环过程输入"驱动热量"，即温度为 T 的热量 Q，其中有做功能力的部分㶲（Exergy）为：

$$E_x = Q\left(1 - \frac{T_U}{T}\right) \qquad (4.3.5\text{-}10)$$

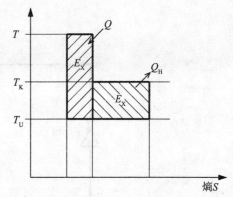

图 4.3.5-6 在 T-S 图中的吸收式热泵的卡诺循环过程

作为使用热量是从循环过程中在冷凝温度为 T_K 时产生的采暖热量 Q_H，其㶲（Exergy）部分必须与输入热量的㶲（Exergy）部分完全一样大，并且可计算出来。为了评价整个循环过程，引入一个称为热量比 ζ 的参数，在卡诺循环过程情况下，则有：

$$\zeta_{\text{Carnot}} \equiv \frac{Q_H}{Q} = \frac{T - T_u}{T_R - T_u} \frac{T_K}{T} \qquad (4.3.5\text{-}11)$$

图 4.3.5-7 描述了这种理想热量比与温度之间的关系，热量是在该温度下输入系统，图中冷凝温度和环境温度作为参数[50]。

图 4.3.5-8 最简单地描述了吸收式热泵的运行方式，其循环过程是用两种物质的混合物来实现的。其中之一是低沸点物质，而另外一种为高沸点（例如氨和水，氨的正常沸点是 –33.4 ℃，为低沸点物质）。真正的制冷剂（如氨水）像在压缩式热泵那样，进行类似的循环过程；只是升温的压缩过程不是由机械的压缩机，而是通过被称为"热力压缩机"的溶剂循环完成的。此时，处于溶液中的工质由溶液泵提高压力，接着通过在发生器内输入的热量提高温度，在这里工质变成蒸气与溶液分离。这样，失去制冷工质（这里为氨）的混合物变成了稀溶液。稀溶液经节流阀再流回吸收器，接着在吸收器里被回水冷却，使其重新具有吸收来自蒸发器的制冷剂蒸气的能力。

吸收式热泵的优点是它除了溶液泵以外，不再有其他受磨损的运动部件，可以预期这种热量制备设备有足够长的使用寿命。此外，其所需要的驱动能量也是热量的形式，只是

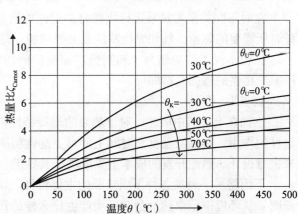

图 4.3.5-7 吸收式热泵的理想热量比 ζ_{Carnot} 与输入热量温度 θ 之间的关系，冷凝温度 θ_K 和环境温度为参数

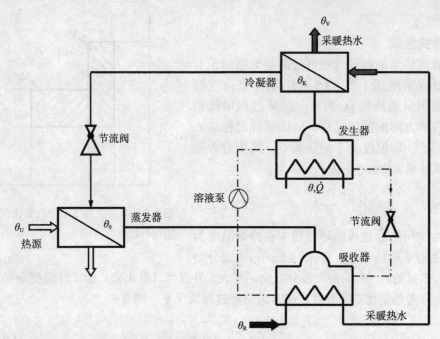

图 4.3.5-8 吸收式热泵工作原理示意图

以适当高的温度输入。因此，不仅可以利用各种燃料生产的热量而且还可以利用来自其他热力过程的余热。当然，在小型设备的情况下会存在这样的问题，即并不是每种燃料都能适用。

能量方面的评价

为了能量方面的评价引入了能量比（用于一个较长时间段，比如一个采暖周期）。在压缩式热泵情况下，该能量比就是做功系数，即：

$$\beta = \frac{Q_H}{W_t} \qquad (4.3.5-12)$$

而在吸收式热泵情况下，是上面已经提到的热量比，只是现在用于一个实际的设备为：

$$\zeta = \frac{Q_H}{Q} \qquad (4.3.5-13)$$

在对不同类型的热泵进行比较时，无论如何都得注意到，同时要考虑所有辅助设备运转时所需要的能量，例如燃烧器的泵和鼓风机。用于热源媒介的输送泵、融化加热等。

比较不同类型的热泵（和制造厂家提供的功率数据），只要检查标准[51]规定的制造厂家应提供的数据资料即可。

4.3.5.3 热源

正如在上一节中所述，对于热泵的运行特性以及其做功系数能达到多大，热源起着决定性的作用。热源的温度和时间上的可支配性将决定热泵的运行方式，从而也将决定如何来进行设计。热源开发的成本主要取决于其种类，而和热泵的设计关系较小。

下面将一一列举各种不同热源的主要特性、优缺点及其在开发时的要求。有关实施的细则、从环境中获取热量会对环境产生什么样的影响以及官方的各种各样的规定，这里就

4.3 热量生产

不再赘述。在这个问题上,热泵+制冷技术信息中心(IZW)[52]或其他相关机构(例如文献[53])会不断地给出最新的信息。

下述热源可用于热泵:室外空气、地下水、太阳辐射能、地表水、土壤蓄热装置、余热、土壤(管道平铺、地热钻探管)、远程热源回水、地热。

在考虑这些热源温度特性时,应区分哪些热源的温度取决于室外温度的日变化或年变化过程及太阳辐射,哪些热源的温度完全或很大程度上与此无关(见图4.3.5-9)。

在选择确定哪一种热源时,优先要考虑的是,热源在时间、地点上以何种规模可供支配使用。

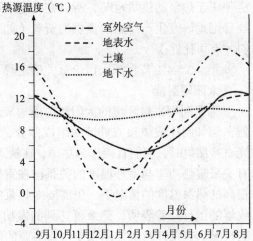

图4.3.5-9 热源温度年变化过程(与室外温度相关联)

室外空气

作为产热设备而相当广泛用于较小型采暖系统的热泵主要是以室外空气为热源。由于热负荷随着室外温度的下降而增加,那么,与室外温度密切相关的热负荷和热泵的采暖功率的变化过程就正好方向相反,这一点必须在设计时加以考虑,通常是另外再增加一个产热设备,采用双元运行系统,即在该系统中热泵只能满足最大热负荷的一部分(例如50%)。

用空气为热源的热泵一般做成两种不同的类型:一种是结构密实型,带蒸发器和风机的整个装置安置在一个壳体内;另一种是分体式,这种设备是把蒸发器和风机安装在与热泵的其余部分分开的壳体内。结构密实型设备通常安装在建筑物内,然而也有一些放置在室外。分体式设备的蒸发器一般安置在户外,但它也可以安装在建筑物内,例如在阁楼地板上。如果蒸发器置于建筑物内,那么,为减少风机噪声,大多数要求风道及墙壁的缺口加装消声器。

在设备置于户外的情况下,则有必要采取防备恶劣天气的措施,如果设备离建筑物相对较远,可以不再加装消声器。安装消声器会额外增加很大的阻力,在设计时必须把这一因素考虑进去。

由于蒸发器表面温度必须总是远远地低于周围的空气温度,因而还得考虑与空气湿度密切相关的冷凝液的出现。当蒸发温度高于0℃时,冷凝液保持为液态并能滴下来排走,当蒸发温度低于0℃时,在蒸发器表面会结霜,这样会明显地恶化传热过程,而且空气侧阻力也会增大。因此,融霜装置就必不可少,现有两种融霜装置:

(1)一种是所谓的热蒸气旁通融霜,这种融霜装置就是定时地把一部分压缩的热蒸气通入蒸发器;

(2)另外一种是通过一个四通阀使循环方向逆转,短时间内让蒸发器和冷凝器的功能互换。

但无论如何,融霜所消耗的能量恶化了热泵的能量平衡。根据迄今为止的经验,用于融霜的能量消耗远低于采暖热量的5%。

因为蒸发部分的基本部件,亦即蒸发器、风机、融霜装置及相应的调节控制元件,都必须属于热泵的供货范畴，所以在确定风道和消声器尺寸大小以及所需空间位置时，必须要仔细地研究生产厂家所提供的资料（如果统一以标准 DIN 8900[51] 为基准，那么这些资料才有可比性）。

第 4.3.5.4.1 节将深入讨论有关确定热泵尺寸大小及与此相关的热源设备。

太阳辐射能

为了利用来自环境的太阳辐射能，最近出现了各种不同的设备（大多数为太阳能吸收器，例如制作成屋顶或外墙的组成部分、壳管换热器、板式换热器等），其作用就是在阳光直接照射时，它们直接作为热源，在缺乏太阳辐射时，通过自然对流从空气中获取热量，有关采暖热功率与室外温度的关系已在室外空气段落中述及。当然，在阳光直接照射产生很高的热源温度的情况下，仍需要对热泵的本身进行技术方面的研发。最初的利用能量吸收器的运行经验表明，热泵可达到的做功系数 [式（4.3.5-12）] 几乎不高于用空气作热源的情况。在设计时也如同用空气作热源的情况，但必须考虑到，吸收器和热泵之间通常是通过盐水循环来传热；用吸收器来直接蒸发目前尚不熟悉。

土壤蓄热装置

土壤蓄热装置作为热源是和能量吸收器或太阳能集热器一起运行的。由于土壤蓄热装置在需要采暖热功率较少的时间里能够较长时间地蓄存太阳辐射能量，那么，利用土壤蓄热装置可以减少热泵采暖热功率对室外温度的依赖，然后在太阳辐射少且室外空气温度较低时，只利用蓄热装置作为热源。如果作为蓄热用的土壤部分用薄膜密封并用水浸湿，那么，其蓄热容量可以大大增加。用来获取热量或升温所需要的盘管一般多层重叠地埋入土壤蓄热装置中。

土壤

长期以来，都把土壤看作为是一个良好的热源，因为它是太阳能的直接蓄热器，埋设在土壤里的管道可以从中获取热量。在采暖期间降温了的部分能够在不采暖的时间通过太阳辐射或多或少地又被重新蓄热。土壤是否会保持持续的温降（随着时间的推移），这会影响到它能否适合作为热源，取决于土壤结构和以面积为基准的热流。越潮湿的土壤以及越多的土壤面积可供使用，则越是能够长期地作为热源使用。

管道埋设深度一般为 1.4 ~ 1.8 m，管距为 0.3 ~ 0.6 m 较为合适。在产热设备可能设计成完全为一元运行的情况下，根据不同的土壤，要求土壤的面积为采暖住房面积的 1.5 ~ 2.5 倍。管道应尽可能铺设成多个并行的环路，这样在某个环路损坏后，切断损坏的环路，其他还照样可以运行。同样在这种热源情况下，一般也是用盐水作为热泵的传输媒介，有时管道也直接作为蒸发器运行。由于需要的面积很大，很少用土壤作为热源。假如用所谓的地热钻探管会避免这个缺点。在利用地热钻探管时，是把吸收热量的进出水管道像发针那样垂直地打进土壤，深度在 50 ~ 150 m 之间。但是用垂直的地热钻探管是否要多于使用水平铺设的管道，完全要看周围土壤热力再生的可能性。为了得到足够长的恢复周期，只是因为要不间断地长期运行，就采用双元并联运行并不合理。

地下水

只有在那些地下水蕴藏丰富且不是或几乎不是把它用作为饮用水的地方，用地下水作热源才有意义。但地下水确是价廉物美的热源，因为地下水的温度几乎常年保持相同而且水温大约在 8 ℃ ~ 10 ℃ 之间，这对热泵来说是最好的前提条件。由于必须把冷却过的地下水回灌到土壤，一般在利用地下水时打两口井。打井作业要求十分谨慎，应该只能让有

4.3 热量生产

这方面经验的专业公司来进行,通常还需要有关官方的许可。在有足够回灌的情况下,最有可能实现一元运行热泵系统。

地表水

在很少情况下用地表水作为热源。为获取热量,蒸发器可以直接放到(江河)水流里(极少见)或是把水经过一个引水渠导入热泵并在水冷却后又流回去,或是经过一个含防冻液的混合液的中间环路连接到蒸发器。由于大部分地表水在长期的寒冷季节里有可能降到接近0℃,因而通常需要用双元产热系统。

余热

一般来说,利用余热作为热泵的热源最为有利,但通常只适用于在产生余热和采暖热功率需求之间有一个固定比例关系的地方,例如,这可以在一个企业内。如果是这种情况,那么,考虑到余热的温度变化过程,也有可能在一个特别有利的运行范围内得以实现用一元产热系统。同样也可以从空调设备的排风中(当然是在热回收器之后)获取一部分热量用于采暖,当然,在这种情形下用一元产热系统是不够的。

远程热源回水

在热电联产远程热源系统情况下,如果借助于热泵设备来继续冷却其回水,那么就可以实现充分利用热量的目的(参见第7章)。通过回水温度的降低还可以提高供热热电厂的过程效率。采用这种热源的热泵装置仅适用于作为远程热源的一个扩展的产热设备;并联运行是没有意义的。

地热

在以土壤和地下水为热源的情况下主要还是利用太阳能,与此不同的是,地热是来自于地球内部。随着钻探至300 m或甚至2000 m深度,可以抽取到温度为20 ~ 70℃的温水。但大多数工程耗费巨大,只有当热泵做功系数明显地高于4时用地热才显得合理。否则,例如较为合理地是用于温泉浴。

表4.3.5-2概括了所有热源的基本评估标准。

热源的评估标准   表4.3.5-2

热源	可供使用性		热源媒介的温度范围	热泵的设计运行方式	热水温度	可达到的平均做功系数 β_{KI-H}	费用开发	运行	建筑物设计时的考虑
	地点	时间							
空气	良	良	-12 ~ 15℃	双元	≤ 50℃≤ [①]	2.2	适中	高	部分必须
太阳辐射能	良	适中(占地需求)	-12 ~ 15℃	双元	≤ 50℃≤	2.2	高	高	部分必须
土壤蓄热装置	适中	良	-5 ~ 10℃	一元或双元	≤ 50℃ ≤ 50℃≤	2.7	适中	适中	仅地面面积
土壤	少见	良(地面面积)	-5 ~ 10℃	一元或双元	≤ 50℃≤	2.7	适中	适中	仅地面面积
土壤钻探	良	优	8 ~ 12℃	一元	≤ 50℃	2.9	适中	小	部分必须
地下水	少见	优	8 ~ 12℃	一元	≤ 50℃	2.9	高	小	仅地面面积
地表水	少见	良	0 ~ 15℃	双元	≤ 50℃≤	2.7	适中	适中	仅地面面积
余热	少见	良	≥ +15℃	一元	≤ 50℃	3.0	适中	小	部分必须
热网回水	少见	优	≥ +40℃	一元	≤ 50℃	≥ 3.0	适中	小	部分必须

译者注:①表示在50℃附近。

4.3.5.4 热泵装置

4.3.5.4.1 设计

与采暖锅炉不同的是热泵的输出热功率一般大于其吸收功率,这取决于与其相关的系统,即热源和采暖系统的热力特性。如果已在锅炉设计中就没有足够地关注到建筑物的热负荷状况(可惜往往在实践中确是这么做的),那么,没有考虑到热泵本身以及与其相关系统的动态性能,就会导致整个系统设计上的严重错误,因此也会错误地选择和设计热泵。本来与传统的产热设备相比,其投资成本已大大提高了,特别是在开发热源方面,这样设计方面错误的结果会使其适用性在很大程度上降低、维修保养费用增高、往往还有因多消耗掉能源而导致较高的与能耗挂钩的费用,这些本来是可以避免的。

在设计热泵时必须综合考虑建筑物(热负荷变化过程)、热源、热用户(采暖设备、饮用水加热)以及热泵本身的热力运行特性,其目的就是考虑这些部分同时出现的各自不同的特征曲线并使其相互协调匹配。由于这里年运行过程比名称功率更为重要,因而,在第 5 章"采暖系统运行特性"之前就提及到这个问题亦是不可避免的。在综合介绍功率和温度变化过程之前,首先分别逐一讨论各部分的运行特性。

一元运行

首先从热源为温度常年恒定(例如地下水)的热泵开始。图 4.3.5-10 举例描述了生产厂家所提供的相对采暖热功率和相对热泵吸收的功率与冷凝温度 θ_K 之间的关系。选择的基准值是在 $\theta_K = 55$ ℃时的采暖热功率 $\dot{Q}_H^*$。

第二步是建立具有供水温度为 θ_V 的冷凝温度和室外温度 θ_a 之间的关系。通常函数 $\theta_V(\theta_a)$ 通过所谓的采暖曲线来表述,有曲率的采暖曲线变化过程是由各热量移交系统的

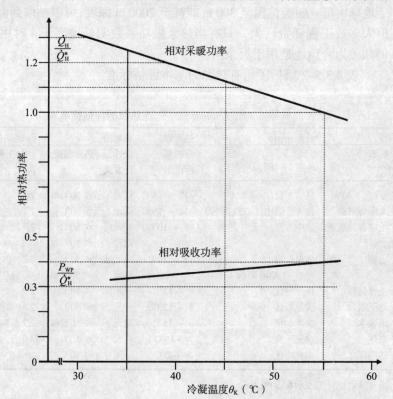

图 4.3.5-10 压缩式热泵的相对采暖功率和吸收功率与冷凝温度之间的关系,热源温度 $\theta_0 = 10$ ℃保持不变(摘自生产厂家的资料)

4.3 热量生产

放热特性产生的。因为严格地说，用函数 $\theta_V(\theta_a)$ 应能由室外温度来控制供水温度，但由于热负荷变化过程受多个其他参数影响，因而它描述的只是一个粗略的预调节，在建筑物内的放热本来必须通过各个房间单独的调节来适应各自热负荷的变化过程，预先确定函数 $\theta_V(\theta_a)$ 为一线性函数，也已足够精确了：在采暖界限温度为室外温度 12 ℃ 的情况下，供水温度还应为 25 ℃，而在设计情况下（室外温度为 –10 ℃），供水温度为 50 ℃ 应该就足够了。该"采暖曲线"描述在图 4.3.5–11 的上图中（看作为直线！）。

所求的冷凝温度的变化过程和与供水温度相关联的室外温度之间的关系，应由冷凝器的热力特性推导出来：通常情况下，热水入口温度通过和出口的混合将其调节到约比 θ_V 低 5 ℃；此时通过冷凝器的热水流量保持恒定，这样升温系数 Φ_2 也保持不变。在设计状态点为 θ_K = 55 ℃，θ_V = 50 ℃ 和升温温差 σ = 5 K 时，升温系数 $\Phi_2 = \sigma/(\theta_K - \theta_{21}) = 5℃/(55℃ - 45℃) = 0.5$。因为升温温差 σ 应保持恒定，那么则有 $(\theta_K - \theta_{21}) = 10$ K。由 θ_V

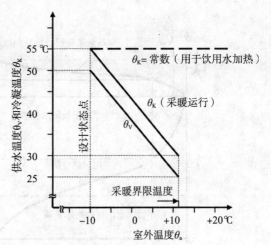

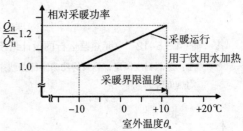

图 4.3.5–11 由"采暖曲线" $\theta_V(\theta_a)$ 推导温度函数关系 $\theta_K(\theta_a)$，并建立相对采暖功率和室外温度之间的关系（举例说明采暖和饮用水加热运行的热泵特征曲线）

– 5K = θ_K – 10 K 得到 $\theta_K = \theta_V$ + 5K。该直线同样也表述在图 4.3.5–11 上图中。在另外还考虑到饮用水加热时，必须把冷凝温度恒定在 55 ℃（图中虚线）。这样，图 4.3.5–10 中以相对热功率表达的热泵特征曲线可以作为室外温度的函数；对于饮用水加热运行来说这是一条水平特征曲线（图 4.3.5–11 下图）。以同样的方式，可推导出相应的吸收功率的特征曲线。

第三步是把采暖建筑物的相对热负荷变化过程包括进来一起考虑（图 4.3.5–12）。为了用一个统一的纵坐标来描述这两种曲线，这里采用了相对热负荷；用来表达热负荷变化过程的横坐标为其累积频率即一年中该热负荷出现的天数（左图），右图的横坐标为室外空气温度；这里所说的热负荷是指日平均值，它始终是和日平均温度相关联的。在采暖界限温度点，按照定义假设热负荷值为零（尽管如此，在采暖界限温度时，实际上还需要采暖热量，但这与该定义并不矛盾，只是证明采暖系统还没有做到最优化设计）。

作为热负荷的基准值，这里采用的是最大热负荷 $\dot{Q}_{max}$，略微不同于图 4.3.5–10 和图 4.3.5–11；由于采暖运行的不同时性，$\dot{Q}_{max}$ 通常小于标准建筑热负荷（参见第 4.1.2.1 节）。在前述的例子中，设计的供水温度为 50 ℃，这时可达到的热泵热功率为 $\dot{Q}_H^*$（由于热泵热功率只能是分等级的，因而该例实际上实现不了，因为 $\dot{Q}_H^*$ 通常不会正好与 $\dot{Q}_{max}$ 完全吻合）。

用绘图的方式由累积频率曲线建立与室外温度的关系，这样，从右边曲线推导出左图中的采暖热功率特征曲线。相对热负荷和相对采暖热功率之比描述了其最大出力。如果热

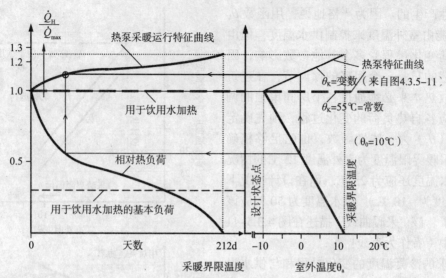

图 4.3.5-12 一元热泵运行的设计诺模图

注：热源温度恒定，热泵的功率特征曲线来自图 4.3.5-11，其中 $\dot{Q}_H^* = \dot{Q}_{max}$（$\dot{Q}_{max}$ 为最大日平均热负荷）

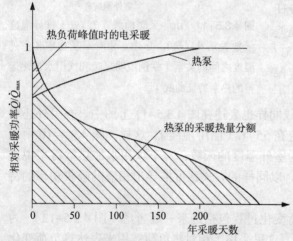

图 4.3.5-13 一元能源运行情况下热负荷及热功率变化过程

泵还额外用于饮用水加热，就能够再提高其最大出力。这种情况下，它优先以出口温度为 50℃进行运行（热泵在饮用水加热运行时的特征曲线过程如图 4.3.5-11 中的水平虚线）。

一般在实际中不可能得到一个热功率与设计功率 $\dot{Q}_{max}$ 很精确地相等的热泵，为了确保热泵能更好地出力，在挑选按采暖功率分等级的热泵时，应选其功率小于预期的最大热负荷 $\dot{Q}_{max}$。其热负荷的峰值部分（图 4.3.5-13）可用附加的电采暖设备来满足（"一元能源运行"）。用附加的电采暖设备时，给热泵并联上缓冲蓄热器颇为有益（参见 4.3.3.4.2 节），通过这种方式可以充分使用低价位时的电力。通过附加的电采暖设备也可以满足饮用水加热时的峰值负荷。

二元运行

设计二元热量制备系统（锅炉加热泵）的目的是必须用一台尽可能小的热泵（投资成本低）来满足尽可能高的总热量需求量。下面将举例来说明一个以室外空气为热源的设备实际运作过程。

在用二元热量制备系统中，不同于上述的一元运行，其在设计状态点（室外温度 $\theta_a = -10$℃）和采暖界限温度点（$\theta_a = +12$℃）时的供水温度可容许略高一些（$\theta_V = 55$ 和 30℃）。

4.3 热量生产

应该确定下面的参数：热泵的功率、散热器（面）的设计温度、产热设备的择机转换点或并联运行时的接通点（二元运行点）。

首先要选择一个热泵，根据经验，其采暖功率特征曲线在预期的室外温度范围内要位于最大热负荷的 50% 以下。该热泵的功率特征曲线画入设计图的中间图区（图 4.3.5-14）。那么，对于每一个以冷凝温度为标志的特征曲线，在中间和左边图区会得到不尽相同的二元运行点。对于热泵以及散热器（面）设计而言，选择中间图区较为合适，并且在右边图区（图 4.3.5-14）采暖曲线（线性的）通过相应的供水温度表达（依据如一元运行情况）。由此得到一个冷凝温度变化的热泵特征曲线（中间图区的虚线），现在也可以把该特征曲线逐点地转移到左边图区，那么，从图中就得到热泵和附加采暖设备之间对热量需求的分配份额（累计频率曲线下面的总面积相对应地为一个采暖周期的能源需求总量）。因此，曲线段 1-2-3 下方围成的面积为并联运行时热泵的采暖能量部分；由曲线段 1-2-4-1 围成的面积，则对应地为附加采暖设备的部分。可以看出，通过降低散热器（面）的设计温度和把热泵特征曲线推移到特征曲线 a 的二元运行点，热泵满足能源需求的份额只有轻微的增加。

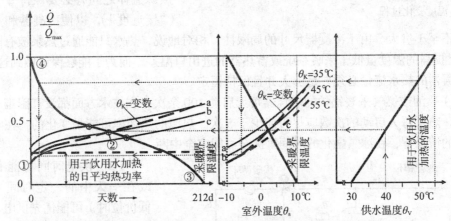

图 4.3.5-14 带饮用水加热的二元热泵采暖设备的设计诺模图（热源为空气）；
注：热泵热功率特征曲线 a，b，c（功率特征曲线 c 用于饮用水加热，热功率特征曲线由制造厂家提供）。

在这个例子中，平衡点选择供水温度为 40 ℃，但热泵在较低的室外温度时仍应继续（平行）运行，为此，根据室外温度，把供水温度提高到极限值 50 ℃。对于室外温度降至最低时的并联运行，在任何运行状况下，热媒的回水温度 θ_R 都必须选择足够低于热泵规定的最高温度并且确保热泵能够把它的一部分热功率释放给热媒。

4.3.5.4.2 热泵连接，缓冲蓄热器，日蓄热器

一般来说，热泵有两种使用的可能性：
（1）作为单个或多方间的直接采暖装置（直接加热室内空气）；
（2）作为热水集中采暖系统的产热设备（只能用水做热媒）。

由于热水集中采暖系统的优点（参见第 4.1.2.2 和 4.1.6.1 节）以及可与热水缓冲蓄热器组合使用，热泵作为产热设备主要是用于热水采暖系统。

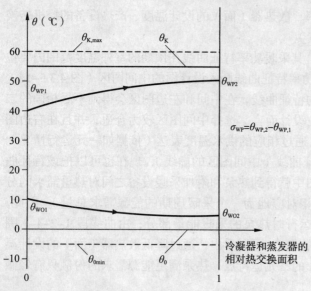

图 4.3.5-15 举例说明蒸发器内(下面曲线)和冷凝器内(上面曲线)温度变化过程

热泵与热量分配系统的连接不能像采暖锅炉那样简单，必须要注意它的一些特殊性：

（1）热泵的工作温度处在很小的范围内，最大可能的冷凝温度是通过调节所谓的高压恒压器预先给定的，而最小可能的蒸发温度亦是通过调节所谓的低压恒压器预先给定的。为避免热泵运行波动，冷凝器中的温度和蒸发器中的温度与其恒压器预先给定的极值温度之间保持大约为5 K的安全温差（图 4.3.5-15）。在冷凝的工质和热泵热水出口之间以及蒸发工质和流出的热源流体之间有必要保持一个温差（"接近度"），以便冷凝器和蒸发器的尺寸不至于过大。由于冷凝器尺寸的局限性，相对地说，热水只能通过热泵被有限地加热，通常提高的温度量低于采暖系统或蓄热器的进出口温差。而为了能够保证做到这一点，通过冷凝器的热水流量必须要足够大并且保持恒定。

（2）燃油或燃气采暖锅炉的燃烧器每天启动100余次，在技术方面都没有困难，而与此相反，热泵每天启动的次数应尽可能少于5次。热源的热功率可能是变化的，在空气作为热源的情况下，在冰雪融化的时间里甚至可能完全中断。

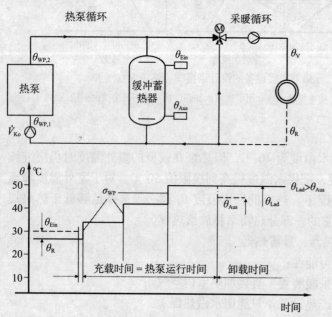

图 4.3.5-16 分级充载（热泵的进出口温差为 σ_{WP}），水力回路及温度变化过程

（3）供电时间可能有限制或在一天中的一定时间（电在低价位时）可能优先供电。

由于热泵的特殊性，无论如何都要求配备循环水泵的自身产热设备循环。从技术的必要性来说，即每天启动次数少于5次，要求并联一台缓冲蓄热器，合适的是一台容量比较大一些的日蓄热器，这两种蓄热器都做成水的蓄热器。偶尔还会听到建议，把所需要的蓄热容量放到采暖散热部分（比如地板采暖或水容量大的散热器），这是错误的，因为虽然由此可节省一个缓冲蓄热器，但会因为热量移交部分的可调性

4.3 热量生产

能恶化,从而引起能耗大大提高(增幅高达20%)。同样不利的是,要求加大分配管网的蓄热容量或在供水段串联一个缓冲蓄热器(这甚至还没有做到节省蓄热器的目的)。

蓄热器充载有两种方式:

(1)控制技术方面简单的分级充载,这是通过多个一级接着一级的充载周期分级地把蓄热器充载到预定的充载温度θ_{Lad}(图4.3.5-16)。在极端情况下,充载温度约比位于蓄热器下部的传感器温度θ_{Aus}高一个热泵的进出口温差。负责接通蓄热器的传感器位于蓄热器上部,调节好的传感器温度θ_{Ein}必须大于回水温度。

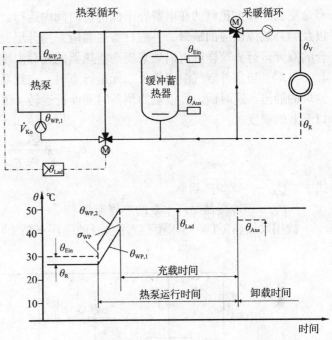

图4.3.5-17 分层充载,水力回路及温度变化过程

(2)分层充载是用充载温度进行一步充水,在这种情况下,蓄热器的底部还保持着回水温度(分层蓄热器)。为此,在充载时需要进行调节,即用一个连接在热泵回水端的三通混合阀,通过已加热的热水的回流得到所需要的热泵入口温度$\theta_{WP,1}$(图4.3.5-17)。

在分层充载情况下,热媒的进出口温差可以比分级充载的情况大约大50%;那么,相应地在热泵循环里流经冷凝器循环水泵的体积流量$\dot{V}_{Ko}$也就要小一些:

$$\dot{V}_{Ko} = \frac{\dot{Q}_{WP}}{\sigma_{WP} c_W p_W} \quad (4.3.5-14)$$

如果假定热泵每天的启动次数为n_d以及蓄热器的进出口温差是$\sigma_{Sp} = \theta_{Lad} - \theta_R$,那么,缓冲蓄热器的最小容积为:

$$V_{Sp,min} = \frac{\dot{Q}_{WP}}{\sigma_{SP} c_W p_W n_d} \left(24h3600\frac{s}{h}\right) \quad (4.3.5-15)$$

对于回水温度来说,用热泵运行情况下可能会出现的最大值代入。在日蓄热器的情况下,预定每天启动次数为1次。实际的蓄热器容量应该比计算出来的数值再增加接通传感器上部和关闭传感器下部滞留的容量。

举例:

在热泵功率为3 kW、进出口温差为25 K、物性参数c_W = 4.178 kJ/(kg K)以及ρ_W = 994 kg/m³的情况下,每天启动次数为5次,那么,计算出来的蓄热器容量则是0.5 m³。

分级充载蓄热器应该推荐仅用于独户住宅的采暖系统,而且该系统只有一个采暖循环并限制用一个缓冲蓄热器。缓冲蓄热器提供了期望的与采暖循环水路分离、减少开关频率的可能以及在使用室外空气作为热源时融霜所需要的能量。此外,日蓄热器可使得热泵的寿命更长、较大比例的在电费处于低价位时间内运行、克服较长一段时间中断供应的矛盾以及弥补热源供应的缺口。一般日蓄热器应采用分层充载，它优先用于热泵和采暖锅炉组合的双元运行。这样可由锅炉来提高蓄热器的充载温度，从而扩大了蓄热器的热容量（图4.3.5–18）。当室外空气温度低于二元运行点时，在热泵运行情况下，三通转换阀打开通向锅炉的通道，这时锅炉经很短的预备时间即行运转。因而充载温度提高了相当于锅炉进出口温差的幅度：

$$\sigma_K = \frac{\dot{Q}_{WP}}{\dot{V}_{Ko} c_W p_W} \quad (4.3.5\text{--}16)$$

式中　$\dot{Q}_K$——锅炉热功率；

　　　$\dot{V}_{Ko}$——冷凝器循环水泵的热媒流量。

饮用水加热（TW）问题可以用自身的循环水泵（4）由蓄热器解决（图4.3.5–18）。

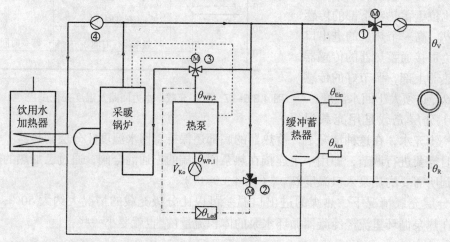

图 4.3.5–18　热泵和采暖锅炉双元并联运行水力回路

注：回路中包括缓冲蓄热器 PS 和饮用水加热器 TW

4.3.6　燃气轮机热电厂

4.3.6.1　概述

根据在第2章描述的系统一览（表1.2–4），本章讨论的内容限定在来自服务于整个城市地区的大型热电厂的远程热源。作为产热设备，它仅仅是建筑物或建筑群的采暖系统的组成部分。这种有限的较大型的热源系统，称为"区域热源"。如果采暖热量是由热电联产制备，那么，基本上只有利用燃气轮机热电厂（BHKW）较为合适（参见第4.3.1节）。燃气轮机热电厂一般包括一个或多个 BHKW 模块和一个峰值锅炉。作为一个组合块，BHKW 模块通常是把内燃机、发电机、换热器和辅助设备安装在一个共同的基本机框内，这样外壳还可起到隔声的作用。由这种结构形式以及采暖的住宅群，那么产生"区域供热站"的概念。它早先出现在20世纪70年代，由国家赞助，把这早已熟知的热电联产（KWK）在热力学方面的优点用到主要是功率规模较小的小区热用户。正如德国工程师协会准则 VDI 2067[54] 第7部分有关 BHKW 经济计算的适用范围所述，当时，作为热电联产的机组

4.3 热量生产

除了往复式活塞内燃机，还有燃气透平和蒸气透平。今天，理解 BHKW 这个词狭义多了：在制定有关设计、设备制造及验收准则的 VDI 3985[55] 里，BHKW 指的只是内燃机，即往复式活塞燃气轮机及燃气透平。如前所述，若把产热设备局限到一个以建筑物或建筑群为系统边界的范围，即所谓的区域供热源，那么，则得到一个更为狭窄的定义：仅仅往复活塞内燃机可作为燃气轮机热电厂机组[56]。

应用区域供热，典型的是乡镇的市政建筑群，例如，由一个游泳池和一所学校组成的建筑群，或新的建筑小区。这种情况下，最大的热功率需求为 10 MW，燃气轮机的最大热功率部分约为 3 MW 以及相应的电功率为 2 MW，这是使用燃气透平的下限。燃料的选择也是有限制的，蒸汽热电厂可用燃料如褐煤或垃圾，与此不同的是，燃气轮机热电厂用的是热值更高的液态和气态燃料，由于小区热用户，燃料主要是用天然气和轻（采暖）油。原则上，阴沟气（污水处理所得）及垃圾填埋气只在特殊情况下才考虑使用，因为垃圾填埋场所和污水处理设备通常都远离区域供热的地方。

在发动机的情况下，其功率大小在 10 kW 到 5 MW 之间变化（在这方面，柴油发动机也总是指电功率）。发动机按：运行过程方式亦即等容过程（四冲程发动机（Otto-发动机））和恒压过程（柴油发动机）工作方法（四冲程或两冲程）以及减少烟气有害物质排放的方法来区分。

轻油作为燃料只考虑用于柴油发动机（于是称为柴油发动机燃料）。对于现代先进的柴油发动机来说，烟气中有害物质 CO 和未完全燃烧的碳氢化合物，都处于空气质量技术指导（TA-Luft）规定的限值[57]之下。与此相反，为了遵守对炭黑与 NO_x 要求的限定值，必须对烟气有特殊的后处理措施。因此，要想做到长期清洁地运行，优先选用天然气作为主要燃料。通常是：

（1）带三通烟气催化净化装置的 $\lambda-1$-Otto-燃气发动机；

（2）以贫烧和充载混合气并不带或最多带无调节的氧化催化净化装置的 Otto-燃气发动机；

（3）带精选催化还原（SCR）净化装置和氧化催化净化装置的柴油燃气发动机。

在带三通烟气催化净化装置的 $\lambda-1$ 情况下，为使三通催化净化装置充分发挥作用，发动机必须要"略微富烧"，即以空气系数 $\lambda = 0.99 \pm 0.02$。只有在这种狭小的范围内可实现理想的三重反应：（1）一氧化氮 NO 和二氧化氮 NO_2 反应生成 N_2 和 O_2，此外，还有第（2）和第（3）反应即 CO 和未完全燃烧的碳氢化合物的氧化反应。该方法主要适用于功率大约到 200 kW 的设备。对于功率更大一些的是以充载混合气的贫烧来实现的。由于空气系数而在气缸内被稀释的燃气并因此而降低发动机的功率，通过多充载来弥补。

柴油燃气发动机是一种燃气发动机，它是以用来自动点火而喷入的柴油发动机燃料来启动。由于这一特殊设备，用天然气和点火射束的发动机也可作为"全柴油发动机"用柴油发动机燃料来运行。因此，它适合用作备用电源设备或者供气不够确定的设备。由于燃料预处理一般不够均匀，像柴油发动机一样，这些发动机也要求通过用 NH_3 或尿素喷入的 SCR-催化净化装置（Selected Catalytic Rdeuction）进行烟气后处理，在这种情况下总是后置一个氧化催化净化装置。

按照德国工程师协会准则 VDI 3985[55] 所给的定义，一个 BHKW 成套设备（图

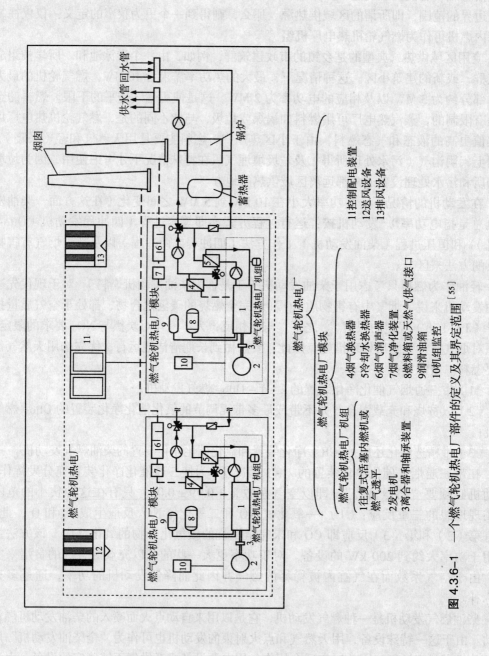

图 4.3.6-1 一个燃气轮机热电厂部件的定义及其界定范围[55]

1往复式活塞内燃机或燃气透平 2发电机 3离合器和轴承装置 4烟气换热器 5冷却水换热器 6烟气消声器 7烟气净化装置 8燃料箱或天然气供气接口 9润滑油箱 10机组监控 11控制配电装置 12送风设备 13排风设备

4.3 热量生产

4.3.6-1）是由往复式活塞内燃机（1）、发电机（2）、离合器和轴承装置（3）、由BHKW机组和烟气换热器（4）组成的BHKW模块、冷却水换热器（5）、烟气消声器（6）、烟气净化装置（7）、燃料箱或天然气供气接口（8）、润滑油箱（9）以及机组监控装置（10）组成。往往一个燃气轮机热电厂由若干个BHKW模块组成，它常常还总是配备一台锅炉并在必要时加装一个蓄热器。

来自烟气冷却器和冷却水的余热基本上送入区域热源的分配系统；在可能的情况下，蓄热器能够在到达一定的度数时断开分配系统和热量生产系统运行。这样，可以避免采用额外的"备用冷却"，一般在失热太少的情况下，若无"备用冷却"，由于冷却不够则必须关闭BHKW。

按照运行过程方式以及减少烟气中有害物质排放的方法，形式不同的发动机也同样具有不同的能量方面的特性，而且有影响的是功率值。图4.3.6-2概述了能量评价参数的参考值，亦即主要是能量利用率。由于BHKW基本上都是满负荷运行，能量特征值利用率和功率特征值效率之间的差别很小（从经验上来说，利用率比效率约低1个百分点）。电能利用率随着发电机标称功率从0.89增加到0.97。柴油燃气发动机的（仅有功率比较大的）利用率比Otto-燃气发动机约高2个百分点。此外，图中也包含了烟气损失和环境损失（$l_G + l_U$）之和。贫烧通过充载混合气而提高了利用率，这样，同$\lambda-1$运行相比，就弥补了其较高的烟气损失。在柴油燃气发动机情况下，烟气损失也相对较高。电能特征系数为在一定时间段内产出的可利用电能与在同样时间段内制备的可利用热量之比，它可以从式（4.3.1-10）和图4.3.6-2中的数据推导出来。图4.3.6-3描述了其结果，即电能特征系数和BHKW的电能利用率v_{el}之间的关系。计算时不用利用率而是用其倒数耗费系数要方便得多，下面将式（4.3.1-10）略加变换，则有：

$$\frac{Q_{BHKW}}{\int P_{el} dt}(1 - l_G - l_u) = \frac{Q_H}{\int P_{el} dt} + \frac{1}{v_{Gen}}$$

并用耗费系数代入上式，得：

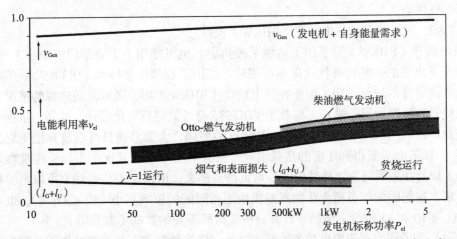

图4.3.6-2　有关与发电机标称功率相关的能量评价参数（能量利用率以及烟气和表面损失）的参考值一览

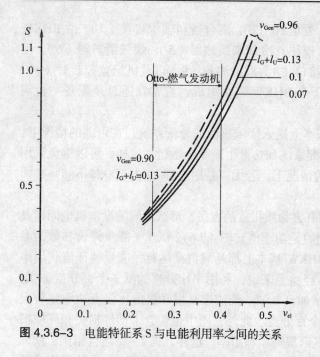

图 4.3.6–3 电能特征系 S 与电能利用率之间的关系

$$e_{el,BHKV}(1-l_G-l_u) = \frac{1}{S} + e_{Gen}$$

（4.3.6–1）

在发电机的耗费系数以及烟气损失和环境损失变化很小的情况下，电能特征系数和 BHKW 的电能耗费系数之间实际上为一线性关系。

热电联产（BHKW）的运行模式（通过电能或热量来控制）取决于能量供应范围所给的边界条件以及客户或操作人员的要求。边界条件是热用户的类型和环境（天气或使用情况）决定的。在谈到要求时，通常想到的是制备热量，并由此考虑到经济性的一些特别要求：节能、环保或放弃全世界都不愿有的所谓"庞大工程设备"（例如核电厂）。对选择运行模式来说，这些要求的比重可能是决定性的。在以热量为控制的运行模式情况下，设备运行仅取决于热负荷。在这一点上，最主要是满足基本热负荷，并且固定联机生产的电力尽可能用于同一地区的用户或送入公共电网；由一台锅炉来满足热负荷的峰值。

在以电能为控制的运行模式情况下，设备运行则取决于用电负荷的变化过程。其中，在很少的情况下，热电联产（BHKW）只供应热用户地区（孤岛运行），或平行的并入公共电网供应用户（大多数是这种情况），直至达到其最大电功率或针对高峰负荷的情况，以避免电流峰值。用特殊的控制技术还可能将上述两种模式联合运行。此外，在考虑到采取相应的额外措施，热电联产（BHKW）还能用于备用电源。当然，在这种情况下燃料的供应必须有保障（比如，柴油燃气发动机转换到具有相关燃料储备的纯柴油运行或特别地保证天然气供应）。

4.3.6.2 区域热源的热电联产（BHKW）设计

热电联产（BHKW）除了用于区域采暖热源，也可能用于工业部门或中小工商企业，在此情况下出现的一些特殊性这里不再阐述，德国工程师协会标准 VDI3985[55] 给出了有关热电联产设计的详细说明。由于在热电联产（BHKW）用于区域采暖热源的情况下，通常是以热量为控制的运行模式，相对于 VDI3985 有可能进行简化设计。这样，依据热负荷的年变化曲线就可以了。如 VDI2067[54] 建议的那样，大部分项目可以放弃把年划分到典型日[59]。如果由量测得到年度的热量消耗、最大热功率（通常远小于标准建筑物热负荷的总和）以及在采暖周期之外月份的平均负荷，那么，BHKW 模块的功率可以足够精确地估算出来，这是因为年负荷变化曲线对模块运行时间的影响甚小（图 4.3.6–4）。也可依照 VDI2067 第 10 和 11 部分，借助于计算分析获得所需要的数据（参见第 8.3 节）。

此外，除了作为愿望提出的各种要求之外，经济性起着至关重要的作用，因为热电联产（BHKW）的价格高于同样用途的锅炉数倍。图 4.3.6–5 描述了热电联产（BHKW）和

4.3 热量生产

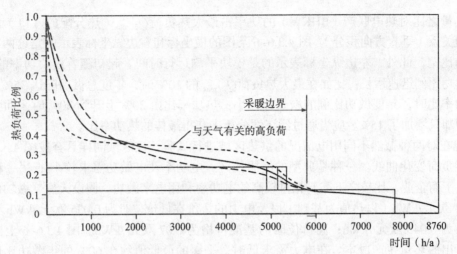

图 4.3.6–4 在三种不同的热负荷变化过程（与天气有关的高、中、低负荷）及平均相对热负荷 $\beta_G = 0.235$（参见第 7.3 节）情况下整理得出的热负荷累积频率（年变化曲线）

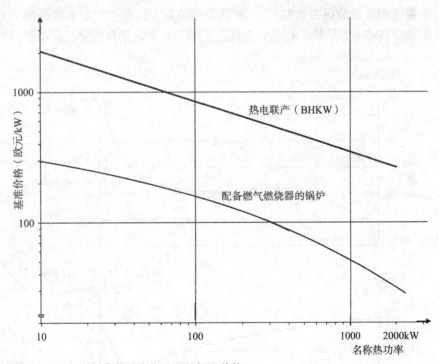

图 4.3.6–5 以标称热功率为基准的标准价格

注：适用于以天然气为燃料的热电厂和锅炉（2002 年行情）

锅炉以功率为基准的价格（1997 年的参考值）与其标称功率之间的关系。通常给出的热电联产（BHKW）的价格只是以电功率为基准，不过，便于同锅炉进行比较，也可以用图 4.3.6–3 所给的电能特征系数来换算。该价格适用于燃烧天然气的燃气轮机热电厂；不过价格是变化的，特别是在大功率的情况下，变化幅度围绕图中的平衡曲线甚至高于 ±10%。

从图 4.3.6–4 的年热负荷变化曲线可以确定热电联产（BHKW）的产热量和总共要求

的产热量之比对热电联产（BHKW）的功率占最大热负荷 $\dot{Q}_{2,\max}$（热分配的入口）的比例的依赖关系（垂直方向积分）。图 4.3.6-6 下图的横坐标和右边纵坐标表示的是这两种相应功率的比例，此外，左边纵坐标表示的是模块平均运行时间。起初随着模块功率的增加，年度做功比例迅速增长；比如在最大热负荷 $\dot{Q}_{2,\max}$ 的 10% 时，年度总做功已达 35%。在较高热功率比时，年度做功比例的增长却很小：热功率比由 20% 上升到 30% 时，而年度做功比例却只增加了 15%。应当通过经济性分析来获得最佳的热功率比。

现在对两种截然不同用电情况的供热区域进行试验，该区域同样具有按图 4.3.6-4 所示的年负荷变化曲线。一种是典型的纯居住区，电功率及电做功需求较小；另一种加进了一些工商企业，比较之下需要相对较高的电功率和用电来做功。假设天然气做功的价格为 0.02 欧元 /kWh（以热值为基础）以及电力的售价在低价位时为 0.035 欧元 /kWh 和在高价位时为 0.045 欧元 /kWh；高价位时的基准价格为 0.07 欧元 /kWh。图 4.3.6-6 上图描述了计算出的热量生产成本。在电力需求低时，平缓的最低值约在 60% 的年做功比例，热功率比例大约接近 20%。这相当于理论平均运行时间约为 6800 h/a。在电力消耗高的情况下，年做功比例大约会到 85%，热功率比例大约在 40% 以及理论平均运行时间为 5000 h/a。通过对各种变量详细地试验研究表明[61]，最低值的位置和热量生产成本的高低十分依赖于天然气做功的价格和电力估价。利率的变化、天然气功率价格和假定的设备部件的使用寿

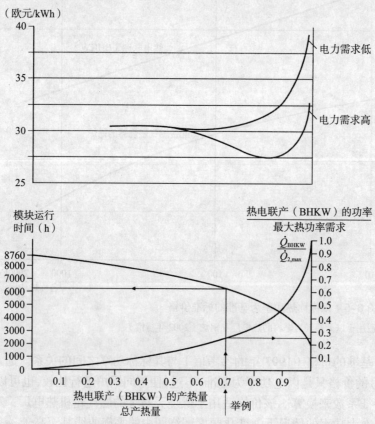

图 4.3.6-6　以热量生产成本（上图），热电联产（BHKW）的模块平均运行时间和热功率比与年度做功比之间的关系（下图）

命等影响甚微（应指出热电联产（BHKW）经济计算的特殊性：一般这里概括为维修和保养，并且通常以 0.018 欧元/kWh 发电费用来计算）。在供热区域对电力需求较高的情况下，不考虑最低值推移到热功率比例较高的地方，也还应该看到以电能为控制的运行模式的优势。为了证明这一点，需要日用电负荷变化过程，其经济性来自于高的自用电量的比例（节省采购成本）和避免功率峰值（节省功率价格）。当然，以电能为控制的运行模式的前提条件是需要特别的控制和测量装置。在以热量为控制的运行模式情况下，应力求模块平均运行时间超过 4500 h/a，与此不同的是在纯粹以电能为控制的运行情况下，模块平均运行时间可以在 3000 h/a 以下。

同选择热功率比一样，选择热电联产（BHKW）模块的数量也强烈地受各种给定的边界条件的影响，这其中电费支付起着最大的作用，而且还得考虑场地情况。经验表明，从经济角度看，一个模块系统最为合算，这主要是因为电的利用率随着这样一个模块的功率而增加并且降低与功率相关的用于投资和维护方面的费用。还应当重视要追加的支付电功率峰值的费用。在一个模块系统的情况下，一般不能考虑在电流峰值时卸载，而与此不同，在多模块系统的情况下，通常在要求功率峰值时，除了一个模块，其他所有的模块都可供使用。

运行模式，即以热量或以电能控制的运行模式也同样影响蓄热器的经济性评价。蓄热器的目的是为了延长热电联产（BHKW）的运行时间。在以热量控制的运行模式情况下，仅仅在夏季有益；即很少充分利用蓄热器。而相反，在以电能控制的运行模式情况下，用蓄热器有可能短时间断开分离，因而，对于电流负荷变化过程来说，在其典型的短时间强烈波动情况下，能较好地且更安全地捕获到功率峰值。由此，在通常的功率价格时，比如 130 欧元/kW，能节省很多并可迅速地分期偿还蓄热器的贷款。

4.3.7 热量生产的安全措施

采暖设备（从小房间的采暖装置到一个建筑群的中央采暖系统）在大多数情况下，都是未经技术培训的人员在操作。以今天的技术水平，采暖系统可以做到自动运行，以至整个系统特别是产热设备在较长的时间内（这可能是数月之久）不需要管理。因此，设备能够完善到既不会因运行故障或操作失误而出现安全方面的问题。由于把安全理解为不存在危险，那么，首先应该确定，究竟有可能会发生哪些危险。

如果除了因散热器的表面很烫会灼伤手指的危险之外，大多数的危险都是出自产热设备。与采暖系统的其他部分相比，其中一个原因是它具有特别高的热功率密度。这一点在燃烧方面尤为突出，当然热媒侧亦如此。在燃烧情况下，例如与电力制热设备或热泵相比，不仅燃烧功率和炉膛体积的比例非常大，而且能足够迅速调节好输入炉膛的能量以及确保可燃气体不会逸出，也是比较困难的。在产热设备的水侧可能由于存在气体（蒸汽或空气）会大大提高能量密度，从而因材料出毛病使得设备受破坏的可能性增加。此外，气体积聚也可能影响燃烧侧的水冷壁面的供水使得负荷增大，从而造成材料过热和破坏过程加速。发生这种危险的原因是由于产生的蒸汽和释放的气体没有正确地被排走并且无法确保回水及时流入。除了大的功率密度会造成危险外，还可能由于热媒因温度变化而发生膨胀造成危险。举例来说，如果锅炉被加热，其进出口却完全关闭，那么因此会由于水的膨胀在其沸腾以前已经发生爆炸。假如没有配备足够大的膨胀水箱，不仅产热设备，而且整个充满液体的系统都会有安全危险。最后，对热水采暖系统来说，若其管道及散热器（面）没有针对天气影响采取合适的保温措施，或长时间中断采暖运行，系统会有冻结的危险。

另外，产热设备还可能由于对空气污染、噪声或振动对环境造成有害的影响。由于有害物质的排放可能会造成环境的破坏，必须采取技术上的安全保护措施。而且储存和输送液态或气态燃料同样存在着危险，泄漏的天然气有可能导致爆炸和煤气中毒，泄漏的燃油可能会造成物质损失或污染环境。

由于上述所有述及的危险都可能造成对设备、安装了这些设备的建筑物以及（在最糟糕的情况下）对人员造成极大的危害，为此，对各种危险，通过法律、规章、行政管理条例、标准或准则颁布了安全规范。这些规范在国际上各个国家内由于经验背景、历史的沿袭和法律传统有各自的说法且区别很大。但所有的法规条例分类为"强制性"（即强迫执行）和"非强制性"（即自愿采用）部分。例如强制性的有法律和规章，非强制性的有标准和准则。然而后者也可能将其提升到列入强制性遵守的规则，这一点在安全技术条例方面往往是这种情况。表 4.3.7–1 概述了在德国的规章文件。由于德国的联邦结构，在强制性部分除了遵循联邦法规外，还得遵循州的法规，在这些法规中类似的情况有时规则有所区别。

一般在确定各个安全的技术措施之前加上规章，必须如何对安全管理措施遵守情况进行检查。检查的内容包括系统设备和运行的核准，此外还有监控和安全技术措施的检验。用表 4.3.7–1 概述的规章等级同样也确定了委托进行检查的有关当局的前后顺序。这些机构是依照联邦德国防治大气污染法（BImSchG）审批设备的环保局、发放蒸汽锅炉许可证的工商管理局以及仅从建筑法律上审批相关设施的建筑监督管理机构。在各种不同的法律和规章中也都对执行批准和监控过程中的行家和鉴定专家作了规范。由于职权范围的原因，产生了三个法律范围，一个按照设计参数（例如功率或压力）建造的系统都归纳进这些法律范围。由于审批和监测所花费的工作量的大小是随着其等级而增加的，那么，用选择设计参数考虑确定划分等级界线是适当的。

德国安全法规等级　　表 4.3.7–1

	联邦		州		
法律	联邦德国防止大气污染法（BImSchG）	[62]	建筑法规（BauO）	[64]	
	设备安全法（GSG）	[63]			
（官方）规定	关于小型燃烧设备的规定（1. BImSchV）	[65]	燃烧设备的规定（FeuVO）	[69]	强制的
	有关审批设备许可证的规定（4. BImSchV）	[66]			
	有关蒸汽锅炉的规定（DampfkV）	[67]			
	有关压力容器和充填设备的规定	[68]			
行政管理条例	蒸汽锅炉的技术规则	[70]	燃烧设备的准则（FeuR）	[72]	
	压力容器的技术规则	[71]			
准则，标准	DIN 4747，第 1 部分	[73]	DIN 4757，第 1 至第 3 部分	[77]	非强制的
	DIN 4751，第 1 至 3 部分		DIN 4759，第 1 部分	[78]	
	DIN 4752	[74]	DIN 4787，第 1 部分	[79]	
	DIN 4754	[75]	DIN 3440	[80]	
	DIN 47551，第 1 和第 2 部分	[76]	DIN EN 264	[81]	
	DIN 4756	[77]	DIN EN 161	[82]	

4.3 热量生产

第一个法律领域是以联邦德国防治大气污染法（BImSchG）给出的。为了执行该法律，迄今已出台了19项规定，其中第1项和第4项规定（BImSchG）特别适用于产热设备。第1项规定副标题为关于小型燃烧设备的规定，第4项规定为"有关审批设备许可证的规定"，其中确定，到多大的功率界限，对一个燃烧装置的建造、性能状况及运行无需核准并且第1项规定适用。表4.3.7-2概述了许可证核准限制情况。此处起决定作用的功率值是指燃烧热功率（燃料的流量和其热值的乘积）。普通及特殊燃料之间的区别在小型燃烧设备的规定中已有定义。

表 4.3.7-2 依照第4规定（4.BImSchV），在燃烧设备情况下，按燃烧热功率审批许可证的界限（简化过程：无须披露和公开听取反对意见；正式过程：完全按照规定）[66]

燃料	简化过程	正式过程
普通	>1.0 MW	>50.0 MW
燃油（轻油）	>5.0 MW	>50.0 MW
气态	>10.0 MW	>50.0 MW
特殊	>0.1 MW	>1.0 MW

第二个法律领域是从设备安全法，原工商管理条例演绎而来的。其实施是规范在蒸汽锅炉压力容器规定中。对这里所述及的领域的划分来说，锅炉的定义是至关重要的。依此，蒸汽锅炉是："配置，在该配置中生产制备高于大气压力的水蒸气（蒸汽发生器）或高温水，其温度高于相应于大气压的沸点温度（生产高温水的设备），并且水蒸气和高温水用于该配置之外的目的"。这里，审批许可证的界限即是与大气压力有关的蒸汽压力或相关的沸点温度。另一个审批许可证的界限是蒸汽锅炉的水含量。按照蒸汽锅炉规定，蒸汽锅炉划分成四个检验组（I～IV），此外，蒸汽锅炉规定也是蒸汽锅炉技术规则（TRD）的基础。热水锅炉不属于蒸汽锅炉规定的适用范围，对于热水锅炉来说，必须保证最大的供水温度不超过100℃。对此，装置一个所谓安全温度限制器（STB），这种限制器也用于其他有温度限制的地方。如果温度在产热设备关机以后（热量输入）通过安全温度限制器最高超过10 K（上冲超出规定），对于热水或蒸汽锅炉的检测来说，可以认为是允许的，参见标准DIN 4751第2部分。表4.3.7-3给出了蒸汽锅炉与热水锅炉的界限，蒸汽锅炉又可细分为蒸汽发生器和高温水生产装置。

表 4.3.7-3 蒸汽锅炉与热水锅炉的界限，大气压力 p_{amb}，安全温度 θ_{STB}

锅炉种类		压力	θ_{STB}
蒸汽锅炉	蒸汽发生器	$> p_{amb}$	—
	高温水生产装置	$> p_{amb}$	$> 100℃$
热水锅炉		$< p_{amb}$	$\leq 100℃$

在很快可以停止燃烧的情况下（天然气、燃油），安全温度限制器直接对燃烧器产生影响。在封闭系统中的固体燃料锅炉情况下（这是现今的规范），其中包括转换和交变燃

烧锅炉，必须提供所谓的热力控制泄水保险装置，它是一个置于锅炉内或直接安装在锅炉旁的换热器，换热器带一个热力控制泄水阀。换热器可用作饮用水加热器；在任何情况下，在不可关闭的冷水供水口都必须有至少 2 bar 的压力（图 4.3.7–1）。

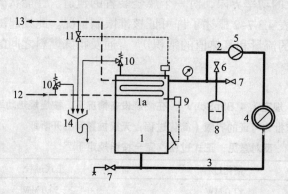

1 固体燃料锅炉
1a 应用水通流加热器 简单的换热器
2 采暖供水
3 采暖回水
4 热用户的采暖循环
5 采暖循环水泵
6 送排气
7 排空
8 封闭式压力膨胀容器
9 助燃空气风阀调节器
10 安全阀
11 恒温控制泄水阀
12 冷水（入口压力至少为2 bar）
13 饮用水或排水
14 下水虹吸水封

图 4.3.7–1 在封闭系统中的标称热功率到 100 kW 的固体燃料锅炉的安全装置

表 4.3.7–4 表述了蒸汽锅炉的分组划分。一般在蒸汽锅炉系统安装和运行时都需要有关主管部门的批准。

表 4.3.7–4 依照蒸汽锅炉的规定（DampfkV）[67]，蒸汽锅炉分组 I 到 III，所有不属于第 I 到 III 组的蒸汽锅炉都属于第 IV 组

蒸汽锅炉组别		容量 V_K	工作压力（超过大气压）$p_{e,zul}$	安全温度 θ_{STB}
I		< 10 L	—	—
II	蒸汽发生器	> 10 L	≤ 1 bar	—
	高温水生产装置		—	120 ℃
III	蒸汽发生器	> 10 L	> 1 bar*	—
	高温水生产装置	< 50 L	—	120 ℃

注：* 额外适用 $V_K \cdot p_{e,zul} < 1000$ (L·bar)

作为例外，最高容许工作压力为 32 bar 的蒸汽锅炉不必要得到批准。在第 II 到第 IV 组的情况下，额外允许燃烧热功率不超过 1 MW。有关报备和批准程序及必要检测的细节已规范在规定中。

在第三个法律领域里（在该领域是建筑监督机构审批）州的建筑法规是至关重要的，这些法规同样就是法律。所有不包括在上述两个最重要的法律领域内的过程（大量的设备是这样），将制定和安排在建筑法规框架内。而且依照有关蒸汽锅炉的规定（DampfkV），

4.3 热量生产

需要报备的蒸汽锅炉也属于这个领域。这里还需要考虑蒸汽锅炉技术规则（TRD）。然而，确定审批程序的责任人是主管建筑的监督机关。建筑规范的适用范围涉及所有的建筑设备以及其他所有由建筑规范要求的设备。但无需审批的项目原则上也必须符合建筑规范的材料方面的条款。

燃烧装置有其特殊性，它们基本上是都需要生产许可证。对此根据不同州的法规，对于名称热功率到 50 kW 的燃烧装置以及功率到 90 kW 的燃气燃烧装置有的可免除许可证。为统一起见，各州主管建筑的部长工作组（ARGEBAU）达成了一个示范建筑规范的协议，按此协议基本上免除了燃烧装置的许可证。

标准 DIN 4751 第 1 到第 3 部分描述了对开放式和封闭式热水采暖系统采取的物理方面的安全措施以及采取封闭式恒温安全措施的产热设备的安全装置技术上的要求。与此类似，DIN 4752 适用于高温水采暖系统和 DIN 4747 适用于远程热源采暖系统。对安全装置技术上的总体要求包括：

（1）防止供水温度超过允许值的装置；
（2）防止工作压力超过允许值的装置；
（3）确保安全水量；
（4）平衡水容积变化的装置。

检查供水温度规定要有一个温度控制装置和一个温度限定装置。把它们区分为安全温度监控器（不用工具可复位）和安全温度限制器（参见上文）。作为防止工作压力超过允许值的装置规定用安全阀（SV）和压力限制器。对于压力超过 3 bar 和标称热功率大于 350 kW 的产热设备来说，后者则是强制性的。作为确保安全水量的装置，在强迫通流产热设备的情况下，应该采用流量限制器，当流量低于额定值时，流量限制器立即停止燃料输入并闭锁自动重新接通。在自然循环锅炉的情况下，采用水位限制器；当水位低于一定的界限时，该水位限制器就起作用。上面所介绍的安全装置都必须进行部件检验。平衡水容积变化的装置已在 4.2.2.2.5 节中阐述。

燃烧侧的安全应区分固体燃料和液体燃料及气体燃料之间的不同。首先固体燃料具有不可能误送的优点，而且它们与液态和气态燃料不一样，也不可能自行扩散到周围环境中去。但是，其缺点是在固体燃料燃烧出现故障时不能立即关停，而只能渐渐地调下来。由此产生的过剩热功率如前所述用一个热力控制的泄水保险装置排走（参见 DIN 3440）。

燃油和燃气燃烧器的快速关停性能极大地提高了以这种燃烧器配备的产热设备的运行安全，从而简化了相应的审批程序。但其结果是对燃油和燃气燃烧器的安全闭锁和监测装置提出了特殊的要求。这些要求分别描述在适用于燃油燃烧器的 DIN 4787 和 DIN EN 264 以及在适用于燃气燃烧器的 DIN 4788 和 DIN EN 161 中。据此，在燃油量为 30 kg/h 以下以及燃气的燃烧热功率在 350 kW 的情况下，只需要在燃料输送管道内装入一个具有快速关闭性能的快速安全闭锁装置就可以了，在燃料流量更高的情况下，则必须串接两个安全闭锁装置。

在燃油和燃气燃烧器的情况下，还规定了另外一项火焰监控的安全功能。它能够从空气预洗和点火直到燃烧器关机的全自动运行进行全程监控。它包括一个火焰监控的控制装置和外设的火焰探针。对于火焰探头来说可以采用不同的量测原理：可产生电压的光电管、根据光线入射不同其电阻大小变化的光电阻、电离探头、紫外线光电二极管和红外线光电二极管。所有这些火焰监控装置的共同特点是，在火焰消失或中断时确保安全关机。

参考文献

[1] Bach, H. e.a.: Niedertemperaturheizung, Verlag C. F. Müller 1981
[2] Baehr, H. D.: Thermodynamik, Springer-Verlag, Berlin, Göttingen, Heidelberg, New York 1973.
[3] Rant, Z.: Exergie, ein neues Wort für „Technische Arbeitsfähigkeit". Forsch. Ing. Wesen 22 (1956), S. 36/37.
[4] Erfahrungen mit solarbeheizten Schwimmbädern – EG und BMFT-Programm Aug. 1993
[5] Digel, R.: Optimierung eines hocheffizienten Sonnenflachkollektors mit luftdurchströmter, transparenter Kapillarstruktur. Diss., Universität Stuttgart 1994.
[6] Hottel, H. C. und Woertz, B. B.: The Performance of Flat-Plate Solar-Heat Collectors. Trans. ASME, Feb. 1942.
[7] DIN 4757, Teil 4: Sonnenheizungsanlagen, Sonnenkollektoren; Bestimmung von Wirkungsgrad, Wärmekapazität und Druckabfall. Ausgabe Juli 1982. Zurückgezogen, Ersatz: DIN EN 12975-1: 2001-03 und -2: 2002-12
[8] ISO TC 180 SC5/ISO 9806-1
[9] VDI-Wärmeatlas: Berechnungsblätter für den Wärmeübergang, (C) Hrsg. VDI, 6. Auflage, Düsseldorf 1991.
[10] DIN EN 247 Wärmeaustauscher – Terminologie. 1997-07
[11] VDI 2076 Leistungsnachweis für Wärmeaustauscher mit zwei Massenströmen. Ausgabe August 1969
[12] Günther, R.: Verbrennung und Feuerung. Springer-Verlag Berlin Heidelberg New York Tokyo 1984.
[13] Görner, K.: Technische Verbrennungssysteme. Springer-Verlag Berlin Heidelberg New York Tokyo 1991.
[14] Warnatz, J. und Mass, U.: Technische Verbrennung. Springer-Verlag Berlin Heidelberg New York Tokyo 1993.
[15] DIN 51794: Bestimmung der Zündtemperatur. Ausgabe: 05-2003.
[16] Eberius, H., Just, Th. und Kelm, S.: NO_x-Schadstoffbildung
[17] DIN 4731: Ölheizeinsätze mit Verdampfungsbrenner: 1989-07
[18] DIN 4787/EN 267: Ölzerstäubungsbrenner. Entwurf Mai 1994
[19] Marx, E.: Ölfeuerungstechnik. Verlag G. Kopf GmbH, Waiblingen. 1992.
[20] Buschulte, W.: Untersuchungen über die NO_x-Reduzierung bei blaubrennenden Haushaltsölbrennern. VDI-Berichte 574.
[21] DIN 4788: Gasbrenner Teil 2: Gasbrenner mit Gebläse. Begriffe, sicherheitstechnische Anforderungen, Prüfung, Kennzeichnung. Ausgabe Februar 1990.
[22] Wünning, J. G.: Flammlose Oxidation als neues Verbrennungsverfahren für die Beheizung von Industrieöfen. Härterei-Technische Mitteilungen. 48. Jahrgang 1993/2.
[23] Brenton, O. und Eberhard, R.: Handbuch der Gasverwendungstechnik. Oldenbourg, München, Wien 1987.
[24] DIN 3368-2 Gasgeräte, Umlaufwasserheizer: 1989-03
[25] DIN 4702: Heizkessel Teil 1: Begriffe, Anforderungen, Prüfung, Kennzeichnung: 1990-03
[26] DIN 3368: Gasgeräte Teil 2: Umlauf-Wasserheizer, Kombi-Wasserheizer, Anforderungen, Prüfung. Ausgabe März 1989.
[27] DIN 4756: Gasfeuerungsanlagen, Gasfeuerungen in Heizanlagen. Sicherheitstechnische Anforderungen. Ausgabe Februar 1986. Zurückgezogen
[28] DIN 4702: Heizkessel Teil 6; Brennwertkessel für gasförmige Brennstoffe. Ausgabe März 1990.
[29] DIN 4702: Heizkessel Teil 7: Brennwertkessel für flüssige Brennstoffe. Entwurf August 1994.
[30] DIN EN 303 Heizkessel mit Gebläsebrenner Teil 1: Begriffe, allgemeine Anforderungen, Prüfung und Kennzeichnung. Entwurf Dezember 1994.
[31] DIN EN 303 Heizkessel mit Gebläsebrenner Teil 2: Spezielle Anforderungen an Heizkessel mit Ölzerstäubungsbrennern. Entwurf Dezember 1994.
[32] DIN EN 303 Heizkessel mit Gebläsebrenner Teil 4: Mit einer Leistung bis 70 kW und einem maximalen Betriebsdruck von 3 bar; Begriffe, besondere Anforderungen, Prüfung und Kennzeichnung. Entwurf Dezember 1994.

[33] DIN 4702: Heizkessel Teil 2: Regeln für die heiztechnische Prüfung. Entwurf Januar 1993.
[34] DIN 51900: Prüfung fester und flüssiger Brennstoffe; Bestimmung des Brennwertes mit dem Bombenkalorimeter und Berechnung des Heizwertes. Teil 1: Allgemeine Angaben, Grundgeräte, Grundverfahren: 2000-04
[35] DIN 51850: Brennwert und Heizwert gasförmiger Brennstoffe. Ausgabe April 1980. Zurückgezogen, Ersatz: DIN 51857: 1997-03
[36] VDI 2067 Bl. 1 Berechnung der Kosten von Wärmeversorgungsanlagen Entwurf 1999.
[37] DIN 4702: Heizkessel Teil 8: Ermittlung des Norm-Nutzungsgrades und des Norm-Emissionsfaktor. Ausgabe März 1990.
[38] Verordnung über energiesparende Anforderungen an heizungstechnischen Anlagen und Brauchwasseranlagen (Heizanlagen-Verordnung – HeizAnl-V), 22. März 1994 (BGBL. I).
ersetzt durch:
Verordnung über energiesparenden Wärmeschutz und energiesparende Anlagentechnik bei Gebäuden (Energieeinsparverordnung – EnEV) vom 21.11.2001, BGBl. I S. 3085
[39] Verdingungsverordnung für Bauleistungen (VOB) Beuth Verlag GmbH, Berlin, Köln. Ausgabe 1992.
[40] Richtlinie 92/42/EWG 21.05.1992.
[41] VDI 2050: Heizzentralen. Beiblatt: Gesetze, Verordnungen, Technische Regeln Entwurf August 1995.
[42] VDI 2050: Heizzentralen. Blatt 1: Heizzentralen in Gebäuden; Technische Grundsätze für Planung und Ausführung. Ausgabe Dezember 1990.
[43] VDI 2050: Heizzentralen. Blatt 2: Freistehende Heizzentren; Technische Grundsätze für Planung und Ausführung. Ausgabe Februar 1987.
[44] DIN 18160: Hausschornsteine. Teil 1: Anforderungen, Planung und Ausführung: 2001-12
[45] DIN 4705: Feuerungstechnische Berechnungen von Schornsteinabmessungen. Teil 1: Begriffe, ausführliches Berechnungsverfahren. Ausgabe Oktober 1993. Zurückgezogen, Ersatz: DIN EN 13384-1: 2003-03
[46] Hausladen G.: Handbuch der Schornsteintechnik. R. Oldenbourg Verlag München Wien 1988.
[47] Bitzer Report 8, Ausg. 9. 1999, Hrsg. Bitzer Kühlmaschinenbau GmbH, Sindelfingen
[48] Solkane – Taschenbuch Kälte- und Klimatechnik, 1. Aufl. 1997, Hrsg. Solvay Fluor & Derivate GmbH, Hannover
[49] WPZ-Bulletin Nr. 20; Juni 1999; Wärmepumpentest- und Ausbildungszentrum Winthur-Töss, Schweiz
[50] Glaser, H.: Thermodynamische Grundlagen der Absorptionswärmepumpen. Tagungsber. Wärmepumpen. Vulkan-Verlage, Essen 1978, S. 62–72
[51] DIN 8900: Wärmepumpen, 6 Teile. Ausgabe April 1980 bis Dez. 1987. Zurückgezogen, Ersatz: DIN EN 255-1: 1989
[52] Informationszentrum Wärmepumpen + Kältetechnik, Karlsruhe
[53] Baumgartner, Th. u.a.: Wärmepumpen, RAVEL, Heft 3, Bundesamt für Konjukturfragen, Bern, Juni 1993
[54] VDI 2067, Bl. 7: Berechnung der Kosten von Wärmeversorgungsanlagen – Blockheizkraftwerke. Dez. 1988
[55] VDI 3985: Grundsätze für Planung, Ausführung und Abnahme von Kraft-Wärme-Kopplung mit Verbrennungskraftmaschinen. Entw. Febr. 1996
[56] Ersing, M.: Planung und Ausführung von Heizzentralen mit BHKW/Holzhackschnitzelanlagen. TAE-Lehrgang 22790/17142 Vortr. 2/22.10.98
[57] Erste Allgem. Verwaltungsvorschrift zum Bundes-Immissionsschutzgesetz (Technische Anleitung zur Reinhaltung der Luft – TA-Luft) vom 24.07.02, GMBl S. 511
[58] DIN 6280 Tl. 1 bis 4: Hubkolben-Verbrennungsmotoren-Stromerzeugungsaggregate, Tl. u. 2, 2/1983, Tl. 3, 9/1984, Tl. 4, 2/1983. Zurückgezogen, Ersatz: DIN ISO 8528-1: 1997
[59] Lillich, K. H.: Optimale Auslegungsverfahren einer Kraft-Wärme-Kopplung. HLH 47 (1996), Nr. 11
[60] VDI 2067 Bl. 10 u. 11: Wirtschaftlichkeit gebäudetechnischer Anlagen – Energiebedarf beheizter und klimatisierter Gebäude. Entw. 1998

[61] Bach, H. u. Schmid, J.: Entwicklung optimierter Anlagenkonzepte und Auslegung für kombinierte Wärmeerzeugungssysteme durch Betriebssimulation – CAE. Forschungsbericht zum AIF-Vorhaben Nr. 7537, 1992.
[62] Gesetz zum Schutz vor schädlichen Umwelteinwirkungen durch Luftverunreinigungen, Geräusche, Erschütterungen u.ä. Vorgänge (Bundes-Immissionsschutzgesetz – BImSchG) in der Fassung der Bekanntmachung vom 26.09.2002, BGBl I, S. 3830
[63] Gesetz über technische Arbeitsmittel (Gerätesicherheitsgesetz – GSG) i.d.F. vom 11.05.2001, BGBl. I, Nr. 22 S. 866; 23.3.2002, S. 1159
[64] Bauordnung, landesrechtliche Gesetze im Rahmen d. Musterbauordnung (MBO) vom 11.12.1993 i.d.F. 06.1996, Zusammenstellung b. Sartorius: Verf.- u. Verw.-gesetze
[65] Kleinfeuerungsverordnung, Erste Verordnung zur Durchführung des Bundes-Immissionsschutzgesetzes (1. BImSchV, Verordnung über kleine u. mittlere Feuerungsanlagen) vom 14.03.1997, BGBl I, S. 490, geändert am 14.08.03, BGBl I, S. 1614
[66] Verordnung über genehmigungsbedürftige Anlagen (4. BImSchV) vom 24.7.1985
[67] Verordnung über Dampfkesselanlagen (DampfkV) vom 27.12.1993
[68] Verordnung über Druckbehälter und Füllanlagen vom 27.2.1980, BGBl I, S. 173
[69] Feuerungsverordnung, landesrechtliche Verordnungen im Rahmen d. Musterfeuerungsverordnung (FeuVO), z.B. FeuVO HH vom 18.02.1997, S. 20
[70] Technische Regeln für Dampfkessel (TRD). Aufgestellt vom Deutschen Dampfkessel- und Druckgefäß-Ausschuss (DDA) und veröffentlicht im Bundesarbeitsblatt. TRD 001, Ausg. 11.1993: Aufbau und Anwendung der TRD
[71] Technische Regeln für Druckbehälter siehe [D3.7-9]
[72] Feuerungs-Richtlinie (FeuRL), im Anhang der Verwaltungsvorschriften der Bauordnungen (siehe [D3.7-3]) aufgeführt
[73] DIN 4747, T 1, Fernwärmeanlagen; Sicherheitstechnische Ausführung von Hausstationen zum Anschluss an Heizwasserfernwärmenetze: 2003-12
[74] DIN 4752 Heißwasserheizungsanlagen mit Vorlauftemperaturen von mehr als 110 °C (Absicherung auf Drücke über 0,5 bar); Ausrüstung und Aufstellung. 01.67. Zurückgezogen, Ersatz: DIN EN 12953-6: 2000-08 und -2: 2002-12
[75] DIN 4754 Wärmeübertragungsanlagen mit organischen Wärmeträgern; Sicherheitstechnische Anforderungen, Prüfung: 1994-05
[76] DIN 4755 Ölfeuerungsanlagen; T 1 Ölfeuerungen in Heizungsanlagen; Sicherheitstechnische Anforderungen 09.81; T 2 Heizölversorgung, Heizöl-Versorgungsanlagen; S.t. Anforderungen, Prüfung: 2001-02
[77] DIN 4756 Gasfeuerungsanlagen; Gasfeuerungen in Heizungsanlagen; Sicherheitstechnische Anforderungen 02.86. Zurückgezogen
[78] DIN 4757, T 1 Sonnenheizungsanlagen mit Wasser oder Wassergemischen als Wärmeträger; Anforderungen an die sicherheitstechnische Ausführung 11.80. Zurückgezogen, Ersatz: DIN EN 12976-1: 2001-03
[79] DIN 4759 T 1 Wärmeerzeugungsanlagen für mehrere Energiearten; Eine Feststofffeuerung und eine Öl- oder Gasfeuerung und nur ein Schornstein; Sicherheitstechnische Anforderungen und Prüfungen 1986-04
[80] DIN 4787 T 1 Ölzerstäubungsbrenner; Begriffe, Sicherheitstechnische Anforderungen, Prüfung, Kennzeichnung 1981-09, Nachfolge: DIN EN 267: 1991-10
[81] DIN 3440 Temperaturregel- und -begrenzungseinrichtungen für Wärmeerzeugungsanlagen; Sicherheitstechnische Anforderungen und Prüfung 06.94 E
[82] DIN EN 264 Sicherheitseinrichtungen für Feuerungsanlagen mit flüssigen Brennstoffen; Sicherheitstechnische Anforderungen und Prüfungen 07.91
[83] DIN EN 161 Automatische Absperrventile für Gasbrenner und Gasgeräte 09.91

第 5 章 采暖系统的运行特性

5.1 概述

当建筑物的采暖系统运行时，建筑物的热负荷实际上是随着一天内时间、天气和使用情况的变化而改变的。而建筑物的设计、蓄热能力和保温性能对这些变化起着不同的影响。这些影响因素的相互关联将在第 4 卷中予以描述，但因为根据对额定运行状况的适应能力和能量耗费情况（见第 8 部分），在选择、评估和设计采暖系统的部件时已应考虑到运行状况，所以在第 4 部分中亦已提及。

建筑物亦即其采暖的房间可以三种基本形式进行运行：

（1）所有的房间在空间上和时间上都进行均匀地采暖（标准条件）；
（2）时间上有限制的采暖（ZEB），比如所有的房间夜间都降低温度要求；
（3）部分有限制的采暖（TEB），即一部分房间持续地有限制的采暖。

根据建筑物使用的情况，上述的基本形式还会有其他的形式，如通过不同的换气、照明、散热装置等等。如果现在考虑到采暖系统应该要适应所有这些差异，那么，无需进行定量的细节研究就可以看到，具有热力性能的建筑物只是诸多影响因素中的一个。

对于采暖系统而言，可以区分为三种基本运行方式：

（1）按照设计状态点或低于设计状态点（部分负荷）的静态运行；
（2）升温阶段的非静态运行；
（3）在部分负荷及降低温度要求期间的非静态运行。

在热量移交部分，其热容量与建筑物（包括设备）相比要小得多（大多数如此），那么，第一种基本运行方式可以在绝大多数的运行时间内足够精确地作为准静态部分负荷工况的模型。同样地，如果把调制的或节拍式的运行通过利用率评估处理成为准静态（参见第 4 部分及第 3.3.2.2 节），那么它也适用于热量分配及热量生产部分。

作为第二种基本运行方式列举出的升温阶段的运行仅仅在具有较高蓄热容量的设备情况下，在总的运行时间内起一次（通常每天只升温一次）重要的作用，并且对能量消耗的影响是次要的。

相反，降低温度要求运行（方式 3）却对能耗有较大的影响，除了它有意识地造成负荷减少外，还能产生较大的外部得热；这种运行方式有别于第一种基本运行方式，在大多数情况下有可能完全停止运行；而在第一种基本运行方式情况下，热量输入却是渐近地改变。

第一种基本运行方式情况为准静态部分负荷工况，而与此不同，第二种基本运行方式和第三种基本运行方式一般都在有很大蓄热容量的设备情况下，应研究其动态运行工况。

5.2 部分负荷运行特性

5.2.1 热量移交部分

在第 4 部分、第 1.3 和 1.4 节述及的直接加热装置（用于单个房间、多房间和大房间）基本上具有一个统一的运行特性：通过火焰或电阻加热棒产生的热功率在散热表面造成过余温度，该过余温度对于散热来说是起支配作用的换热条件（自然对流和辐射）。热量生产和散热通常耦合在一起。就适应负荷而言，只能是热量生产起着影响作用（能量转换）。

在蓄热式采暖装置情况下，热量散发被延迟。热量移交部分的功率曲线从时间坐标上来看明显地比热量生产的扁平，但向房间散发的热量（是否必要另当别论）基本上与生产的热量相当。负荷的适应性只可能通过事先投入的能量粗略地做到（原则上不如直接加热装置）。

与此相反，在先进的电蓄热式采暖装置情况下，其散热在很大程度上不依赖于输入的蓄热量（参见 4.1.3.3.3 节）而能进行调节；在所选择的采暖装置系统顺序（见 4.1 节）里可以看出，只有采用电蓄热式采暖装置时才可能谈得上有针对性地进行采暖运行。

对于电蓄热式采暖装置的散热来说，可分为主动式和被动式。主动式使用强迫通风（利用风机）来冷却蓄热芯，而被动式则是没有风机自然冷却。此外，先进的装置还具有一个额外的直接加热能力，大多数情况下在蓄热器芯部再加装一个加热棒。

图 5.2-1 ~ 图 5.2-3 中分别给出的三个曲线描述了电蓄热式采暖装置在试验台上的运行特性。其冷却曲线是在三种不同散热方式情况下（被动式、被动式 + 主动式、被动式 + 主

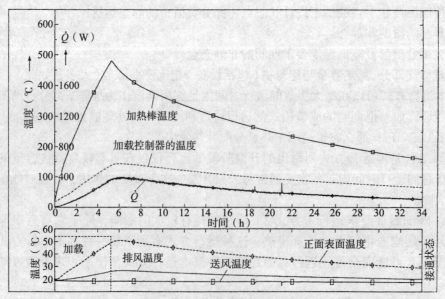

图 5.2-1 由试验台测试中得出的电蓄热器采暖装置以温度和功率表达的冷却曲线
注：（标称充载功率为 2.1kW，在芯部有 700W 额外的直接加热功率）；运行方式为"被动式"，送排风的温度测量位置是测试小室的送排风口。

5.2 部分负荷运行特性

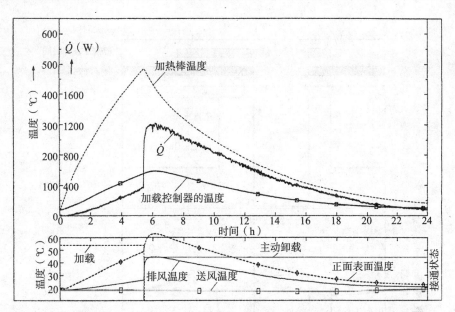

图 5.2-2 由试验台测试中得出的电蓄热器采暖装置以温度和功率表达的冷却曲线

注：（标称充载功率为 2.1 kW，在芯部有 700 W 额外的直接加热功率）；运行方式为"被动式 + 主动式"，送排风的温度测量位置是测试小室的送排风口。

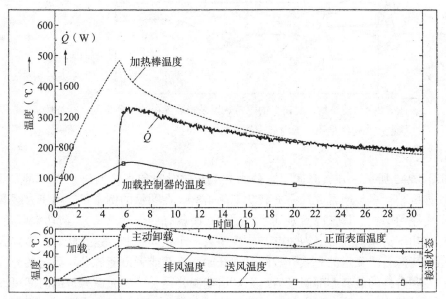

图 5.2-3 由试验台测试中得出的电蓄热器采暖装置以温度和功率表达的冷却曲线

注：（标称充载功率为 2.1kW，在芯部有 700W 额外的直接加热功率）；运行方式为"被动式 + 主动式 + 直接加热"，送排风的温度测量位置是测试小室的送排风口。

动式 + 直接加热）以温度和功率表达的。这里应该强调的是，采暖装置的表面温度变化很大。

图 5.2-4 和图 5.2-5 描述了在建筑物内电蓄热式采暖装置的运行特性。对运行特性起决定性作用的，除了设备本身的性能外，主要是由能源公司确定的充载的开放时间。如图

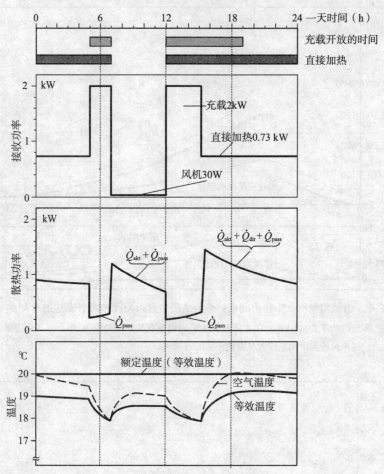

图 5.2-4　建筑物（北房）内电蓄热器采暖装置在某一冬日的运行特性，该装置为连续使用、无内部热负荷（计算模拟实例）

5.2-4 和图 5.2-5 所示，开放时间可以分为充载开放时间和直接加热开放时间，直接加热的功率明显要小得多（通常大约是充载功率的 1/3）。在图示的例子里，由于充载和卸载运行在时间上是分开的，其工况直观明了。这里，设备有一个 2kW 的充载功率以及 0.73kW 的直接加热功率；风机的功率为 30W。它配备有一个正向控制，这意味着，蓄热式采暖装置的充载以能源公司确定的充载开放的时间开始，充载或者以能源公司确定的充载结束时间或者在达到容许的最高芯部温度后结束。由能源公司确定的充载开放的时间可以根据室外温度区别对待。这里进行研究的是一建筑物内一间北房和一间南房，时间都是在某一个冬日。在北房（见图 5.2-4），没有内部得热量，设备连续使用；南房（见图 5.2-5）为间歇采暖，8∶00 ~ 21∶30 之间的等效温度为 20℃；内部得热量随时间在 250 ~ 625W 之间变化。

这两个曲线图除了给出充载的开放时间，在上图中描述了输入功率的变化过程，中图描绘的是散热变化过程，下图除了给出额定的温度，还描绘了空气温度及达到的等效温度。从北房的温度变化过程可以看出，为保证在规定的使用时间内达到所要求的温度（20℃），

5.2 部分负荷运行特性

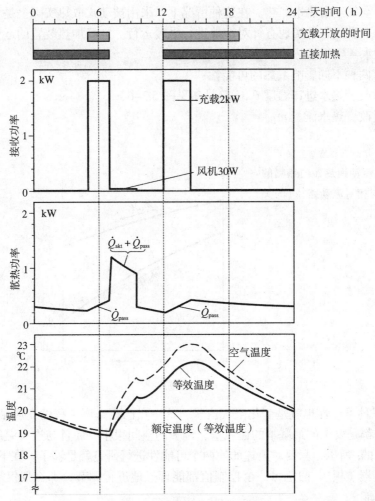

图 5.2–5 建筑物（南房）内电蓄热器采暖装置在某一冬日的运行特性，该装置为间歇使用、内部热负荷随时间变化（计算模拟实例）

在这种情况下，采暖装置的散热量不能满足热负荷。而且，在南房的情况下，因为在充载开放时间内按照前提条件不可能有一个主动卸载，也只是到 8∶00 才达到额定的温度。由于调节的温度偏差为 0.5K，8∶00 后依然继续供热；连同被动式散热和太阳入射出现一个剧烈的温度跳跃。

考虑到与其他采暖系统进行能耗比较，应当指出，一个不能使室温达到额定值的采暖系统，或者取消比较或者必须把它转换到散热量较高的档。只有一个理想的采暖系统，只要其运行，就有可能遵循着额定温度变换过程供热（按照前提条件，冷却是不可能的）。每次超过额定温度输入的热量必须算作热损失。因此，在前面列举的例子中，若不考虑额定室温两个半小时以后才达到，南房的装置刚好能进行能耗的比较：在理想采暖的情况下，白天所需有效利用的热量为 6.3kWh，而实际能耗为 9.4kWh，那么在这种情况下的耗费系数则为 9.4kWh/6.3kWh = 1.49。多耗费的原因主要是由于被动式散热。

根据在 4.1 节中所选择的采暖装置系统，热量移交系统的下一个发展阶段为间接空气加热装置，即空气经由热水加热。在这种情况下，采用被动式散热实际上是不可能的，并且从控制技术上讲很容易实现有针对性地进行采暖运行。空气加热装置的运行特性主要取决于所使用的水－空气加热器。

基本上有两种不同影响散热的可能性：

（1）通过改变热水进口温度 θ_{11}（符号参见图5.2-6）；

（2）通过改变热水流量 $\dot{m}_1$。

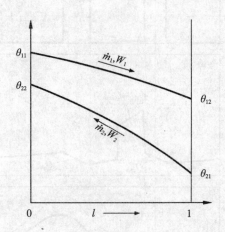

图5.2-6 逆向流动换热器内热侧的温度变化过程与相对流动路径 l 的关系（符号意义见正文）

作为第三种可能性也就是变化空气流量，这一点已在空调工程的变风量系统中述及。但由于大多数都是要求的最基本的通风量，调节的空间很小，而且与进口温度调节的组合也是必不可少的；所以，只要对上述的前两个可能性进行研究就足够了。在下面的讨论中，包括室内散热器（板），假定每一个控制值都能理想地进行调节，那么仅仅需要认识换热表面的热工性能。

如果进口温度用来作为散热的调节值，尽管从设备工程上来说要采用特殊的循环泵和混合阀（图4.2.2-25），相比之下成本较高，但这样传热机理却是非常的简单。用下标0来表示设计或出口状态，会得到下述的线性关系：

$$\frac{\dot{Q}}{\dot{Q}_0} = \frac{(\theta_{11} - \theta_{12})}{(\theta_{11} - \theta_{21})_0} \quad (5.2-1)$$

该线性关系式的前提条件是空气和水的流量保持不变。

假如把水流量用来作为散热的调节值，用一个节流阀就很容易予以实现。当然，热功率和水流量之间的关系比起线性关系式（5.2-1）要复杂一些。现在的情况是温度差（$\theta_{11} - \theta_{21}$）保持不变，而冷却系数却由 $\Phi_{1,0}$ 变至 Φ_1，近似地认为水的比热也为常数，则有：

$$\frac{\dot{Q}}{\dot{Q}_0} = \frac{\Phi_1(\theta_{11} - \theta_{12})W_1}{\Phi_{1,0}(\theta_{11} - \theta_{21})W_{1,0}} = \frac{\Phi_1 \dot{m}_1}{\Phi_{1,0} \dot{m}_{1,0}} \quad (5.2-2)$$

为简化起见，假定空气加热器为逆向流动换热器。若水侧的进出口温差为 $\sigma_{1,0}$、冷却系数为 $\Phi_{1,0}$、在本例中所给定的空气流量情况下的换热器特征值 κ_2 保持不变以及在设计情况下的物质热容（量）流量比为 $(W_1/W_2)_0$，则可写出下面详细的关系式：

5.2 部分负荷运行特性

$$\frac{\dot{Q}}{\dot{Q}_0} = \frac{1}{\Phi_{1,0}} \frac{\dot{m}_1}{\dot{m}_{1,0}} \frac{1-\exp\left(-\kappa_2\left[\left(\frac{\sigma_1}{\sigma_2}\right)_0 \frac{\dot{m}_{1,0}}{\dot{m}_1}-1\right]\right)}{1-\left(\frac{\sigma_2}{\sigma_1}\right)_0 \frac{\dot{m}_1}{\dot{m}_{1,0}}\exp\left(-\kappa_2\left[\left(\frac{\sigma_1}{\sigma_2}\right)_0 \frac{\dot{m}_{1,0}}{\dot{m}_1}-1\right]\right)} \qquad (5.2\text{-}3)$$

式中　　$\Phi_{1,0} = \sigma_{1,0}/(\theta_{11}-\theta_{21})$ ——设计情况下的冷却系数；

$\kappa_2 = kA/W_2$ ——换热器特征值；

$(W_1/W_2)_0 = (\sigma_2/\sigma_1)_0$ ——设计情况下的热容（量）流量比。

图 5.2-7 描述了相对热功率和相对热媒流量（基准值总是为设计值）之间的关系。曲线在 0 点的斜率为在设计工况下冷却系数的倒数[1]。图 5.2-8 给出了冷却系数与换热器特征值的关系；参数为设计工况下的进出口温差比。热媒的过余温度越小、进出口温差越大亦即热媒流量越小，则热功率特征曲线越平缓。此外，图 5.2-8 还表明了对在设计工况下冷却系数的能耗，换热器特征值是衡量一个换热器的相对大小和有效功率的重要参数。空气升温和水降温的比例越小，换热器特征值所起的作用就越大。如此说来，换热器特征值大及空气升温小会导致功率特征曲线弯曲度较小，这对部分负荷运行特性是有益的。

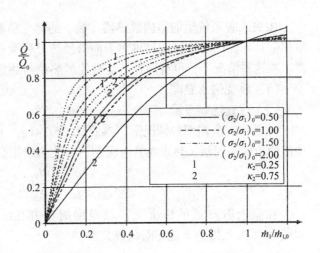

图 5.2-7　相对热功率与相对热媒流量之间的关系，其参数为换热器特征值 κ_2 以及进出口温差比 (σ_2/σ_1)

在上述考虑中总是把设计值用来作为基准值。如果通过进口温度调节器来调节流入热水的过余温度以及在阀门全开情况下相应的热媒进出口温差，那么，思路和结果并不会有所改变。这里仅仅考虑一个空气加热器在调节热水流量情况下的运行特性。假如现在热媒保持在设计情况下那么高的流量（最高进口温度和最大热功率），那么，在降低进口温度时，进出口温差会相对减小，并且由此会恶化部分负荷运行特性。因此，在部分负荷运行时，尽量做到不仅降低进口温度，而且也还要减少热媒流量。由此对于输送热媒的分配系统来说，应该考虑随着热负荷的减少，也要同时把热媒流量往下调节（调节循环水泵！）。

---

[1] 参见 4.1 节的推导，式（4.1.6-60）和式（4.1.6-61）

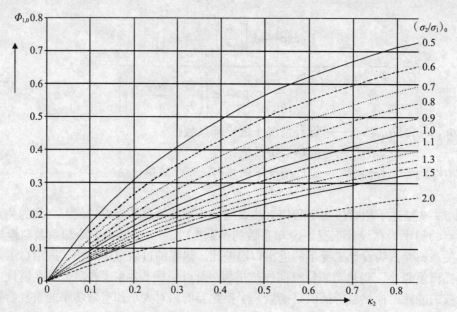

图 5.2-8 在设计情况下的冷却系数 $\Phi_{1,0}=\sigma_{1,0}/(\theta_{11}-\theta_{21})$ 与换热器特征值 κ_2 以及设计情况下的进出口温差比 $(\sigma_2/\sigma_1)_0$ 之间的关系

中央采暖系统里的室内散热器（板）的部分负荷运行特性与热水加热的空气加热器非常相似。它们的主要区别是供热表面的换热过程受过余温度影响，特别是普通的室内散热器。在这种情况下，也有两种可能性使散热量与热负荷匹配：

（1）改变供水温度；
（2）改变热媒流量。

在变化过余温度的情况下，参照式（5.2-1），下式适用于地板和顶棚采暖系统，以及类似的顶棚辐射板（热水在管内流动，特征曲线指数接近于1）系统：

$$\frac{q}{q_0}=\frac{\Delta\theta_V}{\Delta\theta_{V,0}} \qquad (5.2-4)$$

在室内散热器的情况下，是根据指数方程（4.1.6-56）得出其特征曲线[❷]，对于 $\dot{m}/\dot{m}_0=1$ 可由此得到下述的隐函数关系：

$$\left(\frac{\dot{Q}}{\dot{Q}_0}\right)^{\frac{1}{n_{\text{eff}}}}-\frac{1}{2}\left(\frac{\sigma}{\Delta\theta_V}\right)_0\left[\left(\frac{\dot{Q}}{\dot{Q}_0}\right)^{\frac{1}{n_{\text{eff}}}}-\left(\frac{\dot{Q}}{\dot{Q}_0}\right)\right]=\frac{\Delta\theta_V}{\Delta\theta_{V,0}} \qquad (5.2-5)$$

图 5.2-9 以图解的方式描述了式（5.2-4）和 式（5.2-5）。图中的抛物线为室内散热器的相对功率，其变化过程主要取决于指数 n_{eff} 以及仅次要地取决于比例 $(\sigma/\Delta\theta_V)_0$。

如果热水流量用来作为调节值来控制一个散热面（板）的散热量，那么，以同样的区别，得出用于整体式散热面（板）及顶棚辐射板的关系式：

---

❷ 指数 n_{eff} 大于检测得到的指数。该指数适用于对数温差表达的指数函数，并且考虑到混合过程；它完全覆盖整个运行范围。

5.2 部分负荷运行特性

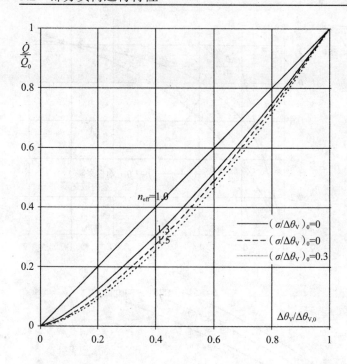

图 5.2-9 室内散热器的相对热功率和其相对进口过余温度之间的关系，参数为指数 n_{eff} 以及 $(\sigma/\Delta\theta_V)_0$

$$\frac{\dot{q}}{\dot{q}_0} = \left(\frac{\Delta\theta_V}{\sigma}\right)_0 \left[1 - \left(1 - \left(\frac{\sigma}{\Delta\theta_V}\right)_0\right)^{\frac{\dot{m}_0}{\dot{m}}}\right] \frac{\dot{m}}{\dot{m}_0} \quad (5.2-6)$$

在室内散热器情况下，内部有混合过程，将其量化为混合系数 b，同样可推导出一个确定相对热功率和相对热媒流量之间关系的隐函数：

$$\frac{\dot{Q}}{\dot{Q}_0} = \left(\frac{\Delta\theta_V}{\sigma}\right)_0 \frac{\dot{m}}{\dot{m}_0}\left[1 + \frac{1}{(b-1) - b\exp\left[\kappa_{HK}\left(\frac{\dot{m}}{\dot{m}_0}\right)^{-1}\left(\frac{\dot{Q}}{\dot{Q}_0}\right)^{1-\frac{1}{n_{eff}}}\right]}\right] \quad (5.2-7)$$

类似于换热器的特征值，式中的 κ_{HK} 为"散热器特征值"：

$$\kappa_{HK} = \frac{\sigma_0}{b\Delta\theta_{lg,eff,0}} = \ln\left[\frac{\left(\frac{\Delta\theta_V}{\sigma}\right)_0}{b\left(\left(\frac{\Delta\theta_V}{\sigma}\right)_0 - 1\right)} + \frac{b-1}{b}\right] \quad (5.2-8)$$

如图 5.2-10 所示，两个函数 [式（5.2-6）和式（5.2-7）] 在零点都有斜率 $\Delta\theta_{V,0}/\sigma_0$ 并因此类似于空气加热器的相应曲线（见图 5.2-7），亦即其从 0 到 1 之间的曲率随着 $\Delta\theta_{V,0}/\sigma_0$ 的减小而减小（而相反散热器的特征值上升，图 5.2-11）。从控制技术上讲（参见原著第 1 卷、K 部分），室内散热器（板）（以及空气加热器）具有一个取决于运行状态点的传输行为。由于相关的执行器和控制装置不能或者不能足够精确地跟踪传输系数的变化、或者错误地调节，即使在稳态运行状况下也会出现控制偏差，这个偏差会造成能量的耗费增加。因而，

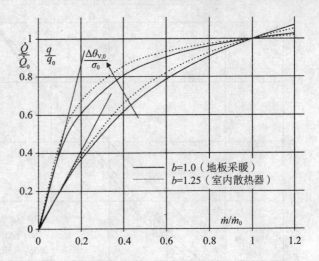

图 5.2-10 相对热功率（例如地板采暖或室内散热器）和其相对热媒流量之间的关系，参数为混合系数 b 以及 $\Delta\theta_{V,0}/\sigma_0$

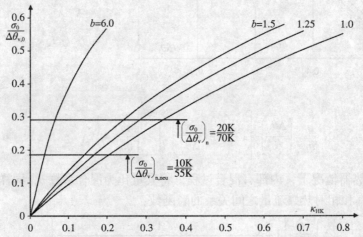

图 5.2-11 进出口温差和进口过余温度比 $\sigma_0/\Delta\theta_{V,0}$ 与散热器特征值 κ_{HK} 之间的关系，参数为混合系数 b

曲率小的特征曲线应该优先考虑。因此，在设计状态点或出口状态点（在调节进口温度情况下）的进口过余温度越小以及进出口温差越大，室内散热器（板）的调节特性越好。室内散热器（板）的情况如同空气加热器，尽量做到不仅降低进口温度，而且同时也要减少热媒流量。

如果开关周期约在 5min 以内的话（取决于散热器的水容量大小），所描述的室内散热器（板）的热力特性与以调节开启时间对关闭时间或比例的开关控制器的情况完全相同；亦请参见第 4 部分及第 2.3.3.2 节。

5.2.2 热量分配部分

如前所述，配备有节流和温度调节的热量移交系统具有本身的热力运行特性，与其不同的是，热量分配系统的运行特性与热量移交系统相匹配并取决于产热系统（产热系统是指包括了在产热循环系统中所有装置的产热设备）。

5.2 部分负荷运行特性

起决定性作用的运行参数为（中央）供水温度和热媒流量（考虑的热媒局限为水）。期望达到的中央供水温度或者可以通过产热系统本身相应的控制装置来产生（这种情况下产热系统的出口温度与供水温度相同）；或者通过外部与回水混合产生，这种情况下供水温度一般小于或等于产热系统的出口温度；或者为这两种方式的组合。期望达到的热水流量则可通过中央或局部的节流来产生，然而从节能的角度来说，对水泵的功率有级或无级地调节，以使其与热量需求匹配，或者通过水泵功率调节和节流的组合。

考察运行特性，特别是热量分配的运行特性，大体上可从现代先进的采暖系统统一的调节技术装置出发。相应于现代先进设施的要求，例如在德国实行的所谓的采暖系统规范有如下表述：

"中央采暖系统必须配备中央自动控制装置，以便能减少和停止热量输入，其依赖于"室外温度或另外一种合适的控制变量以及配备时间装置。"采暖系统必须配备自动控制装置，用于各个房间的温度调节"。

上述这些要求的结果是，今天几乎所有的设备在中央部位设置一个以"天气情况控制的"供水温度以及在散热器部分局部安装恒温阀。这种温度用中央控制和局部采取流量节流的配置，想象中调节可以如此划分，即首先供水过余温度（假定室温恒定）随着天气（例如室外温度）情况而改变，而分配系统中的热媒流量保持不变；然后局部的散热量则是通过调节热媒流量来与实际的热负荷变化过程匹配，实际的热负荷变化是由于得热（例如，太阳辐射进入室内的和内部的得热）造成的。因此，根据图 5.2-10，在每个天气或室外温度情况下，对散热器来说都有一个专门的热功率 - 水流量曲线；该曲线是特别用供水过余温度和出口状态点（参见下文）的进出口温差之比来表征的。如果假设在局部多个散热器（例如，在大房间内安装有多个散热器）有一个统一的运行特性的特殊情况，那么，在上一节推导出来的用于热量移交部分运行特性的关系式也可以直接用于热量分配系统。在与热负荷匹配的理想的供水温度情况下，图 5.2-9 的热功率 - 过余温度关系曲线可以用作"采暖曲线"（真正意义上的采暖曲线是描述室外空气温度和供水温度之间的关系）。图 5.2-12 中的曲线 a 描述了这样做的结果。如果供水过余温度正好与所涉及的房间的（实际）热负荷匹配，那么设计的热水流量（不加节流）应予以维持。当然，在这种情况下，仅仅是通过室外温度来控制显然是不够的，因为除了室外负荷还会出现有其他的负荷（通常是均势的）。

在各个房间热负荷变化不同的情况下，要求有局部的热负荷匹配。这种匹配总是通过在热量移交的地方改变热媒流量来实现。或者简单地通过节流或者复杂一些通过回流的混合。但这儿相对于图 5.2-12 中的曲线 a，还有其他的简单的采暖曲线，亦即可按直线调节，例如设计热泵的情况（第 4.3.5.4.1 节），有意识地用直线来维持一个最低过余温度（直线 b）或再附加一个快速升温功率储备（直线 c）。在后两种情况下，力求达到的运行状态点只是基于出口状态点调节热媒流量来实现。与前一章述及的热量移交部分不同，这里需要区别出口状态点（采用角标 0 表示）和设计状态点；出口状态点是指热媒流量未加节流的状态点。相反，在设计状态点，如采暖曲线 c 的情况热媒流量可以加以调节（比如由于供水温度过高）。在热媒流量保持恒定的情况下，则有：

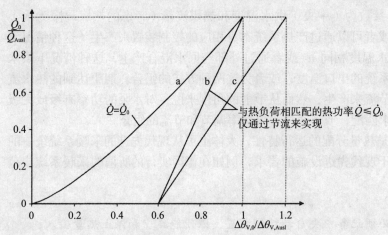

图 5.2-12 在不同采暖曲线情况下,以设计热功率为基准的室内散热器热功率与类似的供水过余温度比之间的关系(两者的"出口状态点"即为没有节流的状态)(曲线 a:来自图 5.2-9;曲线 b:保持最低过余温度;曲线 c:保持最低过余温度并快速升温)

$$\frac{\dot{Q}_0}{\dot{Q}_{\text{Ausl}}} = \frac{\sigma_0}{\sigma_{\text{Ausl}}} \tag{5.2-9}$$

图 5.2-12 的采暖曲线 a 现在可以直接换算成依照图 5.2-10 的热功率 - 水流量曲线的零点斜率的比,即:

$$\frac{\left(\dfrac{\Delta\theta_{\text{V}}}{\sigma}\right)_0}{\left(\Delta\theta_{\text{V}}\right)_{\text{Ausl}}} = f\left(\dfrac{\dot{Q}_0}{\dot{Q}_{\text{Ausl}}}\right) \tag{5.2-10}$$

并在图 5.2-13 中以图解的形式予以描述(采暖曲线 a 适用于恒定的热水流量!)。

图 5.2-13 依照图 5.2-10 的采暖曲线的热功率 - 水流量曲线(用于图 5.2-12 的采暖曲线)的零点斜率比与热功率比之间的关系,曲线 a 采用式(5.2-9),在曲线 b 和曲线 c(变化水流量)情况下用举例给定 $\Delta\theta_{\text{V,Ausl}}=30\text{K}$ 以及 $\sigma_{\text{Ausl}}=7\text{K}$

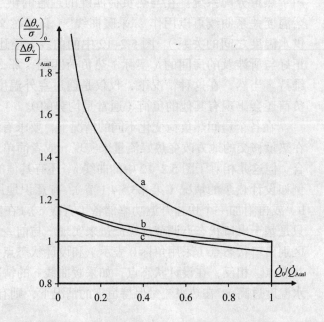

5.2 部分负荷运行特性

在图 5.2-13 中举例说明的其他两个采暖曲线 b 和 c 不是以热媒流量保持恒定作为前提条件（它是理想地与热负荷匹配）。因而，按照式（5.2-10）的斜率比不能由图 5.2-12 直接推导出来，而是有一个实例（$\Delta\theta_{V,Ausl}$=30K 以及 σ_{Ausl}=7K）从图 3.1-8 的散热器设计曲线计算出来的。其结果表示在图 4.2-13 中。从中可以看出，在室内散热器（板）的情况下，用过度调节了的采暖曲线可达到更为合适的运行特性。当然前提是在运行中实际上预期的热媒流量也改变了。从有利于节能的角度来说，还可以通过中央的控制循环水泵的功率来降低流量，从而代替用阀门节流。将来应力求做到由中央来调控供水温度和热媒流量这样一个组合。

埃斯多恩（Esdorn）[1] 和米格（Mügge）[2] 证明，如果在热媒流量方面调节偏差太大，对上述利用过度调节了的采暖曲线并由此强迫加大节流（较大的供回水温差）的优点就不要抱什么希望。像用降低斜率比（$\Delta\theta_V/\sigma$）。改善热量移交部分的反应性能，同样这也提高对供水过余温度、特别是供回水温差调节值精确度的要求；尤其是提高了对设备运行人员素质（纪律）的要求：由于误操作或无知所起的作用相对更大。

供水温度随着时间波动，例如按图 4.3.3-40 所示的简单回路那样，直接把调节装置安装在产热设备中，最明显的是其温度以锯齿状的变化过程出现，可以把这样的运行足够精确地假定为准稳态的运行。这种通过产热设备的开–关运行方式造成的波动只是对产热设备的运行产生不利的影响（例如，增加了有害物质的排放量或容易出现故障）。

除了上面述及的两个主要运行参数即供水温度和热媒流量以外，还有另外一个重要的问题，即压力分布，它可以视为与需求分配和主要运行参数有关。以一个具体的管道设计为前提，只是在负荷降低的情况下才出现压力分布方面的问题，当中央设定的供水温度额定值降低，不仅循环水泵不依赖于该降低信号还继持续运行下去，而且与中央部分没有耦合的局部控制机构也抵制这种降低意图。像这种情况并非总是（正如人们经常假设的那样）由巧妙设计的分配系统能够完全解决，而是通过上面已经提及的水泵调节与中央供水控制的耦合或局部控制器与中央控制器的耦合或通过两者的组合。

5.2.3 热量生产部分

中央采暖系统的产热设备的运行特性已在第 4 部分与其选择、评估和设计关联起来加以阐述过。这里特别要深入讨论的是其水侧的运行特性。在一方面稳态或准稳态的部分负荷的位于设计状态点或在设计状态点之外的运行特性和另一方面在升温及冷却阶段的动态运行特性之间的区别，特别是就节能方面的考量，在现代产热系统的情况下与热量移交系统相比只是起着次要的作用。当然应该注意到产热设备调节时的动态运行特性。重要的是其热力特性对热量移交和热量分配部分的影响。因此，必须要考虑包括缓冲蓄热器及本身产热循环回路的整个产热系统，往往这个系统还是一个组合系统（例如与太阳能集热器系统、蓄热器及锅炉或与热泵、缓冲蓄热器及锅炉一起）。从其热力特性对热量移交和热量分配部分影响的观点来看，对热量生产来说，只要对三种不同的设备加以考虑就可以了：换热器、采暖锅炉、热泵。

换热器究其热力特性而言，重要的是在利用太阳能时作为太阳能循环系统和采暖系统之间的热量传输部件，类似地也作为热电厂和采暖系统之间的热量传输部件，或更一般地说，在区域（远程）供热情况下作为一个楼宇换热站。

为此，在使用水-水换热器的情况下，与空气加热器（第 5.2.1 节）不同，其两侧的水流量都在变化：水温较高侧的热水流量调节到使得出口温度 θ_{12} 的额定值得到保证；水温较低侧的热水流量则与采暖设备的供水温度控制一起调节，使得在根据热负荷不断变化的回水温度 $\theta_R=\theta_{21}$ 的情况下，保证得到所需要的热功率。由于考虑到水的混合调节（图 4.3.2-11），通过换热器（水温较低侧的）的水流量总是小于通过采暖系统的水流量，并因此换热器的出口温度 θ_{22} 总是高于采暖系统的供水温度 θ_V。因为这里只考虑在热负荷变化的情况下换热器的运行特性，在区域（远程）供热一侧的边界条件假设都保持不变，所以进口温度 θ_{11} 作为固定不变的（参见图 5.2-14 中的温度变化过程），那么，其进出口温差则为 $\sigma=\theta_{11}-\theta_{12}$。因而，水温较高侧的热水流量与建筑物所需的热功率成正比。由自变量 θ_{21} 并借助于冷却系数 $\Phi_1=\sigma_1/(\theta_{11}-\theta_{21})$ 可以根据式（4.3.2-5）及图 5.2-15 中的曲线计算出在部分热负荷情况下所需要的热水流量及其温升 σ_2。

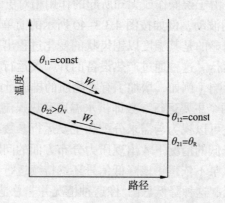

图 5.2-14 水-水换热器中的温度变化过程

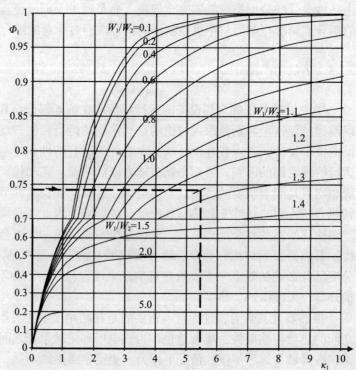

图 5.2-15 冷却系数 Φ_1 与换热器特征值 κ_1 之间的关系，例如：$\Phi_1=0.742$，$\kappa_1=5.45$，结果是 $W_1/W_2=1.26$

5.2 部分负荷运行特性

例题：参照第 4.3.2.2.3 节的例题，在区域（远程）供热系统中换热站的换热器的设计参数为：热的一侧：$\theta_{11}=120℃$，$\theta_{12}=48℃$；冷的一侧：$\theta_{22}=60℃$，$\theta_{21}=44℃$

两股水流的热容量 W_1 和 W_2 之比为 $W_1/W_2=0.222$，冷却系数 $\Phi_1=72K/76K=0.947$。

由图 5.2-15 中的曲线读出换热器特征值 $\kappa_1=kA/W_1=3.5$（同样可用式（4.3.2-30）精确计算：$\kappa_1=\sigma_1/\Delta\theta_m=72K/20.68K=3.48$）。

部分负荷（46% 的设计热功率）的运行工况：热的一侧：$\theta_{11}=100℃$，出口温度则调节到 $\theta_{12}=48℃$；冷的一侧：θ_{22} 应求出来，回水温度 $\theta_R=\theta_{21}=30℃$。

热水水流的热容量 W_1 的运行工况和设计工况之比为：

$$\frac{W_1}{W_{1,Ausl}} = \frac{0.46 \cdot 72K}{52K} = 0.636$$

在其运行工况下的冷却系数 $\Phi_1=52K/70K=0.742$。

换热器特征值 κ_1 可由设计值计算出来，其中按照图 4.3.2-17 先假定 kA 值近似为常数，则有：

$$\kappa_1 = \kappa_{1,Ausl} \cdot \frac{52K}{0.46 \cdot 72K} = 3.5 \cdot 1.57 = 5.5$$

现在，由图 5.2-15 中的曲线在 $\Phi_1=0.742$ 及 $\kappa_1=5.5$ 时读出 $W_1/W_2=1.26$（证实了假定的 kA 值近似为常数）。

由此得到温升 $\sigma_2=1.26$，$\sigma_1=65.5K$ 以及 $\theta_{22}=95.5℃$。热水水流的热容量 W_2 的运行工况和设计工况之比为：

$$\frac{W_2}{W_{2,Ausl}} = \frac{\dot{Q} \cdot \sigma_{2,Ausl}}{\dot{Q}_{Ausl} \cdot \sigma_2} = 0.46 \cdot \frac{16K}{65.5K} = 0.113$$

作为对图 5.2-15 中冷却系数的补充，在图 5.2-16 中描述了升温系数（增加了交叉流）。

对于采暖锅炉部分，热负荷的运行特性可以相当准确地认为，有用热功率几乎与标定

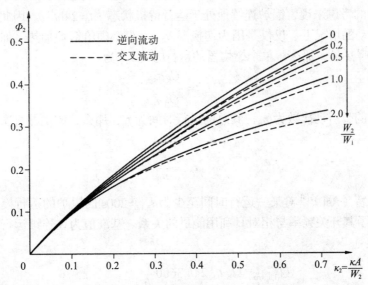

图 5.2-16 升温系数 Φ_2 与换热器特征值 κ_2 之间的关系

的燃烧热功率有一个固定的关联。因此，锅炉进出口之间温差的时间平均值近似地有：

$$\bar{\sigma}_K = \frac{\dot{Q}_B \bar{\eta}_K}{\dot{m}_K c_W} \quad (5.2-11)$$

式中　$\bar{\sigma}_K = \bar{\theta}_{K,V} - \bar{\theta}_{K,R}$——锅炉进出口之间的温差；
　　　$\dot{Q}_B$——燃烧热功率；
　　　$\bar{\eta}_K$——依照式（4.3.3-10）得出的在部分热负荷运行工况下的锅炉平均效率；
　　　$\dot{m}_K$——通过锅炉的水流量。

式（5.2-11）不仅适用于所谓的调制运行，而且也适用于开-关运行工况，只要锅炉温度的切换差保持低于10K。

在大多数锅炉情况下，燃烧都是一级控制，也就是说，燃油或燃气燃烧器只提供某一确定的燃烧功率或者停机。即使在锅炉使用可调制运行的燃烧器的情况下，由于有功率的下限（比如30%），基本上是开-关运行，当然燃烧器的运行时间要长一些而且启动次数要少一些。而可分级控制的燃烧器（用于功率较大的锅炉），在利用率超过90%的现代锅炉的情况下，从节能角度来说也只能视为介于两者之间。然而，需要关注的是因为燃烧器的启动和关停次数，会由此产生不完全的燃烧（参见第4部分，第3.3.1.2节）。因此，如果燃烧为一级控制的话，要对这种为数甚广的关键性运行方式加以深入地讨论。

在这种运行情况下，最重要的是燃烧器的日启动次数，它是取决于以下几点：

（1）日利用能量 $Q_{H,d}$，式（4.3.3-17）；
（2）由锅炉的含水量和锅炉炉体构成的蓄热容量 C_K；
（3）设置的锅炉温度 θ_K 和下限的锅炉温度 $\theta_K - \sigma_{Sch}$ 之间的切换温差 σ_{Sch}；
（4）依照式（4.3.3-1）得出的燃烧热功率 $\dot{Q}_B$；
（5）依照式（4.3.3-10）得出的在部分热负荷运行工况下的锅炉平均效率 $\bar{\eta}_K$；
（6）根据负荷情况而不同的热功率 $\dot{Q}_H$ 的日分布状况，参见式（4.3.3-16）。

对于下面的考虑来说，锅炉连续地处于运行待机状态（t_0=24h/d）。因此，即使在燃烧器只有一次启动的情况下，仅仅是因为切换温差 σ_{Sch} 也必须给锅炉加热。如果在这种情况下并不需要采暖热量，那么，单个燃烧器的运行时间 $t_{B,1}$ 为：

$$t_{B,1} = \frac{C_K \sigma_{Sch}}{\dot{Q}_B \bar{\eta}_K} \quad (5.2-12)$$

若燃烧器的日启动次数为 n_B，其总的运行时间为 t_B，那么，燃烧器每次启动的平均运行时间则为：

$$\bar{t}_{B,i} = \frac{t_B}{n_B} \quad (5.2-13)$$

根据阿斯特（Ast）[3]对某一运行时间至少为 $t_{B,1,0}$=200s 的锅炉的运行模拟计算，在图5.2-17中描绘了其开关频率与相对日利用能量的关系。基准值为在连续运行时所出现的最大日利用能量：

$$Q_{H,d,max} = \dot{Q}_B \eta_K 24h \cdot 3600 \frac{s}{h} \quad (5.2-14)$$

5.2 部分负荷运行特性

连续运行工况的锅炉效率 η_K，由于在这种运行工况时排烟温度调节到最高，一般都小于部分负荷工况的平均效率 $\bar{\eta}_K$。在模拟计算时，锅炉恒温器调节到一个固定的额定值（65℃）。在待机状态下（锅炉没有提供利用能量），所考察的锅炉的燃烧器日启动次数为 4 次（曲线的左下角点）。在部分负荷工况下，开关频率起初随着日利用能量的增加而增加。如果在一个开关周期内燃烧器的开和关时间相一致，那么，开关频率达到最大值，此时锅炉释放出日利用能量的一半。在燃烧器的接通时间进一步增加时（平均运行时间倒数也在图中给出），开关频率降低，在满负荷运行时，燃烧器不间断地运行（曲线的右下角点）。正如从作为例子得出的两个开关频率曲线可以看出，开关频率也取决于热功率的分布情况。假如热功率的分布过程是恒定的，燃烧器的开关比热功率分布过程为变化的情况要频繁一些。这意味着，在阴天日利用能量均衡时的开关频率略高于晴天，在晴天时，因为太阳辐射，下午的热负荷将大大减小。

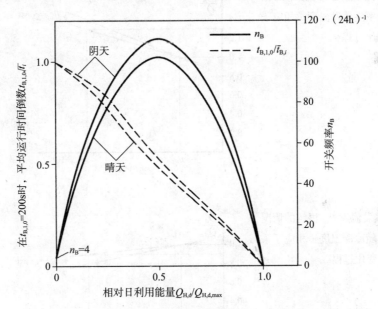

图 5.2-17　采暖周期内所有典型日的燃烧器的开关频率 n_B 及每次启动的平均运行时间。锅炉恒温阀调节到 65℃，摘自文献[3]

每次启动的平均运行时间 $\bar{t}_{B,i}$（日平均值）是用以 $t_{B,1,0}$ 为基准的倒数在图 5.2-17 中的纵坐标（左）表达出来。在该倒数表述中，得到一个几乎线性的、由下式给出的变化过程：

$$\frac{t_{B,1,0}}{\bar{t}_{B,i}} = 1 - \frac{\dot{Q}_H - \dot{Q}_B(\bar{\eta}_{K,i} - \bar{\eta}_K)}{\dot{Q}_B \bar{\eta}_K} \quad (5.2\text{-}15)$$

式中的 $\bar{\eta}_{K,i}$ 表示适用于各个热负荷范围的平均锅炉效率；分子中的减数项一般可以忽略不计。

通过一个实例模拟计算获得的开关频率曲线，可以用下面的参数精确地换算到其他锅炉上：

$$\left(\frac{t_{B,1,0}}{t_{B,1}}\right) = \frac{t_{B,1,0}\dot{Q}_B\overline{\eta}_K}{C_K\sigma_{Sch}} \tag{5.2-16}$$

上式中的锅炉蓄热容量还可以把与锅炉并联的缓冲蓄热器的蓄热容量包括进来。热量分配或热量移交系统的蓄热容量从控制技术上来说是与锅炉串联的。因此，它只会在整个采暖系统停机时间延长的情况下，从控制技术和节能的角度讲，起负面的影响。

与采暖锅炉不同，在热泵的情况下，其热功率非常依赖于热源和采暖系统的热力边界条件：

（1）蒸发温度越低，热功率就越小（见图5.2-18）；

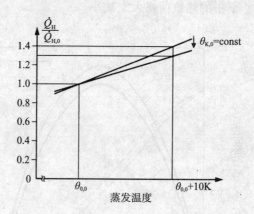

图5.2-18 在冷凝温度 $\theta_{K,0}$ 恒定的情况下，热泵热功率随蒸发温度（相应于热源温度）的变化过程

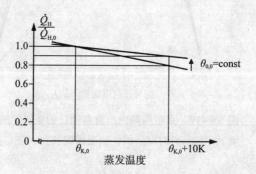

图5.2-19 在蒸发温度 $\theta_{0,0}$ 恒定的情况下，热泵热功率随冷凝温度（相应于采暖热媒温度）的变化过程

（2）冷凝温度越高，热功率就越小（见图5.2-19）；

（3）热源和采暖设备之间的温差越小，做功系数越高，参见式（4.3.5-12）。

正如图5.2-18所示，蒸发温度改变1K，热泵的热功率则大约改变3%~4%。而在改变冷凝温度的情况下，其对热功率的影响大约只有改变蒸发温度情况的一半（见图5.2-19）。

热泵在整个采暖季节的准稳态运行特性可以在图4.3.5-12和图4.3.5-14所示的功率-温度曲线图中得到形象地描述。应当指出的是，进入热泵冷凝器入口的热水温度，通过与较热的供水混合，通常都高于采暖管网的回水温度。

5.3 动态运行特性

5.3.1 建筑物

在室内外热负荷变化影响下的建筑物热力特性对采暖系统的热力运行特性来说是非常重要的。在本章中把运行特性划分成准稳态的部分负荷运行特性和升温及降温的动态特性，正是基于这个考虑。在中欧，根据建筑物的蓄热能力，大多数为中度重型到重型的建筑结构。因而可以假设，随着室内外负荷的变化，从时间上来说，最经常出现的还是准稳态的运行工况，只是在室内升温及降温的时候考虑为动态运行特性。在轻型结构的情况下，这种假设只能有限制地适用。建筑物对热量移交使用部分产生的影响最大，这里所指的移交使用是热量、凉❸和空气。因此，仔细地研究起来，作为建筑物一部分的房间的热力特性实际上非常重要。对此，一个房间的基本性能如墙壁的保温和蓄热能力、窗户的设计和尺寸大小以及建筑物内的布局都不能改变；另一方面，有些性能如遮阳或窗户临时的防止热损失措施都是可以改变的；最后，房间的运行也同样起着作用，比如室内通风、夜间和周末降低室内额定温度，再比如由于过高的气味负荷或有害物质浓度、或由于过高的室内外热负荷，使得室内温度超过上限（例如 26 ℃）时，而室外温度又比较低，尤其是在夏季，有时还需要额外的通风。

米格（Mügge）[2] 经多方面研究，概述了影响建筑物热力特性的参数。最重要的认知是找到了进入负荷计算规范的入口，即计算建筑物热负荷的标准 DIN 4701[4] 和计算建筑物空调冷负荷的准则 VDI 2078[5]。通风对此有着特别重要的影响。根据空气进入房间的方式，可区别为缝隙通风、窗户通风和有控制的通风。

在缝隙通风的情况下（在国外亦称为冷风渗透），室外空气在窗户关闭时由于外围护结构的不密封而侵入室内。在德国标准 DIN 4701 中已确定了如何计算由此所产生的冷风渗透热负荷。

在窗户通风的情况下，室外空气经敞开的窗户进入室内。缝隙通风可以说与建筑物的结构性能有关，而与此不同，由用户有意识地造成的窗户通风应该属于建筑物的使用。经过长时间的观察，实际上缝隙通风和窗户通风是叠加在一起的。而在现今规定的建筑物密封性能的情况下，主要是与用户相关的窗口通风（也就是说，用户没有意识到这种习以为常的缝隙通风部分）。

在有控制的通风的情况下，室外空气通过通风设备送入建筑物。因此，也把它称为机械通风。空气量是以固定的方式送入建筑物个各房间，而基本上与外界的影响无关。如果借助于风机排气，还有可能进行热量回收。有控制的通风完全取决于使用情况。

为了充分掌握房间的热力特性，除了墙壁的导热和蓄热过程，还必须考虑室内的换热过程和气流的流动过程。克纳贝（Knabe）[6] 把房间（= 气流空间）作为调节对象进行了实验研究，证明了用散热器（板）采暖的房间和用空调设备（空气加热）的房间的基本区别。用散热器（板）采暖的房间的调节特性取决于散热器（板）的换热过程、室内的气流流场、各内墙结构的吸热情况以及外墙和散热器（板）对各内墙表面和人体的热辐射。采

---

❸ 比如希望有一个足够"凉爽的"的而不是一个"冷的"卧室，因此，期望是"凉"而不是"冷"。

用空调设备的房间的调节特性不仅有赖于外墙和散热器（板）对各内墙表面和人体的热辐射，特别是受室内气流流动的影响。有关室内气流流动可以分为三种不同的消除室内负荷的通风气流原理（图5.3-1）：排挤通风原理、稀释通风原理、分区通风原理。如果房间内由于密度差而产生两个稳定的空气层（亦即上下两个区域），应尤其考虑采用分区通风原理。在这种情况下，通风的任务往往可局限到下部（人员逗留的）范围。在上部区域空气温度和物质浓度基本上偏高一些。

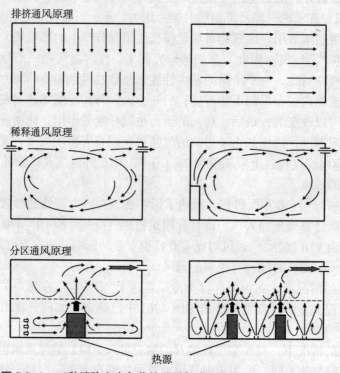

图 5.3-1　三种消除室内负荷的通风气流原理

根据不同的移交使用系统，应该观察对房间动态特性的不同的反应能力。如果从舒适性角度出发从对人体的整体的考察（以一个整个身体感受到的温度）转向到局部的考察（半球辐射、定向的空气速度），这一点会特别明显（参见1.2、3.3部分和第4.1.2.2节）。鉴于不同的移交使用系统，室内空气流动的区别只是对大的房间、大厅产生明显的影响。在人们所熟知的住宅楼房间大小的情况下，室内空气流动的区别甚小，这些房间的调节特性主要是受室内围护结构的导热和蓄热过程支配。它主要是对年能耗的影响，对此，已有许多相关的试验研究报告：佐默尔（Sommer）[7]作了一个概括并表明，与一种普遍的想法相反，每日间断的采暖系统（ZEB）的年能耗与连续的不间断的采暖系统相比（建筑结构为重型的情况）可能会是增加的。米格（Mügge）[2]用图例说明了在夜间采暖中断情况下，建筑结构类型对室内温度和所需的采暖热功率 $\dot{Q}$ 随时间的变化过程的影响（图5.3-2）。蓄热能力小的房间要比蓄热能力大的房间冷却得快。根据采暖限制时间的长短和冷却的速度，对于各个不同的房间得到一个室内温度降低的日平均值。该值在轻型建筑结构房间的情况下要比重型建筑结构房间的情况低，由此可直接得出结论，在轻型建筑结构情况下，每日间断采暖系统（ZEB）的节能效果要好一些。

一个非常简单的衡量一个房间或建筑物蓄热能力的参数是建筑类型的重度。按照标准 DIN 4701[4]，只分为 3 种类型：轻型、重型和特重型。此外，蓄存质量 m 按下式计算：

$$m = \sum (0.5 m_{STAHL} + 2.5 m_{HOLZ} + m_{REST})_a + 0.5 \sum (0.5 m_{STAHL} + 2.5 m_{HOLZ} + m_{REST})_i \quad (5.3.1-1)$$

式中质量分量的角标"Stahl"表示建材为钢材，"Holz"表示木材，"Rest"表示其他建筑材料，"a"表示外表面的建材质量，"i"表示内表面的建材质量。以房间的所有外表面积（窗户和外墙）总和为基准，那么得到如下的序列：

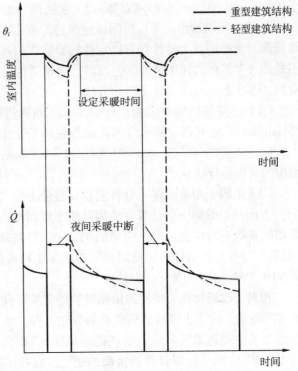

图 5.3-2 在建筑物夜间采暖中断的情况下，重型和轻型建筑结构内的室内温度 θ_i 和采暖热功率 $\dot{Q}$ 随时间的变化过程[2]

$m/\sum A_a$	≤600	≤1400	>1400	kg/m²
结构类型	轻型	重型	特重型	

$\sum A_a$ 为外表面积的总和

冷负荷计算规则[5]规定的结构类型与计算热负荷的有所区别，它分为 4 种类型：特轻型（XL）、轻型（L）、中型（M）和重型（S）。所有的结构类型都具有同样的尺寸和同样的保温措施，然而具有不同的墙体结构。另外不同于标准 DIN 4701[4]的是蓄存质量的和以地板面积为基准。依照在文献[5]中所给出的有关墙壁、地面和顶棚的资料细则，有如下的划分：

结构类型	特轻型（XL）	轻型（L）	中型（M）	重型（S）	
$m/\sum A_{FB}$	≤150	≤300	≤800	>800	kg/m²
$m_c/\sum A_{FB}$	≤50	≤100	≤200	>200	Wh/km²

$\sum A_{FB}$ 为地板面积

如果对于房间的非稳态热力特性来说，简单地假定一个一级调节对象，那么，比上面述及的两个热力惯性更进一步的是给出一个冷却时间常数。

$$T_{Ra} = \frac{\sum_{j=1}^{n} w_j (\rho c s A)_j}{\sum (kA)_a + \beta \rho_L c_L V_{Ra}} \quad (5.3.1-2)$$

式中 $(\rho c s A)_j$ ——厚度为 s 的结构层的热容量；
w_j ——加权系数；

$\sum(kA)_a + \beta\rho_L c_L V_{Ra}$——向外的热渗透（包括换气），其中 V_{Ra} 为房间的容积。

从式中可以看出，不仅房间或建筑物的重度亦即热容量，而且其向外的包括换气的热渗透都对动态的热力特性起着决定性的影响作用。但实际上，还有着更多的影响因素，绝不是用3个简单的评估值能够包括的。要做到这一点，只有通过结构计算模型和系统模拟。对此，基本上可应用三种不同的方法：

（1）由美国的斯蒂文森（Stevenson）和米塔拉斯（Mitalas）[8, 9]以及德国的马苏赫（Masuch）[10]同时研发的响应方法或加权因子法（利用控制技术中的卷积原理）；

（2）由克朗科（Crank）和尼科尔松（Nikolson）[11]提出的解偏微分方程方法的基础上得出的有限差分法；

（3）依赖于用单回路-分析法和双容量法的"博伊科恩（Beuken）-法"[12]。

上面列举的第一个计算方法因其简单性而得到广泛地应用；它也是 VDI-计算冷负荷规则的基础（同样也是广泛应用的 TRNSYS 的基础）。新近发表的、所列举的第三种方法（更简单些并且数值计算更稳定些）提供了更精确的结果；它已应用在德国工程师协会准则 VDI 2067 第10和第11部分[13]。

相对于建筑物热力特性的依据经验的实验研究，系统模拟的特殊的优点（也基于很多的实际量测）在于不仅得到热负荷的变化过程，而且得到与任意实际采暖系统相比的作为参考基准的理想采暖系统的年能耗（参见6.3部分）。在统一的气候条件下（测试参考年（TRY）[14]），除了可以计算热负荷的变化过程和年能耗，此外还可以进一步仿真性地计算对采暖系统运行来说重要的参数（比如室内温度）。对此，通常除了空气温度，也应用空气和墙壁温度的平均值来作为等效温度。通过比较温度的额定值和实际值，首先决定从什么时候起输入的热量算作热损失，但也可以决定，从什么时候起得热（来自外部或内部）不再是减轻采暖热负荷，而是如果它使得室内规定的舒适性界限（例如26℃）不能得到保障，需要"排气"（例如通过打开窗户）。图5.3-3举例表明了在给定的运行状况下五月份的平均温度变化过程以及图5.3-4描述了在一年中在不同结构类型的房间情况下，平均温度高于26℃的累积频率。

图5.3-4描述的是模拟的建筑物的最暖和的房间（朝南、中间部位）在一年中的平均温度。通过重度表征的四种不同结构类型的建筑物都具有统一的保温措施 [平均换热系数 $k_m=0.74W/(m^2 \cdot K)$]，并且每个房间窗户面积均为 $6m^2$（外墙面积的40%）。

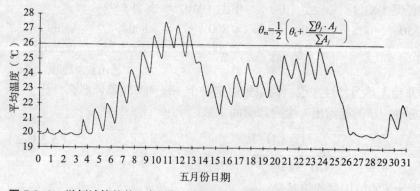

图5.3-3 举例计算的某一房间的空气和墙壁温度的平均值的变化过程

注：该房间朝南、位于一重型结构的三层建筑物的中间部位（测试参考年（TRY）第5区，采用TRNSYS计算程序）。

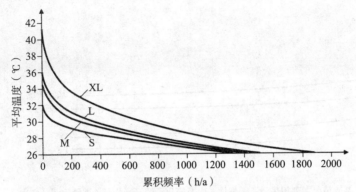

图 5.3-4　一年中在不同结构类型的房间情况下，平均温度高于 26℃ 的累积频率

不同的重度是通过不同的墙壁、地板和顶棚结构来实现的。各个房间都统一的以换气次数为 $0.5h^{-1}$ 来换气。在特轻型（XL）建筑物的情况下，在夏季非采暖期其温度明显超过 40℃。而在采暖季节中，完全没有太多地超过舒适性界限，因为在建筑物的实际运行中，用户通过其他一些通风措施可避免这种现象的发生。过量得热情况在轻型结构类型的建筑物要高于重型的；或者换句话说，充分利用得热的能力随着建筑物结构的重度而增加。

另外一个说明建筑物热力特性的参数是（年）参考能耗[13]。该能耗描述的是建筑物在理想采暖（无惯性）以及简化了的在 VDI 2067 第 10 部分定义的运行状况（连续采暖、室内额定温度为常数以及换气恒定）下所需要的采暖能量（参见第 8 部分、第 3 章）。图 5.3-5 描述了所提及的建筑物在不同结构类型情况下的以面积为基准的建筑物基本能量需求 $Q_{0,G}$（不含内部得热、定义参照文献[13]）。能量需求随着建筑物重度微弱地降低表明，实际上充分利用得热能力的变化是多么地小。建筑物重度上的区别只是对舒适性产生影响。在该图中除了基础情况还给出了其他三种不同建筑物围护结构的曲线：窗户面积减少一半（曲线 Fe/2），外墙、顶棚和地下室地板再添加保温，以至传递热损失降低到 1/3（曲线 D），以及给窗户装配热保护玻璃，使得窗户的传热系数由 2.3 改善到 1.3W/($m^2 \cdot K$)（曲线 Fe→1.3）。图 5.3-6 说明了通过变化用户预先给定的采暖运行所带来的影响。图中把基础情况 $Q_{0,G}$ 与两个不同的 $Q_{0,N}$ 进行比较：每天夜间在 22：00 到 6：00 之间降温采暖（曲线 N）以及如办公楼情况夜间和周末降温采暖（曲线 N+W）。理论上通过降温采暖运行的节能是随着建筑物结构重度而减少，在中等重型到重型的情况下节能在 3%～4% 之间。

5.3.2　热量移交系统

5.3.2.1　升温运行

对于一个采暖设备在升温运行时的时间特性来说，热量移交系统是至关重要的。为便于研究，先假定在升温运行开始时来自分配系统的供水温度为 $\theta_{V,0}$ 和热媒流量为 $\dot{m}_0$，升温运行前的室内散热器（板）及其内含的水的温度为室内环境温度，并且房间在考察的时间内保持这个温度。

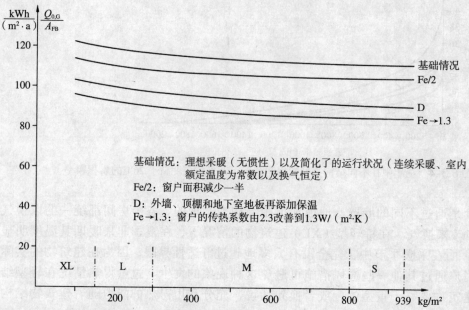

图 5.3-5 举例说明以面积为基准的建筑物基本能量需求 $Q_{0,G}$（不含内部得热）与建筑物结构类型（重度）的关系

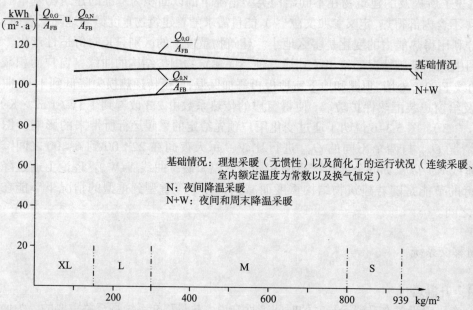

图 5.3-6 举例说明以面积为基准的建筑物基本能量需求 $Q_{G,0}$ 与降温采暖运行状况下的建筑物参考能耗 $Q_{0,N}$ 的比较及其与结构类型（重度）的关系，定义参照文献[13]

5.3 动态运行特性

对室内散热器（板）作如下假设：
（1）其散热不取决于过余温度，即 $kA=$ 常数；
（2）水侧不发生混合（以及沿流动方向亦无导热换热发生）；
（3）室内散热器（板）的壁面没有蓄热容量。

可以把它想象为一个薄薄的管道。

在升温运行的起始时间，散热器（板）具有一个过余温度 $\Delta\theta_{V,0}$（见图 5.3-6）。在散热器已经充有热水的前面部分到还是冷的部分的区段，有一个温阶，在这一范围内的微元长度 dl（l 为散热器（板）的相对长度）上的散热量为：

$$d\dot{Q}=kA\,dl\,\Delta\theta \tag{5.3.2-1}$$

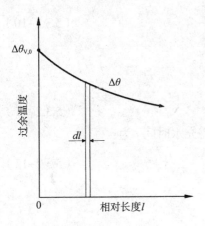

图 5.3-7　在升温运行的起始时间，散热器（板）的过余温度沿其相对长度的变化过程

直到散热器（板）的位置 l，其（无蓄热容量）释放的热功率 $\dot{Q}\big|_0^l$ 为：

$$\dot{Q}\big|_0^l = \dot{m}_0 c_w(\Delta\theta_{V,0}-\Delta\theta) \tag{5.3.2-2}$$

对过余温度进行微分，则有：

$$d\dot{Q}=-\dot{m}_0 c_w\,d\Delta\theta \tag{5.3.2-3}$$

如果把上面的表达式带入式（5.3.2-1），那么，得到下面的积分方程：

$$\int_0^l \frac{d\Delta\theta}{\Delta\theta}=-\frac{kA}{\dot{m}_0 c_w}l \tag{5.3.2-4}$$

在位置 $l=0$，$\Delta\theta=\Delta\theta_{V,0}$，则有：

$$\ln\frac{\Delta\theta}{\Delta\theta_{V,0}}=-\frac{kA}{\dot{m}_0 c_w}l \tag{5.3.2-5}$$

或者

$$\frac{\Delta\theta}{\Delta\theta_{V,0}}=\exp\left(-\frac{kA}{\dot{m}_0 c_w}l\right) \tag{5.3.2-6}$$

假如整个散热器（板）（$l=1$）都用热水充满，则如同稳态运行，回水达到过余温度 $\Delta\theta_{R,0}$：

$$\frac{\Delta\theta_{R,0}}{\Delta\theta_{V,0}}=\exp\left(-\frac{kA}{\dot{m}_0 c_w}\right) \tag{5.3.2-7}$$

由此，最终可以得到温度的变化过程：

$$\frac{\Delta\theta}{\Delta\theta_{V,0}} = \left(\frac{\Delta\theta_{R,0}}{\Delta\theta_{V,0}}\right)^l \tag{5.3.2-8}$$

下面，把式（5.3.2-7）和式（5.3.2-8）中的过余温度比用 $\Theta_{R,0}$ 来表示。在已加热的、简化了的散热器部分到其位置 l 的对数过余温度为：

$$\Delta\theta_{\lg,l} = \frac{\Delta\theta_{V,0} - \Delta\theta}{\ln\frac{\Delta\theta_{V,0}}{\Delta\theta}} = \frac{1-\Theta_{R,0}^l}{l\frac{1}{\ln\Theta_{R,0}}}\Delta\theta_{V,0} \tag{5.3.2-9}$$

以及到该位置 l 的热功率为：

$$\dot{Q}(l) = kAl\Delta\theta_{V,0}\frac{1-\Theta_{R,0}^l}{l\frac{1}{\ln\Theta_{R,0}}} \tag{5.3.2-10}$$

并且以热功率 $\dot{Q}_0$ 为基准，则有：

$$\frac{\dot{Q}(l)}{\dot{Q}_0} = \frac{1-\Theta_{R,0}^l}{1-\Theta_{R,0}} \tag{5.3.2-11}$$

对于长度为 l 的这一段来说，流入的水量为 $\dot{m}_0$，所需充水时间 t 为：

$$t = \frac{m_{HK}}{\dot{m}_0}l \tag{5.3.2-12}$$

式中的 m_{HK} 为散热器的水容量。

将其代入式（5.3.2-11），则得到：

$$\frac{\dot{Q}(t)}{\dot{Q}_0} = (1-\Theta_{R,0})^{-1}\left(1-\Theta_{R,0}^{\frac{\dot{m}_0}{m_{HK}}t}\right) \tag{5.3.2-13}$$

对时间进行微分，写成：

$$\frac{d\frac{\dot{Q}}{\dot{Q}_0}}{dt} = \frac{\ln\Theta_{R,0}}{\Theta_{R,0}-1}\Theta_{R,0}^{\frac{\dot{m}_0}{m_{HK}}t}\frac{\dot{m}_0}{m_{HK}} \tag{5.3.2-14}$$

因此，在升温运行中简化了的散热器的时间常数为：

$$T = \frac{\Theta_{R,0}-1}{\ln\Theta_{R,0}}\frac{m_{HK}}{\dot{m}_0} = \frac{\Delta\theta_{\lg,0}}{\Delta\theta_{V,0}}\frac{m_{HK}}{\dot{m}_0} \tag{5.3.2-15}$$

在进口状态为 $\dot{m}_0$ 和 $\Delta\theta_0$ 的稳态运行情况下，有换热关系式：

$$\dot{Q}_0 = kA\Delta\theta_{\lg,0} \tag{5.3.2-16}$$

及热量平衡

$$\dot{Q}_0 = \dot{m}_0 c_W(\Delta\theta_{V,0} - \Delta\theta_{R,0}) = \dot{m}_0 c_W \sigma_0 \tag{5.3.2-17}$$

根据前提条件，在标准条件下，还有 $kA=(kA)_n$。现在的问题是，一个确定的散热器（板）在什么样的运行状况下能以尽可能小的时间常数来使房间升温，下面由式（5.3.2-15）与式（5.3.2-16）及式（5.3.2-17）一起推导出来的下式的第二项回答了这个问题。

$$T = \frac{m_{HK}c_W}{(kA)_n}\frac{\sigma_0}{\Delta\theta_{V,0}} \tag{5.3.2-18}$$

也就是说，在升温阶段，供水温度必须尽可能地高，进出口温差则必须尽能地调节到

5.3 动态运行特性

最小。室内散热器（板）的选择取决于式（4.3.2-18）的第一项：散热器必须具有大的热功率能力$(kA)_n$以及小的水容量。

尽管对上面所考察的散热器（板）的热力特性作了简化假设（kA=常数以及没有管材的蓄热容量），但有关升温运行及室内散热器（板）选择的看法不仅如同自由采暖板（面）那样适用于一体式室内采暖板（面），而且也适用于空气加热器。

有关室内散热器（板）选择的看法应该还要在非稳态的部分负荷及降温采暖运行状况下进行检验。

5.3.2.2 非稳态的部分负荷及降温采暖运行

为了弄清某一出口状态点1在变化（降低）热媒流量情况下的非稳态的部分负荷运行特性，如探讨散热器的升温运行，假设其kA=常数，但管材的蓄热容量却不能忽略。其总的蓄热容量为C_{HK}，单位J/K。在供水过余温度$\Delta\theta_{V,1}=\Delta\theta_{V,0}$保持为常量时，回水过余温度却随着热媒流量的减少从出口值$\Delta\theta_{R,1}$而降低到$\Delta\theta_R$。在图5.3-8中描述的出口温度变化过程是遵循式（5.3.2-8）。图5.3-9表明了所考察的散热器（板）的稳态特性。每一个稳态运行状态点1（例如$\dot{Q}_1/\dot{Q}_0$=0.5，在曲线$\Delta\theta_{V,0}/\sigma_0$=3.5上有$\dot{m}_1/\dot{m}_0$=0.16）都能够以一个新的出口状态点0（$\dot{Q}/\dot{Q}_0$=1）迁移到相应的曲线上（这里新的$\Delta\theta_{V,0}/\sigma_1=\Delta\theta_{V,0}/\sigma_0$=1.12）。因此，得到一个统一的稳态工作状态点$\dot{m}_1=\dot{m}_0$。

首先求出在稳定状态下的热媒流量出口值$\dot{m}_0$变化到另一个流量值$\dot{m}$时在位置1的过余温度$\Delta\theta$随时间的局部变化。由此计算出总的与时间相关的温度变化过程、相应的平均有效温差及散热量。

散热器（板）的微元长度dl的热平衡表明，微元入口的热流量$\dot{m}c_w\Delta\theta_l$等于其出口总的散热量$\dot{m}c_w\Delta\theta_{l+dl}$，即等于散发到房间的热量$d\dot{Q}$和其蓄存的热量$C_{HK}dl d\Delta\theta/dt$：

$$-\dot{m}c_w\frac{\partial\Delta\theta}{\partial l}\bigg|_l dl = kAdl\Delta\theta\bigg|_l + C_{HK}dl\frac{d\Delta\theta}{dt} \quad (5.3.2\text{-}19)$$

根据在系统动态实验时的通常做法（参见原著第1卷第K部分和文献[15]），为入口和出口值引入标准化了的参数$u=\dot{m}/\dot{m}_0$以及$\Theta=\Delta\theta/\Delta\theta_{V,0}$。因此，微分方程（5.3.2-19）变成下面的形式：

$$\dot{\Theta} = -\frac{kA}{C_{HK}}\Theta - \frac{\partial\Theta}{\partial l}\frac{\dot{m}_0 c_w}{C_{HK}}u \quad (5.3.2\text{-}20)$$

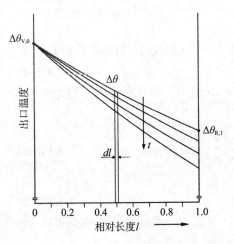

图5.3-8 在改变（降低）热媒流量情况下，散热器（板）的与时间相关的出口温度沿其相对长度的变化过程

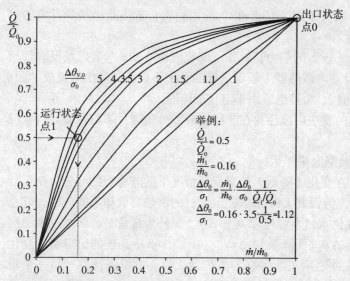

图 5.3-9 kA 为常数的散热器（板）在 $\dot{Q}$-$\dot{m}$ 曲线上的稳态特性以及从一个稳态运行状态点 1 到一个新的出口状态点的换算

因为放大原理不符合这种情况（入口和出口值前的常数因子不能简略出来），所以这里是一个非线性的微分方程。通常把非线性系统的研究限制到观察围绕工作状态点的微小变化，这样，非线性系统的特性可通过一个线性系统来足够精确地加以描述。有角标 0 的工作状态点表示系统处于稳定状态。观察与时间相关的对该点的相对偏差：

$$\Theta(t) = \Theta_0 + \Delta\Theta(t) \text{ 以及}$$
$$u(t) = u_0 + \Delta u(t)$$
（5.3.2-21）

利用 $\dot{\Theta} = f(\Theta, u)$，由式 (5.3.2-20) 描述的函数可以写成泰勒级数的形式：

$$\Delta\dot{\Theta} = f(\dot{\Theta}_0, u_0) + \frac{\partial f}{\partial \Theta}\bigg|_{\Theta_0, u_0} \Delta\Theta(t) + \frac{\partial f}{\partial u}\bigg|_{\Theta_0, u_0} \Delta u(t) + \ldots \quad (5.3.2\text{-}22)$$

把级数在第一个线性项后截断。在对函数 $f(\Theta, u)$ 进行偏微分前需要指出的是，式（5.3.2-6）中的过余温度局部变化取决于入口值 u：

$$\Theta = \frac{\Delta\theta}{\Delta\theta_{V,0}} = \exp\left(-\frac{kA}{\dot{m}_0 c_w}\frac{\dot{m}_0}{\dot{m}}l\right) = \Theta_{R,0}^{\frac{l}{u}} \quad (5.3.2\text{-}23)$$

$$\frac{\partial \Theta}{\partial l} = \frac{1}{u}\Theta_{R,0}^{\frac{l}{u}}\ln\Theta_{R,0} \quad (5.3.2\text{-}24)$$

经微分后，以 $u_0 = 1$，则有：

$$\Delta\dot{\Theta} = \left[-\frac{kA}{C_{HK}}\Theta_0 - \frac{\dot{m}_0 c_w}{C_{HK}}\Theta_{R,0}^l \ln\Theta_{R,0}\right] - \frac{kA}{C_{HK}}\Delta\Theta(t)$$
$$+ \frac{\dot{m}_0 c_w}{C_{HK}}\Theta_{R,0}^l l(\ln\Theta_{R,0})^2 \Delta u(t) \quad (5.3.2\text{-}25)$$

为了写成通常的线性微分方程的形式，以 $x(t)$ 代替 $\Delta\Theta(t)$ 以及用 $u(t)$ 替换 $\Delta u(t)$，得：

$$\dot{x}(t) = f_0 - ax(t) + bu(t) \quad (5.3.2\text{-}26)$$

在稳定状态，即 $\Delta\dot{\Theta} = 0$、$\Delta\Theta(t) = 0$ 及 $\Delta u(t) = 0$ 的出口静止状态时，当 $f_0 = 0$ 时得到确定 Θ_0 的方程：

$$\Theta_0 = \Theta_{R,0}^l, \quad \frac{\dot{m}_0 c_w}{kA} = 1\frac{1}{\ln\Theta_{R,0}} \text{ 以及 } b = a\left(\frac{kA}{\dot{m}_0 c_w}\right)l\Theta_{R,0}^l \quad (5.3.2\text{-}27)$$

因此，式（5.3.2-26）简化为：

$$\dot{x}(t) = -ax(t) + bu(t) \quad (5.3.2\text{-}28)$$

计算对标准输入函数的系统响应，让 $x(0) = 0$。例如，一个标准输入函数可能是一

5.3 动态运行特性

个阶跃函数,在此情况下,$\Delta u(t)$ 或上式的 $u(t)$ 值在时间点 $t=0$ 时从 0 跳跃到 1。其阶跃响应为:

$$x(t) = \frac{b}{a}\left[1 - e^{-at}\right] \quad \text{适用于} t > 0 \quad (5.3.2\text{-}29)$$

或更确切些

$$\Delta\Theta(t) = +\frac{kA}{\dot{m}_0 c_w} l\,\Theta_{R,0}^l \left[1 - e^{-\frac{kA}{C_{HK}}t}\right] \quad \text{或}$$

$$\Delta\Theta(t) = -\ln\Theta_{R,0}\, l\,\Theta_{R,0}^l \left[1 - e^{-\frac{kA}{C_{HK}}t}\right] \quad (5.3.2\text{-}30)$$

这是 PT_1 项的传递函数,其时间常数为:

$$T_1 = \frac{C_{HK}}{kA} \quad (5.3.2\text{-}31)$$

或者在简化考虑 $kA = (kA)_n$ 的情况下,有:

$$T_1 = \frac{C_{HK}}{(kA)_n}$$

以及传递系数

$$K_1 = +\frac{(kA)_n}{\dot{m}_0 c_w} l\,\Theta_{R,0}^l \quad (5.3.2\text{-}32)$$

首先,传递函数只适用于散热器(板)在位置 l 的时间特性。其在整个长度 $l=1$ 的时间特性为式(5.3.2-30)的积分平均值。在这种情况下,只要考虑传递系数就可以了;与时间相关的第二项在积分时并不发生变化。因此,在位置 l 的时间特性也适用于平均有效过余温度的变化以及同样适用于整个散热器(板)散热量的变化。

传递系数的定积分为:

$$\int_{l=0}^{l=1} K_l\, dl = -\ln\Theta_{R,0} \int_0^1 l\,\Theta_{R,0}^l\, dl$$

$$\overline{K} = \left[\frac{\Theta_{R,0}^l}{\ln\Theta_{R,0}}(1 - l\ln\Theta_{R,0})\right]_0^1$$

整个面积上的传递系数为:

$$\overline{K} = \frac{1}{\ln\Theta_{R,0}}\left[\Theta_{R,0}(1 - \ln\Theta_{R,0}) - 1\right] \quad (5.3.2\text{-}33)$$

在平均过余温度时的阶跃响应运行到终值:

$$\Delta\theta_{lg} - \Delta\theta_{lg,0} = \overline{K}\Delta\theta_{V,0} \quad (5.3.2\text{-}34)$$

利用散热器(板)在基准点的对数平均过余温度 [式(5.3.2-9)],得到过余温度的相对偏差,同时它也是热功率的相对偏差:

$$\frac{\dot{Q} - \dot{Q}_0}{\dot{Q}_0} = \frac{\Delta\theta_{lg} - \Delta\theta_{lg,0}}{\Delta\theta_{lg,0}} = \frac{1 - \Theta_{R,0}(1 - \ln\Theta_{R,0})}{1 - \Theta_{R,0}} \quad (5.3.2\text{-}35)$$

用散热器(板)的冷却系数来代替过余温度比 $\Theta_{R,0} = \Delta\theta_{R,0}/\Delta\theta_{V,0}$,则有:

$$\Phi_0 = \frac{\sigma_0}{\Delta\theta_{V,0}} = 1 - \Theta_{R,0} \quad (5.3.2\text{-}36)$$

最后，由式（5.3.2-35）得到热功率变化的传递系数：

$$K_Q = \frac{\dot{Q} - \dot{Q}_0}{\dot{Q}_0} = 1 - \left(\frac{1}{\Phi_0} - 1\right)\ln\frac{1}{1-\Phi_0} \tag{5.3.2-37}$$

该式与推导特征曲线函数 $\dot{Q}/\dot{Q}_0 = f(\dot{m}/\dot{m}_0)$ 是相同的，其变化过程已在图 5.3-9 中予以描述。热功率特征曲线的曲率随着冷却系数 Φ_0 的增大而减小，也就是说，其传递特性随着冷却系数的增加会越来越少地依赖工作状态点。因为一个散热器（板）的稳态和动态运行特性只能与其相关的控制系统一起进行评估，并且实际的调节器或多（比如 P 调节器）或少（比如 PI 调节器）地都对与工作状态点相关的传递特性反映不全面，所以，考虑到调节特性，应力求有大的传递系数，也因此力求有大的冷却系数。对设计的这种要求意味着，可以由与式（5.3.2-27）有关的关系式推导出下式：

$$\frac{(kA)_n}{\dot{m}_0 c_w} = \ln\frac{1}{\Theta_{R,0}} = \ln\frac{1}{1-\Phi_0} \tag{5.3.2-38}$$

图 5.3-11 也对此以图解的形式加以描述。因此可以看出，设计室内散热器（板），应使其具有尽可能大的功率能力（大的标称热功率）和尽可能小的热媒流量。

正如上面所述，评估室内散热器（板）的时间特性不能不包含与其相关的调节器。现今最常用的散热器（板）的调节器为比例调节器（恒温阀）。考虑到希望室内散热器（板）具有大的传递系数，那么对恒温阀来说，应该要求相比之下具有较小的持久性调节偏差。在恒温阀情况下，通常推荐的调节范围为 2K，其调节偏差应降低到 0.5K。不管怎样，力争做到控制系统将不再有持久性调节偏差。

选择室内散热器（板）的另外的提示是其时间常数[式（5.3.2-31）]。与在升温运行时推导出来的时间常数不同，这里不含有一个合理运行的规定。但就像升温运行一样，室内散热器（板）的蓄热容量应尽可能地小，而热功率要尽可能地大。因而，如果设计的散热器（板）的过余温度小并因此必须有一个大的标称热功率及一个大的热功率，那么，散热器（板）的水含量应最好尽可能地小。

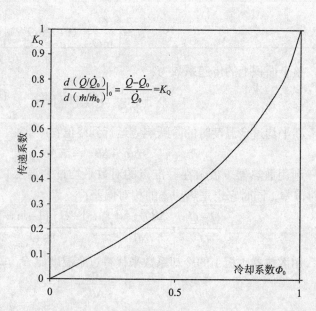

图 5.3-10　热功率变化的传递系数 K_Q 与冷却系数 Φ_0 之间的关系

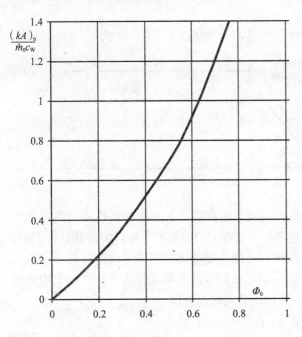

图 5.3-11 特征值 $(kA)_n/\dot{m}_0 c_W$ 与冷却系数 Φ_0 之间的关系

5.3.3 热量分配和产热系统

在一个管道部分入口温度突然发生变化时，能够认识到热量分配系统的时间特性：出口温度（例如在热量移交系统处）只是在经过一定的运行时间、死机时间 T_t 后才随着输入值发生变化（参见原著第1卷、第K4.2.7部分）。因此，热量分配系统具有一个死机时间项的传递特性。死机时间是与所考查的管道段内的水的流速 w 及其长度 l 有关：

$$T_t = \frac{l}{w} \quad (5.3.3-1)$$

由于水的流速通常小于1m/s，对于1m长的管道来说其死机时间也就几秒钟。只有在管道距离长的采暖系统的情况下，如果其死机时间与热量移交系统的时间常数相比，较为显著，那么，它会对整个系统的调节品质起着不良的影响。

对于产热系统基本上只是应该观察在其控制（如燃烧器的开关）情况下的时间特性。以标定的燃烧功率为 $\dot{Q}_B$ 的锅炉为例，可以解释最常见的运行状况。首先应简化地假定，锅炉出口的热功率 $\dot{Q}_H$ 为常数。这样产热设备就像一个整体传递部件的状况，其输出值（锅炉出口温度）的变化速率与输入值成正比，这里输入值描述了锅炉燃烧功率和提取的热功率之间的一些差别；或者根据第1卷中的方程K4-4积分，得：

$$\theta_{K,V}(t) = K_I t \quad (5.3.3-2)$$

式中的积分系数为：

$$K_I = \frac{\dot{Q}_B \bar{\eta}_{K,0} - \dot{Q}_H}{C_K} \quad (5.3.3-3)$$

式中 C_K——锅炉（锅炉本体及其水的含量）的蓄热容量；

$\bar{\eta}_{K,0}$——在出口状态点0时部分负荷运行状况下[式（4.3.3-10）]锅炉的平均效率。

由于在燃烧器启动之后烟气温度升高，锅炉的平均效率 $\bar{\eta}_K$ 些微地与时间有关，因此，实际运行状况下的出口值 $\theta_{K,V}$ 与时间不是成比例地变化（见图5.3-12）。

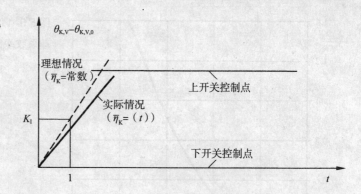

图 5.3-12 某一锅炉（作为一体化转递部分）的时间特性

与在第 5.2.3 节中所描述的准稳态特性不同，并联在锅炉上的缓冲蓄热器的热容量一般不应该归入锅炉的热容量。如果缓冲蓄热器（一般都力争安装的）与锅炉是分开控制的，如图 4.3.3-46 所示。那么，蓄热器的热容量可以考虑为增加燃烧器的平均运行时间，但不能考虑为锅炉的积分系数。给缓冲蓄热器加一个充载调节器，可以让式（5.3.3-3）中的采暖热功率 $\dot{Q}_H$ 这样变化：使得在理想情况下锅炉以最大的积分值

$$K_{I,max} = \frac{\dot{Q}_B \overline{\eta}_{K,0}}{C_K} \quad (5.3.3-4)$$

向上运行直到上开关控制点，然后采暖热功率 $\dot{Q}_H$ 调整到 $\dot{Q}\overline{\eta}_K$ 并且出口值保持为常数，直到缓冲蓄热器充满（见图 5.3-13）。

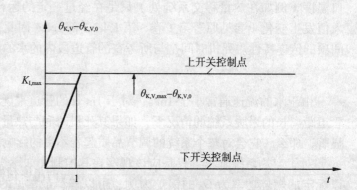

图 5.3-13 由锅炉和缓冲蓄热器组成的产热设备在理想情况下的时间特性（按图 4.3.3-46 所示的回路）

参考文献

[1] Esdorn, H.: Zur Bandbreite des Jahresenergieverbrauchs von Gebäuden. HLH Bd. 36 (1985), Nr. 12, S. 620–622.
[2] Mügge, G.: Die Bandbreite des Heizenergieverbrauchs – Analyse theoretischer Einflussgrößen und praktischer Verbrauchsmessungen. VDI-Fortschrittsbericht, Rh. 19, Nr. 69. Dissertation, Technische Universität Berlin 1993
[3] Ast, H.: Energetische Beurteilung von Warmwasserheizanlagen durch rechnerische Betriebssimulation. Dissertation, Universität Stuttgart, 1989.
[4] DIN 4701: Regeln für die Berechnung des Wärmebedarfs von Gebäuden; Teil 1: Grundlage der Berechnung, Teil 2: Tabellen, Bilder, Algorithmen, Ausgabe März 1983, Teil 3: Auslegung der Raumheizeinrichtungen, Ausgabe August 1989.
[5] VDI 2078: Berechnung der Kühllast klimatisierter Räume (VDI-Kühllastregeln); 10.94.

参考文献

[6]   Knabe, G.: Gebäudeautomation. Verlag für Bauwesen, Berlin, München 1992.
[7]   Sommer, K.: Einfluss der Wärmespeicherfähigkeit von Wohngebäuden auf die Jahresheizenergie. Dissertation, TU Berlin.
[8]   Stephenson, D. und Mitalas, G.: Room Thermal Response Factors. ASHRAE-Trans. 73 (1967). No. 2019, S. III2.1-III2.10.
[9]   Mitalas, G.: Transfer Funktion Method of Calculation Cooling Loads, Heat Extraction and Space Temperature. ASHRAE-Journal 14 (1972). H 12, S. 54–56.
[10] Masuch, J.: Analytische Untersuchungen zum regeldynamischen Temperaturverhalten von Räumen. VDI-Forschungsheft 557 (1973).
[11] Crank, J. und Nicolson, P.: A Practical Method for Numerical Evaluation of Solutions of Partial Equations of the Heatconductions Type. Proceedings of the Cambridge Philosophical Society, Vol. 43 (1947) P.1.
[12] Rouvel, L. u. Zimmermann, F.: Ein regeltechnisches Modell zur Beschreibung des thermisch dynamischen Raumverhaltens. HLH Bd. 48 u. 49 (1997/98), Nr. 10 S. 66–75, Nr. 12 S. 24–31, Nr. 1 S. 18–29.
[13] VDI 2067 Bl. 10 u. 11: Energiebedarf beheizter und klimatisierter Gebäude.
[14] Peter, R.; Hollan, E.; Blümel, K.; Kähler, M.; Jahn, A.: Entwicklung von Testreferenzjahren (TRY) für Klimaregionen der Bundesrepublik Deutschland. Forschungsbericht T 86-051, BMFT Bonn, 1986
[15] DIN 19226 Regelungstechnik und Steuerungstechnik; Teil 2: Begriffe zum Verhalten dynamischer Systeme. 02.1994.

第 6 章 饮用水加热

6.1 概述

饮用水加热技术与中央采暖技术是密切相关的。采暖系统的产热设备和饮用水加热器往往产自同一制造商，甚至大多数都作为组合设备，而且它们也往往是由同一个公司在建筑物内安装。因此，显而易见，本来属于卫生工程领域的饮用水加热在采暖工程中也一起解决了。

在老的文献以及在旧的标准里常常使用热水加热（Warmwasserbereitung）的概念而不是用饮用水加热（Trinkwassererwärmung）。因为热水加热这个概念有可能同热水采暖系统里的热媒混淆，所以不再沿用。因此，后来引入了概念生活用水加热（Brauchwassererwärmung）[1]并表示为加热了的饮用水（最高加热到95℃），简称为"生活用水"（Brauchwasser）。由于一些专业人士担心和概念"工艺用水"（Betriebswasser）（它不是饮用水）混淆，所以在标准 DIN 1988、4708 和 4753[2~6] 中又把它统一到新概念饮用水加热上来。饮用水本身是冷水，视季节不同，其温度在 5~15℃之间，根据水的外观、气味以及化学、物理学和细菌学的观点，它必须符合一定的要求。

回顾在第 1 和第 2 部分采用的研究方式，这里所述及的热量交付使用系统由下面部分组成：首先把饮用水加热，然后通过水管继续输送，再在各放水龙头把加热了的饮用水交付使用。这一点与热风采暖系统类似：首先加热空气（直接或间接），而后经风道（应该像饮用水水管一样有类似的卫生要求）和出风口送入房间。如同热风采暖系统的风道，饮用水水管也属于热量交付使用部分。在饮用水直接加热的情况下，交付使用和热量制备（说成是"能量转换"更确切些）做成一体。这种情况类似于单个房间的采暖装置，比如说能量转换过程中的波动直接就影响到热量交付使用部分，并提高了费用、能源等方面的消耗。只有当饮用水加热设备和制热设备（如采暖锅炉或远程热源采暖）在空间上是分开的，或饮用水用采暖系统的热水间接加热时，饮用水加热系统才有可能分成分配部分和热量制备部分。在这种情况下，能量转换过程对交付使用部分的影响是微不足道的或根本就没有影响。因此，热量交付使用、分配和制备部分可以分别加以设计及进行能量方面的评价。

如果饮用水采用热水加热，由于相对于"有用物质"空气，有用物质"加热的饮用水"在分配方面简单得多，因而饮用水也就多采用中央加热。尽管如此，与占主导地位的中央采暖系统不同，直接（大多用电或燃气）饮用水加热的局部系统却广为应用。饮用水加热的局部系统是把制热设备直接安装在水龙头附近。图 6-1 概述了各种不同的饮用水加热系统。局部的饮用水加热设备直接安装在一个或几个水龙头附近（单个供水、群体供水），它们属于一个用户单元。中央饮用水加热设备供应多个具有许多相应不同水龙头的用户单元，并总是有热水分配系统。因此，饮用水管网系统的特殊性将与中央饮用水加热设备一

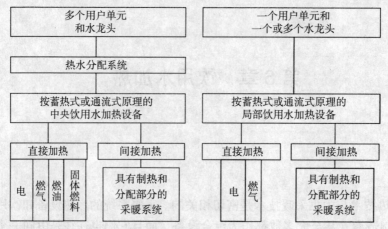

图6-1 各种不同饮用水加热系统的概述

起来加以阐述。

饮用水加热设备（中央的或局部的）可以带或不带蓄热器，不带蓄热器的总是做成通流式加热器（见图6-2、图6-3和图6-8）。在带蓄热器的情况下，换热器（如水管、烟气管或加热元件）大多安装在蓄热器内部，如图6-9所示，有时在通流式加热器（管式或板式）内加一个充载装置，也把它安装在蓄热器外部，如图6-10所示。

还可以把饮用水加热系统进一步分为开放式和封闭式系统。开放式系统与大气相通，这就是说，水龙头沿水的流动方向安装在热水器的前面（见图6-11）。封闭式系统具有水力管网的压力；饮用水管网（新鲜水管网）通过止回阀保证热水器热水不会回流（见图6-12）。

一般来说，饮用水加热设备配备有温度限制装置，该装置用来防止烫伤（安全考虑！）、避免供水系统腐蚀和结垢以及节能（依据采暖设备条例最高温度为60℃）。

一个饮用水加热设备所期望的性能，按照图1.2-1分类：技术上的基本要求、控制和条例规定了所谓的内在性能如密封性、耐压性、抗腐蚀性能、连接安装方便及安全性。按照（特定的）要求而产生的一些与使用情况相关的性能，在表6-1中举例加以综述。

可设想的饮用水加热设备的额定功能　　　　　　　　　　表6-1

固定要求	极限要求	愿望
满足额定需求	保证使用安全	改善使用状况
保证连续热功率	达到最低使用温度	改善温度常数
具有一定蓄热容量	保证最低使用温度	设备能耗降至最低
确保安全	达到功率特征值	利用再生能源
温度设限	限定设备能耗	改善经济性
消防安全	保证最小利用率	总成本降至最低
避免烟气泄漏	切断流通循环	做到具有技术适应能力
遵守VDE规定	做到经济性	有转换能力
确保卫生（水质……）	限制投资成本	提供组合的能力
限定微生物量		操作方便
能够清扫		建立需求检查
阻止回流		

要控制住饮用水加热系统的三个主要问题，即腐蚀、结垢和微生物繁殖，就需对加热器及水管的选材有一定的限制：通流式加热器选用铜材或不锈钢，蓄热器选用普通钢镀釉层或塑料层，水管选用镀锌钢管、铜材、不锈钢、玻璃及塑料管（参见原著第1卷B部分）。

选择合适的饮用水加热设备或饮用水加热系统（在中央加热设备情况下与制热设备组合的方式、分配管道、循环）取决于适用范围的类型、使用要求（特别是按照表6-1列举的极限要求和愿望）以及建筑物、采暖系统和能源供应的实际情况。在某些情况下，水质状况也起着重要作用。

有三个基本不同的使用范围：

（1）同时使用率很小的范围（住宅、宿舍及类似的地方，这些地方不可能所有的水龙头同时放水）。

（2）同时使用率较高的范围（工厂的洗涤和淋浴设施、兵营、体育场馆、游泳场馆、学校或幼儿园）。

（3）需求大并且同时使用率较高的范围（用于商业用途，如洗衣店、屠宰场或大的厨房、医院、实验室等）。

一种特殊的情况是把饮用水加热到超过90℃，这种加热器又称为沸水加热器（洗衣店、厨房）。

另外一种特殊的情况是游泳池池水加热设备（同时使用率高），用这种设备是把游泳池里的水保持在设定温度（25~30℃）。

原则上，如图6-1所示，饮用水加热设备可以做成各种组合形式。有时中央设备和局部设备之间的过渡也不容易分清。但由于经济、能源状况和运行维护舒适性的原因，只推出了某些类型的饮用水加热器和设备，这将在下面进一步讨论。一般都把它称为热水器，因为它们不仅适用于加热饮用水而且也适用于加热工艺用水。博伊特（Beuth）出版社的有关标准DIN 1988的评论[7]对饮用水设施领域作了全面介绍。

6.2 饮用水加热设备的基本类型

6.2.1 通流式热水器

6.2.1.1 概述

通流式热水器实际上就是一种换热器，在用热水的时候，让水流强制流经换热器并把它加热到所需要的温度。而在蓄热式热水器里，加热过的热水无规律长时间地保存在里面，而且由于自然对流可能停滞在死区里。相比之下，通流式热水器的优点在于放出的水总是新鲜水并且不会让任何微生物的繁殖失控。通常因为很大的需求波动会造成通流式热水器的一些不足，而在这方面，蓄热式热水器却并不需要太多的控制就可以轻易地解决这个问题。通流式热水器的放水温度取决于其放水量大小。因此，它特别适合于同时使用率较高的地方，例如用作游泳池池水的加热器。

通流式热水器也可以同时是产热设备（热量由燃料或电力产生），这样的装置称为直接通流式热水器。但热量也可以从采暖系统的热媒传递到饮用水，这样的装置则称为间接通流式热水器。局部通流式热水器通常为直接加热，相反，中央通流式热水器则主要是间接加热。

6.2.1.2 局部直接通流式热水器

今天，通流式热水器主要是用电或燃气来直接加热。

电力通流式热水器（DIN 44851[8]）特别容易组装，借助于功率电子学还可以把它们做得很时髦，而且几乎无惯性地适应各种大的负载波动。图6-2描述了一个具有分级调节的电力通流式热水器的原理。

燃气通流式热水器（DIN EN 26[9]）的组装原理如图6-3所示，主加热面是一组翅片管，位于水冷炉膛的上部，把铜管焊接在金属套管上，水在铜管里流动。有时候燃气燃烧器的炉箅也用水冷却（以减少氮氧化物（NO_x）的排放，参见4.3.3.1.5节）。一般情况下，燃气燃烧器不使用鼓风机（所谓的大气式燃烧器），该设备通常按照水流量大小进行分级（温升为25K时，分5、7、13或16L/min）调节。在功率恒定的情况下，水的温升大约按双曲线形式变化（见图6-4，左图）。在最新的通流式热水器里，水量可以从35%~100%无级变化，其特征曲线族如图6-4（右图）所示。

燃气通流式热水器属于封闭系统，所以应当耐压（自来水管的压力）。它们可做成两种形式，与烟囱连接以及安装在外墙。

6.2.1.3 中央间接通流式热水器

大约从1950年起，随着规模较小的使用单元也广泛地实行中央采暖，它们就已经和

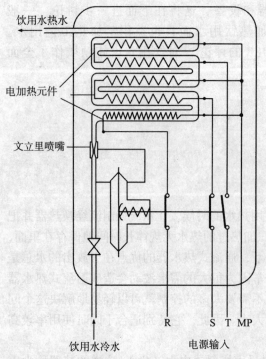

图6-2 电力通流式热水器的原理图

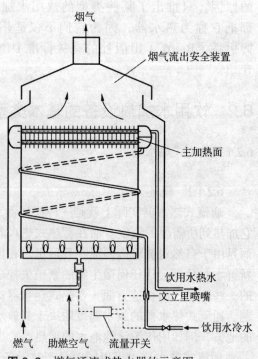

图6-3 燃气通流式热水器的示意图

6.2 饮用水加热设备的基本类型

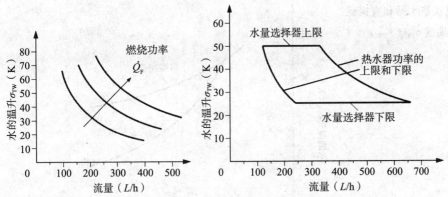

图 6-4 左图：在功率恒定的情况下，水的温升大约按双曲线形式变化。右图：举例说明一种最新的通流式热水器的特征曲线族

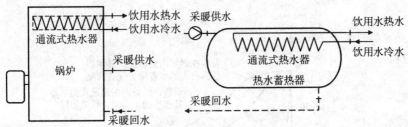

图 6-5 安装在采暖锅炉内（左图）和安装在热水蓄热器内（右图）的通流式热水器原理图

中央饮用水加热结合起来。主要是因为投资成本低，当时大多是通流式系统（在这之前的大型设备中主要是独立的所谓重力循环"锅炉"）。通流式系统所用的水–水换热器是铜管盘管，或者把它安装在采暖锅炉本体的水箱内，或者安装在与锅炉并联的热水蓄热器内（见图 6-5）。管子内的饮用水一侧为强迫对流，其换热系数为 4000～7000 W/(m^2·K) 之间，然而，管子的外侧为自然对流，其换热系数明显低得多。因而，在铜管的外侧常常加上肋片。由于能安装进去的受热面有限，而且又要求通流式热水器的功率要高，因而，饮用水和热水之间的温差至少需要 60K（结垢危险！）。在今天常用的低温锅炉情况下，这种要求已不再能得到满足。因此，这种通流式热水器只在远程热源热网里作为壳管换热器或板式换热器使用（参见第 4.3.2.2 节）。

间接通流式热水器的升温曲线 $\sigma_{TW}(\dot{V}_{TW})$ 要比在标定功率下的直接通流式热水器的升温曲线平缓，其变化过程类似于水–水换热器（见图 6-6）。

图 6-7 描述了通流式热水器的热力学特性。值得注意的是安装在热水蓄热器内的通流式热水器，在这种情况下，有较长的死机时间（最上面的曲线）。在图 6-7 的曲线中可以看到一种很少实现的方案，即附加一台卸载泵的间接通流式热水器有较为有利的短的死机时间，该回路如图 6-8 所示。在这种回路中合理地利用了层式蓄热器的优点并且具有先进的调节控制的多种可能性（比如可调节的循环泵）。

图 6-6 间接通流式热水器和直接通流式热水器的升温曲线 $\sigma_{TW}(\dot{V}_{TW})$

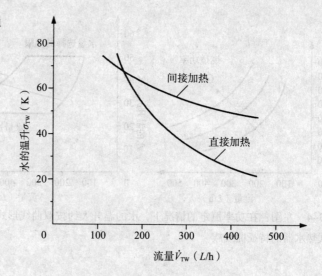

图 6-7 不同类型通流式热水器的水的温差 σ_{TW} 随时间的变化过程

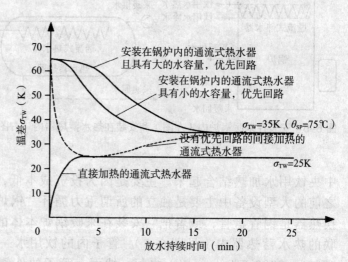

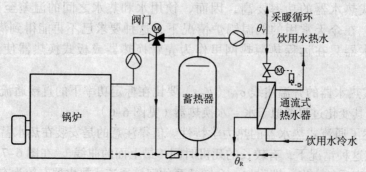

图 6-8 与采暖锅炉和热水蓄热器并联的通流式热水器的原理图

6.2.2 蓄热式热水器

6.2.2.1 概述

与通流式热水器不同，在蓄热式热水器的情况下，加热和使用热水的过程在时间上是分开的（在间接加热时），空间上也是分开的（以至于用于加热和在使用热水时所需的功率可以有很大的区别）。以电加热为例，用这种方式的优点是利用电价低或采暖负荷小的时候来加热。此外，也可以把热功率降低到最小程度，或者通过减少燃烧器启动次数使得用燃料产热的过程能做到最优化。再者，由太阳能集热器所产生的波动很大的热能也可以暂时蓄存到使用的时候。进一步说，利用蓄热器可以使饮用水加热系统的调节方案很简单，也很容易能够保证做到温度恒定。

蓄热器可从内部或外部充载。在内部充载的情况下，加热面安装在蓄热器内，热量通过自然对流传递到饮用水一侧；在外部充载的情况下，饮用水在蓄热器外部强迫流经换热器而被加热，这时一般需要一台蓄热器充载水泵。

在外部充载的情况下，最好的蓄热方式即层式蓄热器（从而有可能最大限度地减少蓄热器的容积）得以实现，而不同的是，在内部充载的情况下，换热面安装在蓄热器内，当充载时在蓄热器的下部产生一个温度变化的混合区（在蓄热器的底部有一个冷水停滞区）。在蓄热器的上部，当同时进行卸载和加热时有一个稳定的热水层（如果蓄热器的形状允许的话）；在纯粹卸载时（不同时再加热）有内置加热面的蓄热器运行状况也类似于层式蓄热器。从经济性及占地大小的考虑而力求尽可能小的蓄热器容积来看，无论如何，立式蓄热器都比卧式的好。

与通流式热水器不同，蓄热式热水器可以与大气相通作为开放式系统运行。一般来说，这种设备为直接加热的蓄热式热水器。

类似于通流式热水器，局部蓄热式热水器大多数为直接加热，中央蓄热式热水器可以直接加热也可以间接加热，然而，后者占很大比重。

6.2.2.2 局部蓄热式热水器

最简单的方式是可以用电加热的蓄热式热水器来实现饮用水加热。这种热水器是由一个保温的、里边安装一个电热水器的容器和一个温度控制装置组成。这些热水器通常是直接安装在有水龙头（用水）的地方，并根据使用用途，容量可较小一些（如5L、10L或15L）（用于洗手盆），或更大一些如80L甚至120L（用于浴缸）。局部蓄热式热水器有开放式或封闭式系统之分（图6-11和图6-12）。封闭式系统的优点是可以使用商业上通用的水龙头等配件；开放式系统有所谓的烧开水的装置，比如有煮咖啡、沏茶之类的装置。这些装置可以多种方式充水，而且可从外部的刻度尺看到其水位。

用燃料来加热的局部蓄热式热水器同样可做成开放式和封闭式系统。对于直接加热的可以用固体燃料、燃油或燃气，现在后者较为多见。与电加热的蓄热式热水器不同，用燃料来加热的只用容量超过80L的较大的蓄热器。直接加热的蓄热器与燃料种类无关，其结构是统一的：在圆柱形的蓄热器中央有一个烟管。用燃气燃烧的装置大多数还在烟管内安装作为辐射转换器的二次加热面和"旋流器"用以改善效率。

局部蓄热式热水器系统还可以与楼层采暖系统（通常燃料为天然气）连接进行间接加热。储存热饮用水的容器的容积在50～130L之间。该系统与产热设备的组合类似于中央蓄热器系统,但不同的是它们通常做成壁挂式装置。

6.2.2.3 中央蓄热式热水器和管网

中央蓄热式热水器通常都做成耐压的封闭式系统。

直接加热的设备,蓄热器容量在 100~200L 时,结构相当于局部蓄热式热水器系统。在容量更大的蓄热器(以燃气为燃料的容积到 1000L、燃油的到 3000L)情况下,类似于采暖锅炉把炉膛和烟管装在蓄热器内(参见 4.3.3.2.1 节)。

直接加热的蓄热器一般与采暖锅炉组合(只在小功率的情况下外罩共用)或者现今越来越多并在较大功率情况下作为立式或卧式置于采暖锅炉旁边(这常常便于安装)。螺旋管状的加热面通常安装在蓄热器内(内部充载),只是在分开放置的情况下也会从外部充载(图 6-9 和图 6-10)。图 6-13 描绘了一种广泛应用的置于一个外罩下的锅炉 - 蓄热器组合。饮用水蓄热器放在下部,其优点是可避免不必要的重力循环,而在上部可以相对方便地进行锅炉和燃烧器的保养维修工作。

如果有两个产热设备(锅炉和热泵,见图 6-14)或一个产热设备与热水蓄热器并联,那么,热水蓄热器安装在产热设备旁边就特别有利。

图 6-15 描述了按照图 6-10 外部充载的循环回路。外部充载的换热器可以是壳管式或板式换热器。这种蓄热器充载系统主要是应用于大型设备和远程热源采暖系统,当然它也可以用于其他产热系统,尤其适用于太阳能利用。

太阳能饮用水加热系统占有一个特殊的地位。在这种情况下,不仅像平常一样使用热水波动很大以外,而且利用太阳能加热也同样波动很大。此外,加热也受每天的日照时间

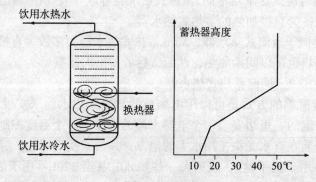

图 6-9 换热器内置的蓄热式热水器("内部充载")

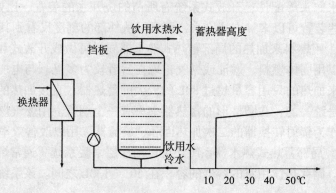

图 6-10 外部充载的蓄热式热水器

6.2 饮用水加热设备的基本类型

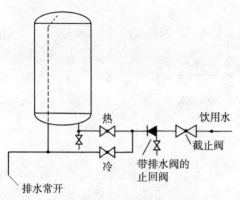

图 6-11 开放式饮用水热水器示意图

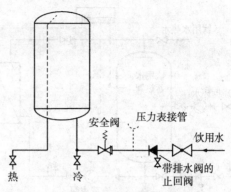

图 6-12 封闭式饮用水热水器示意图

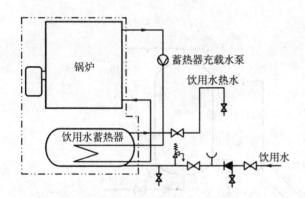

图 6-13 一种广泛应用的锅炉-蓄热器组合示意图，蓄热器置于下部的优点：可避免不必要的重力循环（图例参见表 4.2.1-2 和表 4.2.1-3）

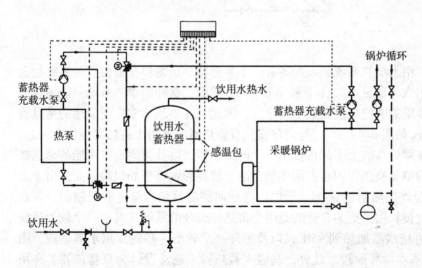

图 6-14 有两个产热设备的饮用水蓄热器的循环回路：热泵仅用来加热饮用水，并控制回水升温；锅炉用于高峰负荷，配置的蓄热器充载水泵只有在通过混合阀的供水温度超过蓄热器内的温度时工作并且控制混合水的流量（图例参见表 4.2.1-2 和表 4.2.1-3）

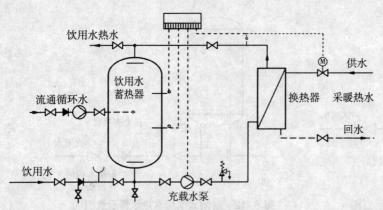

图 6-15 利用外部换热器加热饮用水的蓄热器充载系统；充载水泵按照蓄热器内的温度控制启动，热水流量按照饮用水热水的温度来调节（图例参见表 4.2.1-2 和表 4.2.1-3）

图 6-16 太阳能饮用水加热设备示意图，集热器采用重力循环

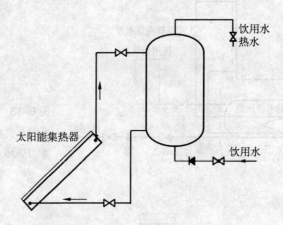

限制。因此，太阳能饮用水加热系统必须配备有一个蓄热器。最简单又最便宜的系统是直接在集热器内加热饮用水（参见 4.3.2.1 节和图 6-16）。然而，这种简单的系统只能用在那些没有霜冻或者在寒冷季节能把集热器放空的地方。因此，在中欧非常广泛应用的是具有集热器自身循环的系统，如图 6-17 所示，与内部安装有换热器的饮用水蓄热器连接在一起。在这种情况下，常常在蓄热器的上半部再安装一个电加热棒，以及再附加或可能的话选择一个由锅炉供应热源的第二换热器用作备用加热。由于较高的钙沉积的风险，而且出于安全的原因，饮用水不允许加热超过 60℃，所以，这种回路的蓄热容量是有限制的，并且总有可用的太阳热能没被利用。更为合适的是两个蓄热器组合的系统，其中一个较大且较便宜的盛放高温水并可把水温加热到 95℃，以及另外一个较小一些的饮用水蓄热器，图 6-18 描述了该系统的基本循环原理。此外，高温水蓄热器（通常设计为日蓄热器）亦用来作为锅炉的缓冲蓄热器（采暖系统供水 HV、采暖回水 HR）。有人可能会提出异议，在这个循环回路中需要太多的循环水泵。回答恰恰是相反的，从现今的技术水平来说，循环水泵（而且是可控）的成本低于调节阀。而且，为此采用先进的控制调节方案对节能并不

6.2 饮用水加热设备的基本类型

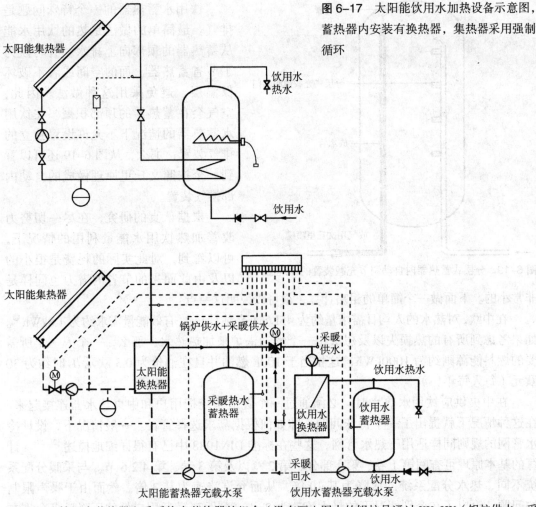

图 6-17 太阳能饮用水加热设备示意图，蓄热器内安装有换热器，集热器采用强制循环

图 6-18 饮用水蓄热器和采暖热水蓄热器的组合（没有画入图中的锅炉是通过 KV+HV（锅炉供水＋采暖供水）以及 HR（采暖回水）并联连接）；蓄热器充载水泵是按照蓄热器温度、在太阳能循环系统及饮用水循环系统内的水泵是通过换热器的进口温度来控制的，并且根据进出口温差来调节水流量。热水蓄热器的温度保持在足以能加热饮用水的温度水平上。优先考虑使用太阳能。

起着太大的作用。

用一个蓄热器并不能完全解决在利用太阳能时能量供应剧烈波动的问题，集热器出口温度依旧不停地变化。通过一个可控的循环泵只能使集热器组的出口温度在有限的范围内保持稳定。为了能让冷热不均的水在蓄热器内分层而又不致造成混合损失，因而提出了使用所谓的低流量方案[10]。一方面使通过集热器的水流量降到最低，这样，可得到足够高的集热器出口温度；另一方面在蓄热器内安装自调节的充载装置（见图6-19）。蓄热器内的立管侧面布置薄膜活门出口，只有当管外蓄热器内的水温低于管内温度时，薄膜活门打开。这种蓄热器不仅可用于采暖用热水，而且也可用于饮用水，此外，主要是为了使来自循环的回水对分层不会造成太多干扰。

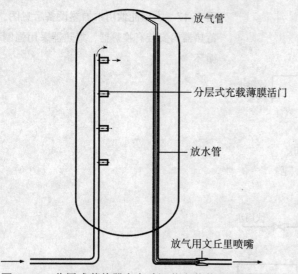

图 6-19 分层式蓄热器内自动调节充载装置的原理图

饮用水蓄热器的一个特殊问题是排气。最简单的做法是热的饮用水能从蓄热器的顶部向上排水。有时候为了节省蓄热器上面的空间或者不破坏保温层,避免采用这种做法。因此,空气会在蓄热器的顶部积聚。在饮用水蓄热器的情况下不允许设置独立的排气装置,那么,从图 6-19 还可以看到一个按照文丘里原理做成的自动内部排气装置。

根据认真的研究,在尽一切努力改善加热饮用水能量利用的情况下,可以看到,对此实际的耗费是很小的以及由此而来的节省的潜力也同样是非常小的。下面做一个简单的粗略计算,很可以说明这一点:

在中欧,对热水的人均日需求量约为 45L/d(高估计!),有效能量需求约为 1.8kWh❶。如果考虑到所有的热损失以及想象用一个燃油锅炉来加热热水,那么,一个人一年所需要的燃料能源则约为 1000kWh,这相当于 100L 燃油并且在油价为 0.3 欧元 /L 时约为 30 欧元(每人每年!)。

在中央供应饮用水热水时,必须通过一个管道系统把用户和中央热水器连接起来。在这种情况下就提出了一个特殊问题,即如何根据需求选择管径。一般情况下,设计冷水管网的规则同样适用于热水管网,这些在标准 DIN1988 中已有很详细地描述[2], [7]。计算的基本原理可查阅第 1 卷、第 J 部分、第 2 章以及第 3 卷、第 4.2.6 节。与采暖分配系统不同,热水分配系统的压降为其 10 倍,从而允许流速为其 3 倍。然而由于噪声限制的问题,给出了在个别情况下的最大流速为 2m/s,到距离最远用户处的压降最多允许在最后一个阀门前的压力至少维持 1bar(巴)(最小流动压力)。

为了避免管道中的热水冷却到所期望的用水温度以下,因而有电伴随加热(自调节的电加热带)或者循环运行(二者皆用于主分配系统范围和白天使用时间)。不考虑实验室及类似的用途外,可以说大部分都采用流通循环运行。以前通常都是采用重力循环,通过一根与分配和垂直竖管并联的没有保温的"水落管"来实现,而现今是采用一个用循环泵和定时器的循环系统。循环系统和饮用水热水之间标称管径的匹配问题,在标准 DIN1988 第 3 部分[2] 已作了说明。近年来,作为中央系统的补充,在水龙头处又加装了电通流式热水器。这种情况下的电力耗费可能明显小于采用电伴随加热。而且,在系统整治时再装配也很容易。对于较小的设备来说,可以不需要一个流通循环管:在一个内径为 16mm、长度为 10m 的水管情况下,其管内的水容量才 2L!

主要是由于加工简单的原因,而且还考虑到腐蚀的问题,现在已主要用铜管代替以前用的镀锌钢管;塑料管或者复合材料管也越来越广泛地得到应用。

---

❶ 45kg · 4.18kJ/(kg · K) · 35K/3600s/h ≈ 1.8kWh

管网的设计遵循因地制宜的原则,管径大小按照标准经计算确定。由于以计算为基础得到的不同用户的需求值是由标准规定的以及相应的管道长度和在大多数建筑物内的局部阻力大致吻合,要选择的管道标称直径也可以按简单的规则直接(无需计算压降)给各个用户水龙头分派。

6.3 需求,设计及功率测定

6.3.1 概述

由于饮用水加热的专业领域是介于采暖工程和卫生工程之间的边缘技术领域,因此,这里所用的一些专业术语常常与采暖工程中所用的术语并不完全一致。而且这些术语还和标准系列 DIN 1304、1345 中的术语相矛盾。为了使本书保持总体的连贯性以及为了有助于促进在整个专业领域内都使用符合标准的概念和名称,不可避免地要对一些名称进行更名和变动(迄今常见的和部分亦已标准化的在括号内给出)。

对于饮用水加热器的选择和设计来说,普遍地是用在给定的时间区间内水量、水流量和水温这样的需求特征来表达的。应该把从热水器本身和从一个或多个用户水龙头取用热水加以区别。在第一种情况下,一般称为汲取热水,在第二种情况下为放水。因此,从饮用水加热器得到的是汲水量 $m_{TW,E}$、汲水流量 $\dot{m}_{TW,E}$ 和汲水温度 $\theta_{TW,E}$;相应地在用户水龙头为放水量 $m_{TW,Z}$、放水流量 $\dot{m}_{TW,Z}$ 和放水温度 $\theta_{TW,Z}$。一般情况下,放水温度低于汲水温度。通过与冷水混合,与从饮用水加热器汲水相比,在用户水龙头的放水量和放水流量增加了。需求时间 Δt(通常用 Z 表示)即是放热水持续的时间。在热水器非稳态运行的情况下,感兴趣的是其升温时间 t_2-t_1。能量统一用 Q(而不是用 W)来表示,功率用 P,或者如果热量是由热水传递的话,则用 $\dot{Q}$ 表示。

不考虑实际操作人员的习惯,即以体积单位来表述水量和水流量,主要是因为出于构成能量平衡的考虑,所以这里起先还是用质量单位来进行计算。只有在泵和蓄热器的情况下,还有在管道中的水流速度才用体积单位,但也只是作为中间计算值。此外,如果这里使用升作为体积单位以及密度用 $\rho_W=1kg/L$,在用这些辅助单位计算时的数值并不改变。

对于设计和确定能耗的重要的需求值是以人头为基准给出的并用小写字母来表示,即一个人的水量需求 v 用 L 以及相应的能耗 q 用 kWh 来表示。作为需求值的基础,在 VDI 2067 第 12 部分[13]定义了一个所谓的参照使用值,并以下标 N 表示。它包含了在水龙头一次使用时(即一次放水过程)持续时间为 Δt 的通常需求量的带宽和用水的温度 θ_N(表 6-2)。根据这样定义的条件则有 $m_{TW,Z}=v_N \cdot \rho_W$ 以及 $\theta_{TW,Z}=\theta_N$。

根据热水器是否为局部和中央热水器,设计计算过程是不同的。在局部热水器的情况下,对设计来说起重要作用的汲水量(汲水流量)应该是与可能的放水量(放水流量)相等(没有与冷水混合);若是有多个水龙头,则是其各放水量的总和。在中央热水器的情况下,汲水量取决于水龙头数量,但由于所有的水龙头可能不会同时放水,其汲水量明显小于各水龙头可能的放水量总和。

热水器的连接水管差异很大,这要看热水器是通流式还是蓄热式,后者所需要的功率小一些。计算蓄热式热水器,重要的是要看它的充载方式;对于内部加热随时准备补充充

表6-2 按照VDI 2067第12部分[13]对饮用水热水(参照使用)的水需求量和热需求量

1	2	3	4	5	6	7	8	9	10	11
基本使用	流量 $\dot{V}$ (L/min)	汲水持续时间 Δt (min)	使用频率 f (d^{-1})	用水温度 θ_N (℃)	以人头为基准的参照使用 V_N (L)	以人头为基准的参照热水需求量,用水温度为 θ_N $V_{N,d}$ (L/d)	$V_{N,a}$ (m³/a)	以人头为基准的参照能量需求 q_N (kWh)	$q_{N,d}$ (kWh/d)	$q_{N,a}$ (kWh/a)
全身清洗										
只是淋浴	6~10	2~6	0.5	40	12~60	6~30	2.1~10.4	0.4~2.1	0.2~1.0	70~360
只是盆浴, 正常的	—	—	0.3	40	80~130	24~39	8.3~13.5	2.8~4.5	0.8~1.4	290~470
只是盆浴, 大的	—	—	0.3	40	130~180	39~54	13.5~18.5	4.5~6.3	1.4~1.9	470~650
淋浴和	—	—	0.4	40	—	—	—	—	—	—
盆浴, 正常或	—	—	0.1	40	—	13~37	4.4~12.8	—	0.4~1.3	150~440
盆浴, 大的	—	—	0.1	40	—	18~42	6.1~14.5	—	0.6~1.5	210~500
身体部分清洗										
盥洗台	4	1~2	2[①]	40	4~6	8~16	2.8~5.5	0.1~0.3	0.3~0.6	100~190
小型坐浴盆	6	1~2	0.5	40	6~12	3~6	1.0~2.1	0.2~0.4	0.1~0.2	40~70
清洗餐具										
只是手洗	—	—	0.6	50	8	5	1.7	0.4	0.2	80
洗碗机(冷水)[②] 用手[③]	—	—	0.13	50	8	1	0.3	0.4	0.05	20
洗碗机(热水)[④]	—	—	0.2	55	—	—	—	—	—	—
用手	—	—	0.13	60	—	3~5	1.1~1.7	—	0.15~0.25	60~80

注:①只考虑早晚使用,中间时间因使用很微不足道未予记载;
②只与冷水管道连接;
③剩余部分用手冲洗;
④也与热水管道连接。

6.3 需求，设计及功率测定

载的蓄热器，概率的考量是计算的基础（根据 DIN 4708[3]，功率特征值 N_L 和需求特征值 N，将在 6.3.2 节阐述）。日蓄热器，即只是在每天汲水量很少的时间内进行一次充载的蓄热器（最好外部加热），应该依照可能的汲水量的和来确定其大小（可不参照 DIN 4708）。

6.3.2 局部热水器的设计

热水器配备的水龙头的类型和数量对设计来说是决定性的。在不同使用情况（参照使用）下的放水量的参考值列在表 6-2 中。表 6-3 包含了不同阀门的放水流量的经验值。所列举的流量值适用于流动压力 $p_{TW,0}$ 为 3bar（巴）的情况。当流动压力 p_{TW} 偏离此值时，放水流量则为：

表 6-3 市场上畅销的阀门在流动压力为 3bar 和全开情况下的放水流量参考值

阀门		放水流量 $\dot{m}_{TW,Z}$（kL/min）相当于流量 $\dot{V}$（L/min）
盥洗台阀门（也用于厨房、小型坐浴盆等诸如此类）[①]		13
淋浴阀门（也包括软管淋浴等）		19
恒温阀	1/2″ 安装在墙外	21
	1/2″ 安装在墙内	21
	3/4″ 安装在墙内	32
浴缸放水和	浴缸放水	20
淋浴组合阀门		19
安装在墙内阀门	1/2″	30
	3/4″	48

注：① 用控制（经济）水胆，大约为一半

$$\dot{m}_{TW,Z} \propto \sqrt{\frac{p_{TW}}{p_{TW,0}}} \quad (6.3-1)$$

通流式热水器所要求的连接功率是：

$$p = c_W (\theta_{TW,Z} - \theta_{TW}) \sum \dot{m}_{TW,Z} \quad (6.3-2)$$

式中　θ_{TW}——饮用水冷水温度（按照 DIN 4708 为 t_e）；

　　　$\theta_{TW,Z}$——放水温度（参见本章开始部分）。

在蓄热式热水器的情况下，蓄热器的容积是根据蓄热器所计划的使用时间、在这个时间内所要求的放水量及放水的次数 n_Z 来确定的：

$$V_{Sp} = \frac{m_{TW,E}}{\rho_W} n_Z \quad (6.3-3)$$

放水次数相当于在一天使用时间内的"使用频率" f，单位为 d^{-1}。汲水量和放水量之间的关系为：

$$m_{TW,E} = m_{TW,Z} \frac{(\theta_{TW,Z} - \theta_{TW})}{(\theta_{TW,E} - \theta_{TW})} \quad (6.3-4)$$

相应的蓄热器的连接功率大多数都固定地归入到蓄热器的容积（标准）。利用率为 V_{Sp} 的蓄热器的升温时间在容积一定时取决于其功率大小。

$$t_2 - t_1 = \frac{V_{Sp} \rho_W c_W (\theta_{TW,E} - \theta_{TW})}{P V_{Sp}} \quad (6.3-5)$$

一般在局部热水器情况下,没有必要做详细的计算,因为一些常用的水龙头是确定的,并且根据经验可得到的热水器只是按等级归类。

6.3.3 中央热水器的设计

中央热水器的设计相应地取决于用水的同时使用率。

如果同时使用率高,比如工厂、体育游泳场馆、沐浴、学校、幼儿园或军营的洗涤和淋浴设施,那么,可以把大量的水龙头综合起来,并且可像局部热水器那样进行计算(应额外再考虑管网问题)。在同时使用率高以及局部消耗也额外高的设备例如洗衣房、屠宰厂、食堂及类似的场合,也可以同样类似地进行计算。

对于同时使用率低的场合,如住宅楼最合适采用蓄热式热水器。而且,如果要供水的地方只有少数几个用户单元的话,在这种情况下设计计算也非常简单。假设家庭人口为平均数,例如一个独门独户的房子,无需计算,视设备情况可以分等级大小配备120L或150L的蓄热器;两个家庭居住的房子一般配备160~200L的蓄热器。只有在多户居住的情况下才由计算来确定时使用率,而且,也只有采用内部加热并随时能再加热的蓄热器。

在标准 DIN 4708 第 1 和第 2 部分中已给出了表征热水器能量特性的计算方法,这种方法是通过统计分析得到的在满足需求时的同时使用率。它给出了住宅单元的数量,这些住宅单元可以用一个按标准来表征的热水器(功率特征值 N_L)供水。同时确定如何计算有不同用户的住宅楼的需求特征值 N。住宅内的人口数或是按设计规定或是按统计试验的平均数确定(见表6-4);人口数量 n_P 按住宅的房间数量 n_{RA} 分配(按照标准房间数量为 r 以及人口数量为 p)。住宅水龙头的配置应类似地如确定住宅内的人口。如果目前尚无具体的设计规定,那么,则应用标准中规定的设备配置(表6-5和表6-6)。

预期的放水量 $m_{TW,Z}$(根据标准为 V_E)和相应的能量需求 Q_Z(按标准为 w_V)列于表6-7 中。

水龙头的数量 n_Z 只是在有舒适性配置的住宅内才显得重要(表6-6)。对于一个住宅楼内所有大小和装备相同的住宅(住宅数量为 n_{W_0})来说,可得到乘积($n_{W_0} \cdot n_P \cdot n_Z \cdot Q_Z$),

表6-4 由统计试验的得到的不同住宅人口数量的均值,摘自文献[4]

房间数量 n_{RA}	人口数量 n_P
1	2.0①
1.5	2.0
2	2.0
2.5	2.3
3	2.7
3.5	3.1
4	3.5
4.5	3.9
5	4.3
5.5	4.6
6	5.0
6.5	5.4
6	4.6
7	5.6

注:①如果供水的住宅楼内主要是1间或两间房的住宅,那么对于这样住宅内的人口应再增加0.5人。

6.3 需求，设计及功率测定

普通配置，摘自文献[4]① 表 6-5

序号	现有设备	在按式（6.3-6）计算需求时应代入
1	沐浴	
1.1	浴缸（根据表 6.-7，序号 1）或	1 个浴缸（根据表 6.-7，序号 1）
	1 个带/不带冷热水混合器的淋浴室以及普通的淋浴喷头（根据表 6-7，序号 6）	
1.2	1 个盥洗台（根据表 6.-7，序号 8）	不予考虑
2	厨房	
	1 个厨房洗涤池（根据表 6.-7，序号 11）	不予考虑

注：①如果给出每套住房另外一些或者比表 6-2 所列举的普通配置更多的设备，则为舒适性配置。

舒适性配置，摘自文献[4] 表 6-6

序号	每套住房的现有设备	在按式（6.3-6）计算需求是应代入
1	沐浴	
1.1	浴缸①	如表 6-7 所列，序号 1 到 4
1.2	淋浴室	如表 6-7 所列，序号 6 或 7
		如果从布置方面来说有可能同时使用的话②
1.3	盥洗台	不予考虑
1.2	小型坐浴盆	不予考虑
2	厨房	
2.1	厨房洗涤池	不予考虑
3	客房	每个客房
3.1	浴缸或	如表 6-7 所列，序号 1~4，50% 的水龙头能量需求 Q_Z
3.2	淋浴室	如表 6-7 所列，序号 5~7，100% 的水龙头能量需求 Q_Z
3.3	盥洗台	按表 6-7，100% 的水龙头能量需求 Q_Z
3.4	小型坐浴盆	按表 6-7，100% 的水龙头点能量需求 Q_Z③

注：①大小与普通配置不同。
②只要没有浴缸，如普通配置那样，不布置淋浴室而是一个浴缸（表 6-7，序号 1），除非淋浴室的水龙头的能耗超过浴缸的能量需求（比如豪华淋浴）。如果有几个不同的淋浴室，将为能量需求最大的淋浴室至少安置一个浴缸。
③只要不给客房配备浴缸或淋浴室。

把该住宅楼的不同的乘积值相加，然后再除以住宅单元的乘积 $(n_P \cdot Q_Z)_N$，就得到需求特征值 N：

$$N = \frac{\sum(n_{wo} n_P n_Z Q_Z)}{(n_P Q_Z)_N} \quad (6.3-6)$$

按照标准，住宅单元的乘积确定为 $(n_P \cdot Q_Z)_N = 3.5 \cdot 5820 \text{Wh}$，其中 $Q_{Z,N}$（按标准为 w_V）为住宅单元水龙头（一个盆浴）的能量需求。这个值对于确定一个最常用的内部加热并随时能再充载的蓄热式热水器的经济合理的尺寸是不够的：围绕着功率峰值可能的时间

放水龙头的能量需求 Q_Z 表6-7

序号	分水配件或卫浴设备名称	缩写字母	每用一次的汲水量 $m_{TW,Z}$[①] (kg)	水龙头每次汲水的能耗 Q_Z (Wh)
1	浴缸	NB1	140	5820
2	浴缸	NB2	160	6510
3	容积小的浴缸和分级的浴缸	KB	120	4890
4	容积大的浴缸（1800mm·750mm）	GB	200	8720
5	带冷热水混合器和节水喷头的淋浴室[②]	BRS	40[③]	1630
6	带冷热水混合器和普通喷头[④]的淋浴室	BRN	90	3660
7	带冷热水混合器和豪华喷头[⑤]的淋浴室	BRL	180	7320
8	盥洗台	WT	17	700
9	小型坐浴盆	BD	20	810
10	洗手池	HT	9	350
11	厨房洗涤池	SP	30	1160

注：①在浴缸情况下，有效容积相同。
②只考虑浴缸和淋浴室在不同的房间，也就是说，两者有可能同时使用。
③相当于一次使用时间为6min。
④按照 DIN EN 200 阀门流量等级 A。
⑤按照 DIN EN 200 阀门流量等级 C。

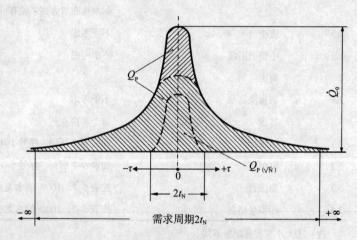

图6-20 按照 DIN 4708 第1部分[3]，住宅楼饮用水加热的功耗平均值曲线，为一个具有伯努利峰值提高的高斯正态分布

上的功率需求（亦即负荷）也起着决定性的作用。对此，迪特里希（Dittrich）等人[11]开发了这个数学模型：两个重叠的高斯（Gauss）钟形曲线覆盖了一个建筑物在加热饮用水方面的整个日能量需求 $N·Q_{Z,N}$（见图6-20）。大的曲线考虑的是平均分配的放水，小一些的则是在峰值负荷时间内额外的放水。因此，最大功率 $\dot{Q}_0$ 可以从已标准化了的浴缸充水时间 10min=0.166h 内的 $N·Q_{Z,N}$ 产生。曲线的变化过程已在 DIN 4708 第1部分标准化了[3]。以小时为单位的需求周期时间为：

$$2T_N = 7.42 \frac{\sqrt{N}}{1+\sqrt{N}} \qquad (6.3-7)$$

以及对于高峰分配时间：

$$2t_N = 0.5 \frac{2T_N}{7.42} \qquad (6.3-8)$$

6.3 需求，设计及功率测定

两个高斯（Gauss）钟形曲线的积分值应用在标准中表列的函数 $K(u)$。辅助变量 u_1 和 u_2 描述了面积为 $Q_P = N \cdot Q_{Z,N}$ 的总曲线以及 u_3 和 u_4 描述的是峰值负荷曲线。前两个辅助变量取决于需求时间 $\tau \leqslant T_N$ 和住宅单元的需求特征值 N 的数值：

$$u_1 = \tau \cdot 0.244 \cdot \frac{1+\sqrt{N}}{\sqrt{N}} \tag{6.3-9}$$

$$u_2 = \tau \cdot 3.599 \cdot \frac{1+\sqrt{N}}{\sqrt{N}} \tag{6.3-10}$$

其余两个辅助变量与时间无关。

$$u_3 = \frac{1}{6} \cdot 0.244 \cdot \frac{1+\sqrt{N}}{\sqrt{N}} \tag{6.3-11}$$

$$u_4 = \frac{1}{6} \cdot 3.599 \cdot \frac{1+\sqrt{N}}{\sqrt{N}} \tag{6.3-12}$$

在需求时间 τ 内的热耗为：

$$Q_\tau = Q_{Z,N} \cdot N \cdot \left[K(u_1) + \frac{K(u_2)}{\sqrt{N}} \right] \tag{6.3-13}$$

当 $\tau = T_N$ 时，两个 K- 函数的值为 1。峰值负荷部分的分额热耗可类似地进行计算。

最近的实验研究与标准不同，是以假设用户行为变化为基础，研究结果表明[12]：周末不再是统一的盆浴洗澡日（对设计是重要的参数）；对热水的需求按统计分配到整个周，但仍然应约成为 3 个典型日："正常日"、"淋浴日"和"盆浴日"。此外，汲水量明显小于标准所给的值。但因为式（6.3-6）中的分子和分母乘积的假定基于相同的基础，对于确定需求特征值 N 来说，这些差异基本上没有什么影响。

按照 DIN 4708 第 1 部分[3]，一个随时能再充载的中央热水器是通过一个功率特征值 N_L 来表征的，这个功率特征值是按照 DIN 4708 第 3 部分[5]通过实验确定的。这里应考虑到文献[12]研究的结果，会得到较高的 N_L 值。功率特征值必须至少不小于按式（6.3-6）计算出来的需求特征值 N。

只有当给热水器提供热量的产热设备的热功率大于或等于热水器所谓的持续功率 $\dot{Q}_D$ 时，热水器才能得到功率特征值 N_L。持续功率是另一个要按照 DIN 4708 第 3 部分[5]来确定的特征值。

作为第三点，在标准 DIN 4708 第 2 部分[4]还规定，如果采暖系统和饮用水加热系统共用一个产热设备，那么，在设计产热设备时应该注意做什么样的功率补偿。这种用于饮用水加热的功率补充 $\dot{Q}_{WW}$ 只有在锅炉的额定功率低于 20kW 时才需要，并且当给产热设备并联一个缓冲蓄热器时可以取消。

对于在预定的时间内有预期的汲水量的情况应该设计采用所谓的非持续加热的储备热水器（日蓄热器或半日蓄热器）。

6.3.4 热水器的功率测定

标准 DIN 4708 第 3 部分[5]对热水器功率测定作了相关的规定。严格来说，这些规定只适用于那些随时能再充载的蓄热式热水器，当然目前主要使用的也是这样的蓄热器。非持续加热的储备热水器（日蓄热器或半日蓄热器）的功率测定可以很简单地进行。确定其有效的蓄热器容量 V'_{Sp}（V'）或有用蓄热量 C'_{Sp}（C 或 W_{Sp}）、充载换热器的热功率 $\dot{Q}_{WW}$、在满负荷充载时向周围环境的表面热损失 $\dot{Q}_U$ 以及汲水峰值时的压降，就足够了。局部热水器的功率测定也类似。

对于随时能再充载的蓄热式热水器来说，按照标准还需要再测出其功率特征值 N_L 和持续功率 $\dot{Q}_D$。在测试持续功率时，保持以汲水流量 $\dot{m}_{TW,E,D}$（按标准用 r_D）和饮用水的进出口温差为 35K 静态的运行条件进行测试，而与此不同，在测试功率特征值 N_L 时，应按一个汲水程序来进行测试：5 个汲水时间 Δt_1、Δt_3、Δt_5、Δt_7 和 Δt_9，在两个汲水中间为等待时间 Δt_2、Δt_4、Δt_6 和 Δt_8（标准中用 z_1～z_9）。这其中汲水流量分 3 个等级变化：流量 $\dot{m}_{TW,E,1}$ 为时间 Δt_1 和 Δt_9、流量 $\dot{m}_{TW,E,3}$ 为时间 Δt_3 和 Δt_7 以及流量 $\dot{m}_{TW,E,5}$ 为时间 Δt_5（详细细节参看文献[5]）。汲水流量 $\dot{m}_{TW,Z}$ 是与 N 值相关的峰值热需求量 Q_{ZB}（W_{ZB}）的峰值汲水流量[3]；汲水时间和汲水流量取决于 N 值。正如所前述，由洛泽（Loose）[12] 研究的在确定 N_L 值时用户行为的变化应该予以考虑。如在 DIN 4708 第 1 部分所描述的那样，这应该表达为频率分布平缓。由此，特别是峰值热量需求 Q_{ZB} 会降低，以及 N_L 值在给定的蓄热容积情况下会增加（见图 6-20）。

6.4 饮用水加热的能耗

类似于确定采暖系统的年能量消耗（参见第 7 部分），预算饮用水加热的能耗是用来比较在建筑物和技术设备设计阶段对各种设备方案进行比较，其目的绝不是"复核"或分析已测得的能耗。因此，建筑物已定的结构、施工操作和使用，无论如何都必须在比较计算中保持一致；在设计阶段既不能保证与建筑物施工中或甚至在运行中的实际情况相吻合，而且对比较计算来说也没有必要。然而，为了通过敏感性分析来保证决定采用某一特定的饮用水加热系统是正确的，应特别需要小心地确定加热饮用水应用（根据准则 VDI 2067 第 12 部分[13] 的参照使用）的能量需求值，或更好一些，以经验范围参数方式变化的能量需求值。

由各单个能耗值，可以得出一个饮用水加热系统下半部合理化设计的结论，如：饮用水水管、循环或蓄热器的大小。而且，还可以得到饮用水加热系统如何运行有利的启示。

VDI 2067 第 22 部分[14] 给出了预算饮用水加热系统能耗的方法。按照在第 6.1 节所描述的把系统分成热量交付使用、分配和制备 3 个部分（图 6-21），那么，在间接加热的饮用水加热系统（这也是最常见的）情况下，放水龙头等配件、水管直至换热器的表面都属于热量交付使用部分。换热器和产热设备之间的连接系统（在许多饮用水热水器情况下已不存在了），类似于中央热水采暖系统，实际上为分配系统；产热设备系统结构可如 4.3 节中所述。因此，真正的饮用水热水器基本上属于热量交付使用部分。通常情况下，产热设备是同饮用水热水器紧密结合起来的，在直接加热的情况下甚至是做成一个整体。在这种情况下没有必要再按上述三个部分进行划分，热量生产和交付使用必须一起予以阐述（如在局部采暖系统中）。

因为在水龙头放水水温初调和再调过程中，放出的水并未利用，造成水的消耗超过

6.4 饮用水加热的能耗

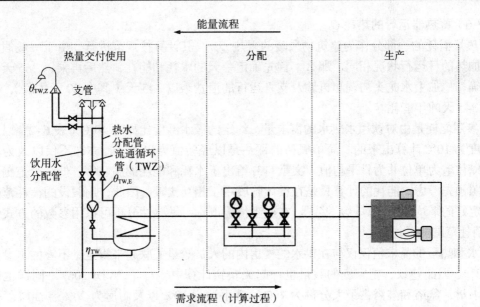

图 6-21 饮用水加热系统的范围划分示意图

预期的使用需要，相应地也导致了能量的多耗。因而，水的多耗的计算可以帮助计算能量的多耗。用这种方式有可能评价不同的水龙头和放水情况。如果在开始放水时排出温度较低的水还能够利用（比如浴缸充水）的话，那么，这种情况就不会产生额外的浪费。支管（排气用）也会影响到水量消耗的增加（见图 6-21），其管内所存的水在放水开始时可能会太冷。

在热量交付使用范围内出现的水量和能量包括：

（1）饮用水热水的水量和能量的参照耗量 V_N 和 Q_N，列表为以人为单位的一天（d）的和一年（a）的耗量 v_N 和 q_N（表 6-2）。

以及根据 VDI 2067 第 22 部分[14]的额外消耗：

（2）通过水龙头水温的初调和再调 V_E 和 Q_E。

（3）支管运行的消耗 V_S 和 Q_S。

（4）饮用水热水的分配：

1）热耗 Q_V，分为：

— 流通循环运行，不中断；

— 水管局部保温；

— 水管一起保温；

— 管套在管内系统；

— 流通循环运行，中断。

2）循环泵的电力消耗 W_P，分为：

— 设计数据已知；

— 设计数据未知。

3）电伴随加热的热耗 Q_V。

（5）充载水泵的电耗 Q_{LP}。

(6) 蓄热器运行的热耗 Q_B。

热量消耗的一部分作为建筑物采暖的得热 Q_{HG}，其计算按规范进行。由于一般假定饮用水加热的日运行状况相同，那么，首先确定一天的水耗和能耗，然后再乘以 365 天，或者更确切地加上水龙头初调和再调及支管运行的浪费乘以 345 天（其中 20 天休假），得到全年 345 天的年能耗。

参照能耗是由对饮用水热水的需求量、约定的汲水温度比如为 40℃（表 6-2）以及冷水温度为 10℃ 计算出来的。简单概括的评估是以经验值为出发点，亦即不仅以人为单位而且以住宅为单位并为日平均值。文献 [13] 给出了水耗和能耗的高、中、低 3 个范围。由于按照预先考虑，能耗的计算只是在设计阶段用于相互比较，因此，用假设的消耗范围各个约定好的平均值来计算已足够了。在适当情况下，对敏感性分析可以用参数的方式使用 3 个消耗范围的平均值。

水和热量的需求值仅仅与在供水的楼房内的人员数量关联起来肯定是不够的（参见文献 [13]）。因此建议，把家庭的数量也一起关联到计算中。对此，VDI 2067[13] 同样也给出了需求量，盆浴和淋浴占最大分额为 70%、洗手池为 10% 以及厨房为 20% ~ 30%。一个人和一个家庭的饮用水热水的需求量以及相应的参考能耗量为 q_N 和 $q_{N,W0}$（表 6-8）。从表 6-4 中可得知住宅人员数量，因此，一个建筑物的日参考能耗量为：

$$Q_{N,d} = n_p q_N + n_{W0} q_{N,W0} \tag{6.4-1}$$

日水耗量和能耗量[13]   表 6-8

热水（kg/d）	（冷水温度 θ_{TW}=10℃，放水热水温度 $\theta_{TW,z}$=40℃）		有用能能量（Wh/d）	
	每人	每个住宅	每人 q_N	每个住宅 $q_{N,W0}$
低	20	10	698	349
中	40	10	1395	349
高	80	20	2791	698

水耗和能耗的计算在 VDI 2067 第 22 部分已有详细描述并举例加以说明。而且在这个规则中给出了所有必要的数值，例如，在可能想到的安装情况下的分配管道的散热等，如一开始列举的内容，按顺序进行计算。流通循环水泵、电伴随加热和充载泵的电耗也补充予以确定。

由水和热的年耗量与相应的参照能耗量相比得到耗费系数，水的耗费系数为：

$$e_W = \frac{v_{N,a} + V_{E,a} + V_{S,a}}{v_{N,a}} \tag{6.4-2}$$

而热的耗费系数则有：

$$e_1 = \frac{Q_{N,a} + Q_{E,a} + Q_{S,a} + Q_{V,a} + Q_{B,a}}{Q_{N,a}} \tag{6.4-3}$$

水的耗费系数可以假设在 1.05 ~ 1.1 之间，热的耗费系数在 1.05 ~ 2.2 之间（在设备差的情况下会超过这个值）。

参考文献

[1] Schmitz, H.: Die Technik der Brauchwassererwärmung. Verl. C. Marhold, Berlin 1983.
[2] DIN 1988-1 bis -8, Technische Regeln für Trinkwasserinstallationen (TRWI)1988-12
[3] DIN 4708 Teil 1, Zentrale Wassererwärmungsanlagen: 1994-04
[4] DIN 4708 Teil 2, Zentrale Wassererwärmungsanlagen: 1994-04
[5] DIN 4708 Teil 3, Zentrale Wassererwärmungsanlagen: 1994-04
[6] DIN 4753 Teil 1, Wassererwärmungsanlagen für Trink- und Betriebswasser: 1988-03
[7] Boger, G.-A. et al.: Beuth-Kommentare-zu DIN 1988 Teil 1 bis 8 (TRWI). Beuth Verlag, Berlin, Köln; Gentner Verlag, Stuttgart, 1989.
[8] DIN 44851 T1 bis T4 Elektr., geschlossene Durchlauferhitzer 11.89 bis 5.92. Zurückgezogen, Ersatz: DIN EN 50193: 1999-06
[9] DIN EN 26 Gas-Durchlauf-Wasserheizer: 1993-05
[10] SOLVIS Energiesysteme: Technische Unterlagen "Wärme von der Sonne", Braunschweig 1997.
[11] Dittrich, A., Linneberger, B. und Wegener W.: Theorien zur Bedarfsermittlung und Verfahren zur Leistungskennzeichnung von Brauchwasser-Erwärmern. HLH Bd. 23 (1972) Nr. 2, S. 44–51 und Nr. 3, S. 78–84.
[12] Loose, P.: Der Tagesgang des Trinkwasserbedarfes. HLH Bd. 42 (1991), Nr. 2, S. 108–121.
[13] VDI 2067 Bl. 12, Wirtschaftlichkeit gebäudetechnischer Anlagen; Nutzenergiebedarf für die Trinkwassererwärmung. Düsseldorf, VDI-Verlag, 2000-06
[14] VDI 2067 E Bl. 22, Wirtschaftlichkeit gebäudetechnischer Anlagen; Energieaufwand der Nutzenübergabe bei Anlagen zur Trinkwassererwärmung. Düsseldorf, VDI-Verlag, 2003-10

第7章 年能量需求

7.1 梗概、概念

因为与消耗相关联的费用和环境污染问题、也因为需要保护资源或能保障能源的持久供应，建筑物的采暖能量需求问题已变得日益重要。通过对能源问题越来越多地认识以及通过由此而引出的国家的节能条例，从而加强了对节能方面的研发。

因此，能量需求在建筑设计、采暖系统设计、不同的方案比较或新的设备部件研制、现有的带采暖和饮用水加热系统的建筑物的评估方面起着重要的作用。在建筑和设备系统设计中的一个特点就是要搞清楚这样的问题：根据节能的总体目标，提高建筑物保温性能还是优化设备系统更合适些。此外，可以提出很多计算能量需求的方法用来评估测量的耗费值或者用于能量使用的分配。特别是后一个提出的任务不仅关系到一年或一个采暖季节的能量需求值，而且有可能的话还关系到更精细地把能量需求值按月或按天来划分。

动机和目的的不同，使得计算方法亦按需求而多样化。而且，反过来说，为此研究出的计算方法涉及的广度和细节不仅取决于当时所具有的计算的可能性，而且还取决于当时所提出的问题的范围及程度。因此，在1957年引入第一部准则VDI 2067[1]时仅仅涉及到的是对各种燃料的经济性比较的问题。当时除了在欧洲传统地使用固体燃料煤和焦炭以外，也越来越多地把燃油作为燃料。这种比较只是限于各种热水采暖系统，其区别也仅局限在产热方面，建筑物和运行方面的边界条件在很大程度上是一致的。显然，在该准则内的计算方法，在建筑物和设备方面几乎是把它作为一个"黑匣子"来研究（见图7-1）。在计算所谓的"年燃料消耗量"的公式里，作为评估采暖系统的主要参数是锅炉的总效率。对建筑物来说，是所谓的与建筑物标准热负荷相一致的"每小时热量需求"。当时准则里的公式在基于大量测量的耗费值时，通过度日来计算各种气候的差异，并考虑到采暖设备和建筑物状况的不同以及通过修正系数来考虑运行状况的不同。也就是说，可以因此表明，

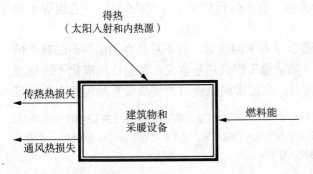

图7-1 用黑匣子方法描述进出一个采暖建筑物的能流

这样的计算方法以经验为基础。所有后来的准则 VDI 2067 的版本包括 1993 年的版本 [2]，尽管有各种扩充和修改，但都保留了这个基本模式。

埃斯多恩（Esdorn）[3] 提出的、后来米格（Mügge）[3] 及二者 [4] 又继续跟进的建议描述了黑匣子方法的另一种形式。这里，精确地研究了带采暖设备的建筑物的整个系统的热损失一侧，并且也详细说明了计算在内的相关得热情况。与传统的按准则 VDI 2067 所用的以用户的平均行为（应用由许多实测得来的耗费平均值）为支撑的方法不同，它引入了一个下限值和一个上限值，实际的耗费必须位于上下限值之间。所谓的"最小年采暖散热量"是年建筑热量需求的一部分，这部分就是在最佳地利用了得热的情况下应该满足采暖需要的热量。它是根据建筑物的性能和使用状况（室内温度、通风要求、内部的得热）以及气象条件给定的。与此相反，还有一个所谓的"最大年采暖散热量"，它只是由采暖系统的性能，亦即系统规模和所用的采暖曲线产生。在用黑匣子方法（见图 7-1）研究最小年采暖散热量时，系统边界是包括带一个理想采暖系统的建筑物，也就是说，在这个系统边界内，采暖设备上的差异不起作用，因此，用黑匣子方法也就足够了。在研究最大年采暖散热量时，所考虑的系统边界是一个准静态运行的实际采暖系统（当然，隶属于某一确定的建筑物）。同样，黑匣子内部详细的评估如历史上老的 VDI 2067，撇开热量生产和分配部分，只是在非常简化的情况下进行。因而，能量方面的评估，特别是对热量移交使用部分能量方面的评估是不可能的。这是所有用于能量耗费预算的黑匣子方法的基本缺陷。

现在随着计算机运行模拟的新的可能性，可以说计算过程在黑匣子内部进行，特别是能够描述热量移交使用的过程（可复现）。因此，产生了所谓的"能量需求展开法"，新的准则 VDI 2067 正是以该方法为基础建立的 [6]。如图 7-2 所示，设备系统的能量需求展开是从热量移交使用部分开始、通过分配部分到热量生产部分。过程的出发点是参照能量需求，概念上与埃斯多恩（Esdorn）引入的"最小年采暖散热量"❶完全相同。要区别的是与使用挂钩的参照能量需求 $Q_{0,N}$ 和与建筑物理有关的参照能量需求 $Q_{0,G}$（统一的条件为连续采暖以及没有内负荷）之间的不同。在系统中由参照能量需求 $Q_{0,N}$ 经每一个消费环节而扩展的能量需求（热量移交使用部分为 Q_1、分配部分为 Q_2 以及热量生产部分 Q_3）在考虑到各个连接部分及时间上的分配再通过耗费系数 e_1 到 e_3 可分别计算出来（图 7-2）。

用能量需求展开法能够描述移交使用过程，这就提供了可复现地确定单个房间采暖装置如火炉、电直热式采暖装置或电蓄热式采暖装置的能耗的可能性。与分为三个范围的中央热水采暖系统不同，在这种情况下，把移交使用和热量生产部分分开是没有意义的。在没有划分范围的可能时，由参照能量需求 $Q_{0,N}$ 直接得到相应于总能耗的 Q_{ges}，它也等于总能量需求。

有关讨论带采暖设备的建筑物的采暖能量需求问题时，并不总是在用很明确的概念情况下进行。例如，热量消耗、热量需求、热量损失以及热量散发。常常已标准化了的物理量的名称准则亦未得到遵守 [7]，这就使得对产生需求或消耗时的复杂关系的理解变得困难

---

❶ 引入更为普遍的概念"参照能量需求"取代最初使用的"最低年能量需求"，是考虑到空调工程中出现的情况，即给定的一个简单的参考系统的能量需求会超过一个复杂的实际运行的系统。由于在进行经济效益考量时，一般都是考虑年度值，所以在参照能量需求前面也就不必要再提示是年。

7.1 梗概、概念

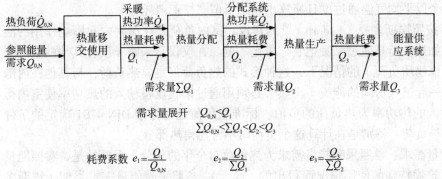

图 7-2 采暖系统范围划分及能量需求展开流程示意图

了。此外，再加上主要由实际操作人员常用的术语，这些已于数十年前就已打上烙印，并且历经各种标准化和统一的努力而没有得到明显的改变，现有的一些专业标准和规范也包含有这类残余影响。为了能进一步理清，下面给出一些最重要的术语概念并予以定义：

消耗：消耗是经一段消费时间以后通过量测确定的。这些消耗可能涉及到水、电或燃料。根据情况，可称为水耗、电耗、燃料消耗或者对于最后一种情况一般又称为热耗或能耗。为了更准确地表达，又以某一消费时间段来表示，比如年能耗。

能量需求：对采暖热量的需求或一般性地说对能量、或者具体地对电或燃料的需求，是以定义好的边界条件为前提。这些边界条件就是气候、建筑物、其使用情况及其采暖设备。大多数情况下，需求这个概念指的是一个量、能量。但有时候也指的是一个功率需求，在这种情况下一般理解为安装功率（同样是计算出来）。从这个意义上讲，也总是说成是"热量需求"，按照标准 DIN4701 亦为标准热量需求。今天，已用一个恰当的概念采暖热负荷替代热量需求。

需求/耗费：需求/耗费的概念描述是通过一个设备系统能量需求展开路径上的路标（图 7-2）。每一个设备系统都可以划分成子系统，在各个子系统边界的入口可确定一个需求量，然后在其出口可确定耗费量。例如，确立热量移交使用、分配、制备或建筑物内整个设备系统的需求 – 耗费关系，其中热量制备的耗费与整个设备系统的耗费相等，并且数值上等于下一个系统即能源供应系统的需求；于是，这里把它称为建筑物的能量需求。

利用率：利用率即需求和耗费之比；它总是一个能量比，并且只适用于某一特定的系统以及某一确定的时间段。

耗费系数：耗费系数为利用率的倒数。

度日：度日描述的是室外温度和采暖限定温度之间的温差曲线对时间的积分，时间以日为计算单位。室外温度采用日平均温度，积分的区限则是以温度曲线与采暖限定温度（比如 15℃；那么，采用字符 G_{15} 表示）的交点给出，两个边界间的时间段则是采暖天数 z。通常在德国所给的度日 G_t，由赖斯（Raiss）[8] 建议再增加一个加数，即采暖天数乘以相对于采暖限定温度的温差（例如 20~15℃）的乘积构成❷。

能量特征值：按照规范 VDI 3807[11]，能耗特征值（能量需求特征值）为年能耗（年能量需求）与一表征建筑物的面积之比。作为基准面积为建筑物所有采暖的总底面积之

---

❷ 在参考 DIN 5485[7] 情况下，避免采用经常遇见的概念度日数，因为"数"这个概念表达的是量纲为 1 的特殊值。

和。一般采用一个以平均气温通过度日换算出来的所谓"校正消耗"。

室内负荷：按照埃斯多恩（Esdorn）[9]的建议，室内负荷是在房间内起影响作用的能流和物质流，比如热负荷是通过采暖把它"带走"的。在仅仅是采暖（没有其他的空气处理，因而也不考虑物质负荷）的情况下，这种形式的热负荷仅是显热负荷；与其他在内部产生以及从外部一起进入房间的能流（得热）必须用通过采暖设备输入的热功率使室内得到能量平衡，输入的热功率为热负荷的负值。标准热负荷是在标准 DIN 4701 确定的条件下得出的特殊的热负荷，特别是在计算这个负荷时不考虑得热部分。

参照采暖能量需求：参照采暖能量需求为热负荷对全年的积分。重要的是，参照能量需求是考虑到建筑物特殊的使用情况而得出的（$Q_{0,N}$）。参照采暖能量需求类似于埃斯多恩（Esdorn）[3]提出的所谓"最小年采暖散热量"。

建筑物热损失：建筑物热损失是指某一个时间点由于通过外围护结构部分向室外空气和土壤的热传递以及通过通风室内的热空气和室外的冷空气进行热交换而产生的。也把概念"建筑物热损失"用于在一段期间内，比如一个采暖季节，由建筑物向周围环境散发的相应的能量。由于在建筑物热损失内已考虑进了所有的得热，因而它真实地描述了一个实际的年采暖能量需求的数值。

相对热负荷：相对热负荷为热负荷与标准热负荷之比❸。如果在建筑物使用情况已确定的情况下，作为参照采暖能量需求与标准热负荷和年度小时数乘积之比的相对热负荷年平均值可以用来作为衡量得热影响的参数。按其定义，它有别于埃斯多恩（Esdorn）[3]提出的"负荷率"[3]。负荷率是在运行状态点时的室内外温差与标准状态点之比。

7.2 "黑匣子"法

为了说明"黑匣子"方法的运作方式，历史上的准则 VDI 2067 仅仅阐述了其基本特征。在这里（第1卷）只要是尚未作出相关规定，下面还继续沿用该准则中的概念和字符。

预测的年采暖能耗 Q_{Ha}（实际上是需求），将分两步来计算：

没有考虑得热的所谓"年采暖热耗" Q_{Ga} 是由建筑物的标准热需求 $\dot{Q}_{N,Geb}$、平均相对过余温度 $(\overline{\theta}_i - \overline{\theta}_a)/(\theta_{iN} - \theta_a)$、以小时为单位的采暖时间 Z 以及五个修正系数的乘积计算出来的：

$$Q_{Ga} = \dot{Q}_{N,Ged} \frac{(\overline{\theta}_i - \overline{\theta}_a)}{(\overline{\theta}_{i,N} - \overline{\theta}_{a,N})} Z \prod_i^{i=5} fi \qquad (7.2\text{--}1)$$

采暖时间 Z 可由列表给出的年采暖日数[2]、系数 24h/d 计算出来，得到 Q_{Ga} 的单位为 Wh。而平均室外温度 $\overline{\theta}_a$ 由列表给出的度日 G_t 按下式计算：

$$\overline{\theta}_a = 20\text{℃} - \frac{G_t}{Z} \qquad (7.2\text{--}2)$$

紧接着第二步，由太阳入射产生的外部得热量 Q_{Sa} 和内部得热量 Q_{Ia} 计算出年得热量 Q_{FG}：

---

❸ 这里避免使用了概念"率"；依照 DIN5485[7]，率为两个有同样量纲的可测量的值之比，而这里的基准值纯粹是计算值。

7.2 "黑匣子"法

$$Q_{FG}=f_6(Q_{Sa}+Q_{Ia}) \tag{7.2-3}$$

考虑到得热量，那么得到年采暖能耗 Q_{Ha} 为：

$$Q_{Ha}=Q_{Ga}-Q_{FG} \tag{7.2-4}$$

通过燃料的热值 H_U 和所谓的"整个设备的年利用率"η_{ges} 能够计算出"年燃料消耗量"B_{Ha}：

$$B_{Ha}=\frac{Q_{Ha}}{H_U\eta_{ges}} \tag{7.2-5}$$

"整个设备的年利用率"是由"制热设备的年平均利用率"η_a 和考虑到管道热损失的热分配系统的利用率 η_V 组成：

$$\eta_{ges}=\eta_a\eta_V \tag{7.2-6}$$

热量生产设备和热分配系统的年利用率是区别用于建设项目的各种设备方案的唯一的特征值。

对于式 (7.2-1) 中的五个校正系数以及式 (7.2-3) 中的第六个修正系数，文献 [2] 作了如下的表述：

（1）第一个修正系数应该考虑到由于用户的习惯而加入的"通风热耗"。

（2）第二个修正系数包括了"个别房间、采暖区域、建筑物或其一部分因时间上限制的采暖运行而导致的热耗减少"。此外还通过列表给出的建筑物冷却时间常数考虑了建筑物的重度（有些类似于 VDI 2078[10] 计算冷负荷规范的等级划分）。

（3）第三个修正系数是考虑到房间方面限制的采暖运行，这取决于未采暖面积所占的比例。

（4）修正系数 f_4 是顾及到拟定的控制装置。它仅适用于在表中列举的控制调节装置，并不包括具有不同时间常数和设计温度的各种散热器的强烈影响（不考虑散热器采暖与地板采暖之间的区别）（参见第 5 章）。

（5）第五个修正系数是考虑到室温偏离标准值的情况。

（6）第六个修正系数是包含了得热的充分利用。它是一个所谓的类似于在修正系数 f_4 情况下列表给出的得热评估系数 f_F 和纯粹与建筑物性能相关的得热利用率 η_F 的乘积。特别是与各自利用得热的控制系统相连接的散热器性能，在这里没有予以考虑。

除了锅炉（实际上还是特别的制热设备）以及热量分配系统，按照现有的 VDI 2067[2] 对设备方案进行能量方面的评估是不可能的。其结果只是在约定的出口数据的基础上得到计算的"热耗"，而这些出口数据与待评估设备的特殊性能关系甚少。预算出的"热耗"的误差带大小至少为 ±40%，抛开埃斯多恩（Esdorn）和后来米格（Mügge）建议[3~5] 的其他目的不说，此误差带还是应该要加以限制的。因此，根据热耗情况，仅仅因用户的不同行为就可能会产生这么大的耗散宽度，人们提出异议往往是合乎实际的（保温差的建筑物热耗约为 1:2，保温好的建筑物热耗约为 1:4），不过，这并没有达到预先评估的目的，例如在考虑经济性方面！不同设备方案的比较（参见第 3 部分）只能在完全相同的条件下进行，也就是说还包括相同的用户行为。同样，在 VDI 2067[2] 中也没有清晰地包含这种实际上显而易见的条件。这一点从继续使用概念"消耗"就已经非常明显，这在继续开发这个直到 1993 年版的准则时，才认识到实际上指的是"需求"。但事实上，根据式（7.2-1）和式（7.2-4）来评估是合适的，特别是应用了按照式（7.2-2）给出的度日，这仅用于在假设所考察的设备系统相同并且用户的行为也继续保持一样的情况下在量测的基础上预算一个很可能出现的消耗。这些假设同样也是计算建筑物能量消耗特征值的基础[11]。

为了对一个带采暖系统的建筑物在能量使用质量方面能够迅速地取得一致的见解，建议采用一个所谓的"能量特征数"来作为特征值。一般它描述的是年能耗（燃料、热量、电能）和表征建筑物的面积之比。在这个问题上，瑞士建立了第一个规范[12]。由于这样一个特征值在建筑物新建及改建设计时例如也应该用作为一个标准值和规定，因而除了消耗值，也还需要需求值（参见第7.1节定义的概念）。因此，在后来出版的相应的德国规范，明确强调这两个概念的区别[11]。另外由于依照国际的概念约成[7]，"数"这个概念表达的量纲为1，所以在规范里把它称为特征值。如果是有意对某一确定的建筑物亦即在某一特定的时间内用途固定且使用能源的行为明确的建筑物进行评估或对甚至类型和使用完全相同的建筑物进行相互比较的话，那么，应该应用能耗特征值。

能耗为量测到的投入的能量 E_{Vg}；用 VDI 3807 所给的概念和标识字符有：

$$E_{Vg}=B_{Vg}H \tag{7.2-7}$$

式中量测到的消耗的能量 B_{Vg} 用相应的量纲（例如采暖用轻油单位为升）以及热值 H 量纲用 kWh（因为也涉及到电能，所以这里热值 H 不含角标 u）表示。假如把事关采暖度日的天气看作重要的影响，则得到所谓"校正消耗"：

$$E_V = E_{Vg} \frac{\overline{G}_{15}}{G_{15}} \tag{7.2-8}$$

式中所含的度日（例如 G_{15} 为当时出现的采暖度日，而 $\overline{G}_{15}$ 为一个长年的平均值）与 VDI 2067[2] 中定义的度日 G_t 是有区别的，这里所指的度日把低于平均采暖限定温度15℃的温度曲线对时间进行积分（图7-3）。而与此不同的是，按照 VDI 2067 以及第1卷第 B 部分的定义，度日数还要再增加采暖限定温度与室内温度之间的长方形面积。采暖度日 G_{15} 是把温度为15℃的采暖限定温度与日历上所有的日平均温度低于15℃的温度之差累加之和：

$$G_{15} = \sum_{n=1}^{Z}(15℃ - \overline{\theta}_{a,n}) \tag{7.2-9}$$

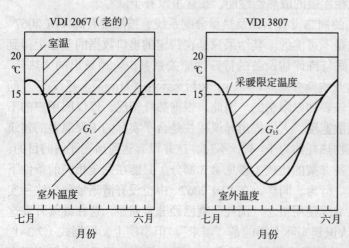

图 7-3 按照 VDI 2067 的"度日数" G_t 和根据 VDI 3807 的采暖度日示意图，例如采暖限定温度为15℃

利用采暖天数 z 和温差 5K，得到与根据 VDI 2067[2] 的采暖度日的关系为：
$$G_{15}=G_{t,a}-5K \cdot z \quad (7.2-10)$$

而且这个国际上通用的算式是基于这样的假设，亦即采暖限定温度与室内温度之间的长方形块完全有输入的得热来弥补。这很可能在室外温度低的日子里不完全切合实际，但有可能通过用户行为适应这种低温天气（在寒冷的时候尽量少通风）。然而，无论如何这个算式在室外温度接近于采暖限定温度时非常精确地适用。为改善度日计算方法，VDI 4710 规范委员会的新想法是要引进以工程项目为基准的变化的采暖限定温度。在建筑物的保温性能、通风情况和选择的实际室内温度等方面的差异也促发产生这样的想法。

根据 VDI 3807，"一个建筑物所有采暖的底面面积总和"作为基准面积 A_E。底面面积是根据把一个建筑物完全围起来的外部尺寸得到的。不能把它与所谓的还包含其他使用面积比如阳台的居住面积、或没有墙体的净底面面积加以混淆。

这样，得到如下定义的能耗特征值：
$$e_V = \frac{E_V}{A_E} \quad (7.2-11)$$

如果仅仅指的是采暖能量，那么，E 的下标添加 H，若是电能，则下标添加 S。

如果使用的是需求值，则把能量需求的字符改变成 E_B，能量需求特征值为 e_B；其余的定义保持不变。

类似于在能耗特征值情况下应用的度日，在采暖费用分配情况下也应该采用这样的方法（参见第 8 章）；然而，只是度日以采暖限定温度作为上限值代入。也就是说，气象局通报的大多数适用于上限值为 20℃ 的度日，必须进行换算，即从按照式（7.2-10）公布的数值中扣除当时当地的采暖天数与采暖限定温度和 20℃ 之间的温差的乘积（恰恰是在过渡季节里，没有这种修正而计算出来的消耗值会有显著的差异）。

7.3 能量需求展开法

7.3.1 参照能量需求

如果首先进入各个房间所有的能流随时间的变化过程已知的话，那么，一个具有相应使用情况的建筑物的能量需求的展开只是到热量分配系统的需求，接着直到热量制备系统的需求。假设在近似不变的条件下考虑日或甚至年能量需求，这是绝对不够的。VDI 的冷负荷计算规范[10]提供了所要求的检验精度；它也同样适用于采暖情况。在该规范中开发的研究方法是在计算时把所有进入房间内的能流作为正值（图 7-4，图中表明了所采用的符号名称和概念）。应该加以区别的是，采暖或空调装置是否起着对流或辐射作用，如是则把其称为通过设备加在室内对流或辐射负载（$\dot{Q}_{KA}$ 和 $\dot{Q}_{SA}$）。根据冷负荷的这个定义，室内的采暖热热负荷正是其负值：
$$\dot{Q}_{HR} = -(\dot{Q}_{KA}+\dot{Q}_{SA}) \quad (7.3-1)$$

出于能量平衡的原因，对于每个时间点必须有：
$$\dot{Q}_I+\dot{Q}_A+\dot{Q}_{KA}+\dot{Q}_{SA}=0 \quad (7.3-2)$$

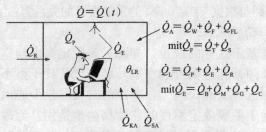

图 7-4 进入房间的能流 $\dot{Q}(t)$

$\dot{Q}_A$：外部冷负荷，下标：外墙 W，窗户 F，通过窗户通风 FL，热传递 T，热辐射 S

$\dot{Q}_I$：内部冷负荷，下标：人员 P，电器 E，房间 R，照明 B，机器 M，仪器 G，冷却 C

$\dot{Q}_{KA}$，$\dot{Q}_{SA}$ 通过设备加载的"负荷"，对流 K，辐射 S

因此在采暖情况下，如果室外温度明显地低于采暖限定温度，构成外部冷负荷 $\dot{Q}_A$ 的所有项中，除了透过窗户进入房间的辐射冷负荷 $\dot{Q}_S$ 外，均是负值；而内部冷却负荷 $\dot{Q}_I$ 的所有各项都为正值。

由能量平衡方程（7.3-2）产生的室内温度 θ_i 最初是未知的。但是可以通过选择设备加在室内的负载（$\dot{Q}_{KA}$ 和 $\dot{Q}_{SA}$），使其产生一个所期望的室内温度变化过程（额定温度）。特别是为了能够对一个旨在消除舒适性赤字的采暖系统的功能进行评估，根据鲍尔（Bauer）的建议[13]，通过计算产生出一个可再现的参照状况，在这个状况下把局部有效的热负荷作为一个舒适性赤字来考虑。假如通过计算可确定的舒适性赤字低于房间用户的敏感性的门槛，那么，这样的评估应该是严谨且适用的。在理想采暖系统情况下，通过设备加载的室内对流负荷 $\dot{Q}_{KA}$ 应完全补偿对流热负荷 $\dot{Q}_{KR}$；同样情况也适用于房间的辐射热负荷 $\dot{Q}_{SR}$。

热负荷的对流部分一方面包括把进入房间的室外空气加热至室温而造成的通风热损失，另一方面还包括加热在冷的围护结构表面 A_{UF} 形成的下降冷气流。

$$\dot{Q}_{K,R} = \dot{m}_{ZU} c_{pL}(\theta_R - \theta_{AU}) + \sum_{j=1}^{n}\left[\alpha_{K,UF} A_{UF}(\theta_R - \theta_{UF})\right]_j \quad (7.3-3)$$

式中 θ_{UF}——围护结构 j 的表面温度；

$\alpha_{K,UF}$——该维护结构表面的对流换热系数。

在热负荷的辐射部分包含了围护结构表面的辐射赤字。

$$\dot{Q}_{S,R} = \sum_{j=1}^{n}\left[\alpha_{K,UF} A_{UF}(\theta_R - \theta_{UF})\right]_j \quad (7.3-4)$$

式中，把辐射换热简化为线性关系，以 $\alpha_{S,UF}$ 表示辐射换热系数。

评估一个采暖系统的参照状况是通过下面的方程组来描述的：

$$\begin{aligned}\dot{Q}_{K,R} &= -(\dot{Q}_{K,A}) \\ \dot{Q}_{S,R} &= -(\dot{Q}_{S,A}) \\ \dot{Q}_{0,N} &= (\dot{Q}_{H,R})\end{aligned} \quad (7.3-5)$$

一个带有一定用途的房间在参照状况下的热负荷用 $\dot{Q}_{0,N}$ 来表示。热负荷对时间进行积分则是参照能量需求 $Q_{0,N}$。

$$Q_{0,N} = \int_{t=0}^{t} \dot{Q}_{0,N} dt \quad (7.3-6)$$

7.3 能量需求展开法

这里应把两个不同的参照能量需求值区别开来：

（1）$Q_{0,G}$，主要为了能够评估建筑物性能，建筑物具有基本使用情况；

（2）$Q_{0,N}$，为了能够对采暖或空调设备进行能量方面使用质量的评估，建筑物具有一定专门使用情况。

根据 VDI 的冷负荷计算规范[10]，参照能量需求按照新的 VDI 2067[14]进一步研发出来的算法进行计算。计算时使用定义了的气候数据组（所在地方的试验参考年 TRY[15]）。输入数据的大小只是稍微超过热负荷计算的数据范围，下面逐一介绍：

（1）房间的尺寸，包括各部分如窗户、门、胸墙及其他；

（2）在非透明的构件情况下，其组成的结构层（厚度、密度、导热系数、热容量）；

（3）在窗户的情况下，其热传递及反射性能、能量穿透率、遮阳设备；

（4）外墙和窗户的朝向。

计算 $Q_{0,G}$ 所定义的基本使用情况如下：

（1）室温为 22℃ 并恒定；

（2）换气次数为 $0.8h^{-1}$ 并恒定；

（3）当室外温度 ≥ 15℃ 时，遮阳；

（4）室内负荷：无内热源。

计算 $Q_{0,N}$ 无论如何都应包括：

（1）换气次数为 $0.8h^{-1}$ 并恒定；

（2）当室外温度 ≥ 15℃ 时，遮阳。

并且必要时还增加：

（1）机械通风，为固定换气次数；

（2）机械通风换气依时间变化；

（3）室内温度依时间变化；

（4）室内负荷依时间变化。

几乎以计算参照能量需求的同样的过程，也能得到标准热负荷 Q_N。用标准热负荷可进一步计算出年平均相对热负荷：

$$\beta_Q = \frac{Q_{0,N}}{t_{Jahr} Q_N} \tag{7.3-7}$$

式中的一年时间 $t_{Jahr} = 8760h$。相对热负荷是负荷状况的一个指标，而负荷状况对于采暖系统的热量移交使用部分的动态特性又是很重要的。估计保温标准为"旧建筑"（大约 1985 年前建造的）的相对热负荷在 0.24 ~ 0.1 之间。得热少的（太阳入射少、仪器设备少）相对热负荷值高，而得热多的，则相对热负荷值小。因而，住宅楼房间的相对热负荷趋向于较高值，而朝南的房间以及办公楼房间的相对热负荷值则偏小。而且采暖系统的运行也影响着 β_Q，因此，采用夜间降温运行，相对热负荷值减少约 6%。通过 1995 年的热保护法规 WSV 95 可把相对热负荷上值 0.24 减少到 0.22 以下，并且再通过节能规范（EnEV）下降到 0.2 以下；在相对热负荷下值情况下，提高保温性能所起的作用要更大一些。

7.3.2 热水采暖系统的能耗

为了能够满足一个建筑物内一个或多个房间的采暖能量需求,对于实际的采暖系统来说,就会产生超出该能量需求的耗费。在热水采暖系统情况下,由于其主要部分即热量移交使用、分配和制备的结构方案差异很大,而且也因为能做到详细地评估,因此把这个能量耗费合理地分成各个部分的耗费。

热量移交使用部分的耗费差异最大,这是因为一方面在设备工程中它具有非常大的选择可能性,另一方面在各种各样的使用要求(在参照状况下确定)的情况下,所提供的热功率都能很好地适应不同的热负荷。除了由于负荷波动造成的时间上适应问题外(它随着建筑物保温性能的改善而增大),也存在一个房间方面适应的问题。对此,里彻尔[16]早就已经指出:"完美的采暖系统是那种在任何有热量损失的地方就能提供一个相同大小的热量来补偿的系统"。在补偿各种舒适性赤字的情况下,起决定性作用的是,从一个散热器(板)向房间散发的热量是否在指定的要求区域内发挥有效的作用,亦即真正地得到使用。因为这不只是简单地事关移交出热量的问题,可能部分地还没有舒适性的效果,而涉及的是更精确的定量计算热量移交使用的耗费。把房间方面、时间上输入的超出规定的使用要求(需求)的热量作为额外耗费累加,而前提条件是设备运行时不会发生低于使用规定的情况。对不可避免的超过室内额定温度的向上振荡不考虑作为额外耗费的指标,这是因为第一可能是来自于得热,第二也可能是因为通过辐射蓄热太多而当时又没有立即出现室内温度的变化。也可能是因为一般人都习惯于稳态运行的思维方式,认为根据室内外温差引起的热流总是向外,从而根本忽略了采暖设备动态运行这样一个事实:如果得热多于热负荷数倍,那么,这几乎不再与室内外的温差有关系,但是却可能与得热的变化过程有关(图7-5)。

热量移交使用部分的耗费系数定义为:

$$e_1 = \frac{Q_1}{Q_{0,N}} \tag{7.3-8}$$

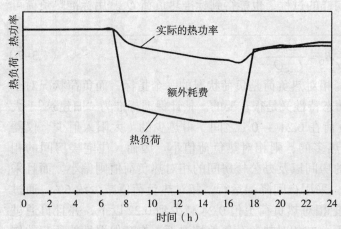

图7-5 举例说明模拟的热量移交使用的变化过程:热负荷变化过程主要是受得热量的影响,实际的采暖热功率不能完全地跟进。在热负荷曲线的下方为 $Q_{0,N}$ 的面积,在采暖热功率曲线的下方为 Q_1 的面积,两者的面积之差为额外耗费

式中 $Q_{0,N}$——按式（7.3-6）计算的参照能量需求；
  　 Q_1——热量移交使用部分的年能耗。
年能耗取决于以下几方面：
（1）室内散热器（板）（例如地板供热、散热器、空气加热器）的时间常数 T；
（2）在安装了实际的调节器的情况下设计冷却系数 Φ_0；
（3）年平均相对热负荷 β_Q；
（4）（实际的）散热器（板）调节器的传递特性；
（5）散热器（板）的安装位置。

如第 5 部分所述，实际的非稳态采暖运行有三种形式：升温阶段、非稳态的部分负荷以及降温运行，考虑到能耗情况只是后两种运行方式起决定性作用。为此，散热器（板）的时间特性可以用相同的评估参数来描述：
（1）按照式（5.3.2-31）计算的时间常数 T；
（2）按照式（5.3.2-37）计算的传递系数 K_Q。

时间常数越小，耗费系数 e_1 就越接近于 1，这就是说，散热器（板）的重量和水容量必须要小，而且其标准热功率要尽可能地大。然而，根据式（4.1.6-52），散热器（板）的功率能力 k_A 随着平均过余温度 $\Delta\theta_H$ 会稍微降低，但因此，时间常数相应地有所增加。

$$\frac{T}{T_n} = \frac{(k_A)_n}{k_A} = \left(\frac{\Delta\theta_n}{\Delta\theta}\right)^{n-1} \tag{7.3-9}$$

并且在设计散热器（板）时过余温度的选择也对耗费系数起影响作用：在同种散热器（板）的情况下，耗费系数会随着过余温度的降低而少许地增加，因为散热器（板）会选得大一些。

在设计时还应注意到一些其他的影响参数，亦即供水温度和进出口温差之比，就是 $1/\Phi_0$。实际的散热器（板）调节器一般对散热器（板）与工作状态点相关的传递行为变化的反应在一定程度上并不完全。对此，传递系数 K_Q 是决定性的。根据式（5.3.2-37），K_Q 与设计冷却系数 Φ_0 有关 [$\Phi_0=(\sigma/\Delta\theta_V)_0$；另见式（5.3.2-36）]。由式（5.3.2-38）可以用标准值（过余温度比 55/45）得到设计冷却系数 Φ_0 与设计的质量流量比之间的关系式：

$$\ln\frac{1}{1-\Phi_0} = \frac{\sigma_n}{\Delta\theta_{\lg,n}}\frac{\dot{m}_n}{\dot{m}_0} = \frac{\dot{m}_n}{\dot{m}_0}\ln\frac{55}{45} = 0.201\frac{\dot{m}_n}{\dot{m}_0} \tag{7.3-10}$$

因此，例如在散热器设计曲线中对于所要求的最小设计的冷却系数能够找到最大允许的质量流量比以及所应限制的设计范围（亦请参见 VDI 6030，对于最小设计冷却系数 $\Phi_{0,\min}=1/3$，它简化地给出了最小进出口温差）。

除了两个设计确定的和因为散热器（板）自身的参数，时间常数 T 及冷却系数 Φ_0 以外，负荷状况对热量移交使用部分的能耗有极大的影响。得热量（即来自外部和内部热源的热流量的总和）越高，相对热负荷随时间的变化就越大。对于一个固定的使用情况，如鲍尔（Bauer）[13] 所证明，这个影响也可进行年度考量，并且只通过一个参数即年平均相对热负荷 β_Q 足够精确地表征这个影响 [式（7.3-7）]。

图 7-6 原则上概括性地表明了首先提到的对热量移交使用部分为散热器的耗费系数的四种影响。图中耗费系数 e_1 作为设计冷却系数 Φ_0 倒数的函数。在带实际调节器的散热器（板）的情况下，耗费系数随着 $1/\Phi_0$ 的增加而增加（这里简化为线性函数）。同时，这

些直线族的工作状态点取决于散热器（板）的时间常数 T（因此，这些直线适用于一个确定的平均过余温度）。其斜率取决于年平均相对热负荷 β_Q，在相对热负荷高时，直线较为平缓（图7-6）。此外，斜率还取决于散热器（板）调节器传递特性；传递特性越好，直线就越平缓。在带理想调节器的散热器（板）的情况下，也就是说，没有持续的调节偏差，仅仅只是时间常数 T 决定耗费系数。在这种情况下，无论是相对热负荷还是设计冷却系数，或是设计的供水温度或进出口温差都不起作用。

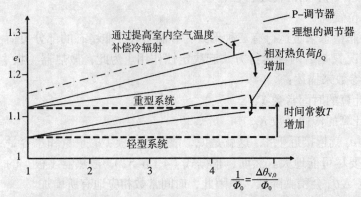

图7-6 设计冷却系数 Φ_0 对具有不同调节器和参数即时间常数 T 以及相对热负荷 β_Q 的室内散热器（板）的耗费系数 e_1 的原则上的影响；此外增加：为补偿缺失的冷辐射平衡而提高室内空气温度对耗费系数 e_1 的影响（所有皆为定性的和简化的过程）

对于具体的散热器（板）-调节器组合，在试验范围内以双曲线的形式描述了耗费系数 e_1 和年平均相对热负荷 β_Q 之间的关系（超过试验范围的外插是不允许的）。图7-7和图7-8分别描述了室内散热器和地板采暖的一些典型的例子（摘自文献[17]）。在图7-7中，参数为调节器影响和设计的供水温度，而在在图7-8中为蓄热能力。在准则 VDI 2067、第20部分中[17]给出了通常散热器，（板）-调节器组合的耗费系数 e_1，其边界条件以表格的

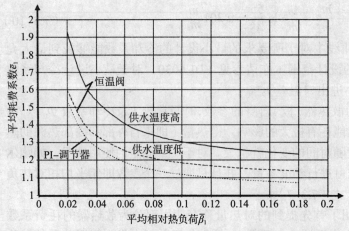

图7-7 平均耗费系数 $\bar{e}_1$ 和不同调节方式的轻型的且带夜间降温运行的室内散热器的平均相对热负荷 $\bar{\beta}_Q$ 之间的关系；设计供水温度分高（>71℃）和低（<50℃）两种；恒温阀的比例调节范围为2K

7.3 能量需求展开法

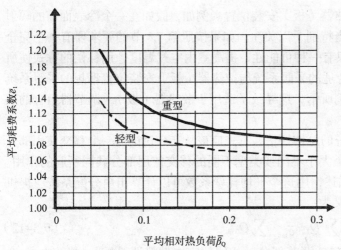

图 7-8 平均耗费系数 $\bar{e}_1$ 和轻型及重型两种地板采暖系统的平均相对热负荷 $\bar{\beta}_Q$ 之间的关系；调节器统一为 PI 调节器（连续调节，带辅助驱动能源），没有夜间降温运行（摘自文献[17]）

形式汇总出来（表 7-1）。这方面的基础知识请参阅鲍尔（Bauer）的论文[13]。e_1-β_Q 的双曲线（作为模拟计算结果的回归曲线）用于制表应用下面的形式：

$$e_1 = a + \frac{b}{\beta_Q} \tag{7.3-11}$$

按照 VDI 2067、第 20 部分中[17]给出的重型（s）及轻型（l）室内散热器（板）的回归曲线的参数值，供水温度分为高（>71℃）、中（51℃≤θ_V≤70℃）和低（h、m、n）。恒温阀的设计比例调节范围为 2K，PI 调节器为连续调节，带辅助驱动能源，通过中央设备提升供水温度达到快速升温   表 7-1

运行模式		连续采暖		夜间降温		带快速升温	
		a	b	a	b	a	b
散热器							
s, m		1.0752	0.0089	1.1016	0.0143	1.1556	0.0114
l, m		1.0817	0.0071	1.1003	0.0126	1.0919	0.0126
l, n	恒温阀	1.0765	0.0044	1.0793	0.0104	1.0795	0.0112
l, h		1.1455	0.0083	1.1453	0.0157	1.1312	0.0159
s, n		1.0543	0.0090	1.0650	0.0130	1.0831	0.0133
s, h		1.1441	0.0094	1.1306	0.0176	1.149	0.0158
散热器							
s, m		1.0008	0.0088	1.0170	0.0155	1.0026	0.0143
l, m		1.0011	0.0049	1.0350	0.0103	1.0387	0.0056
l, n	PI 调节器	0.9851	0.0091	1.0125	0.0148	1.0924	0.0043
l, h		1.0068	0.0042	1.0316	0.0098	1.0962	0.0092
s, n		0.9651	0.0202	0.9950	0.0260	1.0062	0.0209
s, h		1.0114	0.0065	1.0304	0.0126	1.0759	0.0110
地板采暖	无室内调节器						
s	（可能选择）	1.2576	0.0242	1.3180	0.0294	—	—
l		1.1747	0.0216	1.2625	0.0280	—	—
地板采暖							
s	PI 调节器	1.0411	0.0070	1.1211	0.0124	1.0475	0.0130
l		1.0308	0.0042	1.0687	0.0114	1.0077	0.0111

第五个列举的重要影响是散热器（板）安装位置。例如，假如在一个冷表面前的辐射平衡问题没有解决，这个影响应当特别予以关注。如果按照第7.3节的要求要有一个完全的可比性，那么在这种情况下，只有一种可能性，提高室内空气温度，用补偿的方式使所考察的散热器（板）安装位置不合适的采暖系统与散热器（板）安装位置理想的采暖系统产生同等的效果。但如图7-6举例所示，这导致了适用于散热器（板）–调节器组合的某一直线平行地向上移动。

对于一个完整的热水采暖系统的总体评估，首先应该从迄今讨论的一个移交使用部分的单个耗费出发来确定有可能几个大小不同或类型不同的移交使用部分共同所起的作用。它可通过一个平均耗费系数$\bar{e}_1$来描述，用这个平均耗费系数可以计算出由分配系统应提供的总热量，类似于式（7.3-8）定义为：

$$\sum Q_1 = \bar{e}_1 \cdot \sum Q_{0,N} \tag{7.3-12}$$

对于一组大小不同但类型（包括调节部分）相同的室内散热器（板），能够在e_1-β_Q曲线图中根据相对平均热负荷$\bar{\beta}_Q$足够精确地读出相应的平均耗费系数$\bar{e}_1$，类似于式（7.3-7），相对平均热负荷为：

$$\bar{\beta}_Q = \frac{\sum Q_{0,N}}{t_{\text{Jahr}} \cdot \sum \dot{Q}_N} \tag{7.3-13}$$

对各个散热器（板）用在e_1-β_Q曲线图中与其相应的双曲线求和，在多个不同类型的散热器（板）及相应不同的双曲线情况下，应把所求得的平均耗费系数$\bar{e}_1$以（$\sum Q_{0N}$）加权平均：

$$\bar{e}_1 = \frac{\sum (\bar{e}_{1,i} \cdot (\sum Q_{0,N})_i)}{\sum_{ges} Q_{0,N}} \tag{7.3-14}$$

这样求得的平均值$\bar{e}_1$用式（7.3-12）算出热量移交使用部分的总热耗量$\sum Q_1$，同时这对下一个范围，热量分配来说又是需求，亦即是余下设备的进口值。在这种情况下，如何继续进行下去，希尔施贝格和本书作者在文献[18]中已作了描述，这篇文章也临时替代新的VDI 2067尚缺的部分[6]（随着该文的发表，撤回老的VDI 2067第2部分[2]）。

热量分配的能耗是由于分配系统的散热和用于水循环的电耗，后者先不予讨论。分配系统承担的是热量移交使用部分的平均负载，当然这只是在采暖时间亦即系统运行的时间t_H内❶。因此，分配系统的平均相对热负载为：

$$\bar{\beta}_D = \bar{e}_1 \cdot \bar{\beta}_Q \cdot \frac{t_a}{t_H} \tag{7.3-15}$$

式中　t_a——年小时数，8760h/a，

下标 D 表示分配。

因为热量移交使用部分的散热不取决于调节器的类型，而只是取决于其（对数）过余温度，并且这个过余温度同时也体现在分配系统里，为此则有：

$$\Delta \bar{\theta} = \bar{\beta}_D^{1/n} \cdot \Delta \theta_{\text{lg},0} \tag{7.3-16}$$

式中　n——适用于散热器的幂函数的指数；

$\Delta \theta_{\text{lg},0}$——其设计状态点的对数过余温度。

---

❶ 采暖时间给要么总是在选定中央控制的情况下通过一定的室外温度界值给出来或是在根据VDI 2067第11部分计算参照能量需求时确定。

7.3 能量需求展开法

然后，对于不同的设计温度来说，可以给出位于建筑物采暖范围（见图7-9）及未采暖范围（见图7-10）内的管道以长度为基准的散热量 q_2 与分配系统的平均相对热负载 $\bar{\beta}_D$ 之间的关系。绘制在图中的曲线适用于在最新的热保护规范中规定的保温层厚度及其导热系数。

分配系统包括与散热器连结管道、支干管和分配干管的不同范围，以其不同范围内的长度 L_i 以及考虑到相关不能被利用的散热量的因素，用系数 $f_{n,i}$（参见下文）可以计算出额外的热耗：

$$\Delta Q_2 = t_H \cdot \sum_i L_i \cdot q_{2,i} \cdot f_{n,i} \qquad (7.3\text{-}17)$$

其中，对于分配系统采用同样的采暖时间 t_H。根据管道是否位于建筑物采暖范围或未采暖范围内，可在图7-9和图7-10的曲线图里找出以长度为基准的散热量 q_2。不能被利用的散热量的系数为：

$f_n = 0.12$　　　　适用于位于采暖范围内的散热器连结管道；

$f_n = 0.15$　　　　适用于位于采暖范围内的支干管和分配干管；

$f_n = 1$　　　　　适用于位于未采暖范围内的分配干管。

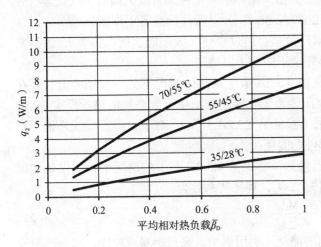

图7-9　位于建筑物采暖范围内的管道以长度为基准的散热量 q_2 与根据式（7.3-15）计算的分配系统的平均相对热负载 $\bar{\beta}_D$ 之间的关系

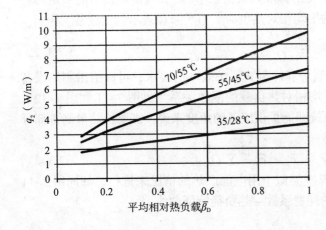

图7-10　位于建筑物未采暖范围内的管道以长度为基准的散热量 q_2 与根据式（7.3-15）计算的分配系统的平均相对热负载 $\bar{\beta}_D$ 之间的关系

热量分配系统散热的平均耗费系数定义为：

$$\bar{e}_2 = \frac{\sum Q_1 + \Delta Q_2}{\sum Q_1} = 1 + \frac{\Delta Q_2}{\sum Q_1} \tag{7.3-18}$$

从式（7.3-12）和式（7.3-13）得到由分配系统提供给热量移交使用部分的总热量：

$$\sum Q_1 = \bar{e}_1 \cdot \bar{\beta}_Q \cdot t_a \cdot \sum \dot{Q}_N \tag{7.3-19}$$

因此，热量分配系统的平均耗费系数也可以表示为：

$$\bar{e}_2 = 1 + \frac{\Delta Q_2 / (t_a \cdot \sum \dot{Q}_N)}{\bar{e}_1 \cdot \bar{\beta}_Q} \tag{7.3-20}$$

式（7.3-20）的分子给出了分配系统平均相对的多耗，分母则描述了与热量移交使用部分的关联：相对热负荷越小，则热量分配系统散热的平均耗费系数就越大。如同热量移交使用部分，这之间也同样有一个双曲线的函数关系。

与此相关，应该把在制热设备范围内的管道和阀门等配件的散热量分别考虑。在小设备的（热功率低于20kW）情况下，其散热量可以达到整个分配系统散热的数量级，因为阀门等配件或水泵等往往很少或根本就没有保温（参见第4.2.3.2.4节）。计算其散热量可以使用图7-10中的曲线。如前所述，在考虑分配系统的能耗时，除了其散热的能耗，还应该把用于水循环的电能需求考虑进去。它取决于热量移交使用部分的调节方式、分配系统的设计、中央采暖系统供水温度的调节类型、循环水泵（有调节或无调节）以及运行方式（参见第4.2节和希尔施贝格为VDI 2067第30部分[21]所作的准备工作部分[20]）。

热量制备部分的耗费系数应该根据热量是否通过换热（太阳能、远程热源），还是来自燃料、电能，是利用热泵或热电厂等完全不同地予以确定。

在通过太阳能即太阳能系统（参见第4.3.2.1节）换热的情况下，一般还考虑到存在另一个平行运行的产热系统。因此，太阳能系统只能达到减少分配系统的热量需求Q_2的目的，减少的数量多少是其设计的结果（参见第4.3.2.1.3节）。对于太阳能系统来说，唯一的能耗是要考虑循环水泵及类似的部件的能耗。

在通过远程热源用水－水热交换器换热（参见第4.3.2.2节）的情况下，仅仅是考虑与热力站在一起的热交换器的表面热损失ΔQ_U，其耗费系数为：

$$\bar{e}_3 = 1 + \frac{\Delta Q_U}{\bar{e}_2 \cdot \sum Q_1} \tag{7.3-21}$$

一般情况下，产热工艺过程范围内的能耗（利用锅炉，来自燃料或电能；利用热泵或热电厂）是通过上游的工艺过程以及主要由标准热负荷$\sum \dot{Q}_N$之和与制热设备的额定热功率$\dot{Q}_{K,N}$之比来确定。那么，产热设备的平均相对热负荷$\bar{\beta}_G$（下标G表示制热设备）为：

$$\bar{\beta}_G = \bar{\beta}_D \cdot \bar{e}_2 \cdot \frac{\sum \dot{Q}_N}{\dot{Q}_{k,N}} \tag{7.3-22}$$

根据欧洲有关效率规范[22]对低温锅炉和冷凝式锅炉效率的要求，可以给出制热设备的平均耗费系数$\bar{e}_3$与其额定热功率和平均相对热负载的函数关系（见图7-11和图7-12）。因此，热量制备的能耗，或从下一个系统即能量供应者的角度来说，需要给热量制备部分输入的能量应为：

$$Q_3 = \bar{e}_3 \cdot Q_2 = \bar{e}_1 \cdot \bar{e}_2 \cdot \bar{e}_3 \cdot \sum Q_{0,N} \tag{7.3-23}$$

利用热泵或热电厂产热的评估计算应类似于用电能产热的情况来进行，如同图7-11和图7-12，必须应用适用于各自情况的耗费系数－热负荷特征曲线。

7.3 能量需求展开法

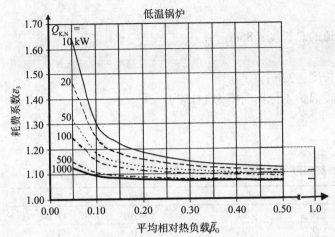

图 7-11 低温锅炉的平均耗费系数 $\bar{e}_3$ 与其平均相对热负载 $\bar{\beta}_G$ 之间的关系,锅炉的标称热功率在 10～1000kW 之间

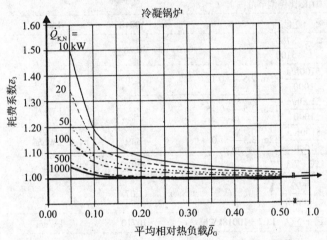

图 7-12 冷凝锅炉的平均耗费系数 $\bar{e}_3$ 与其平均相对热负载 $\bar{\beta}_G$ 之间的关系,锅炉的标称热功率在 10～1000kW 之间

例题

1. 确定一个独户住宅的年采暖能量需求,该建筑物的有关参数如下(表 7-2):

使用面积:$A_N = 150 \text{m}^2$;

按照 VDI 2067 第 11 部分,带夜间降温运行的参照采暖能量需求:$\sum Q_{0,N} = 8490 \text{kWh/a}$;

采暖时间:$t_H = 5100 \text{h/a}$;

按照标准 DIN 4701 第 1 和第 2 部分,标准热负荷:$\sum \dot{Q}_N = 7.0 \text{kW}$;

热水采暖,设计的室内散热器的(平均)供水温度:$\theta_V = 55 \text{℃}$;

散热器的平均回水温度:$\theta_R = 42 \text{℃}$;

散热器采用恒温阀调节(比例调节范围为 1K)。

在热量分配系统中：

支干管和散热器之间连接管道的总长度：85m；

支干管长度：12m；

在未采暖范围内的分配干管长度：32m；

制热设备计划采用燃气冷凝采暖锅炉（标称功率为11kW）。

计算过程如表7-2所示。

按照文献[18]计算例题1的耗费系数和总热耗　　　　　　　　表7-2

说明	公式		数值	单位
参照能量需求	$Q_{0,N}$	$\sum Q_{0,N}$	8490	kWh/a
标准热负荷	$\dot{Q}_N$	$\sum \dot{Q}_{0,N}$	7.0	kW
平均相对热负荷	$\bar{\beta}_Q$	$\dfrac{\sum Q_{0,N}}{\sum \dot{Q}_N \cdot 8760\text{h/a}}$	0.138	
热量移交部分的平均耗费系数	$\bar{e}_1$	由图7-7　1.20～0.2（1K比例调节范围）	1.18	
热量移交部分的热耗	Q_1	$\bar{e}_1 \cdot \sum Q_{0,N}$	10018	kWh/a
热量分配部分的平均热负载	$\bar{\beta}_D$	$\bar{e}_1 \cdot \bar{\beta}_Q \cdot \dfrac{8760}{5100}$	0.28	
与散热器连接的管道散热	$\Delta Q_{2,A}$	$\dfrac{5100\text{h/a}}{1000} \cdot 85\text{m} \cdot 2.5\dfrac{W}{m} \cdot 0.12$	130	kWh/a
支干管的散热	$\Delta Q_{2,S}$	$\dfrac{5100\text{h/a}}{1000} \cdot 12\text{m} \cdot 2.5\dfrac{W}{m} \cdot 0.15$	23	kWh/a
分配干管的散热	$\Delta Q_{2,V}$	$\dfrac{5100\text{h/a}}{1000} \cdot 32\text{m} \cdot 3.3\dfrac{W}{m} \cdot 1.0$	539	kWh/a
热量分配部分的散热	ΔQ_2	式（7.3-17）	692	kWh/a
热量分配部分的平均耗费系数	$\bar{e}_2$	$1+\dfrac{692}{10018}$	1.07	
热量分配部分的热耗	Q_2	$\bar{e}_2 \cdot \sum Q_1 = 1.07 \cdot 10018\text{kWh/a}$	10710	kWh/a
热量制备部分的平均热负载	$\bar{\beta}_G$	$\bar{\beta}_Q \cdot \bar{e}_1 \cdot \dfrac{7\text{kW}}{11\text{kW}}$ [式（7.3-22）]	0.191	
热量制备部分的平均耗费系数	$\bar{e}_3$	由图7.3-12	1.09	
热量制备部分的热耗	Q_3	$\bar{e}_3 \cdot Q_2$	11674	kWh/a
总耗费系数	e_{ges}	$\bar{e}_1 \cdot \bar{e}_2 \cdot \bar{e}_3 = \dfrac{Q_3}{Q_{0,N}}$	1.376	

如果不带夜间降温运行，参照采暖能量需求为9000kWh/a，在同样设备的情况下，热量移交使用部分的平均耗费系数为$\bar{e}_1$=1.09。由于热量移交使用部分的明显的改善，制热设备的热耗则为Q_3=11447 kWh/a，总的耗费系数为e_{ges}=1.27，略微小于带夜间降温运行的总的耗费系数。

2. 确定一个行政大楼的年采暖能量需求，该建筑物的有关参数如下（表7-3）：

使用面积：A_N=9000m²；

7.3 能量需求展开法

参照采暖能量需求（不带夜间降温运行）：$\sum Q_{0,N}$ =300MWh/a；

采暖时间：t_H=4050 h/a；

按照标准 DIN 4701 第 1 和第 2 部分，标准热负荷：$\sum \dot{Q}_N$=400kW；

热水采暖，设计的室内散热器的（平均）供水温度：θ_V=60℃；

散热器的平均回水温度：θ_R=45℃；

散热器采用恒温阀调节（比例调节范围为 1K）。

在热量分配系统中：

    支干管和散热器之间连接管道的总长度：5000m；

    支干管长度：675m；

    在未采暖范围内的分配干管长度：500m；

制热设备计划采用两台低温采暖锅炉（标称功率各为 230kW）。

计算过程如表 7-3 所示。

按照文献 [18] 计算例题 2 的耗费系数和总热耗   表 7-3

说明		公式	数值	单位
参照能量需求	$Q_{0,N}$	$\sum Q_{0,N}$	300	MWh/a
标准热负荷	$\dot{Q}_N$	$\sum \dot{Q}_N$	400	kW
平均相对热负荷	$\bar{\beta}_Q$	$\dfrac{\sum Q_{0,N}}{\sum \dot{Q}_N \cdot 8760 \text{h/a}}$	0.085	
热量移交部分的平均耗费系数	$\bar{e}_1$	由表 7-1	1.108	
热量移交部分的热耗	Q_1	$\bar{e}_1 \cdot \sum Q_{0,N}$	332.4	MWh/a
热量分配部分的平均热负载	$\bar{\beta}_D$	$\bar{e}_1 \cdot \bar{\beta}_Q \cdot \dfrac{8760}{4050}$	0.2037	
与散热器连接的管道散热	$\Delta Q_{2,A}$	$\dfrac{4050 \text{h/a}}{1000} \cdot 5000 \text{m} \cdot 2.5 \dfrac{\text{W}}{\text{m}} \cdot 0.12$	6075	MWh/a
支干管的散热	$\Delta Q_{2,S}$	$\dfrac{4050 \text{h/a}}{1000} \cdot 675 \text{m} \cdot 2.5 \dfrac{\text{W}}{\text{m}} \cdot 0.15$	1025	kWh/a
分配干管的散热	$\Delta Q_{2,V}$	$\dfrac{4050 \text{h/a}}{1000} \cdot 500 \text{m} \cdot 3.3 \dfrac{\text{W}}{\text{m}} \cdot 1.0$	6682.5	kWh/a
热量分配部分的散热	ΔQ_2	式（7.3-17）	13783	kWh/a
热量分配部分的平均耗费系数	$\bar{e}_2$	$1 + \dfrac{13783}{332400}$	1.04	
热量分配部分的热耗	Q_2	$\bar{e}_2 \cdot \sum Q_1 = 1.04 \cdot 332.4 \text{MWh/a}$	346.183	MWh/a
热量制备部分的平均热负载	β_G	$\bar{\beta}_D \cdot \bar{e}_2 \cdot \dfrac{400 \text{kW}}{460 \text{kW}}$ [式（7.3-22）]	0.177	
热量制备部分的平均耗费系数	$\bar{e}_3$	由图 7-11	1.10	
热量制备部分的热耗	Q_3	$\bar{e}_3 \cdot Q_2$	380.801	MWh/a
总耗费系数	e_{ges}	$\bar{e}_1 \cdot \bar{e}_2 \cdot \bar{e}_3 = \dfrac{Q_3}{Q_{0,N}}$	1.268	

7.3.3 单个房间的采暖装置的能耗

正如在第 7.1 节中所指出的，用具有能够描述移交使用过程的能量需求展开法也提供了确定单个房间采暖装置能耗的可能性。不过，与中央热水采暖系统不同，只是计算起来要复杂一些，这是因为在这种情况下，热量移交使用和生产过程形成一个不可分的整体。此外，这些采暖装置（除了电直热式采暖装置）由于其运行受到限制或甚至不能做到全自动化调节，因而使得其可评估性变得困难了。迪佩尔（Dipper）[23] 依照能量需求展开法以几个典型的单个房间采暖装置为例，对其能耗进行了研究：

（1）全自动电直热式采暖装置（辐射散热所占比例为 30%）；
（2）不同充载控制的电蓄热式采暖装置；
（3）用固体燃料燃烧的瓷砖壁炉，与用户有关的不同的燃料添加过程。

与在热水采暖系统中的热量移交使用部分的情况一样，由用户所要求的采暖运行必须预先确定，而在瓷砖壁炉情况下，还需要额外地确定用于计算的预期操作频率。与此类似，在电蓄热式采暖装置的情况下，充载的设定也起着重要的作用。

类似于式（7.3-23），单个房间的采暖装置的总能量耗费系数由单个房间的参考能量需求按下式进行计算

$$G_{ges} = e_{ges} \cdot Q_{0,N} \qquad (7.3\text{-}24)$$

其总能量耗费系数 e_{ges} 也同样取决于平均相对热负荷 β_Q，二者之间的关系如式（7.3-11），通过一个双曲线来描述。文献 [23] 以 3 个典型的单个房间采暖装置为例说明了总能量耗费系数和相对热负荷的关系并分别描述在图 7-13 ~ 图 7-15 中。在电采暖装置的情况下，比如为了与燃油或燃气热水采暖系统在能耗方面有可比性，还需另外考虑用于发电的初级能的耗费，与此不同的是，瓷砖壁炉则可以进行直接比较：在操作得当的情况下，其总的能耗仅略高于现代热水采暖系统。

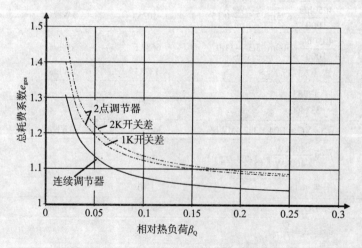

图 7-13 辐射散热所占比例为 30% 的电直热式采暖装置的总耗费系数 e_{ges} 与相对热负荷 β_Q 之间的关系（调节器影响的比较）

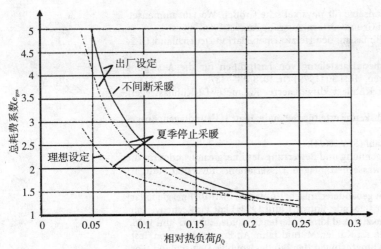

图 7-14 夜间 8h 充载的电蓄热式采暖装置的总耗费系数 e_{ges} 与相对热负荷 β_Q 之间的关系（不同运行方式和设定的比较）

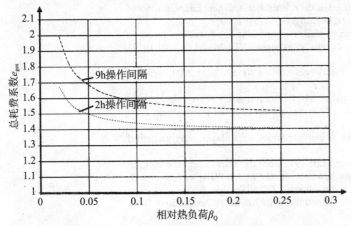

图 7-15 不同操作方式的瓷砖壁炉的总耗费系数 e_{ges} 与相对热负荷 β_Q 之间的关系

参考文献

[1] VDI 2067: Richtwerte zur Vorausberechnung der Wirtschaftlichkeit verschiedener Brennstoffe (Koks, Heizöl und Gas) bei Warmwasser-Zentralheizungsanlagen, Ausgabe Januar 1957.

[2] VDI 2067: Berechnung der Kosten von Wärmeversorgungsanlagen; Blatt 2: Raumheizung, Ausgabe Dezember 1993.

[3] Esdorn, H.: Zur Bandbreite des Jahresenergieverbrauches von Gebäuden. HLH Bd. 36 (1985), Nr. 12, S. 620–622.

[4] Mügge, G.: Die Bandbreite des Heizenergieverbrauches – Analyse theoretischer Einflussgrößen und praktischer Verbrauchsmessungen. Dissertation, Techn. Uni. Berlin, VDI-Fortschrittsber.; Rh 19, Nr. 69, Düsseldorf, 1993

[5] Esdorn, H. und Mügge, G.: Neue Rechenansätze für den Jahresenergieverbrauch. HLH Bd. 39 (1988), Nr. 2. S. 57–64; Nr. 3, S. 113–121

[6] Diehl, J., Bach, H. und Bauer M.: Anmerkungen zur künftigen VDI 2067. BBauBl, Heft 3 (März 1995). S. 198–200.

[7]   DIN 5485: Benennungsgrundsätze für physikalische Größen. Wortzusammensetzung mit Eigenschafts- und Grundwörtern, Ausgabe August 1986.
[8]   Raiß, W.: Der Einfluß des Klimas auf den Heizwärmebedarf in Deutschland. Gi 54 (1933). S. 397–403.
[9]   Esdorn, H.: Zur einheitlichen Darstellung von Lastgrößen für die Auslegung Raumlufttechnischer Anlagen. HLH 30 (1979) Nr. 10, S. 385–387.
[10] VDI 2078: Berechnung der Kühllast klimatisierter Räume (VDI-Kühllastregel), Ausg. Oktober 1994.
[11] VDI 3807: Energieverbrauchskennwerte für Gebäude; Blatt 1: Grundlagen, Ausgabe Juni 1994.
[12] SN 520 180/4 Energiekennzahl (SIA 180/4).
[13] Bauer, M.: Methode zur Berechnung und Bewertung des Energieaufwandes für die Nutzenübergabe bei Warmwasserheizanlagen. Dissertation, Universität Stuttgart 1999.
[14] VDI 2067: Wirtschaftlichkeit gebäudetechnischer Anlagen; Blatt 10: Energiebedarf beheizter und klimatisierter Gebäude, Entwurf Juni 1998; Blatt 11: Rechenverfahren zum Energiebedarf beheizter und klimatisierter Gebäude, Entwurf Juni 1998.
[15] Peter, R., Hollan, E., Blümel, K., Kühler, M. und Jahn, A.: Entwicklung von Testreferenzjahren (TRY) für Klimaregionen der Bundesrepublik Deutschland, Forschungsbericht T86-051, Bonn: Bundesministerium für Forschung und Technologie 1986.
[16] Rietschel, H.: Leitfaden zum Berechnen und Entwerfen von Lüftungs- und Heizungsanlagen. Julius Springer-Verlag, Berlin 1893.
[17] VDI 2067, Bl. 20: Wirtschaftlichkeit gebäudetechnischer Anlagen; Energieaufwand der Nutzenübergabe bei Warmwasserheizungen. August 2000
[18] Bach, H. u. Hirschberg, R.: Kurzverfahren zur Bestimmung des Energiebedarfs von Warmwasserheizungen (Ersatz für die zurückgezogene VDI 2067 – Bl. 2, 01 1994). HLH Bd. 53 (2002) Nr. 10, S. 22–26
[19] EnEV-Energieeinsparverordnung, Bundesgesetzblatt Nr. 59, 21.11.2001, Bundesanzeiger-Verlag Köln
[20] Hirschberg, R.: An die Übergabe gekoppelt. Berechnung der Wärmeabgabe von Heizrohrnetzen und des elektrischen Energieaufwands für die Umwälzung. HLH Bd. 53 (2002) Nr. 9, S. 32–35
[21] VDI 2067 Bl. 30: Wirtschaftlichkeit gebäudetechnischer Anlagen. Energiebedarf der Verteilung (in Bearbeitung)
[22] Richtlinie 92/42/EWG des Rates vom 21.05.1992 über die Wirkungsgrade von mit flüssigen oder gasförmigen Brennstoffen beschickten neuen Warmwasserheizkesseln (EG-Abl. L 167 22.06.1992), geändert durch L 220 30.08.1993
[23] Dipper, J.: Der Energieaufwand der Nutzenübergabe bei Einzelheizgeräten. Diss., Universität Stuttgart, 2002

第 8 章 采暖与饮用水加热能耗费用的结算

8.1 概述

具有中央产热设备的采暖或饮用水加热系统，服务于一个以上住宅或更一般地说是一个以上的使用单元，除了它在运行及节能等方面有诸多优点外，还存在一个缺点：例如它不像火炉局部采暖那样费用自行承担，存在一个因热量消耗所产生的费用分配问题。简单的方法当然就是大体上按采暖面积来分摊，但这样大多数业主或租户会认为该方法太不精确而予以拒绝，因为每个用户都会猜忌别人不加珍惜地利用采暖热量或热水。同样地，法律和规范制定者针对多户住宅楼的住户也持有类似的看法，并且法律和规范的制定也是针对那些无故浪费能源的行为。因此，德国制定了一个节能法[1]，并授权联邦政府，除了其他法规外，还颁布了一个采暖费用结算条例[2]。根据这项条例而采取的措施，就是要让消费热能的公民清醒地知道，他消费了多少热量。这样希望他在利用采暖热量或热水时能够律己，能更好地为采暖系统做好保温和提高其热工性能。为了在专业方面保障法规实施，从而制定了与消费挂钩的热量费用结算标准 DIN 4713[3]。在这期间，欧洲标准 DIN EN 834，DIN EN 835 以及 DIN EN1434[4~6] 已取代了 DIN 4713 的一些章节。

哪些与产热相关的费用应分摊到一个建筑物内的各个住户❶，这已规范在采暖费用结算条例中[2]。在运用根据 VDI 2067 第 1 部分[7] 确定的费用概念时，举例来说，与资本相关联的费用是不能分摊的；这里不仅包括为整个采暖系统投资的费用，而且也包括维护保养的费用，如油罐清洗。反之，所有与消耗和运行相关联的费用，比如燃料、辅助能源、设备的操作和监控的费用，均需分摊。

从可分摊的费用来看，只是根据在使用单元内采集的热耗的一部分来进行分配。也就是说，事实上在整个系统中还会产生与用户消费无关的热损失：

（1）在产热设备处于运行待机状态时；
（2）在产热设备管道连接部分；
（3）在热量分配系统（有时也就在使用单元内）。

此外，还有关于在一些公用房间（如楼梯间、洗衣房和烘干室等）的热量耗费问题。用于这些房间的热损失和热耗的费用"应该按住房或使用面积或者按其建筑体积来分摊"[2]。因为对于这些费用，并没有足够简单及普遍适用的结算方法，那么他就给业主确定了这一部分为总费用的 30% ~ 50%。往往也把这部分说成是一个固定收费率，虽然从数额上讲这可能随着能源价格而变动（仅仅和消费及运行相关联的比例是固定的）。根据法

---

❶ 按照标准的概念，"住户"为"使用单元"。多个使用单元一起组成一个结算单元；技术上不尽相同的一群使用单元（商用房间与住宅不同）称之为"使用群体"。

规制定者的想法，为了要达到激励用户尽可能多地节能的目的，只有在特殊情况下，才会选择一个可变化的、与消费相关联的应分摊的费用的比例，但不高于70%。如果暖气管道未加保温就穿过使用单元的房间并且用户可以影响到那个散热器热量的散发，那么应推荐最低的基本费率比例为50%。暖气管道散发的热量的采集相当繁琐，因而也并非必要。

有义务分摊采暖费用并不普遍适用，出于经济或运营的原因，也可以有一些例外的情况，这些原因已在采暖费用结算法中予以陈述。特别可作为例外的是，若采暖热量来自太阳能装置或由热泵生产，或者如果热量来自热电联产或由其他工艺过程作为余热供应的。在所有这些情况下，对采暖方面的节能作用很小，并且在某些情况下对初级能源的消耗甚至不起任何影响。但是所有的努力，即通过采暖费用的结算来激励节能或要达到一个"公平的"分摊采暖费用的目的，这些努力不应对一个采暖和饮用水加热系统的原本的功能产生怀疑：用于结算的费用总共不允许使采暖费用增长一个数量级（低能耗房已是这种情况），并且所用的采暖费用分配装置不应破坏美观效果（例如采暖费用分配计安装在卫浴散热器的正面）。因此，根据各方面的情况特别是采暖系统的情况，在很大程度上，采暖费用分配装置使用要取决于其经济性和适应能力。

采集消耗的采暖热量，基本上有三种不同的方法：
（1）采集热量散发（与室内散热器表面的过余温度有关）；
（2）采集热量分配（在水侧）；
（3）用热量计测量。

饮用水热水消耗的采集采用第三种方法，即用水表来实现。

在最先提到的方法即采集热量散发的情况下，必须事先知道待确定热量消耗的散热器的标准热功率，然后可以通过两种不同的途径确定其热量消耗：

（1）用模拟的方法，即在一定的时间内，比如一个采暖季，测量出某一液体的蒸发量；这种液体装在一个小管内，紧贴着散热器安装并因此具有大抵和散热器温度相同（这是"按蒸发原理做成的测量仪器，简称为HKVV"）。

（2）用实测数值的方法，这是用电子量测的方法来测量出散热器的一个或两个温度以及另外一个与室内温度有关的值。在最简单的情况下，只测量出一个温度并且将其与一个固定温度值的差按时间进行积分（单传感器方法）；在用双传感器和三个传感器测试的情况下，不再采用固定温度值，而是用一个与室内温度有关的测量值进行处理（"这是一种需要用电能的测量仪器，简称为HKVE"）。

采集热量分配的方法不需要热耗点（散热器）的标准热功率。在这个方法中，中央测量出采暖系统中的循环水流量，到热耗点（散热器）的水量分配由简单的辅助测量计算出来。这样把为每个用户确定下来的水流量累积并连同另外确定的温度来计算热耗。

用先前提及的两个按采集热量散发和采集热量分配原理的方法，不能把热量消耗用物理量来确定，因而按这种方法测量的仪器是不能校验的。所以，在测量技术领域内也把这种方法称为替代法或辅助法。

而热量计则是可校验的测量仪器。热量计直接在用户甚至在用户群测量水流量和温度，并由此计算出热量消耗并直接把它作为物理量给出来。采集饮用水的热耗则可采用简单的水表。

8.2 采暖费用分配的处理方法

8.2.1 散热量采集法

8.2.1.1 概述

在散热量采集法的情况下，前提是确认要测定热量消耗的散热器的标准热功率。如在第 4.1.6.4 节中所述，散热器的标准热功率只适用于一确定的采暖热水的过余温度（而不是散热器的表面温度）。一般情况下，热功率为采暖热水过余温度的幂函数。因为在测量仪器中用来采集热量散发的传感器测得的温度为 θ_F，根据散热器类型，该温度通常低于其安装位置的平均水温 $\bar{\theta}_W$，所以，必须通过实验来确定各散热器－采暖费分配计组合的热耦合特征值。在蒸发式采暖费分配计情况下，其采集传感器是注入测量液体的蒸发管，而在用电源的采暖费分配计情况下，则是电的温度传感器。这里，把该特征值称为 c 值：

$$c = \frac{\bar{\theta}_W - \theta_F}{\bar{\theta}_W - \theta_L} \tag{8.2-1}$$

由于 c 值的测量几乎与室内散热器热功率测量的实验条件相同（参见第 4.1.6.4 节），因而在测试 c 值时也使用同样的基准温度 θ_L。c 值与计算肋片表面传热过程中所应用的肋片效率 η_R 很相似[8]。不同之处在于其出口温度不是用表面温度，而是用水的温度，借用定义 c 值中的温度标识，则得到二者之间的关系为：

$$\eta_R = \frac{\theta_F - \theta_L}{\bar{\theta}_W - \theta_L} = 1 - c \tag{8.2-2}$$

因为对采集仪器在结构方面采取相应的措施，传感器对空气侧的传热被极大地削弱了，并且传热系数只是在根部对肋片效率产生影响，第一步的近似可以假定 c 值与散热器的过余温度无关。

只有一个温度传感器的仪器必须安装在对散热器散热起有效作用的位置。如果散热器像通常那样为同侧或异侧连接，在正常的热媒流量节流调节的情况下，这个位置在从散热器的几何中心往上 1/3 处。长期的测试经验表明，如果采暖费分配计选择安装在散热器高度 70%～80% 的地方，所造成的显示误差会被减少到最低限度。对此，措尔纳（Zöllner）给出了相应的理论依据[9]。

一般来说，采暖费分配系统的显示值 z 是由显示速度 dz/dt 对时间的积分得到的❷。在蒸发式采暖费分配计（HKVV）情况下，这种显示速度是由蒸发速度产生的，而在电子式采暖费分配计（HKVE）情况下，是从传感器的温度（或过余温度）得到的。由于显示速度一方面根据散热器－采暖费分配计的组合形式而不同，另一方面显示值（年结果值）又取决于散热器的类型和大小。因而各个采暖费分配计的显示值必须通过评价因字来确保用一个合适的形式对与用户消费相关的采暖费进行结算。由此采用了 3 个评价因子：

评价因子 K_c，它考虑了不同的 c 值对显示速度的影响。在同样采暖热水温度的情况下，采集传感器的温度根据式（8.2-1）按下式变化：

$$\theta_F = \bar{\theta}_W - c(\bar{\theta}_W - \theta_L) \tag{8.2-3}$$

由于可把 c 值近似地看成与温度无关，这样，能够把对显示速度的影响假定为不变。

---

❷ 在标准中显示速度用 R 表示，这在测量技术中很少用。

如果现在引入一个所谓的基准散热器，那么可以确定一个基准状态（上部为进水口、平均热水温度 $\bar{\theta}_W$ =50～65℃，参照空气温度 θ_L=20±2℃、"老"的标准热媒流量❸）下的基准显示速度（dz/dt）$_{Basis}$。这样，对于相同的基准状态，在各种散热器－采暖费分配计组合情况下，可类似地求出用于评价的显示速度（dz/dt）$_{Bewertung}$。这两个显示速度的比就是评价因子 K_c：

$$K_c = \frac{\dfrac{dz}{dt_{Basis}}}{\dfrac{dz}{dt_{Bewertung}}} \quad (8.2-4)$$

表征散热器热功率的是标准热功率（与采暖费分配系统相关联，适用的是老的标准❹）。标准热功率随着下述因素而变化：散热器的连接方式（如骑跨式）、特殊的散热器安装配件（带装饰外罩）或散热器的长度，即倘若长度与标准规定的相差甚远。由此在标准条件下产生的"老的"散热器热功率 $\dot{Q}_n^*$ 与基准散热器（参见上文）的热功率 $\dot{Q}_{Basis}$ 进行比较；该比例值则是评价因子 K_Q。

$$K_Q = \frac{\dot{Q}_n^*}{\dot{Q}_{Basis}} \quad (8.2-5)$$

基准热功率 $\dot{Q}_{Basis}$ 也可用另外一种统一确定的热功率，即显示系统为此而建立起来的热功率。

如果室内空气温度向下偏离通常的20℃的设计温度，这样会对显示及显示速度产生综合性的影响。室内空气温度对采集传感器温度的影响可借助于式（8.2-3）来计算，而对热功率的影响可用已知的散热器热功率的幂函数[式（4.1.6-52）]来计算。评价因子 K_T（很少用）包括了这两个方面。

总评价因子 K 为各个评价因子的乘积：

$$K = K_Q K_c K_T \quad (8.2-6)$$

此外，标准 DIN EN 834 和 DIN EN 835[4～5] 还规定了对采集仪器的要求及其测试方法。

8.2.1.2 蒸发式采暖费分配计

作为一种模拟方法，采集热量散发的采暖费分配计是利用固定在散热器上的蒸发管内液体的蒸发。图8-1为蒸发式采暖费分配计（HKVV）的构造原理图。这种结构必须具备三个主要功能：

（1）它必须能固定住以及保护好蒸发管。为此，其背面为金属，并确定好与蒸发管接触面的大小。

（2）它必须能托住读数刻度尺。

（3）它必须可固定在散热器上并保证能良好地导热。

辅助功能为：

对于功能（1）：蒸发管内液体的液位必须可读；

不允许用户拆卸蒸发管（铅封）；

蒸发管不可移位；

---

❸ 适用于旧的标准条件 $\theta_V/\theta_R/\theta_L$ =90℃/70℃/20℃。

❹ 适用于旧的标准条件 $\theta_V/\theta_R/\theta_L$ = 90℃/70℃/20℃。

8.2 采暖费用分配的处理方法

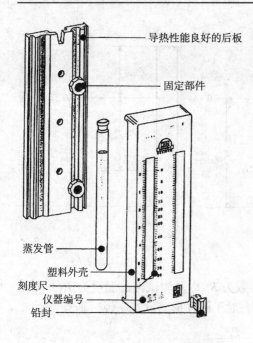

图 8-1 蒸发式采暖费分配计(HKVV)的构造原理图

（标注：导热性能良好的后板；固定部件；蒸发管；塑料外壳；刻度尺；仪器编号；铅封）

蒸发了的液体能自由地逸出；
蒸发管应有热防护（防止热辐射）。

对于功能（2）：刻度尺必须紧固，不可移位；
采集仪器必须可配备不同的刻度尺。

对于功能（3）：蒸发式采暖费分配计（HKVV）固定在散热器上，必须确保用户不能使其相互分开（柱式散热器用夹具连接，平板式散热器则焊接螺钉拧紧固定）；另外，必须还能事后识别擅自解决固定的办法（粘接）。

根据不同的蒸发式采暖费分配计（HKVV）的制造厂家，还可能会有其他的辅助功能。

对于功能（1）：在仪器罩内必须额外容纳上一年密封的蒸发管。

对于功能（2）：额外配备表明上一年热耗的不可更改的读数刻度；
刻度尺配备用于读数器的额外编码。

容纳蒸发管的金属外壳通常是由铝合金制成的（压铸，压延成型）。外壳的前面部分由耐温塑料构成并用作刻度尺固定架。

蒸发管通常由抗测试液腐蚀的、长久保持透明的并且能以要求的精度（重复精确度）进行处理的一种玻璃材料制成。目前使用的有两种不同形式的蒸发管：从上到下都不变径的圆柱形蒸发管和带收缩口的圆柱形蒸发管（图 8-2）。通过把玻璃蒸发管瓶口部分缩小或用一个有小开口的塑料瓶塞可达到缩口的效果。缩口蒸发管的优点是可在下部把刻度线分得很细，便于读数。为了设计刻度尺，必须进一步研究在蒸发管内液体的蒸发过程：当测试液体蒸发时，所产生的蒸汽通过停滞在蒸发管内液体表面上方的空气柱向外扩散并经由瓶口逸出到周围环境中。由于当液位下降时，空气柱的长度也相应增加了 h_i（图 8-2），因而扩散阻力随之发生变化。这里出现的在管内从液体表面到气体的单向扩散-（蒸发）问题已经在第 1 卷第 G2.2.2 章中予以论述。在本章中推导出了蒸发（流）量 $\dot{m}_D$ 和液体平面上的饱和压力 p_D 之间的关系。在吸收液体的空气中的水汽分压力为 p_{DL}。用图 8-2 所给的

图 8-2 蒸发式采暖费分配计（HKVV）蒸发管的结构形状

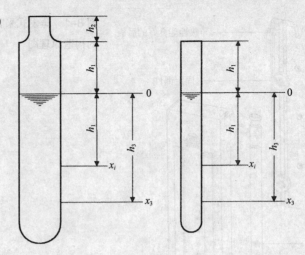

字符、总压力为 p、扩散系数为 δ_{DL}、蒸气的气体常数为 R_D 以及测试液的温度为 T_{Fl}，假设周围环境中的蒸汽分压力可以忽略不计，即 $p_{DL}=0$，对于圆柱形蒸发管来说，则有：

$$\dot{m}_D = \frac{A_1 \delta_{DL} p}{R_D T_{Fl}(h_1+h_i)} \ln \frac{p}{p-p_D''} \qquad (8.2\text{-}7)$$

在具有缩口的蒸发管的情况下，把两个不同内截面 A_1 和 A_2 的部分（分别属于 h_1 或 h_2 的部分）分开进行处理，可得到：

对于截面为 A_1 的部分：

$$\dot{m}_D = \frac{A_1 \delta_{DL} p}{R_D T_{Fl}(h_1+h_i)} \ln \frac{p-p_2}{p-p_D} \qquad (8.2\text{-}8)$$

对于截面为 A_2 的部分：

$$\dot{m}_D = \frac{A_2 \delta_{DL} p}{R_D T_{Fl} h_2} \ln \frac{p}{p-p_2} \qquad (8.2\text{-}9)$$

消去压力 p_2，由式（8.2-8）和式（8.2-9）得到缩口蒸发管的蒸发（流）量：

$$\dot{m}_D = \frac{\delta_{DL} p}{R_D T_{Fl}} \frac{A_1}{\left(h_1 + h_2 \dfrac{A_1}{A_2} + h_i\right)} \ln \frac{p}{p-p_D''} \qquad (8.2\text{-}10)$$

由适用于从上到下都不变径的圆柱形蒸发管的方程（8.2-7）和适用于带缩颈的圆柱形蒸发管的方程（8.2-10）可以看到，蒸（发）汽流量除了与所使用的测试液的物性常数和液体的温度有关外，还取决于蒸发管的几何尺寸以及液位变化（h_i）。由于在某一确定了型号的采暖费分配计的情况下，一般都有意识地用同样的蒸发管和同样的测试液，那么，为了解采集蒸发过程，只需要考察测试液的温度和液位的降低。

关于温度对蒸发式采暖费分配计（HKVV）在其使用范围内的影响，可以由扩散系数以及饱和压力的近似关系式来计算。扩散系数的近似关系式为温度的幂函数，即：

$$\delta_{DL} \approx \delta_{DL,K} \frac{T_{FL}^{(1+k)}}{T_0} \qquad (8.2\text{-}11)$$

其中，$\delta_{DL,K}$ 为基准扩散系数，适用于指数和数项 k。饱和压力的近似关系式为一个指

8.2 采暖费用分配的处理方法

数函数，C_D 和 C_T 为隶属于各自测试液的因子。

$$p_D'' \approx C_D \exp\left(-\frac{C_T}{T_{Fl}}\right) \quad (8.2\text{-}12)$$

在式（8.2-7）和式（8.2-10）中的相对饱和压力的自然对数值实际上很小，可以通过下式对其近似：

$$\ln\frac{1}{1-\dfrac{p_D''}{p}} \approx \frac{p_D''}{p}$$

如果再引入所谓的蒸发管常数 K_a，则有：

$$K_a = h_1 + h_2 \frac{A_1}{A_2} \quad (8.2\text{-}13)$$

那么，从适用于两个不同形状蒸发管的式（8.2-7）和式（8.2-10）可以得出蒸发（流）量与测试液温度之间的近似关系式：

$$\dot{m}_D \approx \left(\frac{C_D \delta_{DL,K}}{R_D}\right)\left(\frac{A_1}{K_a + h_i}\right)\left(\frac{T_{FL}^K}{T_0^{1+K}}\right)\exp\left(-\frac{C_T}{T_{Fl}}\right) \quad (8.2\text{-}14)$$

假如现在考察一个具体的有一定测试液液位的蒸发管并且对一个确定的液体温度来说，蒸发（流）量已标准化了。那么，在室温恒定为 $\theta_L = 20\text{℃}$ 的情况下，它只与液体温度有关，并且可描绘出已标准化了的蒸发速度比如随散热器过余温度的变化过程（图8-3）。为便于比较，图中加进了散热器的特征曲线，而且这里热功率亦已标准化了。如图8-3所示，蒸发特征曲线和散热器的热功率特征曲线两次相交。通过交点可划分出3个不同的区域：

（1）过余温度高的区域：在该区域内，相对于热量散发，蒸发处于超比例状况。

（2）平均过余温度区域：在该区域内，蒸发处于略低于比例的状况。

（3）过余温度低的区域：在该区域内，蒸发更大程度地上处于超比例状况。然而，在

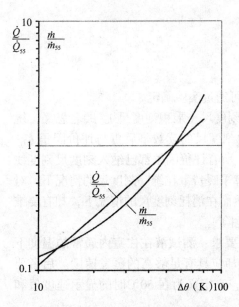

图8-3 蒸发速度和热功率与过余温度 $\Delta\theta$ 之间的关系（原理图）

该区域内液体的温度非常低（相对于采暖季节总的蒸发量），以至于在这个区域的蒸发量分额只占很小的比重，把这样一个蒸发分额称为冷蒸发。

式（8.2-14）也可以考虑用来设计刻度尺。这里关心的只是在蒸发开始时（刻度尺零刻度线）蒸发（流）量与间距 h_i 之间的关系。

刻度尺的划分必须基于蒸发液体的扩散状况。选择刻度线的间距必须保证在整个刻度尺高度 h_3（图 8-2）的刻度线内，在同样长的时间内、在同样的温度情况下，显示出同样大的读数，而与液位无关。如果把在间距 h_i 时的蒸发（流）量比照零刻度线时的蒸发（流）量 $\dot{m}_{D,0}$，那么由式（8.2-14）得到：

$$\dot{m}_D(h_i) = \dot{m}_{D,0} \frac{K_a}{(K_a + h)} \tag{8.2-15}$$

随时间的容积递减量 $\dot{h}_i$ 为：

$$\dot{h} = \frac{\dot{m}_{D,0}}{\rho A_1} \frac{K_a}{K_a + h_i} \tag{8.2-16}$$

对该微分方程进行积分，则有：

$$t = \frac{\rho A_1}{2\dot{m}_{D,0}} \frac{1}{K_a} \left[h_i^2 + 2K_a h_i \right]_{h_i=0}^{h_i} \tag{8.2-17}$$

若刻度尺高度为 h_3，则应有 $h_i=h_3$。如果对刻度尺高度 h_3 来说总共有 z_3 个刻度线，那么一个刻度线间距的蒸发时间应为 t/z_3；对于位置 i，则有 $t/z_3=t_i/z_i$。用上述条件可以由式（8.2-17）推导出下面的确定从零刻度线到某一刻度线距离 h_i 的关系式：

$$h_i^2 + 2K_a h = \frac{z_i}{z_3}[h_3^2 + 2K_a h_3]$$

在欧洲标准 DIN-EN835[5] 中已明确给出了计算公式：

$$h_i = \sqrt{K_3^2 + (h_3^2 + 2K_a h_3)\frac{z_i}{z_3}} - K_a \tag{8.2-18}$$

下面综合说明上述方程中所用字母的含义：

h_i——从零刻度线到标志为刻度线 i 之间的距离，mm；

z_i——刻度线 i 位置的读数值；

K_a——蒸发管常数；

h_3——刻度尺高度，mm；

z_3——刻度尺高度 h_3 的读数值。

蒸发管常数 K_a 可按式（8.2-13）计算得出，亦可通过实验确定。

有两种不同类型的刻度尺：统一刻度尺和消耗刻度尺（乘积刻度尺）。顾名思义，统一刻度尺可以用于不同类型和大小的散热器。这种刻度尺的读数事后再与评价因子 K_Q、K_C 和 K_T 相乘。与此相反，在消耗刻度尺的情况下，所有评价因子都纳入刻度尺刻度线的评价当中。这样的刻度尺的读数可以直接用来结算采暖费。在统一刻度尺的情况下，对于从事量测的企业来说，库存这种刻度尺很简单。然而在消耗刻度尺的情况下，却有要维持一系列不同的刻度尺的缺点（麻烦，有弄混淆的危险）。

从图 8-3 可以看出，对测试液提出了一些主要要求：测试液在住室内通常的温度下应尽可能少地蒸发，然而，在通常的散热器温度下却应具有足够高的蒸发速度。后者要求已在标准中[5] 予以量化：读数比例必须至少为 7，它定义为在 50℃时的显示速度值和在20℃时的显示速度值之比。由于所有考虑使用的测试液（酒精类）都或多或少地具有吸湿性，根据标准中的详细说明，测试液在20℃时的吸水率应有一定限制。进一步还"必须证明，测试液的蒸汽在使用时不会对健康产生任何有害的影响"。今天最常用的测试液为甲苯类醇（Metylbenzoat）。

在标准中不仅是提出了对测量仪器及测试液的要求，而且还规定了在散热器上如何固定、固定的位置和仪器的处理。此外，还规定了仪器要在得到认证的实验室内进行检测。对测量仪器来说，还要强调一下有关冷蒸发的规定值："为了补偿冷蒸发，蒸发管在充注测试液时应超过零刻度线。在测试液温度为20℃的情况下，冷蒸发的规定值必须考虑至少为120天"。这一规定对在设计情况下，其热媒平均温度（供水和回水之间的平均值）低于60℃的采暖系统有了更为严格的要求，这一点现在已视为惯例，在这种情况下冷蒸发的规定值必须考虑至少为220天。

蒸发式采暖费分配计（HKVV）的应用范围受到下述几方面限制：

（1）使用的上限温度和下限温度；
（2）热功率的评价因子 K_Q 没有明确定义的边界条件；
（3）与水接触的采暖散热面无法达到的地方。

对于设计情况，使用的温度限定值是确定的，所用的温度值为供回水平均温度。对于温度下限值，标准给出了两个温度值：一个是对于读数比例低于12时为60℃以及另一个是对于读数比例至少为12时的55℃。使用的上限温度为120℃。进一步的细节详见标准[5]。

蒸发式采暖费分配计（HKVV）其他的应用范围的限制会通过例子加以说明。因此，不会考虑使用蒸发式采暖费分配计（HKVV）的有：

（1）整体式采暖板（面）（第4.1.6.2节）；
（2）在空气侧有风阀调节或使用风机的散热器；
（3）热风采暖装置；
（4）浴缸对流式采暖散热器；
（5）用蒸气为热媒的散热器。

以前因热功率牵扯到多个用户单元（水平向的或垂直的）而被排除在应用范围之外的单管采暖系统，根据最近的检测单位的试验研究，现在也可以装配蒸发式采暖费分配计（HKVV）进行计量。原先担心的在分配时所出现的系统误差也处于预期的正常误差范围之内。因此，标准[5]中预防性地提出的用评价因子 K_E 加以修正（严格地说，这是不允许的；参见第8.4.1节）也是没有必要的。试验研究还进一步表明，如果选择基本收费分额为50%，在大多数情况下，可以不必要特意地采集垂直单管系统中管道的散热量，最初正是在这方面也对蒸发式采暖费分配计（HKVV）是否适用提出了质疑。

8.2.1.3 电子式采暖费分配计

采用液体蒸发的模拟方法的主要不足之处：蒸发特性和散热器特征曲线的不同变化过程必须要用一个测量值予以消除。因此，一般说来使用带电源的仪器更好一些，而它们必须拥有3个主要功能：

（1）它必须至少量测一个温度；
（2）它必须对测量信号进行处理并按时间累加；

（3）它必须显示散热量的总和值。

此外，针对上述3个主要功能，还有下面的辅助功能：

（1）它必须在一个采暖季节内不依赖于外部电源；

（2）运算器、传感器和连接线必须有防护措施，不受交直流电磁场的影响、防止受到电磁场的辐射以及防止静电放电；

（3）不能产生明显的老化过程的影响。

对于功能（1）：传感器必须有热保护和机械保护。

对于功能（2）：运算器应该对温差 $\Delta\theta$ 以幂函数 $\Delta\theta^n$（显示速度）进行处理。计数开始温度 θ_Z 应可调。

对于功能（3）：显示装置应保证不会溢出。

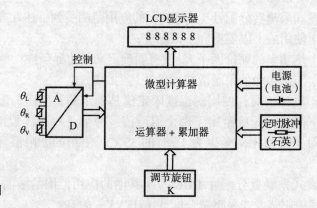

图 8-4 电子式采暖费分配计框图

图 8-4 以框图的形式描述了电子式采暖费分配计（HKVE）的原理结构。

根据不同的测量方法，对散热至关重要的温度全部或仅有一部分被采集下来，常见的方法有：

（1）单感温包测量方法：用这种方法只测出散热器表面的一个温度，并与一个相应于室温为20℃的固定温度值进行比较。

（2）双感温包测量方法：一个传感器采集散热器表面的温度，第二个传感器采集定义好的与室温相关的温度。

（3）三个感温包的测量方法：一个传感器采集供水温度，第二个采集回水温度以及第三个采集定义好的与室温相关的温度。

所有的电子式采暖费分配计（HKVE）都可以由数字-模拟转换器通过计算把测量信号调整到与散热器特征曲线的幂函数相关，由此，显示速度为：

$$\frac{dz}{dt}=K_{HK}\Delta\theta^x \quad (8.2-19)$$

与散热器相关的常数 K_{HK} 在运算器中是可调的，指数 x 在大多数情况下以一固定值输入。在时间步长 Δt 内的显示速度由运算器累加并将结果通过（LCD）显示器显示出来：

$$z=\sum\left(\frac{dz}{dt}\Delta t\right) \quad (8.2-20)$$

在单感温包测量方法情况下，温差 $\Delta\theta$ 由散热器表面传感器测得的温度 θ_{HS} 减去作为

8.2 采暖费用分配的处理方法

常数的室温 $\theta_{L,konst}$，在双感温包时，则减去第二个传感器测得的温度 θ_{LS}，而具有三个感温包的测量仪器能最好地与散热器的特征曲线匹配，采用对数过余温度：

$$\Delta\theta_{lg} = \frac{\theta_{VS} - \theta_{RS}}{\ln\dfrac{\theta_{VS} - \theta_{LS}}{\theta_{RS} - \theta_{LS}}} \qquad (8.2\text{-}21)$$

对于大多数电子式采暖费分配计（HKVE）来说，图 8-4 所示的各个方框都组装在一个仪器中，即所谓的紧凑型仪器。在单感温包及双感温包测试仪器情况下，这种紧凑型仪器可以像蒸发式采暖分配计那样直接安装在散热器表面上（安装规则亦相同）。还有把仪器装在散热器附近的可能性，在这种情况下，散热器表面的传感器则通过导线与仪器相连。当然，仪器安装的部位应便于读表。在用三个感温包测试时，供回水管上的传感器总是通过导线与安装在散热器附近的仪器连接。

除了在散热器表面或散热器附近安装的分散式仪器以外，还有中央采暖费分配系统。在中央系统内，运算器集中处理并显示来自一个用户单元的多个散热器或者甚至来自多个用户单元的测试信号。分散式仪器的电源用的是电池，而与此不同，中央测试仪器有可能用电网的电源。但无论如何，在整个采暖季节内绝不允许仪器的电源中断。在以电池为电源的情况下，电池的供电量至少维持 15 个月。实践证明，锂电池为最合适的电源。电子式采暖费分配计（HKVE）使用的上限温度是由所使用的材料和组装元件的耐温性能经检测确定的，而单感温包测试仪器的使用下限温度则已在标准中规定为 55℃。在其余两种测试仪器的情况下，其使用的下限温度则要符合遵守误差限的要求（迄今经检验证明为 40℃）。为了在夏季室温时以及在采暖设备已停止运行的情况下不会出现误差显示，仪器必须具备一个所谓的测量值抑制功能。对此应调整的计数开始温度 θ_Z 由标准确定。在单感温包测试仪器使用的下限温度为 $\theta_{min} \geq 60℃$ 的情况下，则有：

$$\theta_Z \leq 0.3(\theta_{min} - 20℃) + 20K$$

并且，在 θ_{min} 为 55～60℃ 之间时：$\theta_Z \leq 28℃$。

对于具有室内温度传感器的仪器而言，确定计数开始温度的规则为：$\theta_Z - \theta_L \leq 5K$。

进一步研发的三个感温包测量方法是采用一个中央采暖费分配系统与一个控制系统的组合。它由一个中央消费处理单元和一个房间模型组成，该房间模型采集室内温度以及散热器的供回水温度。中央消费处理单元承担消费单元的计算以及室温的控制，室温控制是用热电驱动的散热器阀门作为调节机构。采用这种方式，用户通过对室内传感器升温来对显示（器）产生影响是不可能的（散热器阀门会自动关闭）。

对于中央采暖费分配系统来说，除了使用三个感温包的测试仪器，双感温包仪器也同样适用。其显示值可通过一个母线系统收集，其中其他一些对于楼宇运行来说亦很重要的数据（如水电表）也同样能够加以处理，这里有一个畅通无阻地通往楼宇管理系统的通道。

类似于蒸发式采暖费分配计（HKVV），依照标准 DIN-EN 834[4]，下面的情况不允许使用电子式采暖费分配计（HKVE）：整体式采暖板（面），在空气侧有风阀调节或带风机的散热器以及用蒸气为热媒的散热器。由于电子式采暖费分配计（HKVE）的传感器安装位置和记录器在空间上是可以分开的，因而，电子式采暖费分配计（HKVE）的应用范围比蒸发式采暖费分配计（HKVV）要广泛得多。

8.2.2 采集热量分配的方法

采集热量散发方法(蒸发式(HKVV)和电子式(HKVE)采暖费分配计)的主要缺点在于:

(1) 基本上限制用在室内散热器上;

(2) 必须要对散热器的标准热功率进行确认;

(3) 在现代采暖设备运行中,由于设计状态的热媒温度低以及热媒流量小,测量误差增加。

在尽可能依照用户期望进行设计的情况下,难以接受按照规定的有关采暖费分配的制约来选择室内散热器(板)。当然,在设计时还要有不同的室内散热器和散热板(壁面)组合的可能,而对室内散热板(壁面)来说,却又不允许使用蒸发式(HKVV)和电子式(HKVE)采暖费分配计。

有关第二个缺点,即散热器标准热功率的确认,必须要说明,在超过40000个不同型号的散热器情况下,只有非常有经验的热量测量服务公司能足够可靠地应付确认工作。此外,每年还有数百个新的散热器品种上市,其中包括许多因适应建筑物和用户需要而生产的一些特殊的散热器品种。上面提到的第三个缺点,测量误差增加的问题,是由于遵照热保护法规改善保温性能带来的一种间接的负面影响。然而,降低热媒温度和减少热媒流量直接造成比较高的误差的问题,却有利于改善热量移交系统热功率的调节(参见第5.3.2节)。

如果把采集热量散发转变到采用技术上复杂一些的采集热量分配的方法,那么,有可能避免因采用采集热量散发方法带来的采暖费分配的主要缺点。用这种方法是确定具有一定温度的采暖热水量的分配,从而进一步确定输入的热量。在时间步长足够细的情况下测得的热量也可以得到热流量。这些同样是采集热量消耗的目标值和控制室温的调节参数。通过一个系统来双重承担采暖费分配和调节两个功能,对两方面来说都有好处。除了可避免因采用采集热量散发方法带来的主要缺点以外,在采暖费分配计量过程中要利用室温来做手脚是不可能的,并会避免系统的分配误差。而且在控制方面展现了进一步改善的可能性:热媒流量的信息可优化循环水泵的运行。

采集热量分配的方法基本上全是采暖费分配计量系统和控制系统组合。目前已知的一种是管网模拟的方法[10]和一种采用干管阀门和压差测量的方法[11]。

1. 管网模拟方法(RHKVS)

这个方法的前提条件是能够在各个不同的位置用变流量对管网运行进行模拟计算。有关这一点,第4.2.6.5节已介绍了一个合适的模拟方法。它不仅适用于模拟分析,还适用于运行监控。管网是用并联及串联的阻力通过一个模拟模型来描述的。这其中,在运用电气工程中已知的节点和网格规则情况下,对已知的管网结构,逐个确定和总括各个阻力,直至得出用于管网特征曲线的总阻力。由管网特征曲线与已给定的水泵特征曲线的交点,得到通过管网的总体积流量。在由分析得出的已知的阻力的基础上,得到总流量如何分配到管网各个分支管路,这样,最终能够给出用于每个用户的热水流量和压差。因此,在认知当前所有在管网中阀门调节位置的情况下,可以计算出管网的各个分支管路中任意运行工况点的流量分配状况。由类似进行的网络分析得到管网中的各阻力值。

利用可进行网络模拟计算位于控制中心的计算机,来承担室内热量移交部分的调节以

8.2 采暖费用分配的处理方法

及循环水泵调节的任务。图 8-5 给出了采暖费分配系统的管网模拟方法框图。它表明了如何衔接迄今各自分开执行的功能：室内热量移交部分的调节、采暖费分配计量系统和水泵调节。

（1）在室内热量移交部分调节的情况下，数字化运作的控制器（例如 PID 控制计算系统）采集实际室温与额定温度的偏差并且通过一个转换器控制间歇工作的阀门（用电磁或电机驱动）来控制。通常由此所产生的开－关运行以简单的方式在管网中带来一个确定的阻力分布，对于给定的采样周期，比如说 3min，该阻力分布维持不变。

（2）对于采暖费分配系统来说，承担认知由控制过程中阀门调节的状况并且用所描述的运行方法模拟计算出瞬时的水流量 $\dot{V}_j$ 分布以及由此得出在各个用户位置的压降值 Δp_j。作为模拟计算结果可以从中由开启阀门的时间间隔和供回水之间的温差确定各个用户的耗热量。

（3）运行模拟计算得出的第二个结果是管网中总的水流量和总压差，这些是水泵调节的输入参数。由水泵控制计算系统可以通过调节水泵转速造成压力随流量增加而提高。从而中央水泵的运行在用户部分热负荷时容易进行调节（在这种情况下不必强制要求调节中央供水温度）。

（4）在进一步的研发阶段，有意识地把管网模拟系统与楼宇控制工程一体化，因为这对现有的楼宇控制工程程序系统是一个有益的补充。然后，各个不同的子任务应预分散并分配到不同等级的平台。热量分配的计算还必须由中央主计算机来进行，与此不同的是，一个子范围（如一个寓所）的控制可以转换到局部的自动化装置上[10]。通过分散结构，相对于一个单一的中央运算处理器来说，可以提高管网模拟运行的可靠性。

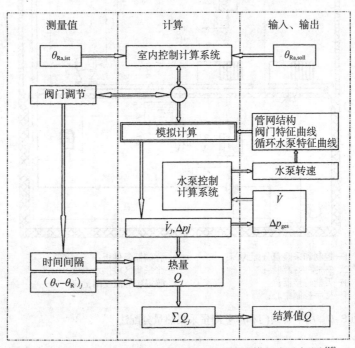

图 8-5 采暖费分配系统和控制系统组合的管网模拟方法框图[10]

2. 干管阀门和压差测量的方法

这套组合系统是由兰蒂斯和佳尔（Landis&Gyr）公司（中间一段时间为兰蒂斯和塞法（Landis & Saefa）公司，现在西门子（Siemens）公司）以名称"Synergyr"❺而研发的。图8-6描述了该系统的整体原理结构，并且也表明了可能的使用局限性：对于每个用户单元来说，它需要一个控制和采暖费分配阀门1。由此，水平向分配系统则是一个强制性的前提条件（对垂直分布而言，目前尚未设计）。同时，从图8-6也可得知其作用方式：双功能阀1安装在通向用户单元的支干管的回水段。示范房间里的室温控制器2或3用来作为调节机构。在此任选的以模拟或数字方式工作的室内控制器里，室温被量测并且额定值或以固定值或以与时间相关的值输入进去。用户单元内用同一支干管供热的其他房间则采用与系统无关的温控元件（如恒温阀）。双功能阀（图8-7）有节奏地在位置"开"和"关"

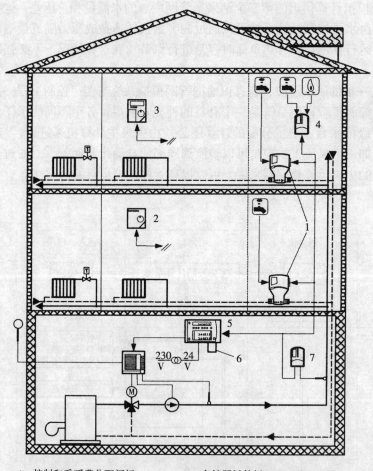

1—控制和采暖费分配阀门；
2、3—室内控制器；
4—万能转接器；
5—楼宇控制中心；
6—存储器插件板；
7—带采集区段供水温度，感温包的温度测量仪

图8-6 用干管阀门和压差测量采集热量分配法[11]

---

❺ 推向用于像住宅那样大的建筑物市场。

8.3 热量计和热水表

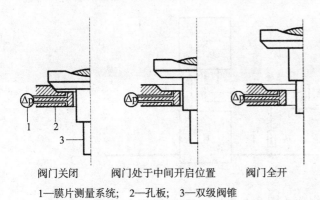

图8-7 参照图8-6,分配系统的双功能阀

阀门关闭　阀门处于中间开启位置　阀门全开
1—膜片测量系统；　2—孔板；　3—双级阀锥

上工作。室温控制器在某一给定的周期时间内,与在室温偏离额定值时位置"开"的间隔时间相匹配(脉宽调制)。用于计算水流量所必要的在双功能阀上的压差 Δp_V 会被量测,用标志"开"位置的常数 C_V 计算参数 V_S,它在很大范围内与支干管中的体积流量成正比:

$$V_S = C_V \sqrt{\Delta p_V} \sim \dot{V} \tag{8.2-22}$$

参数 V_S 和测得的供水与在阀门中测得的回水之间温差的乘积与输入干管的热功率成正比。把该乘积对运行状态"开"时持续的时间进行积分,即是用户单元所耗热量份额的一个计量值。

由于阀门的压差随着体积流量的平方而变化,为避免过大的测量误差,把阀门做成双级形式（图8-7）。

在需要的情况下,比如像电、气或水表那样,可以把脉冲发生器直接或通过一个转接器（图8-6中4）连接到双功能阀上；所有耗费值都收集和储存在楼宇控制中心。在结算周期结束时,再从那里把数据通过一个接口传送到计算机或通过一个特殊的存储器插件板6读出来。原则上,这套控制和采暖费分配组合系统也可以通过楼宇控制中心5收集有关体积流量和压差的信息,从而给循环水泵控制器传递运行状况的信息。

如果采暖费分配和控制组合系统中的测量装置不仅给出水量或能量的计量值,而且把耗费值直接以物理量的单位显示出来,那么这就与有义务校正的仪表有关,这将在下一节作进一步阐述。

8.3 热量计和热水表

例如在一个热用户单元的采暖循环里,热量计量测水的流速,并同时测出供回水温差,然后对时间进行积分计算出所消耗的热量并以一物理量单位（例如kWh）显示出来。如果显示的结果作为结算采暖费的基础,那么,依照校正法[12],热量计则有校正的义务。

一般在有热量供给的情况下,热量计都安装在下述位置:

（1）远程（区域）热源的换热站；

（2）在有自己热水管网支线（例如向每个热用户单元或热用户群输送热量的水平单管或双管环形分配系统）的热用户单元或热用户群（多个热用户单元）情况。

热量计不适用在单个室内散热器上,特别是从经济和美观的因素去考量(太贵、太大)。

图 8-8 带水力传感器 H、测量供回水温度 θ_V 和 θ_R 的感温包以及电子计算器 R 的热量计框图

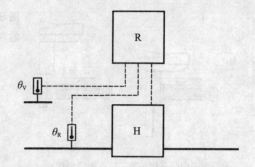

通常热量计有 3 个明显不同的部件组成（图 8-8）：
（1）水力传感器，用它由水的流速得出在某一采集时间段内的水量或瞬时的水流量；
（2）供回水温度感温包；
（3）有显示装置的电子运算器。

从结构形式上，热量计可分为：
（1）一体式热量计，对于产品合格证明来说，（总的）标定误差限是决定性的（参见文献 [3]）；
（2）分体式热量计，三个部件有可能逐个分别认证申请产品合格证明，这里适用的则是（单个部件的）标定误差限。

与热量计不同，热水表仅量测加热的饮用水的流速，并以物理量单位 m^3 显示出来。如同冷水表一样，热水表也有校正的义务。按照校正准则附录 6[13]，如果水温在 0～30℃之间，定义为冷水（新鲜水），当水温高于 30℃，但不超过 90℃时，则定义为热水（加热的饮用水）。从结构上说，热水表中的水力传感器和热量计是一样的，但带显示的运算器却与热量计的不同，热水表是机械式的。

作为水力传感器，仅考虑使用测量水的流速的仪器。但按充填室原理计量流量的仪器，如椭圆轮计量表，因为它会增加系统压降而不使用。

在机械式工作的水力传感器情况下，最普遍使用的是叶轮计量表（图 8-9）。水流切线流经垂直放置的叶轮，其转速是衡量流速的标志。最简单的形式（如水表的情况）就是转速经齿轮传动直接传递到计数器上。在这种情况下，传动装置和计数器皆置于水中，即所谓湿式部件。显示转速的显示窗耐压的手表玻璃密封盖紧。而在热量计的情况下，由于流经的热水不太纯净（含有悬浮物），因而倾向于把叶轮和计数器间接地耦合起来（例如通过电磁耦合）。因此，计数器不置于水中，即所谓干式部件。电磁耦合有去除磁铁粉沉积的问题，那么现在也就不再采用电磁耦合，而是用没有反作用的方法来扫描叶轮的旋转（如用超声波，通过振荡回路的变化或通过电容量测）。计数脉冲将被传输到电子计算器中。

对于叶轮计量表，有单射流（图 8-9）和多射流之别：通过额外装入翼形水斗（如涡轮机上的导流叶片）会增加到达叶轮射流的数量，该翼形水斗分为上下两部，下半部进口射流，上半部出口射流；这种结构形式主要用于住宅的水表。

对于测量大的水流量的情况，不再用叶轮计量水表，而改用涡轮计量水表（沃尔特曼（Woltmann）计量表）。这里，水流轴向流经旋转体。该旋转体围绕着旋转轴有多个陡直的、

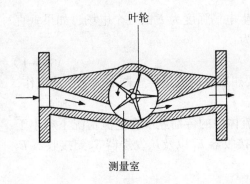

图 8-9 叶轮计量器（单射流计量器）

螺旋状的叶片（图 8-10）。转速或者由旋转体的轴或经蜗形传动机构直接传递，或者如同叶轮计量表那样间接地传递。

尽管所有旋转体转动的扫描方法都进行了改善，但在热水含有悬浮物的情况下都会有在叶轮轴承里沉积杂物的危险。现在有两种测量流速的水力传感器，其功能是基于物理学原理，并且在没有旋转体的情况下一样工作，已可以在市场上用作为热量计亦用于小的水流量：

（1）磁感应流量传感器；
（2）超声波流量传感器。

磁感应流量传感器（MID）是按照磁致水力发电机（图 8-11）的原理进行工作的：热水具有导电性。它以平均流速$\bar{v}$通过一个管道，在测量位置作用一个磁通量密度为 B 的

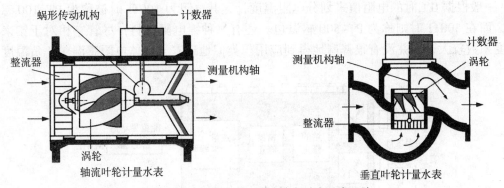

图 8-10 涡轮计量水表，其测量值被直接传输，转动轴水平或垂直置放

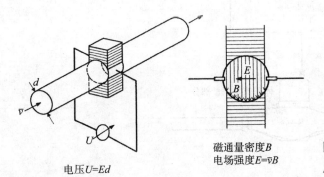

图 8-11 磁感应流量传感器（MID）的原理图

磁场（磁感应），然后，垂直于流动方向和磁场产生电场强度为 E 的一个电场，如果垂直于磁极安装的电极的间隙为 d，那么，其间的电压为：

$$U=Ed=\bar{v}B \cdot d \qquad (8.3-1)$$

因此，感应电压与体积流量成正比。当然，要想磁感应流量传感器准确无误地工作，其前提条件是水的导电率至少为 $500\mu s/m$。

在超声波流量传感器的情况下是利用声波在流体中的传播速度在逆流情况下略小于顺流（图 8-12）的物理现象。测出从发送器 S_1 到接收器 E_1 以及从发送器 S_2 到接收器 E_2 两个路径中的频差，它与平均流速成正比。

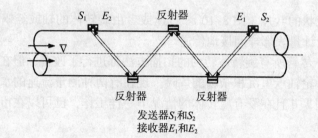

图 8-12　超声波流量传感器的原理图

其他测量体积流量或质量流量的方法，即除了用于实验室也用于工艺流程及电厂的测量方法，诸如有效压力方法（标准孔板、标准喷嘴、文丘里管）或质量流量计，这些皆是利用复合向心加速的效应，主要是因为耗费大，而迄今一直不适合用于热量计。

作为温度传感器最常用的是电阻感温包，电阻随温度变化而改变的材料主要是纯铂（p_t）。一般根据 0℃时的电阻值来划分电阻温度计，其电阻为 100Ω 时被称为 PT-100 感温包，而在 500Ω 时则称为 PT-500 感温包。还有一种镍电阻材料，尽管它相对于铂来说温度系数较大，但并没有很普遍地得到应用。类似地还有半导体电阻感温包（负温度

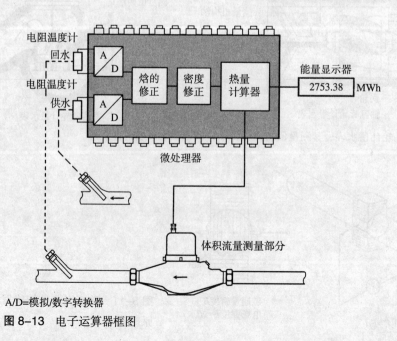

A/D=模拟/数字转换器

图 8-13　电子运算器框图

系数）：感温包耗电量大、对电流的稳定性要求高以及机械稳定性小都影响其得到广泛地应用。也还有可能把热电偶用作为感温包，不过这里要制造足够纯的热电偶材料也有困难，而且，在同样的温差情况下，热电偶所产生的电压比 PT-100 感温包对所产生的电压大约要小一个数量级。

今天，电子运算器主要是以数字式进行工作（图 8-13）。与模拟式运算器相比，数字式运算器的优势在于，它除了把体积流量和温差进行简单的相乘以及把乘积再累加以外，作为额外的算法系统，还可以加进去温度和体积流量的校正功能以及附加的密度和比热修正功能。计算器具有微处理器并通过显示器不仅显示热量及水量，而且还有温度、日期和时间以及电池使用的小时数等等及其他更多的功能。

8.4 采暖费分配测量方法的评价

8.4.1 概述

采暖费分配的情况十分类似于采暖：在评价各种不同的分配方法时也普遍存在着偏见。由于采暖费条例[2]的颁布，大多数用户被强制使用采暖费分配系统，实际上他们也希望要有这样的系统，尽管这会造成费用上的负担，但在评价采暖费分配系统时，他们大概总有这样一些印象："蒸发式采暖费分配计不够精确，但价格低廉，电子式采暖费分配计准确些，但也昂贵一些，热量计测量准确（它们是校正过的）但更为昂贵"。还有其他一些偏见，如采暖费分配计（蒸发式（HKVV）和电子式的（HKVE））不能抓得住所谓的"偷热"，即采用手段把热流从一个加热得很热的住房引到一个较凉的住房。令人奇怪的是，在住宅内安装电蓄热采暖系统或楼层燃气采暖系统情况下，没有提出同样的要求。与此类似，有所谓的位置补偿问题（这里指的是外墙面积部分超过平均值的住宅采暖费的补偿）。在这方面，也有人对采暖费分配期望有一种社会补偿，对此，在单个房间采暖系统的情况下不会有人想到这个问题，另外的情况，顶多能在租金方面有所考虑。

如果撇开有关采暖费分配精确度偏见的部分，并且力争有一个量化的评价，那么，为了让公众更好地了解，采用合乎标准的测量技术的概念，是十分有用的[14, 15]。现在，将评价分两个步骤进行。第一步涉及的是某一确定的采暖费分配仪器的测量精度，第二步涉及的是在一个结算单元内相当大数量的采暖费分配仪器的分配精度问题；也就是说，感兴趣的是如何能精确地确定在一个结算单元内用户单元的不同热耗的分配情况。测量精度的差异一方面是由于采集装置本身精度及其操作不完善造成的，另一方面还可能是由于用户的影响（不正当手段）或特定的环境条件（电及电磁干扰）造成的。假如评价分配仪器时不考虑所有因操作不当、不能允许的用户影响或由于恶劣的外部环境条件的原因而能避免的缺陷，那么，依然还会存在偏差，其作为检验要求在标准中[4, 5]已规定了最大限定值。这些最大值可视为误差极限，在采集热耗的时候，因仪器的随机缺陷而产生的系统有效偏差必须位于误差极限之内。原则上，这些偏差通过对逐个仪器的校正可加以补偿。在蒸发式采暖费分配计（HKVV）的情况下，直至外壳的影响，其误差极限是对称的，亦即上下误差限都是相等的。在热量计和电子式的采暖费分配计（HKVE）的情况下，由标准规定了总的误差限，而与此不同的是，在蒸发式采暖费分配计（HKVV）情况下由不同的要求确定的单个误差限必须用误差传递定律来计算（参见第8.4.2节）。

如果关注采暖费分配仪器使用的目的是在一个结算单元内采暖费的分配情况，那么，评价的第一步，即确定在何种程度上允许采集装置不够准确，这是必须的，但不足以评价其精度。不同用户单元热耗的分额在散热器温度变化的情况下、不同类型的散热器和不同的室内温度（这反映在不同的用户行为）的情况下应尽可能精确地予以采集。在这方面，例如由于蒸发和散热特征曲线的变化过程不同，采集装置对运行过程的反应也不尽相同。因为所有的偏差都是因用户的行为、设备和仪器的状况造成的，这是系统偏差，它在确定的运行过程情况下亦可计算出来。然而，如果由此推论说，这种系统偏差能够修正，显然是草率的。对于实际的采暖费分配系统，在用户行为并不同步的情况下，可以假定系统偏差一般仍是未知数。因此，既不可能也不允许考虑通过修正来解决不同的系统偏差问题。反之，如果为一般性地评价各种不同测试方法的分配精度给出在采暖运行时以及在用户分配情况下所界定的条件，那么，通过运行模拟计算，不仅能识别一切可想象到的系统偏差、而且特别是得到其最大值及其与各种不同边界条件的关系。用这种方式可以理智地确定（考虑到经济效益规则）哪些分配系统适合什么样的使用对象。

8.4.2 测量精度

对于在标准[3~5]中述及的采集热量散发的方法（蒸发式（HKVV）和电子式（HKVE）采暖费分配计）以及热量计来说，可根据已标准化了的要求以定量的形式对误差极限作出说明。然而，其前提条件是所有因操作不当、不能允许的用户影响或由于恶劣的外部环境条件的原因而可避免的缺陷都不会发生。

蒸发式采暖费分配计的误差极限必须从在标准[5]中所列举的5种不同的要求推衍出来：

（1）"外壳影响使蒸发速度的减少不得超过15%"（标准的第5.1节，第3段）。

（2）"蒸发管和刻度尺安装在外壳内，必须保证蒸发管内液体零状态的设定值和零刻度线之间的偏差不得超过 ±0.75 mm"（标准的第5.1节，第4段）。

（3）"在生产蒸发管时的公差必须保证显示值的标准偏差不大于2%"（标准的第5.2节，第4段）。

（4）"充注测量液时，在液温为20℃的情况下允许偏差 ±0.5 mm"（标准的第5.3节，第1段）。

（5）对于刻度系统，"分刻度线偏离其计算位置不得大于 ±0.3 mm"。

所有其他在标准中列举的要求牵涉到的是有关采暖费分配计的设计、测量液体的特性和仪器安装的环境；这些都在分配过程中统一发挥作用，并且不会由此产生误差。

从上述列举的5个偏差中可看出，第一个说明的是由外壳结构造成的系统偏差。因为蒸发速度随刻度尺高度的变化在刻度划分时已按式（8.2-18）予以考虑，因此，该偏差在读数显示时起着恒定的作用。就这方面来说，因外壳结构而减小了的蒸发速度也不会影响分配精度。但尽管如此，这一系统偏差也必须考虑进行读数显示修正，以便其余四个偏差能正确地加权。对某一按照标准由式（8.2-18）得到刻度标尺的确定的测量液—蒸发管组合来说，例如通过模拟运算，确定出读数 z_{simu}。由于外壳影响，最大允许的蒸发速度减小

8.4 采暖费分配测量方法的评价

量 b_G 为 15%，通过修正，由下式得到正确的读数 $z_{simu,r}$：

$$z_{simu,r} = (1-b_G) z_{simu} \quad (8.4-1)$$

由于其余 4 个偏差的一部分影响到测试液充注的液柱高度（不是读数显示），因而还需要修正过的、正确的充注的液柱高度，由式（8.2-18）得到：

$$h_{simu,r} = -K_a + \sqrt{K_a^2 + (h_3^2 + 2K_a h_3)\frac{z_{simu,r}}{z_3}} \quad (8.4-2)$$

现在，第（2）~（5）种情况的所有偏差，对于读数显示来说可用式（8.4-1）或对液柱高度来说可用式（8.4-2）来计算。由于容许的正负偏差一样大，因此得出系统误差极限 G。因而，下述的基本关系式适用于读数显示 z_a：

$$z_r - G \leq z_a \leq z_r + G \quad (8.4-3)$$

在该误差极限内，允许读数显示偏离正确值 z_r，只是不准确而已。

在第（2）种情况下，零刻度线与液体零点状态的偏差容许 $\Delta h_0 \leq 0.75$mm。读数显示的上偏差限为：

$$z_{simu,r} + G_0 = z_3 \frac{(h_{simu,r} + \Delta h_0)^2 + 2K_a(h_{simu,r} + \Delta h_0)}{h_3^2 + 2K_a h_3} \quad (8.4-4)$$

因此，误差限为：

$$G_0 = z_3 \frac{\Delta h_0^2 + 2\Delta h_0 (h_{simu,r} + K_a)}{h_3^2 + 2K_a h_3} \quad (8.4-5)$$

在第（3）种情况下，蒸发管制造的公差直接适用于读数显示，在信任度为 95%（抽样检查样品量为 100 个蒸发管）时，其误差极限可直接用容许的标准偏差 s_{Amp} 表达：

$$G_{Amp} = 1.98 s_{Amp} z_{simu,r} \quad (8.4-6)$$

第（4）种情况涉及的是在冷蒸发的规定值情况下的容许误差，它在这种情况下只适用于测试液充注的液柱高度。例如，如果蒸发管充注的液柱高度低于正确的冷蒸发规定液位值 h_{KV}，即相差容许误差值 Δh_{KV}，那么，在一定的蒸发量下，会得到比较高的读数值 z_A，这是因为有效的起始读数值 $z_{Start,A}$ 低于正确的启动读数值 $z_{Start,r}$。因为在同样的蒸发量下，读数差应该相同，那么则有：

$$z_A - z_{Start,r} = z_{simu,r} - z_{Start,r} \quad (8.4-7)$$

由此条件可推导出非精确冷蒸发规定值的误差极限：

$$G_{KV} = z_A - z_{simu,r} = z_{Start,A} - z_{Start,r} \quad (8.4-8)$$

类似于式（8.4-5），确定此误差极限的关系式为：

$$G_{KV} = z_3 \frac{\Delta h_{KV}^2 + 2\Delta h_{KV}(h_{KV} + K_a)}{h_3^2 + K_a h_3} \quad (8.4-9)$$

在第（5）种情况下是关系到最大刻度线偏差 Δh_{Str}，同样按式（8.4-5）也可计算出其误差极限：

$$G_{Str} = z_3 \frac{\Delta h_{Str}^2 + 2\Delta h_{Str}(h_{simu,r} + K_a)}{h_3^2 + K_a h_3} \quad (8.4-10)$$

蒸发式采暖费分配计（HKVV）的总误差极限以通常的方式亦由各误差平方和的开方来计算。那么，其相对总误差极限则为：

$$\frac{G_{HKVV}}{z_{simu,r}} = \frac{\sqrt{G_0^2 + G_{Amp}^2 + G_{KV}^2 + G_{Str}^2}}{z_{simu,r}} \quad (8.4\text{-}11)$$

以一个实际的例子为例,如图 8-14 所示,相对总误差极限随着显示读数的增加而减少。

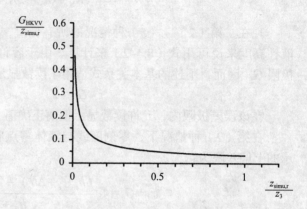

图 8-14 蒸发式采暖费分配计(HKVV)(K_a=30mm 以及 h_3=70mm)的相对总误差极限与相对读数 $z_{simu,r}/z_3$ 之间的关系,z_{simu} 为运行模拟计算得出的读数,r 为正确值,详见式(8.4-1)

蒸发式采暖费分配计(HKVV)的总误差极限是由某一确定的热耗,亦即在某一确定时间内的温度分布的各单个误差限计算出来的,与此不同的是,在电子式采暖费分配计(HKVE)的情况下,已经有一个标准化了的与热媒过余温度相关的总误差极限变化过程[4]。这个总误差极限在检测中必须在确定的恒定热媒过余温度情况下得到保证(图 8-15)。这对产品制造厂家来说意味着他在设计采暖费分配计时应该考虑到确保温度传感器对的各单个误差限足够地小(例如可以通过温度传感器对的零点偏差及斜率偏差给出容许偏差)。由于图 8-15 中阶梯式的误差极限是不能通过采暖费分配计复描并且真实的最不利的极限变化过程用虚线曲线,这可由用温度测量时的容许误差进行运行模拟计算得到。对某一具体的用户状况,运行模拟会得出与此相关的时间上的温度分布,由此得到模拟计算的读数 $z_{simu,A}$。不含容许温度偏差的正确读数可认为是 $z_{simu,r}$,那么,电子式采暖费分配计(HKVE)的极限误差为:

$$G_{HKVE} = z_{simu,A} - z_{simu,r} \quad (8.4\text{-}12)$$

读数 $z_{simu,r}$ 是在 $G_{HKVE,\Delta\theta} = 0$ 情况下模拟出来的结果,则相对误差限为:

$$\frac{G_{HKVE}}{z_{simu,r}} = \frac{z_{simu,A}}{z_{simu,r}} - 1 \quad (8.4\text{-}13)$$

对于读数显示值 $z_{simu,A}$ 模拟而言,也可以应用某一特殊的采暖费分配计的真实的(而不是最大的)误差曲线(图 8-15 中的点划线曲线)。

在计算热量计及热量计分体仪器的极限误差时,可用类似于电子式采暖费分配计(HKVE)的方式进行计算。图 8-16 描述了热量计及热量计分体仪器的校正误差极限与温差之间的关系。

8.4.3 分配精度

采暖费分配系统的主要目的在于尽可能精确地确定由于不同的用户行为而导致的不同热量消耗。这主要关系到热量消耗的比例,而不是太多地关系到热量消耗本身的大小。

8.4 采暖费分配测量方法的评价

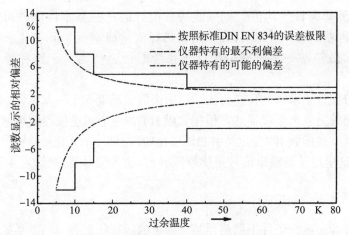

图 8-15　HKVE 的相对误差（读数显示的相对偏差）

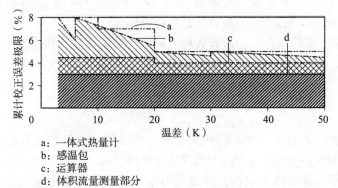

a：一体式热量计
b：感温包
c：运算器
d：体积流量测量部分

图 8-16　热量计及热量计分体仪器的校正误差极限与温差 $\Delta\theta$ 之间的依赖关系

即使假定所有的用户在相同的边界条件下也具有同样的使用行为，但还是会得到在第 8.4.2 节已讨论过的非系统的误差极限内的不同的读数。然而，热量消耗相同的情况是极不可能，必须考虑到使用情况和用户行为一般都是有区别的。其原因显而易见：住宅内人员的数量、年龄、健康状况和生活习惯，还有散热装置的使用时间长短、散热装置的数量及运行方式，以及室内通风的习惯及生活水平等诸多因素，而这些因素又都是密切相关的。无论如何，很明显的是为了评价分配精度而通常从道义上把用户划分成能量浪费者和节能者是不恰当的。而且，仅仅讨论热量消耗多和少的用户并不能说明什么问题，因为导致热量消耗多少的不同因素对分配精度所起的影响也不尽相同。

现在的问题是鉴于分配精度要搞清楚如何可靠地描绘出各个所考察的采集系统间的差别。为此，最先的试验研究基本上是致力于蒸发式采暖费分配计（HKVV）的可用性问题[6]，然后是如何正确的安装[9]，再后来是证明新研发的蒸发式采暖费分配计（HKVV）较之以前更为完善[17]，而与此不同的是，采用新的日臻完善的模拟技术的工作表明[18~20]，由于建筑物和采暖系统的不同设计以及用户行为方式的差异等各种影响，产生了一个多变的评估图像。其中结果表明，假定把运行状况简化为稳态的，例如：室外温度和室内负荷为日平均值，则采暖费分配计的一些基本性质就可以识别出来。对此，影响参数也就只在两个极端值（例如热媒流量或室温）间变化。特里奇勒（Tritschler）[20]表明，散热器—采暖费分配计子系统的传递行为对于这种考察尤其具有启发性。

散热器—采暖费分配计子系统的传递行为通过所谓的敏感度和某一基本影响参数，如散热器的供水温度之间的关系来予以描述。根据文献[14]，一个测量仪器的敏感度定义为"一个所考察的输出信号（或读数）的变化与引起该变化的（足够小的）输入信号（或测量值）的变化之间的比例"。这里述及的输出信号是读数显示 z，输入信号是热量 Q。因此，敏感度则为：

$$E=\frac{\mathrm{d}z}{\mathrm{d}Q} \tag{8.4-14}$$

该敏感度适用于在静态运行条件下散热器某一确定的运行状态点。一个系统的敏感度越大，就能越早地识别消费者行为的变化。基本状态的敏感度，例如在蒸发式采暖费分配计（HKVV）的情况下，取决于测量液，大约为 10～50 刻度线/MWh，而在电子式采暖费分配计（HKVE）的情况下，通常为 1000 读数，单位/MWh。

如果引入一个相对敏感度的概念，会改善各种不同系统的可比性，作为基准值是基本状态（$\theta_\mathrm{m}=55℃$，$\theta_\mathrm{L}=20℃$；标准热媒流量；安装位置：散热器高度的 75% 以及 $c=0$）下的敏感度：

$$e=\frac{E}{E_\mathrm{Basis}} \tag{8.4-15}$$

图 8-17～图 8-19 举例说明了三种不同的采暖费分配计的相对敏感度和散热器供水温度之间的关系。该曲线图统一地适用于一个垂直通流散热器和 c 值（描述采暖费分配计和散热器之间的连接状况）为 0.15 的情况。采暖费分配计的技术数据基本上是市场上常见的仪器型号的数据。描述其传递行为的 $e—\theta_\mathrm{V}$ 曲线是在两种不同的热水流量和室内温度情况下计算得到的。

与这两种电子式采暖费分配计（HKVE）不同，在蒸发式采暖费分配计（HKVV）的情况下，当散热器供水温度较低和较高时，其相对敏感度急剧上升：在供水温度高时，其递增过程可看成蒸发特征曲线的指数变化过程；在供水温度低温时，相对敏感度趋近于无穷大，冷蒸发起着很大的作用。在电子式采暖费分配计（HKVE）的情况下，相对敏感度在初始阶段跳跃式的增加是因为规定所需要的启动温度（单感温包仪器的启动温度为散热器的平均温度为 28℃，双感温包仪器的启动温度为散热器的过余温度为 5K）。在双感温包仪器的情况下，其相对敏感度在触发界限之上只是发生很微小的变化；在单感温包仪器的情况下，这种状况仅仅在室温低的条件下发生；而相反的是，在室温高的时候，其相对敏感度随着散热器供水温度的降低而显著增加。

从上述三个描述相对敏感度曲线图中也可看出采暖费分配计以怎样不同的方式来评价不同的用户行为。这里是采用两种不同的相对热媒流量 $\dot{m}/\dot{m}_\mathrm{n}$ 和两种不同的室温 22℃ 及 17℃ 来表达用户不同的行为。然而要做到这一点，并不能想象为通过一个调节阀（恒温阀）来改变预先给定的散热器的散热量，以便得到所需要的室内温度，而实际上是把热媒流量调节至恒定，根据相应的通风或另外通过改变房间的热边界条件（如冷的内墙）来产生所需要的室内温度。可拟定四种不同的用户行为方式：

8.4 采暖费分配测量方法的评价

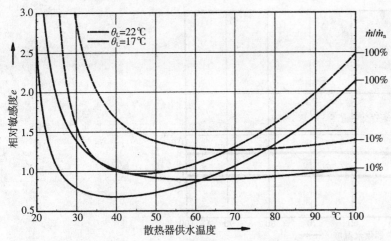

图 8-17 安装在垂直通流散热器（指数 $n=1.3$）上的蒸发式采暖费分配计（HKVV）（测量液为甲苯类醇（Metylbenzoat））在不同热水流量和室内空气温度情况下的传递行为，相对安装位置为散热器高度的 75% 以及 $c=0.15$，（摘自文献 [20]）

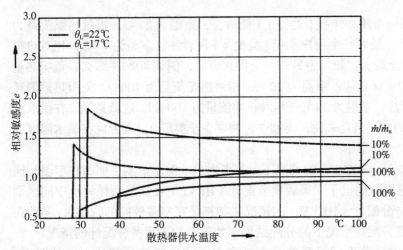

图 8-18 安装在垂直通流散热器（指数 $n=1.3$）上的单感温包（无起始感温包）的电子式采暖费分配计（HKVE）在不同流量和室内空气温度情况下的传递行为，相对安装位置为散热器高度的 75% 以及 $c=0.15$（摘自文献 [20]）

室内温度为 22℃：
（1）阀门开启使得相对热媒流量为 100%，适度通风；
（2）阀门开启度节流到 25%，几乎不通风；
室内温度为 17℃：
（3）阀门开启使得相对热媒流量为 100%，大量通风；
（4）阀门开启度节流到 25%，适度通风。

要把某一用户归入热量耗费多或耗费少之列，没有进一步的资料是不能轻易地确定出来的。但是，例如在蒸发式采暖费分配计（HKVV）的情况下（见图 8-17），当供水温度

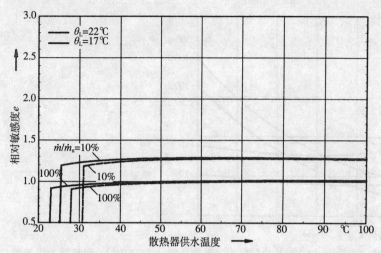

图8-19 安装在垂直通流散热器（指数 $n=1.3$）上的双感温包的电子式采暖费分配计（HKVE）在不同流量和室内空气温度情况下的传递行为，相对安装位置为散热器高度的75%以及 $c=0.15$（摘自文献[20]）

为80℃时可以看出：第一个用户承担[类型1（译者注：室温为22℃，相对热媒流量为100%）]的热量消耗最高，最后一个用户承担[类型4（译者注：室温为17℃，相对热媒流量为10%）]的热量消耗最少。如果为另外一个供水温度，例如40℃，那么，负担热量消耗最高的用户是类型2（译者注：室温为22℃，相对热媒流量为10%），负担热量消耗最少的则是类型3（译者注：室温为17℃，相对热媒流量为100%）。这就是说，在供水温度为40℃时，对于相同的热量消耗来说，类型3付费要少于类型2，或者说在供水温度为80℃时，类型4付费要少于类型1。

在电子式采暖费分配计（HKVE）的情况下，不考虑启动温度范围，那么在室温相同时不存在曲线交叉。双感温包的电子式采暖费分配计（HKVE）在热量消耗评价中的区别明显地高于蒸发式采暖费分配计（HKVV）的情况（特别是在室温较高的时候），亦即在双感温包的电子式采暖费分配计情况下的分配结果不如蒸发式采暖费分配计的情况。

在采集热量散发方法（蒸发式采暖费分配计和电子式采暖费分配计）的情况下，在热量消耗评价中或多或少地存在差异。与此相反，采集热量分配系统（第8.2.2节）和热量计（第8.3节）的传递行为却是完全统一的，在这种情况下的相对敏感度 $e=1$；不取决于相对热媒流量 $\dot{m}/\dot{m}_n$ 的大小和空气温度 θ_L（还有适合该空气温度的供水温度）。由此可以得出这样的结论：只有在采集热量散发方法亦即采用蒸发式采暖费分配计和电子式采暖费分配计的情况下，除了纯稳态的研究方式（如通过运行模拟）以外，采用不同运行模式的全部运行过程的试验提供了一些额外的关于分配精度的资料。

按照采暖系统的设计和运行方式，相对敏感度分布到不同的温度范围，并且在采暖季节不断变化的热量消耗将随着相对敏感度 e 进行不同的分担或评价。然而，应该把某一确定的消费者的敏感度 E_i 根据其自身的条件状况（建筑物和系统设备）归入到其热量消耗 Q_i 这样则有：

$$\int E_i(Q)\,dQ = E_i Q_i = \int dz = z_i \tag{8.4-16}$$

所考察的用户对象的热量消耗 Q_i、还包括读数显示值 z_i 有针对性地通过模拟计算来确定。同样，还能够得到一个结算单元内所有读数显示的总和 $\sum z_i$ 以及所有热量消耗的总

8.4 采暖费分配测量方法的评价

和 $\sum Q_i$。总的读数显示和总的能量消耗的比可称为平均结算敏感度,由此亦可得到一个用户单元的平均敏感度 $\overline{E}_i$。如果考察的时间为一年,那么,对于一个用户单元来说就得到一个年平均的相对敏感度

$$\overline{e}_i = \frac{\dfrac{z_i}{Q_i}}{\dfrac{\sum z_i}{\sum Q_i}} = \frac{\overline{E}_i}{\dfrac{\sum z_i}{\sum Q_i}} \tag{8.4-17}$$

对于所考察的用户的正确的读数显示为 $Q_i / \sum Q_i$。显示读数的相对的(系统)分配偏差 $a_{\text{Ver},i}$ 可用式(8.4-16)进一步由所考察的用户单元的年平均相对敏感度来表达:

$$a_{\text{Vert},i} = \frac{\dfrac{z_i}{Q_i}}{\dfrac{\sum z_i}{\sum Q_i}} - 1 = \overline{e}_i - 1 \tag{8.4-18}$$

该相对偏差亦即迄今所用的所谓的分配误差[9]。从与敏感度相关的关系式可以看到:一个用户单元的平均敏感度 $\overline{E}_i$ 离敏感度的平均值 $\sum z_i / \sum Q_i$ 越近,分配误差就会越小。那么,年平均相对敏感度 $\overline{e}_i$ 趋近于1。正如稳态的研究(见图8-17)表明,在分配误差非常小的情况下,平均敏感度 $\overline{E}_i$ 本身甚至可以远远超过1;只有(用户)运行参数的差异会导致比较大的分配误差。因此,即使从考察多个不同用户的角度也搞不清楚分配质量;拟推出一个平均值,如措尔纳(Zöllner)提议的评价数字,有:

$$z = \frac{1}{n} \sum_{i=1}^{n} a_{\text{Vert},i}$$

n 为用户数量,但这样反而会使得其说法变得模糊不清:如果在一个大的结算单元内只有一个用户的行为远远与其他用户不同,这样该用户的分配误差大而其他用户的分配误差小;在这种情形下评价数字可能会趋近于0。由此甚至会得到一个错误的印象(即这是一个好系统),但实际上只是足够多的用户具有相同或大致相同的行为。因此,以一个分配误差或各个年平均相对敏感度 $\overline{e}_i$ 的平均值形式无法达到预期的目的。更有启发性的数据是 $\overline{e}_i$ 值的比值,视其相互最大的差值。假如 $\overline{e}_1$ 大于 $\overline{e}_2$,那么就得到一个特征值,根据特里奇勒(Tritschler)的建议,把它表示为额外读数显示 M,即:

$$M = \frac{\overline{e}_1}{\overline{e}_2} \tag{8.4-19}$$

同样,可以这么理解额外读数显示 M,即在一个足够大的结算单元内, $\overline{e}_1$ 为某一用户的年平均相对敏感度,其余 n 个在该结算单元内的用户行为统一用平均相对敏感度 $\overline{e}_2$ 来表示,那么有:

$$\lim_{n \to \infty} \frac{\dfrac{z_1}{\sum_{n+1} z_i}}{\dfrac{Q_1}{\sum_{n+1} Q_i}} = \lim_{n \to \infty} \frac{\dfrac{z_1}{Q_1}}{\dfrac{\sum_{n+1} z_i}{\sum_{n+1} Q_i}} = \lim_{n \to \infty} \frac{\overline{e}_1}{(z_1 + z_2)/(Q_1 + nQ_2)} = \frac{\overline{e}_1}{\overline{e}_2} = M \tag{8.4-20}$$

由此可以对于所选择的用户1和2推导出一个最大的分配误差:

$$a_{\text{Vert, max}} = M - 1 \tag{8.4-21}$$

以此类推,也可以得到一个最小的分配误差:

$$a_{\text{Vert, max}} = \frac{1}{M} - 1 \tag{8.4-22}$$

额外读数显示 $M>1$，意味着额外的费用。由于根据式（8.4-20）计算的额外读数显示的情况下关系到一个极限值，它适用于最吃亏的用户。他可能会有最大的正分配误差，并因此分摊相对较多的费用，而减轻了分摊在同住的住户身上的额外费用。只有最大的分配误差才严格地予以考虑和关注，而最小的分配误差则作为礼物悄悄地顺手带走了。

图 8-20 ~ 图 8-23 中描绘的条形图举例说明了在不同因素影响下运行模拟计算出来的结果[20]，首先考虑只有用户的影响，然后考虑加入了散热器不同的设计供水温度和供回水温差以及设备以调节的或恒定的供水温度运行等影响。那么，对蒸发式采暖费分配计的偏见（"不精确"）是站不住脚的。

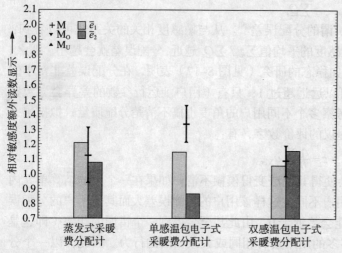

图 8-20 受用户影响的相对敏感度 $\bar{e}_1$ 和 $\bar{e}_2$（条形图）以及与测量精度一起的分配精度（界标线）（用户 1 的室温为 22℃，用户 2 的室温为 17℃，两者的换气系数均为 $\beta=0.5\text{h}^{-1}$）；散热器的设计：供水温度 $\theta_{V,0}=75℃$，回水温度 $\theta_{R,0}=46℃$（摘自文献 [20]）

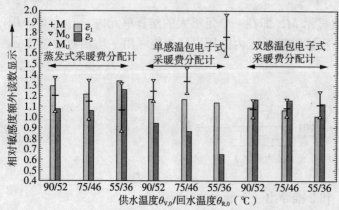

图 8-21 受散热器设计影响的相对敏感度 $\bar{e}_1$ 和 $\bar{e}_2$（条形图）以及与测量精度一起的分配精度（界标线）（用户状况见图 8-20，摘自文献 [20]）；散热器供水温度为变量

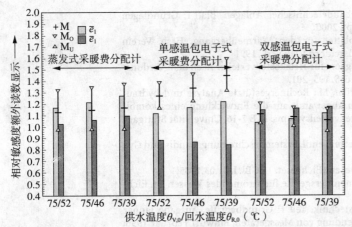

图 8-22 受散热器设计影响的相对敏感度 $\bar{e}_1$ 和 $\bar{e}_2$（条形图）以及与测量精度一起的分配精度（界标线）（用户状况见图 8-20，摘自文献 [20]）；散热器供回水温差（热媒流量）为变量

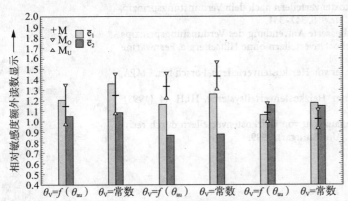

图 8-23 受散热器设计和运行影响的相对敏感度 $\bar{e}_1$ 和 $\bar{e}_2$（条形图）以及与测量精度一起的分配精度（界标线）（用户状况见图 8-20，摘自文献 [20]）；散热器设计供回水温度为 $\theta_{V,0}=75\text{℃}$，$\theta_{R,0}=46\text{℃}$

参考文献

[1] Energiespargesetz vom 22. Juli 1976 (BGBl. I. S. 1873), geändert durch Gesetze vom 20. Juni 1980 (BGBl. I. S. 701).

[2] Verordnung über Heizkostenabrechnung vom 20. Januar 1989 (BGBl. I. S. 115).

[3] DIN 4713: Verbrauchsabhängige Wärmekostenabrechnung; Teil 1: Allgemeines, Begriffe, Ausgabe Dezember 1980, Teil 2: Heizkostenverteiler ohne Hilfsenergie nach dem Verdunstungsprinzip, Ausgabe März 1990, Teil 3: Heizkostenverteiler mit Hilfsenergie, Ausgabe Januar 1989; Teil 4: Wärmezähler und Wasserzähler, Ausgabe Dezember 1980; Teil 5: Betriebskostenverteilung und Abrechnung, Ausgabe Dezember 1980. Zurückgezogen, Ersatz: DIN EN 835 [H-5] und DIN EN 834 [H-4]

[4] DIN EN 834: Heizkostenverteiler für die Verbrauchswerterfassung von Raumheizflächen; Geräte mit elektrischer Energieversorgung, Ausgabe November 1994.

[5] DIN EN 835: Heizkostenverteiler für die Verbrauchswerterfassung von Raumheizflächen; Geräte ohne elektrische Energieversorgung nach dem Verdunstungsprinzip, Ausgabe April 1995.

[6] DIN EN 1434: Wärmezähler; Teil 1: Allgemeine Anforderungen, Ausgabe April 1997; Teil 5:Ersteichung, Ausgabe April 1997; Teil 6: Einbau, Inbetriebnahme, Überwachung und Wartung, Ausgabe April 1997.

[7] VDI 2067: Wirtschaftlichkeit gebäudetechnischer Anlagen, Blatt 1: Grundlagen und Kostenberechnung. Ausg. Sept. 2000
[8] VDI-Wärmeatlas: Berechnungsblätter für den Wärmeübergang. Hrsg. Verein Deutscher Ingenieure. 6. Aufl., Düsseldorf: VDI-Verl., 1991
[9] Zöllner, G. u. Bindler, J.-E.: Montageort für Heizkostenverteiler nach dem Verdunstungsprinzip. HLH 31 (1980), Nr. 6, S. 195–201.
[10] Bach, H., Striebel, D. und Tritschler, M.: Rechnergestützte Analyse und hydraulischer Abgleich von Rohrnetzen angewandt auf die Entwicklung eines kombinierten Regelungs- und Heizkostenverteilsystems. IKE 7-16, Universität Stuttgart, 1991.
[11] Synergyr, Regel und Heizkostenverteilventil, Systembeschreibung. Landis und Gyr, Zug, 1993
[12] Gesetz über das Mess- und Eichwesen (Eichgesetz) BGBl. I. 01.03.1985
[13] Eichordnung, Anl. 6. (E06): Volumenmessgeräte für strömendes Wasser. Dt. Eichverlg. Braunschweig 1988.
[14] DIN 1319: Grundlagen der Messtechnik, Teil 1: Grundbegriffe, Ausgabe Januar 1995; Teil 2: Begriffe für die Anwendung von Messgeräten, Entwurf Februar 1996; Teil 3: Auswertung von Messungen einer einzelnen Messgröße, Messunsicherheit, Ausgabe Mai 1996.
[15] DIN 55350: Begriffe der Qualitätssicherung und Statistik; Teil 13: Begriffe zur Genauigkeit von Ermittlungsverfahren und Ermittlungsergebnissen, Ausgabe Juli 1987.
[16] Hausen, H.: Ermittlung von Heizkostenverteilern nach dem Verdunstungsprinzip. HLH 16 (1965) Nr. 8, S. 314–320 u. Nr. 9, S. 347–351.
[17] Zöllner, G. u. Römer, U.: Eine verbesserte Anwendung des Verdunstungsprinzips bei der Neuentwicklung von Heizkostenverteilern ohne Hilfsenergie. Fernwärme international 18 (1989), Nr. 1, S. 65–71.
[18] Tscherry, J. u. Zweifel, G.: Jahresfehler von Heizkostenverteilern. Forsch.ber. EMPA, CH-Dübendorf, 1989.
[19] Mügge, G.: Vergleich verschiedener Heizkostenverteilsysteme. HLH 44 (1993), Nr. 2, S. 77–80 u. Nr. 3, S. 153–157.
[20] Tritschler, M.: Beurteilung der Genauigkeit von Heizkostenverteilern durch rechnerische Betriebssimulation. Diss., Uni. Stuttgart. 1999.

尊敬的读者：

感谢您选购我社图书！建工版图书按图书销售分类在卖场上架，共设22个一级分类及43个二级分类，根据图书销售分类选购建筑类图书会节省您的大量时间。现将建工版图书销售分类及与我社联系方式介绍给您，欢迎随时与我们联系。

★ 建工版图书销售分类表（详见下表）。

★ 欢迎登陆中国建筑工业出版社网站www.cabp.com.cn，本网站为您提供建工版图书信息查询，网上留言、购书服务，并邀请您加入网上读者俱乐部。

★ 中国建筑工业出版社总编室　电　话：010—58337016

　　　　　　　　　　　　　　　传　真：010—68321361

★ 中国建筑工业出版社发行部　电　话：010—58337346

　　　　　　　　　　　　　　　传　真：010—68325420

　　　　　　　　　　　　　　　E-mail：hbw@cabp.com.cn

建工版图书销售分类表

一级分类名称（代码）	二级分类名称（代码）	一级分类名称（代码）	二级分类名称（代码）
建筑学（A）	建筑历史与理论（A10）	园林景观（G）	园林史与园林景观理论（G10）
	建筑设计（A20）		园林景观规划与设计（G20）
	建筑技术（A30）		环境艺术设计（G30）
	建筑表现·建筑制图（A40）		园林景观施工（G40）
	建筑艺术（A50）		园林植物与应用（G50）
建筑设备·建筑材料（F）	暖通空调（F10）	城乡建设·市政工程·环境工程（B）	城镇与乡（村）建设（B10）
	建筑给水排水（F20）		道路桥梁工程（B20）
	建筑电气与建筑智能化技术（F30）		市政给水排水工程（B30）
	建筑节能·建筑防火（F40）		市政供热、供燃气工程（B40）
	建筑材料（F50）		环境工程（B50）
城市规划·城市设计（P）	城市史与城市规划理论（P10）	建筑结构与岩土工程（S）	建筑结构（S10）
	城市规划与城市设计（P20）		岩土工程（S20）
室内设计·装饰装修（D）	室内设计与表现（D10）	建筑施工·设备安装技术（C）	施工技术（C10）
	家具与装饰（D20）		设备安装技术（C20）
	装修材料与施工（D30）		工程质量与安全（C30）
建筑工程经济与管理（M）	施工管理（M10）	房地产开发管理（E）	房地产开发与经营（E10）
	工程管理（M20）		物业管理（E20）
	工程监理（M30）	辞典·连续出版物（Z）	辞典（Z10）
	工程经济与造价（M40）		连续出版物（Z20）
艺术·设计（K）	艺术（K10）	旅游·其他（Q）	旅游（Q10）
	工业设计（K20）		其他（Q20）
	平面设计（K30）	土木建筑计算机应用系列（J）	
执业资格考试用书（R）		法律法规与标准规范单行本（T）	
高校教材（V）		法律法规与标准规范汇编/大全（U）	
高职高专教材（X）		培训教材（Y）	
中职中专教材（W）		电子出版物（H）	

注：建工版图书销售分类已标注于图书封底。